无机法制备硅硼碳氮系亚稳陶瓷及其复合材料

杨治华　贾德昌　周　玉 等　著

科 学 出 版 社

北　京

内 容 简 介

本书在介绍硅硼碳氮（SiBCN）系亚稳陶瓷材料的概念与内涵、特点、发展史的基础上，从材料学角度系统阐述了无机法制备 SiBCN 非晶粉体的机械合金化工艺、热力学和动力学基础、固态非晶化机理、非晶组织结构与性能，热压/放电等离子/热等静压/高压烧结技术制备 SiBCN 块体陶瓷致密化行为及析晶热力学，SiBCN 陶瓷及其复合材料微观组织、力学和热物理性能，短纤维增强 SiBCN 陶瓷基复合材料的制备工艺方法、组织性能与断裂行为、抗热震与耐烧蚀机理等，分析并展望了 SiBCN 系陶瓷材料在航空航天、冶金微电子等领域的应用现状与潜在应用。

本书可作为高等学校材料学科相关专业的本科生和研究生教材或教学参考书，也可以供从事 SiBCN 系陶瓷与复合材料、机械合金化制备亚稳材料、有机/无机复合材料等领域科学研究、生产开发以及科技管理等方面的人员参考。

图书在版编目（CIP）数据

无机法制备硅硼碳氮系亚稳陶瓷及其复合材料 / 杨治华等著. —北京：科学出版社，2019.10

ISBN 978-7-03-062438-3

Ⅰ. ①无… Ⅱ. ①杨… Ⅲ. ①金属复合材料－陶瓷复合材料 Ⅳ. ①TB333

中国版本图书馆 CIP 数据核字（2019）第 209772 号

责任编辑：李明楠 孙静惠 / 责任校对：杨 赛
责任印制：吴兆东 / 封面设计：蓝正设计

科 学 出 版 社 出版

北京东黄城根北街 16 号
邮政编码：100717
http：//www.sciencep.com

北京中石油彩色印刷有限责任公司 印刷

科学出版社发行 各地新华书店经销

*

2019 年 10 月第 一 版 开本：720 × 1000 1/16
2019 年 10 月第一次印刷 印张：26 3/4
字数：539 000

定价：158.00 元

（如有印装质量问题，我社负责调换）

前　言

20 世纪 90 年代，Takamizawa 等成功合成含有 Si、B、C、N 四种元素的先驱体，德国达姆施塔特大学 Riedel 等继而采用先驱体裂解法制备了 SiBCN 非晶陶瓷及其复合材料，拉开了该系亚稳陶瓷与复合材料研发的序幕。虽然有机法制备该系亚稳陶瓷材料组织均匀性好、高温性能优越，但其制备工艺复杂、有机原料昂贵且有毒，在制备致密材料与构件方面受限，并且对该系非晶陶瓷在特种服役环境下的析晶行为及损伤机理等理论方面缺乏研究。2004 年，哈尔滨工业大学周玉院士、贾德昌教授团队另辟蹊径，开展了基于机械合金化的无机法制备 SiBCN 系陶瓷与复合材料研究，使其发展成该系亚稳陶瓷材料的一个重要研究分支。10 余年来，作者团队在国家自然科学基金委员会创新研究群体科学基金、国家杰出青年科学基金等项目支持下，引领无机法制备 SiBCN 陶瓷与复合材料研究，在机械合金化工艺制备的粉体的非晶化机理、烧结致密化过程与晶化机制、组织结构演化、力学、热学、抗热震与耐烧蚀性能及其协同作用、工程应用等研究方向取得较为丰富的成果，填补了该系亚稳陶瓷材料相关领域的数据空白，为其今后发展应用奠定了理论与试验基础。本书即是上述部分相关研究成果的系统归纳和总结，是从材料学角度系统研究无机法制备 SiBCN 系亚稳陶瓷与复合材料的首部专著。

本书共 6 章，由贾德昌教授负责全书内容规划，具体内容与撰写分工如下：第 1 章绪论，介绍 SiBCN 系亚稳陶瓷及复合材料的概念与内涵、特点及发展与展望，作者为贾德昌、杨治华、梁斌、李达鑫、周玉、张鹏飞、叶丹；第 2 章机械合金化制备亚稳态材料原理、热力学与动力学，阐述了无机法制备 SiBCN 系亚稳陶瓷材料的特点与优势，作者为杨治华、梁斌、贾德昌、李达鑫、周玉、廖宁；第 3 章 MA-SiBCN 陶瓷粉体的机械合金化制备及组织结构与性能，重点讨论了金属、陶瓷等第二相对固态非晶化进程的影响，作者为杨治华、李达鑫、贾德昌、周玉、廖兴祺、敖东飞、赵杨；第 4 章 MA-SiBCN 系亚稳陶瓷及其复合材料致密化行为及组织结构，重点讨论热压/放电等离子体/热等静压/高压烧结制备工艺以及金属、陶瓷、纤维等第二相对复合材料烧结致密化和组织结构的影响，作者为杨治华、李达鑫、贾德昌、周玉、梁斌、苗洋、胡成川、潘丽君；第 5 章 MA-SiBCN 系亚稳陶瓷及其复合材料力学和热物理性能，讨论了烧结工艺及金属、陶瓷、纤维等第二相强韧化机理，作者为杨治华、贾德昌、周玉、李达鑫、李月彤、侯俊南、王高远；第 6 章 MA-SiBCN 陶瓷与复合材料的抗热震和耐烧蚀性能及热震烧蚀损伤机理，重点讨论了金属、陶瓷、纤维等第二相的抗热震、耐烧蚀行为和机理，作者为杨治华、贾德昌、周玉、吴道雄、周沅逸。

博士研究生李权、陈庆庆、朱启帅、王柄筑参加了资料收集、整理。在此一并向他们表示衷心感谢！

鉴于相关材料体系复杂，相关研究也尚不彻底，加之作者水平和学识有限，疏漏在所难免，恳请广大读者批评指正。

作 者

于哈尔滨工业大学科学园

2019 年 8 月

目　录

第1章 绪　论

高温热结构材料在航空航天领域有着广泛的应用，如高超声速飞行器鼻锥、机翼前缘、发动机整流罩及卫星、空间站用喷管等[1-5]。航空航天工业的迅猛发展，要求多功能防热高温结构材料在更加苛刻的环境中安全服役[6-10]。高温热结构材料使用环境恶劣，所以要求材料具有高强韧性及良好的耐烧蚀、耐冲刷和抗氧化等性能。例如，高超声速飞行器的关键部件鼻锥，需要在空气中承受 1500℃的高温烧蚀和氧化；飞行器再入段马赫数可能大于 20，局部驻点温度极高，同时还要承受各种粒子冲刷；卫星、空间站等用喷管在高低温交变下使用时间往往长达数年，对陶瓷喷管提出了长时间抗氧化、抗热交变等性能要求[11-15]。

当前服役的耐高温结构材料主要有高温结构陶瓷（碳、熔石英、SiC、BN 和 Si_3N_4 等）、难熔金属及其合金（钨、钽、钼、铌、铪、铬、钒、锆、钛等）和超高温结构陶瓷（ZrB_2、TiB_2、HfB_2、ZrC、HfC、TaC、TiN、TaN、HfN、ZrN 等），以及由这些材料与陶瓷颗粒（SiC_p、Si_3N_{4p}、BN_p、Al_2O_{3p}、ZrO_{2p} 等）、纤维（SiC_f、C_f、Al_2O_{3f}、SiO_{2f} 等）或者纤维编织物（2D-SiC_f、2D/3D-C_f、2D/3D-SiO_{2f} 等）构成的复合材料[16-20]。随着各类飞行器飞行速度越来越快、飞行时间越来越长，各类高超声速导弹用天线罩、天线窗、弹头端帽、翼前缘等关键外防热部件，以及卫星、空间站、运载火箭等用推进系统通道或喷管等内防热部件均采用 SiO_2、Si_3N_4、BN 等结构陶瓷制造。其中，SiC 和 Si_3N_4 等硅基结构陶瓷材料由于高温抗氧化性能优越，质轻，耐烧蚀和抗热震性能良好，化学稳定性高，高温抗蠕变性能优越等特点，作为高温结构材料已经在航空航天等领域得到广泛应用。然而当服役温度高于 1500℃时，SiC 和 Si_3N_4 类陶瓷材料高温强度、热稳定性及抗氧化性能急剧下降。因此，单相高温结构材料较差的高温抗氧化性、抗烧蚀性和热稳定性，较差的损伤容限等限制了其进一步应用[17-20]。

C/C 复合材料具有低密度、高比强度、高比模量、低热膨胀系数、耐热冲击等一系列优异性能，作为火箭喉衬喷管及空天飞行器（航空航天飞行器）热防护系统具有其他材料难以比拟的优势[1-3]。然而 C/C 复合材料易氧化特性严重制约了其在航空航天及军事领域的深入应用。随着发动机性能的不断提升，C/C 复合材料的工作环境也变得愈加恶劣，除了要求承受和传递的各种静态、动态载荷外，还要承受推进剂燃烧产生的高温、高压、高速且含有大量凝聚相颗粒燃气流的烧蚀和冲刷，这对 C/C 复合材料使用性能提出了极其苛刻的要求。目前，C/C 复合材料大尺寸构件裂解碳沉积均匀性差、织构控制难，大尺寸构件沉积温度场与气体流场分布不均匀，裂解碳调控难度极大（世界性难题）；此外还存在尖锐薄壁构件服役性能不稳定，尖锐薄壁结构易损伤崩块；锐形构件表面涂层结合力弱、易剥落、抗冲刷能力不足；抗氧化涂层环境适应性差、高低温交变环境涂层易开裂等问题。

新型高温结构材料，如 C_f或 SiC_f增强 SiC、BN、Si_3N_4或两者复合增强陶瓷基材料具有比单相陶瓷更高的高温强度及更加优越的抗高温蠕变、抗热震等性能，在 1600℃以下广泛使用，然而在 1600℃以上的高温极端环境只能短时间服役[5-11]。难熔金属及高温合金等由于其密度大、价格高昂、使用温度较低，其进一步使用受到限制[21]。超高温结构陶瓷具有极高的熔点和耐烧蚀性能，虽然它们的化学性质不活泼，但容易受到热冲击，在较高服役温度下具有较高的蠕变率；此外该类陶瓷材料难烧结、抗氧化性能较差等问题限制了其在航空航天等领域的进一步应用[22-35]。因此，研制出能够在 1600℃以上长时间服役的高温结构材料，是现代航空航天技术发展的迫切需求之一。

1.1 SiBCN 系亚稳陶瓷及复合材料的概念与内涵

硅硼碳氮（SiBCN）系亚稳陶瓷是指同时具有 Si、B、C、N 四种元素原子，低温下具有长程无序、短程有序的无定形态而高温下具有纳米胶囊状结构特征的新型结构-功能一体化陶瓷材料，是一种 20 世纪 90 年代中期才公开报道的新型材料。由于其微观组织结构独特、高温性能优异、比强度高，该类陶瓷甚至可以满足约 2000℃的使用要求（图 1-1 和图 1-2），在高温结构和多功能防热领域极具应用潜力，因而得到了研究者的广泛关注[35-44]。

先驱体裂解制备硅硼碳氮（PDCs-SiBCN）系亚稳陶瓷材料由于存在较多的共价键结构，赋予了材料高的组织稳定性、高温抗氧化性及抗蠕变性等性能[39-44]。这种非晶陶瓷材料由于含有无定形 Si-C-N 和 B-C-N 结构，甚至能够在 1400℃不析晶或少量析晶、不分解、不氧化（图 1-3）。当提高 B 含量后，SiC 析晶温度更高，Si_3N_4 相分解温度甚至可达到 1800℃以上[45-48]。与传统晶态 SiC、Si_3N_4 陶瓷相比，PDCs-SiBCN 非晶陶瓷材料抗氧化性能更为优越（图 1-4）。

热力学计算结果表明，当热力学条件允许时（如提高温度或压强），PDCs-SiBCN 非晶结构将向稳态组织转变[42-44]。例如，在 0.1MPa 氮气压强下，含 B 量为 15%（原子分数）的非晶陶瓷，在 1400℃以下具有很好的非晶稳定能力，当材

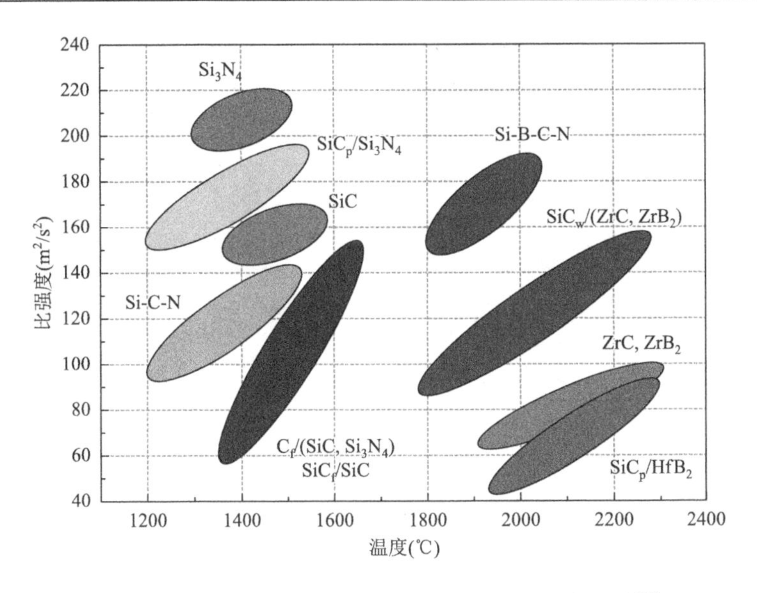

图 1-1 常用结构陶瓷材料的使用温度与比强度关系[11]

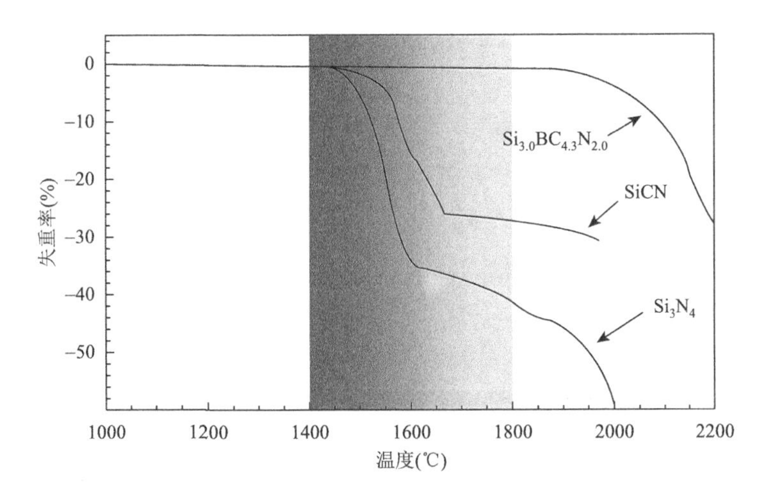

图 1-2 PDCs-SiBCN、PDCs-SiCN 和 PDCs-Si_3N_4 陶瓷加热到 2000～2200℃的热重曲线[18]

料被加热到 1400℃时，陶瓷最终物相组成为 Si_3N_4 + SiC + C + BN[49, 50]；当保温温度升高至 1600℃时，Si_3N_4 会与自由碳发生碳热还原反应转变成 SiC + N_2，此时该成分陶瓷材料的稳态组织将转变成 G + SiC + C + BN；当然，若材料中的 N 元素或 Si 元素含量较高时，PDCs-SiBCN 陶瓷在此温度下的稳态组织也可能是由 G + Si_3N_4 + SiC + BN 或 L + Si_3N_4 + SiC + BN 四相构成；当保温温度为 2000℃时，Si_3N_4 会自身分解转变成 Si + N_2，此时该体系陶瓷材料稳态组织将由 G + SiC + C + BN

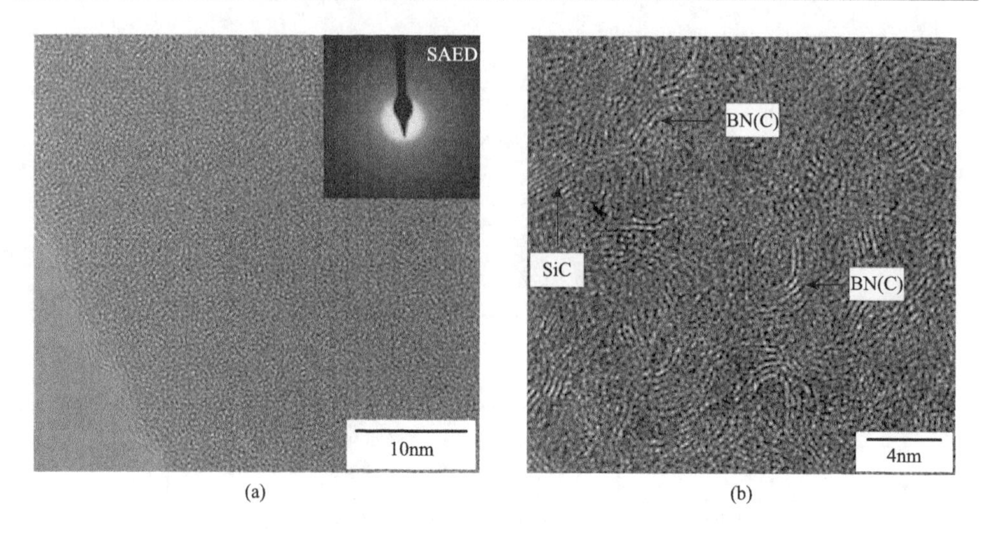

图 1-3　PDCs-SiBCN 系亚稳陶瓷材料透射电镜分析：(a) 1100℃裂解聚硼苯乙烯基硅碳二亚胺制备 SiBCN 亚稳陶瓷 HRTEM 精细结构及相应的选区电子衍射（SAED）的衍射环；(b) 1400℃裂解硼改性聚丙烯基硅氮烷制备 SiBCN 亚稳陶瓷 HRTEM 精细结构[42, 44]

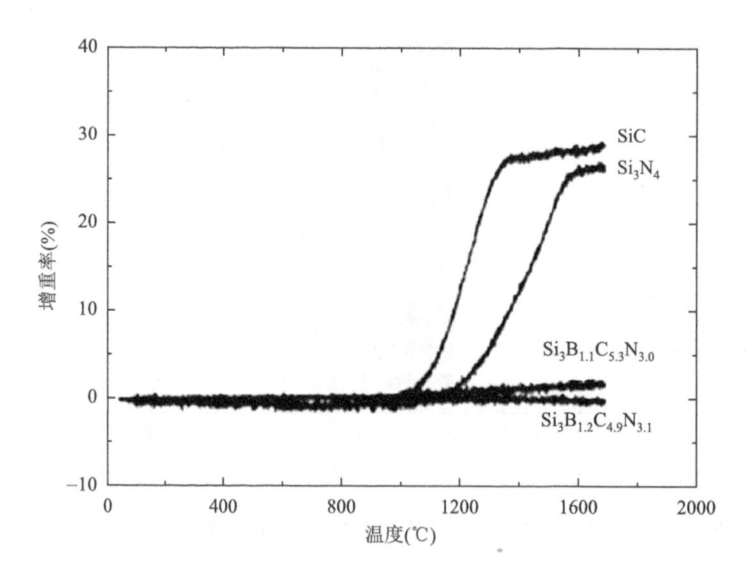

图 1-4　PDCs-SiBCN、PDCs-SiC 和 PDCs-Si_3N_4 陶瓷在流动空气中加热到 1650℃时的热重曲线[41]

或 G + L + SiC + BN 四相构成（图 1-5）。上述结果表明，SiBCN 系亚稳陶瓷材料在常压下的稳定组织应该是由稳态的简单化合物晶体构成，非晶组织只不过是由于材料内部热力学或动力学条件的改变而产生的一种亚稳态结构。具有这种结构的材料若在较低温度下使用时，可在较长时间内保持组织和结构稳定。而当使用温度高于析晶温度，或在加热并受载荷作用的蠕变条件下，这种非晶组织可能会发生析晶、分解或失重。需要指出的是，受先驱体结构、非晶结构具体图像特征及析晶动力学等因素影响，PDCs-SiBCN 系亚稳陶瓷最终稳态结构与计算结果并不完全相符，原因是在进行热力学计算时忽略了非晶 Si-C-N 和 B-C-N 纳米畴结构的相互作用，以及析出产物晶粒尺寸的影响（图 1-6）。

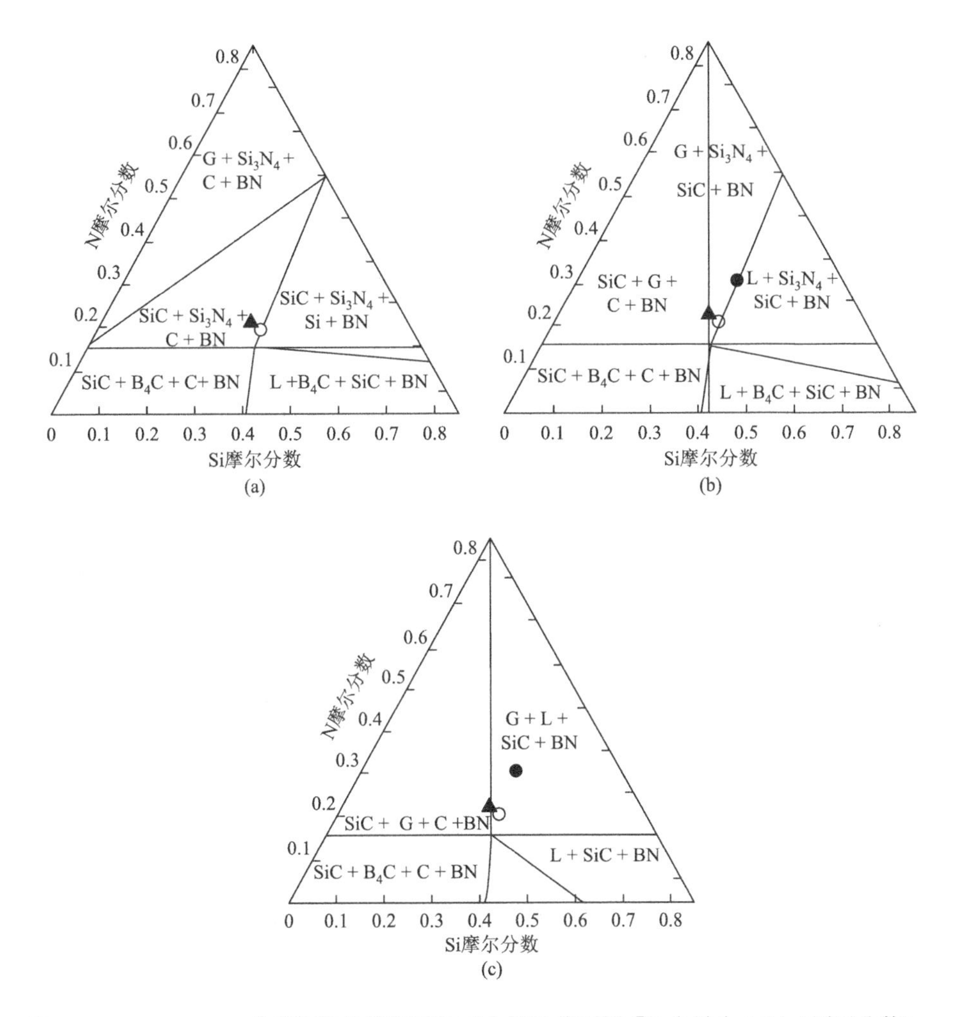

图 1-5 PDCs-SiBCN 非晶陶瓷计算相图的三个等温截面图［B 含量为 15%（原子分数），氮气压强为 0.1MPa］：（a）1673K；（b）1873K；（c）2273K[49]

SiBCN 系亚稳陶瓷及其复合材料具有独特的微观组织结构及良好的高温性能，使其有望在航空、航天、冶金、能源、信息、交通运输、微电子等领域获得广泛应用。对该种材料的研究将有助于加深人们对非晶本质、非晶形成机理、非晶结构特征、析晶机理以及原子扩散等材料热力学和动力学的理解，有助于人

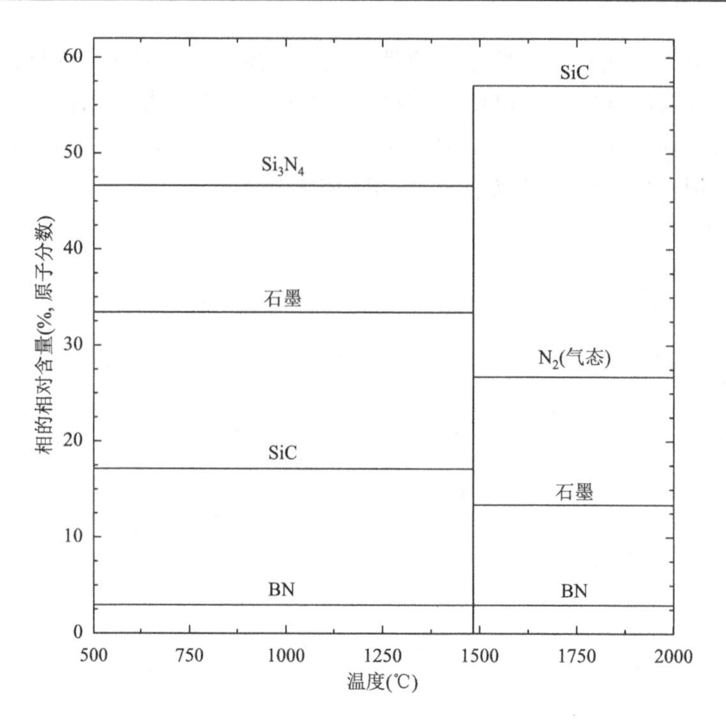

图 1-6 热力学计算 PDCs-$SiB_{0.05}C_{1.5}N$ 陶瓷稳态物相组成随退火温度的变化图[43]

们寻找控制和优化材料组织结构，提高材料性能的理论和方法，具有重要的理论意义和应用价值。理论上可以通过选择不同的单体、多体、聚合物、单质、化合物以及优化合成制备、退火（烧结）工艺来调节陶瓷最终的化学组成，能够从原子、分子水平上调配并优化其微观组织结构，从而可以制备出不同成分、不同微观组织结构的陶瓷，为制备具有特种用途或优异性能的 SiBCN 陶瓷材料提供可能。

1.2 SiBCN 系亚稳陶瓷特点

1.2.1 显微组织结构

PDCs-SiBCN 系亚稳陶瓷材料在 1400℃以下一般具有非晶态结构特征，而随着先驱体结构、合成路径的不同及退火温度的提高，在高于 1400℃时 SiBCN 非晶基体会发生析晶生成晶态相[43-45]，析晶产物由于 Si、B、C 和 N 四种元素原子配比不同而有所变化，但基本形式为纳米 SiC 和/或 Si_3N_4 均匀分布在湍层 BN(C)相（图 1-7）。

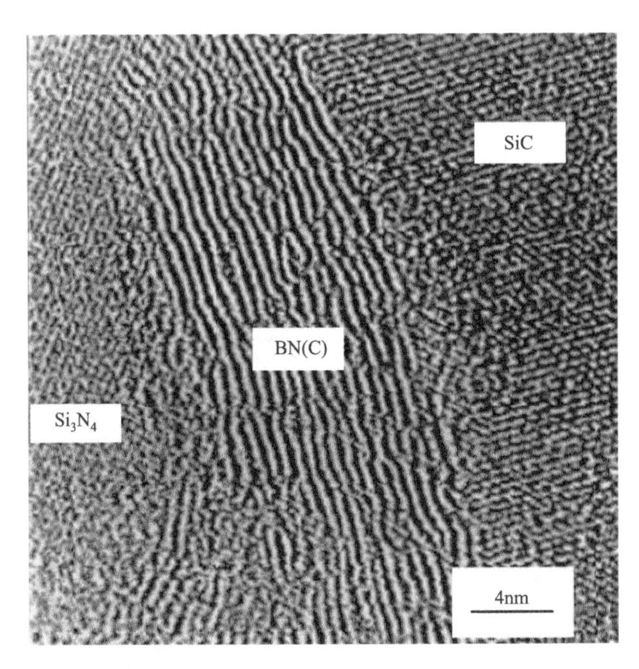

图 1-7　PDCs-SiBCN 非晶陶瓷析晶后纳米 SiC、Si_3N_4 和湍层 BN(C)相微观组织结构[51]

以无机粉体为原料，通过机械合金化获得的 MA-SiBCN（Me）（Me = Al、Zr、Ta、Ti、W、Hf、Nb 等）陶瓷粉体中含有 Si—C、B—N、B—N—C、C—C、C—N、Al—N、Zr—B、Hf—B、Hf—C、Zr—C、Zr—N 等共价键[52-54]。机械合金化制备的 MA-Si_2BC_3N 陶瓷粉体具有良好的非晶态结构，对粉体进行热压烧结（1800～2000℃/40～80MPa/30min/1bar N_2，1bar = 10^5Pa）可得到由纳米 SiC、湍层 BN(C)及少量非晶相构成的致密块体陶瓷材料。其中 SiC 以 β 晶型为主，部分晶体中存在堆积层错、孪晶等缺陷；BN(C)相约几十纳米，无固定形状，具有湍层结构，由不均匀分布的 t-BN、t-C 以及 B 原子掺杂的 t-C 构成；BN(C)与 SiC 相界面不存在低熔点玻璃相或杂质；湍层 BN(C)均匀分布在纳米 SiC 相周围，形成独特的胶囊状结构（图 1-8）[55-57]。基于机械合金化的无机法结合热压/放电等离子体/热等静压/高压等烧结技术制备的 MA-Si_2BC_3N 块体陶瓷稳态组织结构与有机先驱体裂解并经高温处理后得到材料的组织结构相近[57-59]。不同的是由于组织结构受先驱体成分、种类、结构和合成及裂解工艺等影响，采用有机法得到的某些材料中还含有纳米 β-Si_3N_4 相。该系亚稳陶瓷特有的胶囊状结构有效阻碍了原子的短程扩散以及晶粒生长，有利于提高材料的高温性能，尤其是组织结构的高温热稳定性。

MA-SiBCN 系亚稳陶瓷材料的高温热稳定性与热力学和动力学条件有关，当退火（烧结）温度或压强足够高时，非晶态组织将自发向晶态组织转变[55-57]。无

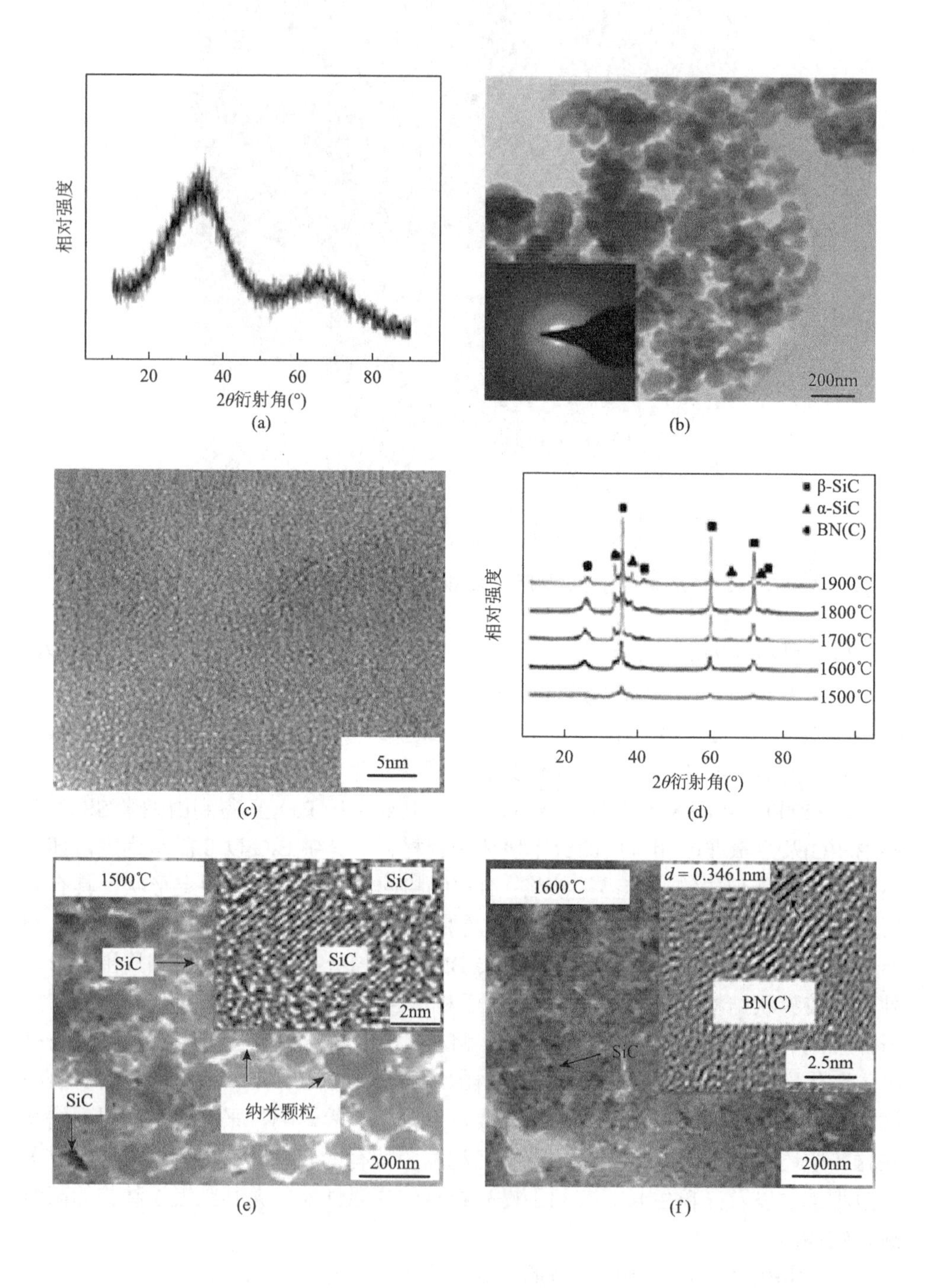

相对强度
20
40
60
80
2θ衍射角(°)
(a)
200nm
(b)
5nm
(c)
β-SiC
α-SiC
BN(C)
1900℃
1800℃
1700℃
1600℃
1500℃
(d)
1500℃
SiC
2nm
纳米颗粒
200nm
(e)
1600℃
d = 0.3461nm
BN(C)
2.5nm
(f)

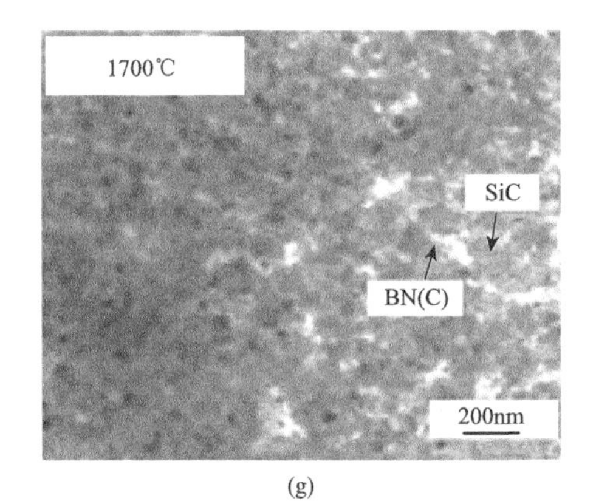

(g)

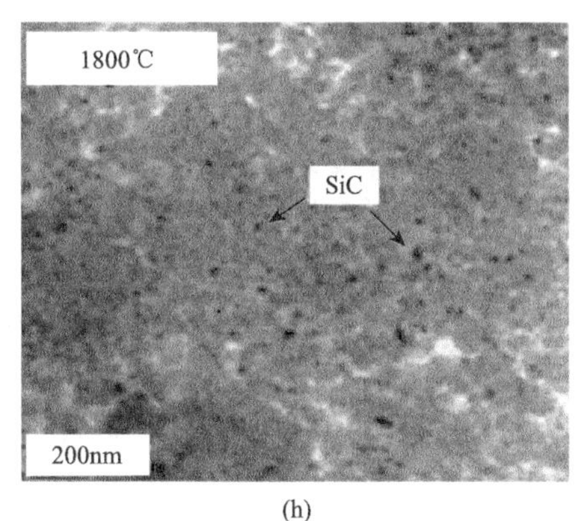

(h)

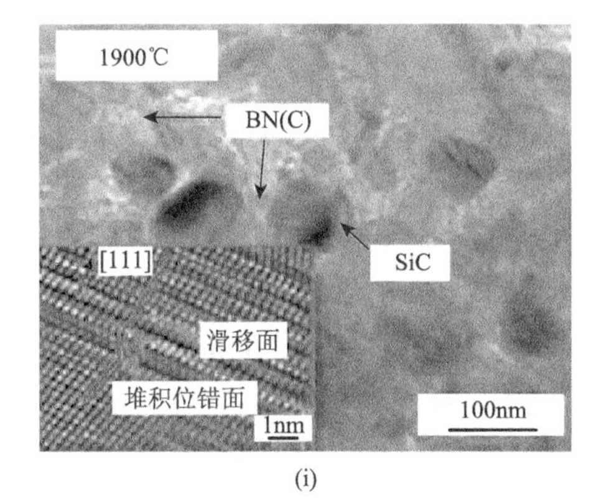

(i)

图 1-8 基于机械合金化的无机法结合热压烧结技术制备 MA-Si_2BC_3N 非晶粉体和纳米晶块体陶瓷的物相组成及显微组织结构：(a) 粉体 XRD 图谱；(b) 粉体 TEM 明场像形貌及相应 SAED 衍射花样；(c) 粉体 HRTEM 精细结构；(d) 块体陶瓷 XRD 图谱；(e) ～ (i) 分别为 1500～1900℃/80MPa/30min/1bar N_2 条件下热压烧结制备块体陶瓷的微观组织结构；(e)中插图为 β-SiC 区域的快速傅里叶变换（FFT）像；(f) 中插图为 BN(C)相高分辨像；(i) 中插图为含有堆垛层错的 β-SiC 晶粒高分辨像[38, 57]

机法制备 MA-Si_2BC_3N 块体陶瓷的平均化学成分大致位于 SiC + BN + C 三相线上，稳态陶瓷应该由上述 SiC、BN 和 C（石墨）三相构成；理论上原料中 B 与 N 原子含量比值等于 1，因此晶化后的稳态组织中不会含有 Si_3N_4 或 B_4C 相，这种热力学计算结果与试验结果一致。然而机械合金化工艺能够向粉体中输入较大的功率，采用高能球磨技术能够合成常规条件下难以制备的合金、过饱和固溶体或其他亚稳态结构；又因为 Si—B、Si—C、Si—N、B—C 及 B—N 的键能相对比较接近（约为 289～448kJ/mol），通过高能球磨工艺制备的 SiBCN 非晶粉体及通过烧结技术制备的块体陶瓷中仍然有可能存在少量上述化学键。

Si_2BC_3N 非晶陶瓷粉体烧结过程中，当温度或压强升高时，原子热振动加剧使系统的内能快速增加。当非晶态组织被加热到一定温度时，能量的升高将使系统变得不稳定，系统将发生无序向有序转变。在这种情况下，有序化转变后系统因内能降低引起的能量减少大于因熵值减小引起的能量增加，从而使系统的自由能下降。因而在一定烧结温度下，非晶组织将自发地发生无序向有序转变。如热压烧结（80MPa/30min/1bar N_2）过程中，低于1500℃烧结的 Si_2BC_3N 陶瓷内部很难观察到纳米晶粒析出，表现出良好的非晶稳定能力；β-SiC 于1500℃开始析出，此时 BN(C)相仍保持非晶态。随着烧结温度的升高，β-SiC 结晶度增大，在1800℃以下，晶粒尺寸大致呈线性增加；高于1800℃烧结，β-SiC 晶粒生长加快。BN(C)相的形核与生长较β-SiC 相滞后，湍层 BN(C)于1600℃开始析出，随着烧结温度的升高，BN(C)晶粒尺寸不断增大，但结晶度无明显变化。α-SiC 于1700℃开始析出，此时陶瓷结晶相由β-SiC、α-SiC 和湍层 BN(C)相构成；在1900℃热压烧结，非晶组织基本完全晶化，β-SiC 与 BN(C)晶粒尺寸增长至约100nm；部分β-SiC 晶体中存在堆垛层错，BN(C)相结晶度不高，仍保持湍层结构，且存在原子排列缺陷。

对陶瓷中析出相β-SiC 平均晶粒尺寸与烧结温度之间的关系曲线进行拟合。结果表明，若非晶粉体在1485℃/80MPa/30min/1bar N_2 条件下进行热压烧结，即可能获得 MA-Si_2BC_3N 非晶块体陶瓷（图1-9）。近来作者团队在国际上率先采用高压低温烧结技术（1000～1200℃/5GPa/30min），对该系非晶粉体进行烧结，1100℃下即可制备出高致密（体积密度高达 2.83g/cm^3）且能保持完全非晶态的 MA-Si_2BC_3N 块体陶瓷（图1-10）。

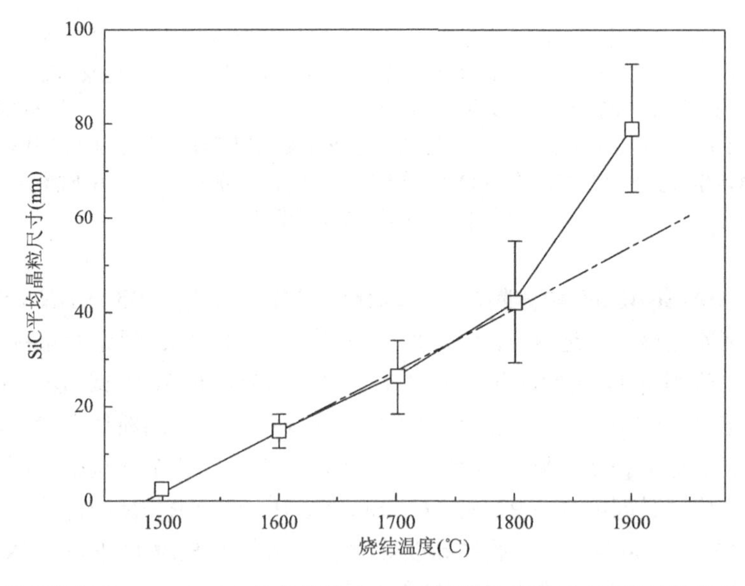

图1-9 热压烧结制备 MA-Si_2BC_3N 块体陶瓷中β-SiC 相平均晶粒尺寸随烧结温度的变化曲线及部分数据的线性拟合结果[57]

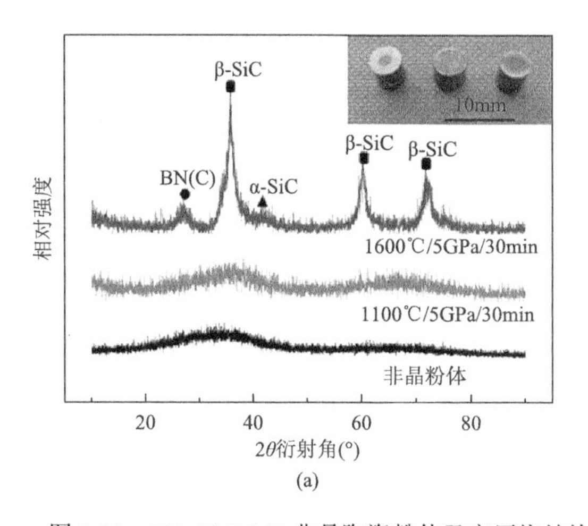

(a)

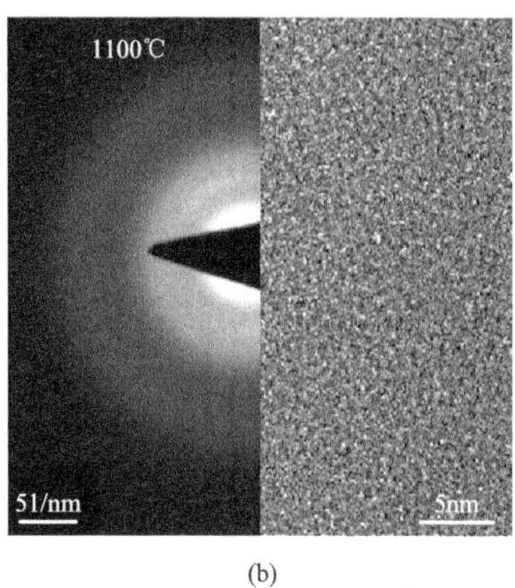

(b)

图 1-10 MA-Si_2BC_3N 非晶陶瓷粉体及高压烧结块体陶瓷的物相组成及显微组织结构：（a）XRD 图谱；（b）1100℃/5GPa 高压烧结制备 Si_2BC_3N 非晶块体陶瓷 HRTEM 精细结构及相应 SAED 衍射花样[59]

1.2.2 力学性能

受材料制备方法限制，有机先驱体裂解制备 PDCs-SiBCN 系亚稳陶瓷只能进行硬度和杨氏模量测试，而对 PDCs-SiBCN 陶瓷纤维的力学性能研究相对较多（表 1-1 和表 1-2）[60-67]。相比于晶态 SiC 和 Si_3N_4 陶瓷，PDCs-SiBCN 非晶陶瓷宏观密度和杨氏模量较低，显微硬度较低。PDCs-SiBCN 非晶陶瓷纤维的室温拉伸强度高达 3～4GPa，杨氏模量约 200～350GPa，该纤维在空气中最高使用温度可达 1500℃，1500℃下该纤维的拉伸强度仍有 2.3GPa，1400℃下纤维的杨氏模量仍能保持室温模量的 80%～90%；该陶瓷纤维的平均热膨胀系数为 $3.5\times10^{-6}K^{-1}$，高温性能远好于 SiC 纤维，完全能够满足第三代喷气发动机制造商的使用要求[60-63]。

表 1-1 PDCs-SiBCN 非晶陶瓷的宏观密度、显微硬度和杨氏模量[64-67]

陶瓷成分	宏观密度（g/cm^3）	显微硬度（GPa）	杨氏模量（GPa）
$Si_3B_3N_7C_5$（非晶态）	1.93	8.5±0.2	91±2
$Si_3B_3N_5C_7$（非晶态）	1.93	14.4±0.2	123±8
$Si_3B_3N_7C_4$（非晶态）	1.92	11.4±0.8	107±8
$Si_3B_3N_5C_5$（非晶态）	1.95	14.5±0.6	127±8
石英玻璃	—	8.9±0.1	72
$SiC_{0.67}N_{0.80}$（非晶态）	—	13.0±2.0	121±10
Si_3N_4（晶态）	3.18～3.20	24.9±0.6	220±10
SiC（晶态）	3.21	35.0±2.0	300±10

表 1-2　不同 Si 基陶瓷纤维力学性能对比[60-63]

性能	SiC	SiCO	SiCTiO	SiN	SiCB	SiBCN	SiBNCO
室温拉伸强度（GPa）	3.0～4.0	3.0	2.9	2.1	3.4～4.8	3.2～4.0	4.0
1500℃拉伸强度（GPa）	—	—	—	—	—	1.5	—
室温杨氏模量（GPa）	300～420	190～250	200	220	430	200～210	400
断裂延伸率（%）	0.6～1.0	—	—	—	—	—	—
热膨胀系数（$\times10^{-6}K^{-1}$）	3.3～4.0	—	—	—	—	—	—
密度（g/cm^3）	2.74～3.1	2.5	2.5	2.4	3.1	1.8	—
直径（μm）	10～14	10～20	8～12	—	8～10	10～12	～10

基于机械合金化的无机法结合热压烧结制备的 MA-Si_2BC_3N 块体陶瓷的室温抗弯强度多在 300～400MPa 范围内，断裂韧性约 3～5MPa·$m^{1/2}$，与无压烧结或反应烧结制备 SiC 陶瓷接近，而杨氏模量只有 130～150GPa，约为后者的 1/3，有利于该体系陶瓷材料抗热震性能的提高[57, 68]。提高 Si/C 比，MA-SiBCN 系亚稳陶瓷材料中 SiC 相含量增多，当 Si/C = 3/4 时，块体陶瓷的室温抗弯强度、杨氏模量、断裂韧性和硬度均有所提高，分别为 511.5MPa，157.3GPa，5.64MPa·$m^{1/2}$ 和 5.9GPa。热压烧结气氛对材料的性能影响较大，在 N_2 和 Ar 气氛中烧结 MA-Si_2BC_3N 陶瓷时，材料的抗弯强度分别为 526MPa 和 422MPa，推测可能是 N_2 气氛抑制了材料的分解，使材料更为致密，从而提高了材料的力学性能。

引入适量 Al、Zr、Mo、Zr-Al、AlN_p、ZrO_{2p}、ZrB_{2p}、ZrC_p、HfB_{2p} 和 MgO_p-ZrO_{2p}-SiO_{2p}（MZS）等能显著改善该体系陶瓷力学性能[57, 68-74]。其中 ZrO_{2p} 的强化效果最佳，MZS 的韧化效果最为理想，MA-$Si_2BC_3NAl_{0.6}$ 陶瓷材料的强度、断裂韧性和杨氏模量分别达到（500.1±81.2）MPa、（4.80±0.03）MPa·$m^{1/2}$ 和（232.2±7.4）GPa；热压烧结过程中 N_2 气氛可以有效抑制 MA-SiBCN 块体陶瓷的分解，其体积密度、抗弯强度、杨氏模量及断裂韧性均比在 Ar 气氛烧结的块体陶瓷相应性能高；超高温组分的引入，降低了复合材料的致密度，但相应提高了该体系陶瓷的室温力学性能。此外，高压烧结制备 MA-Si_2BC_3N 块体陶瓷的纳米硬度（20～30GPa）和杨氏模量（220～300GPa）均得到显著性提高（表 1-3）[75, 76]。

表 1-3　基于机械合金化的无机法结合热压/放电等离子体/热等静压/高压等烧结技术制备 MA-SiBCN 系亚稳陶瓷及其复合材料的体积密度和力学性能[57, 68-74]

材料成分	密度（g/cm^3）	抗弯强度（MPa）	杨氏模量（GPa）	断裂韧性（MPa·$m^{1/2}$）	硬度（GPa）	断裂方式
SiBCN①	2.12～2.82	66.3～423.4	30.6～139.4	1.25～3.09	2.4～5.7	脆断
SiBCN②	2.64～2.83	—	220.0～291.0	3.60～4.25	20.0～29.4	脆断

续表

材料成分	密度（g/cm^3）	抗弯强度（MPa）	杨氏模量（GPa）	断裂韧性（$MPa·m^{1/2}$）	硬度（GPa）	断裂方式
SiBCN③	2.52～2.76	331.0～459.5	120.0～139.4	3.28～4.77	5.7～11.0	脆断
SiBCN④	2.49～2.84	200.0～511.0	133.0～220.0	2.80～5.64	1.5～6.0	脆断
SiBCN-Zr	3.22～4.08	202.0～400.0	142.1～252.4	2.34～3.16	3.3～9.6	脆断
SiBCN-Al	2.77～2.90	422.0～527.0	174.0～222.0	3.40～5.25	11.6～12.7	脆断
SiBCN-(Zr-Al)	2.70-2.75	480.1～590.2	120.4～122.6	4.93～5.60	5.2～5.8	脆断
SiBCN-ZrC_p	2.33～2.64	153.9～229.5	113.4～141.7	1.96～2.25	2.5～3.4	脆断
SiBCN-ZrB_{2p}⑤	2.82～3.53	315.0～411.0	133.0～172.0	3.50～5.10	3.1～7.8	脆断
SiBCN-ZrB_{2p}⑥	2.78～2.99	512.3～559.6	163.6～178.9	6.71～6.77	5.2～5.7	脆断
SiBCN-HfB_{2p}	3.29～4.91	158.2～176.1	173.5～270.1	3.88～4.17	6.9～7.2	脆断
SiBCN-(TiB_{2p}-TiC_p)	2.03～2.80	158.4～311.2	76.1～141.3	1.85～3.92	1.5～7.7	脆断
SiBCN-ZrO_{2p}	2.83	575.4±73.7	159.2±21.7	3.67±0.01	6.7±0.7	脆断
SiBCN-AlN_p	2.74	415.7±147.3	148.4±8.3	4.08±1.18	6.4±1.2	脆断
SiBCN-MZS	2.78	394.2±41.7	152.9	5.86±0.06	8.3±0.6	脆断
SiBCN-C_f	1.88～2.18	30.4～70.5	20.3～55.6	2.24～2.38	0.9～2.3	伪塑性
SiBCN-(C_f-ZrO_{2p})	2.39	112.4±12.1	111.1±23.3	2.94±0.25	—	伪塑性
SiBCN-SiC_f	2.35～2.57	70.2～284.3	64.1～183.5	1.04～3.66	—	脆断
SiBCN-SiC_f/(BN)	2.62～2.70	149.4～208.0	92.9～114.3	2.50～3.92	—	脆断
SiBCN-(C_f-SiC_f)	2.24	97.2±2.6	83.8±2.5	3.51±0.22	—	脆断
SiBCN-(C_f-SiC_f)/(BN)	2.18	69.2±8.5	72.9±8.3	2.60±0.21	—	伪塑性
SiBCN-(C_f-SiC_f)/裂解碳	2.04	59.4±5.1	54.0±5.0	2.04±0.31	—	伪塑性
SiBCN-graphene	2.17～2.45	135.3～196.6	94.6～150.1	3.04～5.40	2.4～5.4	脆断
SiBCN-MWCNTs	2.58	462±50	115±2	5.54±0.6	5.1±0.2	脆断
SiBCN-MWCNTs/(SiC)	2.58～2.61	390.9～532.1	111.6～144.0	5.54±6.66	—	脆断

注：①热压烧结；②高压烧结；③热等静压烧结；④放电等离子烧结；⑤原位生成 ZrB_{2p}；⑥引入纳米 ZrB_{2p}；graphene 石墨烯

MA-SiBCN 系亚稳陶瓷在室温下承载时表现出脆性断裂特征，引入 C_f 后，C_f/Si_2BC_3N 复合材料表现出伪塑性断裂行为，这有利于提高其抗热震性能，对烧蚀防热材料在剧烈热震环境中的应用具有重要意义[73, 74]。在此基础上，引入第二相 ZrO_{2p}，有效减弱了纤维与陶瓷颗粒之间的扩散粘连，促进烧结致密化的同时，保证了纤维的拔出和桥连作用[57]。SiC_f 的引入并未提高 MA-Si_2BC_3N 块体陶瓷的断裂韧性，SiC_f/Si_2BC_3N 复合材料仍为脆性断裂。然而 SiC_f 表面涂覆 BN 弱界面涂层后，有效降低了纤维与陶瓷基体之间的结合强度，断裂韧性得到显著改善，其增韧机制主要包括纤维拔出及裂纹偏转，复合材料仍然为脆性断裂。陶瓷基体中同时引入 C_f 和 SiC_f，降低了材料的致密度和室温力学性能，但复合材料表现出脆断特点，在纤维表面同时涂覆裂解碳或 BN 弱界面涂层后，两种复合材料力学性能反而下降，但仍表现出伪塑性断裂特征。

1.2.3　抗氧化性能与氧化动力学

1. SiBCN 系亚稳陶瓷的氧化机制

1）MA-SiBCN 系亚稳陶瓷氧化产物

引入金属 Al 或 AlN_p 后，氧化热力学计算（标准大气压，300～1800K）结果表明，纳米陶瓷发生氧化时，除 BN(C)相外，AlON、AlN 和 β-SiC 相依次发生氧化，最终形成的氧化产物主要由非晶 SiO_2（和极少量方石英）、莫来石和石墨组成[71]。ZrB_{2p}/Si_2BC_3N 复相陶瓷发生氧化时，材料中 ZrB_2、SiC、BN(C)相依次发生氧化，最终氧化产物由 $ZrSiO_4$、少量 ZrO_2、非晶 SiO_2 和方石英组成[70]。引入 HfB_{2p} 后，复相陶瓷材料中高温组分 HfB_2 和 HfC［由 HfB 与 BN(C)相反应生成］优先氧化，氧化层物相组成为方石英、HfO_2 和 $HfSiO_4$。ZrC_p/Si_2BC_3N 复相陶瓷氧化时，氧化产物由 $ZrSiO_4$、ZrO_2、非晶 SiO_2 和方石英组成，热力学计算结果表明，ZrC 优先发生氧化[69]。引入 TiB_{2p} 和 TiC_p，1500℃氧化不同时间后复相陶瓷氧化产物主要为非晶 SiO_2、方石英和金红石[76]。加入烧结助剂 MZS 后，MA-Si_2BC_3N 陶瓷 1500℃氧化产物为方石英和 ZrN。

无机法制备的 MA-Si_2BC_3N 块体陶瓷在流动干燥空气条件下 1500℃氧化后氧化层为双层结构[68, 75, 77]。热压烧结制备的 MA-Si_2BC_3N 块体陶瓷氧化层与陶瓷基体结合良好，氧化层结晶程度不高，主要由非晶 SiO_2 和少量方石英组成（图 1-11）。1800℃放电等离子烧结制备的 MA-Si_2BC_3N 块体陶瓷氧化层为双层结构，外层疏松多孔，富集 Si 和 O，致密内层主要含有 Si、O、C 及少量 B、N 元素（图 1-12）。

高压烧结制备 MA-Si_2BC_3N 非晶块体陶瓷具有优越的高温抗氧化性能，最外层为高 N 含量的致密非晶二氧化硅，最内层较为疏松多孔（图 1-13）。该氧化层结构有效阻碍了氧元素向材料内部的进一步扩散，延缓了氧化进程，可以满足 1700℃含氧条件的使用要求[78]。PDCs-SiBCN 系亚稳陶瓷，其氧化层为双层或多层结构，与陶瓷的平均化学成分有关（图 1-14 和图 1-15）。例如，PDCs-$SiBC_{0.8}N_{2.3}$ 陶瓷纤维在 1500℃干燥流动空气中氧化 2h 后，氧化产物由外向内分别为方石英、非晶 SiO_2 和 SiBCNO(BN)，而 PDCs-$SiBCN_3$ 陶瓷纤维在 1500℃干燥流动空气中氧化 50h 后氧化层结构由 SiO_2/BN(O)组成[60, 79]。

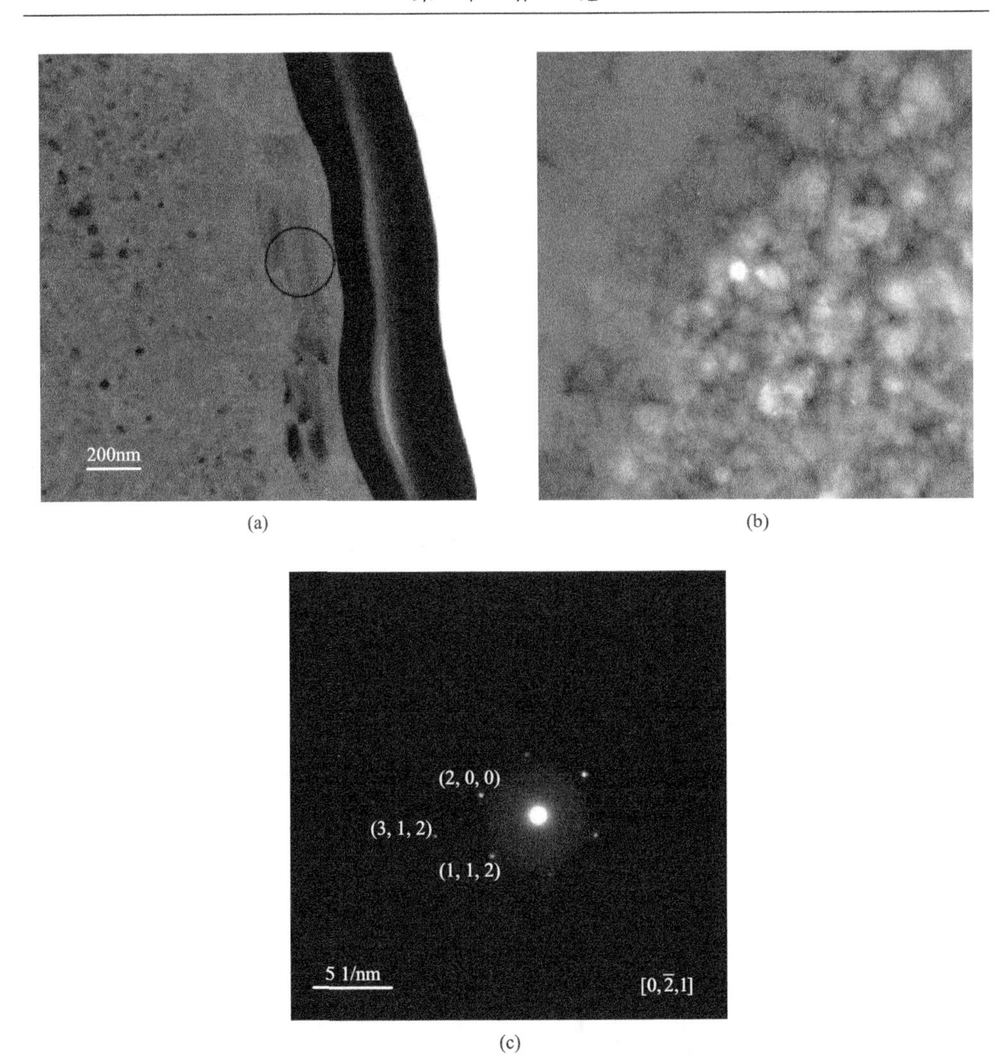

图1-11 热压烧结制备的MA-Si_2BC_3N块体陶瓷在1300℃干燥流动空气中氧化1h后透射电镜分析：（a）氧化层TEM明场像形貌；（b）氧化层STEM形貌；（c）氧化层SAED衍射花样[75]

2）MA-SiBCN系亚稳陶瓷氧化动力学

采用不同机械合金化工艺制备MA-Si_2BC_3N非晶粉体（粒径小于0.1μm）的氧化激活能分别为211.2kJ/mol（一步法：C-Si，h-BN，石墨三种原料同时球磨20h）和561.3kJ/mol［两步法：C-Si和石墨（摩尔比为1∶1）球磨15h后加入剩余的BN和graphite再球磨5h］[30]，显著高于平均粒径约为0.2μm SiC粉体的氧化激活能（82.6kJ/mol）和Si_3N_4粉体的氧化激活能（低于100kJ/mol）。但是掺杂Al后，MA-Si_2BC_3N陶瓷粉体的抗氧化性能有所降低[71]，然而粒径约为100nm的MA-SiBCNAl系非晶粉体的氧化激活能约150～220kJ/mol，依然高于同等粒

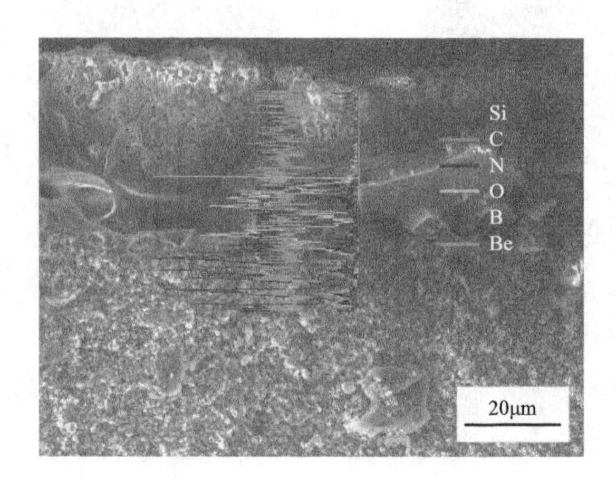

图 1-12 1800℃放电等离子烧结制备的 MA-Si_2BC_3N 块体陶瓷经 1200℃干燥空气中氧化 85h 后截面 SEM 氧化层结构及相应元素线扫描分析[68]

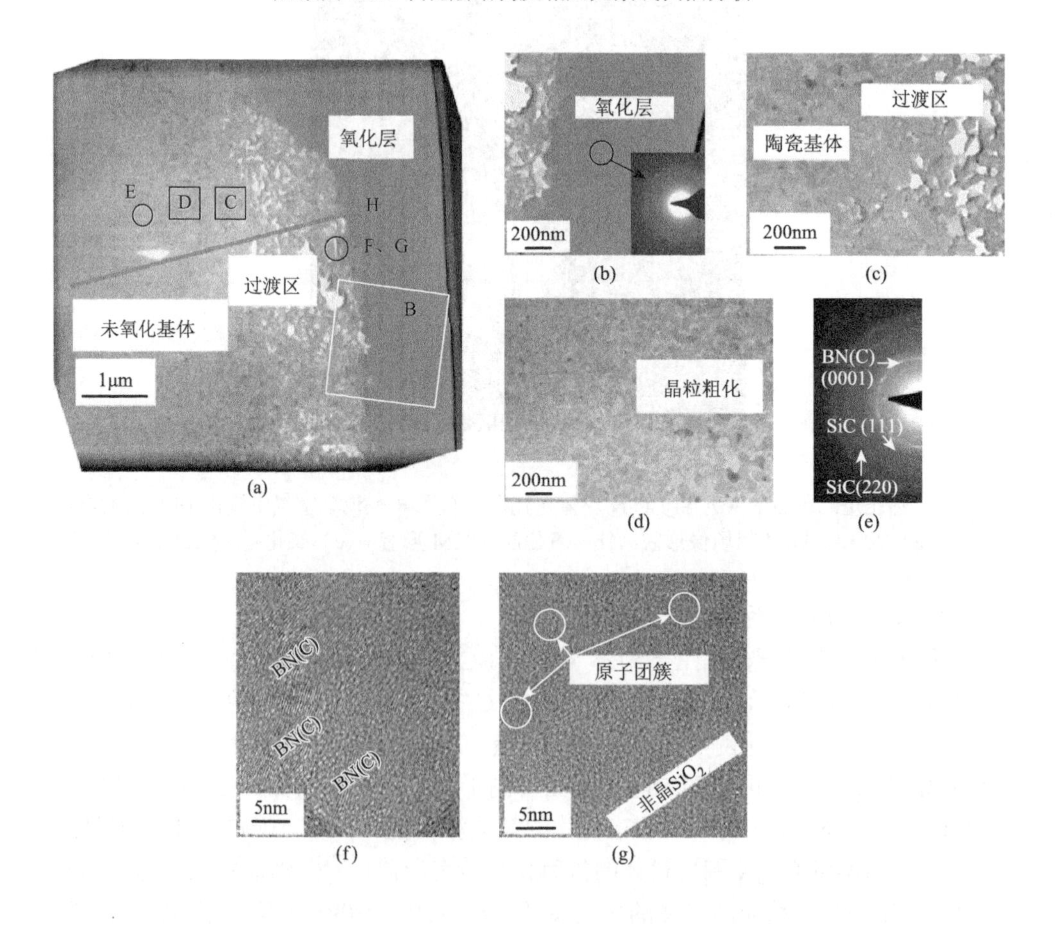

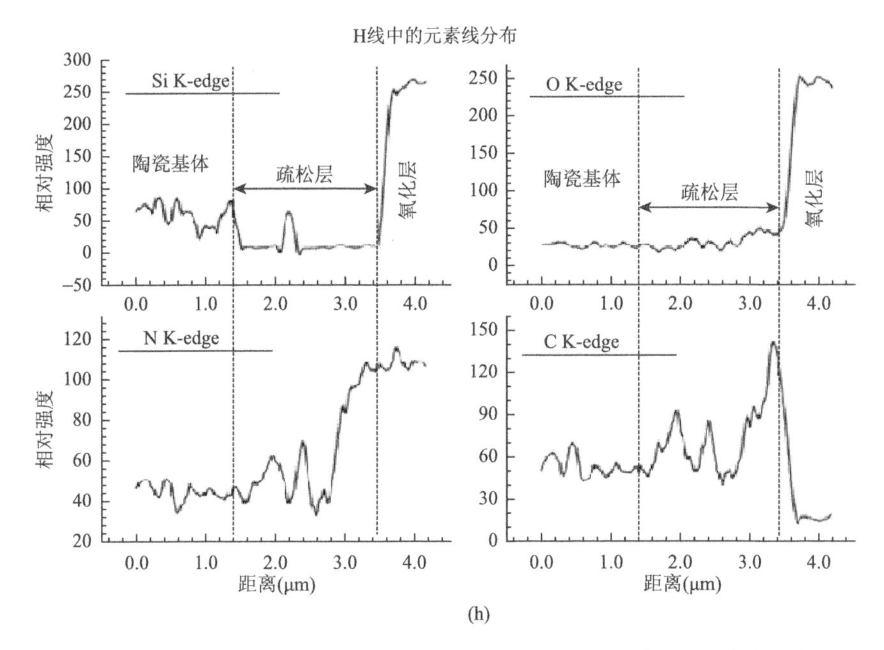

图 1-13 高压烧结制备 MA-Si_2BC_3N 非晶块体陶瓷在 1700℃干燥流动空气条件下氧化 8h 后氧化层结构分析：（a）FIB 切片 TEM 明场像形貌；（b）最外层氧化层［（a）图 B 区域］明场像形貌及相应 SAED 衍射花样；（c）次外层氧化层［（a）图 C 区域］明场像形貌；（d）非晶陶瓷基体［（a）图 D 区域］发生析晶和粗化；（e）陶瓷基体［（a）图 E 区域］SAED 衍射花样；（f），（g）F、G 界面处 HRTEM 精细结构；（h）沿着 H 直线元素线扫描结果[77]

径 SiC 和 Si_3N_4 粉体氧化激活能（低于 100kJ/mol），但已显著低于 MA-Si_2BC_3N 非晶陶瓷粉体的氧化激活能。

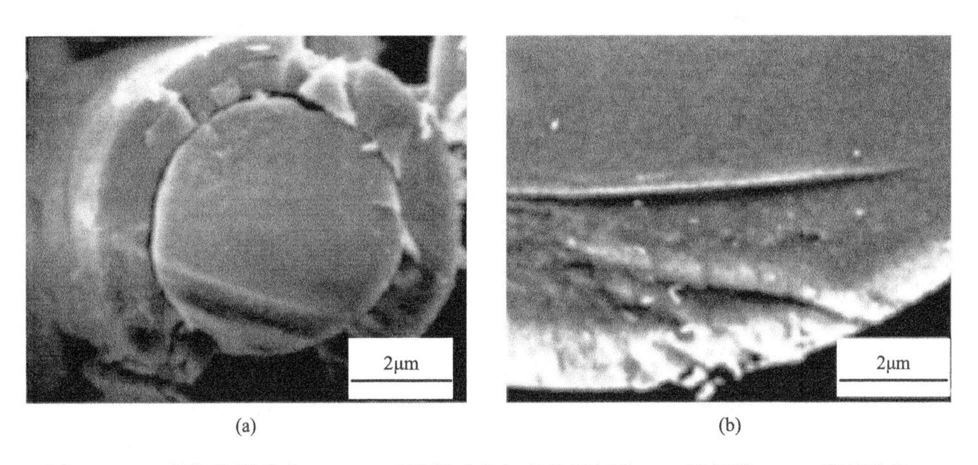

图 1-14 两种陶瓷纤维在 1500℃干燥流动空气条件下氧化 50h 后纤维 SEM 截面形貌：（a）HiNicalon SiC 纤维；（b）PDCs-$SiBCN_3$ 纤维[60]

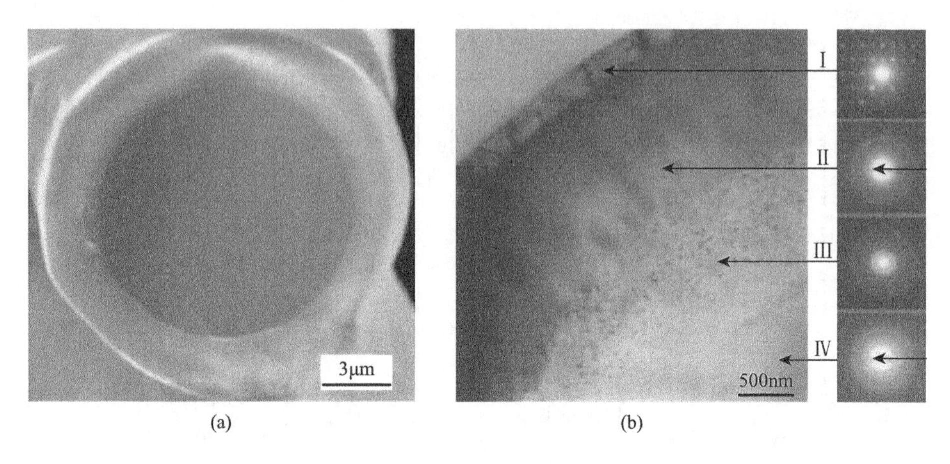

图 1-15　PDCs-$SiBC_{0.8}N_{2.3}$ 非晶陶瓷纤维在 1500℃干燥流动空气条件下氧化 2h 后氧化层结构：（a）SEM 截面形貌；（b）TEM 明场像形貌及相应 SAED 衍射花样[79]

Al 含量和铝源均会影响 MA-Si_2BC_3N 陶瓷的抗氧化性能。对于 MA-SiBCNAl 系非晶粉体，随着 Al 含量增加，其氧化激活能从 220kJ/mol 降低至 150kJ/mol，抗氧化性能降低；相同 Al 含量 MA-$Si_2BC_3N_{1.6}Al_{0.6}$（以 AlN_p 为铝源）陶瓷粉体的氧化激活能（189.0kJ/mol）比 MA-$Si_2BC_3NAl_{0.6}$（以 Al 粉为铝源）粉体的氧化激活能（177.5kJ/mol）稍高，具有更优异的抗氧化性能[71]。在 1500℃干燥流动空气中，相同氧化时间条件下，MA-$Si_2BC_3N_{1.6}Al_{0.6}$ 块体陶瓷的单位面积质量变化比相同 Al 含量的 MA-$Si_2BC_3NAl_{0.6}$ 块体陶瓷小，但两者均比 MA-Si_2BC_3N 块体陶瓷单位面积质量变化大；1400℃氧化 80h 后两者分别增重 0.58mg/cm^2 和 0.70mg/cm^2，前者氧化层较薄，抗氧化性能更优异（图 1-16）。放电等离子烧结制备 MA-SiBCN 系块体陶瓷中 β-SiC 相的相对含量越高，氧化层越致密，材料抗氧化能力越强。高压烧结制备 MA-Si_2BC_3N 非晶块体陶瓷在 1500～1600℃干燥流动空气中氧化，氧化层厚度随保温时间变化曲线大致符合抛物线规律，氧化动力学常数分别为 32.5μm^2/h 和 86.1μm^2/h，在 1500～1600℃/0.5～16h 氧化条件下，MA-Si_2BC_3N 非晶块体陶瓷的氧化激活能约为 116kJ/mol；1700℃氧化 1～4h，氧化层膜厚与氧化时间关系近似符合抛物线规律，4h＜t＜8h 时，氧化行为遵循直线法则，t＞8h 时两者无规律可循（图 1-17）[59]。在此需要指出，1700℃/16h 条件下非晶块体陶瓷表面发生严重氧化损伤，导致氧化层凹凸不平。因此，在 1500℃和 1600℃条件下，MA-Si_2BC_3N 非晶陶瓷的氧化速率主要由氧气在氧化膜中的扩散速率控制；而在 1700℃下，氧化速率大小受氧在氧化膜中的扩散速率和界面反应速率的双重影响。

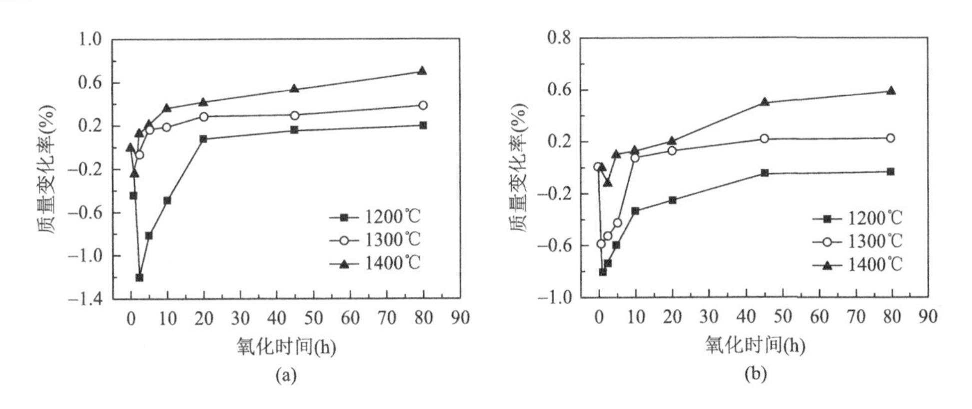

图1-16 热压烧结制备的相同Al含量MA-SiBCNAl块体陶瓷在流动空气中的氧化动力学曲线：（a）$Si_2BC_3NAl_{0.6}$（以Al粉为铝源）；（b）$Si_2BC_3N_{1.6}Al_{0.6}$（以AlN_p为铝源）[71]

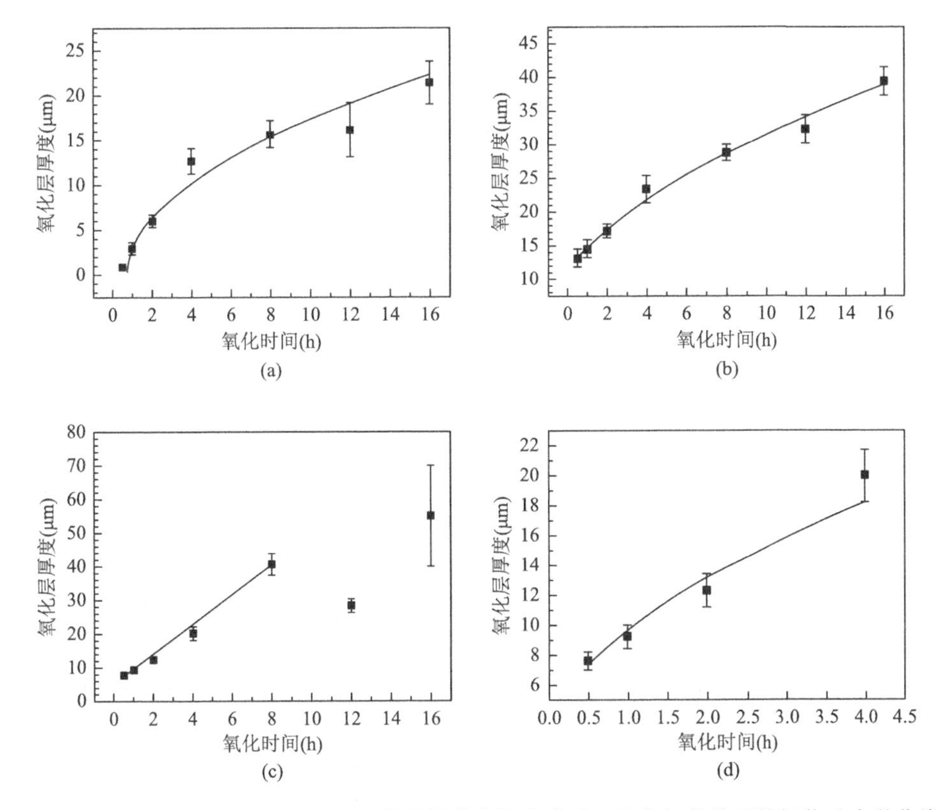

图1-17 高压烧结制备MA-Si_2BC_3N非晶块体陶瓷在流动干燥空气条件下的氧化动力学曲线：（a）1500℃/≤16h；（b）1600℃/≤16h；（c）1700℃/≤16h；（d）1700℃/≤4h[59]

相同氧化条件下（干燥流动空气，1100～1500℃，10h），热压烧结制备的MA-Si_2BC_3N、MA-SiC以及MA-SiC/BN块体陶瓷的氧化动力学常数k_p如表1-4

所示。低于 1300℃时，MA-Si_2BC_3N 块体陶瓷与 MA-SiC 陶瓷具有相近的抗氧化性能；前者氧化过程中可以生成流动性较好的硼硅酸盐玻璃，氧化层较薄，可以有效降低陶瓷基体的氧化速率。高于 1300℃，MA-Si_2BC_3N 陶瓷的抗氧化性能优于 MA-SiC/BN 陶瓷，但比 SiC 陶瓷抗氧化性能稍差；高温下 B_2O_3 挥发破坏了连续致密的氧化层，提高了氧原子在氧化层中的扩散速率，使得 MA-Si_2BC_3N 和 MA-SiC/BN 块体陶瓷氧化层厚度急剧增加。MA-Si_2BC_3N 非晶块体陶瓷氧化过程中 ^{16}O 与氧化层的相互作用占主导地位，氧主要以晶格扩散方式通过氧化层向内传输，实现氧化层向内生长，即通过置换 SiO_2 晶格中的氧原子来实现向内扩散；而 SiC 的氧化过程中氧元素以氧分子扩散为主。

表 1-4　热压烧结制备 MA-SiC、MA-Si_2BC_3N、MA-SiC/BN 三种块体陶瓷在 1100～1500℃流动干燥空气条件下的氧化动力学常数 k_p[80]

陶瓷种类	温度（℃）	氧化动力学常数 k_p（$\mu m^2/h$）
MA-SiC	1100	0.383
	1300	1.17
	1500	1.10
MA-Si_2BC_3N	1100	0.410
	1300	0.827
	1500	11.7
MA-SiC/BN	1100	0.240
	1300	0.937
	1500	36.2

表 1-5 列出了部分 SiC 以及 SiBCN(Al)陶瓷的氧化动力学常数以及氧化激活能。硼、铝的添加以及化学气相沉积（CVD）SiC 中残余的自由 Si 均能使（某一温度范围内）氧化速率增加。化学气相沉积 SiC 薄膜在 1550～1675℃干燥氧气中氧化时，SiO_2 结晶析出改变了氧在氧化层中的扩散速率，从而出现了分段式的抛物线氧化行为曲线。SiC 块体陶瓷在 1200～1500℃干燥氧气中氧化，其氧化动力学曲线先遵循线性关系，后遵循抛物线关系变化。氧化层的析晶使氧化激活能由 120kJ/mol（≤1400℃）增加到 300kJ/mol（>1400℃）。

表 1-5　SiBCN 系亚稳陶瓷与 SiC 陶瓷氧化动力学常数及氧化激活能对比[59, 81, 82]

陶瓷种类	制备方法	氧化条件	氧化动力学常数 k_p（$\mu m^2/h$）	氧化激活能 E（kJ/mol）
Si_2BC_3N 块体	机械合金化＋高压烧结	1500℃/16h/干空气	32.5	116
		1600℃/16h/干空气	86.1	

续表

陶瓷种类	制备方法	氧化条件	氧化动力学常数 k_p ($\mu m^2/h$)	氧化激活能 E (kJ/mol)
SiBCN 颗粒	先驱体裂解	1500℃/100h/空气	0.06	—
SiBCNAl 颗粒	先驱体裂解	1500℃/16h/干 O_2	0.57	—
SiC/SiBCN 块体	先驱体裂解＋热压烧结	1400℃/2h/空气	0.36	87
		1500℃/2h/空气	0.65	
SiC 块体	热压烧结	1400℃/100min/空气	0.07	155～498
		1500℃/100min/空气	0.54	
SiC 块体	热压烧结	1400℃/24h/干 O_2	0.07	120
		1500℃/24h/干 O_2	0.2	300
SiC 薄膜	CVD	1400℃/100h/干 O_2	0.06	118
		1500℃/100h/干 O_2	0.1	
SiC 薄膜	CVD	1550～1675℃/O_2	—	345～387

化学成分会明显影响 SiBCN 系亚稳陶瓷的氧化动力学过程[59, 60, 79]。PDCs-$Si_{2.72}BC_{4.51}N_{2.69}$和 PDCs-$Si_{3.08}BC_{4.39}N_{2.28}$非晶陶瓷在 1500℃的氧化动力学曲线均遵循抛物线规律，而 PDCs-$Si_{4.46}BC_{7.32}N_{4.40}$非晶陶瓷高温氧化行为并不遵循抛物线法则。PDCs-$SiB_{0.37}C_{1.6}N_{1.1}Al_{0.13}$非晶陶瓷的氧化层增长速率比 PDCs-SiBCN 非晶陶瓷高，但是具有更优的抗氧化性能，这表明低的氧化层增长速率也许不是高抗氧化能力的必要条件，材料在氧化过程中的衰退速率更能真实有效地评价其抗氧化性能。采用先驱体裂解法制备 PDCs-SiBCN 非晶陶瓷的抗氧化性能，由于颗粒形貌不规则，早期获得的氧化动力学常数偏低。若将 PDCs-SiBCN 非晶粉体经过温压成形再次裂解氧化后，其抗氧化性能大大降低，这是由于粉体颗粒的桥接界面（可认为伪晶界）为氧化气体提供了扩散通道。化学气相沉积法制备的 SiC 薄膜在 1550～1675℃干燥空气中的氧化行为由氧在氧化层中的扩散速率决定，而高温下非晶二氧化硅的析晶使得 CVD SiC 出现了分段式的抛物线氧化行为[81]。热压烧结制备的 SiC 块体陶瓷在 1200～1500℃干燥空气中的氧化行为符合直线-抛物线规律，氧化层的析晶使得其氧化激活能从 120kJ/mol（≤1400℃）提高到 300kJ/mol（>1400℃）[82]。无机法制备的 MA-Si_2BC_3N 陶瓷在 1500～1600℃具有较高的氧化速率和低的氧化激活能，但在更高氧化温度下表现出良好的抗氧化性能。

需要指出的是，材料的性质如化学成分、结晶度、致密度、纯度以及氧化条件（如温度、时间、氧化气氛及其湿度、流量、氧分压、升降温速率）等都会影响陶瓷材料的氧化行为。多种因素耦合作用导致目前报道的氧化行为存在很大的差异，经典氧化理论无法对此作出合适解释。无机法制备 MA-SiBCN 系亚稳陶瓷呈现出特殊的氧化行为（高氧化速率、优良抗氧化性能）及氧化层结构（氧化层产物、化学成分复杂），具体原因需进一步研究。

2. SiBCN 系亚稳陶瓷及其复合材料的抗氧化性能

无机法制备的 MA-SiBCN 系亚稳陶瓷在干燥和潮湿空气中均表现出优异的抗氧化性能[68, 75]。在流动干燥空气中，1200℃氧化 85h 后，放电等离子体烧结制备的 MA-Si_2BC_3N 块体陶瓷表面氧化层厚度小于 10μm。在潮湿空气（绝对湿度为 0.816g/cm^3）中，块体陶瓷氧化速率明显加快，1050℃氧化 85h 后，氧化层厚度达到 200μm。

ZrO_{2p}、AlN_p、ZrC_p、ZrB_{2p}、HfB_{2p}、TiB_{2p}-TiC_p、MCNTS、石墨烯、MZS 等第二相添加剂均会显著影响该体系亚稳陶瓷抗氧化性能，其中 ZrO_{2p} 和 AlN_p 使 MA-Si_2BC_3N 块体陶瓷抗氧化性能显著降低[57]。引入 ZrO_{2p} 后 Si_2BC_3N 陶瓷基体在 1000℃时即发生明显氧化，1200℃时开始快速氧化，在距离氧化层表面下方约 100μm 处出现大量气孔；与 MA-Si_2BC_3N 和 ZrO_{2p}/Si_2BC_3N 复相陶瓷相比，相同氧化条件下，AlN_p/Si_2BC_3N 复相陶瓷氧化损伤更为严重；烧结助剂 MZS 在一定程度上提高了 Si_2BC_3N 陶瓷基体的抗氧化性能，在 1500℃氧化 10h 后氧元素扩散深度大致为 10～20μm。加入高温组分 ZrC_p、ZrB_{2p}、HfB_{2p}、TiB_{2p}-TiC_p 后，复合材料的抗氧化性能大幅度下降[68, 69, 72]；同样，石墨烯的引入大幅度削弱了 Si_2BC_3N 陶瓷基体的高温抗氧化性能，复合材料的氧化行为由氧在氧化层/陶瓷基体界面处反应速率决定，在动力学曲线上表现为线性方程特征[83]。

1.2.4 高温蠕变性能与蠕变机理

PDCs-SiBCN 系亚稳陶瓷高温压缩蠕变时，非晶组织在温度、载荷和时间耦合作用下发生分解和析晶，同时伴随着气体的释放（N_2、NO 和 NO_x）和体积的收缩。在 1400℃/5MPa 温度载荷耦合作用下，经过 270h 后，PDCs-SiBCN 非晶陶瓷产生了约 1.4%的体积收缩，而 PDCs-SiBCN 纳米晶陶瓷收缩量<0.1%，几乎可以忽略不计（图 1-18），说明纳米晶态组织相比非晶更稳定，高温蠕变抗力更大[84-86]。

在不同载荷或不同温度下进行压缩蠕变试验时，非晶态和纳米晶态材料的蠕变速率都随时间的增加而逐渐降低，并且直到 270h 仍然没有出现类似于常规材料的稳态蠕变现象，即 PDCs-SiBCN 系亚稳陶瓷具有较优越的抗蠕变能力。蠕变速率的降低现象与传统材料的初始蠕变阶段类似，可以用牛顿指数定律来描述。对于 PDCs-SiBCN 非晶陶瓷，蠕变过程分 2 个阶段。在第 1 个阶段，不同温度下的蠕变曲线相互平行，蠕变激活能约为（0.23±0.04）MJ/mol；在第 2 个阶段，不

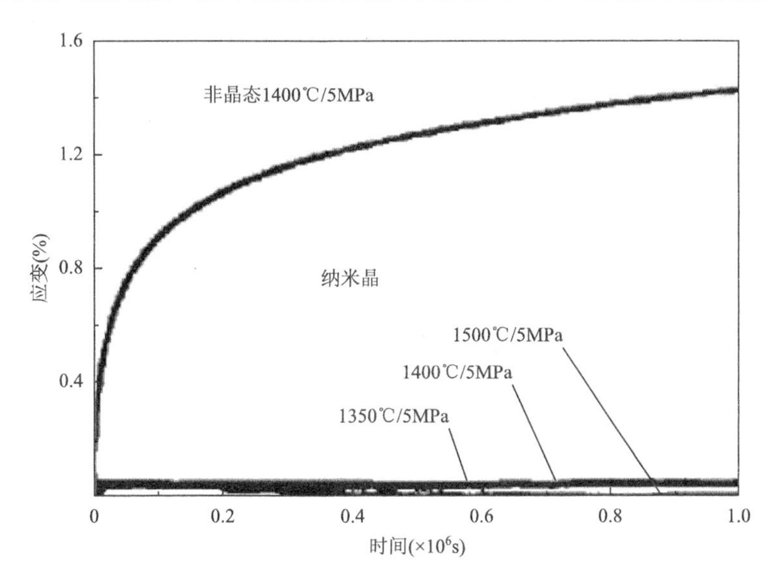

图 1-18　PDCs-$Si_{3.0}B_{1.0}C_{4.3}N_{2.0}$ 非晶和纳米晶陶瓷材料在不同温度 5MPa 载荷作用下应变随时间的变化曲线[85]

同温度下的蠕变速率变得基本相等，材料在高温蠕变时的黏度随着时间的增加而增大，在不同温度或压强下测试 200h 后，黏度都大于 10^{15}Pa·s，远大于相同条件下熔石英的黏度。对于纳米晶态组织，蠕变速率受温度的影响较大，在 1350～1500℃时材料的蠕变激活能为（98±12）kJ/mol，比非晶态陶瓷的激活能要低，推测蠕变机制可能是固态扩散控制的热激活机制，计算得到的材料高温黏度随着时间的延长而增大。

热压烧结 MA-SiBCN 系亚稳陶瓷中各原子的自扩散系数很低，不含低熔点晶界相，在真空中表现出优异的高温抗蠕变性能[57]。测试温度为 140～1600℃，应力为 100～150MPa 条件下，热压烧结制备的 MA-Si_2BC_3N 纳米晶陶瓷经 3h 的减速蠕变阶段之后进入稳态蠕变阶段，此阶段的蠕变速率受温度影响较明显。在 1600℃/125MPa 条件下，稳态蠕变速率约 $8.5\times10^{-8}s^{-1}$，与 SiC 陶瓷接近[87, 88]，与 PDCs-SiBCN 陶瓷在相近条件下的稳态蠕变速率处于同一数量级[84-86]。MA-Si_2BC_3N 纳米晶陶瓷在 1400～1600℃真空条件下的蠕变激活能 Q 约 664.26kJ/mol，与以晶格机理为蠕变机理的 SiC 的蠕变激活能接近，并且比有机法制备的 PDCs-SiBCN 陶瓷的蠕变激活能高 5～6 倍；在 1500℃，材料的应力指数 n 约为 2，表明其蠕变过程中晶界机理占主导地位，与 PDCs-SiBCN 陶瓷的蠕变机理相同。因此，基于机械合金化的无机法结合热压烧结制备 MA-Si_2BC_3N 纳米晶陶瓷材料的高温蠕变过程以晶界扩散和晶界滑移为主，可能伴随着晶界的塑性流动和黏性流动、晶粒内部位错的滑移和攀移以及组织结构的有序化和局部分解等过程。

1.3　SiBCN 系亚稳陶瓷及其复合材料发展与展望

先驱体裂解法制备硅基陶瓷材料的研究可以追溯到20世纪60年代，由 Ainger 和 Chantrell[89, 90]出版了关于分子先驱体制备非氧化物陶瓷的书籍，而直到十年以后，Verbeek 等[91]首次利用聚硅氮烷、聚硅氧烷和聚有机碳硅烷通过有机法制备了在高温结构领域应用的小尺寸 Si_3N_4/SiC 陶瓷纤维；而 Yajima 等[92, 93]通过裂解聚有机碳硅烷成功制备 SiC 陶瓷，这是该方法里程碑性的重大突破。陶瓷材料的传统制备方法如粉末冶金技术，通常需要在高温烧结条件下添加烧结助剂以得到致密的结构件，但这严重影响了陶瓷材料的高温性能。理论上，通过有机先驱体裂解的方法，结合先驱体浸渍裂解（PIP）、注塑、挤压或者树脂传递模塑（RTM）和高温退火，可以相对容易地制备出各种形状复杂的陶瓷构件，这是常规制备方法难以做到的[94, 95]。正是这些优点，使得 20 世纪 80 年代新型有机物先驱体的开发和陶瓷材料的制备成为该领域的研究热点之一[96-99]。1985 年，同时含有 Si、B、C、N 四种元素原子的先驱体被 Takamizawa 等首次成功合成，为先驱体裂解制备 SiBCN 系亚稳陶瓷奠定了物质基础。到了 90 年代，德国达姆施塔特大学的 Riedel 团队成功采用先驱体裂解法合成了一系列 Si 基陶瓷材料，如 PDCs-Si_3N_4、PDCs-SiC、PDCs-SiCN、PDCs-SiBN、PDCs-SiOC、PDCs-SiBON、PDCs-SiBCN 和 PDCs-SiBCNAl 陶瓷，之后，采用有机物裂解制备 PDCs-SiBCN 陶瓷成为一种主流方法[35-37]。进入 21 世纪，含超高温组元先驱体设计、合成、表征及其裂解陶瓷成为该领域的又一个重要发展方向。

1996 年 Riedel 教授首次合成高温热稳定性极其优越的 PDCs-SiBCN 非晶陶瓷，经过 20 余年的发展，研究人员取得了相当丰硕的成果，当前研究重点包括新型有机聚合物先驱体的开发和表征、陶瓷化机制的探索、小尺度微纳结构的表征、陶瓷高温热稳定性和性能评价（磁学、热学、光学和电学等）。目前采用先驱体裂解法制备该系亚稳陶瓷的主要研究机构或团队有：德国马普金属研究所 Aldinger 等[48-51]，德国达姆施塔特大学 Riedel 团队[43-45]，法国蒙彼利埃大学 Bechelany 等[100]，捷克西波希米亚大学的 Vleck 等[101]，中国国防科技大学的王军、西北工业大学的张立同和殷小伟等[102, 103]、北京航空航天大学的张跃等[104]、厦门大学的余兆菊等[105]及其他相关研究人员和机构。

目前采用先驱体裂解法制备该系亚稳陶瓷纤维、薄膜、块体及复合材料等的研究均取得了一定的成果。采用先驱体裂解法制备 PDCs-SiBCN 陶瓷纤维显示出优越的抗氧化性能，在 1500℃空气中氧化 50h 后，残余强度为室温强度的 80%，氧化表面连续光滑平整[60-63]。Kumar 等[84-86]在 1400℃/5MPa/300h 条件高温退火后发现，PDCs-SiBCN 非晶陶瓷的形变率仅为 1.4%，在 1900℃保温 3h 后，材料发生相变，形成同时含有纳米 SiC 和 BN(C)相的复相陶瓷，相同条件下其形变率仅仅为 0.05%，无论是非晶还是纳米晶 PDCs-SiBCN 陶瓷，都拥有相当出色的抗蠕变性能和高温力学性能，适度的晶化行为有助于解决非晶材料在工程实际应用条件（高温、含氧、承载、热震、烧蚀、溅射、辐照和长时间服役等）下易出现的失效问题（软化、高温蠕变、质量和尺寸稳定性、高温强度下降、热氧失效、分解等）。Bechelany 等[100]采用有机法制备 PDCs-SiBCN 非晶陶瓷粉体结合放电等离子烧结（SPS）法成功制备出两种不同微观组织结构的 PDCs-SiBCN 纳米晶块体陶瓷。研究发现，经过氮气气氛处理的非晶粉体经过 SPS 法 1500～1900℃烧结后，材料体积密度从 2.4g/cm^3 增加到 2.6g/cm^3，维氏硬度和杨氏模量分别从 7GPa、48GPa 增加 5.4GPa、102GPa；SiC 在 1700℃开始形核长大而 Si_3N_4 在 1800℃形核长大；在 1500～1900℃范围内，该陶瓷材料微观组织为纳米 SiC 和 Si_3N_4 相均匀分布在湍层 BN(C)基体中，具有较高的电导率，为导电陶瓷材料；相反，经过氨水处理的非晶粉体，经过 SPS 法 1900℃烧结后其稳态物相组成为 Si_3N_4 和 BN 相，维氏硬度高达 15GPa，在空气中拥有极高的热稳定性，是致密的绝缘陶瓷材料。

张立同和殷小伟等[102, 103]通过有机法制备出 PDCs-SiBCN 非晶多孔块体陶瓷，该陶瓷材料在 1650℃氮气气氛条件下不发生析晶或少量析晶，显示出良好的高温热稳定性；引入纳米 SiC_p、碳纳米管（CNTs）、多壁碳纳米管（MWCNTs）等，使得该系亚稳陶瓷材料电磁吸收性能得到了极大的提高。Hermann 等[106]发现 PDCs-SiBCN 非晶陶瓷在高温惰性气体中退火后，电导率提高 10 个数量级，显示出在微电子、半导体和高温吸波材料中的巨大潜力。Lee 等[107-110]通过纤维编织体浸渍的方法成功制备了 C_f/SiBCN、SiC_p/Si(B)CN、(C_f-SiC_p)/SiBCN 和(C_f-SiC_f)/SiBCN 四种陶瓷基复合材料，结果表明四种复合材料在室温以及 1500℃以上均表现出了韧性断裂特点，同时还具有优越的高温抗蠕变性能，在 1400℃/100MPa/60h 条件下，其弯曲蠕变速率仅仅为 0.25%/h。Katsuda 等[111]通过有机物裂解法制备 PDCs-SiCN 和 PDCs-SiBCN 非晶陶瓷，并引入碳纳米管来增韧陶瓷基体，显示出了很好的增韧效果，然而碳纳米管与陶瓷基体的反应随着热解温度的升高而加剧，降低了材料的高温热稳定性。

与传统粉末冶金法相比，先驱体裂解法制备 PDCs-SiBCN 陶瓷材料具有诸多优点[112-114]：①烧结/退火温度低，无需烧结助剂；②陶瓷物相稳定、组织均匀、纯度高；③高温热稳定性和耐侵蚀性好；④可制备形状不规则的陶瓷器件和构件；⑤通过选择不同的有机单体（多体、聚合物）、优化合成路径、退火工艺和气氛，可在分子层次上设计材料显微组织结构。但这种制备方法也存在明显的缺点，主要表现为：①有机原料极其昂贵，陶瓷化产率低，生产环境要求苛刻，最终导致其成本高昂；②采用的原材料以及反应过程中必需的有机溶剂通常具有毒性，此外，在先驱体的合成和裂解过程中，也往往伴随着有毒废气和废液的产生，容易危害操作人员，污染环境；③合成工序较多，退火工艺复杂，每个微小的因素都可能对最终产物结构和性能产生极大影响；④高温裂解导致气体逃逸，产生较大的体积收缩，导致材料中残留较多的孔隙和微裂纹，这极大地限制了 PDCs-SiBCN 陶瓷的工程应用；⑤虽然先驱体裂解法可以通过分子设计的方法来调控目标陶瓷最终的化学成分，然而无法精确制备特定成分的 PDCs-SiBCN 陶瓷（如 PDCs-Si_2BC_3N 陶瓷）。目前有机法制备 PDCs-SiBCN 陶瓷的研究重点主要集中在单体、先驱体合成及陶瓷微纳结构、高温热稳定性、抗氧化性能、力学（纳米硬度和杨氏模量）、介电性能等表征上，诸如结构功能一体化陶瓷材料所要求的热学、热物理等性能研究甚少，这极大限制了有机法制备该体系亚稳陶瓷及其复合材料在工程上的应用。

作者团队[38, 68]在 2004 年首次通过基于机械合金化的无机法制备了 MA-SiBCN 非晶陶瓷粉体，后期结合烧结技术成功制备了高致密大尺寸的陶瓷材料，其基本过程为：将含有 Si、B、C 和 N 四种元素的单质或者化合物按照一定成分配比（摩尔比）装入球磨罐（二氧化锆或氮化硅材质）中，并按照一定的球料比加入磨球，球磨罐中充满氩气保护气；将球磨罐拧紧固定在转盘上，设置相应的球磨参数和球磨时间，在合适的球磨时间下即可得到 MA-SiBCN 非晶陶瓷粉体；将一定量的非晶粉体装载进合适的石墨模具中，在氮气保护气氛下，选择合适的烧结参数，采用热压（HP）、放电等离子烧结（SPS）、热等静压（HIP）和高压烧结（HPS）等技术制备致密的 MA-SiBCN 非晶或纳米晶块体陶瓷；将块体陶瓷进行表面磨平、抛光、切割、清洗后可以进行组织结构、力学、高温力学、热学和热物理等性能表征和评价。与有机法相比，无机法制备该体系亚稳陶瓷存在以下优势：①无机原料价格低廉，来源广泛，无毒环保；②制备过程相对简单，周期较短，有望实现工业化生产；③可制备大尺寸高致密 SiBCN 块体陶瓷及其复合材料，易进行力学、热学和热物理等高温防热结构功能一体化陶瓷所必需的性能表征。然而该方法的缺点也是不可忽视的：①相对而言，无机法制备的 MA-SiBCN 陶瓷组织均匀性较差，纯度较低；②不加烧结助剂，采用热压烧结技术无法制备出高致密完全非晶块体陶瓷材料，而采用高压或超高压烧结技术，所制备出来的非晶块体陶瓷尺寸较小（φ10mm×10mm），难以满足大尺寸工程构件需求；③两种方法制备的 SiBCN 系亚稳陶瓷物相组成和微观组织结构较为相似，但无机法不能像先驱体裂解法可以从分子或原子尺度上设计制备材料，现有条件下难以获得某些成分的陶瓷（如含 Si_3N_4、BC_4 相陶瓷）；④污染或纯度控制问题。

10 余年来，作者团队在有关 MA-SiBCN 系亚稳陶瓷的制备、微纳结构的表征和性能评价等方面均取得了较为丰富的成果，填补了 SiBCN 系亚稳陶瓷相关领域的数据空白，为该体系亚稳陶瓷今后的应用和发展提供理论指导和技术支持，并研制出了某型号用的高温防热构件。目前无机法制备 MA-SiBCN 系亚稳陶瓷尚处于基础研究阶段，许多基础科学问题不完全清楚，在未来的发展中仍然面临着诸多挑战。未来研究方向包括：

（1）机械合金化制备 SiBCN 陶瓷粉体的固态非晶化机理。

（2）新型 MA-SiBCN（Me）（Me＝Al、Zr、Hf、Ta、W、Nb 等）陶瓷的成分和结构设计。

（3）MA-SiBCN 粉体及块体陶瓷非晶结构的具体原子图像特征。

（4）烧结过程中 MA-SiBCN 陶瓷及其复合材料的致密化机理及致密化-晶化耦合行为。

（5）成分对 MA-SiBCN 粉体固态非晶化、高温热稳定性、析晶热力学和动力学影响。

（6）极端环境（如高温蠕变、热冲击、氧化、烧蚀、超高超低温度、极端应力、剧烈辐照、强腐蚀及多种极端环境耦合）下 MA-SiBCN 陶瓷材料的响应行为和损伤机制。

（7）MA-SiBCN 陶瓷材料的疲劳性能和疲劳损伤机制。

（8）与热等静压制备大尺寸（厘米级）MA-SiBCN 块体陶瓷有关的基础科学问题，如 HIP 烧结对材料显微结构和性能的影响、压强-致密化-晶化三者关系。

（9）与高压烧结技术制备 MA-SiBCN 非晶块体陶瓷相关的基础科学问题，包括：①非晶-析晶转变机制、晶核形核和长大与非晶形成能力关系、形核和长大的机理及控制；②MA-SiBCN 非晶陶瓷的形变机制（无序结构体系是如何耗散外力作用，如何发生形变的）；③非晶陶瓷的断裂过程是宏观失稳行为，核心科学问题包括形变机制（弹性或塑性）、断裂机制（塑性或脆性断裂）、裂纹前端塑性区特征及与材料力学性能关系。

（10）结合“软”（有机法）和“硬”（无机法）两种方法开发新型 MA-SiBCN 陶瓷及其复合材料，推动该体系陶瓷在工程领域的进一步应用。例如，开发高致密、大尺寸（几十甚至几百厘米）的 MA-SiBCN 结构件（采用热压或 HIP 技术）以满足相关性能使用要求。此外，应开发多种不同应用背景的热防护和高温结构件，特别是短纤维强韧化 MA-SiBCN 复合材料的开发，以扩大其工程应用范围。通过高压或热等静压烧结技术，还应开发厘米级或更大尺寸的非晶结构件。对非晶和纳米晶 MA-SiBCN 系亚稳陶瓷基础科学问题的探索，可以开发出不同应用背景下多种类具有独特微纳结构和功能的新型承载防热透波/吸波结构功能一体化的陶瓷材料，其具有重要的工程应用前景。

参 考 文 献

[1] 李崇俊. X-43A 高超音速飞行器 C/C 热防护涂层结构分析[J]. 高科技纤维与应用，2015，40（4）：26-43.

[2] Stanley R L，Ahmed K N，Samuel L V. Flight-Vehicle Materials. Structures，and Dynamic Assessment and Future Directions. Vol. 3. Ceramics and Ceramic-Matrix Composites[M]. New York：The American Society of Mechanical Engineers，1992.

[3] 陈雄昕，刘卫华，罗智胜，赵宏韬，冯诗愚. 高超音速飞行器气动热研究进展[J]. 航空兵器，2014，6：8-13.

[4] Upadhya K，Yang J M，Hoffman W. Advanced Materials for Ultrahigh Temperature Structural Applications above 2000℃[R]. Air Force Research Laboratory（AFMC），1997.

[5] Squire T H，Marschall J. Material property requirements for analysis and design of UHTC components in hypersonic applications[J]. Journal of the European Ceramic Society，2010，30（11）：2239-2251.

[6] Van Wie D M，Jr Drewry D G，King D E，Hudson C M. The hypersonic environment：Required operating conditions and design challenges[J]. Journal of Materials Science，2004，39（19）：5915-5924.

[7] Talmy I G，Zaykoski J A，Opeka M M. Synthesis，processing and properties of TaC-TaB_2-C ceramics[J]. Journal of the European Ceramic Society，2010，30（11）：2253-2263.

[8] Opeka M M，Talmy I G，Zaykoski J A. Oxidation-based materials selection for 2000℃ + hypersonic aerosurfaces：Theoretical considerations and historical experience[J]. Journal of Materials Science，2004，39（19）：5887-5904.

[9] 谢志鹏. 结构陶瓷[M]. 北京：清华大学出版社，2011.

[10] Fitzer E. Composites for high temperatures[J]. Pure and Applied Chemistry，1988，60（3）：287-302.

[11] 梁斌. 高压烧结 Si-B-C-N 非晶陶瓷的晶化及高温氧化机制[D]. 哈尔滨：哈尔滨工业大学，2017.

[12] 陈明和，傅桂龙，张中元. SiC 陶瓷在航天器高温结构件研制中的应用[J]. 南京航空航天大学学报，2000，32（2）：132-136.

[13] Zhang G J，Yang J F，Ohji T. *In situ* Si_3N_4-SiC-BN composites：Preparation，microstructures and properties[J]. Materials Science and Engineering A，2002，328（1-2）：201-205.

[14] 金志浩，高积强，乔冠军. 工程陶瓷材料[M]. 西安：西安交通大学出版社，2000.

[15] Ervin J R G. Oxidation behavior of silicon carbide[J]. Journal of the American Ceramic Society，1958，41（9）：347-352.

[16] Prabhakaran K，James J，Pavithran C. Surface modification of SiC powders by hydrolysed aluminium coating[J]. Journal of the European Ceramic Society，2012，23（2）：379-385.

[17] Chen I W，Xue L A. Development of superplastic structure ceramics[J]. Cheminform，1990，21（48）：2585-2609.

[18] Riedel R，Kienzle A，Dressler W，Ruwisch L，Bill J，Aldinger F. A silicoboron carbonitride ceramic stable to 2000℃[J]. Nature，1996，382（6594）：796-798.

[19] Ni D W，Liu J X，Zhang G J. Pressureless sintering of HfB_2-SiC ceramics doped with WC[J]. Journal of the European Ceramic Society，2012，32（13）：3627-3635.

[20] Sciti D，Silvestroni L，Bellosi A. Fabrication and properties of HfB_2-$MoSi_2$ composites produced by hot pressing and spark plasma sintering[J]. Journal of Materials Research，2006，21（6）：1460-1466.

[21] 陈国良. 高温合金学[M]. 北京：冶金工业出版社，1988：3-10.

[22] Liu J X，Zhang G J，Xu F F. Densification，microstructure evolution and mechanical properties of WC doped HfB_2-SiC ceramics[J]. Journal of the European Ceramic Society，2015，35（10）：2707-2714.

[23] Zhang N，Liang B，Zhou Y H，Wang X Y，Kan H M，Huang W X. Rheological properties of SiC suspensions with a compound surface modification using ethyl orthosilicate and ethylene glycol[J]. Journal of Dispersion Science and Technology，2013，34（12）：1742-1749.

[24] 王零森. 特种陶瓷[M]. 长沙：中南工业大学出版社，1996.

[25] Dong P K，Economy J. Fabrication of oxidation-resistant carbon fiber/boron nitride matrix composites[J].

Chemistry of Materials，1993，5（9）：1216-1220.

[26] Kelina I Y，Plyasunkova L A，Chevykalova L A. Resistance of Si_3N_4/C_f ceramic-matrix composites to high-temperature oxidation[J]. Refractories and Industrial Ceramics，2003，44（4）：249-253.

[27] Woetting G，Caspers B，Gugel E，Westerheide R. High-temperature properties of SiC-Si_3N_4 particle composites[J]. Journal of Engineering for Gas Turbines and Power，2000，122（1）：8-12.

[28] Qin X H，Xiao B L，Dong S M，Jiang D L. SiC_f/SiC composites reinforced by randomly oriented chopped fibers prepared by semi-solid mechanical stirring method and hot pressing[J]. Journal of Materials Science，2007，42（10）：3488-3494.

[29] Li H J，Fu Q G，Huang J F，Zeng X R，Li K Z. Research on the oxidation-protective coatings for carbon/carbon composites[J]. Carbon Letters，2005，6（2）：71-78.

[30] 张幸红，胡平，韩杰才，杜善义. 超高温陶瓷材料抗热冲击性能及抗氧化性能研究[J]. 中国材料进展，2011，30（1）：27-31.

[31] Guo S Q. Densification of ZrB_2-based Composites and their mechanical and physical properties：A review[J]. Journal of the European Ceramic Society，2009，29（6）：995-1011.

[32] Monteverde F，Guicciardi S，Bellosi A. Advances in microstructure and mechanical properties of zirconium diboride based ceramics[J]. Materials Science & Engineering A，2003，346（1）：310-319.

[33] Monteverde F，Bellosi A. Beneficial effects of AlN as sintering aid on microstructure and mechanical properties of hot-pressed ZrB_2[J]. Advanced Engineering Materials，2003，5（5）：508-512.

[34] Guo S Q，Kagawa Y，Nishimura T. Mechanical behavior of two-step hot-pressed ZrB_2-based composites with $ZrSi_2$[J]. Journal of the European Ceramic Society，2009，29（4）：787-794.

[35] Weinmann M，Schuhmacher J，Kummer H，Prinz S，Peng J Q，Seifert H J，Christ M，Müller K，Bill J，Aldinger F. Synthesis and thermal behavior of novel Si-B-C-N ceramic precursors[J]. Chemistry of Materials，2000，12（3）：623-632.

[36] Riedel R，Ruswisch L M，An L. Amorphous silicoboron carbonitride ceramic with very high viscosity at temperatures above 1500℃[J]. Journal of the American Ceramic Society，1998，81（12）：3341-3344.

[37] Dressle W，Riedel R. Progress in silicon-based non-oxide structural ceramics[J]. International Journal of Refractory Metals and Hard Materials，1997，15（1-3）：13-47.

[38] Jia D C，Liang B，Yang Z H，Zhou Y. Metastable Si-B-C-N ceramics and their matrix composites developed by inorganic route based on mechanical alloying：Fabrication，microstructures，properties and their relevant basic scientific issues[J]. Progress in Materials Science，2018，98：1-67.

[39] Baldus H P，Wagner O，Jansen M. Synthesis of advanced ceramics in the systems Si-B-N and Si-B-N-C employing novel precursor compounds[J]. Materials Research Society Proceedings，1992，271：821-826.

[40] Tang Y，Wang J，Li X D，Li W H，Wang H，Wang X Z. Thermal stability of polymer derived SiBNC ceramics[J]. Ceramics International，2009，35（7）：2871-2876.

[41] Weinmann M，Kamphowe T W，Schuhmacher J，Müller K，Aldingera F. Design of polymeric Si-B-C-N ceramic precursors for application in fiber-reinforced composite materials[J]. Chemistry of Materials，2000，12（8）：2112-2122.

[42] Muller A，Zern A，Gerstel P，Bill J，Aldinger F. Boron-modified poly (propenylsilazane)-derived Si-B-C-N ceramics：Preparation and high temperature properties[J]. Journal of the European Ceramic Society，2002，22（9-10）：1631-1643.

[43] Tavakoli A H，Gerstel P，Golczewski J A，Bill J. Kinetic effect of boron on the thermal stability of Si-(B-) C-N

polymer-derived ceramics[J]. Acta Materialia，2010，58（18）：6002-6011.

[44] Gao Y，Mera G，Nguyen H，Morita K，Kleebe H J，Riedel R. Processing route dramatically influencing the nanostructure of carbon-rich SiCN and SiBCN polymer-derived ceramics. Part Ⅰ：Low temperature thermal transformation[J]. Journal of the European Ceramic Society，2012，32（9）：1857-1866.

[45] Kumar N V R，Prinz S，Ye C，Zimmermann A，Aldingera F，Berger F，Müller K. Crystallization and creep behavior of Si-B-C-N ceramics[J]. Acta Materialia，2005，53（17）：4567-4578.

[46] Christ M，Zimmermann A，Zern A，Weinmann M，Aldinger F. High temperature deformation behavior of crystallized precursor-derived SiBCN ceramics[J]. Journal of Materials Science，2001，36（24）：5767-5772.

[47] Lee J S，Butt D，Baney R，Bowers C R，Tulenko J S. Synthesis and pyrolysis of novel polysilazane to SiBCN ceramic[J]. Journal of Non-Crystalline Solids，2005，351（37-39）：2995-3005.

[48] Baufeld B，Gu H，Bill J，Wakai F，Aldinger F. High temperature deformation of precursor-derived amorphous SiBCN ceramics[J]. Journal of the European Ceramic Society，1999，19（16）：2797-2814.

[49] Seifert H J，Peng J Q，Golczewski J，Aldinger F. Phase equilibria of precursor-derived Si-(B-) C-N ceramics[J]. Applied Organometallic Chemistry，2001，15：794-808.

[50] Seifert H J，Aldinger F. Phase equilibria in the Si-B-C-N system[J]. High Performance Non-Oxide Ceramics，1：Structure and Bonding，2002，101：1-58.

[51] Janakirarnan N，Weinmann M，Schuhmacher J，Muller K，Bill J，Aldinger F，Singh P. Thermal stability，phase evolution，and crystallization in Si-B-C-N ceramics derived from a polyborosilazane precursor[J]. Journal of the American Ceramic Society，2002，85（7）：1807-1814.

[52] Yang Z H，Jia D C，Zhou Y，Yu C Q. Fabrication and characterization of amorphous Si-B-C-N powders[J]. Ceramics International，2007，33（8）：1573-1577.

[53] Zhang P F，Jia D C，Yang Z H，Duan X M，Zhou Y. Influence of ball milling parameters on the structure of the mechanically alloyed SiBCN powder[J]. Ceramics International，2013，39（2）：1963-1969.

[54] Zhang P F，Jia D C，Yang Z H，Duan X M，Zhou Y. Physical and surface characteristics of the mechanically alloyed SiBCN powder[J]. Ceramics International，2012，38（8）：6399-6404.

[55] Zhang P F，Jia D C，Yang Z H，Duan X M，Zhou Y. Crystallization and microstructural evolution process from the mechanically alloyed amorphous Si-B-C-N powder to the hot-pressed nano SiC/BN(C) ceramic[J]. Journal of Materials Science，2012，47（20）：7291-7304.

[56] Zhang P F，Jia D C，Yang Z H，Duan X M，Zhou Y. Microstructural features and properties of the nano-crystalline SiC/BN(C) composite ceramic prepared from the mechanically alloyed SiBCN powder[J]. Journal of Alloys and Compounds，2012，537（19）：346-356.

[57] 张鹏飞. 机械合金化 2Si-B-3C-N 陶瓷的热压烧结与晶化行为及高温性能[D]. 哈尔滨：哈尔滨工业大学，2013.

[58] Liang B，Yang Z H，Chen Q Q，Wang S J，Duan X M，Jia D C，Zhou Y，Luo K，Yu D L，Tian Y J. Crystallization behavior of amorphous Si_2BC_3N ceramic monolith subjected to high pressure[J]. Journal of the American Ceramic Society，2015，98（12）：3788-3796.

[59] 梁斌. Si-B-C-N 非晶陶瓷的晶化和高温氧化机制以及复相陶瓷的强韧化[D]. 哈尔滨：哈尔滨工业大学，2017.

[60] Baldus P，Jansen M，Sporn D. Ceramic fibers for matrix composites in high-temperature engine applications [J]. Science，1999，285（5428）：699-703.

[61] Bernard S，Weinmann M，Gerstel P，Miele P，Aldinger F. Boron-modified polysilazane as a novel single-source precursor for SiBCN ceramic fibers：Synthesis，melt-spinning，curing and ceramic conversion[J]. Journal of

Materials Chemistry，2005，15（2）：289-299.

[62] Li W H, Wang J, Wang Z F, Wang H. A novel polyborosilazane for high-temperature amorphous Si-B-C-N ceramic fiber[J]. Ceramics International，2012，38（8）：6321-6326.

[63] Cooke T F. Inorganic fibers—A literature review[J]. Journal of the American Ceramic Society，1991，74（12）：2959-2978.

[64] Sujith R，Kumar R. Experimental investigation on the indentation hardness of precursor derived Si-B-C-N ceramics[J]. Journal of the European Ceramic Society，2013，33（13-14）：2399-2405.

[65] Janakiraman N，Aldinger F. Fabrication and characterization of fully dense Si-C-N ceramics from a poly（ureamethylvinyl）silazane precursor[J]. Journal of the European Ceramic Society，2009，29（1）：163-173.

[66] Shah R，Raj R. Mechanical properties of a fully dense polymer derived ceramic made by a novel pressure casting process[J]. Acta Materialia，2002，50（16）：4093-4103.

[67] Soraru G D，Dallapiccola E，Andrea G D. Mechanical characterization of sol-gel derived silicon oxycarbide glasses[J]. Journal of the European Ceramic Society，1996，79（8）：2074-2080.

[68] 杨治华. Si-B-C-N 机械合金化粉末及陶瓷的组织结构与高温性能[D]. 哈尔滨：哈尔滨工业大学，2008.

[69] 赵杨. 热压烧结制备 ZrC/SiBCN 复相陶瓷的组织结构与性能研究[D]. 哈尔滨：哈尔滨工业大学，2016.

[70] 苗洋. ZrB_2/SiBCN 陶瓷基复合材料制备及抗氧化与耐烧蚀机理[D]. 哈尔滨：哈尔滨工业大学，2017.

[71] 叶丹. 机械合金化 Si-B-C-N-Al 粉末及陶瓷的组织结构与抗氧化性[D]. 哈尔滨：哈尔滨工业大学，2012.

[72] 胡成川. Si-B-C-N-Zr 机械合金化粉末及陶瓷的组织结构与性能[D]. 哈尔滨：哈尔滨工业大学，2013.

[73] 李悦彤.（C_f-SiC_f）/SiBCN 复合材料的力学与抗热震耐烧蚀性能[D]. 哈尔滨：哈尔滨工业大学，2014.

[74] 潘丽君. C_f表面涂层及 C_f/SiBCN 复合材料制备与性能[D]. 哈尔滨：哈尔滨工业大学，2012.

[75] 洪于喆. MA-SiBCN 陶瓷的高温氧化规律与机理[D]. 哈尔滨：哈尔滨工业大学，2013.

[76] 廖兴祺.（TiB_2 + TiC）/SiBCN 复合材料的组织结构与性能[D]. 哈尔滨：哈尔滨工业大学，2014.

[77] Liang B, Yang Z H, Jia D C, Rao J C, Li Y D, Tian Y J, Li Q, Miao Y, Zhu Q S, Zhou Y. Amorphous silicoboron carbonitride monoliths resistant to flowing air up to 1800℃[J]. Corrosion Science，2016，109：162-173.

[78] Liang B，Yang Z H，Miao Y，Zhu Q S，Liao X Q，Yang Z H，Zhou Y. High temperature oxidation kinetics of amorphous silicoboron carbonitride monoliths and silica scale growth mechanisms determined by SIMS[J]. Corrosion Science，2017，122：100-107.

[79] Cinibulk M K，Parthasarathy T A. Characterization of oxidized polymer-derived SiBCN fibers[J]. Journal of the American Ceramic Society，2001，84（10）：2197-202.

[80] Liang B，Yang Z，Jia D，Duan X，Zhou Y. Progress of a Novel amorphous and nanostructured Si-B-C-N ceramic and its matrix composites prepared by an inorganic processing route[J]. Chinese Science Bulletin，2015，60（3）：236-245.

[81] Narushima T, Goto T, Hira T. High-temperature passive oxidation of chemically vapor deposited silicon carbide[J]. Journal of the American Ceramic Society，1989，72（8）：1386-1390.

[82] Costello J A，Tressler R E. Oxidation kinetics of silicon carbide crystals and ceramics：Ⅰ，In dry oxygen[J]. Journal of the American Ceramic Society，1989，69（9）：674-681.

[83] 李达鑫. SPS 烧结 Graphene/SiBCN 陶瓷及其高温性能[D]. 哈尔滨：哈尔滨工业大学，2014.

[84] Kumar R，Phillipp F，Aldinger F. Oxidation induced effects on the creep properties of nano-crystalline porous SiBCN ceramics[J]. Materials Science and Engineering A，2007，445-446：251-258.

[85] Kumar R，Mager R，Cai Y，Zimmermann A，Aldinger F. High temperature deformation behaviour of crystallized SiBCN ceramics obtained from a boron modified poly（vinyl）silazane polymeric precursor[J]. Scripta Materialia，

2004，51（1）：65-69.

[86] Kumar R，Mager R，Phillipp F，Zimmermann A，Rixecker G. High-temperature deformation behavior of nanocrystalline precursor-derived Si-B-C-N ceramics in controlled atmosphere[J]. Zeitschrift Für Metallkunde，2006，97（5）：626-631.

[87] Chuang T J，Wiederhorn S M. Damage-enhanced creep in a siliconized silicon carbide：Mechanics of deformation[J]. Journal of the American Ceramic Society，2010，71（7）：595-601.

[88] Wiederhorn S M，Roberts D E，Chuang T J，Chuck L. Damage-enhanced creep in a siliconized silicon carbide：Phenomenology[J]. Journal of the American Ceramic Society，2010，71（7）：602-608.

[89] Ainger F W，Herbert J M. The Preparation of phosphorus-nitrogen compounds as non-porous solids//Popper P. Special Ceramics[M]. New York：Academic Press，1960.

[90] Chantrell P G，Popper P. Inorganic polymers for ceramics//Popper P. Special Ceramics[M]. New York：Academic Press，1965.

[91] Verbeek W. Production of Shaped Articles of Homogeneous Mixtures of Silicon Carbide and Nitride：3853567[P]，1974.

[92] Yajima S，Hayashi J，Omori M，Okamura K. Development of a silicon carbide fibre with high tensile strength[J]. Nature，1976，261（5562）：683-685.

[93] Yajima S，Hasegawa Y，Okamura K，Masuzawa T. Development of high tensile strength silicon carbide fibre using an organosilicon polymer precursor[J]. Nature，1978，273（5663）：525-527.

[94] Pouskouleli G. Metallorganic compounds as preceramic materials：1. Non-oxide ceramics[J]. Ceramics International，1989，15（4）：213-229.

[95] Peuckert M，Vaahs T，Bruck M. Ceramics from organometallic polymers[J]. Advanced Materials，1990，2（9）：398-404.

[96] Klemm H，Herrmann M，Schubert C. High temperature oxidation and corrosion of silicon-based non-oxide ceramics[J]. Journal of Engineering for Gas Turbines & Power，1998，122（1）：13-18.

[97] Maki T，Kokubo T，Sakka S. Formation of oxide fibers by unidirectional freezing of gel[J]. Journal of Materials Science Letters，1986，5（1）：28-30.

[98] Funayama O，Nakahara H，Okoda M，Okumura M T，Isoda T. Conversion mechanism of polyborosilazane into silicon nitride-based ceramics[J]. Journal of Materials Science，1994，30（2）：410-416.

[99] Colombo P，Mera G，Riedel R，Soraru G D. Polymer-derived ceramics：40 years of research and innovation in advanced ceramics[J]. Journal of the American Ceramic Society，2010，93（7）：1805-1837.

[100] Bechelany M C，Salameh C，Viard A，Guichaoua L，Rossignol F，Chartier T，Bernard S，Miele P. Preparation of polymer-derived Si-B-C-N monoliths by spark plasma sintering technique[J]. Journal of the European Ceramic Society，2015，35（5）：1361-1374.

[101] Jeschke G，Kroschel M，Jansen M. A Magnetic resonance study on the structure of amorphous networks in the Si-B-N（-C）system[J]. Journal of Non-Crystalline Solids，1999，260（3）：216-227.

[102] Ye F，Zhang L T，Yin X W，Cheng L F，Kong L，Liu Y S，Cheng L F. Dielectric and microwave-absorption properties of SiC nanoparticle/SiBCN composite ceramics[J]. Journal of the European Ceramic Society，2014，34（2）：205-215.

[103] Ye F，Zhang L T，Yin X W，Zhang Y J，Kong L，Li Q，Liu Y S，Cheng F L. Dielectric and EMW absorbing properties of PDCs-SiBCN annealed at different temperatures[J]. Journal of the European Ceramic Society，2013，33（8）：1469-1477.

[104] 于涛，李亚静，李松，张跃. 新型 SiC/SiBCN 复合陶瓷的析晶性能[J]. 人工晶体学报. 2010，39(6)：1601-1605.

[105] Zhou C, Min H, Yang L, Chen M Y, Wen Q B, Yu Z J. Dimethylaminoborane-modified copolysilazane as a novel precursor for high-temperature resistant SiBCN ceramics[J]. Journal of the European Ceramic Society, 2014, 34（15）: 3579-3589.

[106] Hermann A H, Wang Y T, Ramakrishnan P A, Balzar D, An L, Haluschka C, Riedel R. Structure and electronic transport properties of Si-(B)-C-N ceramics [J]. Journal of the American Ceramic Society, 2001, 84（10）: 2260-2264.

[107] Lee S H, Weinmann M, Aldinger F. Processing and properties of C/Si-B-C-N fiber-reinforced ceramic matrix composites prepared by precursor impregnation and pyrolysis[J]. Acta Materialia, 2008, 56（7）: 1529-1538.

[108] Lee S H, Weinmann M, Gerstel P, Aldinger F. Extraordinary thermal stability of SiC particulate-reinforced polymer-derived Si-B-C-N composites[J]. Scripta Materialia, 2008, 59（6）: 607-610.

[109] Lee S H, Weinmann M. C_{fiber}/SiC_{filler}/Si-B-C-N matrix composites with extremely high thermal stability[J]. Acta Materialia, 2009, 57（15）: 4374-4381.

[110] Lee S H, Weinmann M, Aldinger F. Particulate-reinforced precursor-derived Si-C-N ceramics: Optimization of pyrolysis atmosphere and schedules[J]. Journal of the American Ceramic Society, 2005, 88（11）: 3024-3031.

[111] Katsuda Y, Gerstel P, Janakiraman N, Bill J, Aldinger F. Reinforcement of precursor-derived Si-(B-) C-N ceramics with carbon nanotubes[J]. Journal of the European Ceramic Society, 26（15）: 3399-3405.

[112] Riedel R, Mera G, Hauser R, Klonczynski A. Silicon-based polymer-derived ceramics: Synthesis properties and applications—A review[J]. Journal of the Ceramic Society of Japan, 2006, 114: 425-444.

[113] Manna I, Nandi P, Bandyopadhyay B, Ghoshray K, Ghoshrayb A. Microstructural and nuclear magnetic resonance studies of solid-state amorphization in Al-Ti-Si composites prepared by mechanical alloying[J]. Acta Materialia, 2004, 52（14）: 4133-4142.

[114] Raabe D, Ohsaki S, Hono K. Mechanical alloying and amorphization in Cu-Nb-Ag *in situ* composite wires studied by transmission electron microscopy and atom probe tomography[J]. Acta Materialia, 2009, 57（17）: 5254-5263.

第2章 机械合金化制备亚稳态材料原理、热力学与动力学

机械合金化（mechanical alloying，MA）技术是一种材料固态非平衡加工技术，在20世纪70年代末由美国Benjamin[1]首先提出，最初是用来制备具有可控微结构的金属基或陶瓷基复合粉体。MA法就是把欲合金化的元素粉体混合起来，在高能球磨机等设备中长时间球磨，在此过程中通过机械力的作用，即磨球、球磨罐、内壁和粉体相互之间的频繁碰撞，使粉体粒子反复地被挤压、变形、断裂、焊合形成复合粉体粒子。经过进一步球磨，粒子变硬，塑性下降产生裂纹，复合粒子的焊合与断裂破碎逐渐达到平衡，粒子尺寸恒定在一个较窄的范围内，复合颗粒组织细化并发生扩散和固相反应而形成合金粉[2]。

MA属强制反应，在球磨过程中引入高能量的应变、缺陷及纳米级微结构，使得合金过程的热力学和动力学不同于普通的固相反应，可以合成常规方法难以合成的新型化合物，许多固态下溶解度较小，甚至在液态下几乎不互溶的体系，通过MA均可形成固溶体。

MA法作为新材料制备的一种非平衡高新技术，最引人注目的应用是制备亚稳非晶体、准晶体、过饱和固溶体以及纳米级晶体材料。1981年首次报道了Co-Y金属间化合物经高能球磨获得非晶合金[3]，之后Lee等[4]将Ni和Nb混合粉经MA直接得到非晶态Ni-Nb合金，该研究成果标志着机械合金化研究进入一个新的发展阶段，随即在世界范围内形成了MA制备非晶合金的热潮；1988年研究者发现高能球磨可以制备准晶体；同年，又发现该方法可以大量制备纳米级晶体材料，至此又开创了MA研究的新领域。采用MA法制备非晶的方法避开了金属玻璃形成对熔体冷却速度和形核条件较为苛刻的要求，因而具有很多优点，如可以得到更加均匀的单相非晶体，可以合成快速凝固技术无法制备的非晶合金等。

在过去的一段时间内，MA技术应用的研究主要集中在三个领域：①合金化两种或三种金属或合金来形成新的合金相；②使金属间化合物或元素材料失稳形成亚稳非晶相；③激活两种或多种物质之间的化学反应（又称为机械化学反应）等。

近年来，MA理论和技术发展迅速，在理论研究和新材料的研制中显示出诱人的前景。MA法已经大大超越了其传统的应用范围，目前MA技术已用于开发弥散强化材料、磁性材料、高温材料、超导材料、非晶、准晶、纳米晶等各种非

平衡材料、超塑性合金材料、金属间化合物、复合材料、轻金属高比强材料、储氢材料、过饱和固溶体等[5]。当前采用 MA 技术制备纳米陶瓷粉体的研究报道较多，而通过该技术制备非晶陶瓷粉体的研究较少，主要原因是陶瓷高强韧、高硬度以及高焓值。

2.1　机械合金化球磨装置及影响因素

2.1.1　机械合金化球磨装置

机械合金化通常采用的试验设备为高能球磨机，不同球磨设备存在不同的运转规律和球磨效率。目前，常用的高能球磨机主要有搅拌式球磨机、振动式球磨机（如 SPEX8000）和行星式球磨机等三种（图 2-1）。

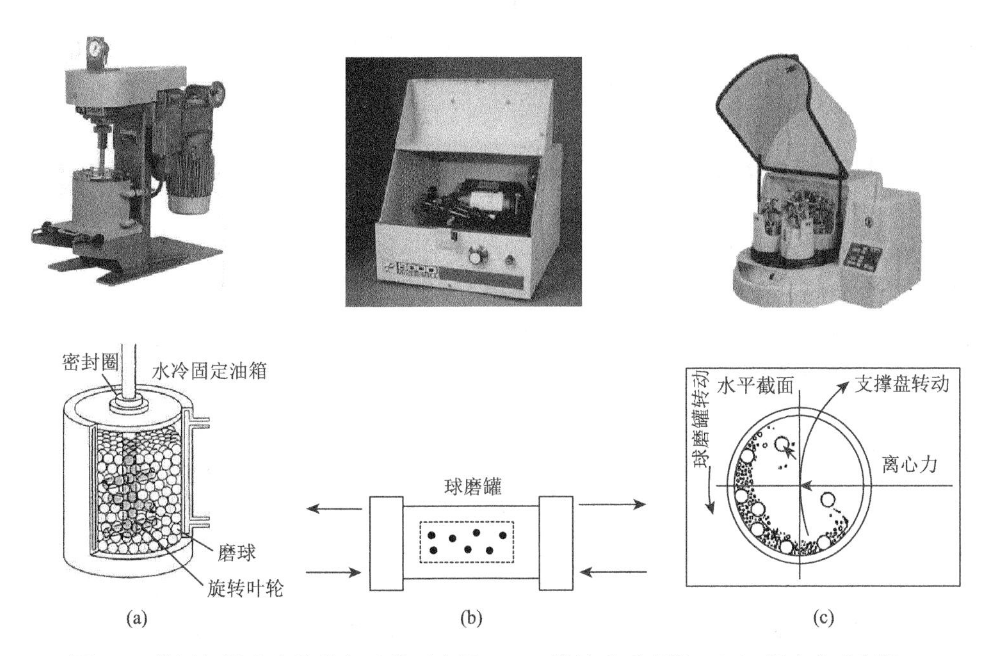

图 2-1　常用机械合金化设备及其示意图：（a）搅拌式球磨机；（b）振动式球磨机；（c）行星式球磨机

1. 搅拌式球磨机

普通搅拌式球磨机有一个水平放置的滚筒，里面装有小的钢球，占筒的一半空间。筒的转速达到一定程度时，离心力会将钢球带到高处并落下，达到球磨目的。如果筒的转速很高，离心力会将钢球甩到筒壁上，对机械合金化不利。球磨能量高的搅拌式球磨机由垂直放置的滚筒组成，筒内有特殊的搅拌棍，可以将粉料与钢球搅拌均匀。这类球磨机适用于大规模生产，一次可生产 0.5～40kg 粉末。但搅拌式球磨机球磨能量较低，磨球速度小于 0.5m/s。

2. 振动式球磨机

振动式球磨机一般用于实验室范围。该设备容量小，每次能制备 10～20g 粉末。传统类型的振动式球磨机只有一个球磨罐，罐内装有磨球和粉末，每分钟来回运动上千次，属于高能球磨类型。球磨罐的运行轨迹一般为数字 8 的形状，其平均磨球速度可以达到 5m/s。

3. 行星式球磨机

行星式球磨机是常用的一种球磨机类型。它可以一次性生产几百克粉末，其球磨方式类似于行星运动方式。底盘的转动方向与球磨罐的转动方向相反，因此磨球的运动轨迹复杂。并且行星式球磨机可以同时安装几个球磨罐，产量要比振动式球磨机高，可用于实验室研究或工业化生产。

2.1.2　影响机械合金化过程因素

MA 过程的影响因素主要有：球磨功率特征参数（球磨转速、球料比、装填量）、球磨温度、球磨时间、球磨气氛、其他（球磨机类型、磨球和球罐材质、过程控制剂、原料颗粒尺寸）等。

（1）球磨转速。球磨机转速越大，意味着球磨能量也越高。转速很高时，球磨罐内部的温度会很高，温度升高有利于扩散，对机械合金化有利。但球磨转速高也造成了球磨罐和磨球的磨损。

（2）球料比。球料比是指磨球与原料的质量之比。球料比是球磨过程中一个重要的变化参数，球料比的变化可从 1∶1 到 220∶1。振动式球磨机的球料比一般为 10∶1，而搅拌式球磨机可以达到 50∶1～100∶1。粉末的合金化与单位时间内磨球和粉末的碰撞次数、碰撞能量等有关。在碰撞过程中，机械能将转换为合金化所需的能量。球料比的增大，将使合金化所需的时间缩短。在球料比较小、转速较低的情况下，粉末容易生成亚稳定相，反而不容易生成稳定相。

（3）装填量。由于球磨是在磨球与粉末的撞击过程中完成的，因此，必须保证球磨罐内保持一定的空间，使得磨球和粉末能自由移动。装填量过多或过少都不利于球磨的进行，一般来讲，装填量以 50%为宜。

（4）球磨温度。球磨过程中由于高速撞击产生大量的热，造成球磨罐内部温度升高，温度的升高会影响粉末的物相组成和固态非晶化程度。

（5）球磨时间。球磨时间是机械合金化过程中重要的因素。粉末的结构随球磨时间会发生变化。球磨时间的长短取决于球磨机种类、球磨的强度、球料比以及球磨温度。球磨时间越长，磨球和球罐造成的污染也越严重。

（6）球磨气氛。高能球磨的粉体粒径可以达到 10nm 以下，粉末很容易与周围气氛发生反应。因此，通常在球磨罐中充入高纯的氩气作为保护气体，但某些特殊情况下，可以充入 N_2 或者 NH_3 以生成某些氮化物。

（7）其他。①过程控制剂：粉末颗粒，特别是韧性材料在球磨过程中很容易发生冷焊而团聚，因此需要添加过程控制剂来消除粉末间的冷焊。过程控制剂可以为液体、固体或气体，但通常采用有机化合物，如硬脂酸、甲醇、正己烷和乙醇等。过程控制剂的添加量一般为粉末质量的 1wt%～5wt%[①]。②球磨机类型：机械合金化粉末的球磨装置是多种多样的，它们的球磨能量、球磨效率、物料的污染程度以及球磨介质与球磨容器内壁的力的作用各不相同，所以对球磨结果有着至关重要的影响。振动式球磨机球磨能量最高，行星式球磨机次之，搅拌式球磨机球磨能量较低。③球罐：球罐材质对粉末的机械合金化过程有很大作用。在球磨过程中，磨球和球罐由于摩擦和撞击导致很少部分球罐进入球磨粉末中，造成污染。即使是磨球和球罐的化学成分与球磨粉末成分一致，磨屑的进入也会影响粉末中化学成分配比。④磨球：磨球种类主要有硬质合金钢、工具钢、回火钢、不锈钢、WC-Co、轴承钢、ZrO_2 和 Si_3N_4 等，根据具体使用要求选择磨球材质。磨球的密度应该足够高，这样能够在球磨过程中产生足够大的撞击作用到粉末上。为了避免球磨过程中来自球磨罐和磨球的污染，一些特殊的材质也用来制作磨球，如铜、钛及铌等金属制作的磨球。磨球直径也是影响球磨效率的重要因素之一，一般来说大尺寸和高密度磨球可以对粉末产生较大的冲击能量。

上述各因素并不是相互独立的，如最佳球磨时间依赖于球磨机类型、磨球尺寸、球磨转速、球磨温度以及球料比等。

2.2　机械合金化制备非平衡相材料反应机理

由于机械合金化的反应过程极其复杂，其反应机理也非常复杂[6]。经过几十年的理论探索研究，人们对其合金化机理的认识也渐趋成熟。机械合金化作为制备新材料的一种重要方法，日益受到世界材料界的关注，因此了解它的反应机理至关重要。目前围绕反应中的某一种主要现象，研究者提出了很多反应机理。

---

① wt%表示质量分数。

2.2.1 界面反应为主的反应机理

一般来说，有固相参加的多相化学反应过程是反应剂之间达到原子级结合、克服反应势垒而发生化学反应的过程，其特点是反应剂之间有界面存在[7]。在球磨过程中粉末系统的活性达到足够高时，磨球与粉末颗粒相互碰撞的瞬间造成的界面温升诱发了此处的化学反应（如一些材料工作者报道的机械合金化过程中的自蔓延燃烧反应现象），反应产物将反应剂分开，反应速率取决于反应剂在产物层内的扩散速度。在球磨过程中，由于粉末颗粒不断发生断裂，产生了大量的新鲜表面，并且反应产物被带走，从而维持反应的连续进行，直至整个过程结束。

以 Fe-Al 合金为例，随着球磨时间的延长，铝的衍射峰值逐渐减弱，高能球磨 20h 后，铝的衍射峰非常微弱；进一步球磨 30h 后，几乎观察不到铝的衍射峰，随着球磨时间的延长，金属铝与铁大部分发生反应形成金属间化合物，FeAl 或 Fe_3Al 颗粒之间在界面直接发生反应的概率极高，宏观表现为界面反应为主：球磨过程中，粉末经不断碰撞产生大量的新鲜表面，当颗粒之间达到一定的原子间距时，彼此相互焊合而发生原子间结合。随着比表面积的增大，不断的碰撞产生大量的新鲜结合表面，使得反应不断进行，最终形成了上述化合物[7, 8]。

2.2.2 扩散为主的反应机理

高能球磨过程中，粉末被反复破碎和焊合，产生大量新鲜的结合界面，形成细化的多层状复合颗粒。继续研磨，由于变形，内部缺陷（空位、位错等）增加，导致晶粒进一步细化。此时组元间通过扩散发生了固相反应，其扩散有三个特点：扩散温度较低；扩散距离很短；体系能量增高，扩散系数提高[9]。对于固相晶态物质，为了实现原子的跃迁，体系必须达到一个比较高的能量状态，这个额外的能量称为扩散激活能 ΔE_a［图 2-2（a）］。固态中的原子跃迁一般认为是空位机制，其扩散激活能为空位产生激活能 ΔE_f 和空位激活能 ΔE_m 两者之和［图 2-2（b）］。

高能球磨过程中，粉末在较高能量碰撞作用下产生大量晶体缺陷，因此，机械合金化所诱发的固态反应实际上是缺陷能和碰撞能共同作用的结果。所以，它不再需要空位产生激活能，扩散所要求的总的激活能降低［图 2-2（c）］。根据 Arrhenius 定律[11]，扩散系数 D 与扩散激活能的关系为

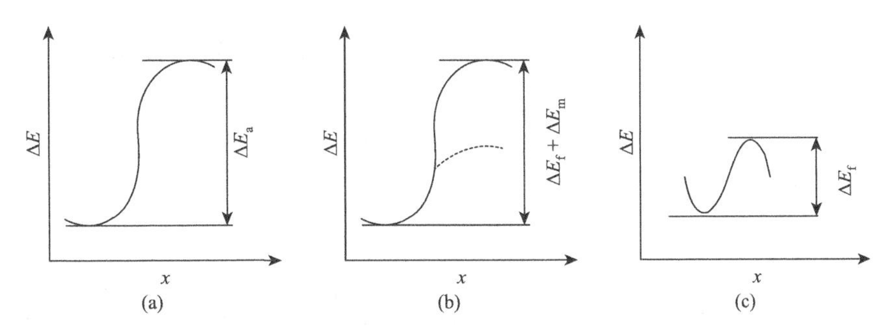

图 2-2　机械合金化过程中扩散激活能组成示意图：（a）扩散激活能 ΔE_a；（b）空位迁移能 ΔE_m；（c）空位产生激活能 ΔE_f[10]

$$D = D_0 \exp(-\Delta E_a / RT) \tag{2-1}$$

式中，D_0——扩散常数，cm^2/s；

ΔE_a——扩散激活能，kJ/mol；

R——摩尔气体常量，8.314J/(mol·K)；

T——热力学温度，K。

对于空位扩散机制，有如下表达式：

$$D = D_0 \exp[-(\Delta E_f + \Delta E_m) / RT] \tag{2-2}$$

式中，ΔE_f——空位产生激活能，kJ/mol；

ΔE_m——空位迁移能，kJ/mol。

上式表明降低空位扩散激活能，如减少空位产生激活能 ΔE_f，就意味着将会有更多的空位与近邻的扩散原子发生换位，降低了原子扩散势垒，增大空位浓度，使得扩散系数增大。因此通过减少 ΔE_f 有可能使 ΔE_m 显著降低。在高能球磨过程中，降低扩散激活能是提高扩散速率的主要途径。对于热激活扩散，晶体缺陷很快被退火消除，缺陷在扩散均匀化退火过程中贡献很小。而对于高能球磨，缺陷密度随球磨时间的增加而增加，因而高能球磨过程中的扩散均匀化动力学过程中，缺陷起主要作用。

室温高能球磨时，虽然粉末本身温升不高，但由于产生了大量的缺陷（空位），从而增强了元素原子的扩散能力，本来在高温下才能发生的过程在室温下也有可能实现。例如，室温下高能球磨 Al-Ti-C 粉料混合物，结果表明 Al-Ti-C 粉料经高能球磨以后，Al-Ti-C 合成反应激活能降低，从而在较低温度下就可得到性能较好的复合材料[12]。此外，以 Ti 和 C 无机粉末为原料，通过高能球磨方法在室温下合成了纳米级 TiC 晶粒[13]。采用机械合金化法可以在比较短的时间内合成 TiC 粉末，即经过高能球磨的复合粉体由于晶粒的细化，产生大量新鲜表面，增大了表面能，并且动态地保持未反应的新鲜界面相接触，再加上碰撞过程中产生的局部高温，使 TiC 粉末的一些结构参数发生了改变，扩散距离减小，缺陷密度增大，促进了元素原子短程扩散，增大了固态反应的反应动力，从而诱发低温下的自蔓延反应合成。

2.2.3 活度控制的金属相变机理

机械合金化过程中的金属相变有别于常见的固态相变，突出表现在其非平衡性和强制性。相变产物常常为过饱和固溶体、非晶等非平衡相，也可能形成非晶金属间化合物等。金属相变理论认为，溶质原子的活度决定了组元化学势的高低[14, 15]，活度可以用下式表示：

$$\alpha = \frac{P}{P_0} \tag{2-3}$$

式中，P——溶质在合金中的蒸气压，Pa；

P_0——溶质在单质状态的蒸气压，Pa。

在热力学平衡条件下，$0<\alpha<1$，但是在高能球磨的非平衡状态下，α 值可以大于 1。即球磨能量越大，畸变能越大，α 值也越大。在机械合金化过程中，一方面位错增殖和晶界大大破坏了晶体结构的完整性；另一方面由位错所产生的应力场又可降低一组元在另一组元的化学势，从而使得溶质元素原子的固溶度提高。此外，机械合金化过程产生的微小晶粒中的大量位错将使晶界附近出现一个局部畸变区，这相当于使晶界变宽，有可能使溶质原子在晶界中偏聚量增大，从而使溶质的表观固溶度增加。例如，Fe-Cu 系合金经机械合金化后，形成了固溶过量 Fe 的过饱和 Cu 固溶体[16, 17]。在有些合金系中，高能球磨后还会形成非晶和纳米晶过饱和固溶体两相混合物，几乎所有的合金体系在高能球磨后，都能够形成过饱和固溶体。

2.3 机械合金化实现固态非晶化热力学和动力学

2.3.1 非晶合金简介

非晶态物质是复杂的多体相互作用体系，其基本特征是原子和电子结构复杂，从结构上看，非晶态物质原子长程无序，原子之间相互作用，电子所处的状态都与结晶态不同；从热力学上讲，它是一种亚稳态，在一定的热力学条件下将转变为能量更低的晶态结构。不稳定、随机性、不可逆是非晶态物质的基本要素，自组织、复杂性、时间在非晶物质演化中起重要作用。非晶态物质的这些特殊性质，决定了其性能与结晶态物质有很大差异[18]。

非晶合金的发展可大致分为 4 个时期[19]。1920～1960 年是非晶合金材料探索及相关理论发展期。这个时期人们关心的核心问题是：能否人工制备非晶合金。当时很多人认为金属不可能被制成非晶玻璃。根据凝固实验和理论，有人预计如果冷却速率足够快，晶态相来不及形成，合金液态相可能被冻结为非晶态。最早报道制备出非晶合金的是德国哥廷根大学的 Kramer[20]，他采用气相沉积法，把金属蒸气冷凝到低温衬垫上，首次制得非晶合金膜。

非晶态形成理论的研究在 20 世纪 50 年代取得重大进展。Turnbull[21-23]和 Uhlmann 等[24, 25]发展并完善了非晶形成的动力学理论，证明液体冷却速率、过冷度、晶核密度是决定合金液体能否形成非晶的主要因素。他们根据经典形核和长大理论以及相变动力学理论，建立了可定性评估非晶合金形成能力的理论和估算最小冷却速率的方法，提出了非晶合金的形成判据，预测有深共晶的合金最有可能形成非晶合金。他们的工作为非晶合金材料及相关物理学的发展奠定了基础，揭开了非晶物理学和非晶材料学研究的序幕。

一般非晶合金的形成需要大于 10^6K/s 的临界冷却速率，使得制备的非晶合金呈很薄的条带或细丝状（微米量级），因而严重限制了这类材料的应用范围，同时也影响了对非晶合金性能系统、精确的探索。非晶合金领域经过十多年的沉寂，在 20 世纪 80 年代末，日本东北大学金属材料研究所的 Inoue 和美国加州理工学院的 Johnson 课题组[26-28]从合金成分设计角度出发，改变了过去重点关注从工艺条件来改进非晶形成能力的方法和思路，通过多组元合金混合来提高合金系本身的复杂性和熔体黏度，从而提高非晶形成能力，并发明了金属模浇铸（metal mold casting）方法，获得了由常用金属组成，直径为 1～10mm 棒、条带状 La-Al-Ni-Cu、Mg-Y-Ni-Cu、Zr-Al-Ni-Cu、Cu-Ti-Zr、Zr-Ti-Cu-Ni-Be[18, 19]等多种新型块体非晶合金体系。

在此之后，研究者们优化合成工艺和成分设计，一系列新型大块体非晶合金像雨后春笋般地被开发出来，这些体系包括 Ti 基、Cu 基、Fe 基、Ni 基、Hf 基、Co 基、Ca 基、Au 基等非晶体系。这些新型非晶合金形成能力接近传统氧化物玻璃，直径尺寸最大达 8~9cm，最低临界冷却速率低于 1K/s。

非晶材料在现代的一个重要应用是光纤通信。1966 年著名材料学家高锟通过对玻璃纤维进行理论和实用方面的研究，提出了利用超高纯度玻璃媒介传送光波，作为通信应用的基础理论，并设想出利用玻璃纤维传送激光脉冲以代替用金属电缆输出电脉冲的通信方法。如今光纤构成了支撑信息社会的环路系统。这种低损耗性的玻璃纤维，推动了诸如互联网、物联网等全球宽带通信系统的发展，为人类文明发展做出了巨大贡献。

非晶陶瓷除了玻璃外，大部分具有粉末、颗粒、涂层形态。近年来发展起来的先驱体裂解制备 PDCs-SiCN、PDCs-SiOC、PDCs-SiBC、PDCs-SiBN、PDCs-Si(B)CNAl、PDCs-SiBCN 和 PDCs-SiBCN(Me)（Me = Zr、Hf、Ta、Nb、Ti、

W等)等非晶硅基陶瓷材料显示出广阔的应用前景，作者团队所制备的MA-SiBCN非晶陶瓷及其复合材料使得非晶陶瓷的实际应用成为可能[29-31]。

2.3.2 MA形成非晶态合金热力学和动力学

通过机械合金化（MA）或者机械球磨（MM）实现合金的固态非晶化，在热力学条件下必须是可行的，且动力学条件是允许的[32]。图2-3为MA和MM两种途径实现非晶合金的自由能变化，$G_1 \rightarrow G_2$是两状态间自由能差，为机械合金化反应的驱动力，两种元素相接触的复合结构是自由能高的状态，当合金化时产生放热反应，自由能降低[33]。而MM实现非晶化必须使稳定相的自由能态G_3升高到G_2以上，这要靠球磨使其自由能升高。然而金属或合金的平衡态结晶体的自由能始终低于非晶态、准晶态。非稳态的结构可经多种途径使其自由能降低（图2-4）[34]。然而反应的路径、方向、速率和进度都极大地取决于动力学条件，处于较高自由能态G_1的不稳定A和B的混合物可以转变成自由能态为G_2的亚稳非晶相，也可直接转变为自由能态为G_3的金属间化合物，同时非晶亚稳相也可能发生晶化而转变为金属间化合物。只有当 $G_1 \rightarrow G_2$ 转变的反应特征时间 $t_{1\rightarrow 2}$ 远小于 $G_1 \rightarrow G_3$ 及 $G_2 \rightarrow G_3$ 反应的特征时间 $t_{1\rightarrow 3}$ 和 $t_{2\rightarrow 3}$ 时，A和B混合的不稳定结构才可能直接转变成非晶相。最终形成何种产物是由热力学和动力学条件决定的，是相互竞争的结果。

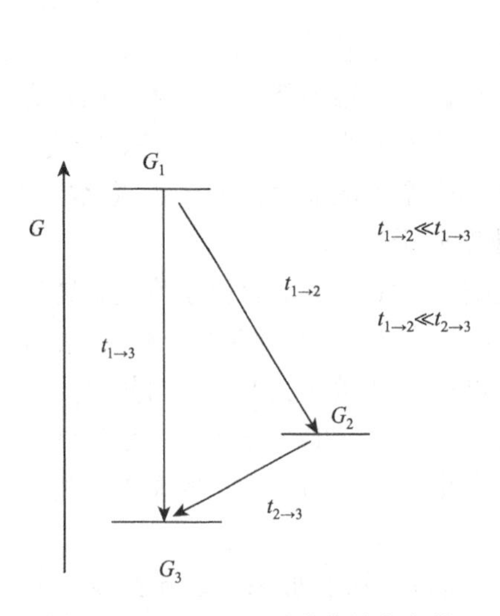

图2-3　MA、MM形成非晶合金的动力学条件[32]

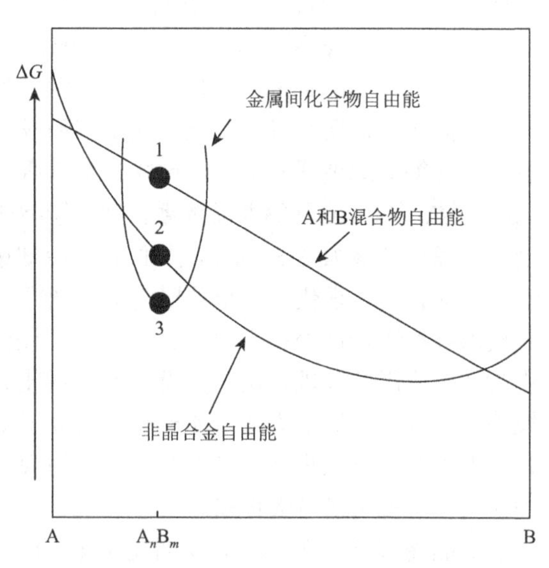

图2-4　二元AB合金成分-自由能曲线[33]

最初提出机械合金化获得非晶合金粉末的机制的研究者认为，磨球的高速碰撞使粉末瞬间熔化及随后的快速冷凝形成，但这与实验现象不符，因为人们并未在高能球磨时观察到熔化现象，并且机械合金化与快速冷凝形成非晶合金的成分范围不同，因此很快被否定。Johnson[34]曾研究了 Au 和 La 多层膜固相低温扩散退火的非晶机制，提出了形成非晶相的条件，大而负的混合热为固相扩散和固相反应的驱动力，是固态扩散反应形成非晶合金的热力学条件，而一种元素在另一种元素中的快速扩散决定着非晶相较金属间化合物晶相的优先形核与长大，为该非晶化反应的动力学条件，这两项条件使固相多层膜扩散退火实现非晶合金获得巨大的成功。

Schwarz 和 Hellstern 等[35, 36]详细地研究了机械合金化固态非晶化过程，基元混合粉球磨时，首先形成精细的复合结构，进而发生固相非晶化反应，因此他们认为基元混合粉的 MA 非晶化等同于多层膜退火的固相反应非晶化过程，所以二元合金非晶化的条件仍然是大而负的混合热及非对称扩散行为。Weeber 等[37]进一步提出具有大而负的混合热及较小的原子体积比是机械合金化形成二元非晶合金的热力学条件，并对机械合金化实现非晶合金的研究进展进行了较详细的评述，Weeber 等将机械合金化反应分为三种类型：第一种为微晶极度碎化直接导致的非晶化，表现为衍射峰的连续宽化，微晶尺寸达几纳米；第二种为由多层膜固相扩散反应导致的非晶化，表现为晶体衍射峰的移位和衍射强度的降低及独立非晶漫散峰的出现；第三种为首先形成金属间化合物的中间产物，进一步球磨转化为非晶合金。

在三元合金的机械合金化过程中，三种元素粉末经过不断撞击，反复破碎和冷焊接并产生新的界面[38-40]。经一定强度球磨后，破碎效应和冷焊接效应趋于平衡，粉末颗粒的粒度也趋于一定值，这时虽然颗粒尺寸大小不一，但其内部不同原子组成的层状结构越来越薄。例如，球磨时先放进去的是 Fe、Ni 和 Ti 的纯金属粉末，在高能球磨的作用下，当其中两个颗粒撞合到一起时，便形成一个界面，如界面两侧为异类原子，而且界面均为新界面时，此时虽然温度较低，但原子的活性很大，而且有着巨大的负混合热，扩散驱动力较大，导致界面附近几个原子层的原子快速相互扩散，此时由于界面温度较低、原子扩散速度又快，原子来不及形成有序结构而形成无序结构状态，这样在界面处就形成了很薄的无序区域，称为非晶初始区域层。非晶初始区域随球磨的进行不断增多：开始时，由于颗粒较大，表面不纯净，形成非晶初始区域层极为困难，所以存在孕育期 τ，在孕育期 τ 内，不能形成非晶初始区域层。据热扩散原理，在一般情况下，原子在低温下扩散是极其困难的，一旦开始扩散形成非晶初始区域，就很难再向内部发展。而在三元系机械合金化过程中，由于粉末颗粒高速撞击产生缺陷，原子以缺陷扩散等方式向内部发展。这就使原子扩散经历非晶区域后的进一步扩散有了可能，由于原先的晶格产生严重的畸变，以及原子的迅速扩散，原先的晶态-非晶态区域界面向晶态一侧转移，称为非晶初始层的生长。在非晶态的形成过程中，非晶初始区域层的不断形成起主导作用。由于低温下原子扩散长度是有限的，所以非晶初始区域层扩散起次要作用。上述转变称为非晶态的直接形成机制。

机械合金化致非晶化的第二种转变机制是在特定的球磨条件下，先形成金属间化合物，后又进行球磨促使这些中间产物变为非晶态，称为非晶态的间接形成机制。在低于液相温度时，正常情况下金属系统以合金相晶体的形式存在是稳定的，因而有些金属粉末在球磨开始阶段先形成合金，在进一步的球磨过程中，合金的晶粒不断减小，同时晶粒的内应力不断减小，严重的塑性变形转变成高密度缺陷，晶格发生严重畸变，从而导致体系的自由能提高。若此时合金结晶相的自由能与畸变能之和大于相应非晶相的自由能，合金便自发地转变成非晶态（此条件下非晶态反而为稳态）。非晶态的间接机制还有另外一种：在机械合金化过程中，溶质原子不断地溶入溶剂的同时，晶粒尺寸不断减小，内应力不断增加。当溶质原子在溶剂中的含量超过其饱和度时，溶剂晶格体系失稳崩溃，形成非晶态。

2.4　无机法制备 SiBCN 系亚稳陶瓷材料的特点与优势

由于陶瓷材料强度高、硬度高、韧性低，大部分研究者采用 MA（或 MM）技术来细化陶瓷颗粒或通过 MA（或 MM）技术来合成纳米陶瓷粉体，这在 Ti 基、W 基、二硼化物基、碳化物基和硅基材料上应用广泛。采用机械合金化制备非晶陶瓷及其复合材料，鲜有报道，主要原因为：①大部分陶瓷体系在高能球磨过程中倾向于形成非晶/纳米晶混合结构（$G_1 \rightarrow G_2$ 转变的反应特征时间 $t_{1\rightarrow 2}$ 小于或接近 $G_1 \rightarrow G_3$ 及 $G_2 \rightarrow G_3$ 反应的特征时间 $t_{1\rightarrow 3}$ 和 $t_{2\rightarrow 3}$ 时）；②现有球磨条件下，无法满足一些高强硬陶瓷体系的非晶热力学和动力学条件（如高强韧 Si_3N_4 陶瓷）。作者团队采用基于机械合金化的无机法成功制备出了 SiBN、SiBCN、SiBCNAl、SiBON 和 SiBCN（Me）（Me = Zr、Hf、Ta、…）等非晶系陶瓷[41-46]。

首先以含有 Si、B、C、N 四种元素的单质或无机化合物为原料，采用机械合金化技术使无机粉体原料之间发生机械化学反应实现原子水平上的均匀混合，从而获得 SiBCN 非晶粉体，然后将非晶粉体进行烧结，从而得到致密的 MA-SiBCN 块体陶瓷材料（图 2-5）[41-46]。

无机法是基于自上而下和自下而上设计理念形成。采用基于机械合金化的无机法结合固相烧结技术是制备 MA-SiBCN 块体陶瓷材料的新工艺。该工艺所用

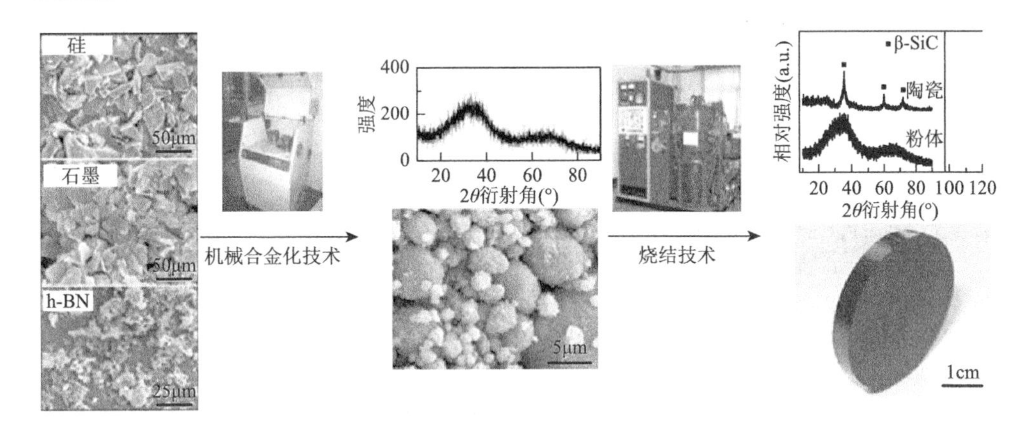

图2-5　基于机械合金化无机法制备MA-SiBCN非晶粉体及块体陶瓷的工艺过程图[42]

原料价格低廉、无毒环保、操作简单、制备周期短，所得材料组织结构均匀、性能优良，成为致密MA-SiBCN块体陶瓷和耐高温结构件的有效制备手段。MA-SiBCN陶瓷中原子自扩散系数很低，其致密化需要借助烧结助剂或高温高压（1800～2000℃/40～80MPa）条件进行烧结。然而高温高压促进材料析晶，体系中残留的第二相不利于陶瓷的高温性能形成，因此基于机械合金化的无机法结合热压/放电等离子体/热等静压烧结制备致密MA-SiBCN块体陶瓷材料属于非晶/纳米晶复相陶瓷，其致密度仍有很大的提升空间。因此降低烧结温度同时提高烧结压强是制备高致密完全非晶MA-SiBCN块体陶瓷的重要技术手段，然而现有条件下，采用高压低温烧结技术制备的高致密非晶MA-SiBCN陶瓷，尺寸较小，制备大尺寸高致密完全非晶块体陶瓷是理论和技术上的重大挑战。总而言之，无机法结合烧结技术很容易制备出厘米级的块体陶瓷材料，便于进行力学、热学、热物理等性能表征和评价，获得相关基础实验数据，弥补有机法的不足，对新型结构功能一体化陶瓷的开发和工程化应用起到实验和理论指导作用。

参考文献

[1] Benjamin J S. Dispersion strengthened superalloys by mechanical alloying[J]. Metallurgical Transactions，1970，1（10）：2943-2951.

[2] Zhang D L. Processing of advanced materials using high-energy mechanical alloying[J]. Progress in Materials Science，2004，49：537-560.

[3] Rairden J R，Habesch E M. Low-pressure-plasma-deposited coating formed from mechanical alloying powders[J]. Thin Solid Films，1981，83（3）：353-360.

[4] Lee P Y，Koch C C. Formation and thermal stability of amorphous Ni-Nb alloy powder synthesized by mechanical alloying[J]. Journal of Non-Crystalline Solids，1987，94（1）：88-100.

[5] Raabe D，Ohsaki S，Hono K. Mechanical alloying and amorphization in Cu-Nb-Ag *in situ* composite wires studied by transmission electron microscopy and atom probe tomography[J]. Acta Materialia，2009，57（17）：5254-5263.

[6] Manna I, Nandi P, Bandyopadhyay B, Ghoshray K, Ghoshrayb A. Microstructural and nuclear magnetic resonance studies of solid-state amorphization in Al-Ti-Si composites prepared by mechanical alloying[J]. Acta Materialia, 2004, 52（14）: 4133-4142.

[7] 张玉军，尹衍升，谭训彦，龚红宇，张景德. Fe-Al 金属间化合物粉末材料制备工艺研究[J]. 粉末冶金工业，1999，9（1）：23-26.

[8] Cardellini F, Contini V, Mazzone G. Solid-state reactions in the Al-Fe System induced by ball milling of elemental powders[J]. Journal of Materials Science, 1996, 31（16）: 4175-4180.

[9] 席生岐. 高能球磨固态扩散反应研究[J]. 材料科学与工艺，2000，8（3）：88-91.

[10] Lu L, Lai M O, Zhang S. Diffusion in mechanical alloying[J]. Journal of Materials Processing Technology, 1997, 67（1）: 100-104.

[11] Zuo B, Sritharan T. Ordering and grain growth in nanocrystalline $Fe_{75}Si_{25}$ alloy[J]. Acta Materialia, 2005, 53（4）: 1233-1239.

[12] Ye L L, Liu Z G, Li S D, Quan M X, Hu Z Q. Thermochemistry of combustion reaction in Al-Ti-C system during mechanical alloying[J]. Journal of Materials Research, 1997, 12（3）: 616-618.

[13] Razavi M, Rahimipour M R, Rajabi-Zamani A H. Synthesis of nanocrystalline TiC powder from impure Ti chips via mechanical alloying[J]. Journal of Alloys and Compounds, 2007, 436（1-2）: 142-145.

[14] Benjamin J S, Volin T E. The mechanism of mechanical alloying[J]. Metallurgical and Materials Transactions B, 1974, 5（8）: 1929-1934.

[15] 林文松. 机械合金化过程中的金属相变[J]. 粉末冶金技术，2001，19（3）：178-180.

[16] Fultz B, Ahn C C, Spooner S, Hong L B, Eckert J, Johnson W L. Incipient chemical instabilities of nanophase Fe-Cu alloys prepared by mechanical alloying[J]. Metallurgical and Materials Transactions A, 1996, 27（10）: 2934-2946.

[17] Hong L B, Fultz B. Two-phase coexistence in Fe-Cu alloys synthesized by ball milling[J]. Acta Materialia, 1998, 46（8）: 2937-2946.

[18] Wang W H. The nature and properties of amorphous matter[J]. Progress in Physics, 2013, 33: 177-351.

[19] Zhang B, Wang W H. Research progress of metallic plastic[J]. Acta Physical Sinica, 2017, 66（17）: 337-348.

[20] Kramer J. Noconducting modification of metals[J]. Annals of Physics, 1934, 19: 37-64.

[21] Turnbull D, Cohen M H. Concerning reconstructive transformation and formation of glass[J]. The Journal of Chemical Physics, 1958, 29: 1049-1053.

[22] Turnbull D, Cohen M H. Molecular transport in liquids and glasses[J]. The Journal of Chemical Physics, 1959, 31: 1164-1168.

[23] Drehman A J, Greer A L, Turnbull D. Bulk formation of a metallic glass: $Pd_{40}Ni_{40}P_{20}$[J]. Applied Physics Letters, 1982, 41: 716-717.

[24] Renninger A L, Uhlmann D R. Small angle X-ray scattering from glassy SiO_2[J]. Journal of Non-Crystalline Solids, 1974, 16（2）: 325-327.

[25] Onorato P I K, Uhlmann D R. Nucleating heterogeneities and glass formation[J]. Journal of Non-Crystalline Solids, 1976, 22（2）: 367-378.

[26] Inoue A, Zhang T, Masumoto T. Al-La-Ni amorphous alloys with a wide supercooled liquid region[J]. Materials Transactions, JIM, 1989, 30（12）: 965-972.

[27] Johnson W L. Bulk glass-forming metallic alloys: Science and technology[J]. MRS Bulletin, 1999, 24: 42-56.

[28] Shindo T, Waseda Y, Inoue A. Prediction of glass-forming composition ranges in Zr-Ni-Al alloys[J]. Materials

Transactions，2000，43（10）：2502-2508.

[29] Riedel R，Kienzle A，Dressler W，Ruwisch L，Bill J，Aldinger F. A silicoboron carbonitride ceramic stable to 2000℃[J]. Nature，1996，382（6594）：796-798.

[30] Riedel R，Ruswisch L M，An L. Amorphous silicoboron carbonitride ceramic with very high viscosity at temperatures above 1500℃[J]. Journal of the American Ceramic Society，1998，81（12）：3341-3344.

[31] Dressle W，Riedel R. Progress in silicon-based non-oxide structural ceramics[J]. International Journal of Refractory Metals and Hard Materials，1997，15（1-3）：13-47.

[32] Klement W，Willens R，Duwez P. Non-crystalline structure in solidified gold-silicon alloy[J]. Nature，1960，187（4740）：869-870.

[33] Gilman P S，Benjamin J S. Mechanical alloying[J]. Annual Review of Materials Science，1983，13：279-300.

[34] Johnson W L. Crystal-to-glass transformation in metallic materials[J]. Materials Science and Engineering A，1988，97：1-13.

[35] Schwarz R B，Petrich R R，Saw C K. The synthesis of amorphous Ni-Ti alloy powders by mechanical alloying[J]. Journal of Non-Crystalline Solids，1985，76（2）：281-302.

[36] Hellstern E，Schultz L. Amorphization of transition metal Zr alloys by mechanical alloying[J]. Applied Physical Letter，1986，48（2）：124-126.

[37] Weeber A W，Bakker H. Amorphous transition metal-zirconium alloys prepared by milling[J]. Materials Science and Engineering，1988，97：133-135.

[38] Ojovan M I，Lee W E. Connectivity and glass transition in disordered oxide systems[J]. Journal of Non-Crystalline Solids，2000，356（44）：2534-2540.

[39] El-Eskandarany S，Mahdy A，Ahmed H A，Amer A，Naddin R. Synthesis and characterizations of ball-milled nanocrystalline WC and nanocomposite WC-Co powders and subsequent consolidations[J]. Journal of Alloys and Compounds，2000，312（1-2）：315-325.

[40] Lu L，Lai M O，Zhang S. Modeling of the mechanical-alloying process[J]. Journal of Materials Processing Technology，1995，52（2-4）：539-546.

[41] Zhang P F，Jia D C，Yang Z H，Duan X M，Zhou Y. Microstructural features and properties of the nano-crystalline SiC/BN(C) composite ceramic prepared from the mechanically alloyed SiBCN powder[J]. Journal of Alloys and Compounds，2012，537（19）：346-356.

[42] Zhang P F，Jia D C，Yang Z H，Duan X M，Zhou Y. Crystallization and microstructural evolution process from the mechanically alloyed amorphous Si-B-C-N powder to the hot-pressed nano SiC/BN(C) ceramic[J]. Journal of Materials Science，2012，47（20）：7291-7304.

[43] Zhang P F，Jia D C，Yang Z H，Duan X M，Zhou Y. Influence of ball milling parameters on the structure of the mechanically alloyed SiBCN powder[J]. Ceramics International，2013，39（2）：1963-1969.

[44] Zhang P F，Jia D C，Yang Z H，Duan X M，Zhou Y. Physical and surface characteristics of the mechanically alloyed SIBCN powder[J]. Ceramics International，2012，38（8）：6399-6404.

[45] Yang Z H，Jia D C，Zhou Y，Yu C Q. Fabrication and characterization of amorphous Si-B-C-N powders[J]. Ceramics International，2007，33（8）：1573-1577.

[46] Liang B，Yang Z H，Chen Q Q，Wang S J，Duan X M，Jia D C，Zhou Y，Luo K，Yu D L，Tian Y J. Crystallization behavior of amorphous Si_2BC_3N ceramic monolith subjected to high pressure[J]. Journal of the American Ceramic Society，2015，98（12）：3788-3796.

第3章　MA-SiBCN陶瓷粉体的机械合金化制备及组织结构与性能

陶瓷粉体的制备方法有许多种，其中机械合金化法操作简单，适合大批量生产，被广泛应用于非晶和纳米晶陶瓷粉体制备。在高能球磨过程中，由于磨球之间和磨球与球磨罐之间的高速碰撞，粉体在外界机械力的输入下会不断发生破碎、冷焊、断裂的重复过程，最终可以得到非晶粉体或者过饱和的固溶体，在物质非平衡态的研究中具有重大意义。陶瓷粉体的微观组织结构及其化学键种类、含量对非晶陶瓷粉体高温热稳定性和抗氧化性有决定性的影响。通过选择原材料种类、改变成分配比和优化合成工艺，可以调控非晶粉体的微观组织结构和化学键种类，从而获得具有不同热稳定性的 SiBCN 非晶陶瓷粉体。

3.1　MA-SiBCN 陶瓷粉体非晶化过程及其化学键变化

通过机械合金化的方法可以制备部分非晶/完全非晶的 SiBCN 陶瓷粉体。将立方硅（c-Si）粉、石墨（graphite）、硼（boron）粉和六方氮化硼（h-BN）等按照一定的摩尔比配成混合粉体，通过高能球磨一定的强度和时间，最终获得非晶粉体。由于石墨和六方氮化硼具有相似的层状结构，层与层之间的结合力为范德华力，因此在球磨过程中最容易形成非晶（图 3-1）。在球磨初期，非晶粉体中主要含有 B、C、N 和少量单质 Si。随着球磨时间的延长，单质 Si 逐渐非晶化。机械合金化制备的 Si_2BC_3N 陶瓷粉体，其微观结构为极少量纳米 SiC 分布在非晶基体中。高能球磨过程中，在机械外力作用下，粉体粒子反复被挤压、断裂、冷焊形成复合粒子。持续的球磨导致复合粉体被不断细化，新鲜表面不断地暴露出来，这显著增加了原子扩散的接触面积，缩短了原子的扩散距离，增大了扩散系数。复合粒子的冷焊和破碎逐渐达到动态平衡，此时复合粒子尺寸恒定在纳米尺度范围，高度细化的复合粒子在没有析晶的情况下保持较高的非晶度。

在球磨过程中，粉体中并没有生成中间产物（化合物），因此不大可能以非晶态间接形成机制形成 Si_2BC_3N 非晶粉体。由于高能球磨 0.5h 后，粉体中的 h-BN 和石墨已经完全非晶化，这些非晶粉体可以覆盖在 Si 颗粒上，形成初始非晶区域。在后续球磨过程中，原子的短程扩散使得原先晶态-非晶态区域界面向晶态一侧推进，导致非晶初始层的生长，进而导致单质 Si 晶体衍射峰逐渐减弱。

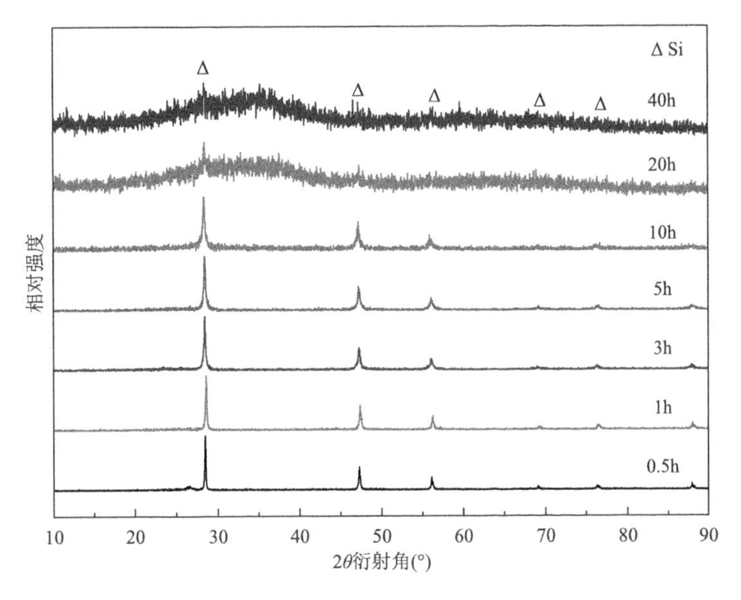

图 3-1　Si_2BC_3N 陶瓷粉体在不同高能球磨时间条件下的 XRD 图谱（主盘转速 600r/min；球料比 20∶1）[1]

随着球磨时间的延长，Si（111）晶面间距逐渐增大，说明该晶面存在大量缺陷，导致晶格畸变（表 3-1）。一方面，高能球磨导致 Si 颗粒内应力不断增大，缺陷密度增加，因此 Si（111）晶面晶格发生严重畸变，晶体结构逐渐失稳崩塌形成非晶；另一方面，B、C 和 N 元素原子可能短程扩散固溶到 Si 内部导致内应力不断增大，Si 晶粒不断细化，当元素原子在单质 Si 中的固溶度超过其饱和度时，Si 晶格最终失稳崩塌形成非晶。

表 3-1　Si_2BC_3N 陶瓷粉体中单质 Si（111）晶面结构特征参数随高能球磨时间的变化[1]

球磨时间（h）	Si 晶格参数（nm）	Si 晶粒尺寸（nm）	晶格应变（%）	粉体平均粒径（μm）
0.5	0.3136±0.0001	952±35	0.032±0.002	9.33
1	0.3138±0.0002	542±27	0.096±0.004	7.52
3	0.3139±0.0001	132±16	0.13±0.01	6.02
5	0.3141±0.0002	102±15	0.19±0.01	5.90
10	0.3142±0.0003	85±12	0.22±0.02	5.18
20	0.3143±0.0002	61±11	0.26±0.01	5.02

固态（solid-state）NMR 可以从原子水平获得体系微纳结构和原子组态等化学信息，受原子无序度影响较小，对组分复杂和高度扭曲结构研究具有突出优势。

经高能球磨 20h 后，两种 Si_2BC_3N 陶瓷粉体中均存在非晶 SiC、β-SiC 和 α-SiC，此外一步法制备的陶瓷粉体中还存在单质 Si（图 3-2 和表 3-2）。众所周知，α-SiC 是高温稳定相，而 β-SiC 是低温稳定相（温度＞2100℃时转变为 α-SiC）。金属体系中，此前已有室温条件下利用高能球磨就可获得高温稳定相与低温稳定相两相共存的研究报道。例如，Co[2]、$MoSi_2$[3-5]、FeGe[6]、Fe-Cu[7]、Fe-Ni[8, 9]和 Ta-Si[10]等合金体系中，已经发现在某些特定球磨强度下即可获得高低温两相共存。

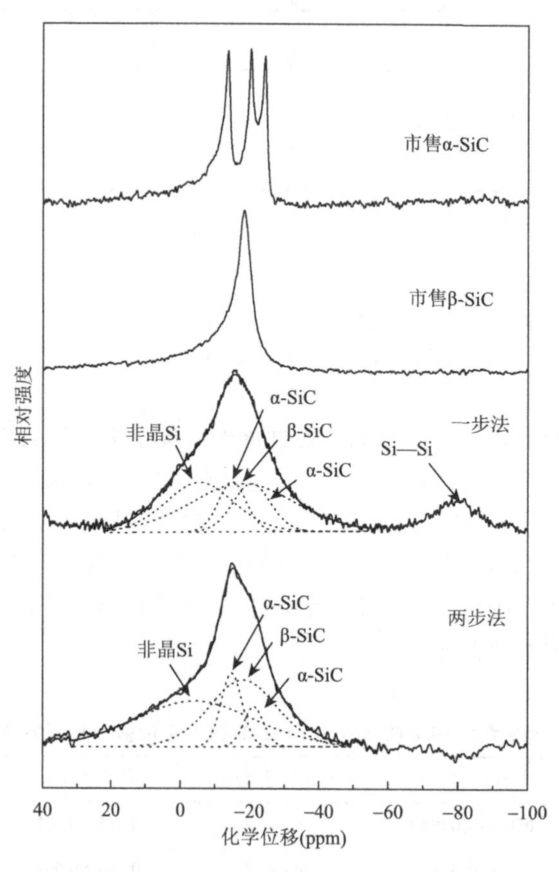

图 3-2　市售不同晶型 SiC 粉体和机械合金化制备 Si_2BC_3N 非晶陶瓷粉体固态 ^{29}Si-NMR 图谱[14]

表 3-2　固态 ^{29}Si-NMR 拟合图谱得到单质 Si、SiC 晶体及非晶 SiC 相对含量[11]

Si_2BC_3N 粉体	Si 含量（%）	α-SiC 含量（%）	β-SiC 含量（%）	非晶 SiC 含量(%)	β-SiC/α-SiC
一步法①	8.3	25.3	39.8	26.6	1.57
两步法②	0	19.1	36.6	44.3	1.92

注：①一步法指将所有原料粉体同时进行高能球磨 20h；②两步法指 c-Si 和石墨（摩尔比为 1∶1）球磨 15h 后加入剩余的 h-BN 和石墨再球磨 5h

Huang 等[2]发现不同球磨强度下，磨球与粉体撞击过程中产生的角动量（I）不同，高能球磨 Co 粉体所得最终物相不同：当 $I>5.94$ 时，粉体中只含有高温稳定相（fcc），而在 $I<3.82$ 时，粉体中只含有低温稳定相（hcp），当 $3.82<I<5.94$ 时，粉体同时含有高温和低温稳定相两相。正是由于角动量不同，在粉体中形成的晶格缺陷数量不同造成了最终物相组成的不同。而晶格缺陷密度较高时，Co（fcc）将转变为 Co（hcp）。α-SiC 和 β-SiC 晶型的区别只是 Si-C 四面体的堆垛顺序不同，而两者的生长焓和吉布斯自由能相差不大，两者相差仅有−2.5kJ/mol 和−2.6kJ/mol（298K）[12]。实验证明，在 β-SiC 中存在大量的晶格缺陷时，容易诱发 β-SiC 转变为 α-SiC[13]。因此，可以认为高的球磨能量是促使 Si_2BC_3N 陶瓷粉体中同时产生 α-SiC 和 β-SiC 的主要原因（图 3-3）。

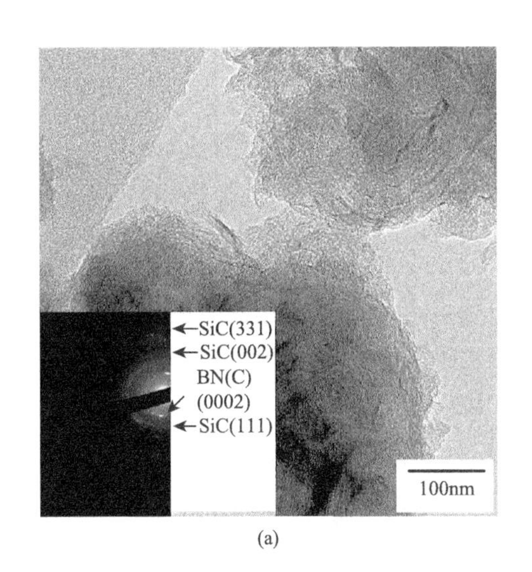

(a)

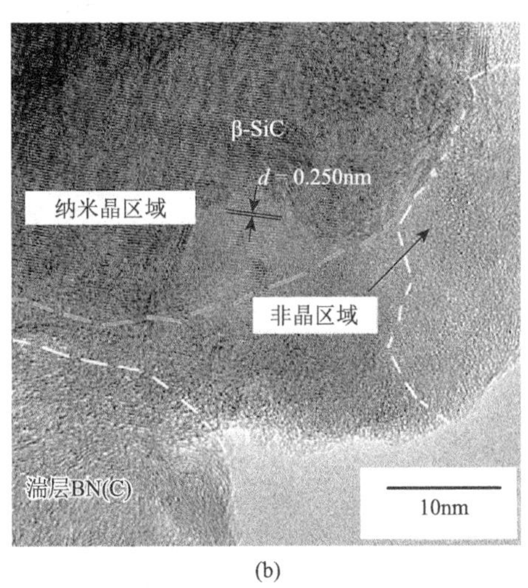

(b)

图 3-3　机械合金化制备 Si_2BC_3N 非晶陶瓷粉体组织结构：（a）明场像形貌；（b）高分辨精细结构[1]

一步法制备的 Si_2BC_3N 陶瓷粉体中含有部分单质 Si 的原因为：h-BN 和石墨的晶体结构相似，晶格常数基本一致，所以 h-BN 和石墨在高能球磨过程中很容易形成非定比的化合物，造成与 Si 发生反应的石墨量减少；两步法制备的陶瓷粉体中，由于 Si 和 C 先等比例球磨一段时间有助于非晶 SiC 相的生成，因此非晶 SiC 含量要高于一步法获得的非晶 SiC 含量，说明石墨和 c-Si 的单独球磨有助于生成非晶态的 SiC；在两种粉体中，β-SiC 谱峰的半高宽要大于 α-SiC 的半高宽，说明 β-SiC 晶体的晶体结构比较紊乱。

高能球磨结束后，两种球磨工艺制备 Si_2BC_3N 非晶陶瓷粉体中均含有复杂的化学键，如 Si—C、B—N、C—B—N、C—N、C—O、C—N 和 B—C 等[15, 16]。从化学键角度来讲，旧化学键的断裂和新键的形成有利于固态非晶化。从 Si 2p 图谱上看，Si 在约 98.8eV 和约 101.6eV 出现振动峰，分别对应着 Si—Si 和 Si—C 键；B 1s 的拟合结果表明，两种球磨工艺制备得到的陶瓷粉体中除了 B—N 键之外，还存在 B—C—N 键；C 1s 的拟合峰分别位于约 283eV，284eV 和 287eV，其中位于约 284eV 的峰由 C—C 键振动形成。286.2～287.3eV 范围内的振动峰应为 C—O 或 C—N 键振动形成。高能球磨过程中，石墨与 c-Si 发生反应形成 SiC，位于 283.7～283.9eV 振动峰即为 C—Si 键形成的峰（图 3-4 和表 3-3）。

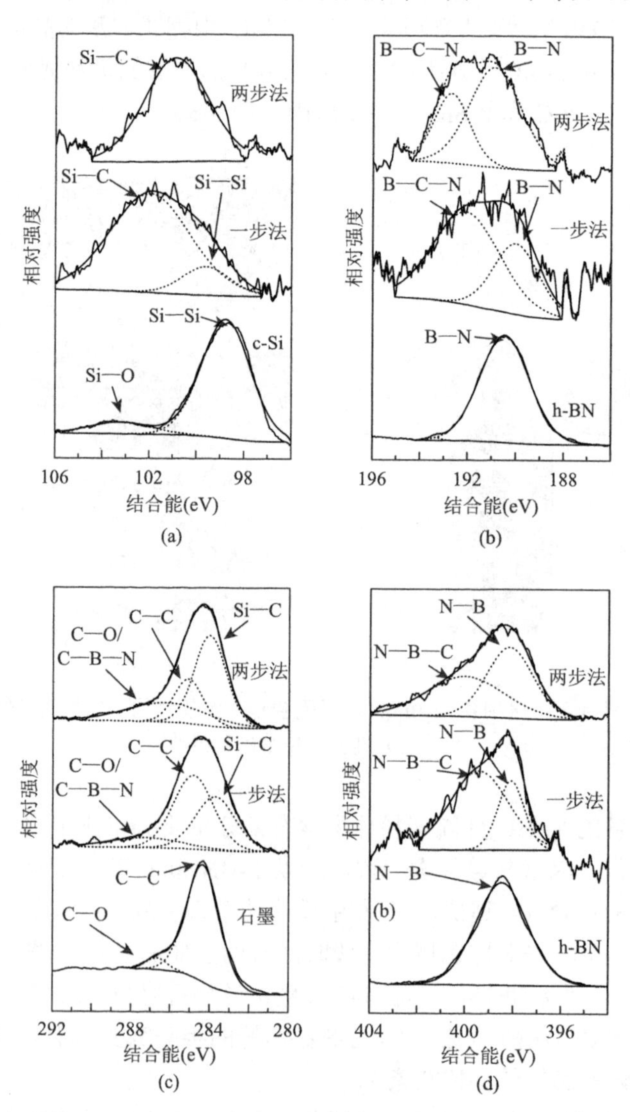

图 3-4 两种高能球磨工艺制备 Si_2BC_3N 非晶陶瓷粉体及原始粉体的 XPS 图谱：（a）Si 2p；（b）B 1s；（c）C 1s；（d）N 1s[14]

表 3-3　高能球磨制备 Si_2BC_3N 非晶陶瓷粉体 XPS 数据拟合结果以及各化学键相对含量[11]

元素	化学键种类	结合能（eV）			化学键相对含量（%）	
		原始混合	一步法制备	两步法制备	一步法制备	两步法制备
Si 2p	Si—Si	98.8	99.5	—	3.9	—
	Si—C	—	101.6	100.9	22.6	6.2
	Si—N	103.3	—	—	—	—
B 1s	B—N	190.5	190.0	190.8	4.7	14.6
	C—B—N	—	192.1	192.7	9.2	7.0
	B—O	193.4	—	—	—	—
C 1s	C—Si	—	283.7	283.9	19.3	28.7
	C—C	284.3	284.8	285.0	26.6	12.9
	C—O/C—N	286.7	287.3	286.2	6.6	15.4
N 1s	N—B/N—C	398.4	398.3	398.2	2.0	7.8
	C—B—N	—	399.4	400.0	5.0	7.4

3.2　MA-SiBCN 陶瓷粉体高温稳定性

无论是在氮气还是在氦气中加热，Si_2BC_3N 非晶陶瓷粉体均表现出相似的失重-增重规律（图 3-5 和图 3-6）。当温度低于约 100℃时，粉体表面由于 H_2O、CO_2、CO 等分子脱附而失重[17-20]。粉体在氮气中被加热至 400～1300℃时会不断增重，同时伴随着持续的吸热现象；＞1400℃，非晶粉体快速失重。

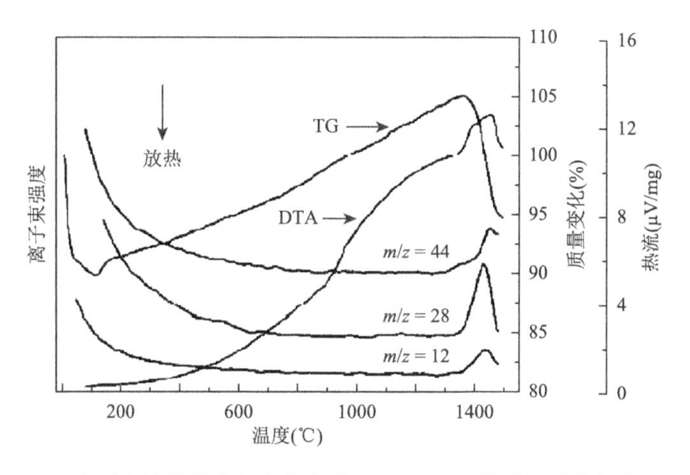

图 3-5　Si_2BC_3N 非晶陶瓷粉体在氦气气氛中以 10℃/min 的升温速率加热至 1500℃时的 TG-DTA 曲线，以及质荷比（m/z）分别为 12，28 和 44 的质谱分析曲线[17]

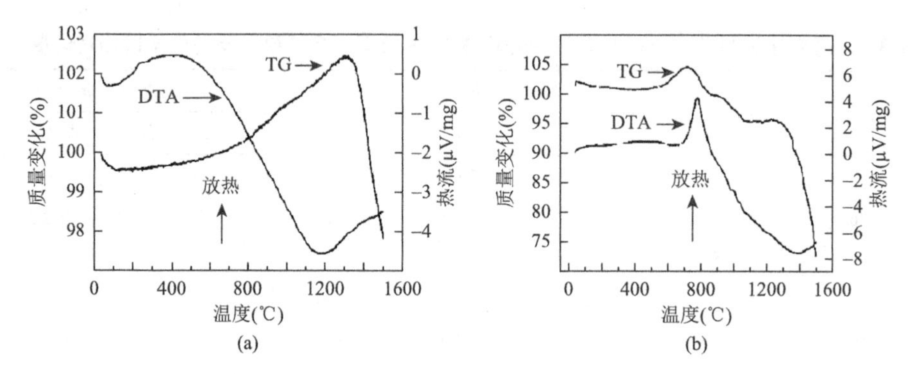

图 3-6　Si_2BC_3N 非晶陶瓷粉体在氮气或空气气氛条件下的 TG-DTA 曲线，升温速率 10℃/min：（a）氮气；（b）空气[18]

此时同步质谱和红外信号峰 CO、CO_2 吸收强度也都迅速增强，因此粉体的快速失重是由于粉体表面氧化硅薄膜的碳热还原反应引起的（图 3-7）。含硅的陶瓷粉体在 1350～1500℃温度范围内快速释放出 CO 和 CO_2 的现象已经在很多试验中被证实[21]。该碳热还原反应的发生［反应（3-1）～反应（3-3）除去了粉体表面的氧化膜，降低了陶瓷中的氧含量，减少了低熔点杂质相，这对陶瓷的高温组织及性能稳定性是有利的。Si_2BC_3N 非晶粉体在流动空气中被加热至约 600℃时，非晶粉体具有较好的抗氧化性能；在 600～750℃范围内，粉体开始增重并伴随着氧化放热；当温度＞750℃时，粉体快速增重（图 3-6）。

$$SiO_2(s) + C(s) \longrightarrow SiC(s) + CO/CO_2(g) \tag{3-1}$$

$$SiO_2(s) + CO(s) \longrightarrow SiC(s) + CO_2(g) \tag{3-2}$$

$$CO_2(g) + C(s) \longrightarrow CO(g) \tag{3-3}$$

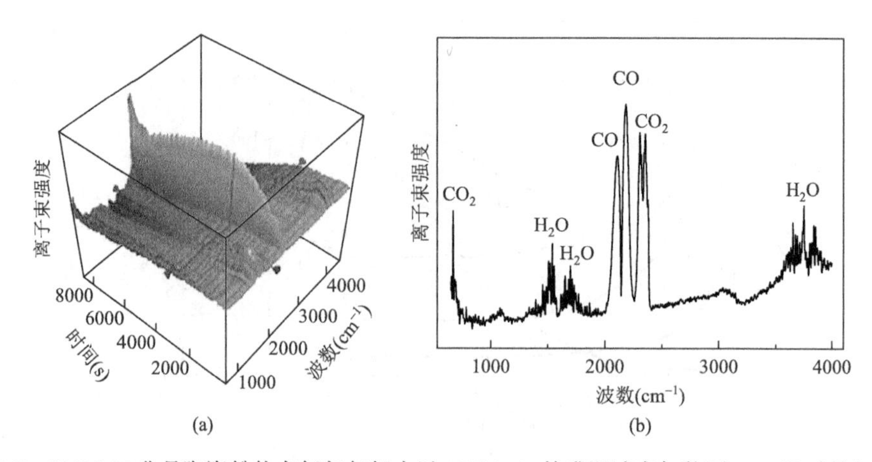

图 3-7　Si_2BC_3N 非晶陶瓷粉体在氩气气氛中以 10℃/min 的升温速率加热至 1500℃时的红外光谱：（a）三维解析曲线；（b）二维解析曲线[20]

3.3　金属与陶瓷颗粒对 MA-SiBCN 陶瓷复合粉体组织结构影响

3.3.1　金属 Zr 对 Si_2BC_3N 陶瓷复合粉体组织结构影响

通过在 Si_2BC_3N 陶瓷粉体中加入金属或者陶瓷颗粒第二相，可以制备具有不同微观组织结构和性能匹配的复合陶瓷粉体。将 c-Si 粉、石墨、h-BN、Zr 和 B 粉同时高能球磨 3h 后在 XRD 图谱中可以明显看到 ZrB_2 的衍射峰，球磨 10h 以后 ZrB_2 的衍射峰开始逐步降低（图 3-8）。先将 Zr 粉和 B 粉高能球磨 5h，再将 Si 粉、C 粉和 h-BN 粉加入球磨罐中球磨直至结束，结果表明球磨 5h 之后 ZrB_2 的衍射峰强度已经很低了，说明两步法球磨有助于 ZrB_2 固态非晶化（图 3-9）。将高能球磨结束后的 SiBCNZr 复合粉体直接暴露在空气中将发生自蔓延反应，反应后复合粉体中除了非晶成分之外，还出现了 ZrB_2、ZrN、SiC 和 ZrO_2 晶体衍射峰。将复合粉体在 1200℃氮气条件下保温 1h，粉体中同样出现上述四种物相衍射峰，说明 ZrN 可能来源于金属 Zr 与 N_2、BN 的反应（图 3-10）。

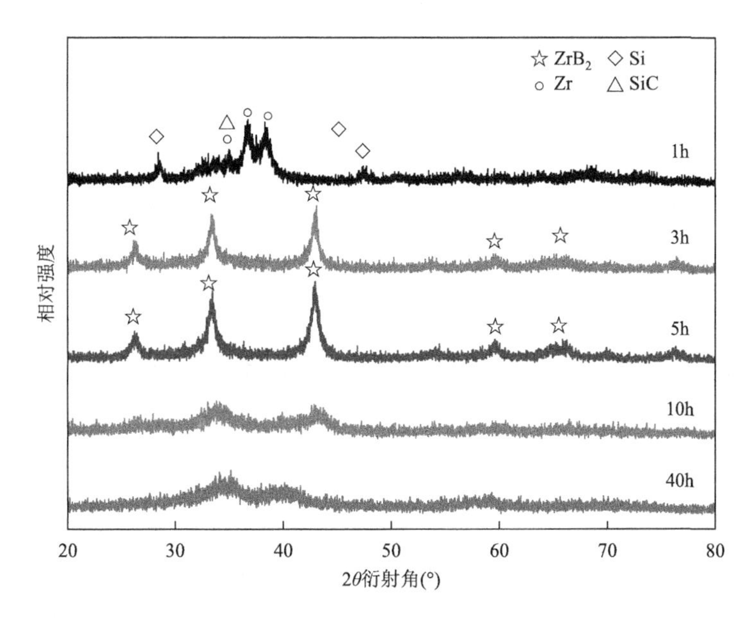

图 3-8　一步法制备 SiBCNZr 复合陶瓷粉体高能球磨不同时间后的 XRD 图谱[22]

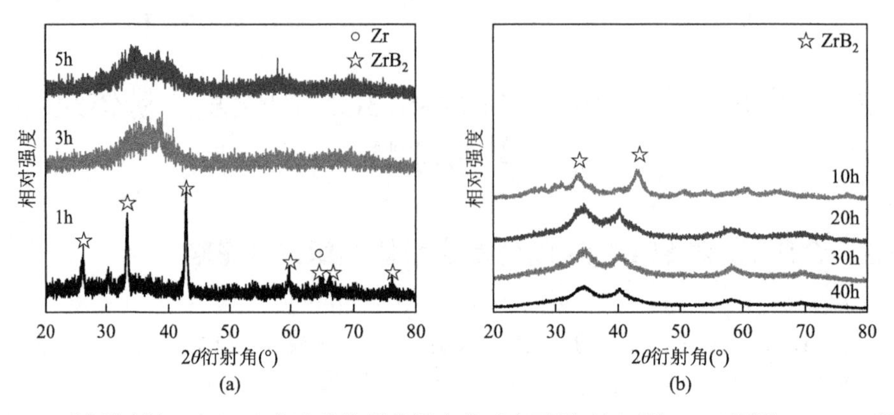

图 3-9 两步法制备 SiBCNZr 复合陶瓷粉体经高能球磨不同时间后的 XRD 图谱：（a）Zr 粉和 B 粉单独球磨 1～5h；（b）SiBCNZr 复合陶瓷粉体球磨 10～40h[22]

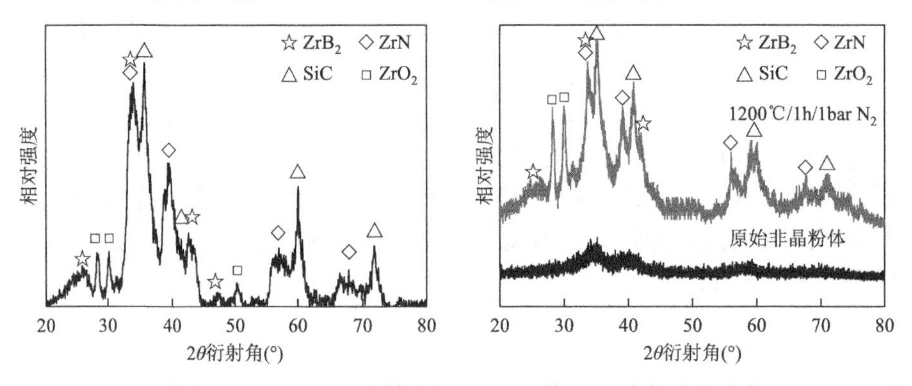

图 3-10 不同处理条件下 SiBCNZr 复合粉体的 XRD 图谱：（a）高能球磨结束后 SiBCNZr 复合粉体直接暴露到空气中；（b）SiBCNZr 复合粉体在氮气气氛中以 20℃/min 速率加热到 1200℃保温 1h[23]

对高能球磨过程中原料之间可能发生的反应在 RT～2000K 范围内进行了热力学计算（图 3-11），结果表明金属 Zr 和氮气、氧气的反应驱动力要远远大于其他反应。以上计算基于平衡状态，考虑到高能球磨为一种远离平衡态的非平衡过程，在实际的实验中，非常有可能出现偏离计算的情况。此外，反应是否进行以及进行的程度还与其他因素有关，如原料粉体的粒径、粉体表面的氧化物杂质等都可以影响原料之间的反应。

从 TEM 形貌上看，SiBCNZr 复合粉体是由纳米球形颗粒堆垛而成的硬团聚体［图 3-12（a）］。从高分辨形貌上看，高能球磨后复合粉体具有很好的非晶状态。复合粉体在空气中暴露发生自蔓延反应后，非晶基体中存在晶格排列较为规整的区域，该区域内 N 和 O 元素含量明显增加，说明该区域内存在一定量 ZrN 和 ZrO_2［图 3-12（d）］。高能球磨后 SiBCNZr 非晶粉体直接暴露到空气中，粉体颗粒之间发生明显的化学反应，粉体粒径增大（图 3-13）。

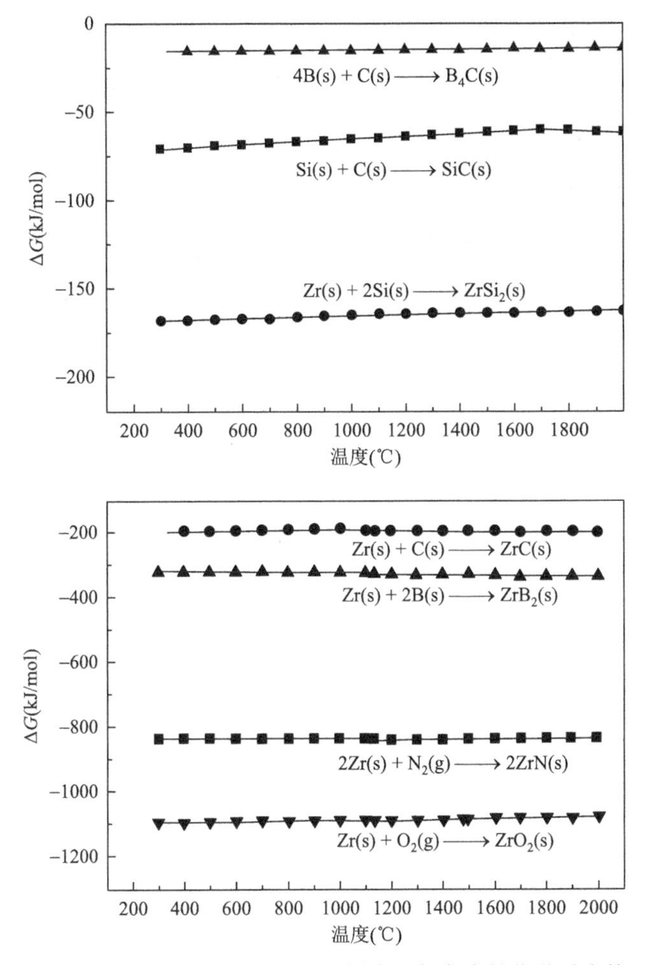

图 3-11　SiBCNZr 复合粉体在 RT～2000K 范围内可能发生的化学反应的 ΔG-T 曲线[23]

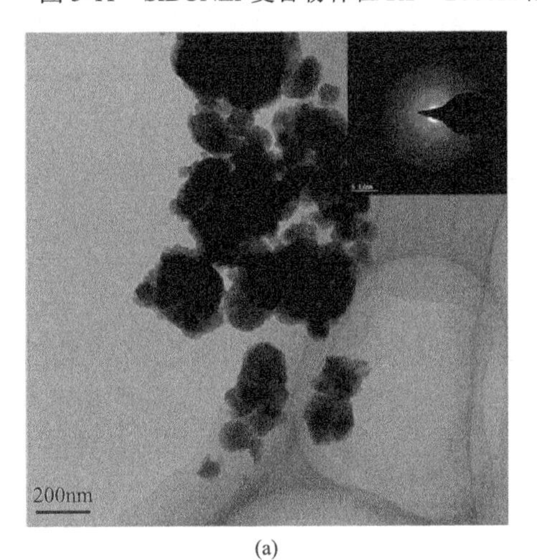

(a)

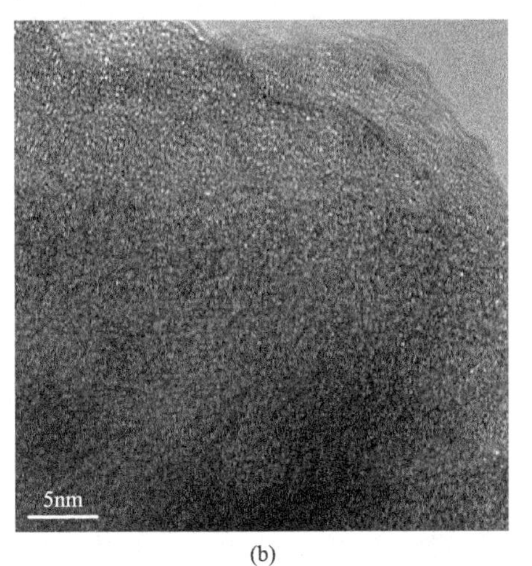

(b)

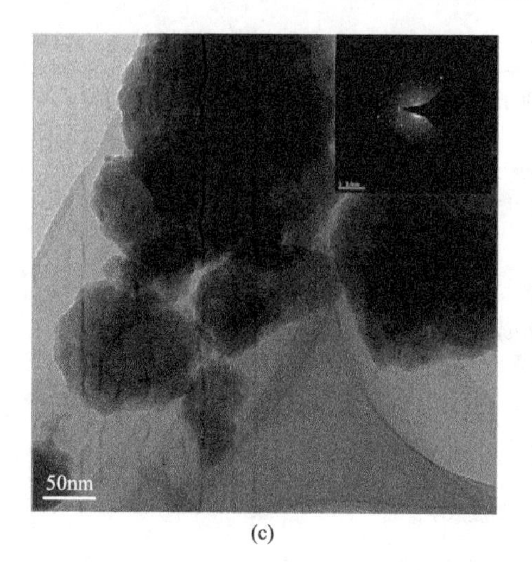

(c)

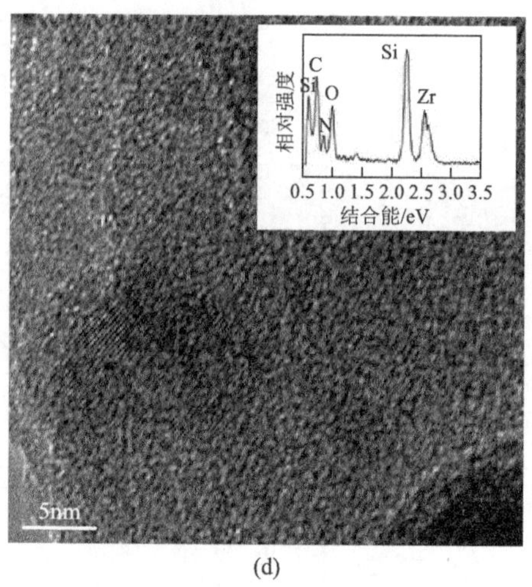

(d)

图 3-12 机械合金化制备 SiBCNZr 陶瓷粉体 TEM 微观组织结构：（a）高能球磨后复合粉体原始形貌；（b）原始复合粉体 HRTEM 精细结构；（c）复合粉体直接暴露在空气中发生自蔓延反应后形貌；（d）空气中高温自蔓延反应后复合粉体 HRTEM 精细结构及元素点分析[23]

(a)

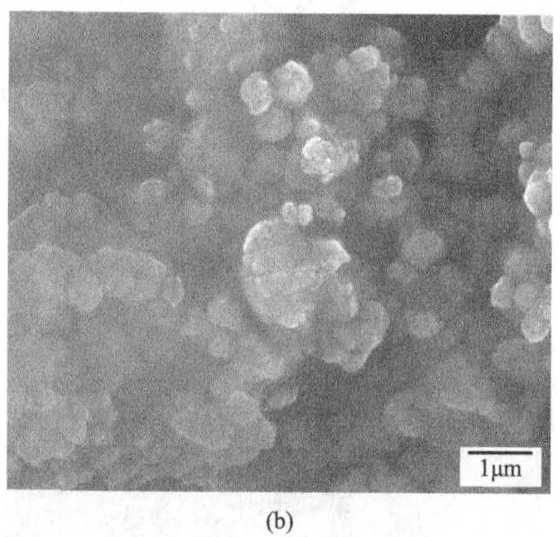

(b)

图 3-13 机械合金化制备 SiBCNZr 非晶陶瓷粉体 SEM 表面形貌：（a）高能球磨后复合粉体表面形貌；（b）复合粉体直接暴露到空气中发生自蔓延反应后表面形貌[22]

高能球磨后 SiBCNZr 复合粉体存在 Si—C，B—N，B—N—C，Zr—O，Zr—B 等化学键，在 XPS 测试过程中粉体表面发生了不同程度氧化。Si 2p 图谱显示只存在一个振动峰（约 96.5eV），对应 Si—C 键。B 1s 图谱分别拟合为约 189.4eV 的 B—N 振动峰和约 192.1eV 的 B—N—C 振动峰，前者峰强度较高，说明 B—N 键含量高于 B—N—C 键。C 1s 图谱拟合为三个振荡峰，分别是位于约 282.7eV 的 Si—C 键，约 284.7eV 的 C—C 键和约 285.8eV 的 C—B—N 键，其中 C—C 键的振动峰强度最高。N 1s 图谱可以拟合为 2 个分峰，分别是位于约 398.1eV 的 N—B 键和约 400.9eV 的 N—B—C 键。Zr 3d 图谱可拟合为 4 个分峰，分别是位于约 183.2eV、约 185.3eV 的 Zr—O 键和约 179.2eV、约 181.6eV 的 Zr—B 键。Zr—O 键的出现表明复合粉体表面已经出现了氧化。所制备的复合粉体粒度较小，表面活性较大，极易吸附氧，且在室温下反应 $ZrB_2 + 2.5O_2 \longrightarrow ZrO_2 + B_2O_3$ ΔG 为 −3800kJ/mol，为一个自发过程，因而粉体表面出现了氧化（图 3-14）。

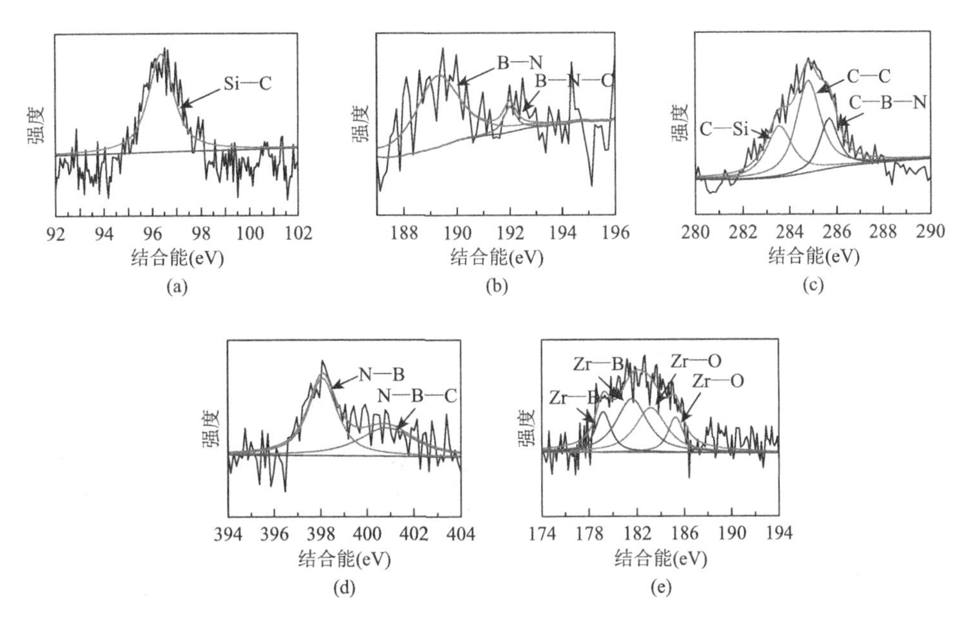

图 3-14 机械合金化制备 SiBCNZr 非晶陶瓷粉体的 XPS 图谱：（a）Si 2p；（b）B 1s；（c）C 1s；（d）N 1s；（e）Zr 3d[22]

3.3.2 金属 Al 对 Si_2BC_3N 陶瓷复合粉体组织结构影响

在 Si_2BC_3N 粉体中引入金属 Al 后发现，Al 比 c-Si 更容易实现非晶化。高能球磨 5h 后，h-BN、石墨和 Al 的晶体衍射峰已经完全消失，但仍有明显的 c-Si 的衍射峰；高能球磨 15h 后，c-Si 的衍射峰强度也有了明显的降低。当球磨时间达到 30h 时，XRD 图谱显示非晶相馒头峰，说明高能球磨实现了 Si、B、C、N、Al 五种元素原子在原子尺度上的均匀混合（图 3-15）。Al 的引入加速了 SiBCN 体系的非晶化进程。

TEM 结果表明，高能球磨 30h 后，以 Al 粉为铝源的 SiBCNAl 复合粉体颗粒粒径约为 100～200nm，选区电子衍射花样表明复合粉体具有很好的非晶态（一个漫散中心衍射斑点）。高分辨电镜观察显示：没有发现任何纳米晶存在，复合粉体颗粒已完全实现了非晶化（图 3-16）。

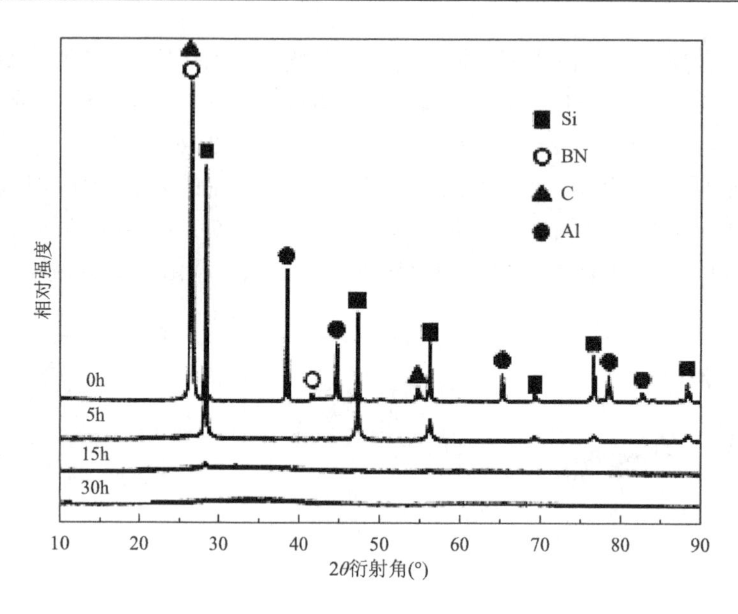

图 3-15　以 Al 粉为铝源的 SiBCNAl 复合粉体在不同球磨时间条件下的 XRD 图谱（球磨转速 600r/min，球料比 20∶1）[24]

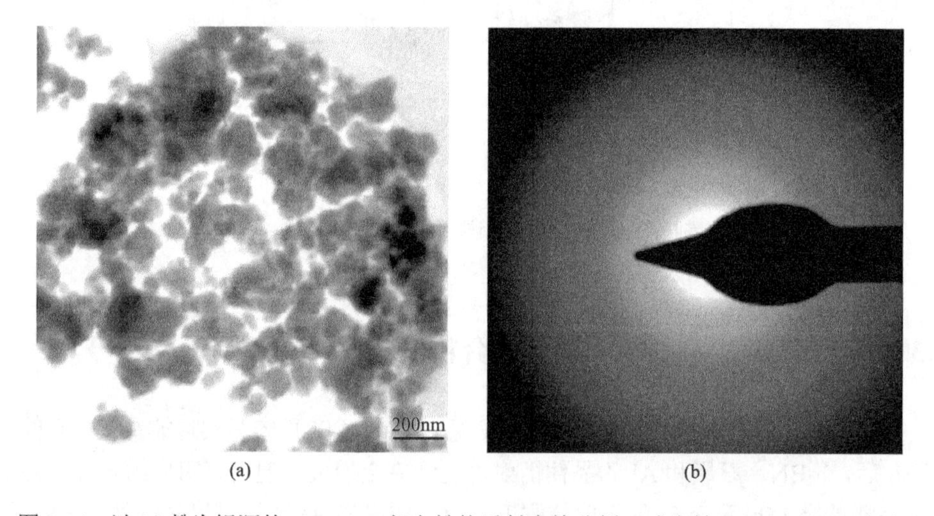

图 3-16　以 Al 粉为铝源的 SiBCNAl 复合粉体透射电镜分析（球磨转速 600r/min，球料比 20∶1）：（a）TEM 明场像形貌；（b）SAED 衍射花样[24]

EELS 谱中出现了 Si 的 L1 壳层边峰和 B、C、N 的 K 壳层边峰，这些特征峰的出现说明复合粉体中含有 Si、B、C 和 N 四种元素（图 3-17）。在 EELS 谱中未发现 Al 的特征峰，主要是由于 Al 的 Al-L2、Al-L3 壳层边峰位于 70eV 附近，而此处图谱的背底较强，再加上 Al-L2、Al-L3 峰的信号较弱，所以没有测到 Al 相关特征峰。由于 EELS 谱的强度是随着能量损失的增大呈指数减小的，所以处在 1560eV 附近的 Al 的另一个特征峰 Al-K 没有出现在同一图谱中[25, 26]。

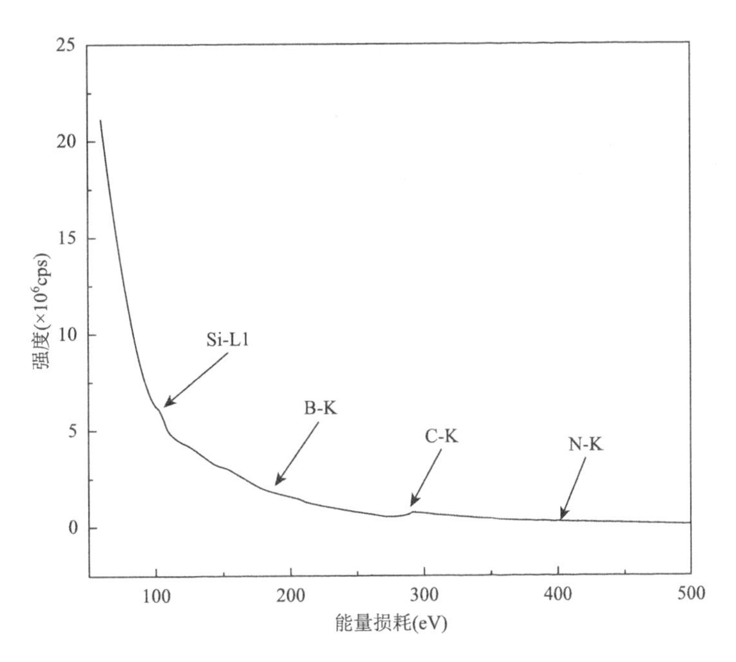

图 3-17　以 Al 粉为铝源的 SiBCNAl 复合粉体经高能球磨 30h 后的 EELS 谱线[24]

能量过滤透射电镜（EFTEM）技术是在电子能量损失谱的基础上，选择具有一定能量损失范围的电子束，使之成像的技术[27-29]。EFTEM 结果表明各元素原子在整个区域内均匀分布，没有出现明显的元素偏聚现象（图 3-18）。混合的原料粉体在机械合金化的过程中不断地发生畸变、破碎和焊合，各组分原子间在反复破碎和冷焊过程中相互扩散，最终实现了固态非晶化。

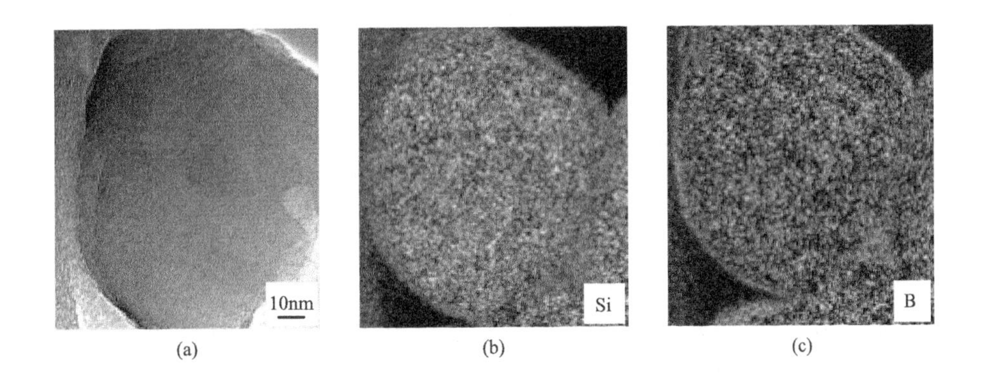

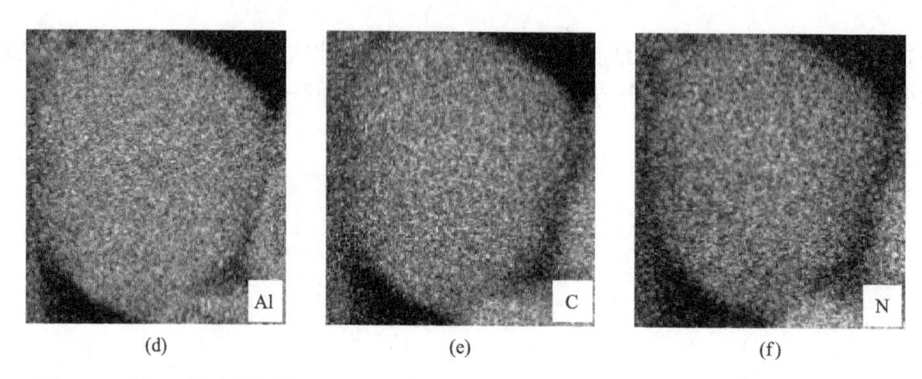

图 3-18　以 Al 粉为铝源的 SiBCNAl 复合粉体经高能球磨 30h 后 EFTEM 结果分析：（a）TEM 明场像形貌；（b）Si；（c）B；（d）Al；（e）C；（f）N[24]

SiBCNAl 复合粉体中含有 Si—C、B—C—N、C—C、B—N 和 Al—N 等多种化学键，Si 原子以 SiC_4配位形式存在，而 Al 原子是以 AlN_4、AlN_5/AlO_4 和 AlN_6 等多种配位结构的混合形式存在（图 3-19 和图 3-20）。

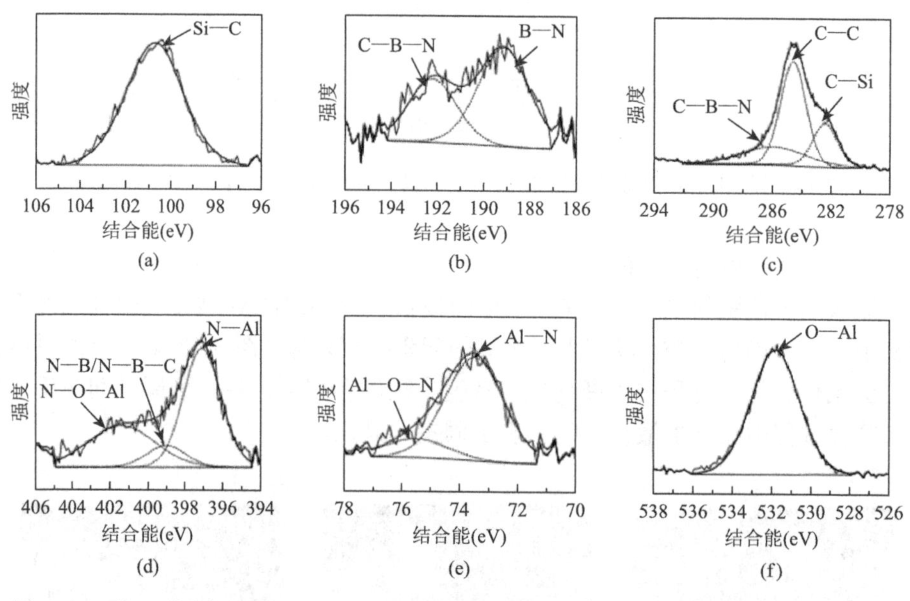

图 3-19　以 Al 粉为铝源的 SiBCNAl 复合粉体高能球磨 30h 后的 XPS 图谱：（a）Si 2p；（b）B 1s；（c）C 1s；（d）N 1s；（e）Al 2p；（f）O 1s[24]

Si 2p 图谱中只有一个振荡峰，位于约 100.8eV 处，这个峰属于 Si—C 键的振动峰[30]，说明高能球磨使硅粉和石墨粉体发生反应生成了 Si—C 键。B 1s 的振动峰可以拟合成 2 个分峰，分别对应于约 189.3eV 处的 B—N 键和约 192.2eV 处的 B—C—N 键[31]，其中结合能较小的 B—N 键占据的比重稍大。C 1s 的振动峰可拟

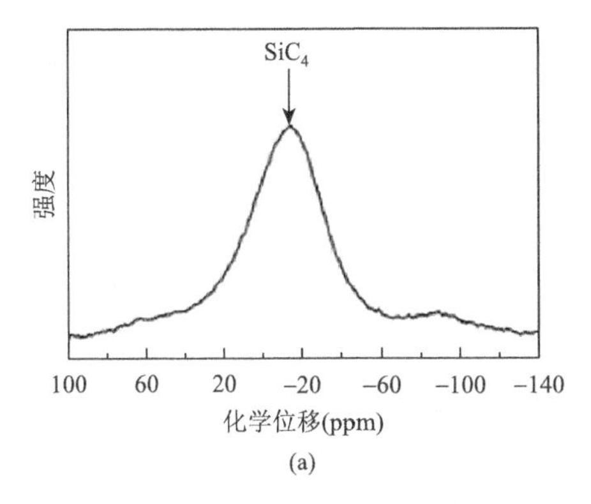

(a)

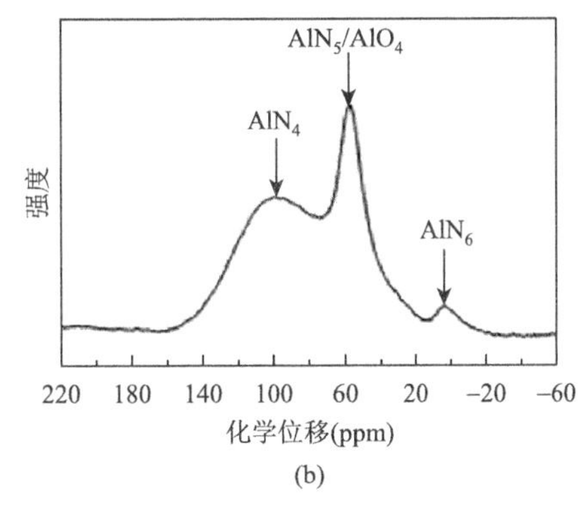

(b)

图 3-20 以 Al 粉为铝源的 SiBCNAl 复合粉体经高能球磨 30h 后固态 NMR 图谱：（a）^{29}Si；（b）^{27}Al[24]

合为 3 个分峰，分别位于约 282.5eV、284.6eV 和 286.1eV 处，其中位于约 282.5eV 的峰对应 C—Si 键，约 284.6eV 处的峰对应 C—C 键，约 286.1eV 处的峰对应 C—B—N 键[30, 31]；其中 C—C 键所占比重最大，绝大多数 C 原子以这种形态存在；位于约 286.1eV 处的 C 原子结合能最大，峰半高宽也最大。N 1s 峰可以拟合成 3 个峰，分别是位于约 397.0eV 的 N—Al 键的振动峰、位于约 398.9eV 的 N—B/N—B—C 键的振动峰和位于约 401.6eV 的 N—O—Al 键的振动峰[31-33]；其中结合能最高的 N 原子位于约 401.6eV 处，而 N—Al 键所占的比重最大。Al 2p 峰可以拟合成 2 个分峰，分别是位于约 73.5eV 的 Al—N 键的振动峰和位于约 75.6eV 的 Al—O—N 键的振动峰[34-36]。其中 Al—N 键所占比重较大，说明绝大多数的铝原子以这种形态存在；而位于约 75.6eV 处的铝原子其结合能较大。图谱中位于约 531.7eV 处的振动峰对应于 O—Al 键[36]。在 XPS 图谱中，各化学键的振动峰的半高宽都比较大，说明键参数比较分散，这也是其与晶态相化学键的主要区别。此外，在粉体中测出了 Al—O—N 键，其中的 O 元素可能源于原始 Al 粉表面的 Al_2O_3 或球磨中使用的氩气里含有的微量氧（表 3-4）。

在固态 ^{29}Si 的 NMR 图谱中，有一个位于−15ppm 的共振峰，此峰应为四配位 SiC_4 结构的共振峰[37]，这说明 Si 和 C 原子在原子水平形成了键合；此处的共振峰比较宽，说明可能是非晶态的 SiC_4 结构。同时，在−85ppm 附近还存在一个面积很小的峰，这是 Si—Si 的共振峰[37]，极少量的非晶硅的存在可能是不充分球磨导致的。在 ^{27}Al 的固态 NMR 图谱中，存在三个共振峰，分别位于 100ppm、57ppm 和 4ppm 处。100ppm 处的共振峰对应着四配位的 AlN_4 结构[38]，57ppm 处的共振峰对应的是五配位的 AlN_5 和四配位的 AlO_4 结构的混合体[39]，而在 4ppm 处的共振峰对应的则是六配位的 AlN_6 结构[40]。

表 3-4 以 Al 粉为铝源的 SiBCNAl 复合粉体的 XPS 拟合数据结果及各化学键相对含量[24]

元素	化学键种类	结合能（eV）	相对含量（%）
Si 2p	Si—C	100.8	12.7
B 1s	B—N	189.3	10.0
	B—C—N	192.2	6.1
C 1s	C—Si	282.5	8.3
	C—C	284.6	19.6
	C—B—N	286.1	8.9
N 1s	N—Al	397.0	7.0
	N—B/N—B—C	398.9	1.4
	N—O—Al	401.6	4.4
Al 2p	Al—N	73.5	6.8
	Al—O—N	75.6	1.4
O 1s	O—Al	531.7	13.5

3.3.3 AlN_p 对 Si_2BC_3N 陶瓷复合粉体组织结构影响

高能球磨 30h 后，c-Si、h-BN 和石墨的晶体衍射峰已经完全消失，但仍然存在明显的 AlN 晶体衍射峰，可见 AlN_p 粉体的固态非晶化比其他原料更加困难。继续增加球磨时间至 40h，复合粉体仍然没有完全实现非晶化，还存在微弱的 AlN 晶体衍射峰（图 3-21）。球磨时间达到 60h 时，才基本实现复合粉体的固态非晶化。

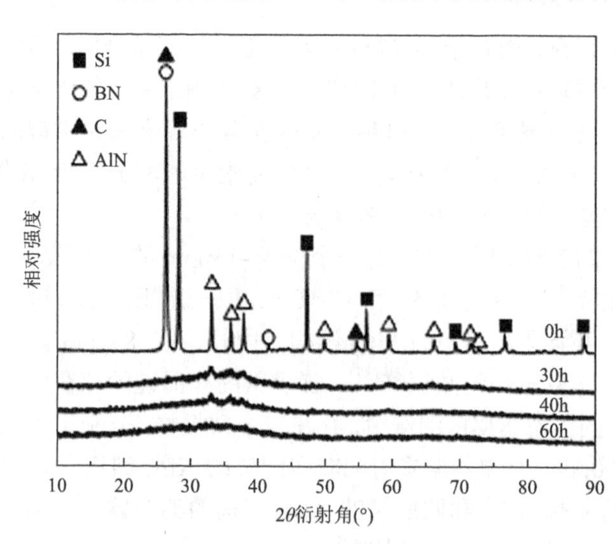

图 3-21 以 AlN_p 为铝源 SiBCN-AlN 复合粉体在不同球磨时间条件下的 XRD 图谱（球磨转速 600r/min，球料比 30：1）[24]

高能球磨的效率随着球料比的增大而增加。这是因为随着球料比的增大，磨球与磨球、磨球与粉体的碰撞概率增加，在相同时间内混合粉体能够得到更充分的球磨，所以提高了球磨效率。当球料比增大到 50∶1 时，球磨 30h 后 SiBCN-AlN 复合粉体 XRD 图谱显示宽化的馒头峰（图 3-22）。

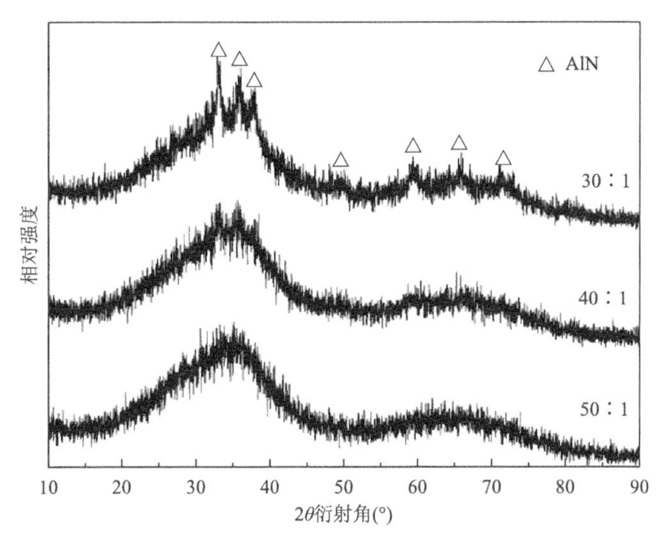

图 3-22 以 AlN_p 为铝源 SiBCN-AlN 复合粉体经不同球料比高能球磨 30h 后的 XRD 图谱[24]

以 AlN_p 为铝源，高能球磨得到的 SiBCN-AlN 复合粉体粒径在 200nm 以下，复合粉体基本呈非晶态，同时也存在极少量的 AlN 纳米晶（图 3-23）。TEM 结果表明该

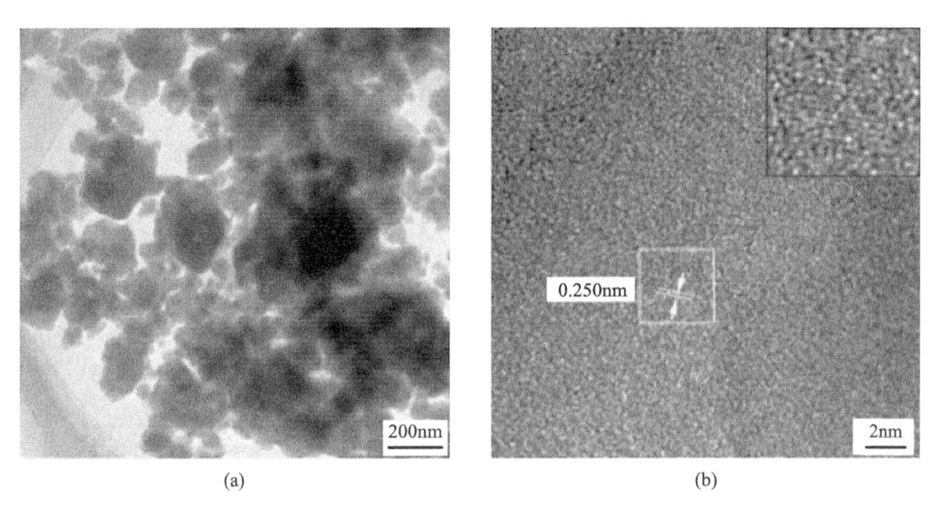

图 3-23 以 AlN_p 为铝源 SiBCN-AlN 复合粉体高能球磨 30h（球料比 50∶1）后投射电镜分析：（a）TEM 明场像形貌；（b）HRTEM 精细结构，插图为相应的 IFFT 图[24]

纳米晶的晶面间距约为0.250nm，由于β-SiC的（111）晶面和AlN的（002）晶面的晶面间距均为此值，因此只从晶面间距值还无法判定该纳米晶为何种物质。结合XRD分析发现AlN相很难实现固态非晶化，由此判定该晶粒为AlN纳米晶。逆傅里叶变换（inverse FFT，IFFT）图进一步表明，AlN纳米晶中存在原子排列混乱区。

与以Al粉为铝源的SiBCNAl复合粉体相比，以AlN_p为铝源的复合粉体不含氧的化学键，Al原子有着较为简单的化学环境，主要是因为AlN_p比金属铝粉稳定得多，在球磨过程中不易与氧结合形成化学键（表3-5）。Si 2p图谱中位于约101.0eV处的振荡峰对应于Si—C键[30]。B 1s峰可以拟合成2个分峰，分别是位于约189.4eV的B—N键的振动峰和位于约192.1eV的B—C—N键的振动峰[31]。其中B—N键所占比重较大，而位于约192.1eV处的B原子的结合能较大。C 1s峰可以拟合成3个峰，分别是位于约282.7eV的C—Si键的振动峰、位于约284.7eV的C—C键的振动峰和位于约285.8eV的C—B—N键的振动峰[30, 31]。其中结合能最高的C原子位于约285.8eV处，而所占比重最大的是C—C键。N 1s的振动峰可拟合为3个分峰，分别位于约397.0eV、398.1eV和400.9eV处，其中位于约397.0eV的峰对应于N—Al键，约398.1eV处的峰对应于N—B键，约400.9eV处的峰则是由N—B—C键振动形成的[32]。其中N—Al键所占比重最大，说明绝大多数的N原子以该种形态存在；而位于约400.9eV处的N原子其结合能最大。Al 2p图谱中只有一个振动峰，位于约73.8eV处，这个峰属于Al—N键的振动峰[41]。机械合金化过程使c-Si、h-BN、石墨和AlN_p这几种原料粉体相互反应，生成了诸如Si—C、B—C—N和Al—N等多种化学键（图3-24）。

表3-5　以AlN_p为铝源的SiBCN-AlN复合粉体的XPS拟合数据结果及各化学键相对含量[24]

元素	化学键种类	结合能（eV）	相对含量（%）
Si 2p	Si—C	101.0	16.6
B 1s	B—N	189.4	11.7
	B—C—N	192.1	9.0
C 1s	C—Si	282.7	9.9
	C—C	284.7	26.7
	C—B—N	285.8	11.9
N 1s	N—Al	397.0	4.5
	N—B	398.1	2.9
	N—B—C	400.9	1.7
Al 2p	Al—N	73.8	5.0

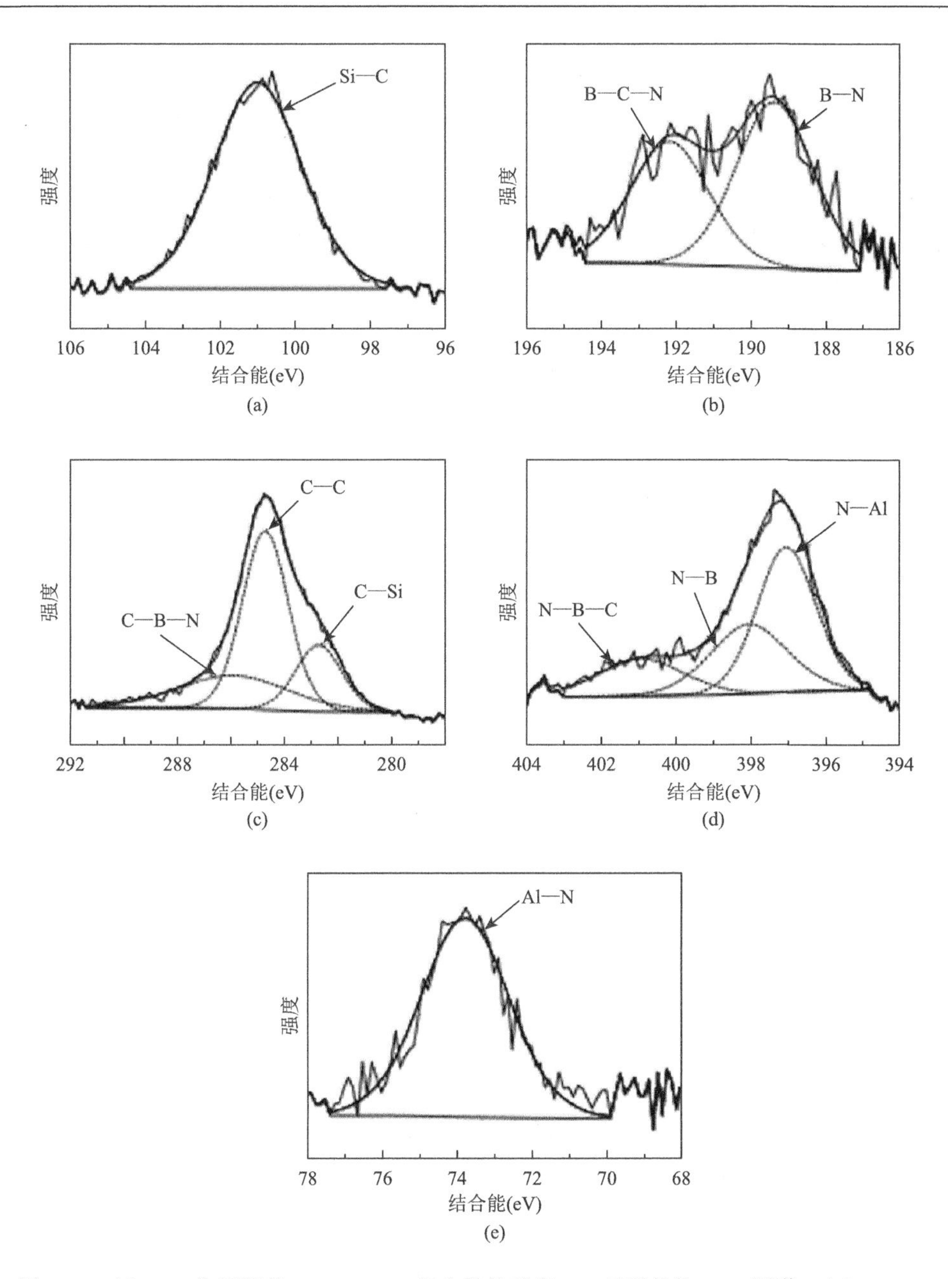

图 3-24　以 AlN_p 为铝源的 SiBCN-AlN 复合粉体球磨 30h 后粉体的 XPS 图谱：（a）Si 2p；（b）B 1s；（c）C 1s；（d）N 1s；（e）Al 2p[24]

经高能球磨 30h 后，Al 原子的结构环境由最初的 AlN_4 结构转变成了 AlN_4 和 AlN_5 结构的混合形式。与以 Al 粉为铝源的 SiBCNAl 复合粉体相比，以 AlN 粉为铝源的 SiBCN-AlN 复合粉体中的 Al 原子有着较为简单的结构环境，这是由于 AlN

粉所含的 Al—N 键具有较大的键能，其不容易断裂形成新键。固态 ^{29}Si 中可以显示一个峰形较宽、位于−18.3ppm 的共振峰，属于四配位的 SiC_4 结构（图 3-25）。同时，处在−90.3ppm 处的小峰暗示了少量单质 Si 存在。在 AlN_p 原始粉体中，Al 原子是以四配位的 AlN_4 结构存在[40]。而 SiBCN-AlN 复合粉体中 Al 有两个共振峰，分别位于约 112.9ppm 和约 57.0ppm 处，因此 Al 原子以四配位 AlN_4 和五配位 AlN_5 的混合形式存在。

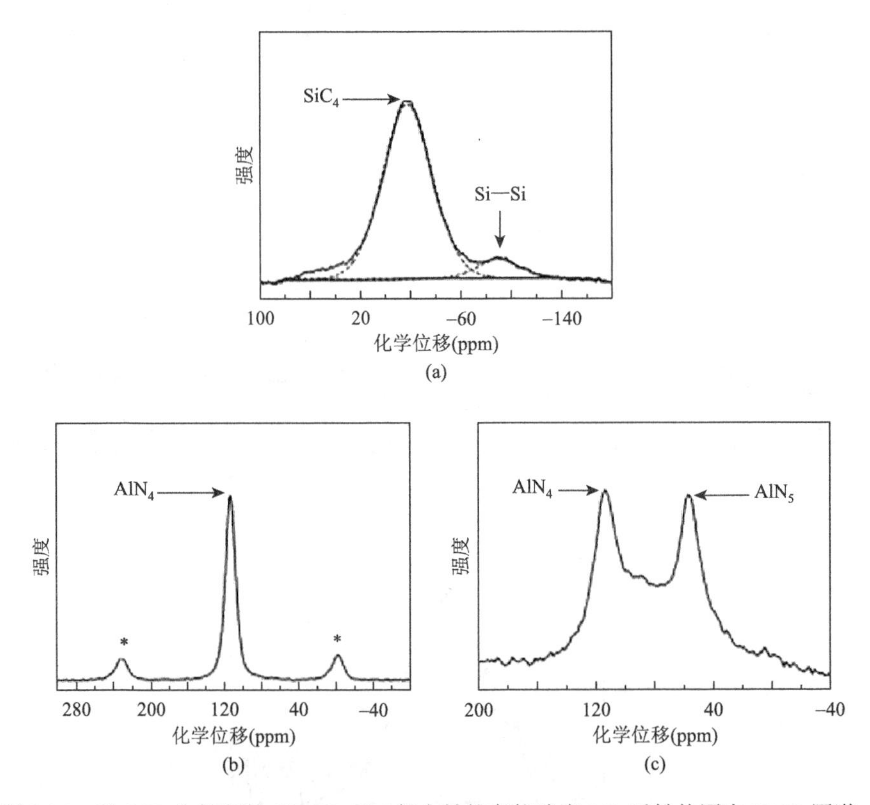

图 3-25　以 AlN_p 为铝源的 SiBCN-AlN 复合粉体高能球磨 30h 后粉体固态 NMR 图谱：（a）复合粉体 ^{29}Si；（b）铝源 AlN 的 ^{27}Al；（c）复合粉体 ^{27}Al[24]

*表示仪器振动引起的干扰信号

不同铝源制备的 SiBCNAl 和 SiBCN-AlN 两种复合粉体在氩气气氛中有着相似的质量变化，在 1500℃时其失重率均不到 2.5%，表现出了良好的热稳定性（图 3-26）；铝源种类对粉体最终质量变化影响不大，随着铝含量的增加，复合粉体失重量减小。对比以 Al 粉为铝源的 Si_2BC_3N、$Si_2BC_3NAl_{0.2}$、$Si_2BC_3NAl_{0.6}$ 和 Si_2BC_3NAl 四种复合粉体发现，随着铝含量的增加，粉体失重量降低（图 3-27）。当保温温度高于 1300℃时，四种复合粉体才开始出现明显的失重，失重率在 1%～7.5%之间，可见它们在氩气中都具有较好的热稳定性。单质 Si 粉体表面氧化硅在高温时会发生还原反应生成气体，由此推断，复合粉体失重量随铝含量增加而降低，其原因是：铝比硅更易与氧成键，所以随着铝含量的增加，与硅成键的氧就会减少，Si 粉体表面氧化硅还原反应产生的气体量减少，粉体的失重量降低。可见铝的加入使复合粉体的高温热稳定性得到了改善。

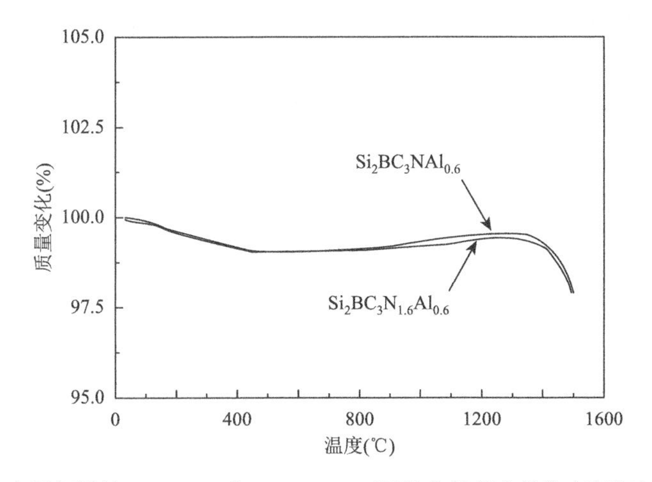

图 3-26　Al 含量相同的 SiBCNAl 和 SiBCN-AlN 两种非晶复合粉体在氩气气氛中加热到 1500℃的 TG 曲线[24]

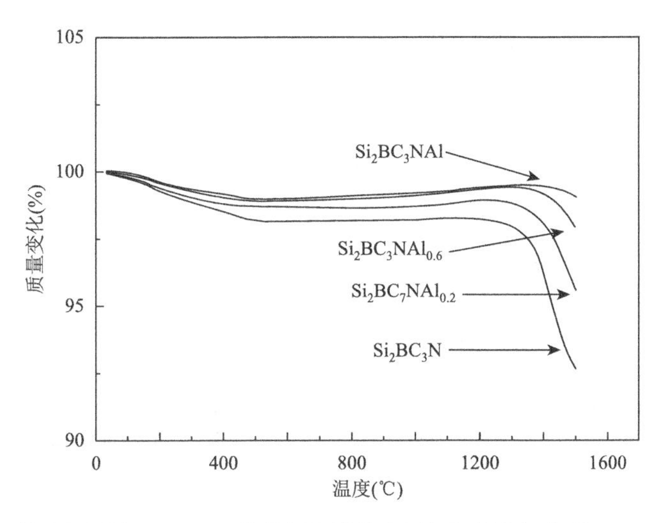

图 3-27　以 Al 粉为铝源的 SiBCNAl 非晶复合粉体在氩气气氛中加热到 1500℃的 TG 曲线[24]

不同铝含量 SiBCNAl 复合粉体在流动空气条件下的 TG 结果表明，SiBCNAl 复合粉体的氧化产物可能包括 SiO_2、Al_2O_3、B_2O_3、CO_2（CO）和 N_2（NO/NO_2）等[42]。四种复合粉体均从 600℃开始氧化增重，SiO_2 的初始氧化生成温度大约在

600℃[43]，但氧化增重过程的变化趋势不尽相同，大致可以分成两个阶段(图 3-28)。第一阶段发生在 600～1000℃，此阶段的增重由大到小依次为 Si_2BC_3N、$Si_2BC_3NAl_{0.2}$、$Si_2BC_3NAl_{0.6}$ 和 Si_2BC_3NAl 非晶粉体。相同质量下，Si 元素的氧化增重明显大于 Al 元素，并且 Al_2O_3 的初始生成温度比 SiO_2 高，约为 800℃[44]，这些因素使得在氧化初始阶段，复合粉体的氧化增重率会随铝含量的增加而降低。第二阶段发生在 1000～1400℃，此阶段的氧化增重由小到大依次为 Si_2BC_3N、$Si_2BC_3NAl_{0.2}$、$Si_2BC_3NAl_{0.6}$ 和 Si_2BC_3NAl 非晶粉体。对 Si_2BC_3N 和 Si_2BC_3NAl 两种非晶粉体在 1500℃的氧化产物进行物相分析，结果表明纯 Si_2BC_3N 粉体的氧化产物为方石英，而 Si_2BC_3NAl 粉体的氧化产物为方石英和莫来石（图 3-29）。

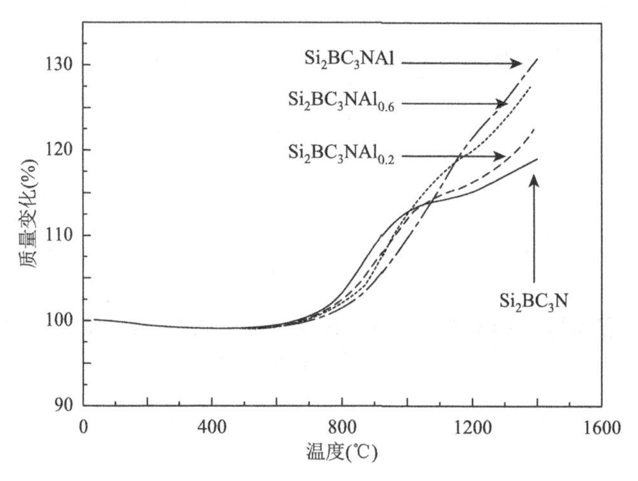

图 3-28 以 Al 粉为铝源的 SiBCNAl 非晶复合粉体在空气气氛中加热到 1500℃的 TG 曲线[24]

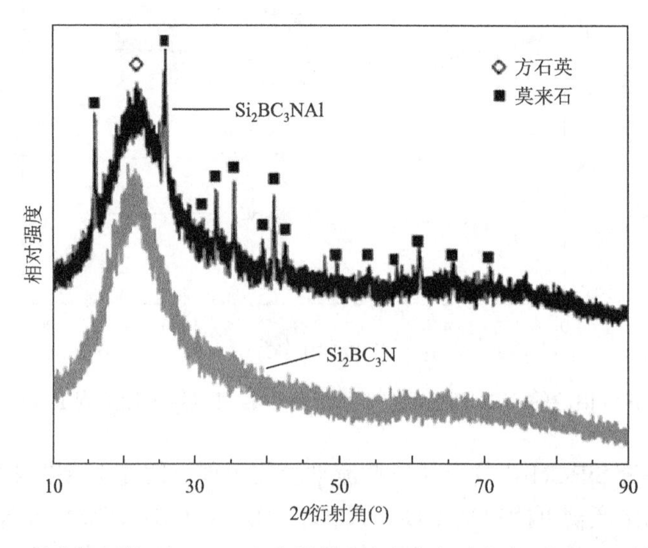

图 3-29 以 Al 粉为铝源的 SiBCNAl 复合粉体在空气气氛中加热到 1500℃的 XRD 图谱[24]

Si_2BC_3N 非晶粉体在1000℃以后氧化增重明显比 $Si_2BC_3NAl_{0.2}$、$Si_2BC_3NAl_{0.6}$ 和 Si_2BC_3NAl 三种粉体缓慢，原因可能是 Si_2BC_3N 粉体的氧化产物方石英比方石英和莫来石两种共存氧化产物更能有效地阻止氧的扩散，从而阻止粉体的进一步氧化。在1400℃时，以Al粉为铝源的 $Si_2BC_3NAl_{0.6}$ 非晶陶瓷粉体的氧化增重量大于以 AlN_p 为铝源的 $Si_2BC_3N_{1.6}Al_{0.6}$ 非晶陶瓷粉体，可能是因为AlN比Al具有更好的抗氧化性能（图3-30）。

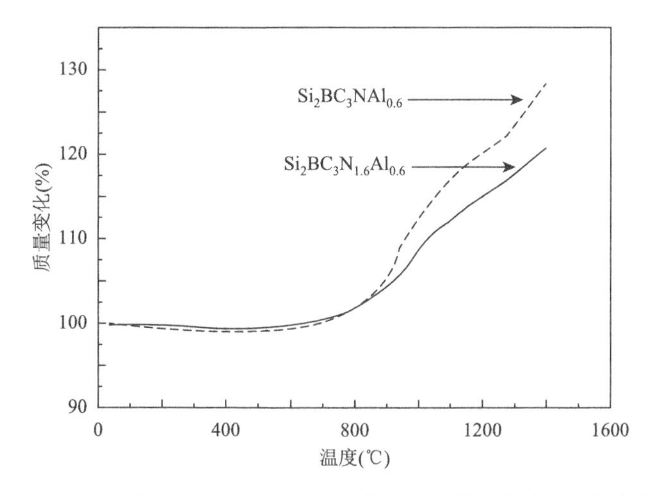

图3-30　$Si_2BC_3NAl_{0.6}$ 和 $Si_2BC_3N_{1.6}Al_{0.6}$ 两种非晶复合粉体在流动空气气氛中加热到1500℃的TG曲线[24]

3.3.4　TiB_{2p}-TiC_p 对 Si_2BC_3N 陶瓷复合粉体组织结构影响

将金属Ti粉和B粉按摩尔比1∶1高能球磨2h后，Ti和B晶体衍射峰出现了一定程度的宽化，但仍存在较强的金属Ti衍射峰，说明此时Ti与B的反应不完全；高能球磨4h后，所有晶体衍射峰均出现了进一步的宽化，且金属Ti的衍射峰强度急剧下降，TiB_2 和TiB衍射峰明显增强，说明此时Ti与B进行了较大程度的反应；随着球磨时间的进一步延长，球磨8h后复合粉体的XRD图谱中出现了较弱Ti的衍射峰，说明球磨过程中存在一定的不均匀性，此时金属Ti仍有残留；球磨时间达到16h后，粉体的XRD衍射图谱中出现了较为明显的TiB晶体衍射峰，且各衍射峰的宽化程度均有所下降；进一步延长球磨时间至32h，TiB的衍射峰强度也有所提高，而 TiB_2 的衍射峰强度稍有下降，整体来看与16h球磨所得粉体衍射峰强度差别不大。总之，高能球磨使粉体粒径迅速减小，促进粉体向非晶态转变，同时也出现了较弱的 TiB_2 和TiB衍射峰；粉体粒径大小均匀，无明显团聚现象，现有技术条件下以金属Ti粉和B粉无法制备出纯TiB和 TiB_2 非晶陶瓷粉体（图3-31）。

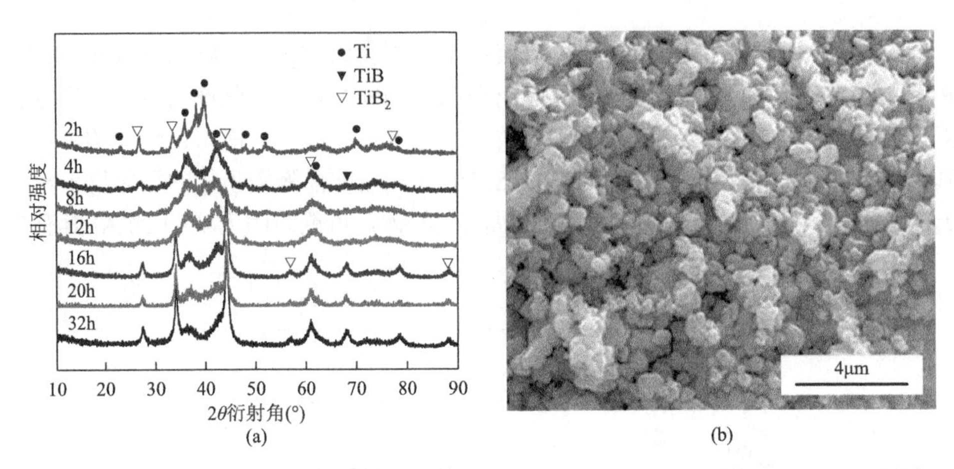

图 3-31　金属 Ti 粉和 B 粉体同时高能球磨不同时间后复合粉体组织结构：（a）XRD 图谱；（b）高能球磨 16h 后复合粉体 SEM 表面形貌[45]

将市售 TiB_p、TiB_{2p}、TiC_p 粉体与 Si_2BC_3N 非晶粉体经高能球磨得到不同成分的复合粉体。将复合粉体高能球磨 3h 后，复合粉体中仍然有晶态 TiB、TiC、TiB_2，因此在现有条件下无法制备出非晶$(TiB_{2p}$-$TiC_p)/Si_2BC_3N$ 复合粉体（图 3-32）。从 SEM 表面形貌上看，纯 Si_2BC_3N 陶瓷粉体由近似球形的纳米颗粒团聚体构成，其余复合粉体中能看到近似板状 TiB_{2p} 和近似球状 TiC_p，两种颗粒表面均黏附了一定量 Si_2BC_3N 非晶纳米颗粒（图 3-33）。

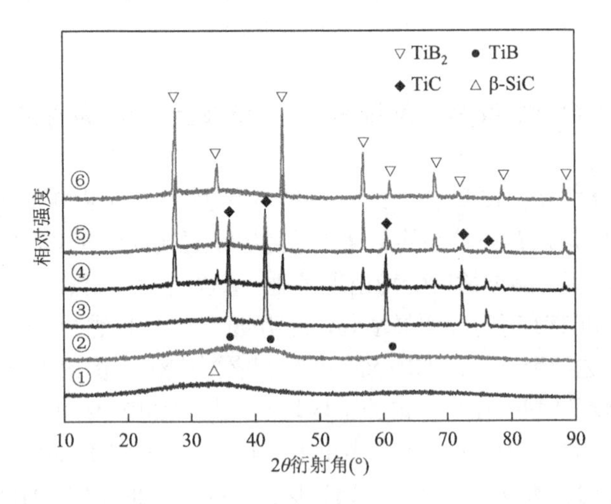

图 3-32　高能球磨 3h 后不同成分$(TiB_{2p}$-$TiC_p)/Si_2BC_3N$ 复合粉体 XRD 图谱：①Si_2BC_3N；②10vol%① TiB_p；③10vol% TiC_p；④10vol%$(TiC_p$-$TiB_{2p})$，TiB_2 和 TiC 摩尔比为 2∶1；⑤10vol%$(TiC_p$-$TiB_{2p})$，TiB_2 和 TiC 摩尔比为 1∶2；⑥10vol% TiB_{2p}[45]

① vol%表示体积分数。

图 3-33　高能球磨 40h 后不同成分$(TiB_{2p}\text{-}TiC_p)/Si_2BC_3N$复合粉体 SEM 表面形貌：(a)$Si_2BC_3N$；(b) 10vol% TiB_p；(c) 10vol% TiB_{2p}；(d) 10vol% TiC_p；(e) 10vol% $(TiB_{2p}\text{-}TiC_p)$，TiB_2和 TiC 摩尔比为 2∶1；(f) 10vol% $(TiB_{2p}\text{-}TiC_p)$，TiB_2和 TiC 摩尔比为 1∶2[45]

3.3.5　sol-gel 法引入 ZrB_{2p}对 Si_2BC_3N 陶瓷复合粉体组织结构影响

将正丙醇锆与 Si_2BC_3N 非晶陶瓷粉体均匀混合，而后在 550℃管式炉中裂解。XRD 结果表明复合粉体晶态相为 ZrO_2，Si_2BC_3N 仍保持非晶态，显示出良好的非晶稳定能力(图 3-34)。ZrO_2主要来自于正丙醇锆的分解。高能球磨 40h 后 Si_2BC_3N 非晶陶瓷粉体为 3～5μm 硬团聚体，为冶金结合所导致，在无水乙醇中超声振荡 0.5h 后，该复合粉体仍然保持团聚状态。引入含 Zr 的溶胶凝胶且经过 550℃保温处理后，Si_2BC_3N 陶瓷颗粒表面包覆了一层非均匀 ZrO_2颗粒（图 3-35）。包覆层与 Si_2BC_3N 非晶颗粒紧密结合，为下一步碳热/硼热还原反应的进行提供有利条件。

在 1400℃以下保温处理，复合粉体晶相主要成分仍为 ZrO_2，Si_2BC_3N 仍然保持较好的非晶状态（图 3-36）。1500℃保温 5min 后，碳热/硼热反应开始，XRD 开始出现 ZrB_2和 ZrC 晶体衍射峰，此外还有部分 SiC 生成。由于在溶胶凝胶过程中未引入 B 源与 C 源，因此碳热/硼热反应的主要 C 和 B 来自于 Si_2BC_3N 粉体中的非晶 BN(C)相。此保温温度下大量 ZrO_2开始转化为 ZrC 和 ZrB_2，但 XRD 仍显示 ZrO_2晶体衍射峰，说明碳热/硼热反应未能完全进行，ZrO_2转化为 ZrC 和 ZrB_2的主要反应如下[48-50]：

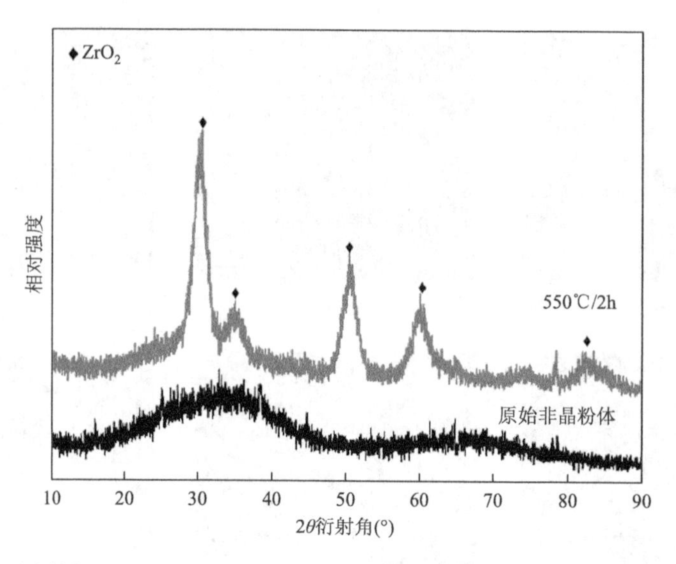

图 3-34　正丙醇锆与 Si_2BC_3N 非晶陶瓷粉体均匀混合后经 550℃保温 2h 前后 XRD 图谱[46]

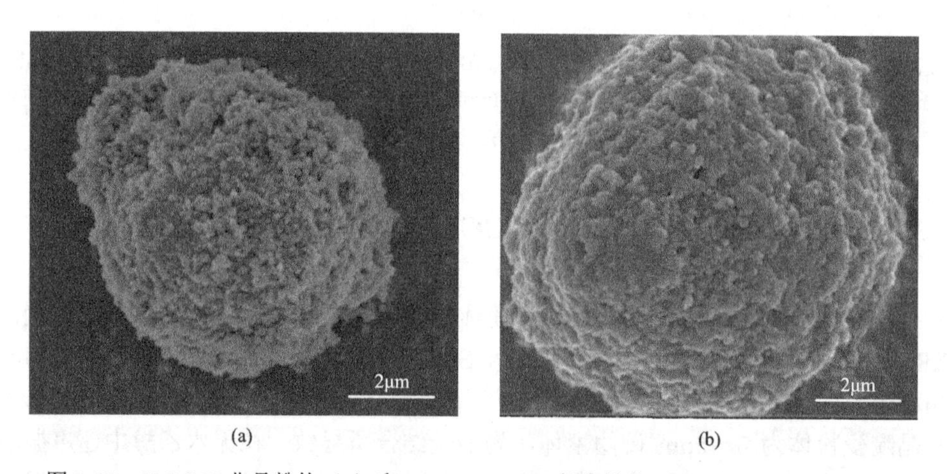

图 3-35　Si_2BC_3N 非晶粉体（a）和 Si_2BC_3N-ZrO_{2p} 复合粉体（b）在 550℃保温 2h 后 SEM 表面形貌[47]

$$ZrO_2(s) + 3C(s) \longrightarrow ZrC(s) + 2CO(g) \tag{3-4}$$

$$ZrO_2(s) + 2BN(s) \longrightarrow ZrB_2(s) + 2NO(g) \tag{3-5}$$

$$ZrC(s) + 2BN(s) \longrightarrow ZrB_2(s) + C(s) + N_2(g) \tag{3-6}$$

随着保温温度进一步升高（1600～1800℃），ZrC 和 ZrB_2 含量增多，非晶 Si_2BC_3N 逐步析晶生成 SiC 和 BN(C)相，与此同时部分 ZrC 和 BN(C)反应生成 ZrB_2。温度提高到 1900℃，ZrO_2 和 ZrC 全部反应生成 ZrB_2，复合粉体中物相组成为 SiC、BN(C)和 ZrB_2 相。在透射电镜下观察发现，1700℃保温 5min 后复

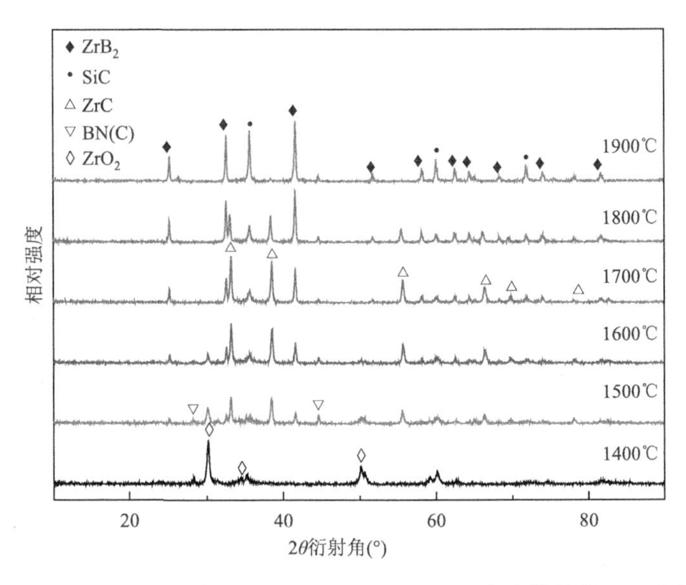

图 3-36　1400～1900℃保温 5min 后 Si_2BC_3N-ZrO_{2p} 复合粉体的 XRD 图谱[48]

合粉体中除了纳米晶相外，还有少量非晶相（图 3-37）。晶态 ZrO_2 被非晶 BN(C) 包围，有利于碳热/硼热反应生成 ZrC 和 ZrB_2。从 SEM 表面形貌上看，随着保温温度的逐渐升高，复合粉体逐渐失去球形结构，显示出不规则的形貌特征（图 3-38）。高能球磨后复合粉体为纳米颗粒相结合的硬团聚，主要结合方式为冶金焊合。这种结合使得粉体的比表面积减少，表面能降低，烧结活性下降。纯 Si_2BC_3N 陶瓷粉体进行烧结时，陶瓷纳米颗粒之间的冶金焊合存在较多的孔隙，烧结过

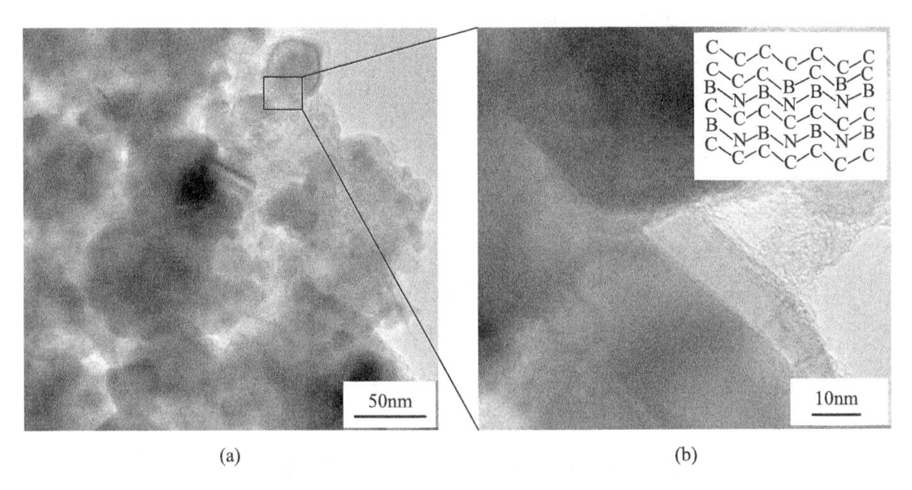

图 3-37　1700℃保温 5min 后 Si_2BC_3N-ZrO_{2p} 复合粉体透射电镜分析：（a）TEM 明场像；（b）HRTEM 精细结构[46]

程中不利于元素原子短程扩散，致密化比较困难。通过溶胶凝胶（sol-gel）法引入第二相后，ZrB_2 在烧结过程中起到了填充孔隙作用，可以有效提高复合粉体的堆积密度。

图 3-38　不同温度保温 5min 后 Si_2BC_3N-ZrO_{2p} 复合粉体 SEM 表面形貌：（a）1500℃；（b）1700℃；（c）1900℃；（d）相应元素点分析[46]

3.3.6　sol-gel 法引入 ZrC_p 对 Si_2BC_3N 陶瓷复合粉体组织结构影响

以正丙醇锆 $Zr(PrO)_4$ 和糠醇 $C_5H_6O_2$ 分别为锆源和碳源，高温下 $Zr(PrO)_4$ 会转化为 ZrO_2，而糠醇转化为碳，二者在适当保温温度下会发生碳热还原反应生成 ZrC。将正丙醇锆、糠醇与 Si_2BC_3N 非晶陶瓷粉体混合均匀后，在 550℃氩气条件下保温 2h。XRD 图谱显示微弱 ZrO_2 晶体衍射峰，说明在此温度和保温时间条件下正丙醇锆已经转变为 ZrO_2，而 Si_2BC_3N 粉体仍然保持良好非晶状态（图 3-39）。

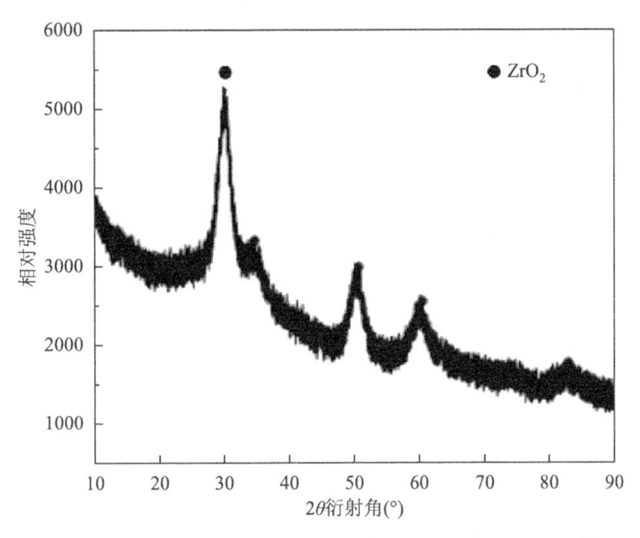

图 3-39 正丙醇锆、糠醇与 Si_2BC_3N 非晶粉体经 550℃保温 2h 后的 XRD 图谱[51]

SEM 表面形貌表明，550℃氩气保温 2h 后上述先驱体已经转变成粉体状态，Si_2BC_3N 非晶粉体表面覆盖 ZrO_2 与 C，部分粉体颗粒之间保持冶金结合状态。随着保温温度的提高，Si_2BC_3N 粉体表面的 ZrO_2 和 C 会反应生成目标产物 ZrC，而非晶 Si_2BC_3N 则会析晶成 BN(C)、β-SiC 和 α-SiC，从而得到 Si_2BC_3N-ZrC_p 复合陶瓷粉体（图 3-40）。

图 3-40 正丙醇锆、糠醇与 Si_2BC_3N 非晶粉体经 550℃保温 2h 后粉体的 SEM 表面形貌：（a）低倍；（b）高倍[51]

将正丙醇锆 $Zr(PrO)_4$ 和糠醇 $C_5H_6O_2$ 混合后在 1300℃裂解，粉体由 t-ZrO_2 和 m-ZrO_2 两相组成；1350℃裂解时，会有少量目标产物 ZrC 生成；1400～1450℃裂解，产物为 ZrO_2 和 ZrC 两相共存，表明此时碳热还原反应没有充分进行；当反应温度提高到 1500～1550℃时，中间产物 ZrO_2 消失，XRD 显示纯 ZrC 晶体衍射峰，表明碳热还原反应已经充分进行（图 3-41）。1500℃/0.5h 条件下进行裂解，ZrC 粉体粒径较为细小，大小均匀，基本无偏聚（图 3-42）。ZrC 晶粒之间界限不明显且没有预烧结现象。考虑到一方面使 ZrO_2 完全转变为 ZrC，另一方面要尽可能抑制 ZrC 晶粒长大，所以 1500℃保温 0.5h 是最佳的碳热还原工艺。

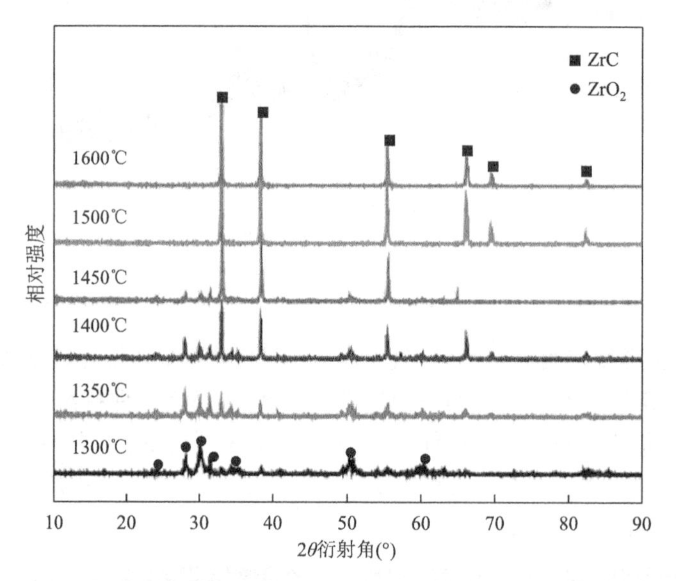

图 3-41 正丙醇锆与糠醇在 1300～1600℃保温 30min 后粉体的 XRD 图谱[51]

图 3-42 正丙醇锆与糠醇在 1500℃保温 30min 后粉体的 SEM 表面形貌：（a）低倍；（b）高倍[51]

随着 Si_2BC_3N 非晶粉体中 ZrC_p 含量的增加，ZrC 在 XRD 图谱中的衍射峰强度逐渐增强（图 3-43）。复合粉体中 ZrO_2 与 C 基本完全反应生成 ZrC，复合粉体中剩余的 ZrO_2 含量很少。裂解后复合粉体颗粒呈近球形状，细小均匀，尺寸在 100～200nm 之间，没有异常长大现象，部分晶粒之间冶金结合（图 3-44）。

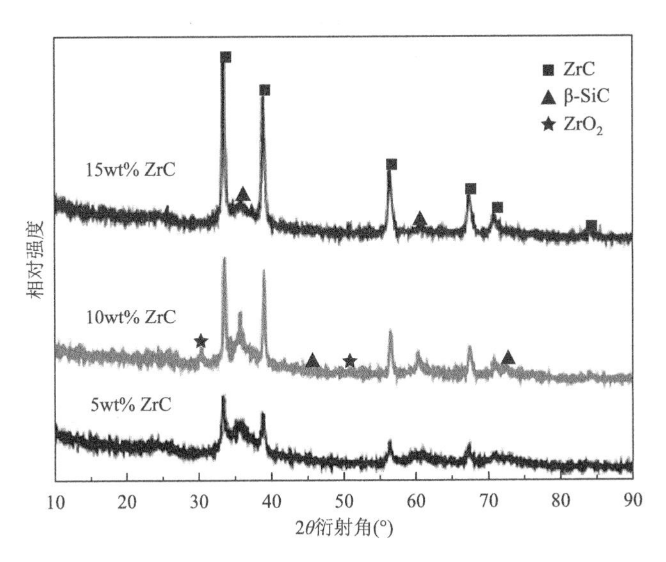

图 3-43　不同 ZrC_p 含量 Si_2BC_3N-ZrC_p 复合粉体经 1500℃保温 30min 后的 XRD 图谱[51]

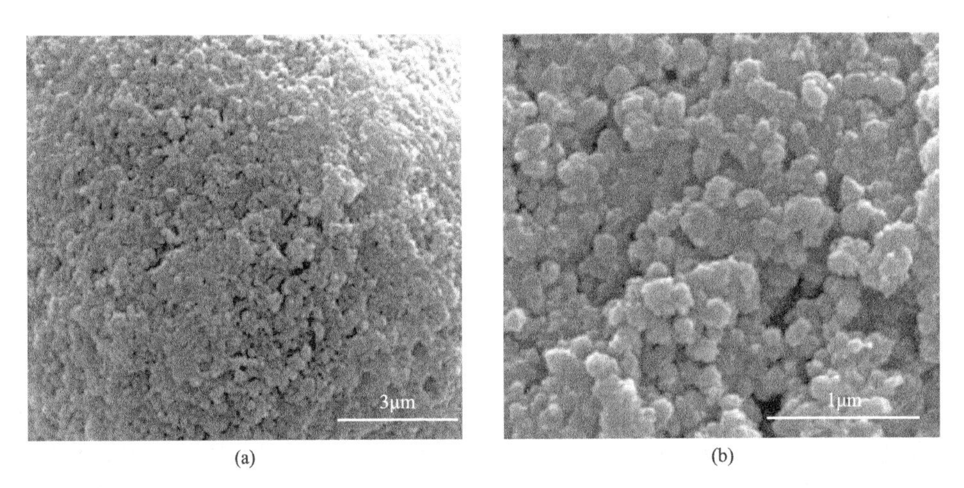

图 3-44　经 1500℃保温 30min 后 Si_2BC_3N-ZrC_p 复合粉体 SEM 表面形貌：（a）低倍；（b）高倍[51]

3.3.7　HfB_{2p} 对 Si_2BC_3N 陶瓷复合粉体组织结构影响

高能球磨 3h 后，B 粉与 Hf 粉的晶体衍射峰已基本消失，衍射峰出现了一定程度的宽化，说明高能球磨的机械外力能量输入过程使粉体的粒径快速减小，加快了粉体向非晶态转变的进程。高能球磨 5h 后，非晶衍射峰逐渐消失，并且出现了明显的 HfB_2 的衍射峰，但衍射峰的强度较低，除此之外并无其他杂相峰出现。随着球磨时间的进一步延长，在球磨 10h 后，HfB_{2p} 粉体的衍射峰进一步增强，且各衍射峰的宽化程度均有所下降。继续延长球磨时间至 20h 及 40h，HfB_2 的晶体衍射峰强度并无明显变化（图 3-45）。

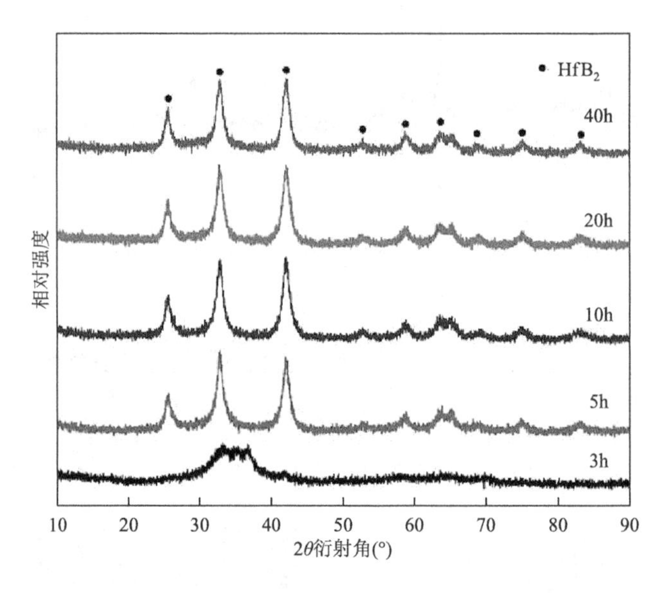

图 3-45　不同高能球磨时间（转速 600r/min，球料比 20∶1）制备 HfB_{2p} 粉体的 XRD 图谱[52]

高能球磨 3h 后原始粉体颗粒大部分细化，继续球磨 5h 和 10h 后 HfB_2 粉体均由近似球形的纳米颗粒团聚体构成，且具有相似的粒径分布，团聚体的平均粒径在 2～4μm 范围。随着球磨时间的延长，粉体中硬团聚体数量增多，不利于后续的热压烧结，但团聚体粒径变化不大。从高倍形貌可以看到，高能球磨 10h 以上的粉体中还存在着一定数量松散的软团聚体，但总的来看 HfB_{2p} 粉体中仍以近似球形的硬团聚体居多。上述结果表明，高能球磨 10h 后 Hf 粉与 B 粉的反应已经基本进行完全，Hf 粉和无定形 B 粉以摩尔比 1∶2 进行高能球磨，可获得高纯的 HfB_2 陶瓷粉体颗粒。由于 Si_2BC_3N 粉体的固态非晶化在 30～40h，因此需要将两种粉体分开球磨以获得具有良好非晶成分的 Si_2BC_3N-HfB_{2p} 复合粉体（图 3-46）。

图 3-46　不同球磨时间（转速 600r/min，球料比 20∶1）制备 HfB_{2p} 粉体的 SEM 表面形貌：（a），（b）3h；（c），（d）10h；（e），（f）20h；（g），（h）40h[52]

3.4　多壁碳纳米管对 Si_2BC_3N 陶瓷复合粉体组织结构影响

市售多壁碳纳米管（MWCNTs）直径约 30nm，长度为 1～5μm。与 Si_2BC_3N 非晶陶瓷粉体混合后发现，MWCNTs 较均匀分散于纳米 Si_2BC_3N 陶瓷颗粒之间，但受制于其较弱的分散性，仍能观察到少量 MWCNTs 团聚体（图 3-47）。为了改善 MWCNTs 的分散性，在 MWCNTs 表面进行聚硅氮烷涂覆，然后将其进行热处理得到纳米 SiC 涂覆的 MWCNTs。红外光谱结果表明，与原始 MWCNTs 相比，聚硅氮烷涂覆 MWCNTs 后表面检测到明显的 Si—H，Si—C，C—H，$Si—CH_3$ 和 $N_2CSi—H$ 基团（负载后的 MWCNTs 表面还检测到 Si—O—Si 基团）（图 3-48）。

图 3-47 Si_2BC_3N-MWCNTs 复合粉体 SEM 表面形貌：（a）Si_2BC_3N；（b）MWCNTs；（c）1vol% MWCNTs；（d）2vol% MWCNTs

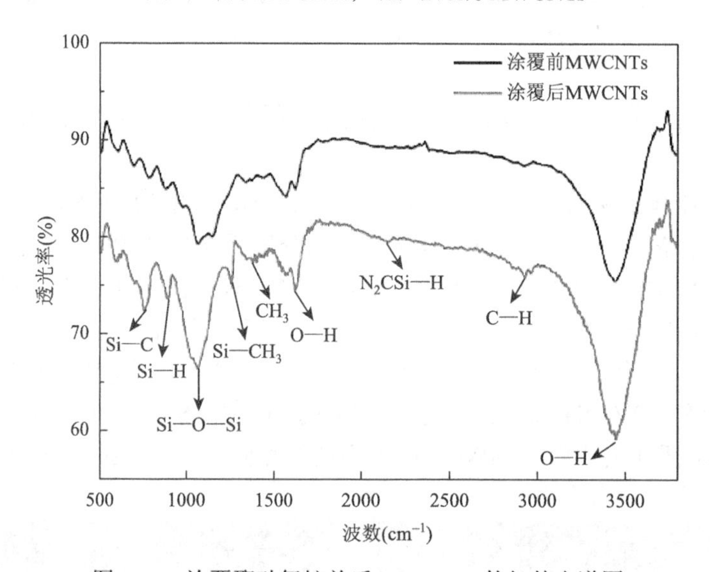

图 3-48 涂覆聚硅氮烷前后 MWCNTs 的红外光谱图

从 SEM 表面形貌可以看出，涂覆处理前后 MWCNTs 形貌并未发生明显变化，但是涂覆处理后 MWCNTs 表面可能出现局部粘连。进一步采用 TEM 观察发现原始 MWCNTs 表面较光滑，直径为 10～30nm。涂覆处理后的 MWCNTs 可以观察到一层纳米级厚度的涂层（图 3-49）。

XRD 结果表明，与原始 MWCNTs 相比，涂覆处理 MWCNTs 中检测到一定强度 SiC 晶体衍射峰，说明上述 TEM 观察表层纳米级涂层为 SiC［图 3-50（a）］。TG-DSC 曲线表明，涂覆处理后 MWCNTs 的峰值氧化温度由 595.2℃上升至 719.1℃，说明形成均匀涂覆的 SiC 可以提高 MWCNTs 的抗氧化性［图 3-50（b）］。

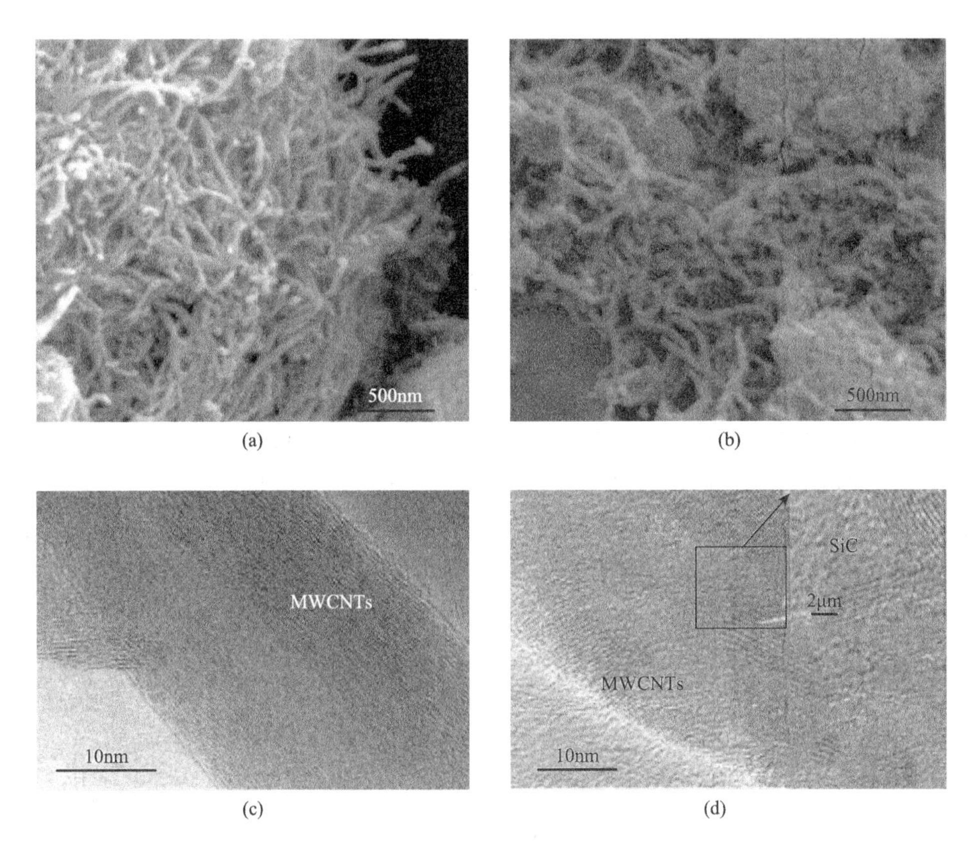

图 3-49　SiC 涂覆 MWCNTs 前后 SEM 和 TEM 形貌：（a）涂覆前 SEM 表面形貌；（b）涂覆后 SEM 表面形貌；（c）涂覆前 HRETM 精细结构；（d）涂覆后 HRTEM 精细结构

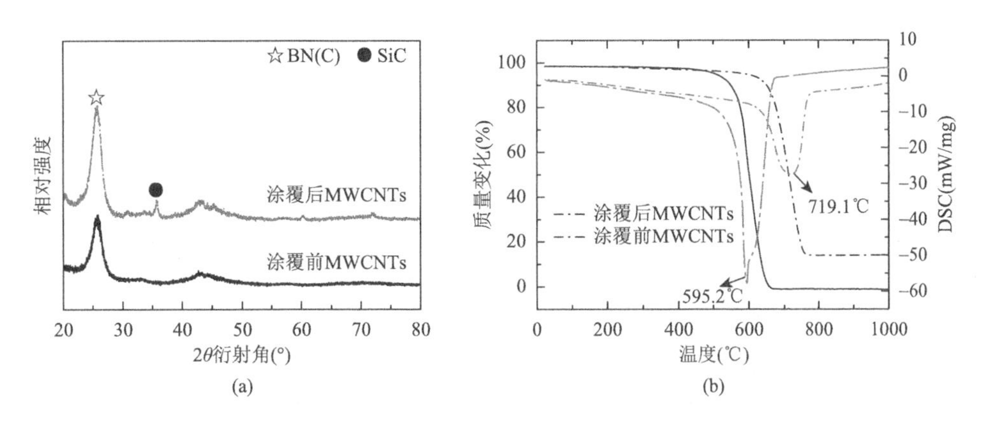

图 3-50　SiC 涂覆 MWCNTs 前后 XRD 图谱（a）及 TG-DSC 曲线（b）

3.5 石墨烯对 Si_2BC_3N 陶瓷复合粉体组织结构影响

采用改进 Hummers 法制备氧化石墨烯，然后采用水合肼还原得到石墨烯。XRD 衍射峰的位置和强度可以间接地反映出石墨的氧化程度，氧化过后石墨片层间距增大以及石墨片粒径变小反映在 XRD 图谱上是衍射峰左移且衍射峰宽化。XRD 结果表明天然鳞片石墨结构特征峰约 26°，而氧化过后氧化石墨烯结构特征峰约 9.4°，说明氧化后含氧基团插进石墨片层使得其（0002）晶面间距增大。随着低温阶段氧化时间的延长和高锰酸钾含量的增加，（0002）晶面的衍射峰随着氧化程度的提高而左移。经过水合肼还原之后，石墨烯的结构特征峰出现在约 26°，其特征峰强度不高并且发生宽化。该特征峰是由重新堆垛的干燥石墨烯片层所产生，同时也说明氧化石墨烯中大部分含氧基团已经被去除，表明经过氧化还原之后，石墨片层间距已经增大，石墨的正六边形苯环结构并没有得到完全恢复［图 3-51（a)］。

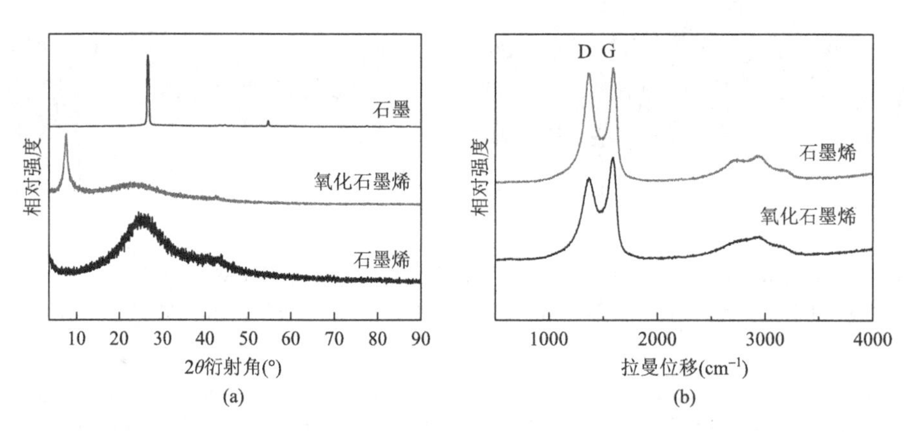

图 3-51　天然鳞片石墨、改进 Hummers 法制备的氧化石墨烯及水合肼还原制备的石墨烯 XRD 图谱（a）和 Raman 光谱（b）[53]

天然鳞片石墨具有高度取向性，在拉曼图谱上一般会出现 D 和 G 两个特征峰，分别处于 $1355cm^{-1}$ 和 $1580cm^{-1}$ 附近。G 带由石墨结构中的 sp^2 杂化碳振动引起，而 D 带的出现说明石墨片层之间存在缺陷或者石墨片边缘存在自由碳等。天然鳞片石墨具有高度有序的晶体结构，因此其 D 带强度很弱。Raman 光谱结果表明石墨烯和氧化石墨烯的拉曼光谱曲线都有一个较强的 D 特征峰出现，氧化过后石墨完整有序的晶体得到了很大的破坏，而且经过水合肼化学还原之后仍然无法完全恢复石墨的晶体结构。与石墨拉曼图谱相比，氧化石墨烯两个衍射峰强度发生了很大变化，具体表现为 D 峰的加强和 G 峰的减弱，说明经过强氧化之后，含氧基团的加入使得石墨片层间距增大，石墨高度有序的晶体结构遭到破坏。经水合肼还原后，石墨烯中D/G值有所增加，说明还原产物中出现了尺寸较小的晶体结构［图3-51（b）］。

从SEM表面形貌上看，氧化石墨烯片层较厚，边缘存在较厚的卷曲，而石墨烯片层较薄，边缘较为平整（石墨烯自然干燥堆垛效果），片层结构很明显（图3-52）。TEM结果表明氧化石墨烯片层堆垛在一起，大概十几层，相应电子衍射花样呈多晶衍射环，类似于石墨的电子衍射花样。而石墨烯边缘则存在卷曲和褶皱，部分石墨烯发生堆砌形成多层结构，电子衍射花样表明，六边形石墨的苯环结构得到了恢复，水合肼还原效果显著（图3-53）。

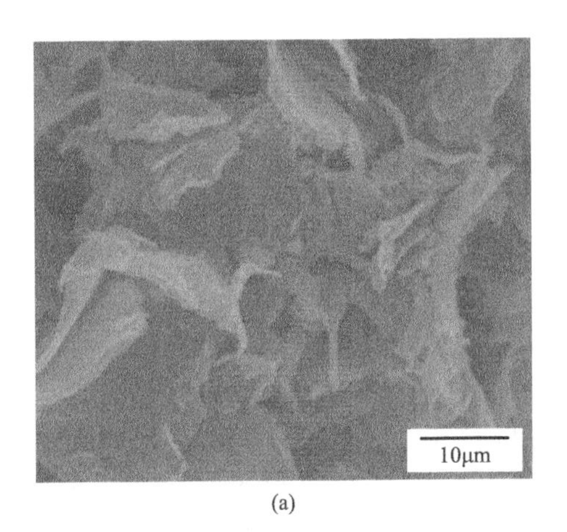

(a)

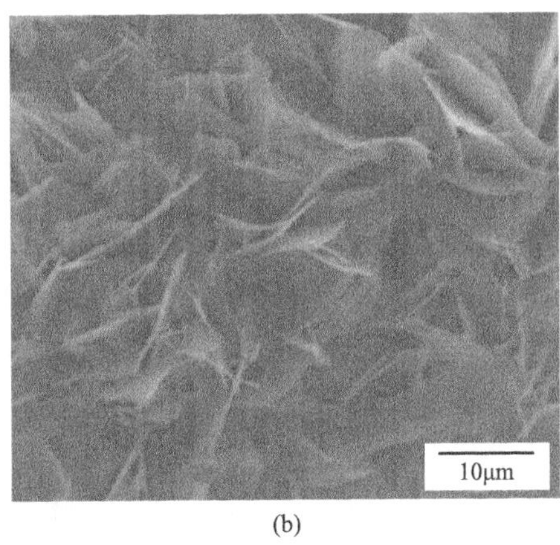

(b)

图3-52　改进Hummers法制备氧化石墨烯（a）和水合肼还原制备石墨烯（b）的SEM表面形貌[53]

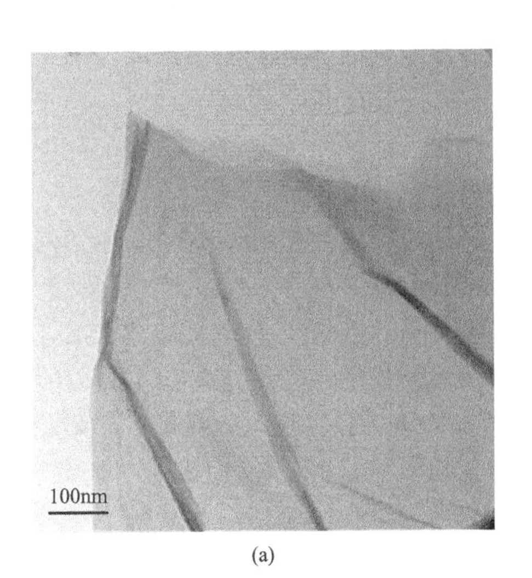

(a)

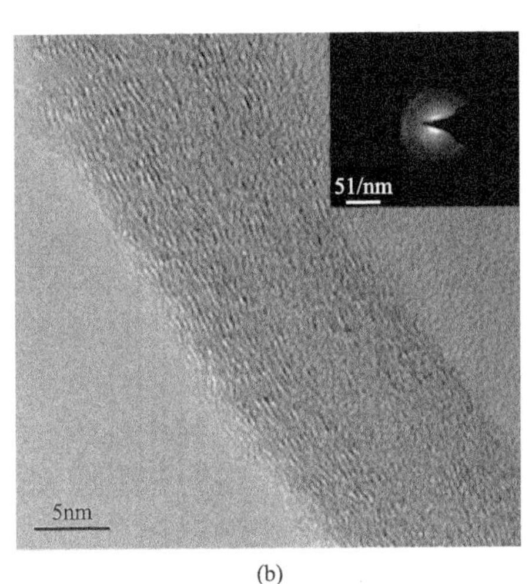

(b)

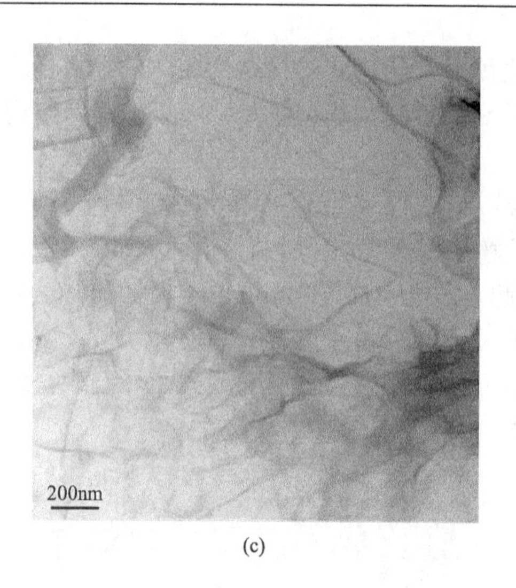

(c)

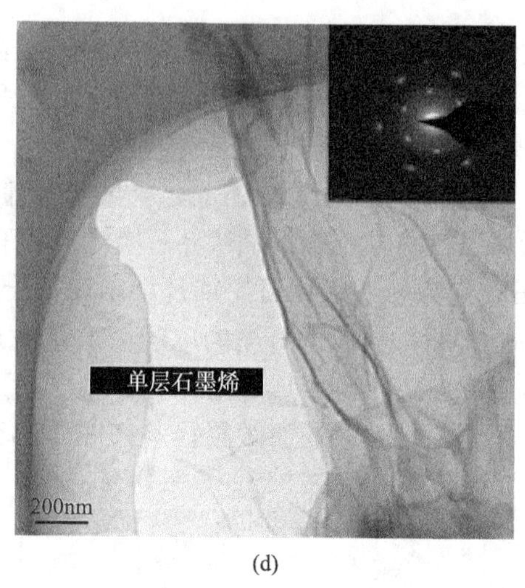

(d)

图 3-53　氧化石墨烯和石墨烯透射电镜分析：（a）氧化石墨烯明场像形貌；（b）氧化石墨烯 HRTEM 精细结构及相应 SAED 衍射花样；（c）石墨烯明场像形貌；（d）石墨烯 HRTEM 精细结构及相应 SAED 衍射花样[53]

原子力显微镜（AFM）是测试石墨烯片层大小和厚度最有效的方法之一，可以表征石墨烯与氧化石墨烯微观形貌、粒径大小和厚度。氧化石墨烯平均厚度约 4.7nm，经过还原反应之后，石墨烯平均厚度约 1nm，所制备得到的石墨烯尺寸非常小，平均粒径在 230nm 以下。氧化还原法制备的石墨烯粒径大小与原始天然鳞片石墨粒径有很大的关系，原始粉体粒径越大则相应制备出来的石墨烯粒径也越大。氧化还原法制备的石墨烯平均粒径较 PVD、CVD 等方法制备出来的石墨烯要小得多，主要是因为强氧化使得石墨同一层内的 C—C 化学键在后续还原过程中容易发生断裂。在 AFM 测试视野范围之内氧化石墨烯和石墨烯厚度基本一致，但尺寸大小有差异；石墨烯尺寸要小于氧化石墨烯平均尺寸，这是由于还原之后石墨的苯环结构并没有得到较好的还原，且石墨片层遭到了很大的破坏（图 3-54）。

Si_2BC_3N 非晶陶瓷粉体与石墨烯经十六烷基三甲基溴化铵（CTAB）水溶液超声混合后，两者具有较好的分散效果。石墨烯由于天然卷曲结构、比表面积较大，热力学上不稳定，干燥后它会通过自发的团聚来降低自身的能量，因此从 SEM 形貌看部分石墨烯片层较厚（图 3-55）。石墨烯抗氧化性能较差，1000℃即氧化殆尽；引入 1vol%的石墨烯后，部分 Si_2BC_3N 陶瓷粉体氧化后可以有效保护石墨烯避免氧化侵蚀；随着石墨烯含量的增加，复合粉体抗氧化性能下降（图 3-56）。

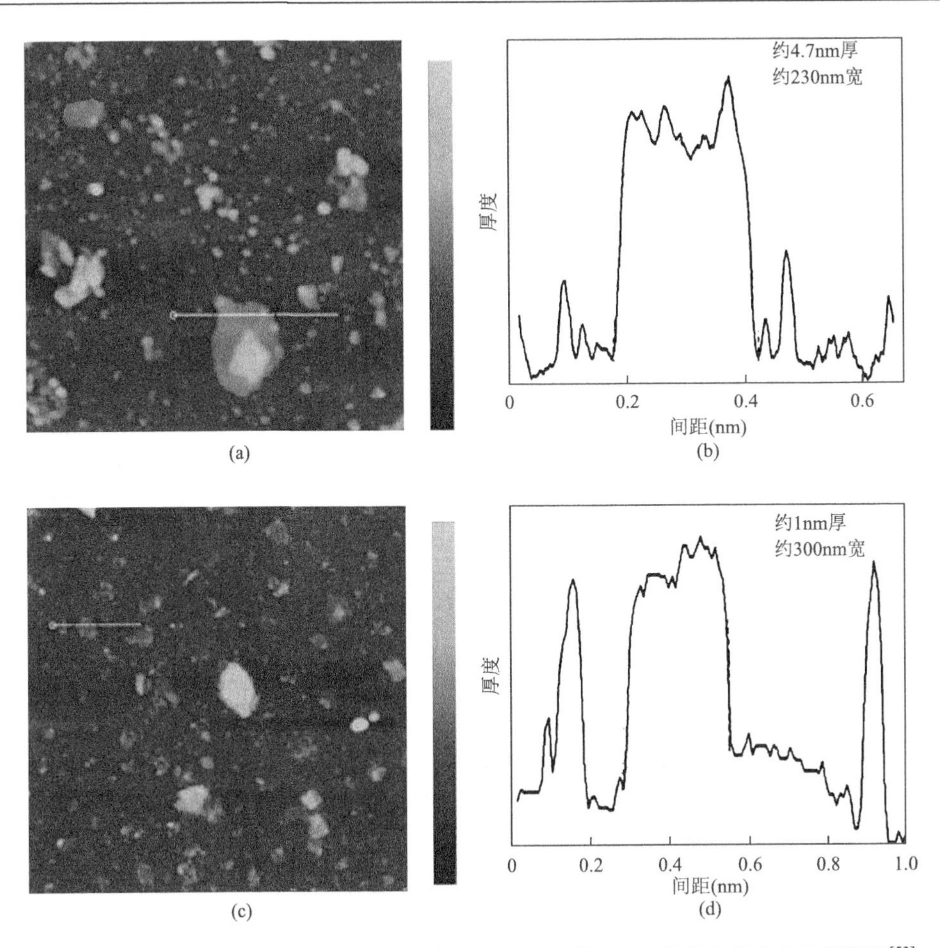

图 3-54　氧化石墨烯（a），（b）和石墨烯（c），（d）的 AFM 形貌及相应的片层厚度[53]

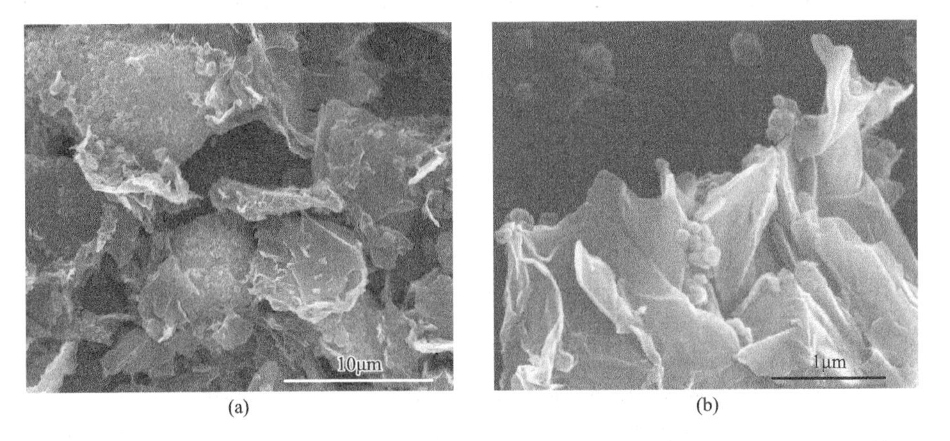

图 3-55　石墨烯与 Si_2BC_3N 非晶陶瓷粉体经 CTAB 水溶液超声处理后 SEM 表面形貌：（a）低倍；（b）高倍[53]

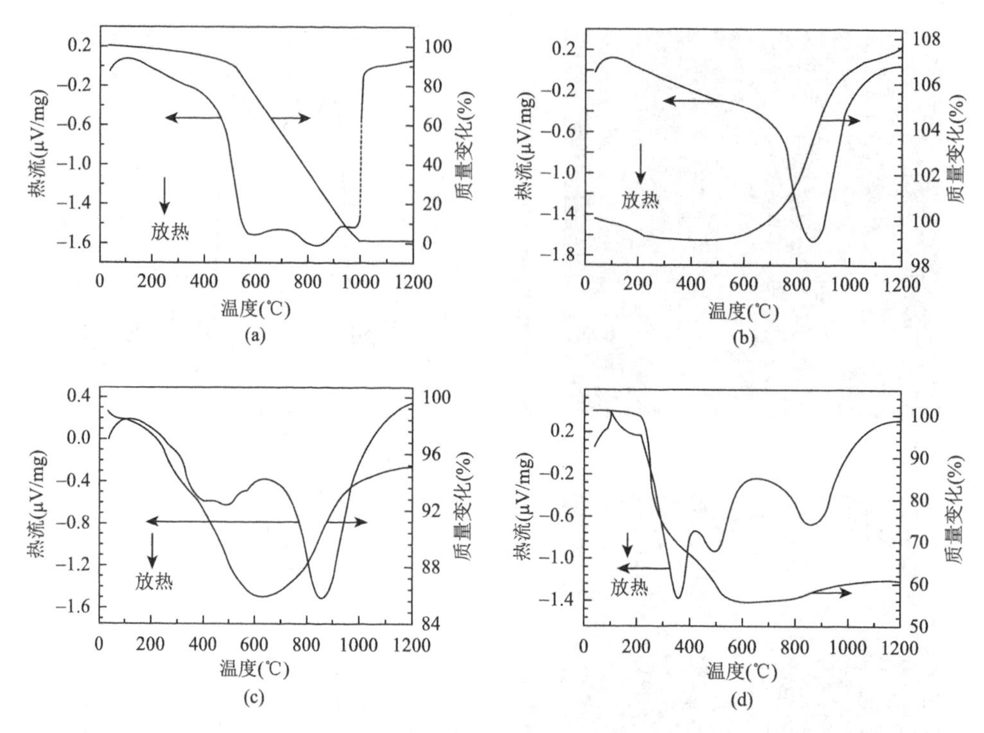

图 3-56　石墨烯与 Si_2BC_3N-graphene 复合粉体在流动空气气氛中加热到 1200℃的 TG-DSC 曲线：（a）graphene；（b）Si_2BC_3N；（c）1vol% graphene；（d）5vol% graphene[53]

参 考 文 献

[1] Li D X，Yang Z H，Jia D C，Wang S J，Duan X M，Liang B，Zhu Q S，Zhou Y. Structure evolution，amorphization and nucleation studies of carbon-lean to-rich SiBCN powder blends prepared by mechanical alloying[J]. RSC Advances，2016，6（53）：48255-48271.

[2] Huang J Y，Wu Y K，Ye H Q. Allotropic transformation of cobalt induced by ball milling[J]. Acta Materialia，1996，44（3）：1201-1209.

[3] Kang P C，Yin Z，Celestine O. Effect of milling time on phase transition and grain growth during the annealing process of MA powders[J]. Materials Science and Engineering A，2005，395（1-2）：167-172.

[4] Sannia M，Orru R，Garay J E，Cao G，Munir Z A. Effect of phase transformation during high energy milling on field activated synthesis of dense $MoSi_2$[J]. Materials Science and Engineering A，2003，345（1-2）：270-277.

[5] Yen B K，Aizawa T，Kihara J. Synthesis and formation mechanisms of molybdenum silicides by mechanical alloying[J]. Materials Science and Engineering A，1996，220（1-2）：8-14.

[6] Kwon Y S，Gerasimov K B，Lomovsky O I，Pavlov S V. Steady state products in the Fe-Ge system produced by mechanical alloying[J]. Journal of Alloys and Compounds，2003，353（1-2）：194-199.

[7] Schilling P J，He J H，Tittsworth R C，Ma E. Two-phase coexistence region in mechanically alloyed Cu-Fe：An X-ray absorption near-edge structure Study[J]. Acta Materialia，1999，47（8）：2525-2537.

[8] Hong L B，Fultz B. Two-phase coexistence in Fe-Ni alloys prepared by mechanical alloying[J]. Acta Materialia，

1998，46（8）：2937-2946.

[9] Ishimaru M，Ino H. Phase stability and magnetic transition of Fe-Ni alloys prepared by mechanical alloying[J]. Journal of the Japan Institute of Metals，2005，69（10）：863-866.

[10] Maglia F，Milanese C，Anselmi-Tamburini U，Doppiu S，Cocco G，Munir Z A. Combustion synthesis of mechanically activated powders in the Ta-Si system[J]. Journal of Alloys and Compounds，2004，385（1-2）：269-275.

[11] 杨治华. Si-B-C-N 机械合金化粉末及陶瓷的组织结构与高温性能[D]. 哈尔滨：哈尔滨工业大学，2008.

[12] Dean J A. Lange's Handbook of Chemistry[M]. New York：Mc GRAW-HILL，INC，1999.

[13] Shinozaki S，Kinsman K R. Materials Science Research，Vol. 11. New York：Plenum Press，1977.

[14] Yang Z H，Jia D C，Duan X M，Zhou Y. Microstructure and thermal stabilities in various atmospheres of $SiB_{0.5}C_{1.5}N_{0.5}$ nano-sized powders fabricated by mechanical alloying technique[J]. Journal of Non-Crystalline Solids，2010，356（6）：326-333.

[15] Yang Z H，Jia D C，Duan X M，Sun K N，Zhou Y. Effect of Si/C ratio and their content on the microstructure and properties of Si-B-C-N ceramics prepared by spark plasma sintering techniques[J]. Materials Science and Engineering A，2011，528（4）：1944-1948.

[16] Yang Z H，Jia D C，Zhou Y，Yu C Q. Fabrication and characterization of amorphous Si-B-C-N powders[J]. Ceramics International，2007，33（8）：1573-1577.

[17] 张鹏飞. 机械合金化 2Si-B-3C-N 陶瓷的热压烧结与晶化行为及高温性能[D]. 哈尔滨：哈尔滨工业大学，2013.

[18] Zhang P F，Jia D C，Yang Z H，Duan X M，Zhou Y. Progress of a novel non-oxide Si-B-C-N ceramic and its matrix composites[J]. Journal of Advanced Ceramics，2012，1（3）：157-178.

[19] Zhang P F，Jia D C，Yang Z H，Duan X M，Zhou Y. Influence of ball milling parameters on the structure of the mechanically alloyed SiBCN powder[J]. Ceramics International，2013，39（2）：1963-1969.

[20] Zhang P F，Jia D C，Yang Z H，Duan X M，Zhou Y. Physical and surface characteristics of the mechanically alloyed SiBCN powder[J]. Ceramics International，2012，38（8）：6399-6404.

[21] Lebrun J M，Missiaen J M，Pascal C. Elucidation of mechanisms involved during silica reduction on silicon powders[J]. Scripta Materialia，2011，64（12）：1102-1105.

[22] 胡成川. Si-B-C-N-Zr 机械合金化粉末及陶瓷的组织结构与性能 [D]. 哈尔滨：哈尔滨工业大学，2013.

[23] Li D X，Yang Z H，Jia D C Hu C C，Liang B，Zhou Y. Preparation，microstructures，mechanical properties and oxidation resistance of SiBCN/ZrB_2-ZrN ceramics by reactive hot pressing[J]. Journal of the European Ceramic Society，2015，35（16）：4399-4410.

[24] 叶丹. Si-B-C-N-Al 机械合金化粉末及陶瓷的组织结构与抗氧化性 [D]. 哈尔滨：哈尔滨工业大学，2012.

[25] Ye D，Jia D C，Yang Z H，Sun Z L，Zhang P F. Microstructure and thermal stability of amorphous SiBCNAl powders fabricated by mechanical alloying[J]. Journal of Alloys and Compounds，2010，506（1）：88-92.

[26] Labatut C，Berjoan R，Armas B，Schamm S，Sevely J，Roig A，Molins E. Studies of LPVCD Al-Fe-O deposits by XPS，EELS and Mössbauer spectroscopies[J]. Surface and Coatings Technology，1998，105（1-2）：31-37.

[27] Ye D，Jia D C，Yang Z H，Duan X M，Zhou Y. Structural and microstructural characterization of $SiB_{0.5}C_{1.5}N_{0.8}Al_{0.3}$ powders prepared by mechanical alloying using aluminum nitride as aluminum source[J]. Ceramics International，2011，37（7）：2937-2940.

[28] Ye D，Jia D C，Yang Z H，Sun Z L，Zhang P F. Microstructures and mechanical properties of SiBCNAl ceramics produced by mechanical alloying and subsequent hot pressing[J]. Journal of Zhejiang University-Science A，2010，

11（10）：761-765.

[29] Ye D，Jia D C，Yang Z H，Zhou Y. Microstructure and valence bonds of Si-B-C-N-Al powders synthesized by mechanical alloying[J]. Procedia Engineering，2012，27：1299-1304.

[30] Besling W F A，Goossens A，Meester B，Schoonman J. Laser-induced chemical vapor deposition of nanostructured silicon carbonitride thin films[J]. Journal of Applied Physics，1998，83（1）：544-553.

[31] Xiong Y H，Xiong C S，Wei S Q，Yang H W，Mai Y T，Xu W，Yang S，Dai G H，Song S J，Xiong J，Ren Z M，Zhang J M. Study on the bonding state for carbon-boron nitrogen with different ball milling time[J]. Applied Surface Science，2006，253（5）：2515-2521.

[32] Dalmau R，Collazo R，Mita S，Sitar Z. X-ray photoelectron spectroscopy characterization of aluminum nitride surface oxides：Thermal and hydrothermal evolution[J]. Journal of Electronic Materials，2007，36（4）：414-419.

[33] Soares G V，Bastos K P，Pezzi R P，Miotti L，Driemeier C，Baumvol I J R，Hinkle C L，Lucovsky G. Nitrogen bonding，stability，and transport in AlON films on Si[J]. Applied Physics Letters，2004，84（24）：4992-4994.

[34] Malengreau F，Hautier V，Vermeersch M，Sporken R，Caudano R. Chemical interactions at the interface between aluminium nitride and iron oxide determined by XPS[J]. Surface Science，1995，330（1）：75-85.

[35] Do T，Mcintyre N S，Harshman R A，Lundy M E，Splinter S J. Application of parallel factor analysis and X-ray photoelectron spe ctroscopy to the initial stages in oxidation of aluminium. Ⅰ. The Al 2p photoelectron line[J]. Surface and Interface Analysis，1999，27（7）：618-628.

[36] Wang C D，Riggs W M，Davis L E，Moulder J F，Muilenberg G E. Handbook of X-ray Photoelectron Spectroscopy[M]. Perkin-Elmer Corporation，Physical Eletronics Division Eden Prairie，Minnesota，USA，1979.

[37] Xie X，Yang Z，Ren R，Shaw L L. Solid state ^{29}Si magic angle spinning NMR：Investigation of bond formation and crystallinity of silicon and graphite powder mixtures during high energy milling[J]. Materials Science and Engineering A，1998，255（1-2）：39-48.

[38] Berger F，Weinmann M，Aldinger F，Müller K. Solid-state NMR studies of the preparation of Si-Al-C-N ceramics from aluminum-modified polysilazanes and polysilylcarbodiimides[J]. Chemistry of Materials，2004，16（5）：919-929.

[39] Li X，Edirisinghe M J. A New aluminum coordination site in Si\C\Al\N\（O）ceramics[J]. Journal of the American Ceramic Society，2003，86（12）：2212-2214.

[40] Toyoda R，Kitaoka S，Sugahara Y. Modification of perhydropolysilazane with aluminum hydride：Preparation of poly（aluminasilazane）s and their conversion into Si-Al-N-C ceramics[J]. Journal of the European Ceramic Society，2008，28（1）：271-277.

[41] Duez N，Mutel B，Vivien C，Gengembre L，Goundmand P，Dessaux O，Grimblot J. XPS investigation of aluminum and silicon surfaces nitrided by a distributed electron cyclotron resonance nitrogen plasma[J]. Surface Science，2001，482：220-226.

[42] Negita K. Effective sintering aids for silicon carbide ceramics：Reactivities of silicon carbide with various additives[J]. Journal of the American Ceramic Society，1986，69（12）：C-308-C-310.

[43] Jia Q，Zhang H J，Li S，Jia X L. Effect of particle size on oxidation of silicon carbide powders[J]. Ceramics International，2007，33（2）：309-313.

[44] Brach M，Sciti D，Balbo A，Bellosi A. Short-term oxidation of a ternary composite in the system AlN-SiC-ZrB_2[J]. Journal of the European Ceramic Society，2005，25（10）：1771-1780.

[45] 廖兴琪.（TiB_2 + TiC）/SiBCN 复合材料的组织结构与性[D]. 哈尔滨：哈尔滨工业大学，2014.

[46] 苗洋. ZrB_2/SiBCN 陶瓷基复合材料制备及抗氧化与耐烧蚀性能[D]. 哈尔滨：哈尔滨工业大学，2017.

[47] Miao Y，Yang Z H，Liang B，Li Q，Chen Q Q，Jia D C，Cheng Y B，Zhou Y. A novel *in-situ* synthesis of SiBCN-Zr composites prepared by sol-gel and spark plasma sintering[J]. Dalton transactions，2016，45（32），12739-12744.

[48] Miao Y，Wang X J，Firbas P，Wang K，Yang Z H，Liang B，Cheng Y B，Jia D C. Ultra-fine zirconium diboride powders prepared by a combined sol-gel and spark plasma sintering technique[J]. Journal of Sol-Gel Science and Technology，2016，77（3）：636-641.

[49] Miao Y，Yang Z H，Rao J C，Duan X M，He P G，Jia D C，Cheng Y B，Zhou Y. Influence of sol-gel derived ZrB_2 additions on microstructure and mechanical properties of SiBCN composites[J]. Ceramics International，2017，43（5）：4372-4378.

[50] Miao Y，Yang Z H，Zhu Q S，Liang B，Li Quan，Tian Z，Jia D C，Cheng Y B，Zhou Y. Thermal ablation behavior of SiBCN-Zr composites prepared by reactive spark plasma sintering[J]. Ceramics International，2017，43（11）：7978-7983.

[51] 赵杨. 热压烧结 ZrC/SiBCN 复相陶瓷的组织结构与性能研究[D]. 哈尔滨：哈尔滨工业大学，2016.

[52] 敖冬飞. HfB_2/SiBCN 复相陶瓷抗热震与耐烧蚀性能的研究[D]. 哈尔滨：哈尔滨工业大学，2012.

[53] 李达鑫. SPS 烧结 Graphene/SiBCN 陶瓷及其高温性能[D]. 哈尔滨：哈尔滨工业大学，2016.

第 4 章　MA-SiBCN 系亚稳陶瓷及其复合材料致密化行为及组织结构

本章探讨了高能球磨制备 SiBCN 非晶陶瓷粉体在热压、放电等离子、热等静压、高压等不同烧结技术制备过程中的烧结行为，以及烧结工艺参数对陶瓷组织结构影响；讨论了陶瓷颗粒、石墨烯、短纤维、多壁碳纳米管和金属等第二相对 SiBCN 块体陶瓷致密化行为和组织结构的影响规律。

4.1　热压烧结行为及其组织结构

将高能球磨制备的 Si_2BC_3N 非晶陶瓷粉体在 1900℃/80MPa/30min/1bar N_2 条件下进行热压烧结。陶瓷坯体在热压烧结过程中的体积收缩大致可分为三个阶段，分别对应着非晶粉体的不同烧结行为或烧结机理（图 4-1）。

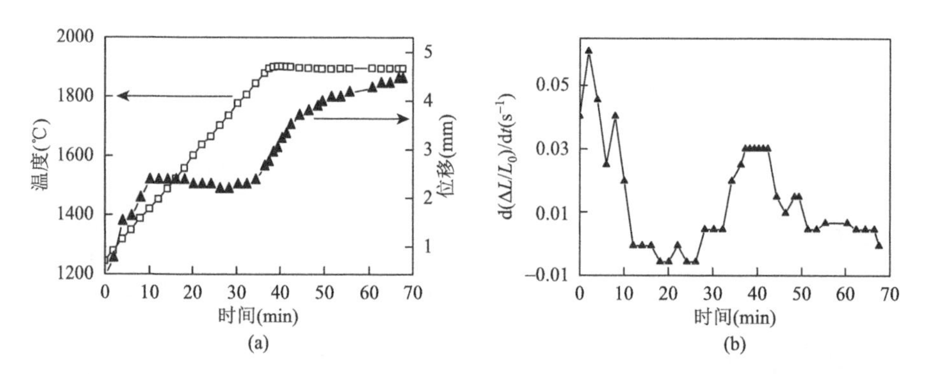

图 4-1　1900℃/80MPa/30min/1bar N_2 热压烧结制备 Si_2BC_3N 块体陶瓷的热压烧结曲线：（a）保温过程中模具表面温度与压头位移；（b）压头位移速率随时间的变化曲线[1]

烧结温度低于约 1450℃时，压头移动速度较快，陶瓷坯体发生了较大幅度的体积收缩，应归功于粉体颗粒因外加载荷而产生的紧密堆积。此阶段由于烧结温度较低，陶瓷粉体颗粒之间各种可能的烧结机理都不能有效发挥作用，颗粒之间的烧结几乎可以忽略不计。

烧结温度在 1450～1830℃之间时，压头的位移量变化很小，甚至有减小的趋势，说明此时陶瓷坯体的体积收缩量很小，坯体因温度升高而引起的致密度增加非常有限。压头位移量的减小可能来源于石墨模具及陶瓷坯体在高温条件下的体积膨胀。该温度范围内陶瓷坯体微小的体积收缩说明粉体颗粒之间可能处于烧结初期阶段，即相邻的粉体颗粒只在有限的局部区域产生冶金连接，形成了初期较小的烧结颈，颗粒的外形轮廓仍然与球磨之后的粉体颗粒接近。此时的烧结温度对于该体系陶瓷粉体的烧结来说仍然较低，各种烧结机理所产生的效果不明显，致使陶瓷坯体致密度提高较小。

烧结温度高于 1830℃，压头的位移量快速增加，压头的移动速率也在短时间内迅速增大到极大值［$d(\Delta L/L_0)/dt \approx 0.03$］，这种较高的移动速率在随后的几分钟内没有明显下降。此时陶瓷坯体发生了较大的体积收缩，原因是陶瓷颗粒的滑动、破碎而引起的孔隙填充，或者是陶瓷颗粒之间发生了明显的烧结。在较高温度与较高轴向压强的共同作用下，陶瓷颗粒之间可能发生了多种烧结过程，原子的表面扩散与体积扩散，陶瓷颗粒的滑动重排和高温蠕变等多种烧结机制可能共同发挥作用，陶瓷的致密度和力学性能也将显著提高。

在轴向加载 80MPa 压强作用下，只有当温度高于约 1830℃时，Si_2BC_3N 非晶陶瓷粉体颗粒之间才能发生明显的烧结，从而促使陶瓷坯体发生显著的体积收缩，材料的致密度才得以显著提高。

当陶瓷坯体被加热至 1800℃时（不保温），材料仍然保持了较好的非晶态组织（图 4-2）。当陶瓷坯体被加热至 1900℃时（不保温），材料 XRD 图谱上出现了微弱的 SiC 晶体衍射峰，此时陶瓷材料的析晶程度有限，晶态 SiC 含量及晶粒尺寸

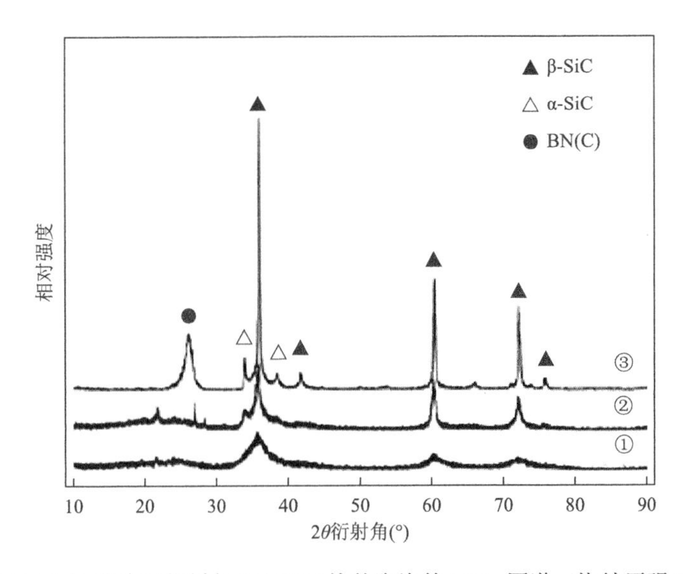

图 4-2　不同热压烧结工艺制备 Si_2BC_3N 块体陶瓷的 XRD 图谱（烧结压强 80MPa）：①1800℃，不保温；②1900℃，不保温；③1900℃，保温 10min[1, 2]

较小。陶瓷坯体被加热至 1900℃并保温 10min 后，材料 XRD 图谱上 SiC 晶体衍射峰的强度显著增强，半高宽也明显减小，并且出现了较为明显的 BN(C)相衍射峰。与此同时，陶瓷坯体发生了快速的烧结致密化行为，材料的致密度迅速增加。在所研究的 SiBCN 系亚稳陶瓷中，原子的长程扩散相对困难，而且非晶组织的析晶将进一步阻碍原子的体积扩散，因此，材料的晶化过程对陶瓷坯体的烧结致密化过程可能存在不利影响。但是材料在高温高压作用下的烧结致密化过程中，原子的表面与体积扩散，陶瓷颗粒的滑动重排或扩散蠕变等过程都将减少陶瓷坯体的孔隙率、增大陶瓷颗粒之间的接触面积。这些因素将有利于原子的扩散，有利于材料的析晶与晶粒生长，进而促进材料的晶化过程。

不同热压烧结工艺制备的 Si_2BC_3N 块体陶瓷 XRD 图谱表明，各种热压烧结参数条件下所制备的块体陶瓷均发生了析晶，陶瓷物相组成为少量非晶相、纳米 SiC 和 BN(C)相（图 4-3）。SiC 中 β 相含量较高，α 相含量相对较低，BN(C)相具有类似于湍层碳或湍层氮化硼的层状结构。烧结温度为 1800℃时，材料的晶化程度相对较低，陶瓷中可能含有少量非晶相。烧结温度为 1900℃时，压强、保温时间及气压的适当变化对各物相的相对含量及材料的晶化度有少量影响，但对材料物相组成影响不大。从微观组织结构上看（图 4-4），烧结温度为 1800℃时，陶瓷中 SiC 的晶粒尺寸明显较小，约为几纳米至几十纳米。当材料在 1900℃/50MPa 热压烧结时，SiC 晶粒有所长大。1900℃/80MPa 条件下热压烧结制备的陶瓷中，SiC 晶粒长大趋势更为明显，平均晶粒尺寸小于 100nm，但没有异常长大的晶粒

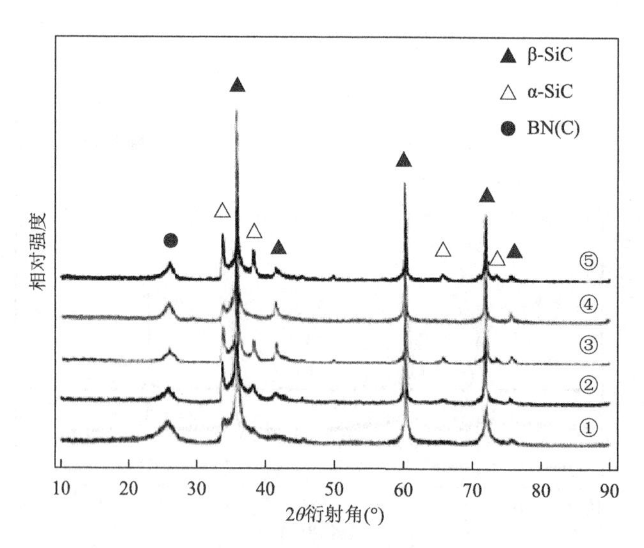

图 4-3　不同热压烧结工艺制备 Si_2BC_3N 块体陶瓷 XRD 图谱：①1800℃/80MPa/30min/1bar N_2；②1900℃/50MPa/30min/1bar N_2；③1900℃/80MPa/10min/1bar N_2；④1900℃/80MPa/30min/1bar N_2；⑤1900℃/80MPa/30min/8bar N_2[1-3]

出现。在该条件下，保温时间与气氛压强的适当变化对 SiC 晶粒尺寸及其分布影响不明显。

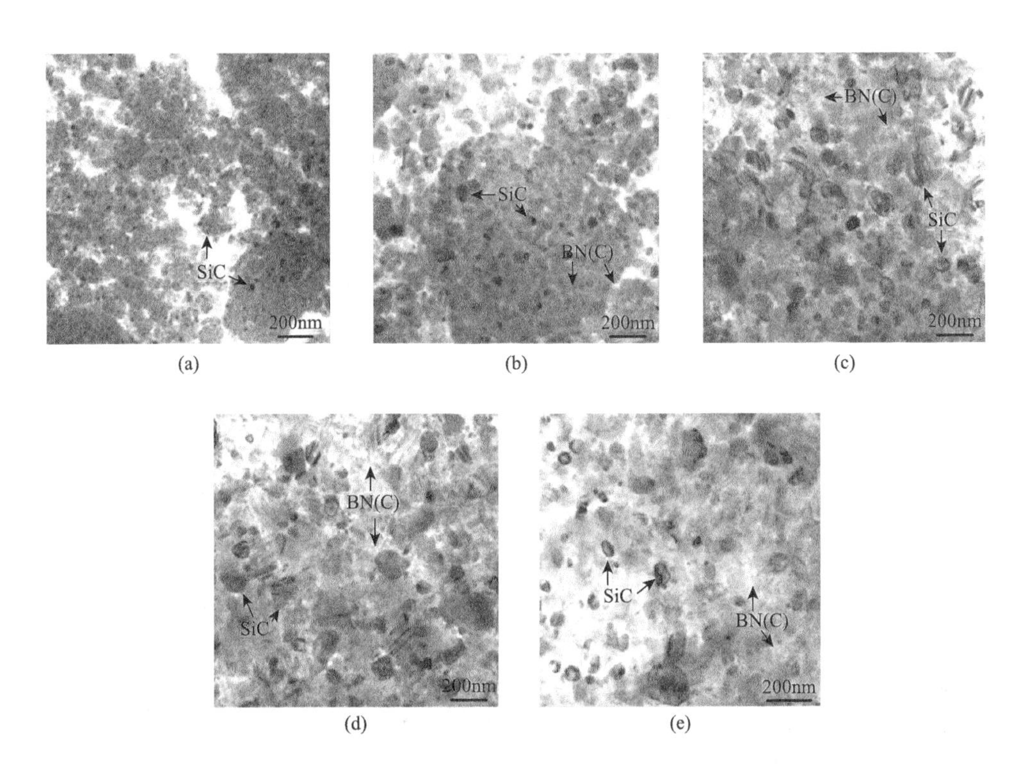

图 4-4　不同热压烧结工艺制备 Si_2BC_3N 块体陶瓷显微组织结构：（a）1800℃/80MPa/30min/1bar N_2；（b）1900℃/50MPa/30min/1bar N_2；（c）1900℃/80MPa/10min/1bar N_2；（d）1900℃/80MPa/30min/1bar N_2；（e）1900℃/80MPa/30min/8bar N_2[1]

Si_2BC_3N 非晶陶瓷粉体在 1500℃/80MPa 条件下热压烧结 30min 或更短的时间后，材料内部即开始发生析晶现象（图 4-5）。此时晶体相含量很少，晶粒尺寸也较小，大部分材料组织仍然保持非晶态结构。在明场成像模式下，大部分陶瓷颗粒的衬度基本一致，直径 800nm 区域内的选区电子衍射花样也呈现出光滑连续且明暗程度均匀一致的 β-SiC 衍射环。HRTEM 图像及局部晶格逆傅里叶变换图像表明，在材料的部分区域内，SiC 晶粒含量较高，但其尺寸很小，约为 2～5nm，晶粒内部存在很多原子排列缺陷。材料的大部分区域仍然保持非晶态结构，材料整体的晶化度很低。据此推测，若热压烧结温度进一步降低，或保温时间适当缩短，则有可能在热压烧结技术下制备出完全非晶态的 Si_2BC_3N 块体陶瓷材料。

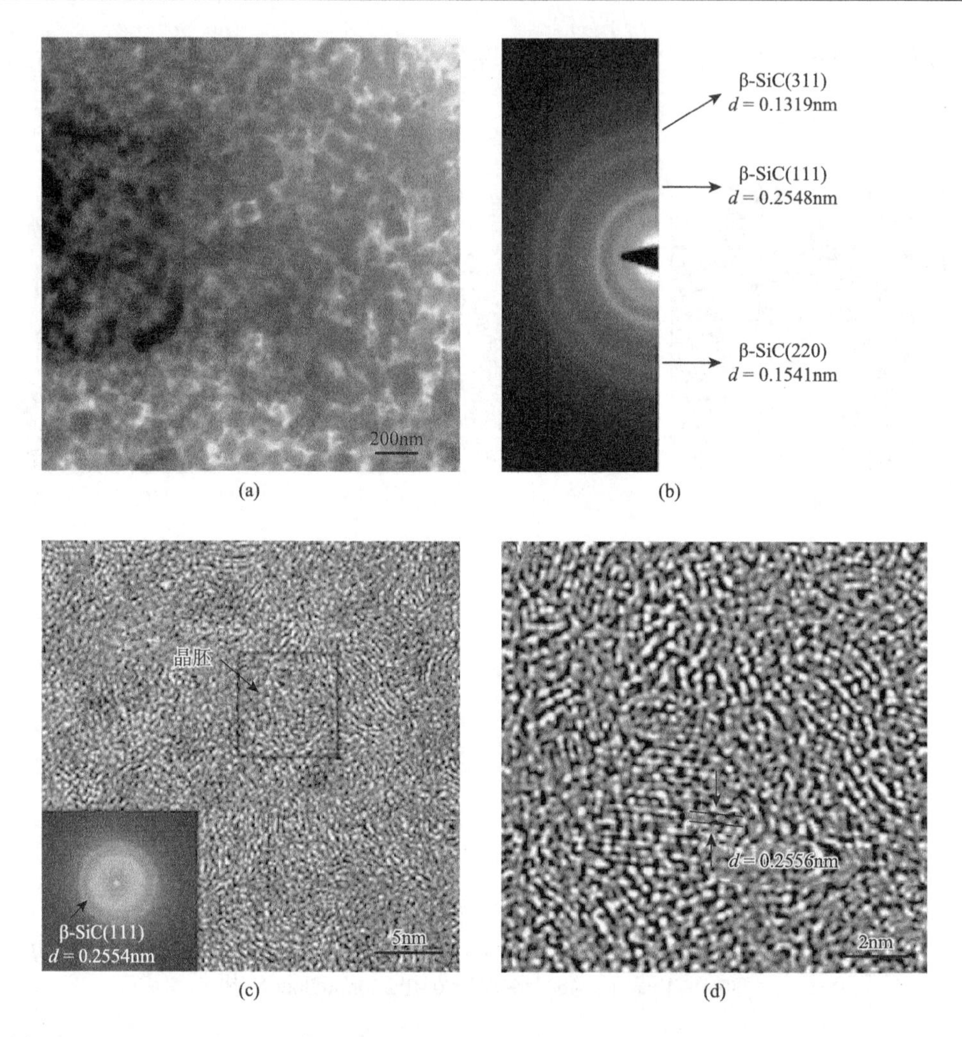

图 4-5 1500℃/80MPa/30min 热压烧结制备 Si_2BC_3N 块体陶瓷微观组织结构：（a）TEM 明场像形貌；（b）SAED 衍射花样；（c）HRTEM 精细结构；（d）图（c）中方框区域的逆傅里叶变换像[1]

烧结温度提高到 1600℃，陶瓷颗粒之间的烧结非常有限，粉体团聚体仍然保持近似球形的外形轮廓（图 4-6）。在球形团聚体内部出现了许多衬度一致的 SiC 晶体，其晶粒的平均尺寸约为 15nm。选区电子衍射花样尽管仍然呈现出连续的 SiC 多晶衍射环，但其明暗均匀程度有所降低。此热压烧结条件制备的 Si_2BC_3N 块体陶瓷材料，SiC 晶体含量有所增加，晶粒也有所长大，显微结构由纳米 SiC、非晶相及处于形核或生长初期的 BN(C)相构成。SiC 晶粒尺寸约 10nm，大部分晶粒内部存在许多堆垛层错等原子排列缺陷。BN(C)相处于形核或生长初期阶段，其晶粒尺寸较小，约为几纳米，晶化度很低，并开始表现出湍层结构特征。由于此时粉体颗粒之间的烧结仍然有限，晶化相的晶粒生长及材料晶化度的提高可能主要归因于烧结温度的升高。

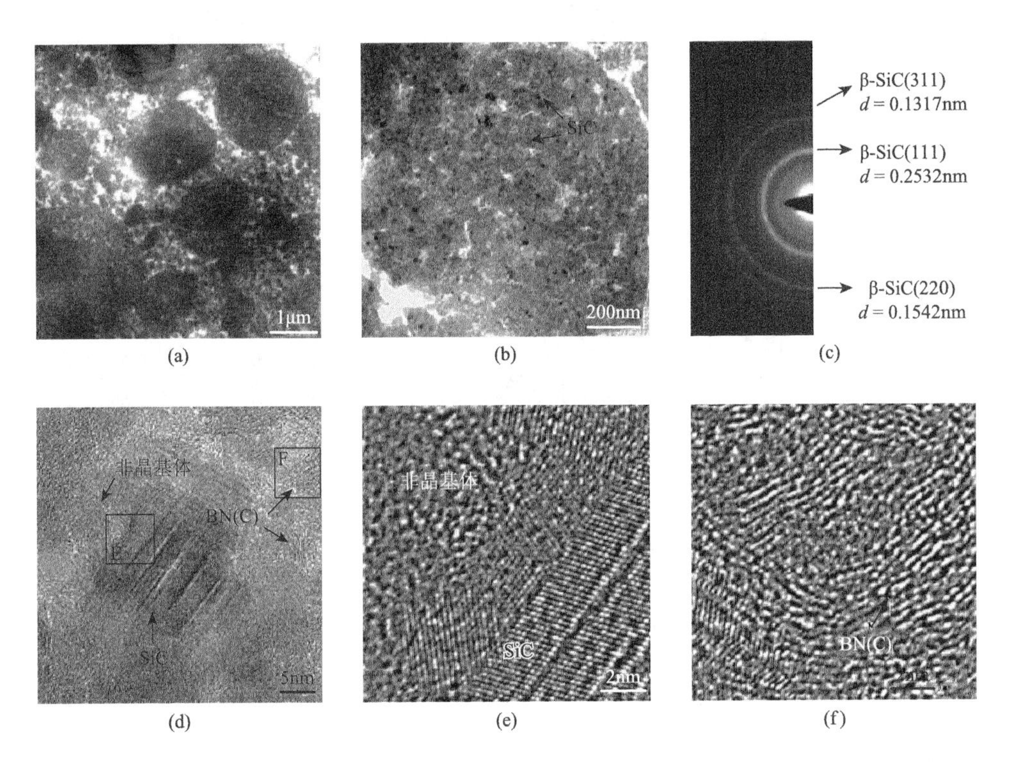

图 4-6　1600℃/80MPa/30min 热压烧结制备 Si_2BC_3N 块体陶瓷显微组织结构：(a)，(b) 明场像形貌；(c) SAED 衍射花样；(d) HRTEM 精细结构；(e)，(f) E、F 区域的逆傅里叶变换像[1]

SiC 和 BN(C)晶化相附近都普遍存在着非晶相（图 4-7）。很多纳米 SiC 晶粒中存在许多堆垛层错等原子排列缺陷，而且在与非晶相相邻的界面区域中，SiC 相中原子排列有序度较低，二者之间的界面区域很窄。BN(C)相呈现出明显的湍层结构特征，其（0002）晶面的晶面间距不仅比 SiC 相的（111）晶面宽，而且（0002）晶面一般会发生弯曲或膨胀等不规则的变形。因此在 1700℃/80MPa/30min 热压烧结条件下制备的块体陶瓷材料主要由纳米 SiC、湍层 BN(C)和部分非晶相构成。

烧结温度等于或高于 1800℃时，在热压烧结制备的块体陶瓷材料中，非晶相将明显减少，纳米 SiC 和 BN(C)相成为复相陶瓷的主要组成成分（图 4-8）。明场形貌及选区电子衍射花样结果表明，此时材料中均匀地分布着衬度一致的纳米 SiC 晶体，SiC 的平均晶粒尺寸约 42nm，SiC 晶粒之间分布着形状不规则的 BN(C)

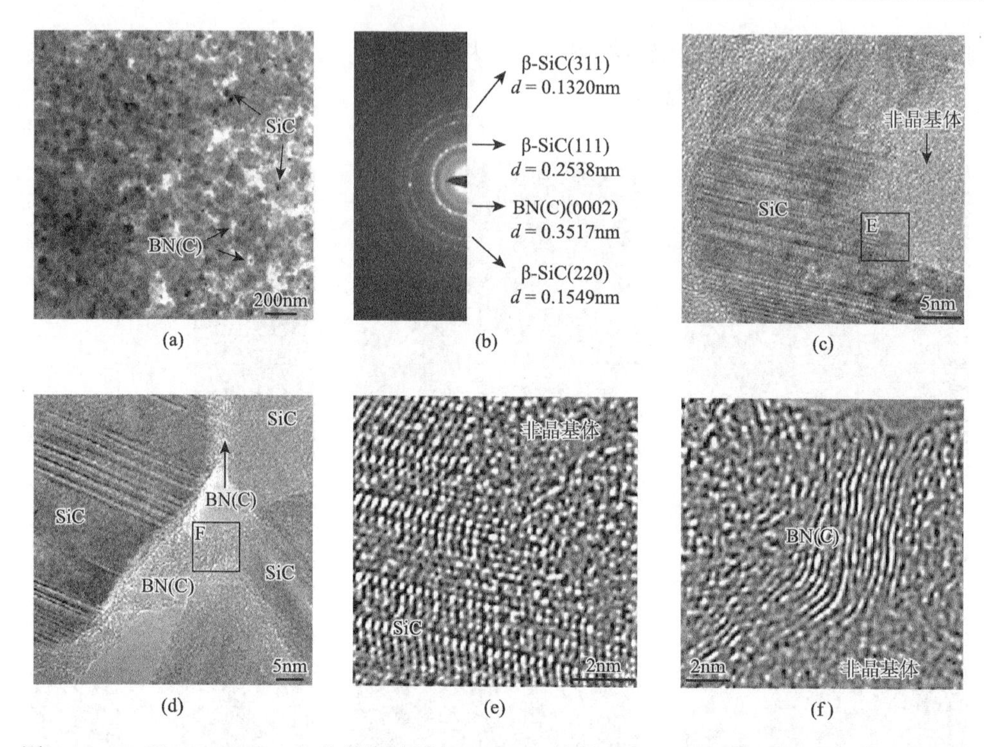

图 4-7　1700℃/80MPa/30min 热压烧结制备 Si_2BC_3N 块体陶瓷显微组织结构：(a) 明场像形貌；(b) SAED 衍射花样；(c)，(d) HRTEM 精细结构；(e)，(f) E、F 区域的逆傅里叶变换像[1]

相。SiC 晶体的电子衍射环变得明暗不均匀，而且变得不连续，这进一步证实 SiC 晶粒在继续长大。BN(C)相的衍射环也变更加清晰，说明 BN(C)相的有序化程度在逐步增加。HRTEM 图像及相应逆傅里叶变换图像进一步表明，此时块体陶瓷材料主要由 SiC 与 BN(C)两种晶化相构成，非晶相占很小的比例。SiC 相中一般会存在一些原子排列有序度较低的缺陷区域，BN(C)相仍然保持晶化度较低的湍层结构特征，非晶相在两种晶化相周围都可能存在。

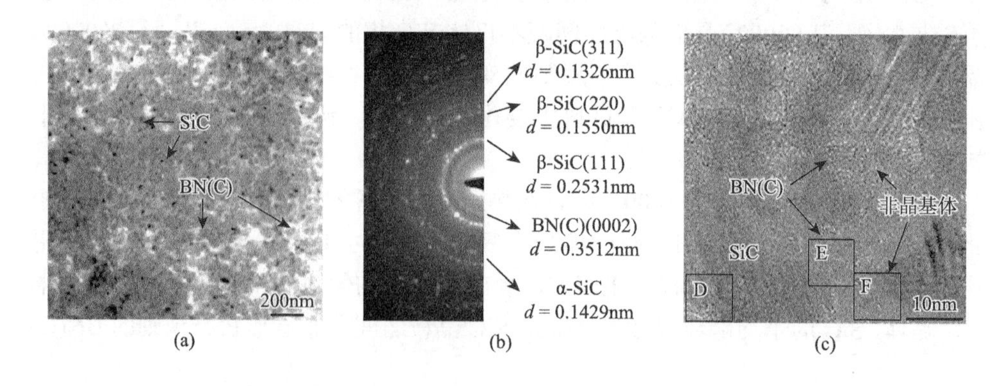

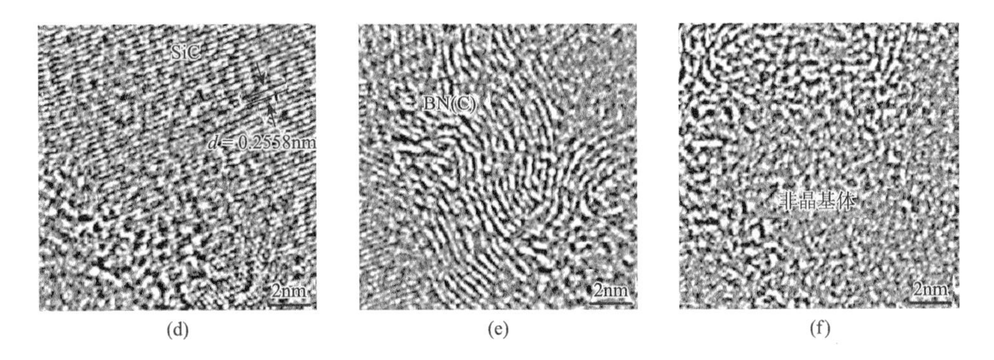

图 4-8　1800℃/80MPa/30min 热压烧结制备 Si_2BC_3N 块体陶瓷显微组织结构：（a）明场像形貌；（b）SAED 衍射花样；（c）HRTEM 精细结构；（d）～（f）D、E、F 区域的逆傅里叶变换像[1, 4]

烧结温度提高至 1900℃，陶瓷坯体发生了明显的烧结致密化现象（图 4-9）。SiC 晶粒生长较为明显，其平均晶粒尺寸约 78.2nm，晶粒近似等轴状，没有出现异常长大现象。BN(C)相没有固定的形状，近似呈带状分布于 SiC 晶粒之间。SiC 晶体选区电子衍射花样由低温时连续的衍射环变成孤立的衍射斑点，而 BN(C)相的衍射环不仅变得更加明锐，而且出现了明显的取向性。可能的原因是在高温高压的共同作用下，湍层 BN(C)相发生了晶面旋转，从而使大部分（0002）晶面沿着近似垂直于压强的方向分布。这些现象表明，该烧结条件下材料的晶化度和晶化相晶粒尺寸都有了显著的增加。除了提高烧结温度有利于材料的析晶和晶粒的生长以外，在烧结过程中，陶瓷颗粒的塑性变形、蠕变、黏性流动等因素也会进一步促进原子的扩散、材料的析晶及晶体的生长。HRTEM 结果表明，部分 SiC 晶粒中原子排列规则有序，但也有一部分 SiC 晶粒内部仍然存在着高密度的堆垛层错、孪晶等原子排列缺陷。BN(C)相仍然保持着湍层结构特征，与 SiC 晶粒之间的晶界区域很窄。除了上述两种晶化相外，材料的局部区域还存在少量的非晶相。

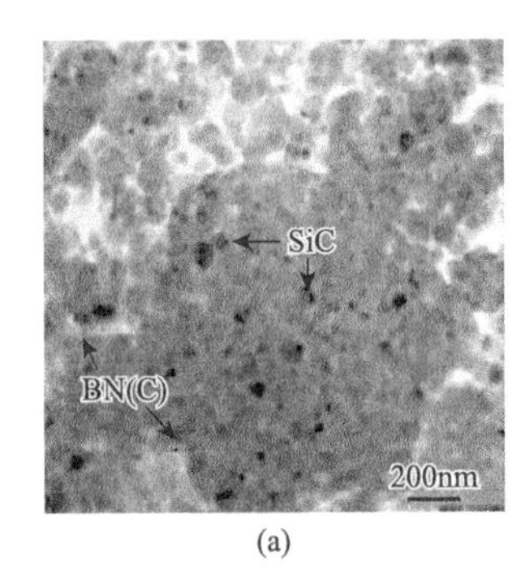

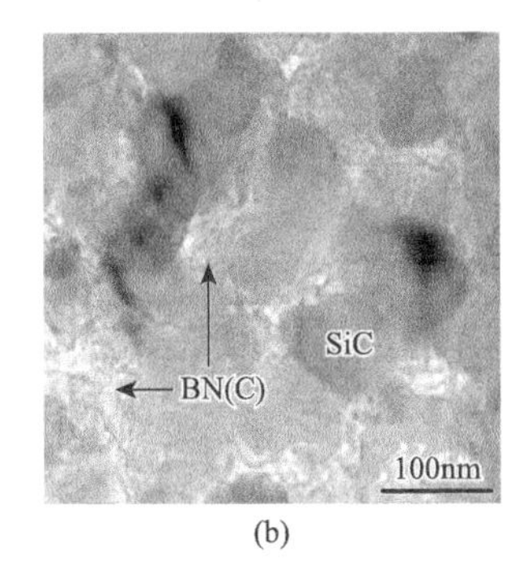

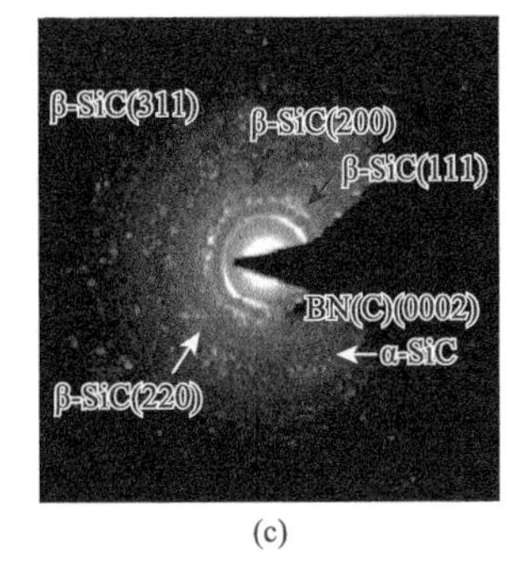

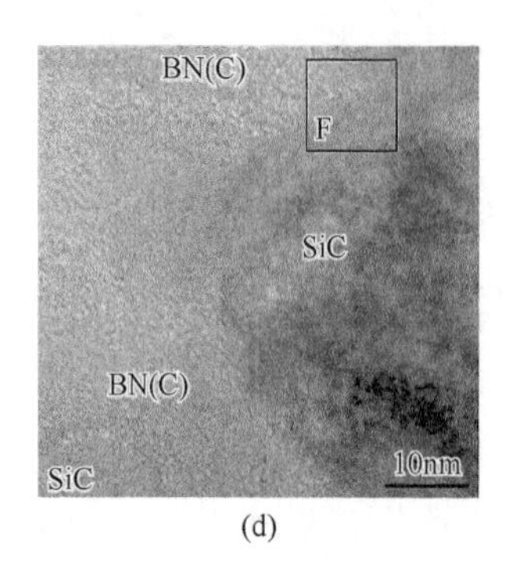

(d)

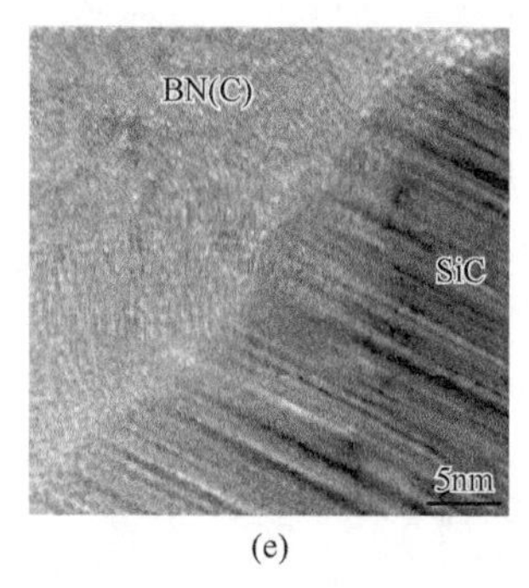

(e)

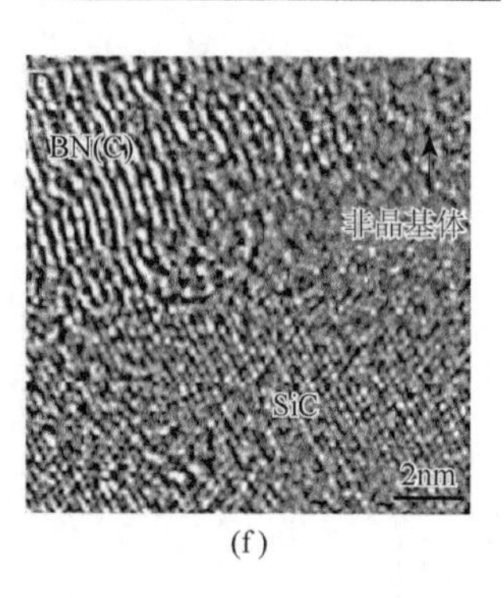

(f)

图 4-9　1900℃/80MPa/30min 热压烧结制备 Si_2BC_3N 块体陶瓷显微组织结构：(a)，(b) 明场像形貌；(c) SAED 衍射花样；(d)，(e) HRTEM 精细结构；(f) F 区域的逆傅里叶变换像[1]

4.2　放电等离子烧结行为及其组织结构

放电等离子烧结（SPS）技术可以实现陶瓷材料的快速烧结，具有升降温速度快、烧结时间短、能耗低等特点，可在相对低的烧结温度获得高致密、高性能的陶瓷材料[5]。特别是对于机械合金化制备的 SiBCN 系非晶陶瓷粉体，SPS 不仅可以获得纳米陶瓷，而且还可以部分保留机械合金化过程形成的非平衡态组织。在 1800℃分别采用 25MPa 和 40MPa 两种烧结压强制备三种不同 Si/C 比的 SiBCN 系亚稳陶瓷材料，即 $SiBC_2N$、Si_2BC_3N、Si_3BC_4N 块体陶瓷，对比研究了 SPS 制备该体系亚稳陶瓷材料的显微组织结构。

采用 SPS 制备的 Si_2BC_3N 块体陶瓷，基本没有 α-SiC 相存在，三种块体陶瓷的物相组成均为 β-SiC、BN(C)以及少量的 ZrO_2（来源于 ZrO_2 材质磨球和磨罐污染）(图 4-10)。1800℃/40MPa/5min 烧结制备的三种 SiBCN 块体陶瓷中，SiC 与 BN(C)相晶体衍射峰的强度要比 25MPa 烧结制备陶瓷的衍射峰强度高，烧结压强的增大促进了非晶粉体的结晶析出。随着 Si/C 相对含量的增加，块体陶瓷中 BN(C)相含量减少，β-SiC 相含量增加。SiC 晶体衍射峰半高宽很小，表明 SiC 晶体结晶程度较高，而 BN(C)相衍射峰较宽，可能是由晶化不完全造成的（图 4-11）。

1800℃/25MPa SPS 制备的 Si_2BC_3N 块体陶瓷表面凹凸不平，致密度较低，不能明显辨别出 SiC 晶粒。而 1800℃/40MPa SPS 制备的块体陶瓷表面平整致密，SiC 晶粒（灰色物相）均匀分布在 BN(C)基体（黑色物相）中。SiC 晶粒尺寸较为均匀，平均粒径小于 1μm。可见，烧结压强增大不仅明显提高 SiBCN 系亚稳陶瓷的致密度，还促进了块体陶瓷的结晶析出和纳米晶的进一步长大（图 4-12）。

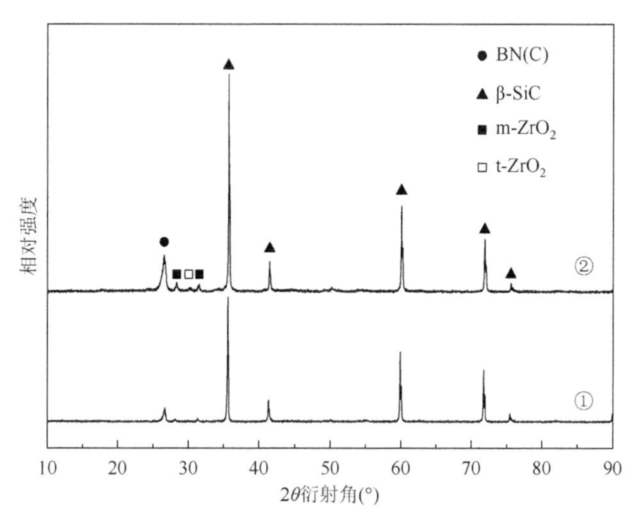

图 4-10　1800℃不同压强 SPS 制备 Si_2BC_3N 块体陶瓷的 XRD 图谱：①25MPa；②40MPa[6]

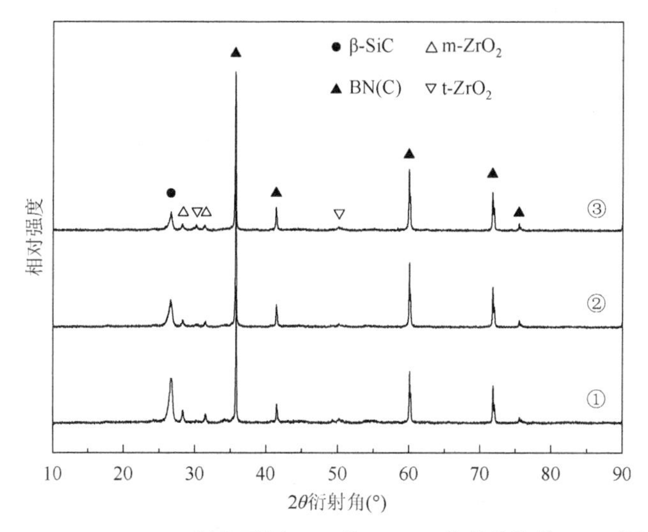

图 4-11　1800℃/40MPa/5min SPS 制备不同 Si/C 比 SiBCN 块体陶瓷的 XRD 图谱：①$SiBC_2N$；②Si_2BC_3N；③Si_3BC_4N[7]

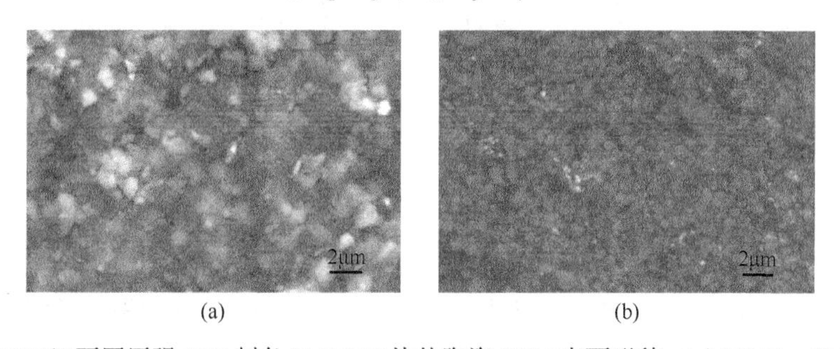

图 4-12　1800℃不同压强 SPS 制备 Si_2BC_3N 块体陶瓷 SEM 表面形貌：(a) 25MPa；(b) 40MPa[6]

SPS 制备 $SiBC_2N$ 块体陶瓷，基体中存在部分纳米晶聚集区，在此聚集区内存在少量 BN(C)晶体（黑色区域），晶粒尺寸约为 100nm，在 TEM 分辨率下无法观察到其精细微观结构（图 4-13）。根据相应 SAED 衍射斑点及标定结果，纳米晶聚集区内多数为 BN(C)相，并含有少量 β-SiC 晶粒。β-SiC 具有等轴状，其多数晶粒尺寸约 400nm，在晶粒内部存在大量的孪晶等晶体缺陷。片层状 BN(C)主要分布在 SiC 晶粒周围，由于多数 BN(C)晶粒尺寸较小，TEM 明场像中很难看到具体形貌。

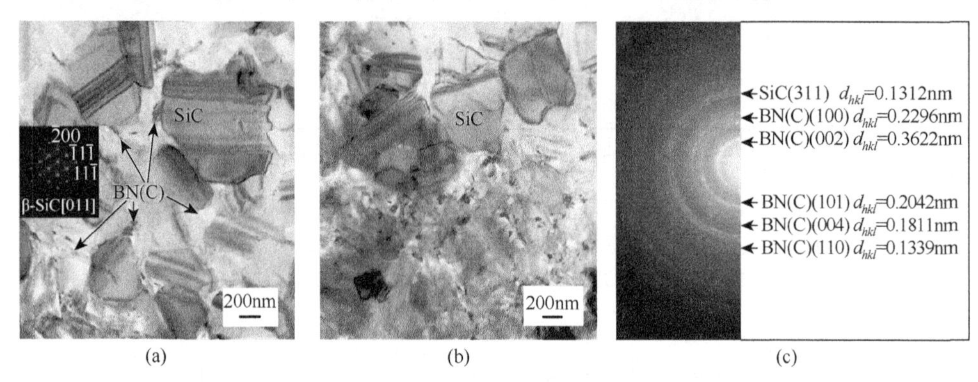

图 4-13　1800℃/40MPa/5min SPS 制备 $SiBC_2N$ 块体陶瓷 TEM 微观组织结构：（a），（b）明场像形貌；（c）SAED 衍射花样[6]

与 $SiBC_2N$ 块体陶瓷显微组织相似，SPS 制备 Si_2BC_3N 块体陶瓷微观组织结构为片层状 BN(C)相均匀分布在纳米 SiC 相周围（图 4-14）。SiC 晶粒尺寸约

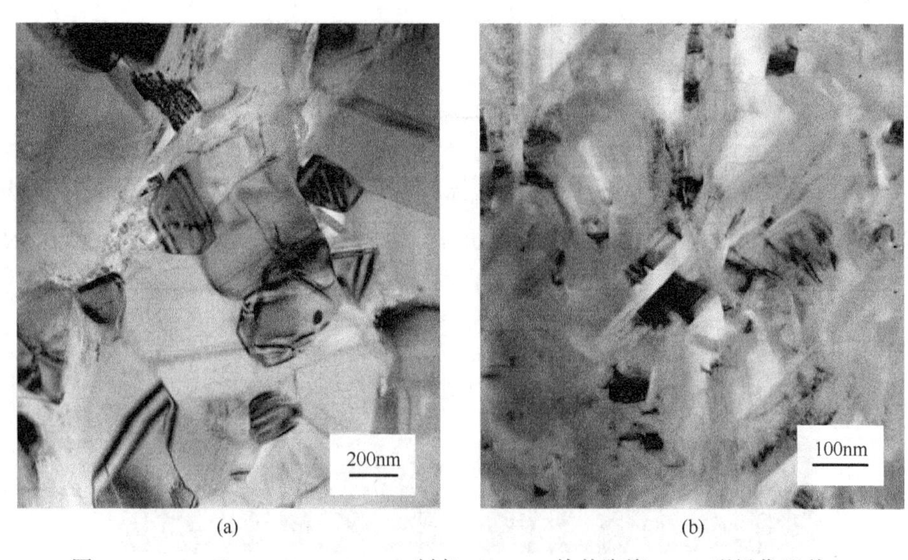

图 4-14　1800℃/40MPa/5min SPS 制备 Si_2BC_3N 块体陶瓷 TEM 明场像形貌：（a）低倍；（b）高倍[6]

为 200～800nm，而 BN(C)晶粒尺寸较小，多数晶粒尺寸小于 200nm。在 Si_2BC_3N 块体陶瓷中，也发现了纳米晶的聚集区，但数量相对于 $SiBC_2N$ 块体陶瓷有所减少。

与 $SiBC_2N$ 和 Si_2BC_3N 块体陶瓷显微结构相似，SPS 制备的 Si_3BC_4N 块体陶瓷中同样存在纳米晶聚集区，但数量进一步减少，在纳米晶聚集区，存在少量尺寸较大且晶化比较完全的 BN(C)和 SiC 相（图 4-15）。从表面形貌上看，随着 Si/C 比的增加，SiC 含量逐渐增加，在 1800℃/40MPa 烧结条件下，三种块体陶瓷表面平整致密（图 4-16）。

(a)

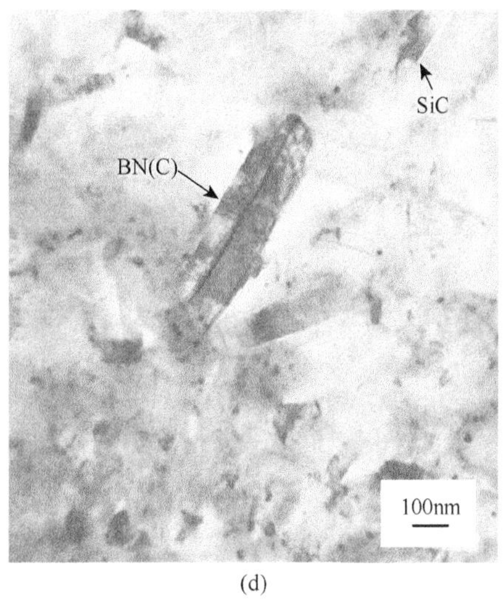

(d)

图 4-15　1800℃/40MPa/5min SPS 制备 Si_3BC_4N 块体陶瓷 TEM 明场像形貌：（a）低倍；（b）高倍[6]

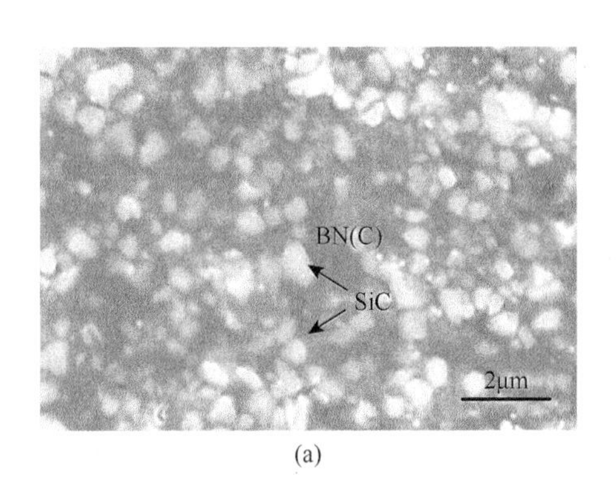

(a)

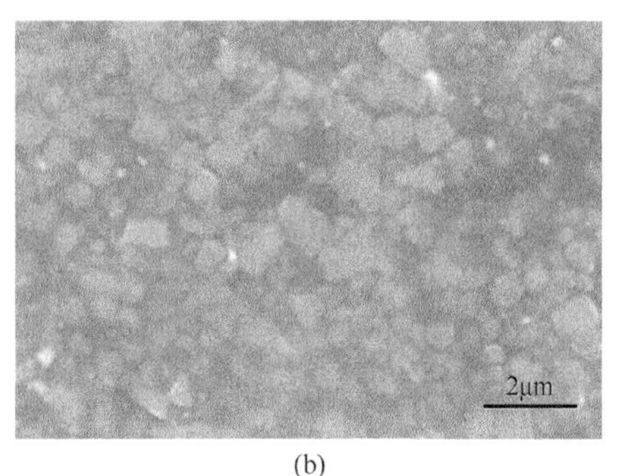

(b)

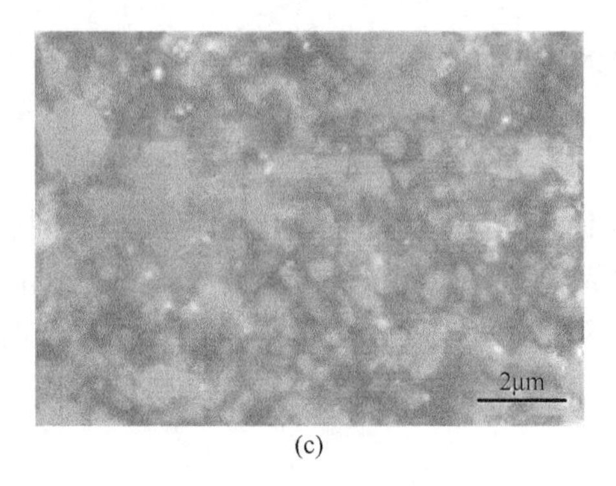

图 4-16　1800℃/40MPa/5min SPS 制备不同 Si/C 比 SiBCN 块体陶瓷 SEM 表面形貌：(a) $SiBC_2N$；(b) Si_2BC_3N；(c) Si_3BC_4N[6]

在 Si_2BC_3N 块体陶瓷中存在一定数量的面积约 $10nm^2$ 的非晶 SiC 区域(图 4-17)。

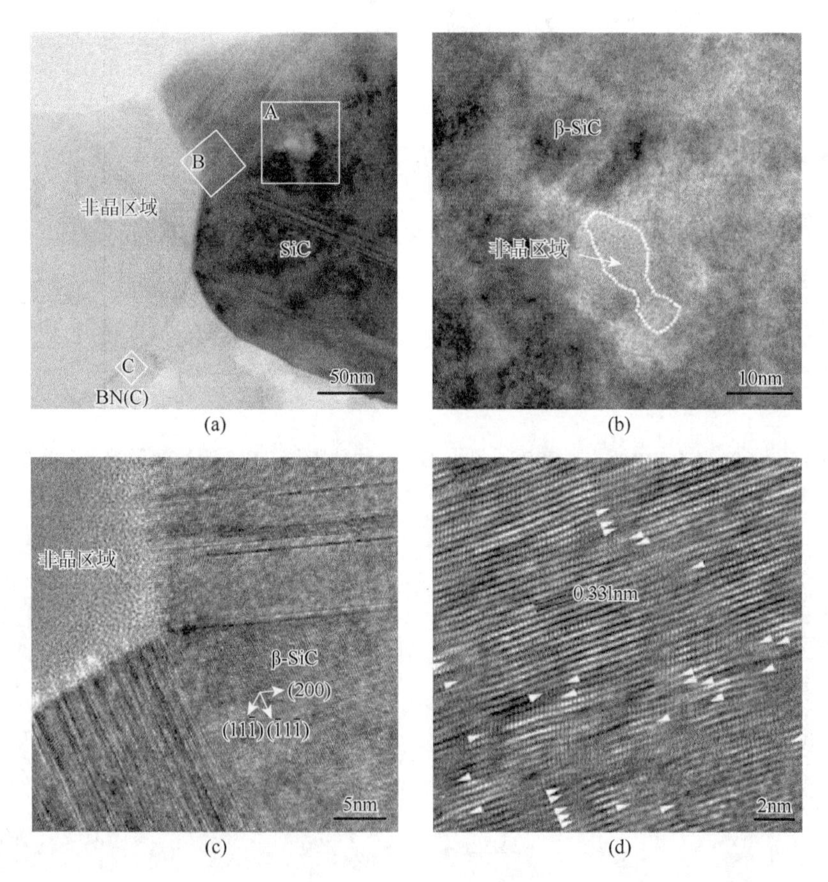

图 4-17　1800℃/40MPa/5min SPS 制备的 Si_2BC_3N 块体陶瓷中 SiC、BN(C)及非晶相 HRTEM 精细结构：(a) TEM 明场像形貌；(b)～(d) A～C 区域对应的 HRTEM 精细结构[6]

此外，还存在尺寸较大（＞100nm）的非晶聚集区域。BN(C)相存在大量层错（图中箭头所示），同时 BN(C)相部分晶面发生明显扭曲变形。同热压烧结制备 Si_2BC_3N 块体陶瓷相比，SPS 制备的块体陶瓷中非晶区域面积较大、数量多；SiC 晶粒中存在较多的晶体缺陷，如原子排列混乱区、空位等；BN(C)相中缺陷数量明显增加，（0002）晶面扭曲程度较大。

Si、B、C、N 四种元素在整个区域内的分布比较均匀（图 4-18）。C 元素在两个非晶区域边缘有少量偏聚，而 B、N 两种元素在 BN(C)区域内分布偏多。与热压烧结 Si_2BC_3N 陶瓷相比，SPS 制备的陶瓷元素原子在非晶、纳米晶聚集区内分布更加均匀。SiBCN 陶瓷粉体在高能球磨过程中产生了大量非晶态组织，而 SPS 具有烧结速度快、保温时间短等特点，因此部分非晶组织被保留下来，特别是在纳米晶聚集区域。随 BN(C)相含量的降低（Si/C 比升高），陶瓷中纳米晶团聚面积减小，数量也减少，因此，纳米晶团聚区主要由 BN(C)相组成。

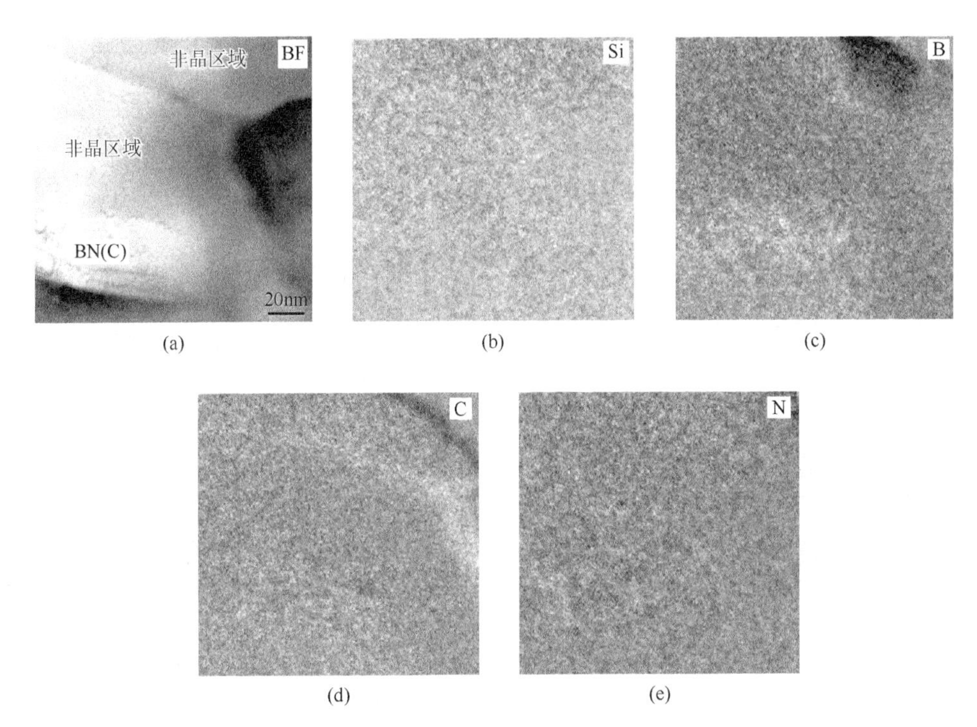

图 4-18　Si_2BC_3N 块体陶瓷 TEM 明场像及元素分布图：（a）TEM 明场像形貌；（b）Si；（c）B；（d）C；（e）N[6]

无论是原子排列混乱区还是空位多的区域，其区域大小约在 4～5nm，这与 Si_2BC_3N 非晶粉体的高分辨图像相一致（图 4-19）。区域 B 为 SiC 晶体的非孪晶区域，经过逆 FFT 变换后（B-1）发现 SiC 晶体中大多数区域并非和 A-1 一样。将 B-1 中的

C、D、E 和 F 区进行相应的 FFT 变换和 IFFT 变换，C-1、D-1、E-1、F-1 和 C-2、D-2、E-2、F-2 表明这四个区域的 FFT 形貌与 A 区一致，因此这些区域仍然是 β-SiC 晶体，但 IFFT 图显示不一样的结构特征。IFFT 像的不一致应该归因于 SiC 晶体中空位数量不一致。在 Si_2BC_3N 非晶粉体中，SiC 晶体的尺寸大小也为 4～5nm，因此，这些区域中的晶格缺陷很有可能是高能球磨形成，并在快速烧结过程中遗传下来的。

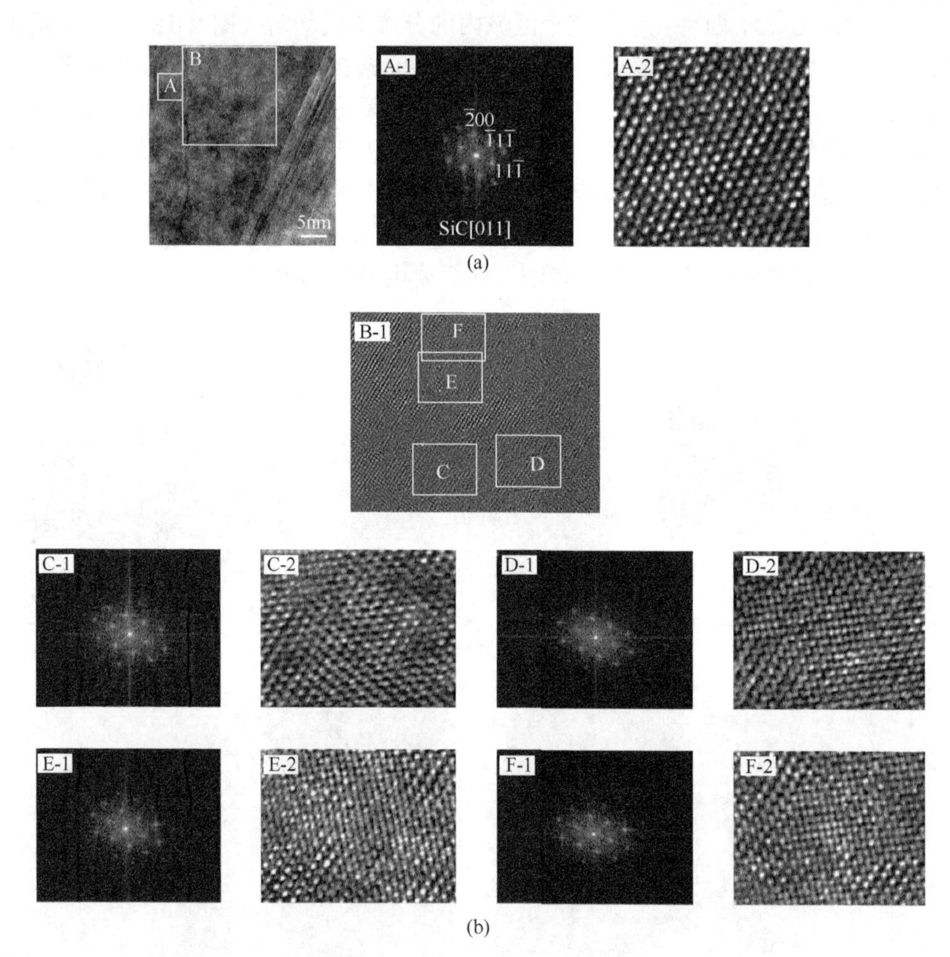

图 4-19 SPS 制备 Si_2BC_3N 块体陶瓷中 SiC 相 HRTEM 精细结构及部分区域的 FFT 和 IFFT 图像：(a) SiC 相 HRTEM 精细结构及相应 A 区域 FFT 图和 IFFT 图；(b) 图 (a) 中白色方框 B 的 IFFT 图，相应的 C、D、E、F 区域的 FFT 图及 IFFT 图[5]

4.3 热等静压烧结行为及其组织结构

采用热等静压（HIP）烧结制备的 Si_2BC_3N 块体陶瓷，材料的结晶度明显提高，晶相衍射峰变得尖锐且强度提高很多，其物相组成为 SiC 和 BN(C)相（图 4-20）。

与相同温度热压烧结制备的 Si_2BC_3N 块体陶瓷相比，HIP 烧结的块体陶瓷中 BN(C)相沿（0002）晶面有序度得到极大提高，说明提高烧结压强有利于 BN(C)相的结晶析出。与 1900℃/80MPa/30min 热压烧结制备块体陶瓷相比，经热等静压烧结制备的块体陶瓷材料的致密度明显提高，致密度从 88.7%提高到 97.2%。

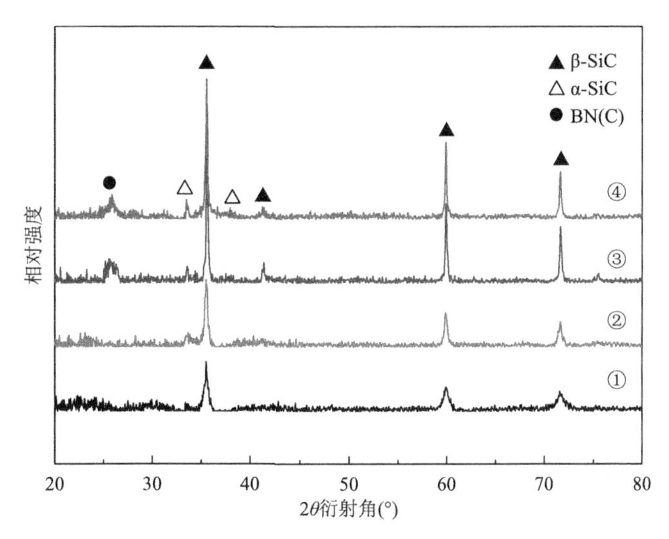

图 4-20　热等静压（HIP）和热压（HP）烧结制备的 Si_2BC_3N 块体陶瓷材料 XRD 图谱：①HP1700℃/40MPa；②HP1800℃/40MPa；③HIP1700℃/190MPa；④HIP1800℃/190MPa

1800℃/40MPa 热压烧结条件下，近似球形的团聚体变形量很小，团聚体之间烧结迹象不明显。1800℃/190MPa 热等静压烧结后，近似球形的陶瓷颗粒外形轮廓已经不复存在，烧结颈也消失。在高温、高压条件下原子扩散、陶瓷颗粒滑动重排和蠕变等机制的共同作用引起了较大的变形，颗粒之间烧结充分，冶金连接部分显著增大，此时材料处于烧结的后期，基本实现了烧结致密化（图 4-21）。

(a)

(b)

(c) (d)

图 4-21 热等静压（HIP）和热压（HP）烧结制备的 Si_2BC_3N 块体陶瓷 SEM 断口形貌：（a）HP1700℃/40MPa；（b）HP1800℃/40MPa；（c）HIP1700℃/190MPa；（d）HIP1800℃/190MPa

4.4 高压烧结行为及其组织结构

采用高压低温烧结技术在 1000～1100℃/5GPa/30min 成功制备出高致密 Si_2BC_3N 非晶块体陶瓷。在 1100℃以下高压烧结制备的块体陶瓷 XRD 图谱非常宽化，此时材料具有非晶态的组织结构或者结晶度非常低；烧结温度升高至 1200℃，宽化的 β-SiC 和 BN(C)相晶体衍射峰开始出现；随着烧结温度的逐渐升高，衍射峰峰形变得越来越尖锐，表明高温促使非晶块体陶瓷发生晶化，β-SiC 和 BN(C)晶粒在非晶基体中析出。在 1200～1600℃范围内，BN(C)相的衍射峰始终比 β-SiC 相衍射峰宽化，且峰强很低，说明 BN(C)的晶粒尺寸很有可能处于纳米尺度范围或者其结晶度非常低。在 1600℃高压烧结，β-SiC 和 BN(C)的衍射峰仍然宽化，表明此时材料结晶并不完全，同时 β-SiC 和 BN(C)的晶粒尺寸非常小，很有可能处于纳米尺度范围。总的来说，在 5GPa 烧结压强下，温度低于 1100℃时，Si_2BC_3N 块体陶瓷仍保持很好的非晶态；随着烧结温度的升高，材料开始析晶；烧结温度为 1600℃时，材料主要由纳米尺度的 β-SiC 和 BN(C)晶粒以及残余的非晶相构成（图 4-22）。

1. 烧结温度对 Si_2BC_3N 陶瓷显微组织结构影响

Si_2BC_3N 块体陶瓷在 5GPa 低于 1100℃烧结温度下保持良好的非晶状态，随着烧结温度的升高，依次经历分相（1100～1200℃）、晶粒形核（1200～1300℃）与晶粒长大（＞1300℃）过程。

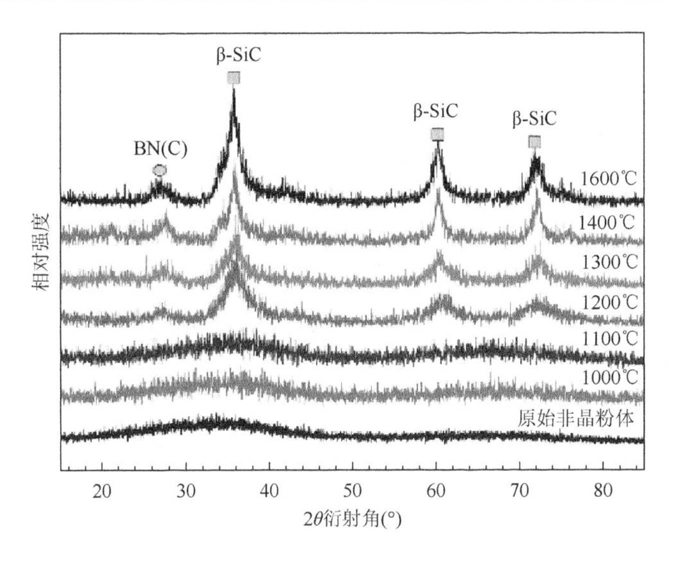

图 4-22　Si_2BC_3N 陶瓷粉体以及高压烧结（5GPa/30min）块体陶瓷的 XRD 图谱[8]

在 1000℃/5GPa/30min 烧结条件下制备的 Si_2BC_3N 块体陶瓷仅对应一个漫散衍射晕，说明此时块体陶瓷材料具有良好的非晶组织结构。但明场像显示此时材料明显分为亮区和暗区两部分，且亮区对应陶瓷颗粒的桥接区域。能谱分析结果表明，此时材料中的元素发生了轻微偏聚，暗区富集 Si 和 C 元素。高分辨照片也很难发现在长程范围内有序排列的原子团簇，说明材料仍保持良好的非晶态（图 4-23）。

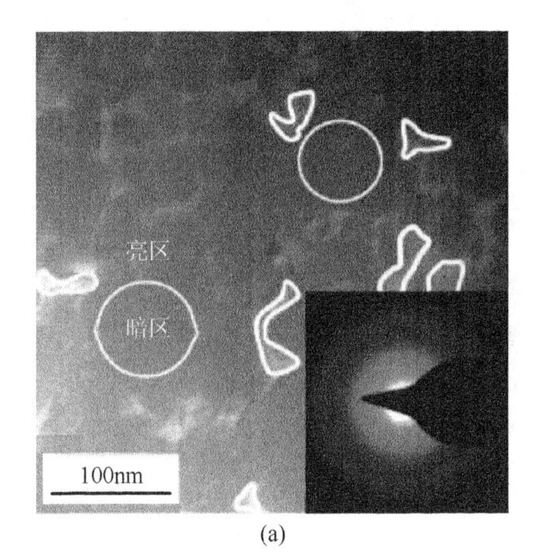

(a)

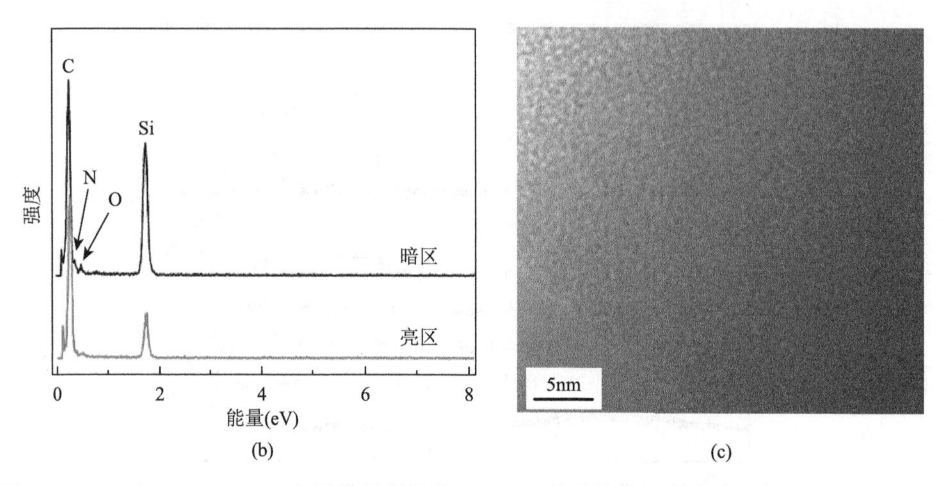

(b)　(c)

图 4-23　1000℃/5GPa/30min 高压烧结制备的 Si_2BC_3N 块体陶瓷透射电镜分析：（a）TEM 明场像形貌及相应 SAED 衍射花样；（b）EDS 能谱；（c）HRTEM 精细结构[8]

烧结温度为 1050℃，块体陶瓷的亮区演变成褶皱结构，选区电子衍射花样仍由一个衍射晕构成，长程范围内的原子仍为无序排列，表明材料仍具有良好的非晶态结构；同时也表明非晶材料中原子偏聚导致晶化发生存在一个孕育期（图 4-24）。在 1100℃高压烧结，选区电子衍射花样由一个中心衍射晕和一个暗淡宽化的衍射环构成。高分辨照片显示材料仍具有长程无序的结构特征；傅里叶变换结果表明仅在局部褶皱区域存在极少量原子团簇趋于有序排列。因此，1100℃/5GPa/30min 烧结的 Si_2BC_3N 块体陶瓷材料仍能保持近乎完全的非晶结构（图 4-25）。

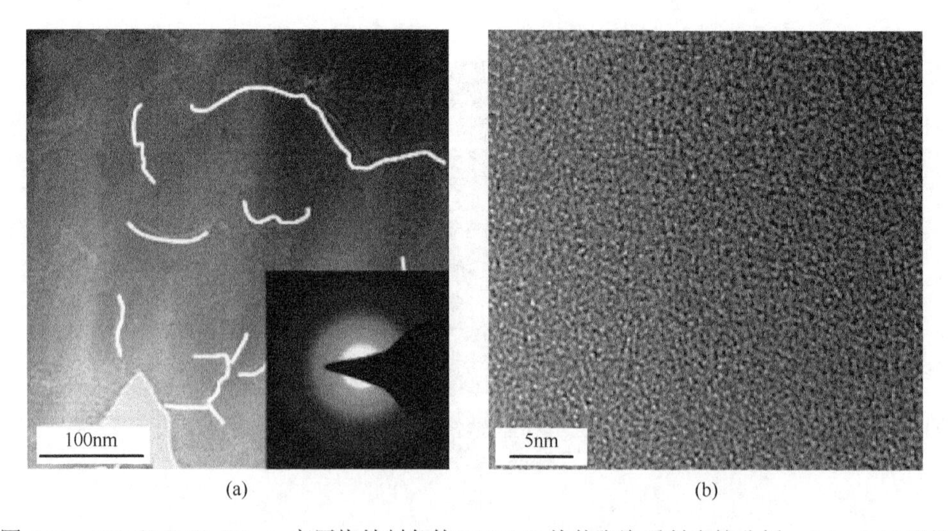

(a)　(b)

图 4-24　1050℃/5GPa/30min 高压烧结制备的 Si_2BC_3N 块体陶瓷透射电镜分析：（a）TEM 明场像形貌及相应 SAED 衍射花样；（b）HRTEM 精细结构[8]

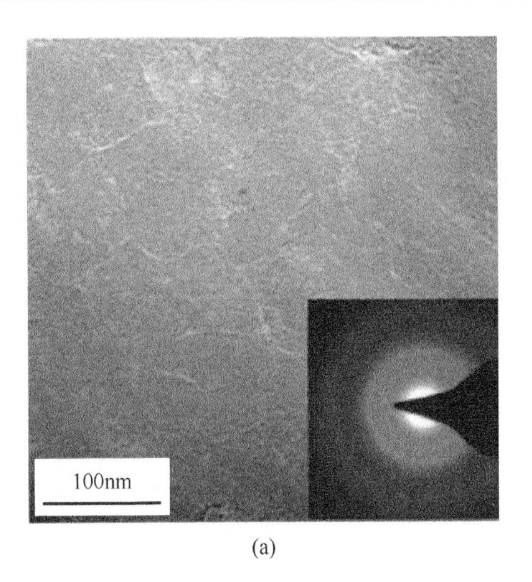

(a)

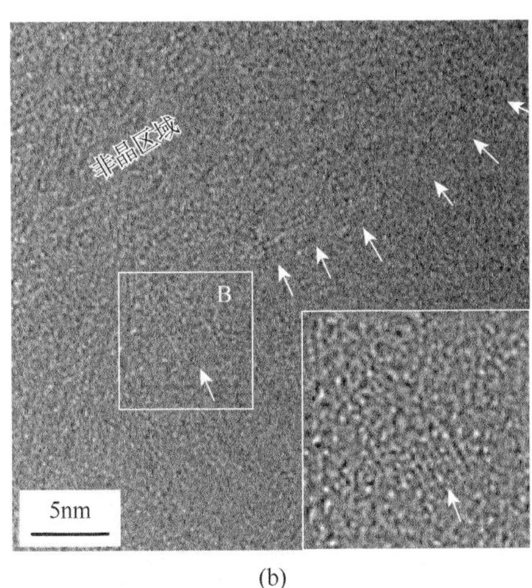

(b)

图 4-25　1100℃/5GPa/30min 高压烧结制备的 Si_2BC_3N 块体陶瓷透射电镜分析：（a）TEM 明场像形貌及相应 SAED 衍射花样；（b）HRTEM 精细结构[8]

烧结温度升高至 1150℃，选区电子衍射花样仍由一个中心衍射晕构成，但是这个衍射晕有即将分裂为两个衍射环的迹象。高分辨照片显示，材料大部分区域仍具有长程无序的结构特征；高分辨照片清楚显示，材料局部存在趋于有序排列的原子团簇（图 4-26）。在 1200℃高压烧结，明场像形貌仍显示清晰的褶皱结构。选区电子衍射花样明显由两个独立但是宽化的衍射环构成，表明材料的结晶度非常

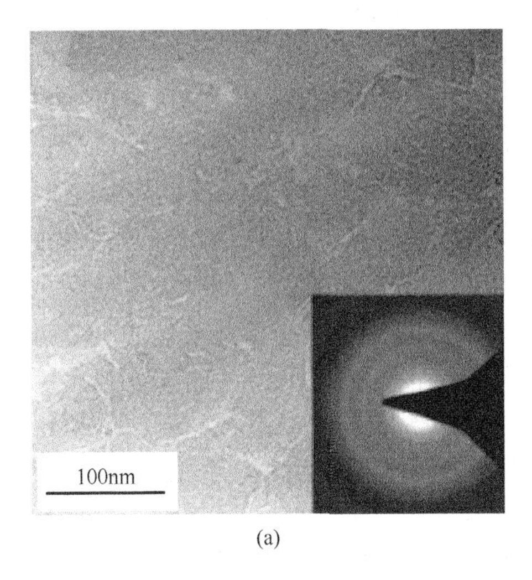

(a)

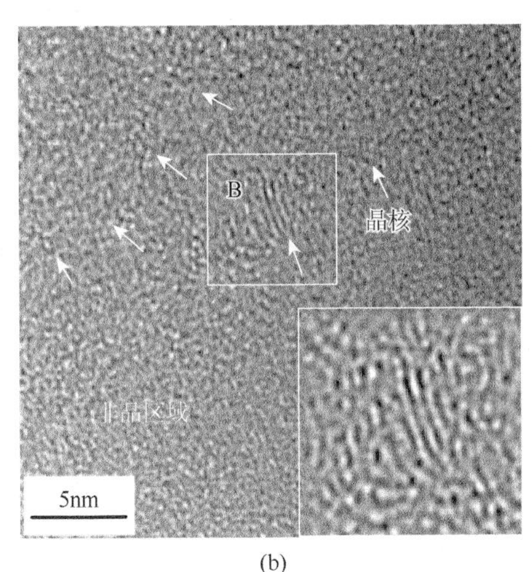

(b)

图 4-26　1150℃/5GPa/30min 高压烧结制备的 Si_2BC_3N 块体陶瓷透射电镜分析：（a）TEM 明场像形貌及相应 SAED 衍射花样；（b）HRTEM 精细结构[8]

低，仍保持接近非晶态的结构。结合 XRD 结果分析推断，这两个衍射环分别对应 BN(C)的（0002）晶面和 β-SiC 的（111）晶面。从高分辨照片可以清晰观察到材料内部尤其是褶皱区域几个纳米尺寸原子团簇的出现，但是这些原子团簇中原子排列并没有完全有序化，应该是发育非常不完全的 BN(C)或者 β-SiC 晶核。上述结果表明，Si_2BC_3N 非晶陶瓷局部区域已经开始分化成为 SiC 非晶相和 BN(C)非晶相，标志着形核阶段即将开始（图 4-27）。

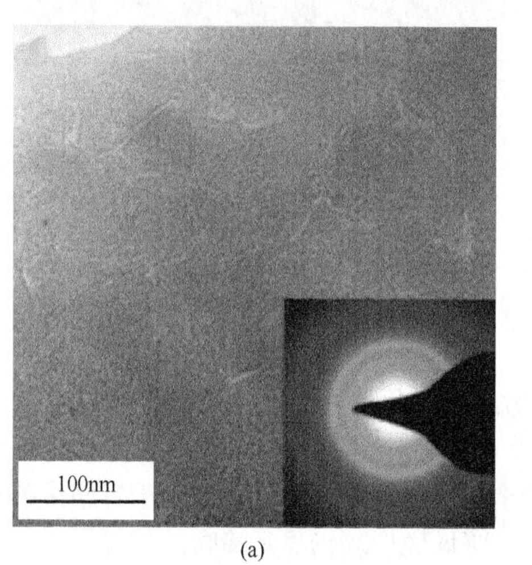

(a)

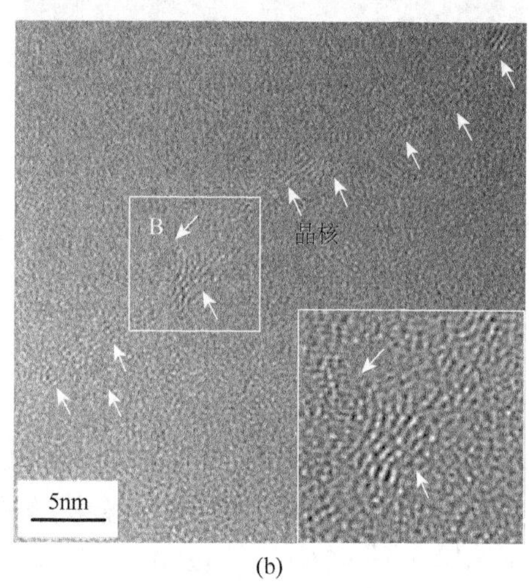

(b)

图 4-27　1200℃/5GPa/30min 高压烧结制备的 Si_2BC_3N 块体陶瓷透射电镜分析：（a）TEM 明场像形貌及相应 SAED 衍射花样；（b）HRTEM 精细结构[8]

烧结温度升高至 1250℃，明场像中褶皱结构变得比较模糊，选区电子衍射花样中 SiC 和 BN(C)相衍射环变窄，亮度有所增加，高分辨像中可以观察到明显的纳米晶核，结合逆傅里叶变换图像可以初步确定这些晶核所对应的物相，其中 BN(C)晶核沿着褶皱区域呈带状分布，晶面发生严重扭曲，SiC 晶核分布在 BN(C)晶核附近，发育不完全，晶面尚不清晰。高分辨图片显示，材料中仍存在完全非晶态的区域（图 4-28）。在 1300℃/5GPa/30min 高压烧结，高指数晶面的 SiC 衍射环变得更加清晰，高分辨图片也显示更多的纳米晶核，晶粒尺寸约 5nm，表明材料的结晶度有所提高。此时褶皱区域变得更加模糊，BN(C)晶核的带状分布特征不如之前明显。结合逆傅里叶变换图像已经可以清楚观察到 SiC 和 BN(C)的晶面，但此时晶核发育尚不完全，仍存在很多错乱排列的原子。这些结果表明当烧结温度高于 1250℃时，材料中新晶核不断形成的同时，部分晶核开始生长，但是在初期阶段晶粒形核占主导（图 4-29）。

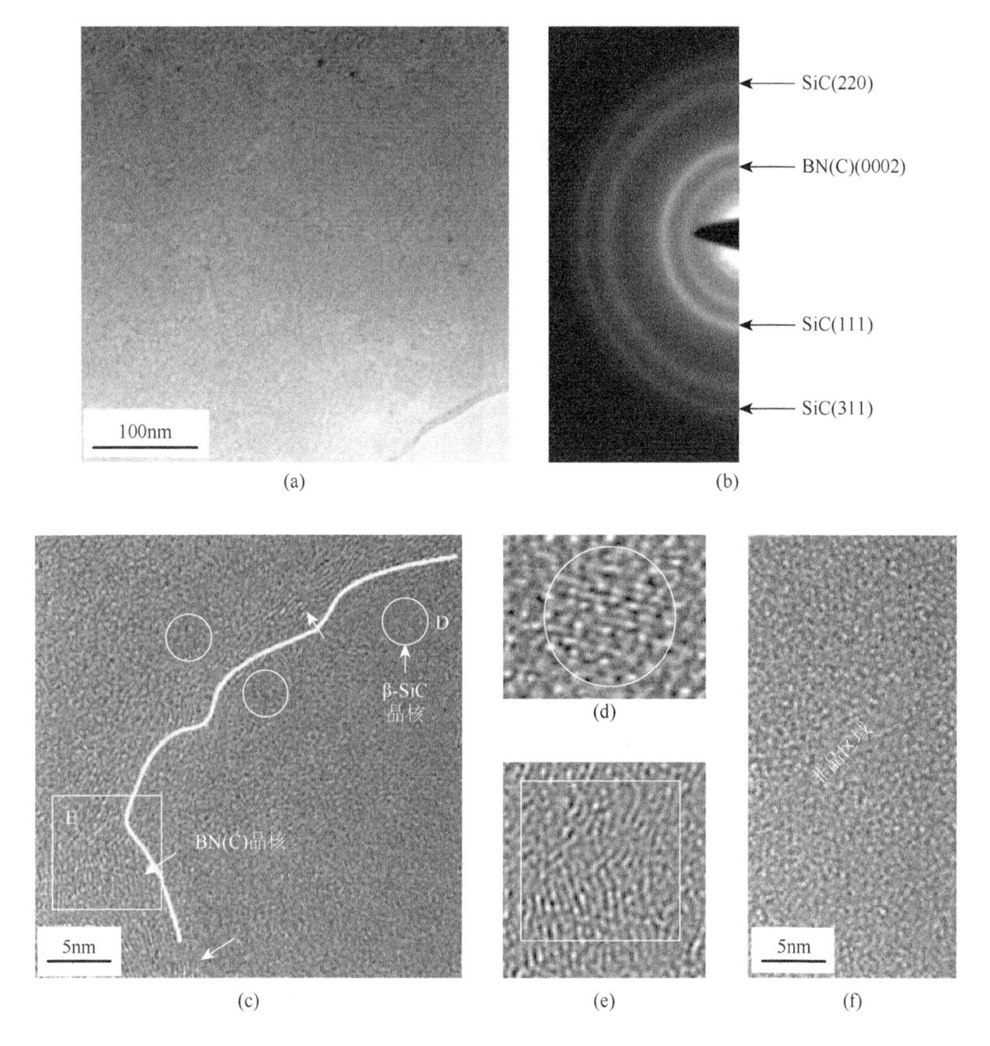

图 4-28 1250℃/5GPa/30min 高压烧结制备的 Si_2BC_3N 块体陶瓷透射电镜分析：(a) EFTEM 明场像形貌；(b) SAED 衍射花样；(c) ～ (f) 高分辨精细结构[8]

上述结果初步表明，高压烧结过程中 Si_2BC_3N 块体陶瓷颗粒桥接区域出现特殊的褶皱结构，且 BN(C)晶核沿着该区域分布，该现象普遍存在于 Si_2BC_3N 非晶块体陶瓷形核过程中，褶皱结构的演变行为与形核行为密切相关。电子能量过滤图像表明，B 元素和 N 元素主要富集于褶皱区域，Si 元素主要富集于非褶皱区域，C 元素几乎分布于整个区域，但也富集于部分褶皱区域。也就是说，褶皱区域富集 BN(C)相，非褶皱区域富集 SiC 相。高分辨照片显示褶皱区域对应晶面发生扭曲的 BN(C)相，SiC 晶核分布在 BN(C)晶核周围，两者彼此“包裹”，形成类似胶囊结构（图 4-30）。

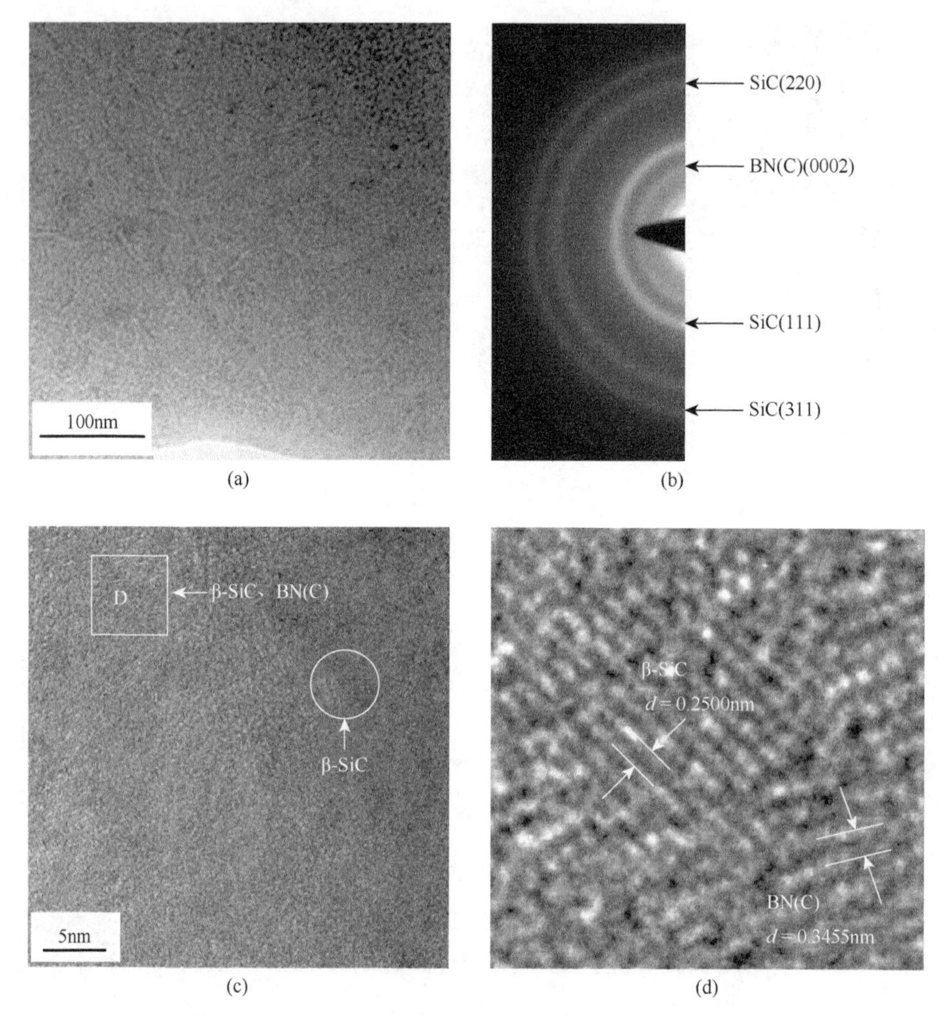

图 4-29　1300℃/5GPa/30min 高压烧结制备的 Si_2BC_3N 块体陶瓷透射电镜分析：（a）TEM 明场像形貌；（b）SAED 衍射花样；（c）HRTEM 精细结构；（d）逆傅里叶变换图像[8]

当烧结温度升高到 1400℃，明场像中褶皱结构消失，可以清晰地观察到纳米晶粒。选区电子衍射花样中衍射环亮暗程度略显不均匀，表明材料中纳米晶粒有所长大。由高分辨图片可以明显观察到发育良好的 SiC 和 BN(C)晶粒，尺寸约 5～10nm。此外，部分 SiC 晶粒中存在堆垛层错，SiC 和 BN(C)晶粒周围尚存在排列无序的原子团簇（图 4-31）。1600℃高压烧结，非晶材料基体中析出大量的 SiC 和 BN(C)晶粒，尺寸在 10～30nm，两者彼此“包裹”分布形成的胶囊结构特征十分明显。衍射环的亮暗程度不均，某些衍射环变得不连续，说明晶粒持续长大。高分辨图片显示 SiC 和 BN(C)两种晶粒发育比较完全，各自的结构特征也十分明显。堆垛层错和孪晶在某些 SiC 晶粒中形成，BN(C)晶粒具有典型的

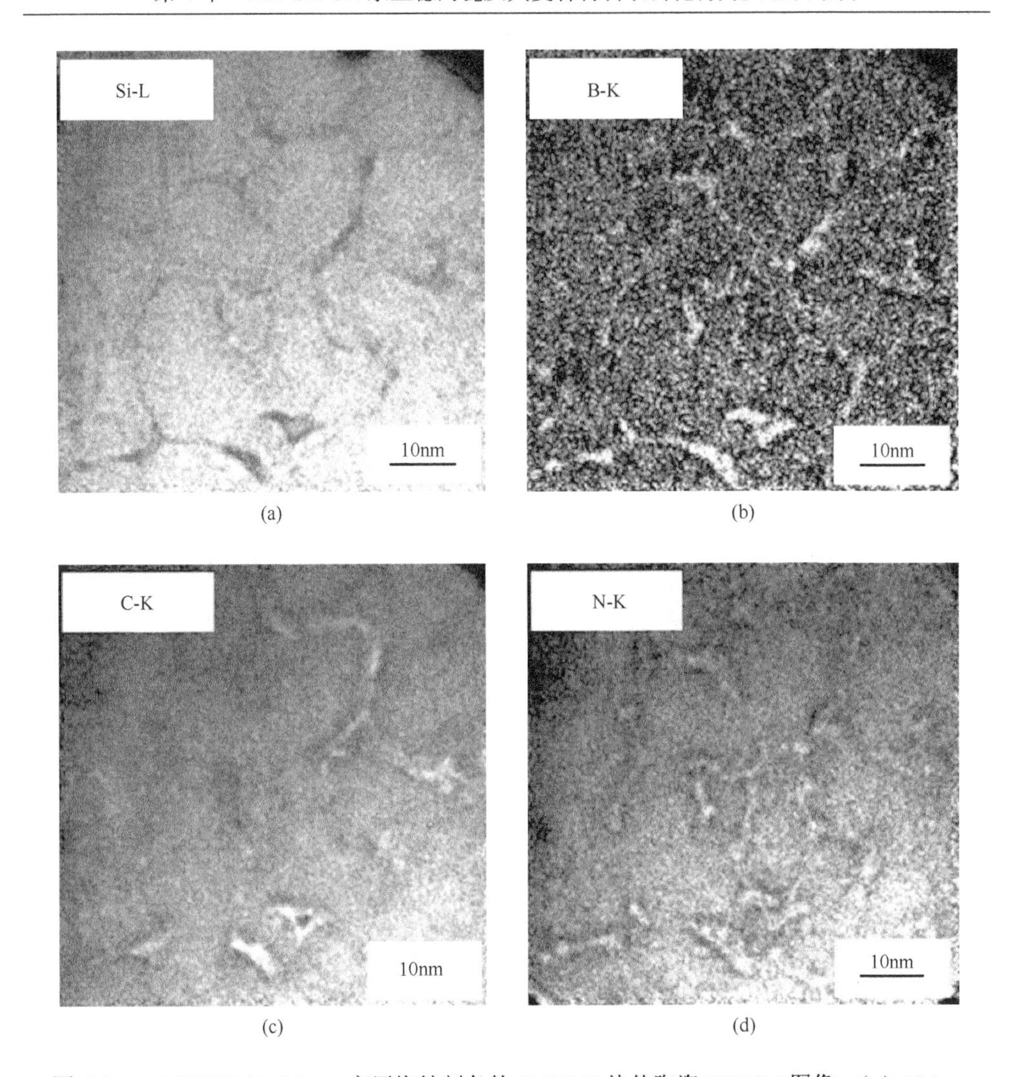

(a) (b) (c) (d)

图 4-30　1300℃/5GPa/30min 高压烧结制备的 Si_2BC_3N 块体陶瓷 EFTEM 图像：（a）Si-L；（b）B-K；（c）C-K；（d）N-K[8]

类似于湍层石墨或者氮化硼的湍层结构，两种晶粒边界区域部分原子团簇排列错乱甚至存在非晶的结构，此时材料结晶并不完全。

在一定压强下，Si_2BC_3N 非晶块体陶瓷析晶主要取决于烧结温度。烧结温度对晶化的影响可以基于析晶动力学来分析，晶化涉及晶粒形核与生长两个主要阶段。根据经典的晶粒形核与长大理论，温度 T 与形核率 I 具有以下关系[10]：

$$I = \frac{nD}{a_o^2}\exp\left(-\frac{\Delta G^*}{k_B T}\right) \tag{4-1}$$

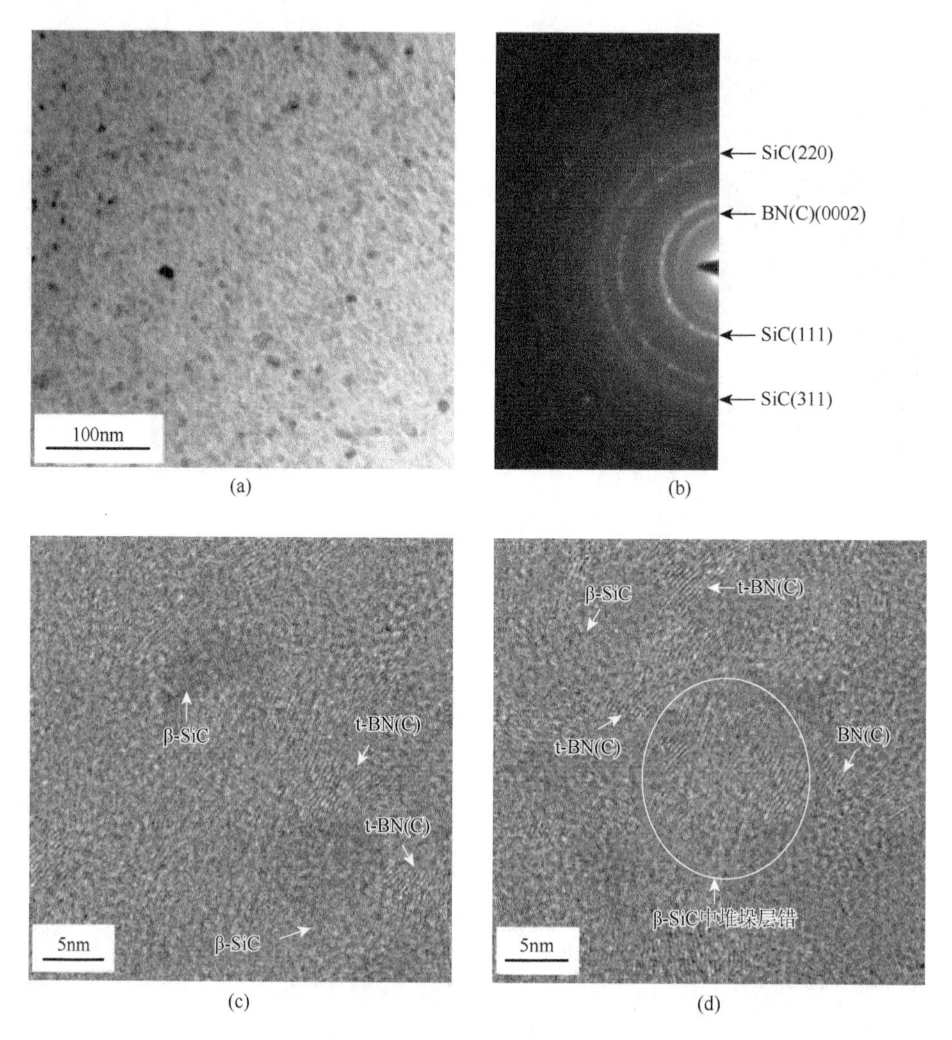

图 4-31　1400℃/5GPa/30min 高压烧结制备的 Si_2BC_3N 块体陶瓷透射电镜分析：（a）TEM 明场像形貌；（b）SAED 衍射花样；（c），（d）HRTEM 精细结构[8, 9]

式中，I——形核率，$1/(s \cdot cm^3)$；

D——原子扩散系数，m^2/s；

k_B——玻尔兹曼常量，$1.38064852 \times 10^{-23}$J/K；

n——单位体积内晶胚数目，个；

ΔG^*——形核势垒，kJ/mol。

$$u = r_o v_o \exp\left(-\frac{Q_g}{RT}\right) \tag{4-2}$$

式中，u——晶粒生长速率，nm/s；

r_o——原子直径，nm；

R——摩尔气体常量，8.314472J/(K·mol)；

Q_g——晶粒长大活化能，kJ/mol；

v_o——原子跃迁频率，s^{-1}。

以上两个公式清晰表明，提高保温温度，可以同时促进晶粒的形核和长大。

2. 烧结压强对 Si_2BC_3N 陶瓷显微组织结构影响

烧结压强较低（3GPa）时，XRD 图谱只显示一个漫射的衍射峰，说明块体陶瓷具有良好的非晶组织结构。当烧结压强增加至 5GPa 时，β-SiC 和 BN(C)相的衍射峰比较明显，衍射峰宽化且半高宽比较大，表明晶粒尺寸处于纳米级水平或者晶粒发育不完全（图 4-32）。

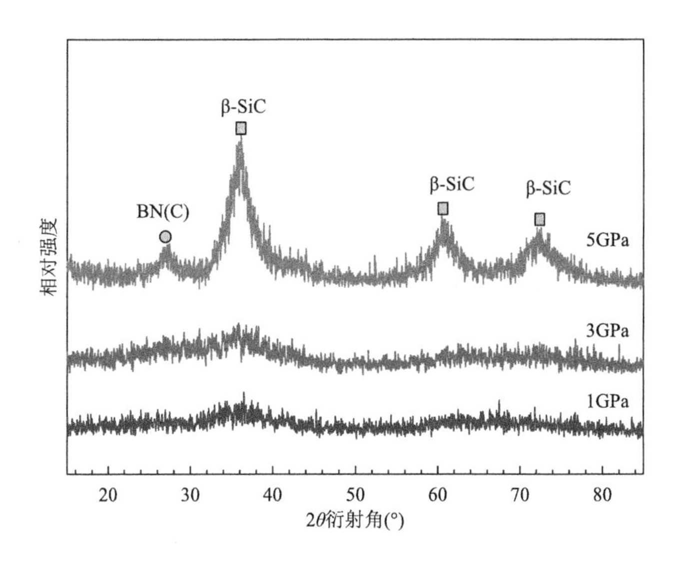

图 4-32　1200℃/不同压强/30min 高压烧结制备的 Si_2BC_3N 块体陶瓷 XRD 图谱[8]

在 1200℃/30min 烧结条件下，烧结压强低于 3GPa 时，陶瓷基体中没有任何析出物，不存在原子有序排列的微区，选区电子衍射花样由一个衍射晕和一个或两三个亮度较低且宽化的衍射环组成，高分辨像显示原子无序排列，这表明陶瓷完全或者接近处于非晶态。当烧结压强增加至 3GPa 时，明场像显示陶瓷基体中不存在析出物，但选区电子衍射花样显示 SiC 的(111)晶面以及 BN(C)相的(0002)晶面所对应的宽化衍射环；高分辨图片中可以观察到连续的原子有序排列的微区（几纳米到几十纳米），这说明非晶陶瓷发生析晶，且处于晶粒形核阶段（图 4-33 和图 4-34）。

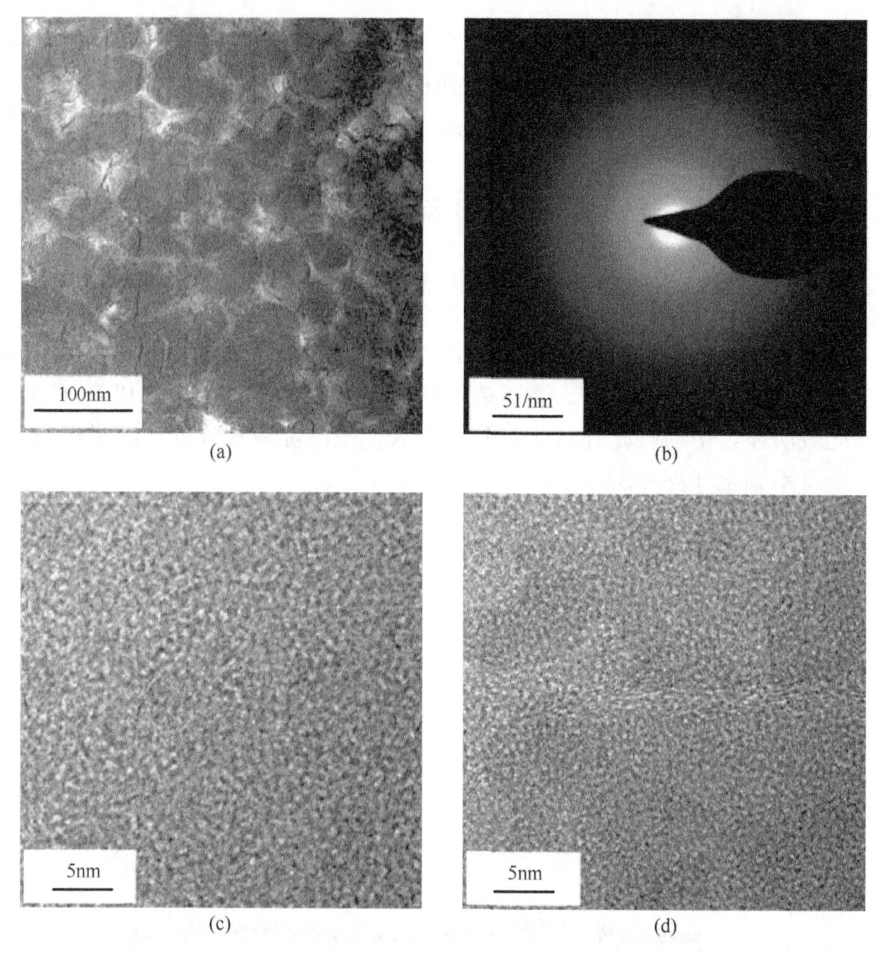

图 4-33　1200℃/1GPa/30min 烧结制备的 Si_2BC_3N 块体陶瓷透射电镜分析：（a）TEM 明场像形貌；（b）SAED 衍射花样；（c），（d）高分辨形貌[8]

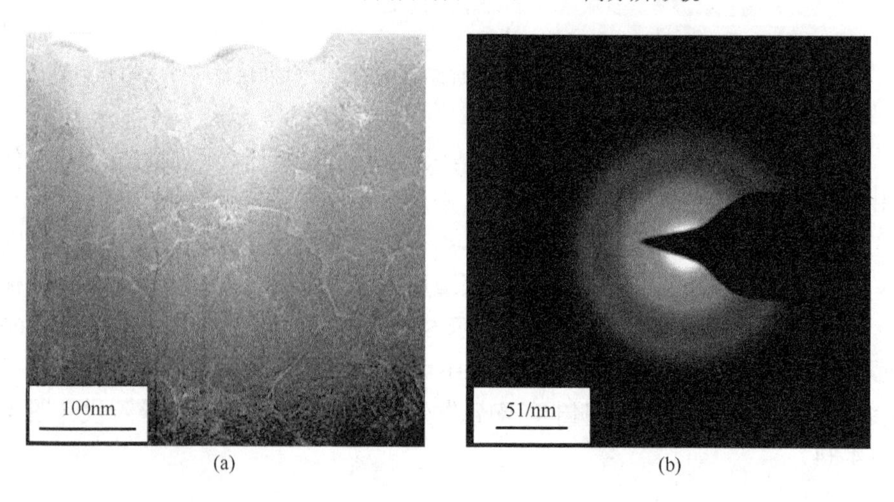

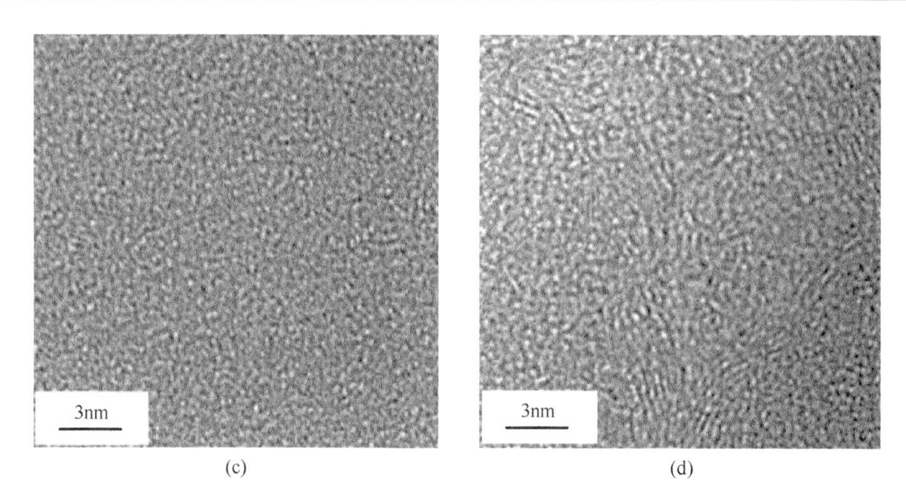

(c)　　(d)

图 4-34　1200℃/3GPa/30min 烧结制备的 Si_2BC_3N 块体陶瓷透射电镜分析：（a）TEM 明场像形貌；（b）SAED 衍射花样；（c），（d）高分辨形貌[8]

上述结果表明，在 5GPa 作用下，无机法制备的 Si_2BC_3N 块体陶瓷在 1200℃即发生晶化，而在 80MPa 作用下，Si_2BC_3N 陶瓷材料在 1500℃才开始发生晶化[3]。此外，先驱体裂解制备的 $Si_6B_{1.1}C_{10}N_{3.4}$ 非晶陶瓷在 1700℃氮气气氛中退火后仍能保持良好的非晶组织结构[11]。这说明除了化学成分等因素，烧结压强也是影响 SiBCN 系陶瓷材料非晶保持能力的重要因素。高压能够促进非晶材料的析晶行为，降低析晶的起始温度点。压强对非晶材料析晶的影响机制也可以通过晶化动力学理论阐明。晶粒形核率 I 可以表示为[12]

$$I = I_{\mathrm{o}} \exp\left(-\frac{\Delta G^{*} + \Delta G^{\mathrm{m}}}{k_{\mathrm{B}} T}\right) \tag{4-3}$$

式中，I_{o}——常数；

ΔG^{m}——原子扩散激活能，kJ/mol；

ΔG^{*}——形核势垒，即形核临界自由能，kJ/mol；

k_{B}——玻尔兹曼常量，$1.38064852 \times 10^{-23}$J/K；

T——烧结温度，K。

烧结压强升高，ΔG^{*}降低的幅度总是大于 ΔG^{m} 增加的幅度，导致（$\Delta G^{*} + \Delta G^{\mathrm{m}}$）的值减小，为负值。因此随着烧结压强的升高，晶粒形核率 I 增大。另一方面，晶粒生长速率取决于原子扩散系数。压强 p 与原子扩散系数 D 存在以下关系[13, 14]：

$$\left(\frac{\partial \ln D}{\partial p}\right)_{T} = -\frac{V^{*}}{k_{\mathrm{B}} T} \tag{4-4}$$

式中，V^{*}——活化体积，对非晶固体中原子扩散而言，其值为正。

可以看出，随着压强 p 的升高，原子扩散系数 D 减小，导致晶粒生长速率有所降低。以上两个公式表明，高压可以增大晶粒形核率，但是会抑制晶粒的后续生长。总体来说，高压促进材料析晶。同时，高压更有利于获得细小均匀的纳米晶结构，可以制备具有优异力学性能以及特殊热物理性能的材料。除了高压作用，SiC 与 BN(C)晶粒相互“包裹”形成的“胶囊”结构也有利于获得纳米晶粒。两种晶粒的生长主要取决于长程范围内的原子扩散。二者相互“包裹”、隔离，BN(C)作为扩散障碍，阻碍了 Si 和 C 原子的长程扩散；类似地，SiC 也阻碍了 B 和 N 原子的扩散，二者之间的相互阻碍最终抑制了彼此的生长。

式（4-1）～式（4-4）共同表明，高温可以同时促进晶粒形核与生长，而高压促进晶粒形核但抑制其生长，这较好地解释了 Si_2BC_3N 非晶块体陶瓷在高压烧结过程中的微观组织结构演变行为。

3. 高压条件下 Si_2BC_3N 非晶块体陶瓷析晶机制

采用热力学计算预测了析晶过程中原子偏聚行为，即材料发生析晶后最可能形成的稳定相。Si_2BC_3N 非晶块体陶瓷材料析晶过程中最可能发生如下反应：

$$Si(s)+C(s)\longrightarrow SiC(s) \tag{4-5}$$

$$Si(s)+6B(s)\longrightarrow SiB_6(s) \tag{4-6}$$

$$Si(s)+3B(s)\longrightarrow SiB_3(s) \tag{4-7}$$

$$C(s)+4B(s)\longrightarrow B_4C(s) \tag{4-8}$$

在所计算温度范围内，上述四个反应的吉布斯自由能变化均为负值，而且反应（4-5）的吉布斯自由能变化值比其余三个反应的吉布斯自由能变化值更负，表明 Si_2BC_3N 非晶陶瓷材料析晶后最容易析出的稳定物相为 β-SiC，其次依次是 SiB_6、SiB_3 和 B_4C（图 4-35）。

此外，基于第一性原理的量子力学方法计算了 c-Si、h-BN 以及石墨三种晶体在高压（1～7GPa）和热压（0.1～80MPa）条件下的焓差变化，预测它们在 Si_2BC_3N 非晶陶瓷析晶过程中的形核顺序。可以看出，高压作用下，h-BN 和石墨的焓差总是低于 SiC 的焓差；随着烧结压强升高，三者的焓差逐渐增大，而且 h-BN 和石墨的焓差变化幅度明显小于 SiC 的焓差变化幅度。这说明在相同条件下，h-BN 和石墨比 SiC 更稳定，更容易在 Si_2BC_3N 非晶基体中析出。Si_2BC_3N 材料体系发生析晶后析出的湍层 BN(C)相由分布不均匀的湍层氮化硼、湍层碳以及 B 原子固溶的湍层碳和 C 原子固溶的湍层氮化硼等原子层构成。由此推断，湍层 BN(C)相的焓差范围在 BN（上限）和石墨（下限）的焓差变化线之间。因此，高压（＞1GPa）作用下 BN(C)相比 SiC 更容易在 Si_2BC_3N 非晶基体中析出，或者说前者优先于后者析出［图 4-36（a)］。

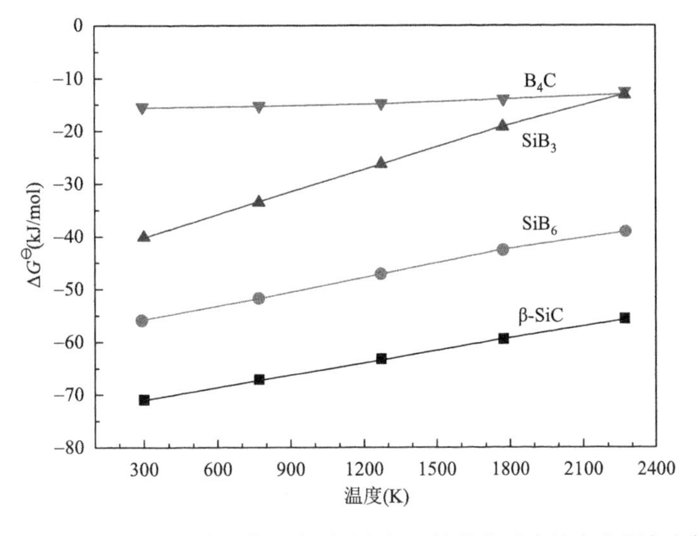

图4-35 Si_2BC_3N非晶陶瓷析晶过程中元素原子之间可能发生反应的吉布斯自由能变化随温度变化曲线[8]

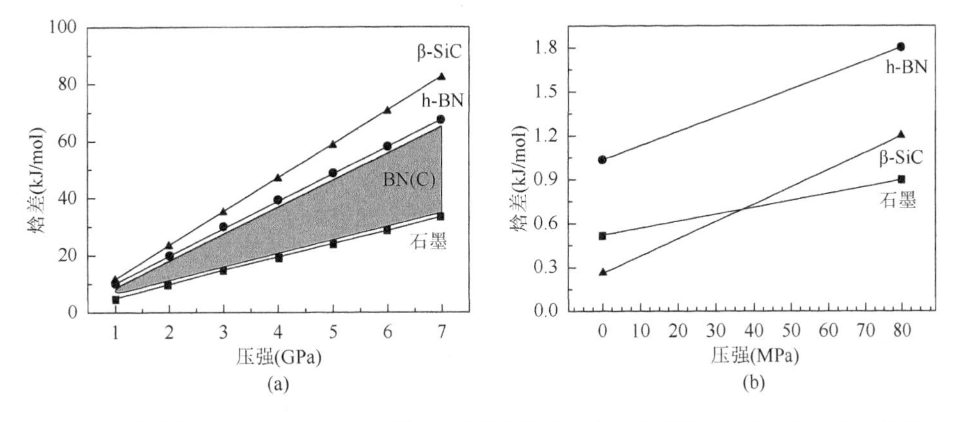

图4-36 三种晶相（β-SiC、h-BN、石墨）在不同压强下的焓差变化：（a）1GPa≤p≤7GPa；（b）0.1MPa≤p≤80MPa[8]

当烧结压强降至MPa级时，β-SiC、h-BN以及石墨三种晶体的焓差大小顺序与GPa级时的情况并不相同［图4-36（b）］。当0.1MPa≤p＜36MPa时，SiC的焓差总是低于h-BN和石墨的焓差，说明此时SiC比h-BN和石墨更稳定一些，更容易在非晶基体中析出。当p = 80MPa时，石墨的焓差＜SiC的焓差＜h-BN的焓差，说明此时三者在Si_2BC_3N非晶基体中析出的顺序为石墨→β-SiC→h-BN，因此可以推断Si_2BC_3N非晶陶瓷粉体在大气压/惰性气氛（N_2或Ar）条件下加热，粉体析晶过程中β-SiC应该优先于BN(C)形核并长大。而Si_2BC_3N非晶陶瓷粉体在热压烧结（如＜2000℃/80MPa）过程中，晶体析出顺序为石墨→β-SiC→h-BN，与试验结果相吻合。可能原因为：①Si_2BC_3N 体系中石墨晶体的晶面发生扭转弯曲，形成湍层结构。畸变的结晶导致本应产生的衍射转变成程度不同的弥散散射，晶化之初极低的结晶度也导致衍射峰强度极弱且宽化，从而消失在背底之中。②石墨与 SiC 的形核起始温度相差不大，在石墨晶核发育好之前，β-SiC 即开始形核，且形核后原子排列比较规则，具有较强的衍射能力。因此 Si_2BC_3N 非晶陶瓷析晶之初，XRD 花样中 SiC 的衍射峰比较明显，但很难显现石墨的衍射峰，同时 TEM 照片中很难观察到发育完整的石墨晶核。

高压作用在颗粒表面上产生的高机械应力很容易导致颗粒产生形变，表面产生缺陷，能量升高，进而可以提供形核驱动力。缺陷作为形核点（利于优先异质形核），晶胚的析出可以降低整个体系的能量[15]。因此，高压条件下在 Si_2BC_3N 非晶陶瓷析晶过程中 BN(C)和 SiC 晶粒通过异质形核在非晶基体中析出。BN(C)和 SiC 的形核可以视为一种固态相变，涉及吉布斯自由能变化、界面能以及弹性应变能。在异质形核过程中，位错、晶界等缺陷可作为一种不稳定的因素，成为晶粒形核点。晶粒在缺陷位置形核可以减少吉布斯自由能，从而释放自由能，降低形核能，有利于进一步形核。形核过程中体系能量变化可以表示为[15]

$$\Delta G_N = \Delta G + \varepsilon + \gamma - \Delta G_I \tag{4-9}$$

式中，ΔG_N——形核能，kJ/mol；

ΔG——新相与母相的自由能差，kJ/mol；

ε——生成新相引起的弹性应变能，kJ/mol；

γ——（体系可能存在的）额外的界面能，kJ/mol；

ΔG_I——原始界面消失引起的界面能下降，kJ/mol。

可以看出，ΔG_I 增大，引起 ΔG_N 减小。因此，异质形核可以通过减小原始界面的总面积，从而降低形核能，也就是形核势垒。基于以下几点考虑，可将高压作用下 Si_2BC_3N 陶瓷颗粒的桥接区域视为一种存在缺陷的界面，进而视为一种不稳定的因素。第一，高的机械应力促进颗粒重排甚至导致颗粒形变，进而破坏颗粒表面的化学键，产生悬键，有利于新化学键的形成；第二，高压作用下的陶瓷颗粒表面的非晶结构受到扰动，进而产生缺陷，使得陶瓷颗粒具有高的界面能，相当于降低了形核势垒，有利于发生短程扩散；第三，机械化学合成的非晶陶瓷粉体比表面积高，反应活性高，因此陶瓷颗粒表面也为晶粒形核提供了活性反应点。因此，高压作用下 Si_2BC_3N 非晶陶瓷颗粒表面成为晶粒形核的优先位置。

高压作用下 Si_2BC_3N 非晶陶瓷中晶粒形核过程：在足够高的温度，B、N 和部分 C 原子，或者 B-N、B-N-C 以及 B-C-N 等原子团簇，开始扩散，并在颗粒桥接区域聚集，而 Si 和 C 原子，或者 Si-C 原子团簇，在颗粒内部扩散和重排；原子扩散一旦充分，将导致分相，此时 Si_2BC_3N 非晶陶瓷由非晶 SiC 和非晶 BN(C)结构单元构成；进一步的原子偏聚，又导致 BN(C)和 SiC 晶粒先后形核，一旦晶胚结构稳定，形核结束；随着进一步的原子扩散以及偏聚，晶粒形核以及后续生长同时发生，此时晶粒的后续生长占主导地位。

结合上述微观组织结构演化、热力学及动力学分析，Si_2BC_3N 非晶陶瓷在高压烧结过程中析晶行为导致的纳米结构演变过程概括如下（图 4-37）：

（1）非晶阶段：机械合金化制备的 Si_2BC_3N 粉体具有良好的非晶组织结构。尽管受高压（5GPa）作用，但低温不能为原子扩散提供足够的驱动力，因此在 1100℃以下块体陶瓷仍能保持非晶态。

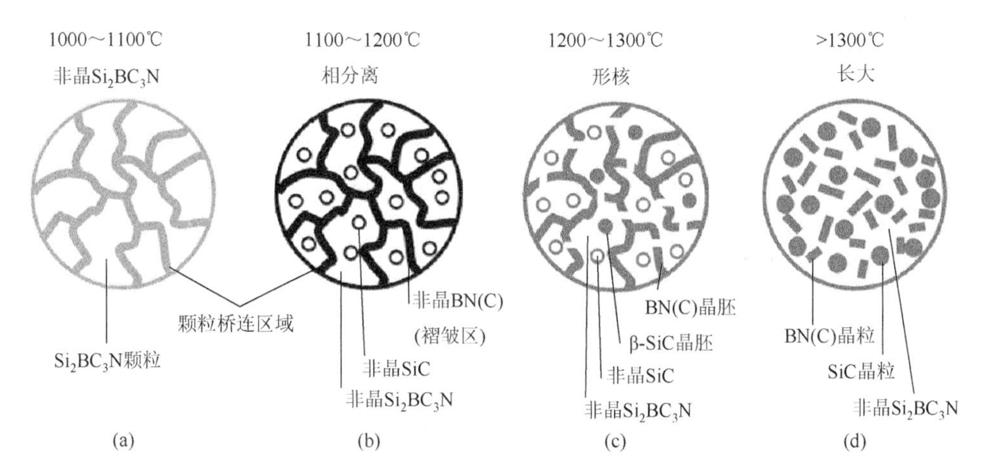

图 4-37　5GPa/30min 高压烧结制备 Si_2BC_3N 非晶块体陶瓷的形核和生长示意图：（a）1000～1100℃，保持非晶结构；（b）1100～1200℃，相分离；（c）1200～1300℃，非晶相开始形核；（d）＞1300℃，晶粒长大[8]

（2）分相阶段：当温度升高至 1100～1200℃，原子扩散导致非晶材料发生相分离。BN(C)非晶原子团簇在陶瓷颗粒桥接处偏聚，SiC 非晶原子团簇在陶瓷颗粒内部偏聚。

（3）晶粒形核阶段：在 1200～1300℃高压烧结，BN(C)和 β-SiC 晶粒在非晶基体中形核。纳米尺寸（3～5nm）的 BN(C)晶核优先在陶瓷颗粒桥接处形成，而 β-Si 晶核（尺寸大约 5nm）在陶瓷颗粒内部形成。

（4）晶粒生长阶段：在 1300℃以上，大量的 BN(C)和 β-SiC 晶核在 Si_2BC_3N 非晶基体中析出并长大，此时晶粒生长占主导地位。1400℃时，Si_2BC_3N 材料由 β-SiC（＜10nm）、宽度为 3～5nm 的湍层 BN(C)晶粒以及残余非晶构成；1600℃时，晶粒长大至 10～30nm，材料结晶仍未完全。

4. 高压烧结 Si_2BC_3N 块体陶瓷的致密化行为

随着烧结温度升高，高压烧结制备的 Si_2BC_3N 块体陶瓷的体积密度呈现增加趋势。低于 1100℃时，随着烧结温度升高，体积密度变化幅度比较大；1100℃烧结时块体陶瓷密度约为 2.75g/cm^3，比热压烧结（1900℃/80MPa/30min）相同成分陶瓷块体的密度（约为 2.60g/cm^3）要高 5.8%；烧结温度大于 1100℃时，体积密度变化趋势逐渐趋于平缓，尤其是烧结温度大于 1500℃时，体积密度（大约为 2.83g/cm^3）几乎不再发生变化。因此，在 5GPa/30min 条件下，高压对该成分陶瓷的致密化作用主要体现在低温和中温阶段。室温（约 25℃）下加压 5GPa 制备的 Si_2BC_3N 块体陶瓷生坯体积密度约 2.35g/cm^3，1000℃/5GPa/30min 烧结制备的块体陶瓷体积密度约为 2.63g/cm^3，与热压烧结相同成分陶瓷块体的体积密度十分接近，这说明高压有利于得到致密的陶瓷坯体。高压能够粉碎纳米陶瓷颗粒构成的团聚体，使粉体变得更加均匀，同时又可以促使颗粒迅速发生转动和重排，消除颗粒之间的孔隙，从而紧密靠拢在一起，使得原子扩散更容易进行，促进材料的致密化进程。因此采用高压技术可以在较低的温度和较短的时间内获得高致密的块体材料（图 4-38）。

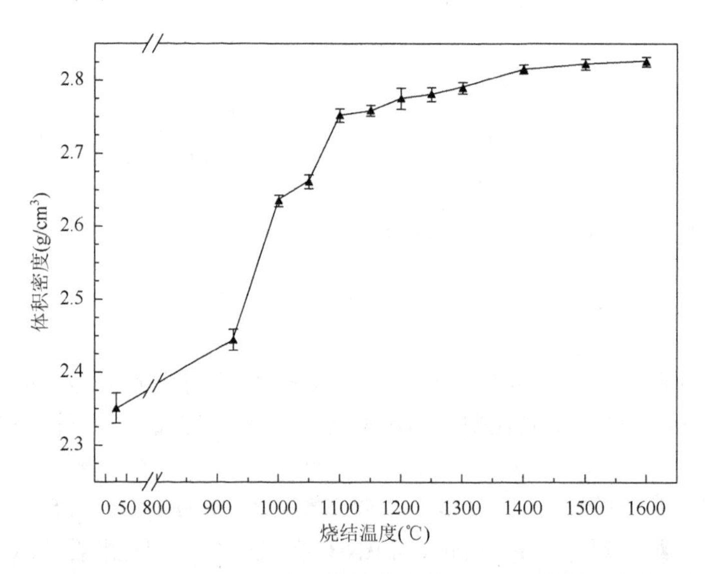

图 4-38 RT～1600℃/5GPa/30min 高压烧结制备的 Si_2BC_3N 块体陶瓷的体积密度[8]

由不同温度（1000～1600℃）条件下高压烧结制备的 Si_2BC_3N 块体陶瓷表面形貌可以看出，所有试样表面并不能观察到任何孔隙，表明材料致密度较高。在机械加工工艺完全相同的条件下，烧结温度低于 1100℃时，试样表面留下明显划痕，而高于 1100℃时，试样表面光滑度明显增加；随着烧结温度从 1200℃升至 1600℃，表面光滑度变化不再明显。同时，根据划痕的情况也可以大概推断 1100℃以下烧结制备的 Si_2BC_3N 块体材料硬度低于更高温度烧结材料的硬度（图 4-39）。

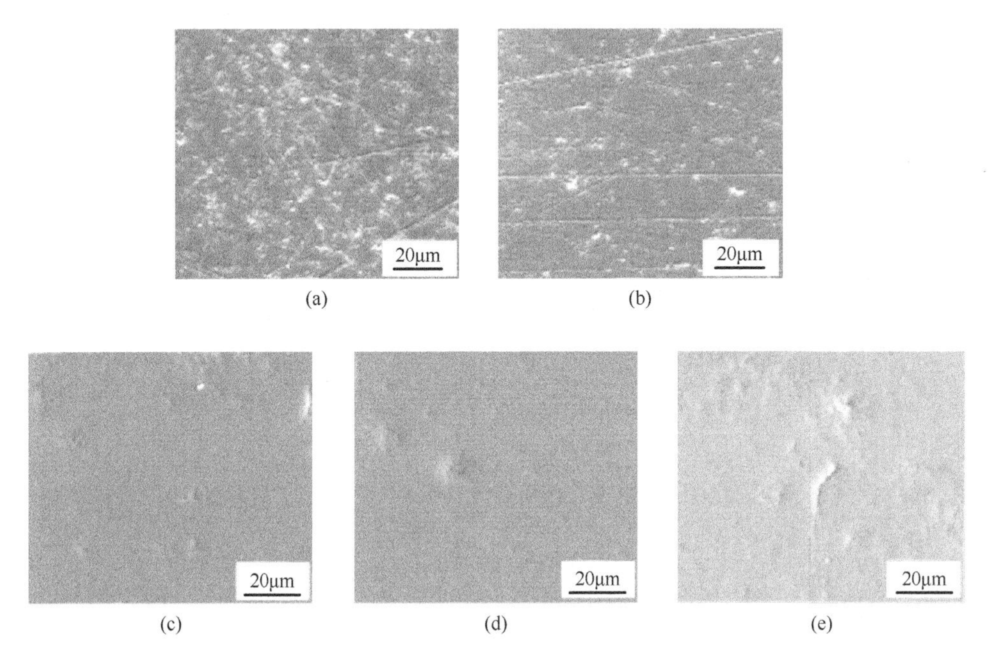

图4-39 不同温度/5GPa/30min高压烧结制备的Si_2BC_3N块体陶瓷SEM表面形貌（试样机械加工工艺完全相同）：（a）1000℃；（b）1100℃；（c）1200℃；（d）1400℃；（e）1600℃[8]

室温条件下5GPa高压烧结制备的陶瓷生坯断口形貌与机械合金化制备的Si_2BC_3N非晶粉体表面形貌相似，仍能清楚观察到近似球状的陶瓷颗粒，而且这些颗粒堆积变得更加紧密，进一步证实高压可以有效促进陶瓷颗粒的紧密堆积。1100℃/5GPa/30min条件下高压烧结制备的Si_2BC_3N块体陶瓷断口非常致密平整，观察不到任何晶粒，该形貌特征与其他温度（1200～1600℃）制备的陶瓷断口形貌相比有明显区别。在1200～1600℃范围内，随温度升高，陶瓷发生烧结致密化，同时非晶结构也逐渐向晶态演变，断裂过程中晶粒拔出或者分离导致断口变得凹凸不平。1600℃烧结的陶瓷断口可以观察到结构紧凑、近似球状的纳米颗粒，颗粒之间通过烧结颈连接在一起。由物相以及微观组织结构演变可知，较高烧结温度制备的Si_2BC_3N块体陶瓷已经发生晶化，断口观察到的纳米晶粒应该是非晶基体中析出的SiC和BN(C)相。而室温条件下获得的陶瓷坯体断口显现的仍是非晶态的纳米陶瓷颗粒。高压作用使陶瓷颗粒快速滑动和重排，进而紧密堆积在一起；同时高压使颗粒发生形变，颗粒间机械摩擦导致表面变得比较粗糙，从而使陶瓷颗粒通过机械互锁连接在一起。在足够高的温度下，颗粒发生“软化”，形变量增大，孔隙率明显降低，材料更加致密。烧结条件为1100℃/5GPa时，陶瓷材料仍保持非晶，但是随温度升高到1600℃，材料发生明显晶化，大量纳米晶粒在非晶基体中析出，同时材料发生了致密化烧结。由以上结果推断此时材料处于烧结初期即将结束阶段或者中期刚刚开始阶段（图4-40）。

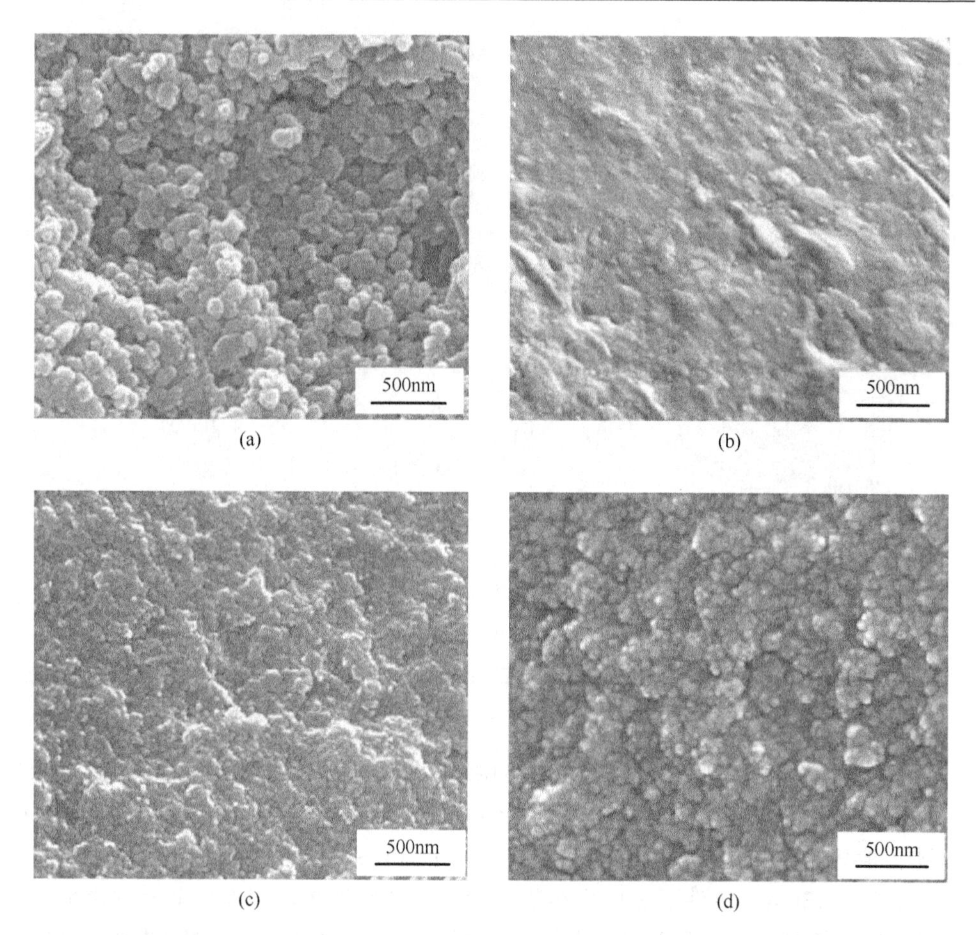

(a)　(b)　(c)　(d)

图 4-40　不同温度/5GPa/30min 高压烧结制备的 Si_2BC_3N 块体陶瓷 SEM 断口形貌：（a）RT；（b）1100℃；（c）1400℃；（d）1600℃[8]

综上，高压烧结制备 Si_2BC_3N 块体陶瓷的致密化机理为：高的机械应力有利于打破陶瓷颗粒团聚体，促进颗粒快速重排，甚至引起颗粒局部微形变，从而降低材料气孔率，获得紧密堆积的结构。紧凑的结构有利于提高原子扩散以及界面物质传递，从而有效促进材料的致密化。因此，采用高压低温烧结技术（1100℃/5GPa/30min）可以制备高致密 Si_2BC_3N 非晶块体陶瓷。高压烧结 Si_2BC_3N 块体陶瓷的致密化温度（1100℃）远远低于热压烧结温度（>1800℃），有效阻碍了原子扩散，从而抑制了非晶陶瓷粉体的析晶过程，最终获得的块体陶瓷仍能保持非晶态。

5. 高压烧结 Si_2BC_3N 非晶块体陶瓷化学键变化

1100～1600℃/5GPa/30min 条件下烧结的 Si_2BC_3N 块体陶瓷，析晶前后基体

陶瓷中含有几乎相同的键（Si—C、Si—O、C—C、C—B、C—N、C—B—N 等），其峰位也无明显偏移。稍有不同的是，1100℃/5GPa/30min 烧结的非晶块体陶瓷中含有较少的 sp^2 杂化的 C—N 键，较多的 Si—C 和 C—B—N 键，从而导致较高的硬度（图 4-41 和表 4-1）。

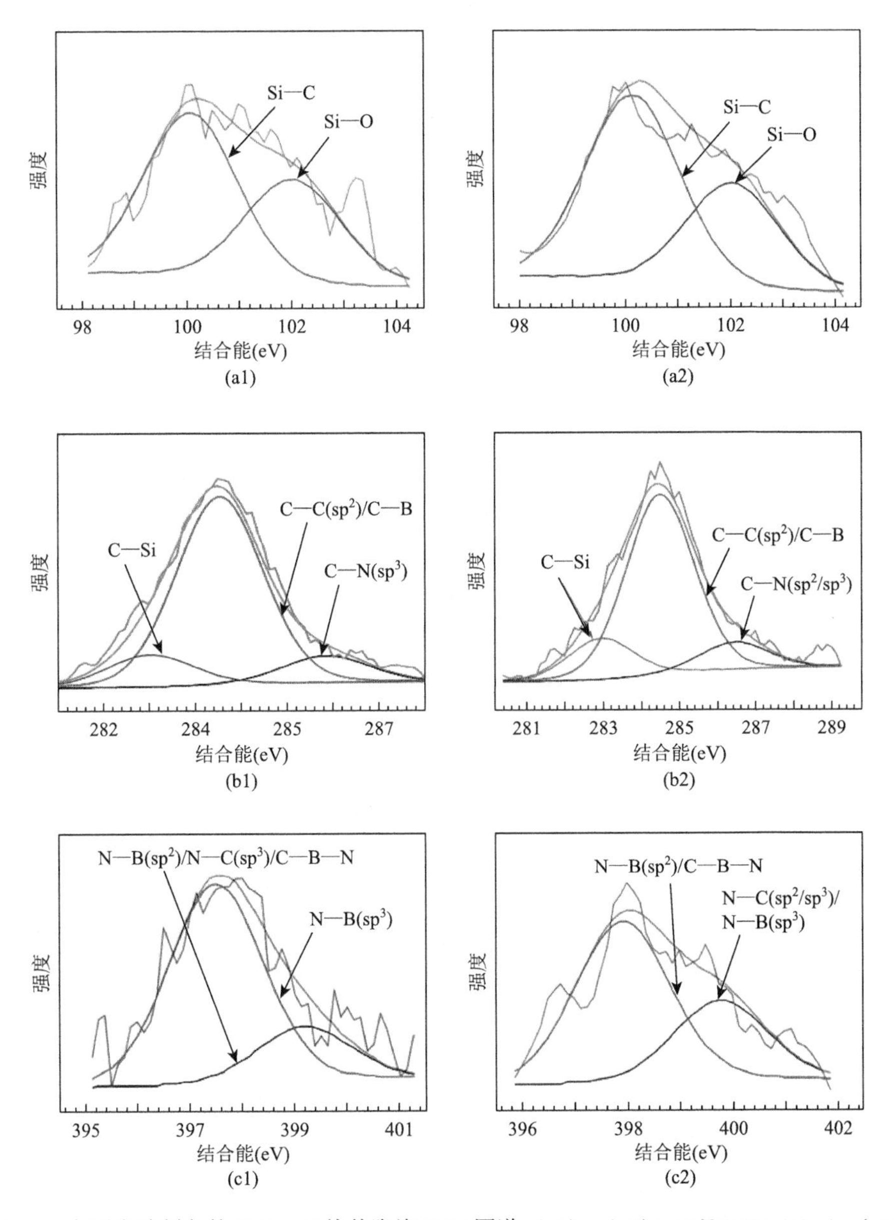

图 4-41　高压烧结制备的 Si_2BC_3N 块体陶瓷 XPS 图谱：（a1）～（c1）1100℃/5GPa/30min，（a2）～（c2）1600℃/5GPa/30min；（a_1），（a_2）Si 2p，（b_1），（b_2）C 1s，（c_1），（c_2）N 1s[8]

表 4-1　高压烧结制备的 Si_2BC_3N 块体陶瓷 XPS 精细谱的分峰结果[8]

谱线	化学键	1100℃/5GPa/30min		1600℃/5GPa/30min	
		结合能（eV）	含量（%）	结合能（eV）	含量（%）
Si 2p	Si—C	100.10	14.20	100.14	13.63
	Si—O	102.04	9.41	102.02	7.62
B 1s	B—N(sp^2)/B—C	190.40	5.06	190.32	5.94
	B—C—N	192.93	4.15	192.11	3.44
C 1s	C—Si	283.14	7.37	282.59	8.56
	C—C(sp^2)/C—B	284.62	44.01	284.37	44.91
	C—N（sp^3）	286.80	6.21	286.00	7.52
N 1s	N—B（sp^2）	397.50	7.63	397.92	5.64
	N—C(sp^3)/N—B(sp^3)/C—B—N	399.19	1.96	399.78	2.75

石墨 C—C 键是 sp^2 杂化形式，形成平面层状结构；碳环或长链中所有 sp^2 原子对应面内伸缩运动所引起的拉曼散射峰（G 带，约 $1580cm^{-1}$），以及由晶格缺陷和无序诱导产生的拉曼散射峰（D 带，约 $370cm^{-1}$），其二阶峰位于约 $2430cm^{-1}$、$2749cm^{-1}$、$2960cm^{-1}$、$3243cm^{-1}$。微晶石墨的散射发生在布里渊区边界，其拉曼散射峰在约 $1355cm^{-1}$。非晶碳具有无序结构，其拉曼散射峰位于 $1530cm^{-1}$ 附近的宽带区域[16, 17]。金刚石和石墨由于存在很大的结构差异，其拉曼散射谱不同。在金刚石中 C—C 键是 sp^3 杂化形式，形成正四面体结构，其拉曼散射峰位于约 $1332cm^{-1}$[18]。此外，h-BN 的拉曼峰位于 $1367cm^{-1}$[19]，c-BN 的拉曼峰位于约 $1304cm^{-1}$（横向光学声子散射，TO）和约 $1056cm^{-1}$（纵向光学声子散射，LO）[20]，B_4C 拉曼峰位于约 $1069cm^{-1}$[21]，β-SiC 的拉曼峰位于约 $940cm^{-1}$（TO）和约 $790cm^{-1}$（LO），c-Si 的一阶和二阶拉曼峰分别在约 $520cm^{-1}$ 和 $970cm^{-1}$[22]。

Si_2BC_3N 非晶粉体在高波数区的信号受到荧光性杂质的干扰，仅在低波数区（1000～$1700cm^{-1}$）存在一个宽化的拉曼散射峰，其最高峰值出现在 1370～$1580cm^{-1}$ 范围内，表明 Si_2BC_3N 非晶粉体中各原子长程范围内处于无序排列状态。1000℃/5GPa/30min 烧结的块体陶瓷，仅在 1200～$1800cm^{-1}$ 范围内出现一个宽化的拉漫散射峰，最大峰值出现在约 $1510cm^{-1}$，表明此时块体陶瓷中各原子排列是无序的，以非晶态形式存在。当温度升高到 1100℃，信号峰仍出现出现在 1200～$1800cm^{-1}$ 范围内，稍有不同的是在出现在约 $1528cm^{-1}$ 出现一个小峰，对应非晶碳的拉曼散射峰，表明此时块体陶瓷中部分 C 原子汇聚在一起形成了原子团簇，对应区域已经不再具有非晶结构特征。在 1600℃/5GPa 烧结，除在 $2740cm^{-1}$ 和 $2938cm^{-1}$ 附近出现石墨的二阶峰，$1374cm^{-1}$ 和 $1588cm^{-1}$ 附近信号峰的强度明显增强且稍有宽化，前者由石墨的 D 边峰和 h-BN 拉曼散射峰叠加而成，后者对应石墨的 G

边峰。这表明此时块体陶瓷组织结构发生晶化，各原子趋于有序排列，甚至有纳米晶在局部区域析出（图4-42）。

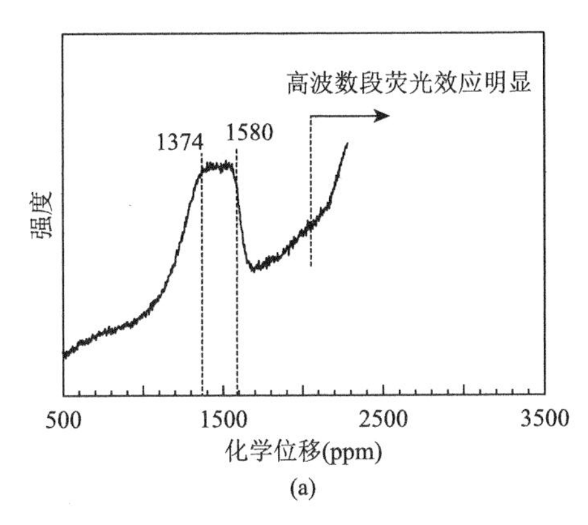

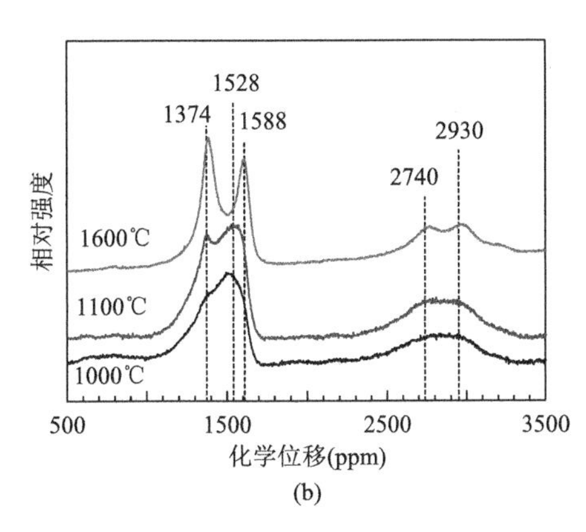

图4-42　Si_2BC_3N陶瓷材料Raman光谱：（a）非晶陶瓷粉体；（b）高压烧结块体陶瓷[8]

β-SiC核磁峰一般出现在−17ppm；α-SiC信号峰一般出现在−15ppm、−20ppm和−25ppm[5, 23]。B原子周围可能存在的化学环境包括：40ppm附近三配位的BN_2C结构，30ppm附近三配位的BN_3结构（h-BN）以及22ppm附近三配位的BN_3结构[24, 25]。1100℃烧结的非晶Si_2BC_3N块体陶瓷，^{29}Si核磁共振峰在30ppm与−40ppm范围内展宽，表明Si原子与C原子在长程范围内排列无序。其主峰在−11.4ppm附近，表明部分Si原子与C原子在短程范围内以SiC_4四面体的结构形式结合成Si—C键。位于−107.4ppm附近较弱的共振峰表明陶瓷块体中少量Si原子与O原子以SiO_4正四面体的结构形式键接成Si—O键。整个实验过程，包括Si_2BC_3N非晶粉体的制备、储存、运输，陶瓷块体的烧结以及试样加工等都有可能导致氧污染。^{11}B共振峰在70ppm与−5ppm范围内展宽，表明B原子周围的化学环境是无序的。其主峰出现在27.5ppm附近，表明部分B原子能与N原子以BN_3的结构形式（近似于h/t-BN）存在，部分B原子、N原子、C原子以BN_2C的结构存在（图4-43）。

当烧结温度提高到1600℃，^{29}Si的核磁共振谱发生了负偏移，在0ppm与−40ppm范围内展宽，其主峰出现在−20ppm附近。这表明，1600℃/5GPa/30min烧结制备的块体陶瓷中仍存在部分无序排列的Si原子，大部分Si原子与C原子在以SiC_4四面体的结构形式存在，且接近α-SiC的SiC_4相对含量有所增加。相似地，^{11}B的核磁共振谱也发生了负偏移，在40ppm与−40ppm范围内展宽，其主峰出现在11.7ppm附近。这表明，陶瓷中除了存在部分无序排列的B原子，还存BN_3结构单元（近似于h/t-BN）；陶瓷中不存在或者存在极其少量的BN_2C结构单元，说明高温条件下部分B—N—C结构单元“裂解”为BN和C两个结构单元，与非晶陶瓷在高温条件下发生晶化这一规律相一致（图4-44）。

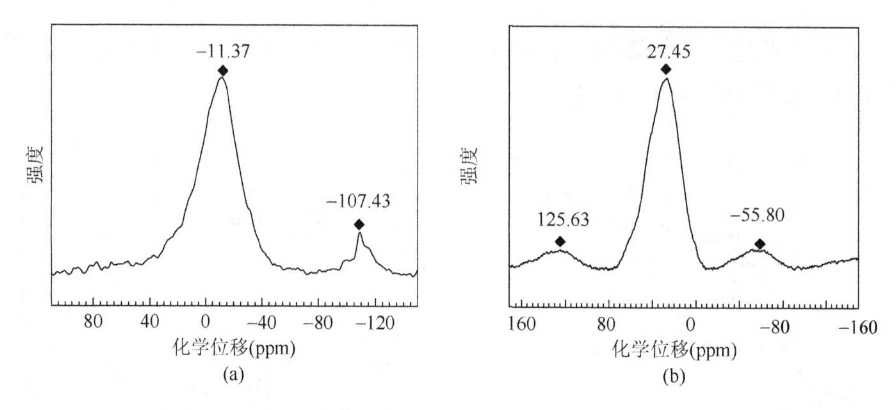

图 4-43 1100℃/5GPa/30min 烧结制备的 Si_2BC_3N 块体陶瓷 NMR 图谱：(a)^{29}Si；(b)^{11}B[8]

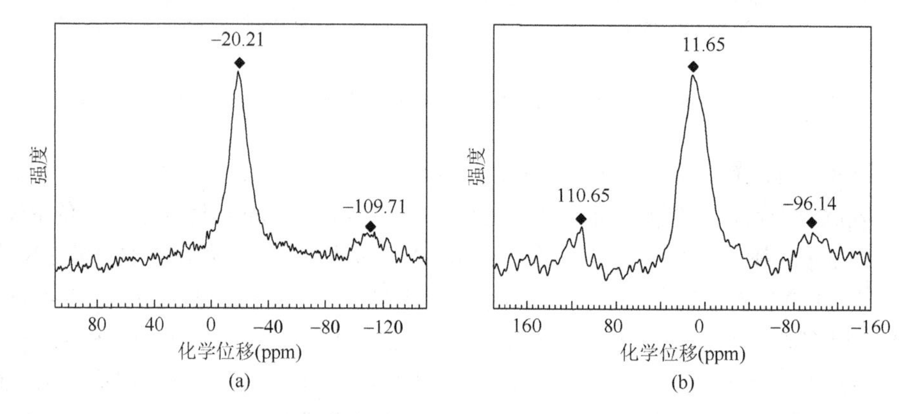

图 4-44 1600℃/5GPa/30min 烧结制备的 Si_2BC_3N 块体陶瓷 NMR 图谱：(a)^{29}Si；(b)^{11}B[8]

4.5 金属与陶瓷颗粒对 MA-SiBCN 陶瓷基复合材料致密化和组织结构影响

4.5.1 金属 Zr 对 Si_2BC_3N 陶瓷致密化和组织结构影响

为了提高该体系亚稳陶瓷力学及热学性能，通过引入第二相来获得具有良好微观组织结构和性能匹配的复合材料。在 Si_2BC_3N 陶瓷中引入不同含量金属 Zr 和 B 后，陶瓷中除了 β-SiC、α-SiC 和 BN(C)相外，还存在高温组分 ZrN 和 ZrB_2 相。随着烧结温度的提高，体系中析出相晶化程度提高（图 4-45）。

$Si_2B_5C_3NZr_2$ 非晶粉体在 1800～2000℃热压烧结制备的块体陶瓷所含物相种类相同，为 ZrB_2、ZrN、β-SiC、BN(C)和少量的锆氧化物（ZrO_2 和 ZrO_x）。这部分氧化物可能来源于原料中的氧化物杂质，也可能是在材料制备过程中少许时

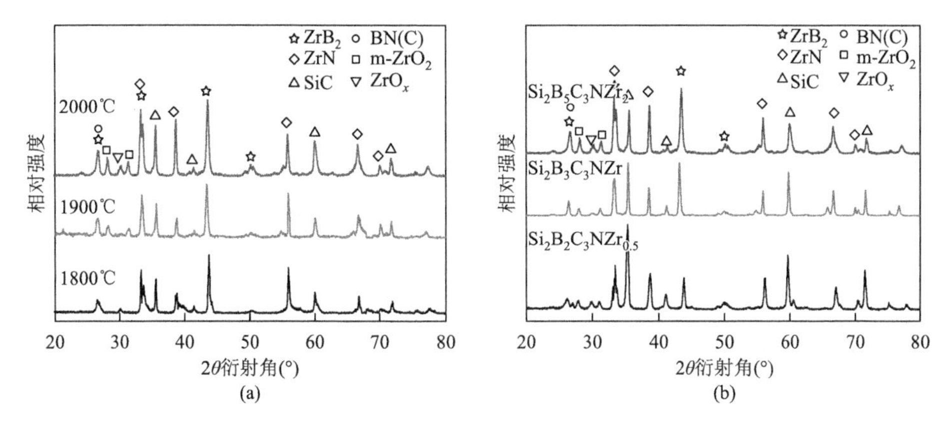

图4-45　不同温度热压烧结制备的不同 Zr 含量 SiBCNZr 块体陶瓷 XRD 图谱：(a)1800～2000℃烧结 $Si_2B_5C_3NZr_2$；(b) 1900℃烧结 $Si_2B_2C_3NZr_{0.5}$、$Si_2B_3C_3NZr$、$Si_2B_5C_3NZr_2$[26]

间暴露在空气中造成的。在 1800℃热压烧结时，材料中并没有出现 m-ZrO_2，在 30°只有一个很小的漫散射峰，为 ZrO_x；在 1900℃和 2000℃热压烧结后，材料中出现 ZrO_2 相；在 2000℃热压烧结时，ZrO_2 基体衍射峰强度有所提高。对于材料中出现的 ZrN 相，其来源可能有三个部分：①Zr 和 BN 在球磨时发生了固溶并最终生成了 ZrN。由于高能球磨时 BN 会迅速沿（0002）晶面解理，被粉碎成极小的颗粒，产生活性 B 原子和 N 原子，这些 B 原子和 N 原子会向 Zr 原子扩散，由于 B 和 N 在 Zr 中的扩散系数相当，最终会生成 Zr(B，N)的固溶体；当 Zr 中 B 和 N 的比例达到一定值的时候，会形成一种面心立方结构的 $Zr(N_xB_{1-x})$，在经高温处理后转化为 ZrN[27]。②Zr 与 BN 直接反应生成了 ZrN，该反应主要是利用机械合金化高能量的特征，在高能球磨机的机械力作用下将 Zr 晶粒细化到纳米级或非晶状态，同时 h-BN 转化为活性较高的 a-BN，然后 Zr 和 BN 发生固态反应生成 ZrB_2 和 ZrN[28]。③高能球磨后的粉体中存在未反应的 Zr，这部分 Zr 在热压烧结时与保护气 N_2 反应生成 ZrN[29]。

SiBCNZr 块体陶瓷体积密度随着烧结温度的提高逐渐增大（图 4-46）。从 SEM 形貌上看，在不同温度热压烧结后材料表面均不致密，表面存在较多的孔洞（图 4-47）。1800℃热压烧结制备的 $Si_2B_5C_3NZr_2$ 块体陶瓷表面存在较大的孔洞且分布不均匀；1900℃和 2000℃热压烧结制备的块体陶瓷表面孔洞较小，分布较为均匀。热压烧结后陶瓷不致密的主要原因是 ZrB_2 熔点较高，原子扩散系数较小，导致了进一步的烧结致密化需要较高的温度。

影响热压烧结制备块体陶瓷微观形貌的因素有很多，如原料粉体粒径、烧结工艺、烧结机制、中间相的生成、动力学因素、最终相组成等。对比 $Si_2B_5C_3NZr$ 块体陶瓷在垂直于热压方向和平行于热压方向的微观形貌可以发现，两者形貌基本相似，组织上并无明显的各向异性（图 4-48）。在高倍数下可看出陶瓷的微观形

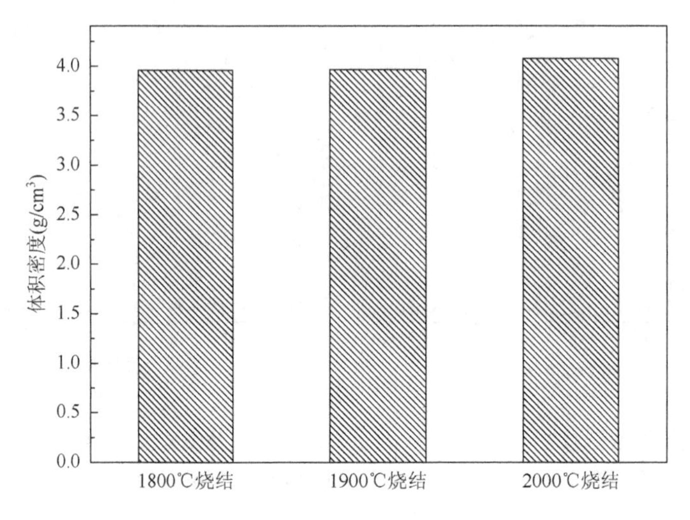

图 4-46　不同温度热压烧结制备 $Si_2B_5C_3NZr_2$ 块体陶瓷的体积密度[26]

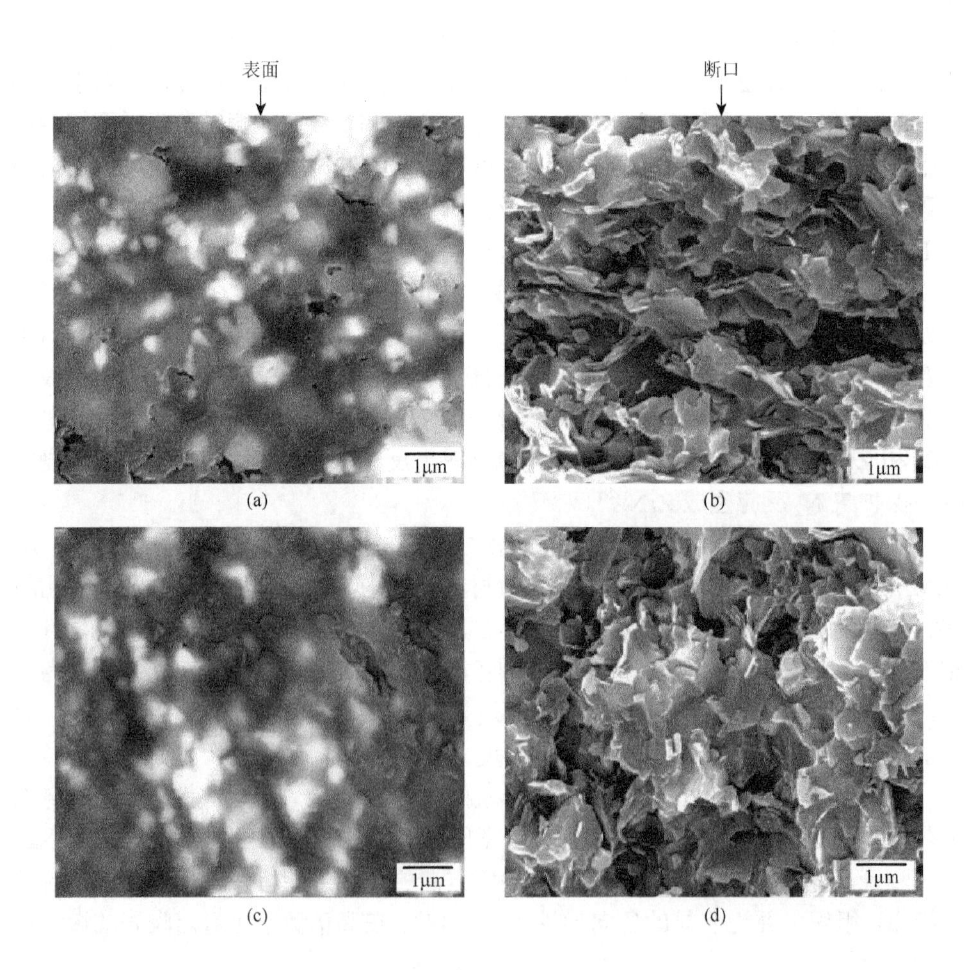

(a)　(b)　(c)　(d)

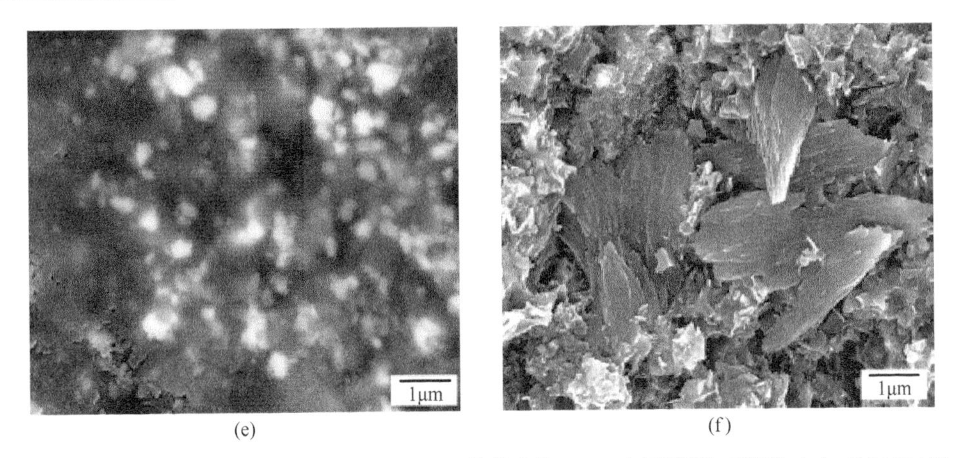

图 4-47　不同温度热压烧结制备 $Si_2B_5C_3NZr_2$ 块体陶瓷 SEM 表面及断口形貌：(a)，(b)1800℃；(c)，(d) 1900℃；(e)，(f) 2000℃[26]

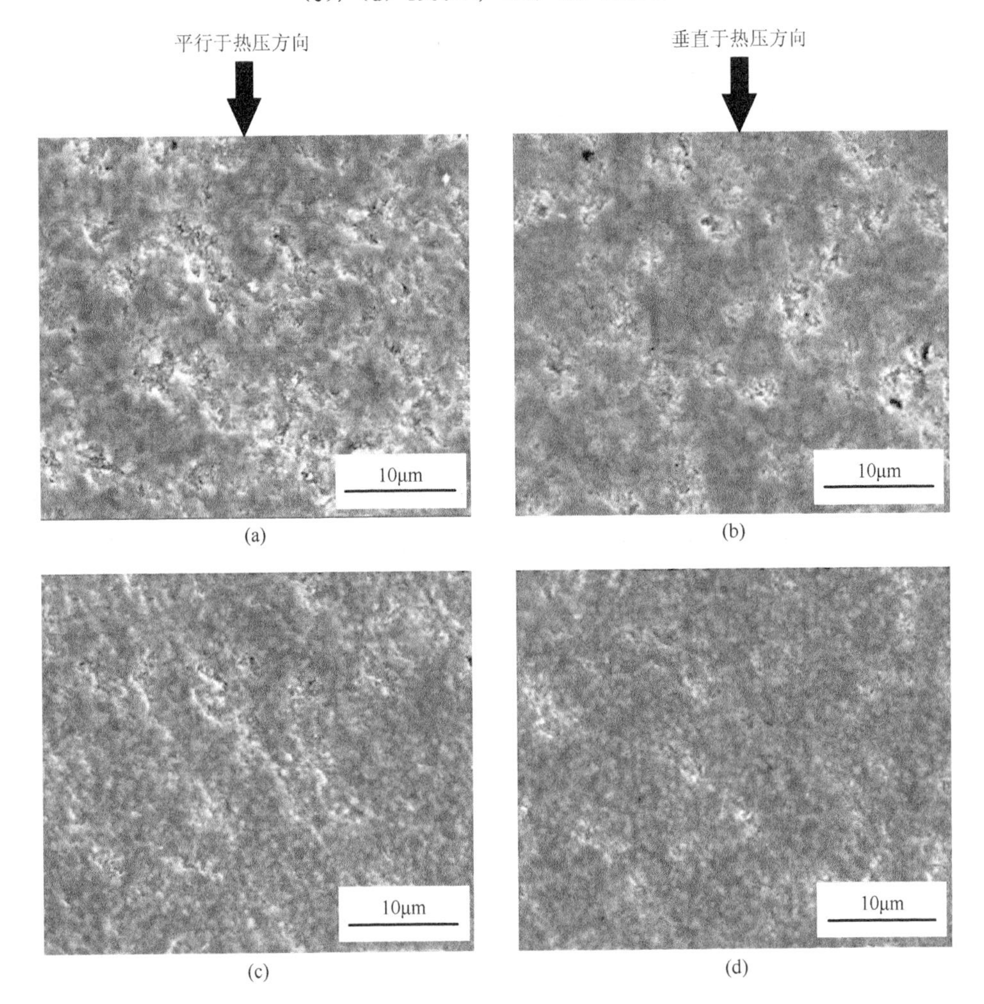

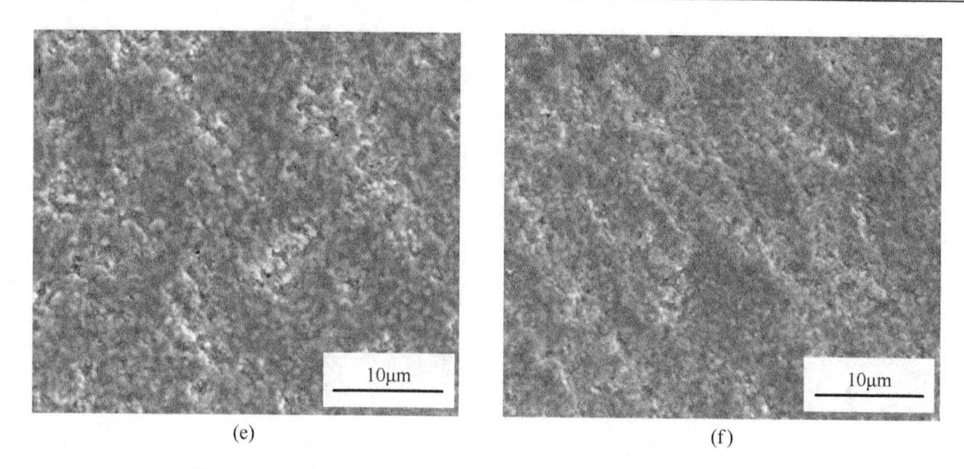

(e) (f)

图 4-48 不同温度热压烧结制备的 $Si_2B_5C_3NZr$ 块体陶瓷 SEM 表面形貌：(a)，(b) 1800℃；(c)，(d) 1900℃；(e)，(f) 2000℃[26]

貌呈片层状结构，在片层组织堆叠的交界处会产生片层破碎，产生凹坑。烧结温度升高，凹坑的面积和深度逐渐降低。

4.5.2 金属 Al 对 Si_2BC_3N 陶瓷致密化和组织结构影响

保持烧结压强 40MPa 不变，分别采用 1800℃、1900℃和 1950℃三种不同烧结温度对 $Si_2BC_3NAl_{0.6}$ 非晶陶瓷粉体进行热压烧结。XRD 结果表明，三种 $Si_2BC_3NAl_{0.6}$ 块体陶瓷的 XRD 图谱均呈现出非常清晰的晶体衍射峰，说明绝大部分非晶粉体在烧结过程中发生了析晶，其物相组成为 β-SiC、BN(C)、AlN 和 AlON 相，但同时也发现在衍射峰底部有明显展宽现象，这表明 $Si_2BC_3NAl_{0.6}$ 块体陶瓷中仍然存在一些非晶或纳米晶结构。比较三种块体陶瓷 XRD 图谱发现，随着烧结温度或烧结压强的提高，同一物相衍射峰的强度逐渐增强，说明烧结温度和烧结压强的提高能够促进非晶粉体的析晶（图 4-49）。由于其中既含有晶态的 β-SiC、BN(C)、AlN 和 AlON 相，还可能含有少量非晶相，加之不能准确地知道各物相之间的确切比值，所以无法计算出各陶瓷材料的理论密度。1800℃热压烧结制备的 $Si_2BC_3NAl_{0.6}$ 块体陶瓷体积密度只有 2.52g/cm^3，随着烧结温度的提高，1900℃烧结制备的块体陶瓷体积密度达到了 2.80g/cm^3，说明烧结温度的升高能显著提高陶瓷材料的密度（图 4-50）。烧结压强的提高同样能促使 SiBCNAl 系亚稳陶瓷材料的烧结致密化，其体积密度随着烧结压强的增加不断增大。

1800℃/40MPa/30min 热压烧结制备的 $Si_2BC_3NAl_{0.6}$ 块体陶瓷表面有明显的孔洞，材料致密度不高；1900℃热压烧结制备的块体陶瓷表面仍存在一些细小孔洞，

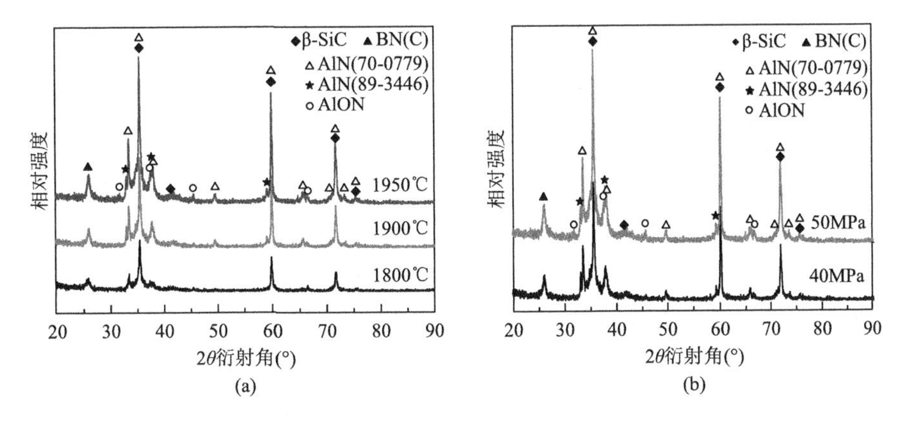

图 4-49　不同热压烧结工艺制备的 $Si_2BC_3NAl_{0.6}$ 块体陶瓷 XRD 图谱：(a) 1800～1950℃/40MPa/30min；(b) 1900℃/40～50MPa/30min[30]

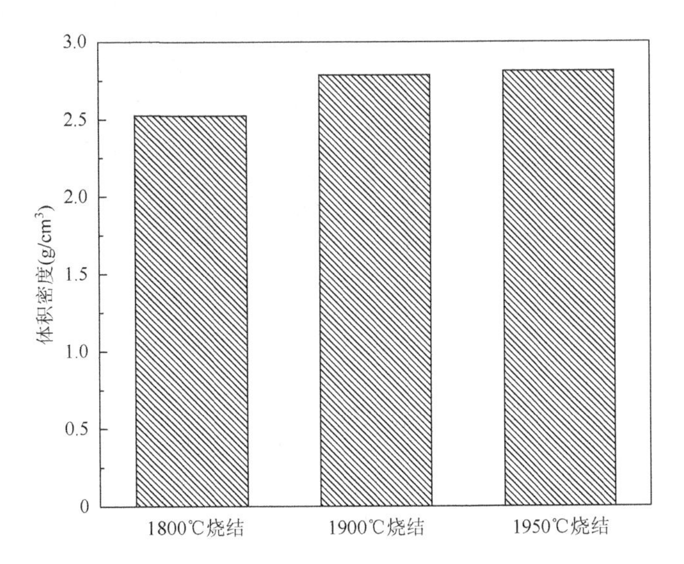

图 4-50　1800～1950℃/40MPa/30min 热压烧结制备的 $Si_2BC_3NAl_{0.6}$ 块体陶瓷体积密度[30]

说明材料还不够致密，但相比前者表面较为平整；烧结温度进一步提高至 1950℃，材料表面仍然存在尺寸很小的孔洞，但总体而言材料较为致密。SEM 表面形貌表明，BN(C)相外边包围着一层 AlON 相，二者相伴产生的可能原因是：在高能球磨过程中，Al 粉中的 Al 原子和 BN 粉中的 N 原子会形成 Al—O—N 键，而 C 会和 BN 之间形成 B—C—N 键，由于都与 N 原子形成化学键，所以在烧结后的块体陶瓷处理中可能会出现 AlON 和 BN(C)二者相伴产生的区域。在 BN(C)相聚集区和 Al 元素分布较集中的区域，Si 元素含量较少，说明这些区域的 SiC 含量相对较低，但在其他区域 SiC 相分布较均匀（图 4-51）。

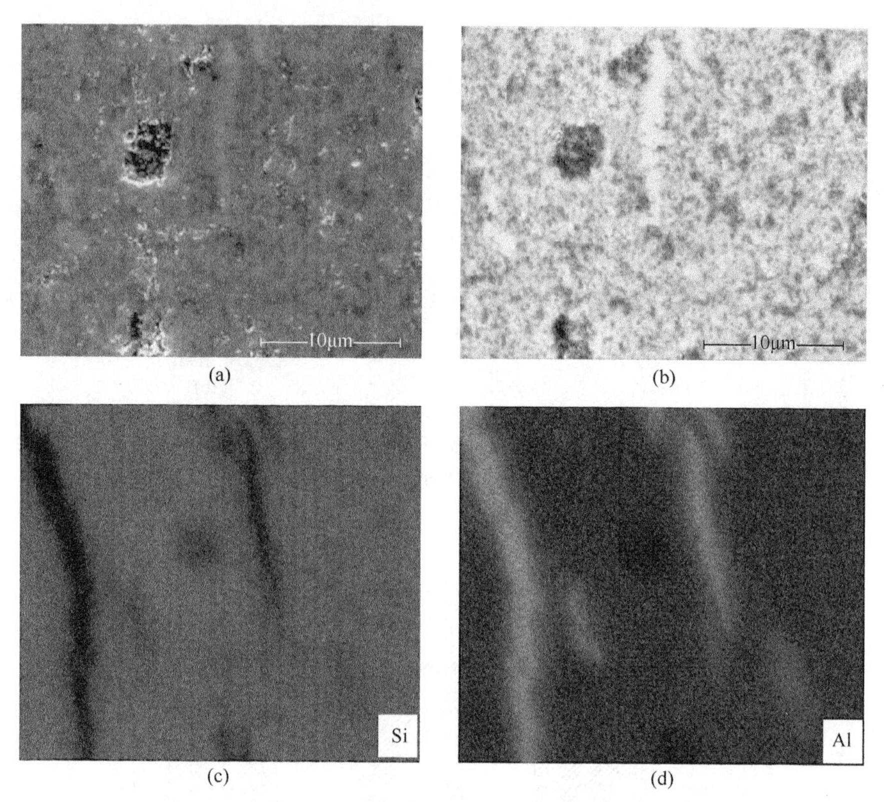

图 4-51 1950℃/40MPa/30min 热压烧结制备的 $Si_2BC_3NAl_{0.6}$ 块体陶瓷 SEM 表面形貌及元素面分布图：（a）二次电子形貌；（b）背散射电子形貌；（c）Si；（d）Al[30]

1800℃热压烧结制备的 $Si_2BC_3NAl_{0.6}$ 块体陶瓷断口形貌显示均匀球形颗粒，颗粒直径约 0.4～0.5μm。烧结温度升高到 1900℃，块体陶瓷断口形貌与前者相似，仍由球状陶瓷颗粒组成，但直径减小到约 0.2～0.3μm。烧结温度进一步升高到 1950℃后，块体陶瓷断口较为平滑，材料致密度明显提高（图 4-52）。

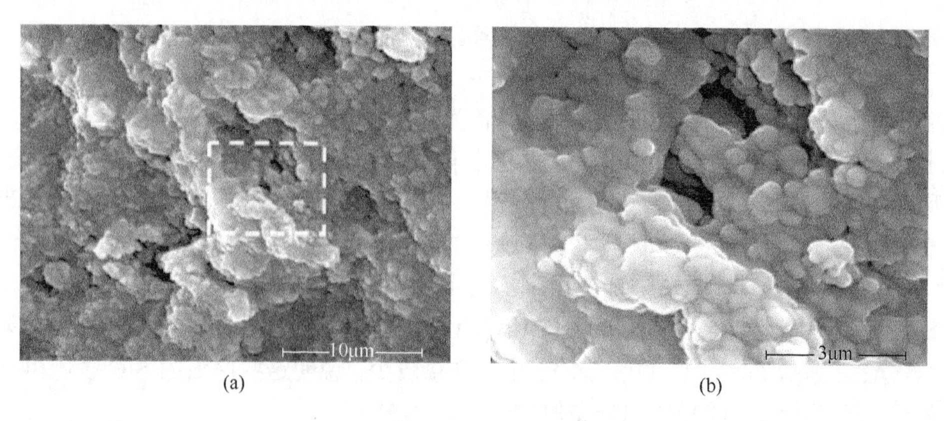

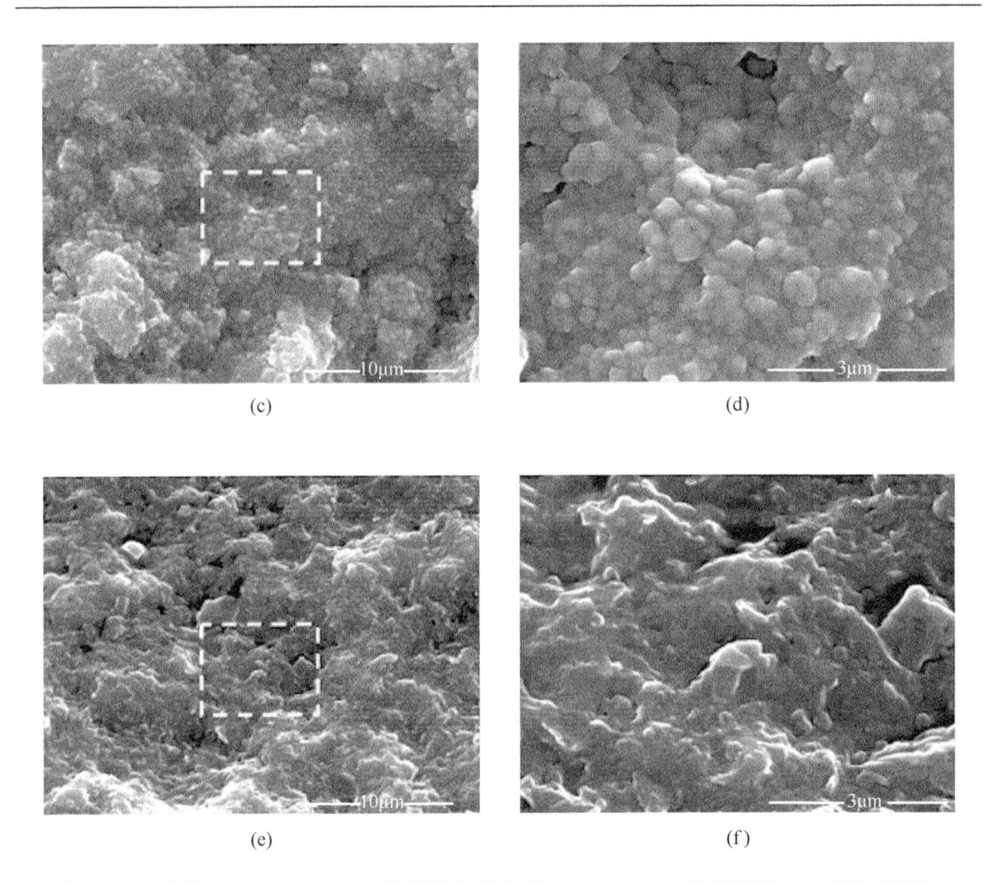

图4-52 不同温度/40MPa/30min热压烧结制备的$Si_2BC_3NAl_{0.6}$块体陶瓷SEM断口形貌：（a），（b）1800℃；（c），（d）1900℃；（e），（f）1950℃[30]

从断口形貌看，有大量片层状晶体产生，说明烧结压强增大能促使片层状BN(C)相析晶。随着烧结压强的增大，材料表面的缺陷明显减少，致密程度显著提高，材料的断口形貌由球状的颗粒演变成层片状结构（图4-53）。

采用相同烧结工艺（1900℃/50MPa/30min），对相同Al含量的$Si_2BC_3NAl_{0.6}$（以Al粉为铝源）和$Si_2BC_3N_{1.6}Al_{0.6}$（以AlN为铝源）非晶陶瓷粉体分别进行热压烧结。XRD结果表明，$Si_2BC_3N_{1.6}Al_{0.6}$块体陶瓷中只含有β-SiC、BN(C)和AlN（70-0779）三种物相，而$Si_2BC_3NAl_{0.6}$块体陶瓷中除了上述三种物相外，还包括AlON和AlN（89-3446）相。$Si_2BC_3N_{1.6}Al_{0.6}$块体陶瓷中不含有AlON相，与之前研究$Si_2BC_3NAl_{0.6}$非晶粉体价键时未发现Al—O—N键相一致。由于采用的铝源为AlN，$Si_2BC_3N_{1.6}Al_{0.6}$块体陶瓷中AlN（70-0779）相所含的Al—N键比较稳定，晶格常数不易发生变化，所以在其中未生成AlN（89-3446）相（图4-54）。

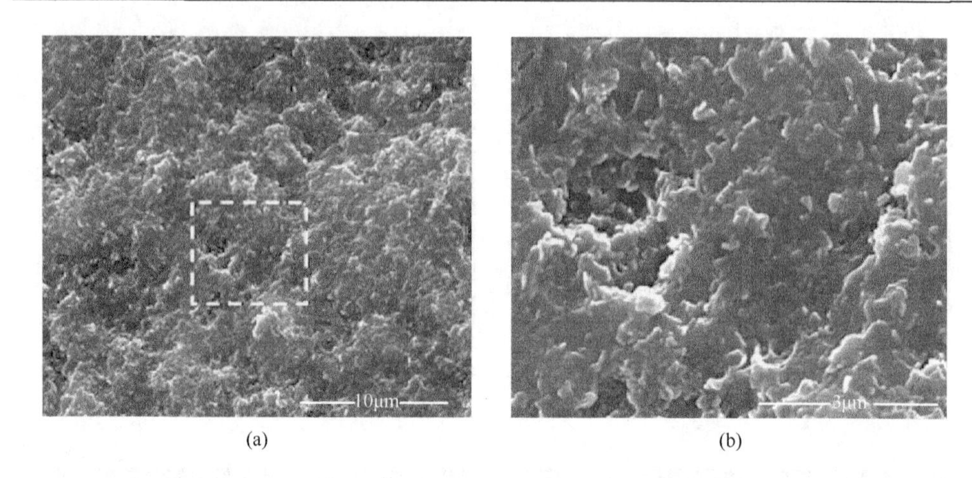

图 4-53 1950℃/50MPa/30min 热压烧结制备 $Si_2BC_3NAl_{0.6}$ 块体陶瓷 SEM 断口形貌：（a）低倍；（b）高倍[30]

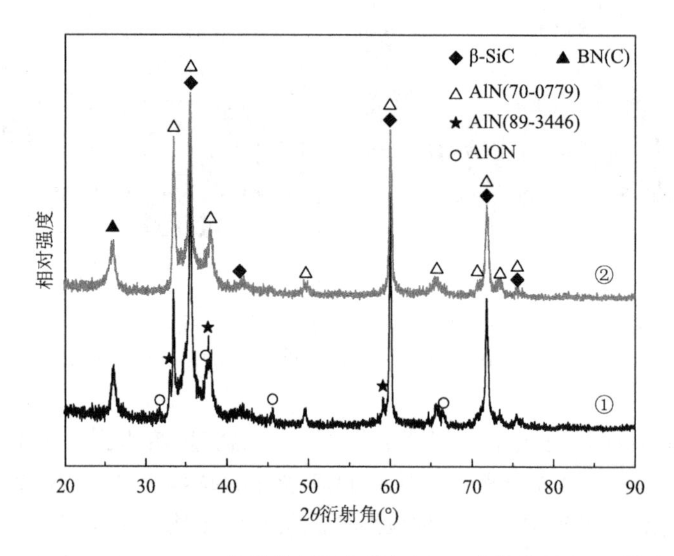

图 4-54 1900℃/50MPa/30min 热压烧结制备的相同 Al 含量的复相陶瓷 XRD 图谱：①$Si_2BC_3NAl_{0.6}$（以 Al 粉为铝源）；②$Si_2BC_3N_{1.6}Al_{0.6}$（以 AlN 为铝源）[30]

为了更好地观察 $Si_2BC_3NAl_{0.6}$（以 Al 粉为铝源）和 $Si_2BC_3N_{1.6}Al_{0.6}$（以 AlN 为铝源）这两种由不同铝源制备的块体陶瓷表面组织结构，对其表面进行了离子束抛光。离子束抛光又称为离子溅射抛光，它与传统的机械抛光技术有本质上的区别，它能将一定能量的离子进行加速后轰击样品表面，使表层的原子由于碰撞而飞出样品，凸起的部分容易被溅射，从而使表面的粗糙度降低，得到较为光滑的表面。SEM 组织形貌清楚地显示出 $Si_2BC_3N_{1.6}Al_{0.6}$ 块体陶瓷中颗粒之间的边界，

而 $Si_2BC_3NAl_{0.6}$ 块体陶瓷中颗粒相互连接在一起，且颗粒尺寸较大，大颗粒是由许多细小的纳米颗粒组成（图 4-55）。

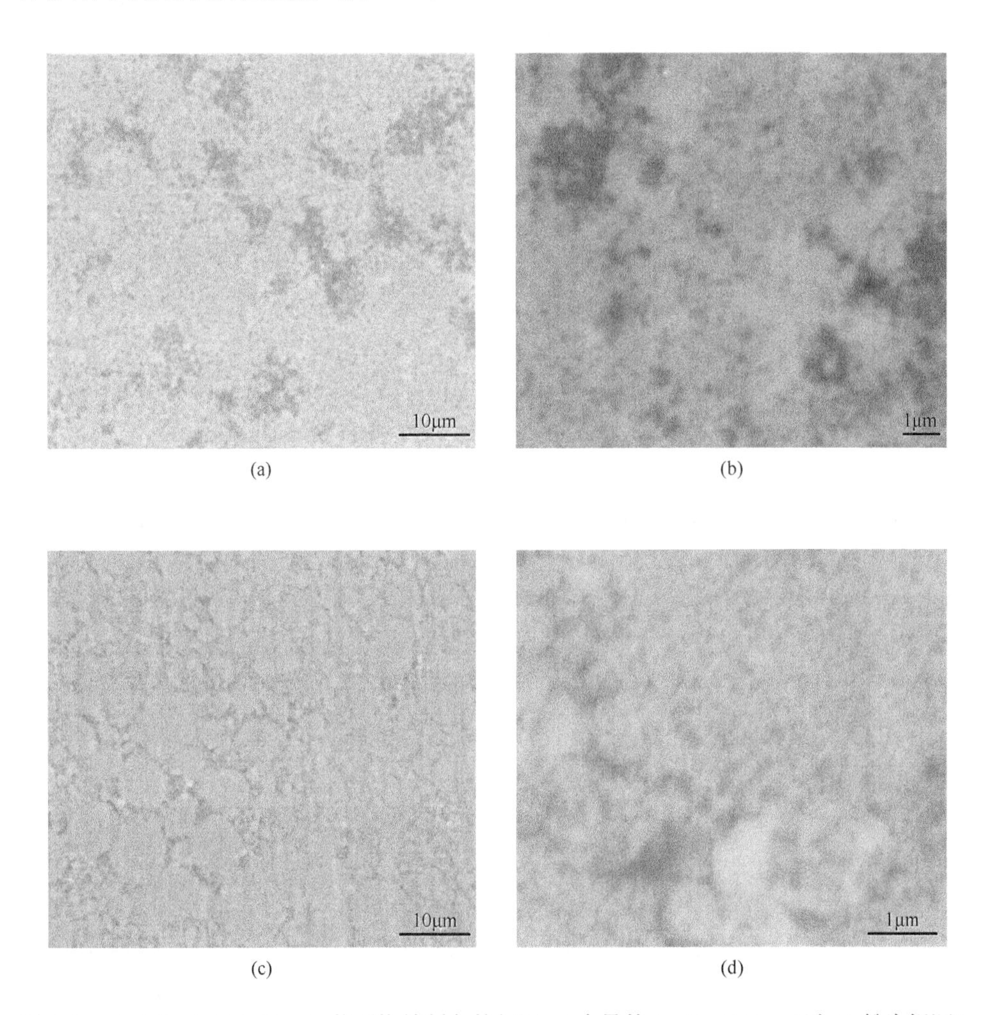

图 4-55 1900℃/50MPa/30min 热压烧结制备的相同 Al 含量的 $Si_2BC_3NAl_{0.6}$（以 Al 粉为铝源）和 $Si_2BC_3N_{1.6}Al_{0.6}$（以 AlN 为铝源）块体陶瓷 SEM 表面形貌：（a），（b）$Si_2BC_3NAl_{0.6}$；（c），（d）$Si_2BC_3N_{1.6}Al_{0.6}$[30]

对比这两种由不同铝源制备的块体陶瓷断口形貌发现，相同烧结条件下 $Si_2BC_3NAl_{0.6}$ 陶瓷明显比 $Si_2BC_3N_{1.6}Al_{0.6}$ 陶瓷更为致密，原因可能是前者含有少量 AlON 相，而后者不含有 AlON 相。AlON 相在烧结过程中能起到烧结助剂作用，促使材料烧结致密化。$Si_2BC_3N_{1.6}Al_{0.6}$ 块体陶瓷（图 4-56）体积密度为 2.65g/cm^3，比 $Si_2BC_3NAl_{0.6}$ 块体陶瓷的要小。

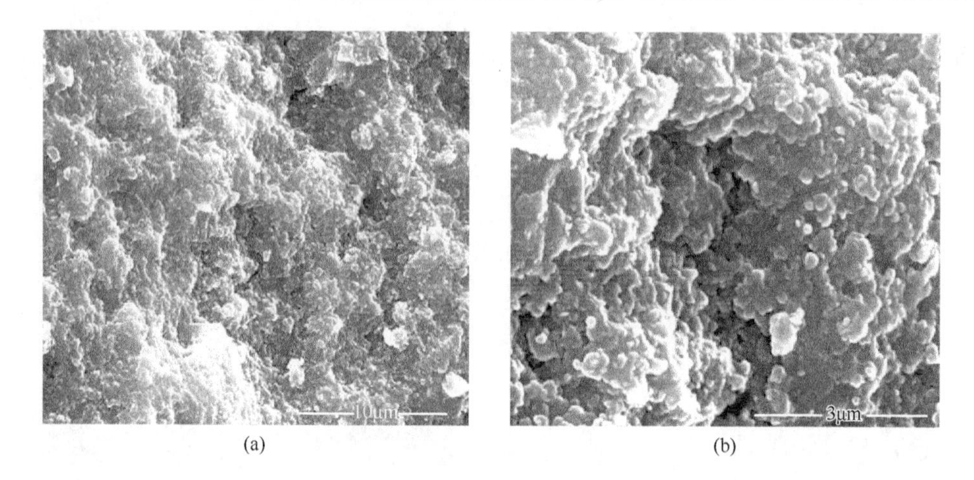

(a)　(b)

图 4-56　1900℃/50MPa/30min 热压烧结制备的 $Si_2BC_3N_{1.6}Al_{0.6}$（以 AlN 为铝源）块体陶瓷 SEM 断口形貌：（a）低倍；（b）高倍[30]

Al 作为铝源加入 Si_2BC_3N 中，可以促进 Si_2BC_3N 陶瓷基体晶粒发育。TEM 结果表明，$Si_2BC_3NAl_{0.6}$ 块体陶瓷晶粒细小且分布均匀，晶粒尺寸约为 100～200nm。选区电子衍射花样为一系列多晶衍射环，部分衍射环已经分化，说明部分晶粒向粗化发展。HRTEM 结果表明，有明显片层状 BN(C)结构存在，其晶粒尺寸在 50～100nm。β-SiC 晶体中有层错和孪晶存在，且晶粒内部存在大量结晶不完全的区域（白色虚线所示）（图 4-57）。

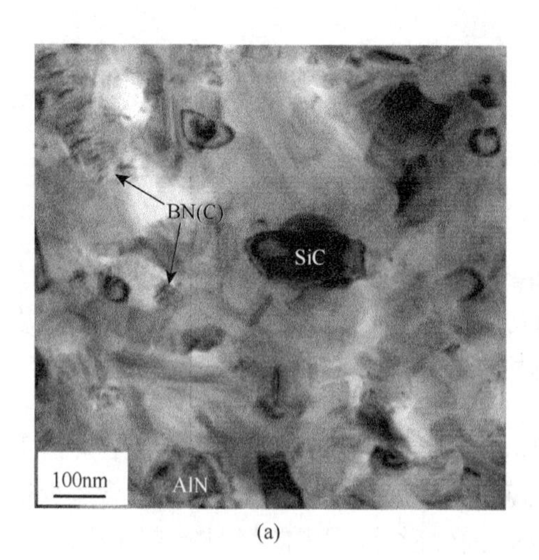

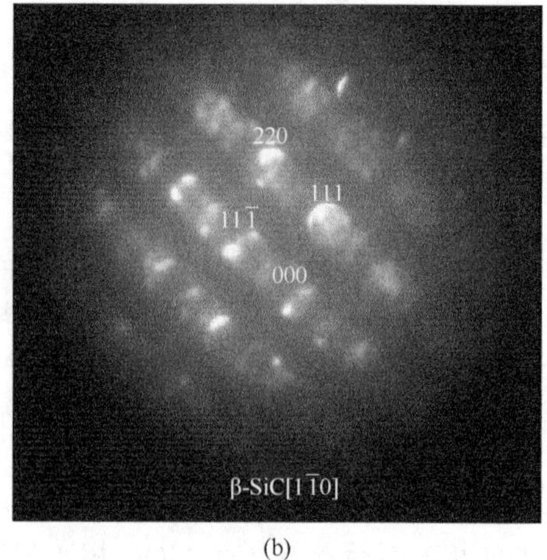

(a)　(b)

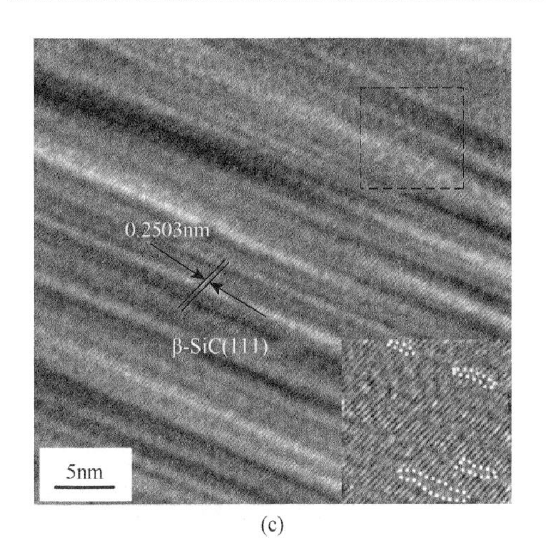

(c)

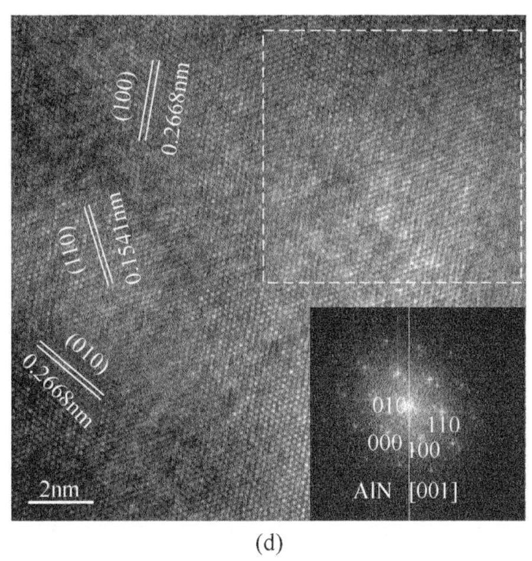

(d)

图 4-57　1900℃/50MPa/30min 热压烧结制备的 $Si_2BC_3NAl_{0.6}$ 块体陶瓷透射电镜分析：(a) TEM 形貌；(b) SAED 衍射花样；(c) SiC 相 HRETM 精细结构；(d) AlN 相 HRTEM 精细结构[30]

AlN_p 作为铝源加入 Si_2BC_3N 中，可以抑制基体晶粒的生长发育。TEM 结果表明，区域中晶粒很细小，平均粒径约 50nm，能观察到片层状 BN(C)相和具有平直层错的 β-SiC 晶粒。AlN 晶粒中的原子在（110）晶面方向上排列相对有序，只有少量的缺陷（虚线所围区域），这些晶体缺陷可能来源于非晶粉体（图 4-58）。BN(C)相晶粒内部含有较多的晶体缺陷，包括大量的原子排列混乱区及结晶不完全区域，方框所围区域为非晶态。在 SiC 与 AlN 晶界处，界面清晰干净，不存在过渡相（图 4-59）。

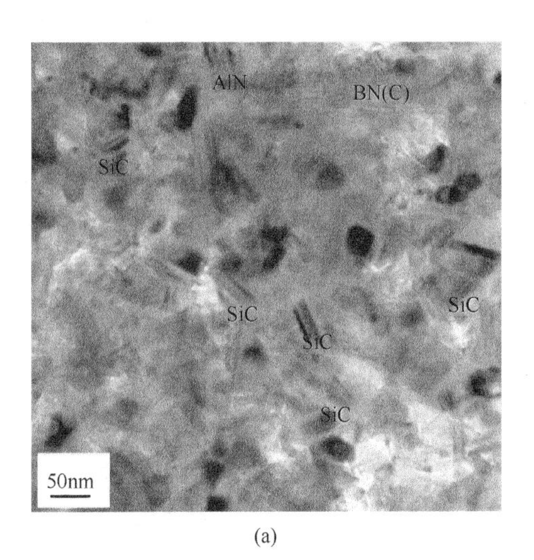

(a)

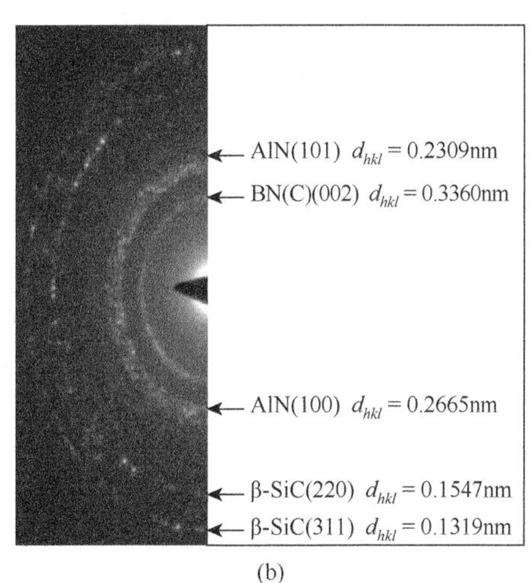

(b)

(c)

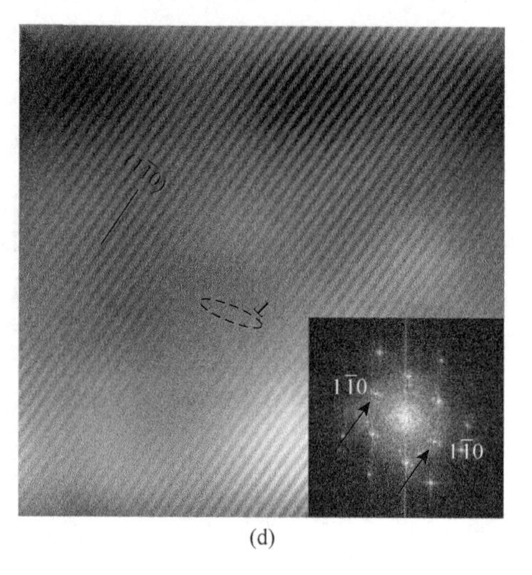

(d)

图 4-58 1900℃/50MPa/30min 热压烧结制备的 $Si_2BC_3N_{1.6}Al_{0.6}$ 块体陶瓷透射电镜分析：(a)TEM 形貌；(b) SAED 衍射花样；(c) AlN 相 HRETM 精细结构；(d) 逆傅里叶变换图[30]

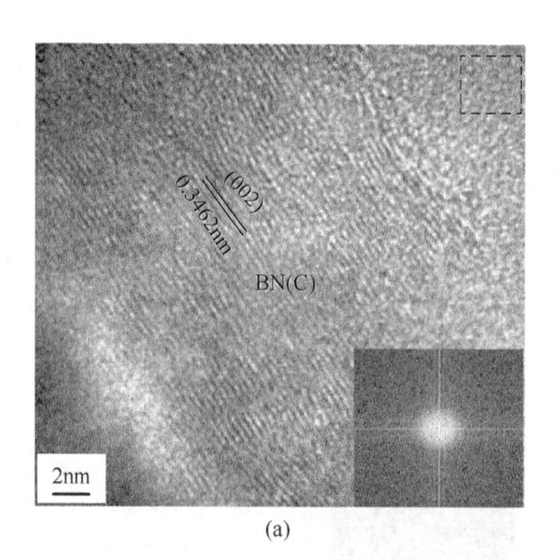

(a)

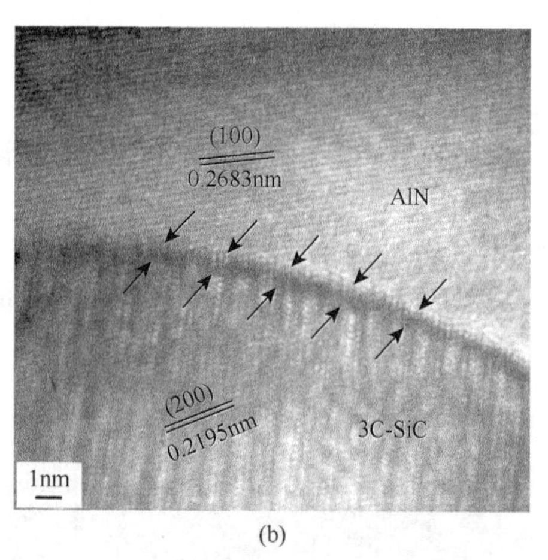

(b)

图 4-59 1900℃/50MPa/30min 热压烧结制备的 $Si_2BC_3N_{1.6}Al_{0.6}$ 块体陶瓷 HRTEM 高分辨照片：(a) BN(C)相 HRTEM 精细结构；(b) AlN 和 SiC 相界面结构[30]

4.5.3 金属 Zr-Al 对 Si_2BC_3N 陶瓷致密化和组织结构影响

在热压烧结制备 Si_2BC_3N 块体陶瓷过程中，若不引入烧结助剂，需要在较高的烧结温度（1800～2000℃）和压强（40～80MPa）条件下才能获得较致密的块体陶瓷材料。引入不同含量金属 Zr-Al（摩尔比为 1∶1），有效地促进了 Si_2BC_3N 陶瓷基体的烧结致密化和纳米晶粒的生长。引入助烧剂 Zr-Al 的陶瓷材料中均检测到了 ZrO_2 相，立方 SiC 相晶体衍射峰强度较纯 Si_2BC_3N 块体陶瓷有明显提高。

但引入 Zr-Al 的 Si_2BC_3N 陶瓷材料中并未检测到 Al 的相关物相，说明添加剂在 SPS 过程中可能逐渐氧化形成氧化物，一方面可以降低陶瓷基体中的氧分压，另一方面还能促进立方 SiC 相的形成（图 4-60）。

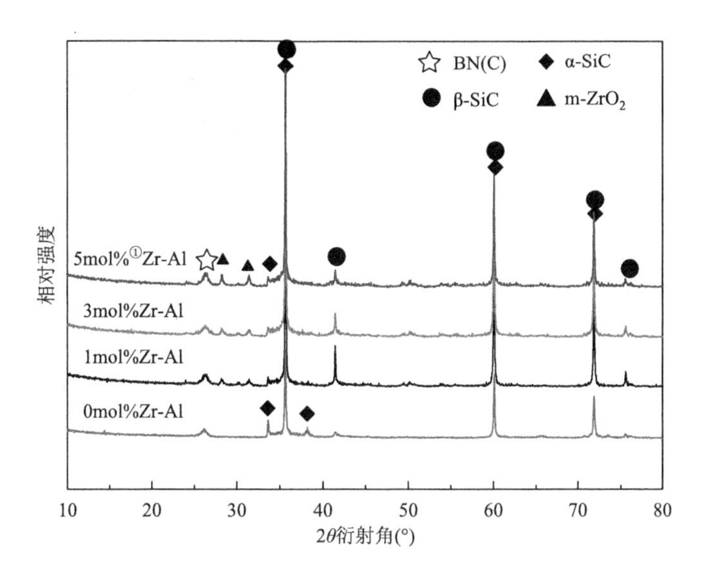

图 4-60　引入不同含量金属 Zr-Al（摩尔比 1∶1）后 Si_2BC_3N 块体陶瓷材料 XRD 图谱[31]

纯 Si_2BC_3N 块体陶瓷断口形貌显示片层状 BN(C)和纳米 SiC 颗粒，基体结构发育并不完全。引入助烧剂 Zr-Al 后，Si_2BC_3N 陶瓷基体结构得到了较好的发育，除了发育更好的 BN(C)和 SiC 相之外，还观察到 ZrO_2 颗粒均匀分布在基体中。显微结构观察也证实氧化物的存在能够促进陶瓷基体结构生长，可能与高温下固相扩散以及纳米氧化物形成可提高 BN(C)和 SiC 的扩散能力有关（图 4-61）。

引入金属 Zr-Al 烧结助剂后，TEM 结果表明陶瓷材料中主要存在 SiC、BN(C)、ZrO_2 和 Al_2O_3 相。SiC 晶粒尺寸约 200～500nm，说明添加剂氧化后的氧化物促进了 Si_2BC_3N 基体结构的发育。其中，ZrO_2 和 Al_2O_3 相主要分布于 SiC 和 BN(C)相周围，证实了氧化物的存在有助于颗粒长大。ZrO_2 和 SiC 晶粒之间没有明显的相界面，也没有界面产物，说明 SiC 颗粒很有可能是通过液相 ZrO_2 逐渐生长发育起来，从而留下部分 ZrO_2 黏附于 SiC 颗粒边缘。ZrO_2

① mol%表示摩尔分数。

图 4-61 引入不同金属 Zr-Al（摩尔比 1∶1）后 Si_2BC_3N 块体陶瓷材料 SEM 断口形貌：（a），（b）纯 Si_2BC_3N；（c），（d）1mol%Zr-Al；（e）3mol%Zr-Al；（f）5mol%Zr-Al[31]

主要为单斜 ZrO_2。元素面分布图进一步证实，氧化物主要分布在 SiC 颗粒周围（图 4-62）。

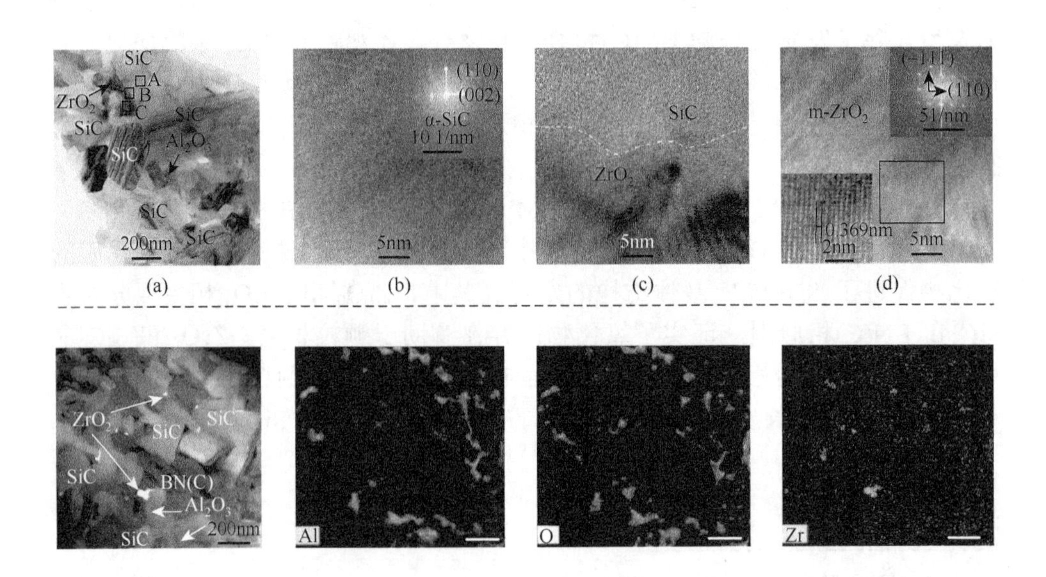

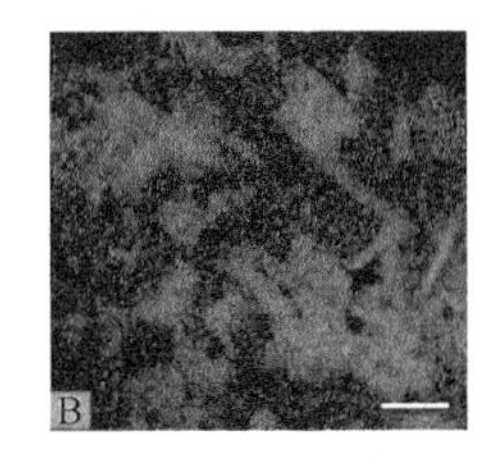

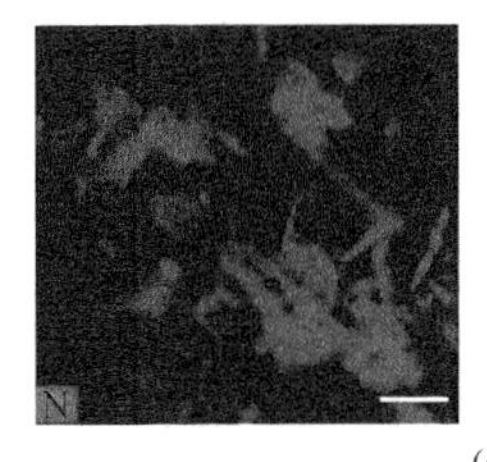

(e)

图 4-62　含 5mol% Zr-Al 添加剂的 Si_2BC_3N 块体陶瓷材料透射电镜分析：(a)TEM 明场像形貌；(b)～(d) 分别对应 (a) 中的 A～C 区域精细结构；(e) 相应元素面分布[31]

4.5.4　金属 Mo 对 Si_2BC_3N 陶瓷致密化和组织结构影响

在 Si_2BC_3N 陶瓷基体中引入金属 Mo 后，两者之间可能发生如下反应：

$$2Mo(s)+C(s)\longrightarrow Mo_2C(s) \tag{4-10}$$

$$Mo(s)+C(s)\longrightarrow MoC(s) \tag{4-11}$$

$$3Mo(s)+Si(s)\longrightarrow Mo_3Si(s) \tag{4-12}$$

$$Mo(s)+2Si(s)\longrightarrow MoSi_2(s) \tag{4-13}$$

$$2Mo(s)+BN(s)\longrightarrow Mo_2N(s)+B(s) \tag{4-14}$$

$$8Mo(s)+Si_3N_4(s)\longrightarrow 4Mo_2N(s)+3Si(s) \tag{4-15}$$

$$Mo(s)+SiC(s)\longrightarrow MoC(s)+Si(s) \tag{4-16}$$

$$2Mo(s)+SiC(s)\longrightarrow Mo_2C(s)+Si(s) \tag{4-17}$$

从反应热力学角度来看，金属 Mo 与 Si_2BC_3N 陶瓷基体在 25～2000℃可能生成的产物有 MoC、Mo_2C、Mo_3Si 和 $MoSi_2$，由于反应（4-14）～反应（4-17）的自由能大于零，因此平衡条件下复合材料体系中不可能存在 Mo_2N 等物相（图 4-63）。

随着金属 Mo 含量的增加，Mo 与 Si_2BC_3N 非晶粉体中的 Si 优先发生反应，反应产物遵循以下规律：$Mo_{4.8}Si_3C_6 \rightarrow Mo_{4.8}Si_3C_6 + Mo_5Si_3 + MoSi_3C_2 \rightarrow Mo_3Si + Mo_5Si_3 + MoSi_3C_2 \rightarrow Mo_3Si$；Mo 与 BN 不发生反应，当 Mo 含量达到一定量时才与 C 反应生成 MoC 和 Mo_2C（图 4-64）。当 Mo 含量为 10vol%～30vol%时，Mo 与 Si_2BC_3N 陶瓷基体反应产物不发生变化，最终物相组成为 SiC、BN(C)和 $Mo_{4.8}Si_3C_6$；当 Mo 含量为 40vol%～50vol%时，复合材料由 MoC、Mo_2C、BN(C)和 $Mo_{4.8}Si_3C_6$ 四相组成；当 Mo 含量为 60vol%时，复合材料由 MoC、Mo_2C、$Mo_{4.8}Si_3C_6$、Mo_5Si_3、$MoSi_2$ 和 BN(C)六相组成；当 Mo 含量超过 70vol%时，Mo 与 Si_2BC_3N 未能完全反应；当 Mo 含量为 90vol%时，两者反应产物主要为 MoC、Mo_2C 和 Mo_3Si。

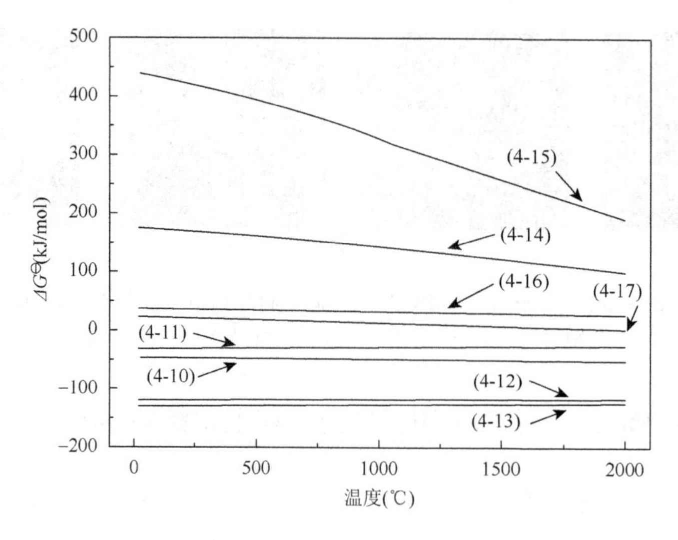

图 4-63　金属 Mo 与 Si_2BC_3N 陶瓷基体在 25～2000℃范围内可能发生的化学反应 Gibbs 自由能变化随温度的变化曲线[32]

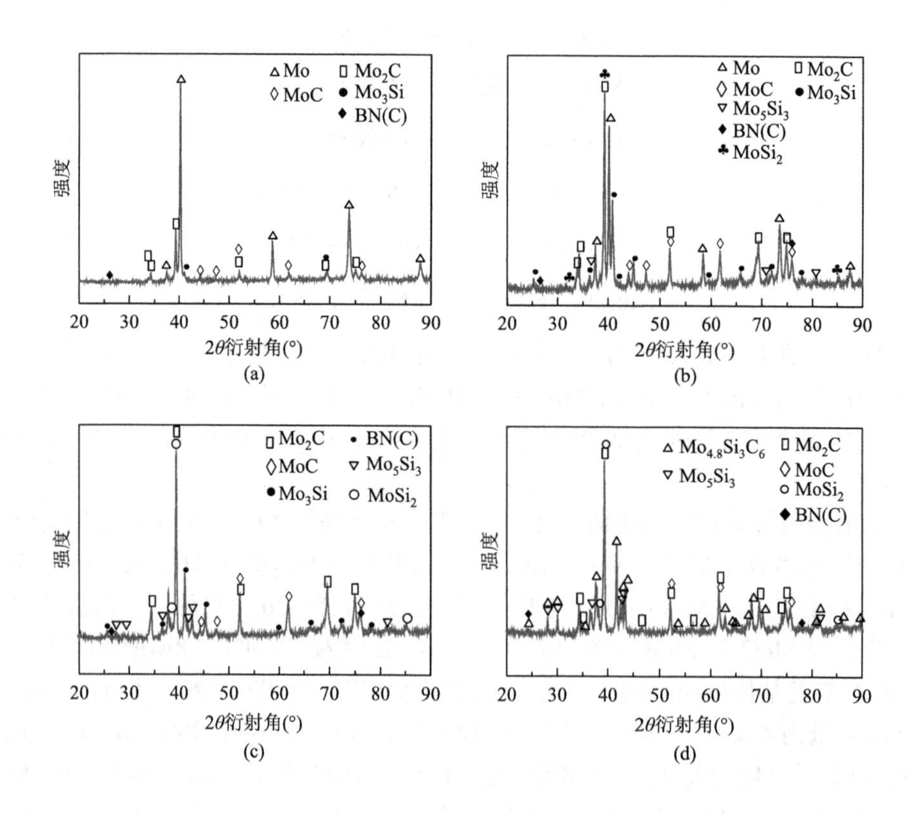

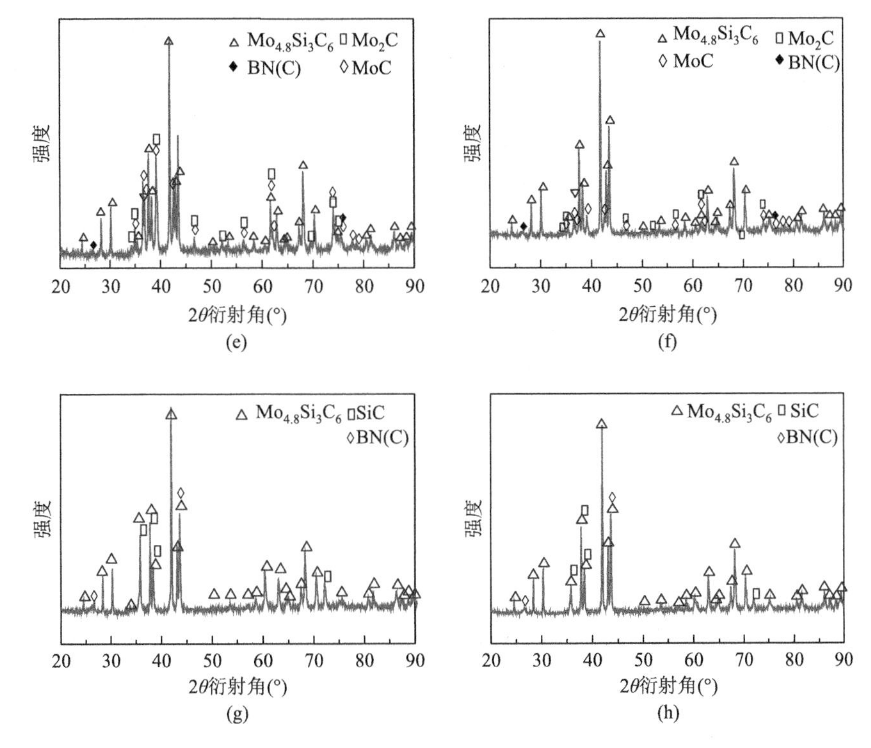

图 4-64　1900℃/60MPa/30min 热压烧结制备的不同 Mo 含量 Mo/Si_2BC_3N 块体陶瓷 XRD 图谱：（a）90vol% Mo；（b）80vol% Mo；（c）70vol%Mo；（d）60vol%Mo；（e）50vol%Mo；（f）40vol%Mo；（g）30vol%Mo；（h）20vol%Mo[32]

从表面形貌上看，随着金属 Mo 含量的增加，复合材料表面致密度逐渐下降，而后又逐渐提高（图 4-65）。当金属 Mo 含量低于 30vol%时，复合材料较为平整致密；金属 Mo 含量在 40vol%～60vol%之间时，复合材料表面开始出现较多的凹坑，致密度明显下降，原因是 $Mo_{4.8}Si_3C_6$ 与其他产物物理性质差异较大，不利于材料致密度的提高；金属 Mo 含量大于 70vol%时，表面孔洞减少，致密度提升，此时材料物相主要为 $Mo_{4.8}Si_3C_6$、SiC 和 BN(C)相，物相种类的减少有效避免了物质间物理性质差异导致的热失配。

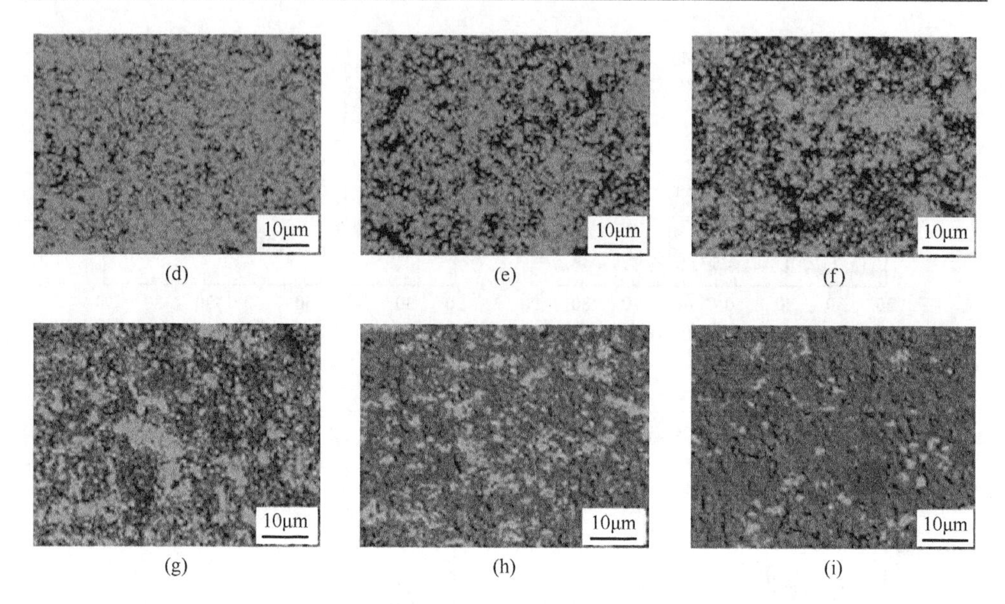

图 4-65 1900℃/60MPa/30min 热压烧结制备的不同 Mo 含量 Mo/Si_2BC_3N 块体陶瓷 SEM 表面形貌：（a）90vol%Mo；（b）80vol%Mo；（c）70vol%Mo；（d）60vol%Mo；（e）50vol%Mo；（f）40vol% Mo；（g）30vol%Mo；（h）20vol%Mo；（i）10vol%Mo[32]

引入烧结助剂 MgO-Al_2O_3-SiO_2（MAS）后，Mo/Si_2BC_3N 复合材料的物相组成没有发生改变，仍为 $Mo_{4.8}Si_3C_6$、SiC 和 BN(C)三相；由于 MAS 含量较少，XRD 图谱没有显示相应的衍射峰（图 4-66）。Mo/Si_2BC_3N 复合材料加入 MAS 前，陶

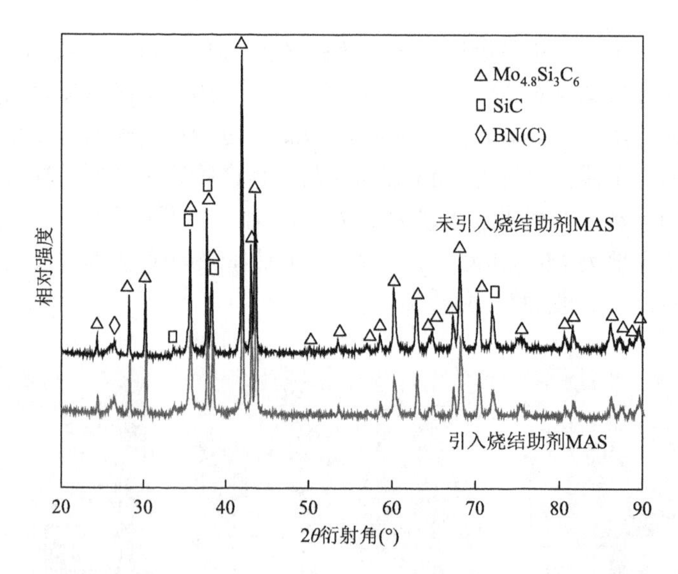

图 4-66 1900℃/60MPa/30min 热压烧结制备的 Mo/Si_2BC_3N 复合陶瓷材料 XRD 图谱[32]

瓷表面较为粗糙，引入烧结助剂后复合材料表面平整致密，且物相分布更加均匀，有效促进了复合材料的烧结致密化（图 4-67）。随着陶瓷基体中金属 Mo 含量的增加，复合材料的断裂韧性越来越高；烧结助剂 MAS 的引入极大提高了 Mo/Si_2BC_3N 复合材料的韧性（图 4-68）。

图 4-67　不同成分 Mo/Si_2BC_3N 复合陶瓷材料 SEM 表面形貌：（a）未引入烧结助剂 MAS；（b）引入烧结助剂 MAS[32]

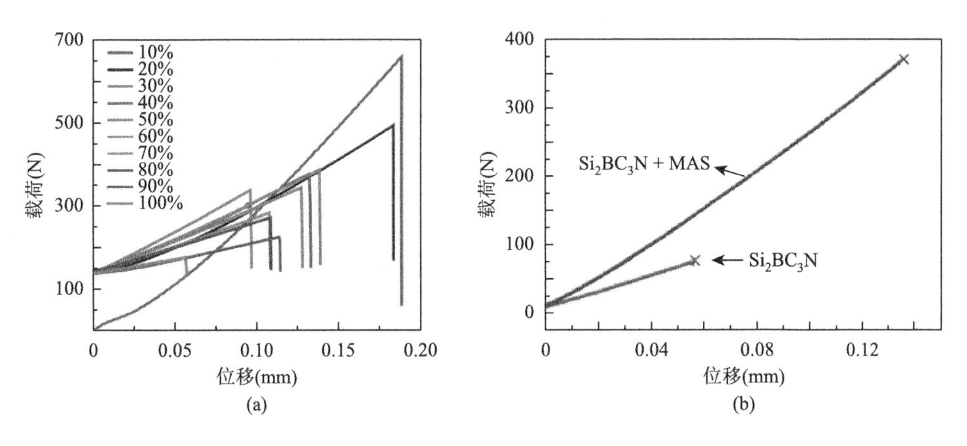

图 4-68　不同成分 Mo/Si_2BC_3N 复合陶瓷材料载荷-位移曲线：（a）不同含量金属 Mo；（b）引入烧结助剂 MAS[32]

4.5.5　金属 Cu-Ti 对 Si_2BC_3N 多孔陶瓷组织结构影响

纯 Cu 在 Si_2BC_3N 多孔陶瓷表面不润湿，在 1100～1115℃完全熔化后在表面张力作用下形成球状液滴，与 Si_2BC_3N 多孔陶瓷接触角稳定在 112°～114°。由于金属 Cu 在一定温度范围内很难与基体 SiC 相发生界面反应，所以纯 Cu 与 SiC 晶粒的润湿性很差；且 Si_2BC_3N 陶瓷基体表面粗糙多孔，使金属液与陶瓷需要的接触面积大大增加，进一步增加了金属 Cu 向 Si_2BC_3N 多孔陶瓷浸渗的难度。在向 Cu 中加入 10%（原子分数）Ti 后，$Cu_{90}Ti_{10}$ 与 Si_2BC_3N 多孔陶瓷的润湿性显著改善，并在 1040℃开始熔化并逐渐变为半球状液滴，温度高于 1050℃后液滴高度逐渐减小，最终接触角稳定在 44.3°，可见加入活性金属元素 Ti 促进 $Cu_{90}Ti_{10}$ 与 Si_2BC_3N 多孔陶瓷的反应性润湿。继续增加助渗金属元素 Ti 的含量，$Cu_{80}Ti_{20}$ 的熔点进一步降低，在 920℃熔化后迅速变为半球状液滴并迅速在 Si_2BC_3N 多孔陶瓷表面铺展开，$Cu_{80}Ti_{20}$ 与 Si_2BC_3N 多孔陶瓷的润湿角在 925℃已降至 35.01°，随后润湿角的变化经历了一个较缓慢的平台阶段，在此阶段，$Cu_{80}Ti_{20}$ 液滴的形状发生扭曲，变得不规则，这是因为液滴发生坍缩向多孔陶瓷中渗入，使得陶瓷表面的金属液滴减少，导致接触角数值进一步减小（1000℃时降至 17.27°）。之后随温度继续上升，又有部分金属渗入陶瓷孔隙之中，润湿角变化曲线再下降一个台阶并最终稳定在 15.60°。由上述过程可知，对于孔隙凹面尺寸较大的试样，能与其良好润湿的液体在其表面的润湿过程必然伴随着向多孔材料内部的浸渗，因而此时接触角的值已无法准确衡量两种金属材料的真实润湿情况。$Cu_{90}Ti_{10}$ 或 $Cu_{80}Ti_{20}$ 可作为双连续复合材料中的金属相（图 4-69 和图 4-70）。

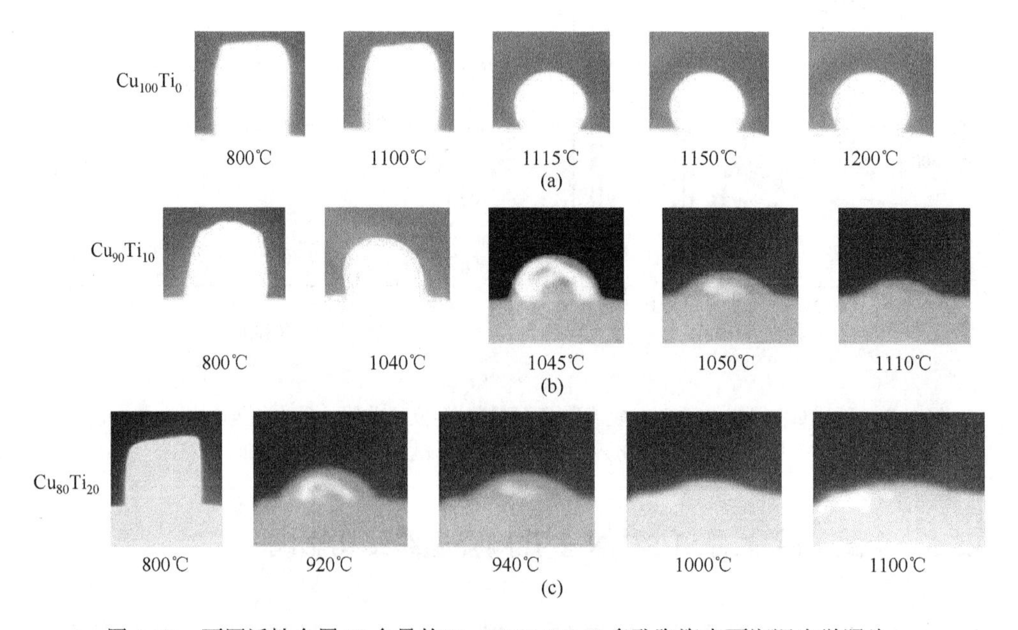

图 4-69　不同活性金属 Ti 含量的(Cu-Ti)/Si_2BC_3N 多孔陶瓷表面润湿光学照片：（a）渗入纯 Cu；（b）渗入 $Cu_{90}Ti_{10}$；（c）渗入 $Cu_{80}Ti_{20}$[33]

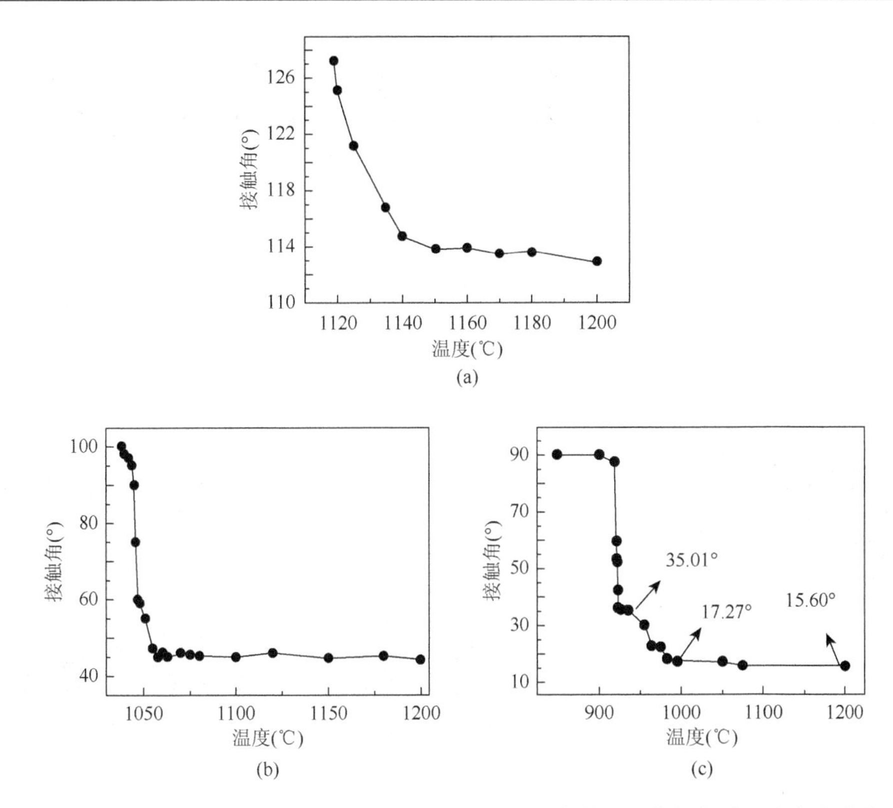

图 4-70　不同活性金属 Ti 含量(Cu-Ti)/Si_2BC_3N 多孔陶瓷的表面接触角随温度变化曲线：（a）渗入纯 Cu；（b）渗入 $Cu_{90}Ti_{10}$；（c）渗入 $Cu_{80}Ti_{20}$[33]

$Cu_{90}Ti_{10}$ 在多孔陶瓷表面铺展情况良好，某些孔隙上方的金属液层向陶瓷孔洞内侧弯曲，具有向片层内部流动的趋势，但在表面金属液膜表面张力的作用下未完全与片层孔壁贴合。在某些孔隙处的金属液层已开始向孔隙内渗入，孔隙尺寸越大，金属渗入的深度越大，其渗入的最大深度约为 612.17μm。多孔陶瓷基体中富含 Si 元素，金属液层中主要成分为 Cu，Ti 主要富集在界面处的金属一侧，Cu-Ti 与 Si 的分布界限清晰，界面反应或扩散程度很弱，反应或扩散层宽约 2～4μm。金属液膜表面的氧化膜可能阻碍界面反应，影响浸渗效果（图 4-71）。

$Cu_{80}Ti_{20}$ 在多孔陶瓷表面铺展情况与渗入效果较 $Cu_{90}Ti_{10}$ 有较大提升，金属液能够深入陶瓷孔隙之中，最大浸渗深度约为 1631.70μm。$Cu_{80}Ti_{20}$ 渗入后复合材料内部的主要元素组成有：组成基体的 C、Si、B、N 以及少量渗入金属元素 Ti 和 Cu，距试样表面较深处无氧元素存在。含量较多的 Si 与 Cu 交替排列形成“陶瓷-金属-陶瓷”的双连续片层结构，Ti 元素则偏聚在金属 Cu 层中靠近陶瓷层的两侧，说明足量的 Ti 作为活性元素能够很好地与基体中的 SiC 反应，在金属 Cu 与

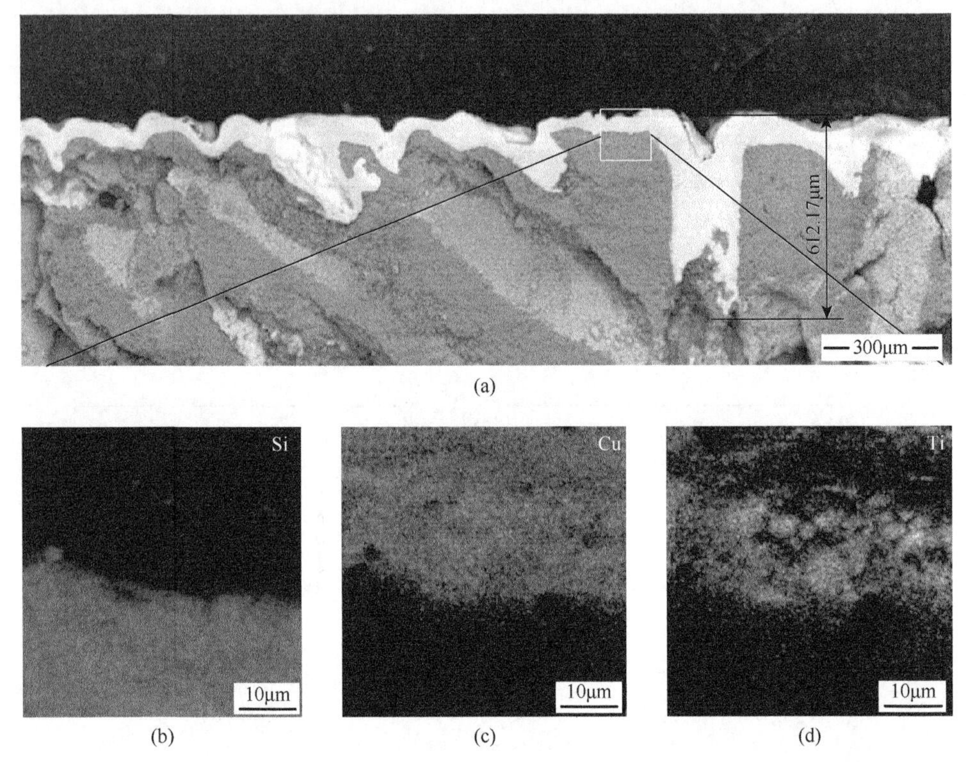

图 4-71　$Cu_{90}Ti_{10}$ 对 Si_2BC_3N 多孔陶瓷浸渗行为影响：（a）浸渗后陶瓷 SEM 截面照片；（b）～（d）相应元素面分布图[33]

Si_2BC_3N 多孔陶瓷界面处形成厚度及结合程度适中的反应层，以此促进 Cu 与 Si_2BC_3N 多孔陶瓷孔壁的润湿，提高 $Cu_{80}Ti_{20}$ 在片层孔隙中的浸渗深度（图 4-72）。

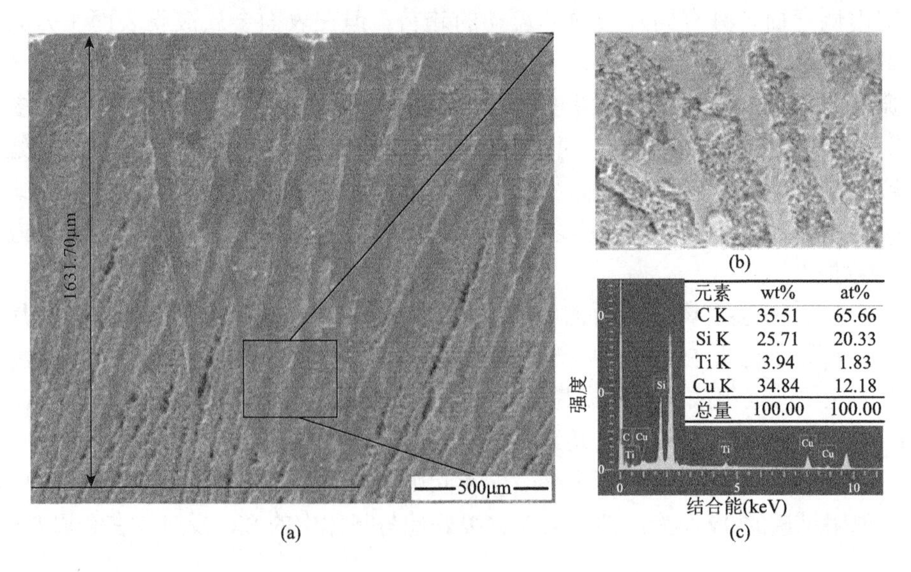

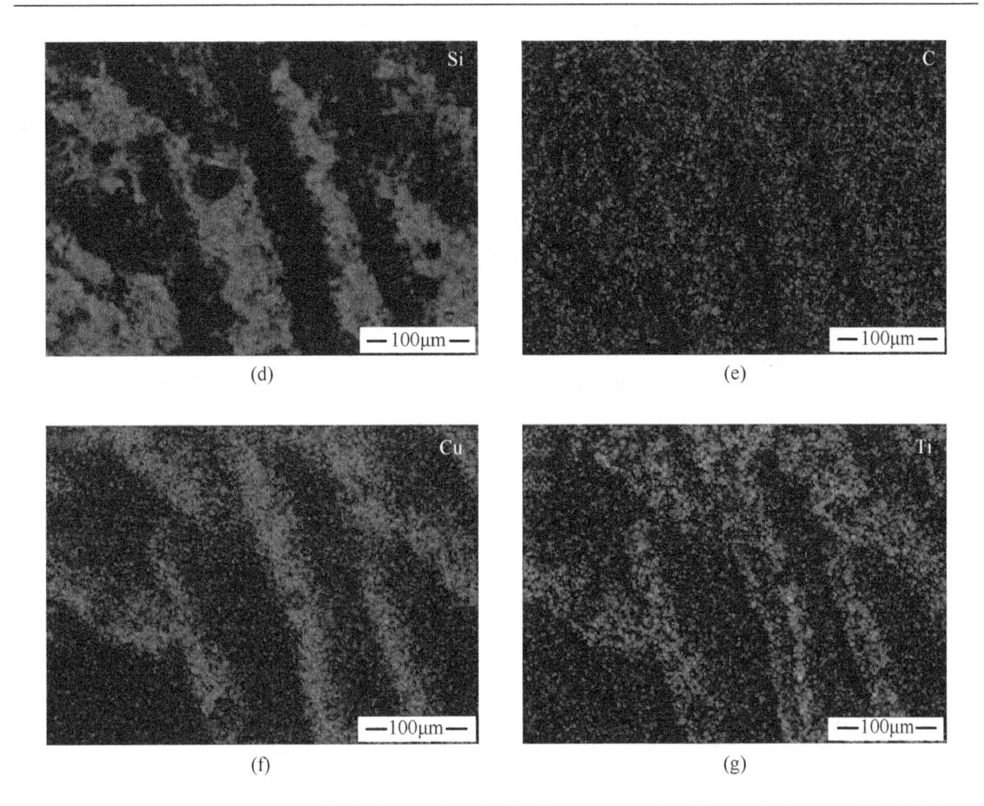

(d)　(e)

(f)　(g)

图 4-72　$Cu_{80}Ti_{20}$ 对 Si_2BC_3N 多孔陶瓷浸渗行为影响：(a)，(b) 浸渗后陶瓷 SEM 截面照片；(c) 区域元素分布；(d) ～ (g) 相应元素面分布图[33]

在未渗入金属 Cu-Ti 前，Si_2BC_3N 多孔陶瓷表面粗糙多孔，呈黑色。渗入部分 Cu-Ti 后，Si_2BC_3N 多孔陶瓷表面逐渐光滑致密且呈金黄色（图 4-73）。由于组成 Si_2BC_3N 多孔陶瓷基体元素种类较多，渗入金属与其发生反应性润湿的过程中生成多种界面反应产物，因而(Cu-Ti)/Si_2BC_3N 复合材料物相组成较复杂，物相组成主要有 β-SiC、BN(C)、Cu_3Ti_2、TiC(N)、Cu_5Si、TiB_2 以及少量单质 C、Cu、Ti 等（图 4-74），除 β-SiC、BN(C)、Cu、Ti、C 外，其余均为无压浸渗过程中的反应产物，反应过程如下：

$$Ti(s)+SiC(s)\longrightarrow TiC(s)+Si(s) \tag{4-18}$$

$$Si(s)+5Cu(s)\longrightarrow Cu_5Si(s) \tag{4-19}$$

$$5Cu(s)+SiC(s)\longrightarrow Cu_5Si(s)+C(s) \tag{4-20}$$

$$3Ti(s)+2BN(C)(s)\longrightarrow TiB_2(s)+2TiN(s)+2C(s) \tag{4-21}$$

反应（4-18）和反应（4-19）是活性金属元素 Ti 改善 Cu 与 Si_2BC_3N 多孔陶瓷基体润湿性的主要机制。由于 TiC 很稳定，因此金属 Ti 易与 SiC 反应生成 TiC，

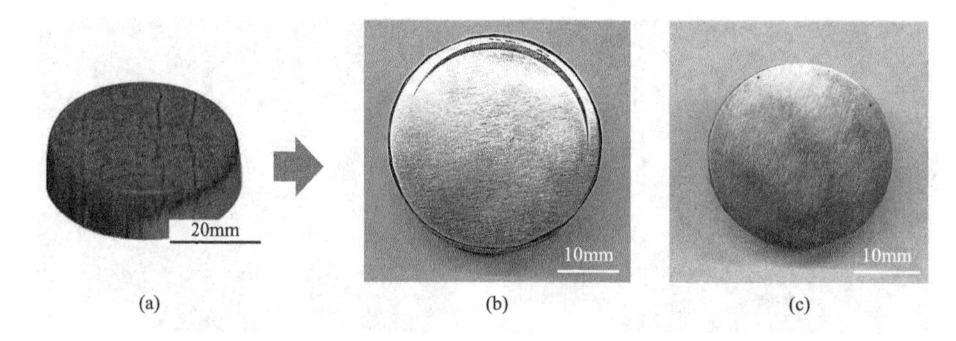

图 4-73　(Cu-Ti)/Si_2BC_3N 复合材料浸渗前后宏观照片：（a）浸渗前；（b）浸渗 $Cu_{90}Ti_{10}$ 后；（c）浸渗 $Cu_{80}Ti_{20}$ 后[33]

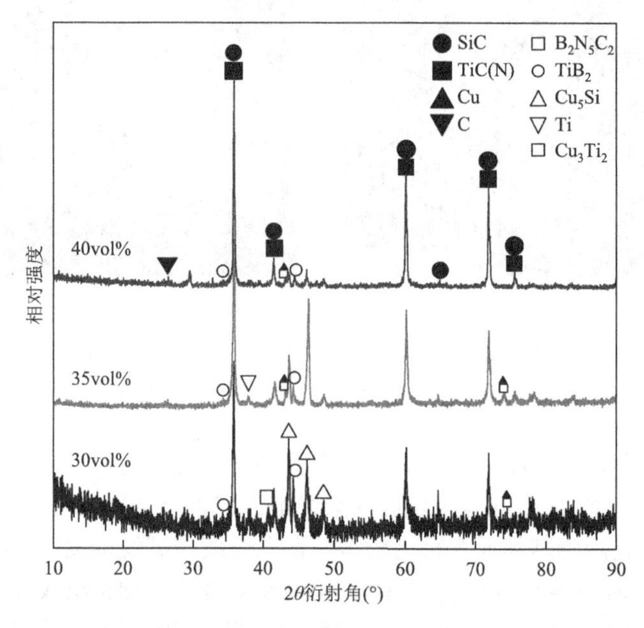

图 4-74　不同 Si_2BC_3N 初始固相含量(Cu-Ti)/Si_2BC_3N 复合材料 XRD 图谱[33]

生成的单质 Si 可以继续与渗入的液态金属 Cu 反应生成化合物 Cu_5Si，形成以 TiC 和 Cu_5Si 组成的结合强度适中的界面反应层。由于 Si_2BC_3N 多孔陶瓷基体中还有一定量湍层 BN(C)相，活性元素 Ti 与 BN(C)相反应会生成 TiB_2 与 TiN，反应（4-21）在一定程度上可以避免金属 Ti 与 SiC 过度反应。Si_2BC_3N 固相含量为 40vol%的多孔陶瓷材料，其 XRD 图谱中 Cu_5Si 的衍射峰强度较另外两种复合材料明显减弱，可能原因是其孔径较小，渗入金属与孔壁剧烈反应，生成的反应物堵塞孔隙导致渗入金属量不足。

三种不同 Si_2BC_3N 初始固相含量(Cu-Ti)/Si_2BC_3N 复合材料的实测密度与理论

密度均随浸渗金属含量的减少而降低，但实测密度减小速度大于理论密度。Si_2BC_3N 固相含量为 30vol%的复合陶瓷材料实测密度大于理论密度，密度差为 0.22g/cm^3，这是由于该复合陶瓷材料骨架片层致密化程度较低，金属可能渗入陶瓷片层的疏松部位并与原闭气孔周围的陶瓷颗粒发生反应，并最终进入闭气孔，使渗入金属量高于理论值；固相含量为 35vol%的复合陶瓷材料，两者值较接近，密度差仅为 0.05g/cm^3；固相含量为 40vol%的复合陶瓷材料实测密度小于理论密度，这可能与其固含量过高，孔径较小，浸渗不充分有关（图 4-75 和表 4-2）。

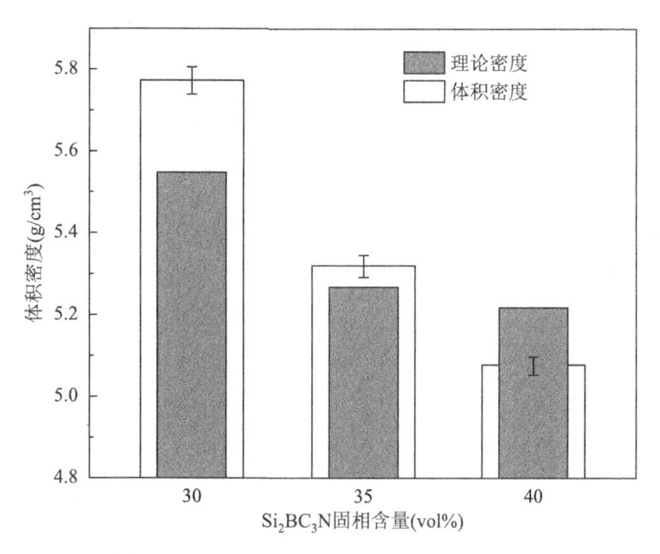

图 4-75　不同 Si_2BC_3N 初始固相含量(Cu-Ti)/Si_2BC_3N 复合材料体积密度及理论密度对比[33]

表 4-2　不同 Si_2BC_3N 初始固相含量(Cu-Ti)/Si_2BC_3N 复合材料的体积密度、理论密度和相对密度[33]

Si_2BC_3N 初始固相含量（vol%）	$Cu_{80}Ti_{20}$ 含量（vol%）	理论密度（g/cm^3）	体积密度（g/cm^3）	相对密度（%）
30	51.49	5.55	5.77	104.0
35	49.76	5.27	5.32	100.9
40	48.70	5.22	5.08	97.3

对于 Si_2BC_3N 固相含量为 30vol%的复合陶瓷材料，在垂直冷冻方向的平面上，黄色发亮的条带状部分为所渗入的 $Cu_{80}Ti_{20}$，黑色部分则是 Si_2BC_3N 陶瓷基体，渗入金属将陶瓷片层的孔隙填满，在金属与陶瓷相的界面处有一层亮度介于两者之间的界面反应层。由于在与冷冻方向垂直的任意平面上，冰晶片在冷冻过程中的取向是随机或者短程有序地排列，当金属相代替冰晶后，可见其相互交织、联通排列。固相含量为 35vol%的复合陶瓷材料，平行于冷冻方向的纵截面照片显示，

金属片层以完全平行且等距的方式排列；而垂直于冷冻方向，金属片层的排列方向基本一致，但有不同程度的倾斜，这是该位置在冷冻过程中存在大量枝晶导致的。固相含量为40vol%的复合陶瓷材料，垂直于冷冻方向上金属片层密度明显减少，而平行于冷冻方向的金属片层逐渐变得不连续，这是由于固相含量较高，金属与陶瓷基体的反应产物堵塞孔隙而阻碍金属深入。因此，随着固相含量增加，金属片层的间距及宽度逐渐减小（图 4-76）。

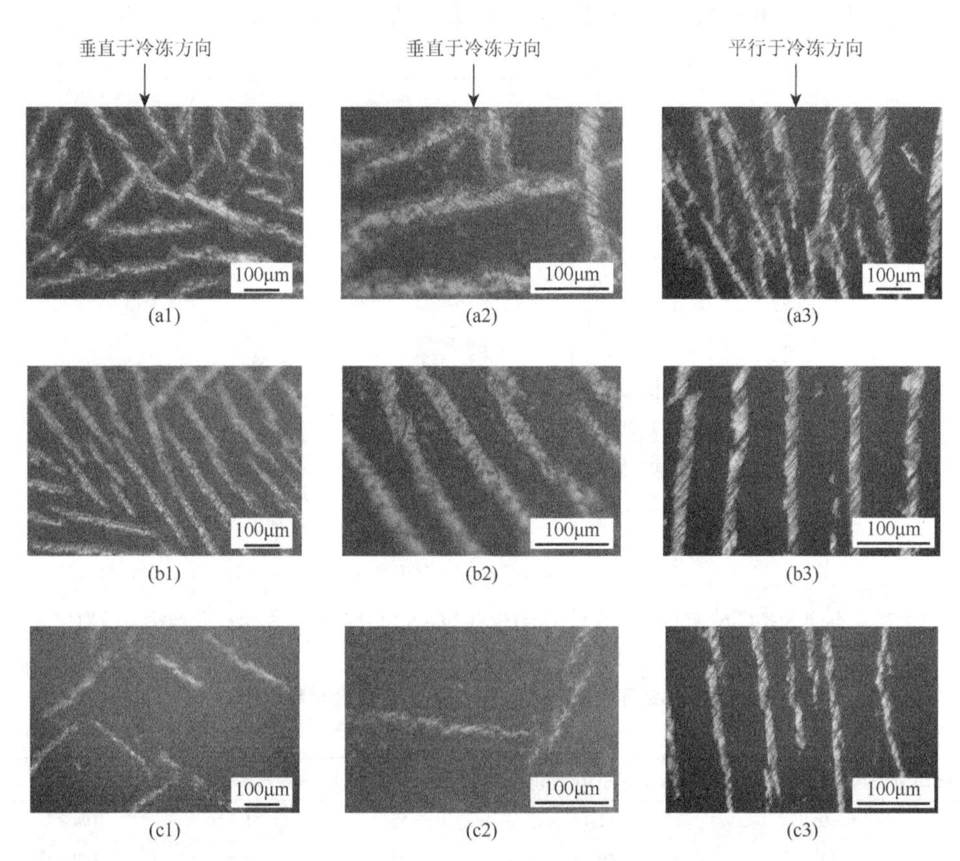

图 4-76　不同 Si_2BC_3N 初始固相含量 $Cu_{80}Ti_{20}/Si_2BC_3N$ 复合材料金相照片：(a)固相含量 30vol%；(b) 固相含量 35vol%；(c) 固相含量 40vol%[33]

背散射扫描 SEM 形貌表明（与金相照片的拍摄位置及距离相同），固相含量为 30vol%的复合陶瓷材料，上金属层较宽且相互交错，但是有个别孔隙未渗入金属。随着初始固相含量增加，金属片层宽度及数量均减小，由连续状逐渐变为交错的竹叶状或更细的针状。垂直于冷冻方向，距试样底部同一高度的位置上，金属片层基本平行排列，随初始固含量提高，片层宽度减小。固相含量为 30vol%的复合陶瓷材料中金属片层两侧较暗的界面反应层较厚（10～15μm），固相含量为

35vol%的复合陶瓷材料次之（5～8μm），固相含量为 40vol%的复合陶瓷材料反应层厚度最薄（1～4μm）（图 4-77）。

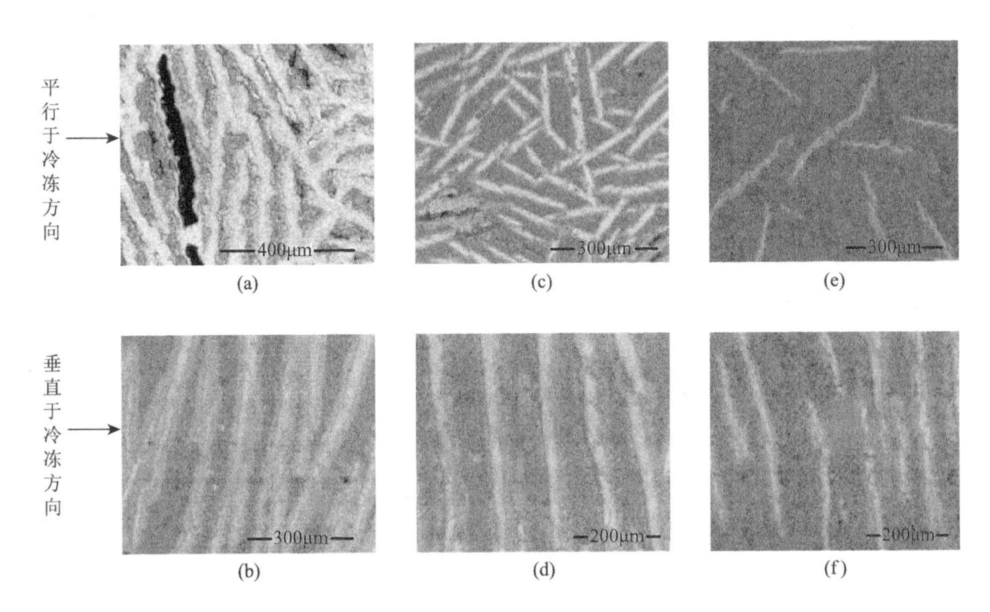

图 4-77　不同 Si_2BC_3N 初始固相含量 $Cu_{80}Ti_{20}/Si_2BC_3N$ 复合材料 SEM 截面背散射照片：（a），（b）固相含量 30vol%；（c），（d）固相含量 35vol%；（e），（f）固相含量 40vol%[33]

在二次电子图像上，平行于冷冻方向，上表面较光滑的金属片层与较疏松的陶瓷片层交替排列成双连续结构，在试样研磨过程中陶瓷片层上不断有颗粒脱落在金属片层上留下划痕。背散射照片中亮度较高的部分是连续的金属相，陶瓷孔隙大部分都被金属填满，但还有极少量孔隙中金属未完全渗入，这些部位将增加复合材料的闭气孔率，并对其力学性能不利。在更高倍数背散射照片中可见金属层中的界面反应层上有许多沿金属-陶瓷界面排列且衬度较暗的圆形颗粒，这可能是界面反应产物中的 $TiB_2(N)$陶瓷颗粒（图 4-78）。

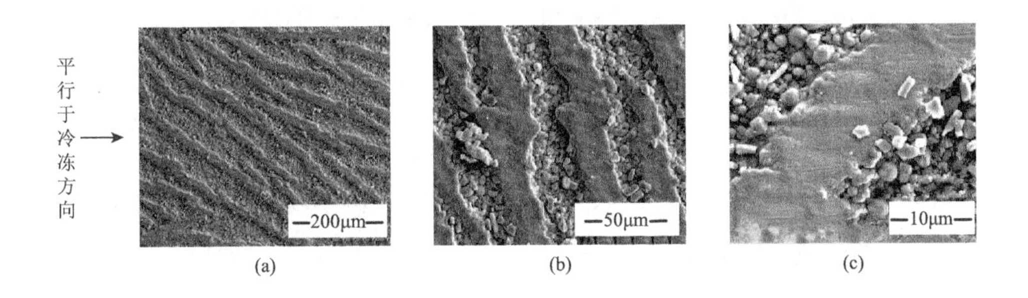

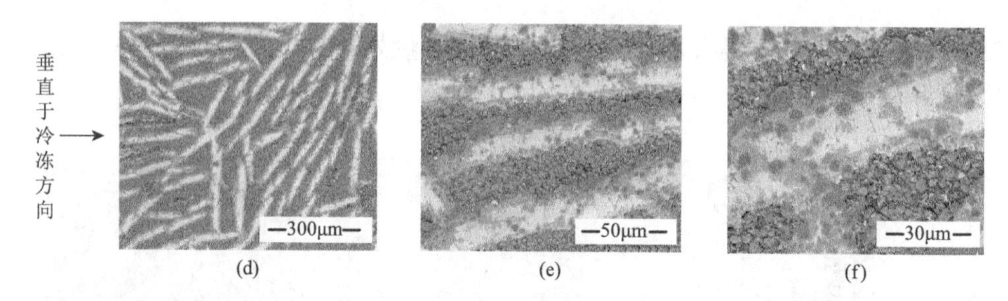

图 4-78　Si_2BC_3N 初始固相含量为 35vol%的 $Cu_{80}Ti_{20}/Si_2BC_3N$ 复合材料 SEM 截面照片：（a）～（c）二次电子图像；（d）～（f）背散射图像[33]

金属片层的主要成分为单质 Cu 及极少量单质 Si，在金属片层两侧的界面结合处 Cu 与 Si 的含量均较各自的基体有明显减少，但仍有信号峰，说明 Cu 与 Si 在界面结合处发生反应。金属 Ti 在该界面层中富集，并与陶瓷基体中的 B、N、C 反应，形成宽度为 5～8μm 的界面层，Ti 向金属-陶瓷界面处富集并促进了 Cu 与陶瓷基体中的 Si 反应生成 Cu_5Si 化合物，从而大大提高了 Cu 与 Si_2BC_3N 多孔陶瓷基体的润湿性（图 4-79）。

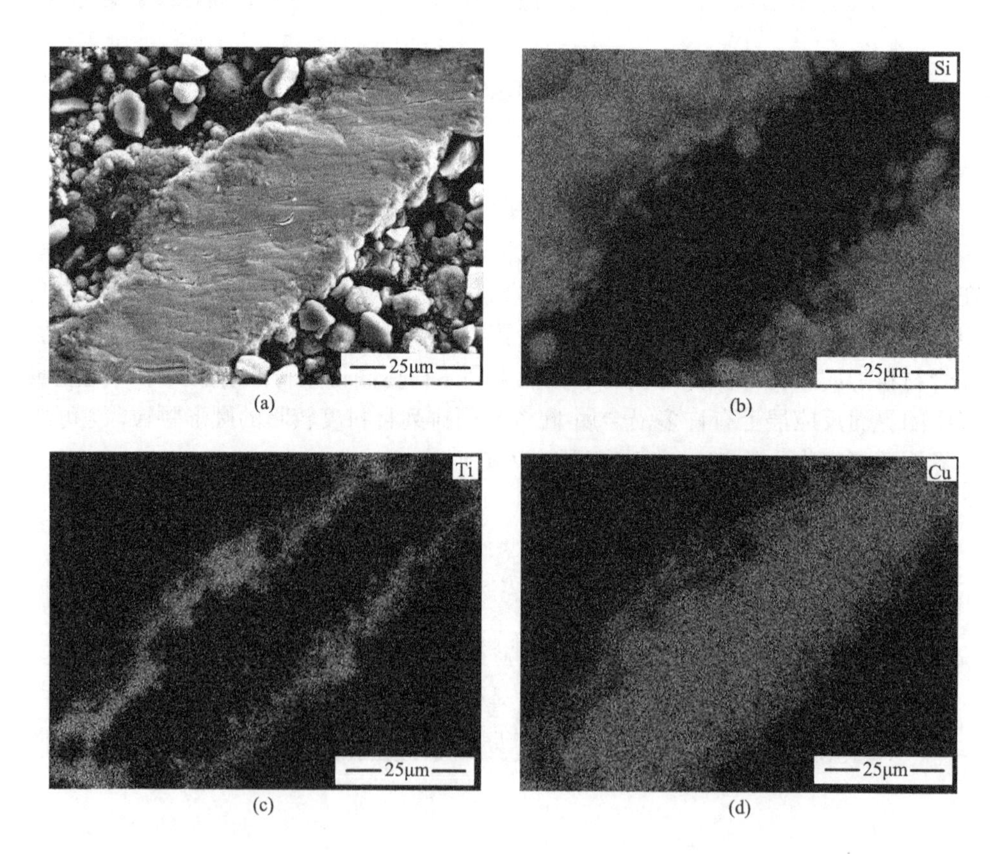

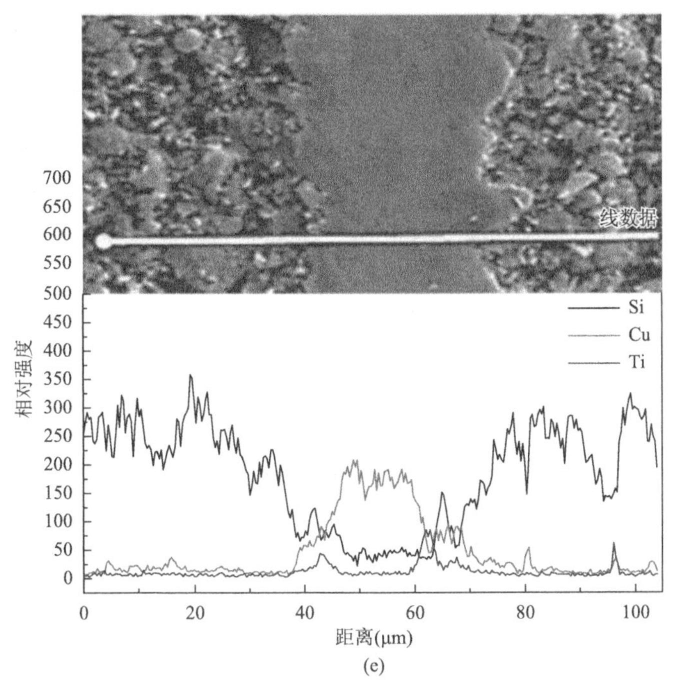

(e)

图 4-79　Si_2BC_3N 初始固相含量为 35vol%的 $Cu_{80}Ti_{20}/Si_2BC_3N$ 复合材料界面处 SEM 断口形貌及相应元素分布：（a）二次电子形貌；（b）Si；（c）Ti；（d）Cu；（e）元素线扫描结果[33]

Si_2BC_3N 多孔陶瓷与金属片层结合界面处，衬度较亮的是所渗入的 $Cu_{80}Ti_{20}$，衬度较暗的是陶瓷基体中的 SiC 晶粒，可见金属渗透进入未烧结致密化的陶瓷颗粒间。由元素面分布图可见，虽然金属 Cu、Ti 均已渗入陶瓷基体中，但 Cu 与陶瓷基体间相隔一条富含 Ti 的反应层，该反应层还富含 B、C 及 N 元素，推测是 $Cu_{80}Ti_{20}$ 中的 Ti 与 Si_2BC_3N 多孔陶瓷中的 B、C 及 N 反应生成了 TiC、Ti_xB_y 及 Ti_xN_y。在金属-陶瓷的界面结合处，Si_2BC_3N 多孔陶瓷基体中的 B、N 几乎完全偏聚到界面处与 Ti 发生反应，基体中的 C 则较均匀地分布在界面处，仅在金属-陶瓷结合位点生成较小尺寸的 TiC 颗粒（图 4-80）。

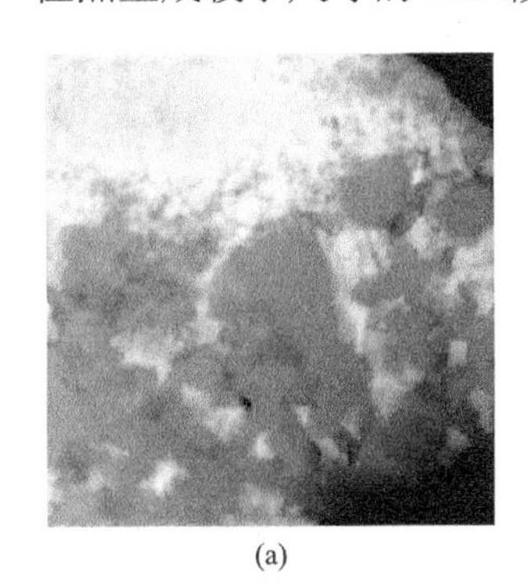
(a)

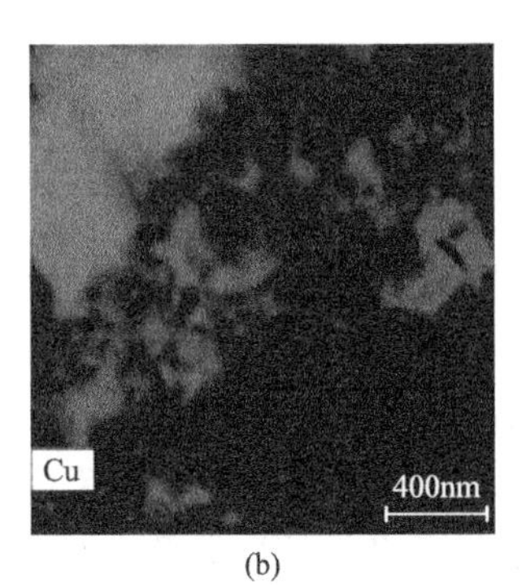

(b)

(c)

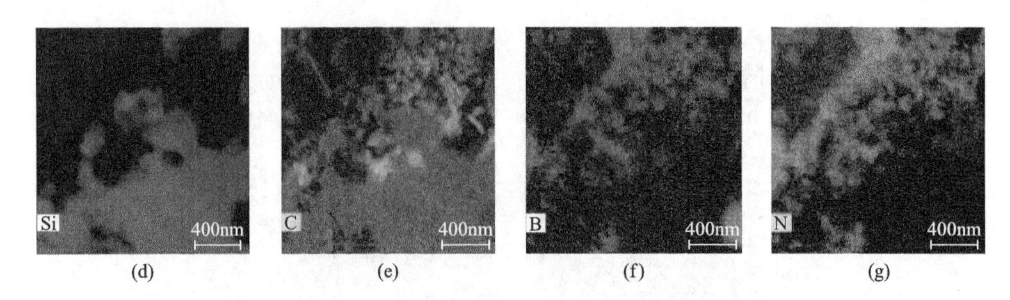

图 4-80　Si_2BC_3N 初始固相含量为 35vol%的 $Cu_{80}Ti_{20}/Si_2BC_3N$ 复合材料结合界面处显微结构及相应元素分布：（a）HADDF 图像；（b）～（g）相应元素面分布[33]

在界面层内部衬度较暗的是 Cu 与 Si 的化合物以及少数 β-SiC 晶粒，由于 $Cu_{80}Ti_{20}$ 中的活性元素 Ti 已与 Si_2BC_3N 陶瓷基体中的 B、C、N 反应，Cu 与 Si 得以充分结合在一起，使得金属与 SiC 晶粒产生较强的结合。明场像中衬度较亮的晶粒有两类形态，一种是尺寸较小（边长 90～120nm）且晶界平直的四边形晶粒，另一种是尺寸较大（直径 200～350nm）的棒状晶粒，结合元素面分布结果可知两种颗粒均含有活性元素 Ti，较小四边形晶粒主要是由 Ti、C、N 组成的化合物 TiC_xN_y，较大棒状晶粒是由 Ti、B、N 组成的化合物 TiB_xN_y，部分棒状晶粒直接生长在靠近 Si_2BC_3N 陶瓷基体一侧的 SiC 晶粒表面或间隙位置。两种晶粒混合交错分布在金属与 Si_2BC_3N 基体界面处约 5～8μm 宽的中间层（图 4-81）。

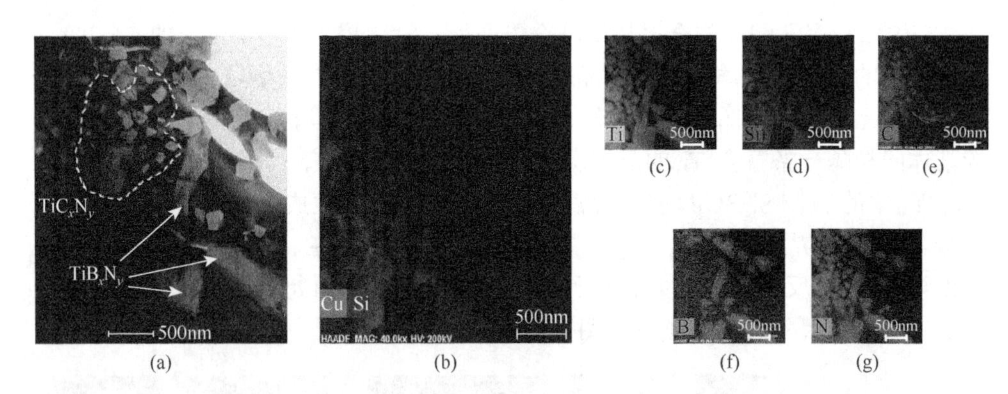

图 4-81　Si_2BC_3N 初始固相含量为 35vol%的 $Cu_{80}Ti_{20}/Si_2BC_3N$ 复合材料结合界面内部显微结构及相应元素面分布：（a）STEM 形貌；（b）～（g）相应元素面分布[33]

Si_2BC_3N 多孔陶瓷基体与 $Cu_{80}Ti_{20}$ 的界面结合方式属于以扩散为主的化学反应结合。Cu 与 Si 在界面化学反应［Ti 与 SiC、BN(C)相反应］的催化下相互扩散并反应。界面反应产物 TiC_xN_y 与 TiB_xN_y 本身作为硬质合金涂层，具有良好的耐高温、耐磨、耐应力腐蚀等特点，接近纳米尺度的 TiC_xN_y 主要由 TiC、TiN 及片层石墨三相组成，而 TiB_xN_y 晶粒主要由 TiB_2、TiN 及片层 BN 组成。中间层中反应产物本身的性质对复合材料在外力作用下能否有效传递载荷、调节应力分布状态并有效阻止裂纹扩展有着重要影响（图 4-82）。

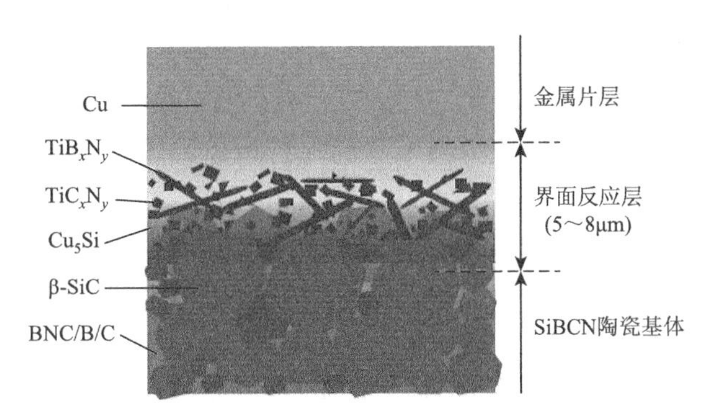

图 4-82　Si_2BC_3N 初始固相含量为 35vol%的 $Cu_{80}Ti_{20}/Si_2BC_3N$ 复合材料界面结合结构及物相分布示意图[33]

4.5.6　ZrO_{2p} 或 AlN_p 对 Si_2BC_3N 陶瓷致密化和组织结构影响

通过在 Si_2BC_3N 陶瓷基体中引入 ZrO_{2p} 或 AlN_p 作烧结助剂，能有效促进该体系亚稳陶瓷的烧结致密化。加入添加剂后，Si_2BC_3N 陶瓷坯体在热压条件下的致密化过程仍然包括三个阶段，即因施加轴向压强而引起的粉体紧密堆积阶段、陶瓷坯体体积变化较小的烧结初期阶段和陶瓷坯体的快速烧结致密化阶段（图 4-83）。但是加入助烧剂后，陶瓷坯体快速烧结致密化阶段的起始温度有了明显的降低。引入少量 ZrO_{2p} 或 AlN_p 后，该阶段的起始温度由不含助烧剂时的约 1830℃分别降低至约 1720℃和 1760℃。同时，坯体收缩速率极大值的发生时间也

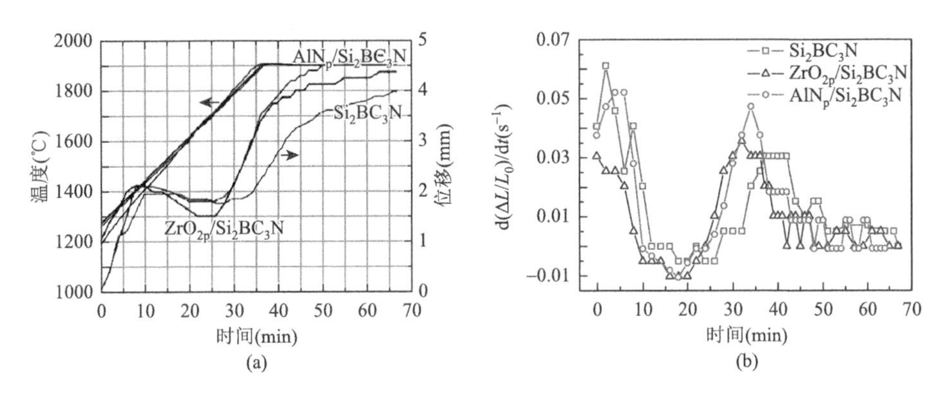

图 4-83　引入 5mol% ZrO_{2p} 或 AlN_p 的 Si_2BC_3N 非晶陶瓷粉体的升温曲线：（a）模具表面温度与压头位移随时间的变化曲线；（b）压头位移速率随时间的变化曲线[1]

分别比不含助烧剂的陶瓷坯体提前了约 5min 和 3min。即少量 ZrO_{2p} 或 AlN_p 的加入能够有效促进 Si_2BC_3N 非晶陶瓷粉体的烧结，降低烧结温度。

在相同的烧结工艺条件下，上述两种助烧剂的加入使得所制备陶瓷材料的孔隙率更低，材料更加致密，陶瓷颗粒之间的烧结更加充分。热压烧结过程中，AlN 会与 SiC 形成置换型固溶体，因此促进材料中原子或空位的扩散。而在 ZrO_2 中，由于离子键占的比重较大，其本身的自扩散系数较高，氧及锆原子的扩散或氧化锆晶粒的析晶长大促进了材料中的空位扩散进而促进了其他原子的扩散。可见，上述两种助烧剂以各自的方式促进原子扩散，使粉体颗粒在高温下的滑动重排和高温蠕变，以及原子体积扩散等传质过程变得更加容易，使材料发生烧结时的传质条件得到了改善。另外，少量助烧剂的加入，使材料的化学成分发生了变化，粉体颗粒表面的 SiO_2、Al_2O_3、B_2O_3 等氧化膜及 ZrO_2 等氧化物在高温条件下可能形成了少量低熔点化合物。这样既除去了粉体颗粒表面的氧化膜，又形成了少量的黏滞流动相，这都有利于原子的扩散，进而促进材料的烧结（图 4-84）。

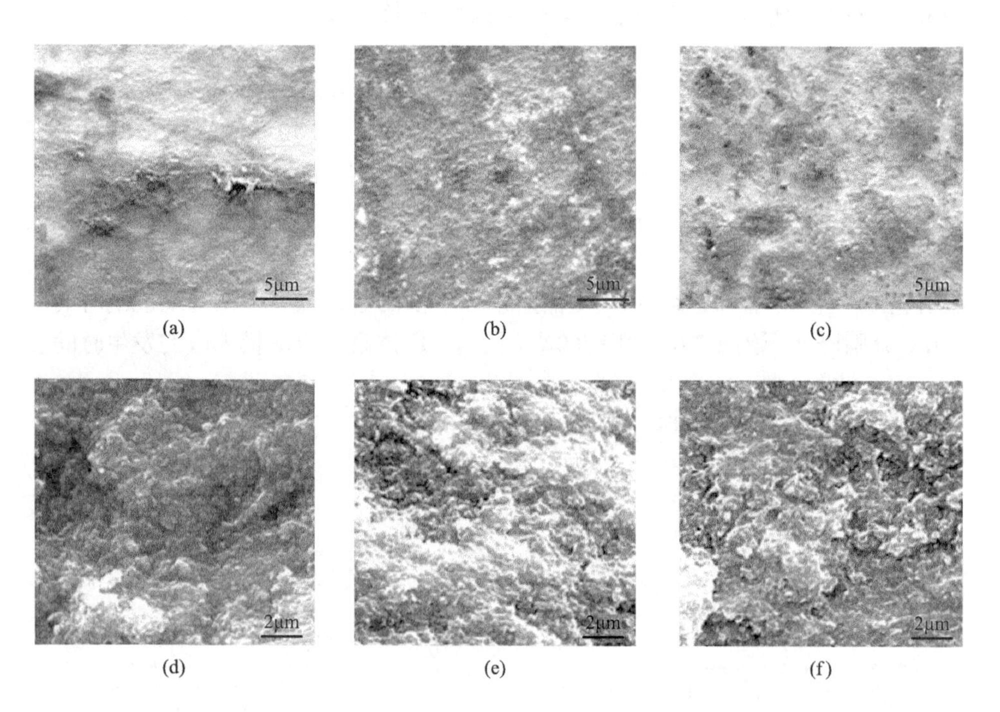

图 4-84　1900℃/80MPa/30min/热压烧结制备的不同成分 Si_2BC_3N 块体陶瓷的 SEM 表面及断口形貌：（a），（d）Si_2BC_3N；（b），（e）5mol% ZrO_{2p}；（c），（f）5mol% AlN_p[1]

引入 5mol% ZrO_{2p} 或 AlN_p 助烧剂后，XRD 显示 AlN 在陶瓷基体中没有独立晶体衍射峰。因为ZrO_2与具有六方结构的SiC在晶体结构上的相似性，推测二者可能形成了固溶体。ZrO_2在陶瓷中以m相和t相的形式独立存在，没有与其他元素形成固溶体或化合物。t-ZrO_2相的存在可能源于陶瓷降温冷却过程中，t→m相变因受到体积膨胀的限制或受到晶粒尺寸小于临界相变尺寸的限制而不能完全转变，所以一部分t-ZrO_2被保留到室温。局部放大XRD图谱中，当陶瓷中含有ZrO_{2p}或AlN_p助烧剂时，SiC或BN(C)的衍射峰都明显向高角度发生了偏移，说明SiC或BN(C)中相应的晶面间距比陶瓷中不含助烧剂时有所减小，晶体的晶化度有所提高。这表明助烧剂的加入明显促进了SiC与BN(C)相的析晶，这可能也是两种助烧剂能够有效促进烧结的一种原因（图4-85）。

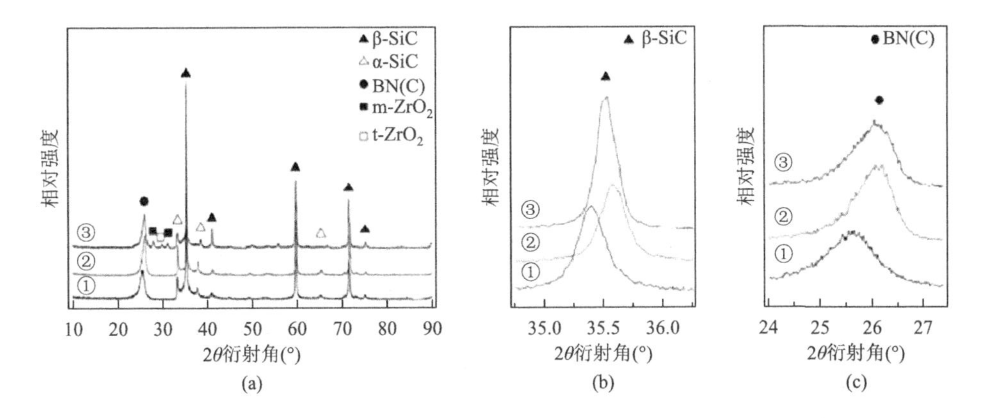

图4-85 1900℃/80MPa/30min热压烧结制备的不同成分Si_2BC_3N块体陶瓷XRD图谱：(a)10°～90°；（b）约34°～37°；（c）约24°～28°；①纯Si_2BC_3N；②添加5mol% AlN_p；③添加5mol% ZrO_{2p}[1]

ZrO_{2p}或AlN_p的加入使SiC与BN(C)相晶粒发生了明显长大，SiC和BN(C)相平均晶粒尺寸从不含助烧剂时的约80nm分别长大至约250nm和200nm，BN(C)相不仅尺寸增大，晶化度升高，且分布变得不均匀（图4-86）。由于BN(C)相沿a轴与沿c轴方向的热膨胀系数存在差异，在陶瓷降温过程中，两个方向上收缩程度将会不同，晶粒内的局部区域将因此产生开裂现象。利用这一特征可以很明显地将BN(C)相与SiC相区分开。因此，ZrO_{2p}或AlN_p助烧剂的加入有利于材料在高温热压条件下的原子扩散，有利于材料的传质和烧结致密化，也促进了材料的晶化和晶粒生长。显然，助烧剂的这些作用与其晶体结构及晶体特性是紧密相关的，AlN与SiC容易形成置换型固溶体，ZrO_2由于离子键占的比重较高，其自身扩散系数较大。两种助烧剂以上述各自的方式促进了材料内部空位及原子的扩散，因此对材料晶化度的提高及晶粒的生长起到了促进作用。

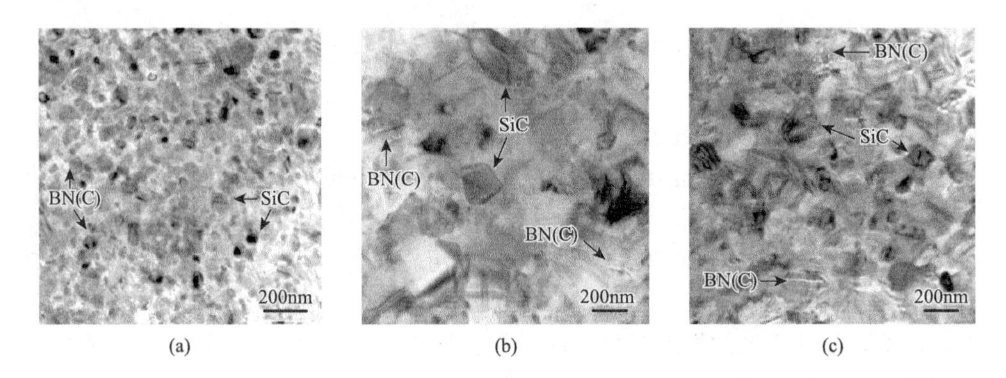

图 4-86　1900℃/80MPa/30min 热压烧结制备的不同成分 Si_2BC_3N 块体陶瓷 TEM 微观组织结构：（a）Si_2BC_3N；（b）5mol% ZrO_{2p}；（c）5mol% AlN_p[1]

TEM 结果进一步证实，AlN 在烧结过程中与其他元素结合形成了固溶体或化合物。从 SiC 晶粒形态上观察，该晶粒在明场像下的衬度既不均匀，也没有平直的明暗相间条纹，这与大多数 SiC 晶粒有所不同。EDS 表明该晶粒中除含有大量的 Si 和 C 元素外，还含有部分 Al 元素，这说明该晶粒是固溶有 Al 原子的 SiC。由于外来原子的固溶，SiC 晶格发生了不规则的畸变，所以晶粒在明场像下表现出不均匀的衬度。AlN 容易与 SiC 发生固溶，因而是 SiC 陶瓷烧结时常用的助烧剂。当 AlN_p 被添加到 Si_2BC_3N 非晶粉体中时，在高能球磨或热压烧结过程中，AlN 都有可能与 SiC 发生固溶，因而能够促进原子扩散，促进材料烧结，同时也有利于材料的晶化和晶粒的生长（图 4-87）。

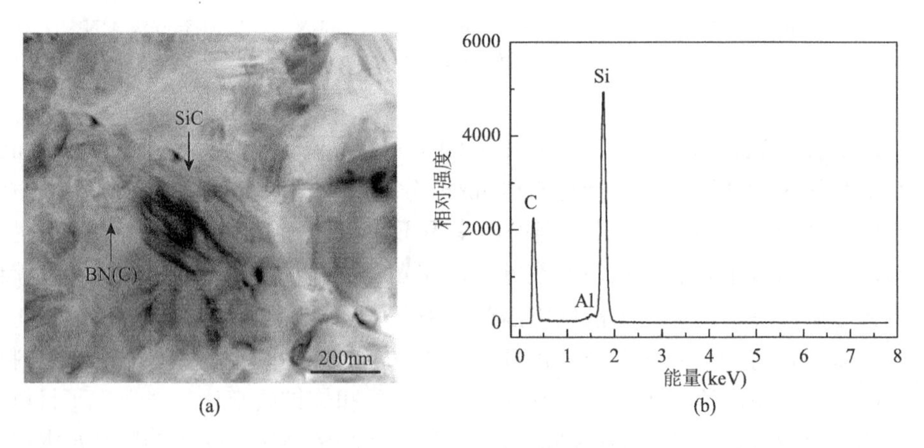

图 4-87　添加 5mol% AlN_p 的 Si_2BC_3N 块体陶瓷材料 TEM 明场像（a）及 SiC 晶粒中 EDS 点分析（b）[1]

ZrO_2 在陶瓷中的分布很不均匀，在局部区域明显富集，晶粒尺寸从几十纳米到几百纳米不等。部分 ZrO_2 晶粒中存在由马氏体型 t→m 相变形成的板条状组织。该组织在明场成像模式下可以观察到衬度条纹，因此较容易对该种晶粒进行分析（图 4-88）。

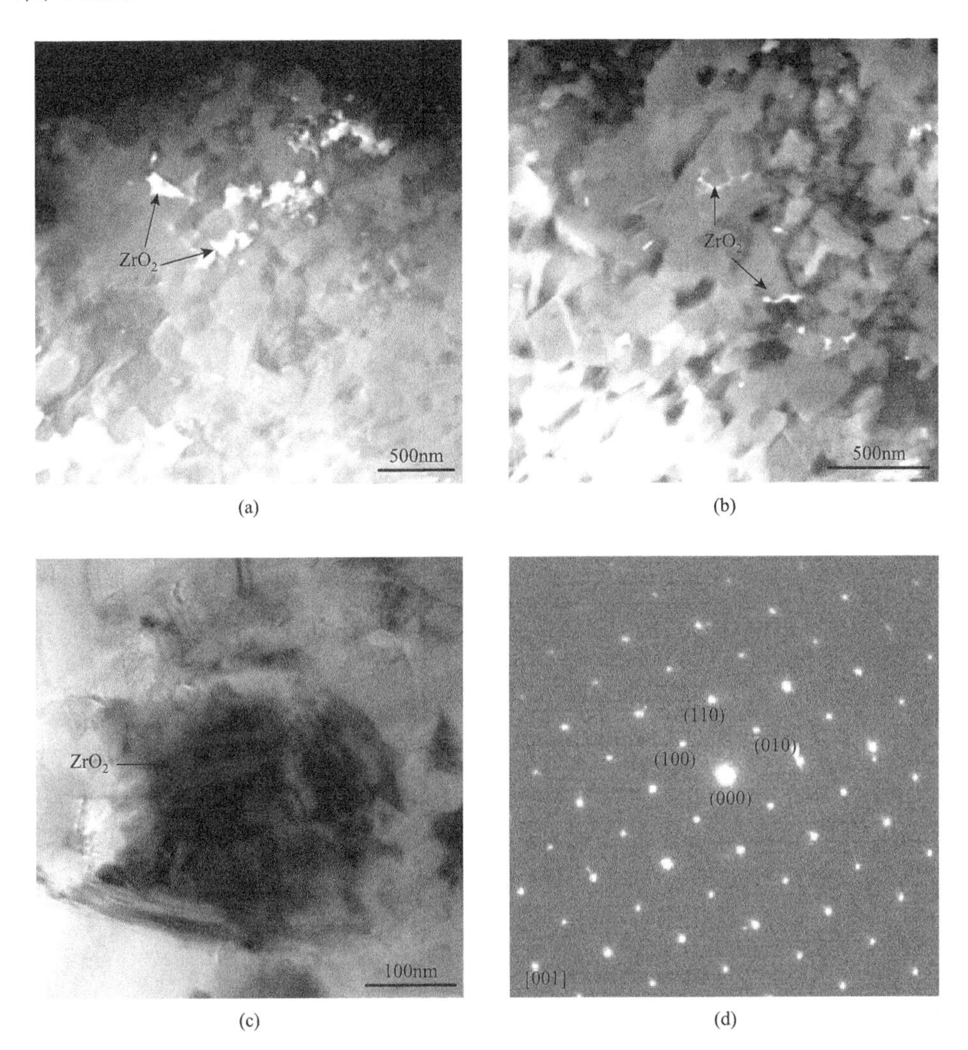

图 4-88　添加 5mol% ZrO_{2p} 的 Si_2BC_3N 块体陶瓷材料透射电镜分析：（a）部分 ZrO_2 偏聚；（b）部分 ZrO_2 分布在 SiC 周围；（c）TEM 明场像形貌；（d）ZrO_2 的 SAED 衍射花样[1]

4.5.7　MgO_p-ZrO_{2p}-SiO_{2p} 对 Si_2BC_3N 陶瓷致密化和组织结构影响

将 MgO_p-ZrO_{2p}-SiO_{2p}（MZS）和 MgO_p-$ZrSiO_{4p}$（MZ）作为烧结助剂分别引入 Si_2BC_3N 非晶陶瓷粉体中，经过 1900℃/80MPa/30min 热压烧结后发现，两种烧结助剂极大地促进了 Si_2BC_3N 陶瓷基体的烧结致密化及晶粒的生长发育。加入

MZS 和 MZ 烧结助剂后，Si_2BC_3N 块体陶瓷的体积密度分别提高到了 $2.69g/cm^3$ 和 $2.78g/cm^3$（图 4-89）。XRD 结果表明，引入烧结助剂后陶瓷的主要物相组成为 SiC 和 BN(C)相，由于烧结助剂含量较少，其结晶峰不明显（图 4-90）。

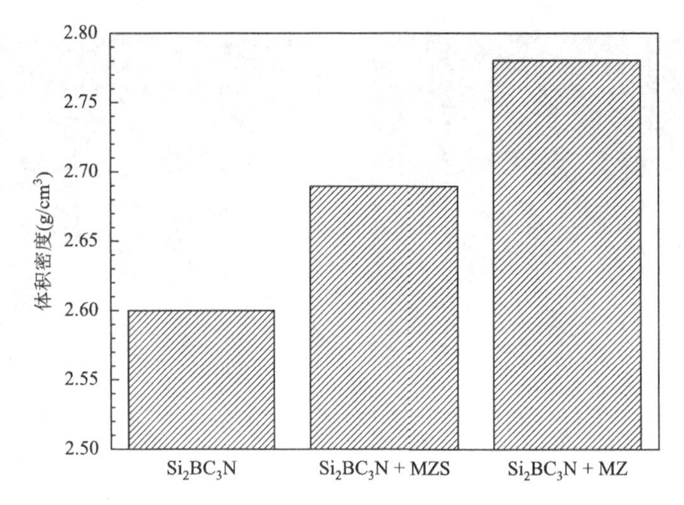

图 4-89　引入烧结助剂 MgO_p-ZrO_{2p}-SiO_{2p} 和 MgO_p-$ZrSiO_{4p}$ 后 Si_2BC_3N 块体陶瓷体积密度[34]

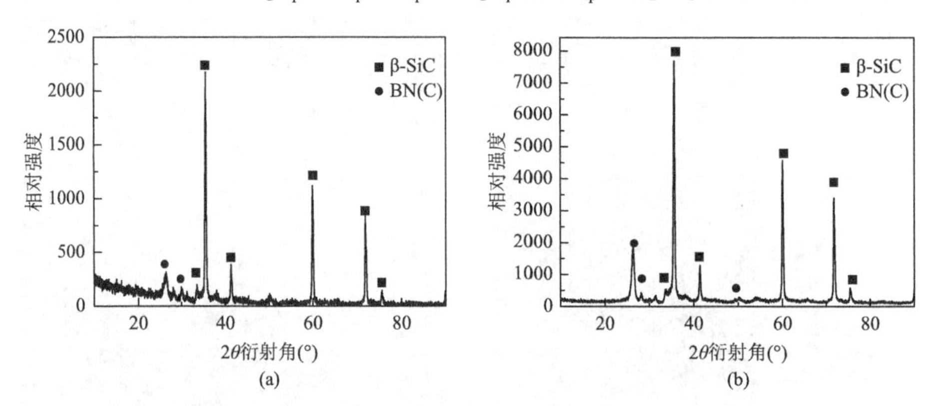

图 4-90　引入不同烧结助剂后 Si_2BC_3N 块体陶瓷 XRD 图谱：（a）MgO_p-ZrO_{2p}-SiO_{2p}；（b）MgO_p-$ZrSiO_{4p}$[34]

从 SEM 表面形貌上看，两种烧结助剂均有效促进了 Si_2BC_3N 块体陶瓷的烧结致密化，表面几乎很难看到孔洞或微裂纹。从断口形貌看，球形颗粒平均尺寸有所增大，高倍电镜下个别区域有少量的微坑或者凹凸不平的区域（图 4-91）。

添加烧结助剂后，Si_2BC_3N 块体陶瓷在微观组织上没有明显区别，陶瓷主要由结晶较好的片层状 BN(C)和等轴状 SiC 相组成。SiC 颗粒内部有大量层错，SiC 晶粒尺寸约 100～1000nm，陶瓷中还存在大量纳米晶、非晶混合区域。由于在 1900℃热压烧结条件下，液相烧结助剂与陶瓷基体元素原子发生扩散、固溶等，即使在高分辨透射电镜下也没有发现相应的烧结助剂（图 4-92）。

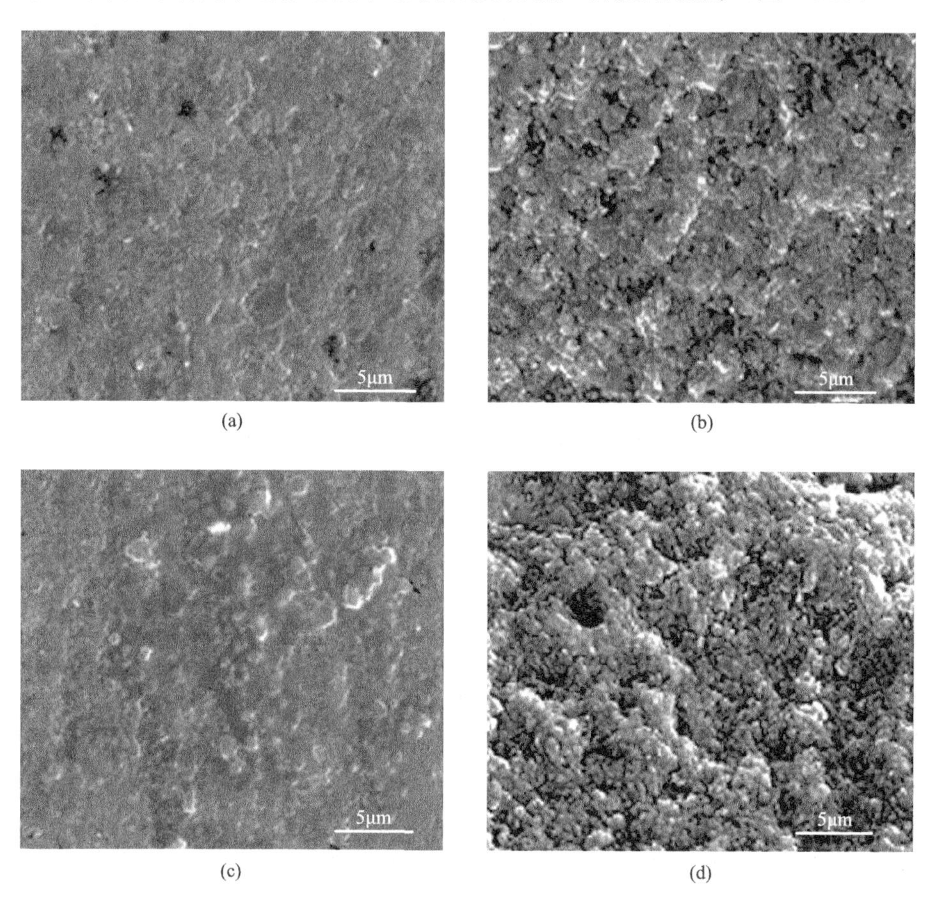

图 4-91 引入不同烧结助剂后 Si_2BC_3N 块体陶瓷的 SEM 表面及断口形貌：(a)，(b) MgO_p-ZrO_{2p}-SiO_{2p}；(c)，(d) MgO_p-$ZrSiO_{4p}$[34]

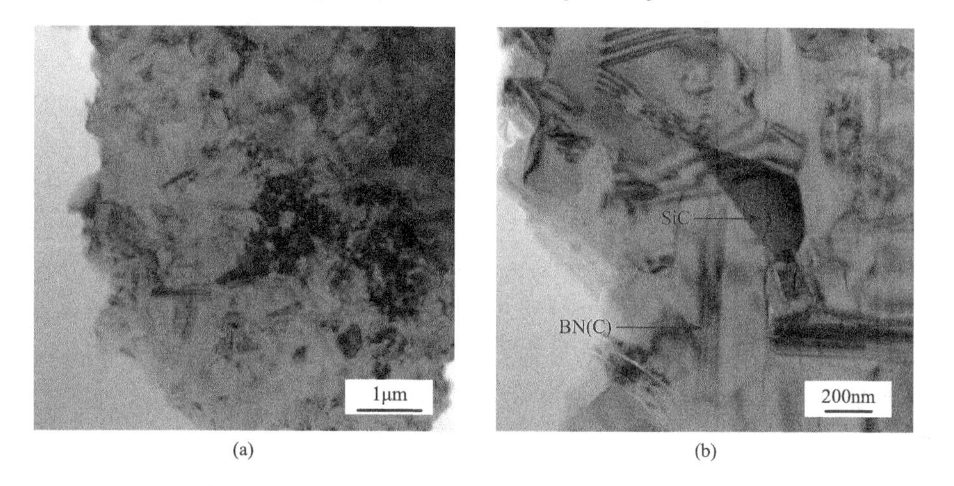

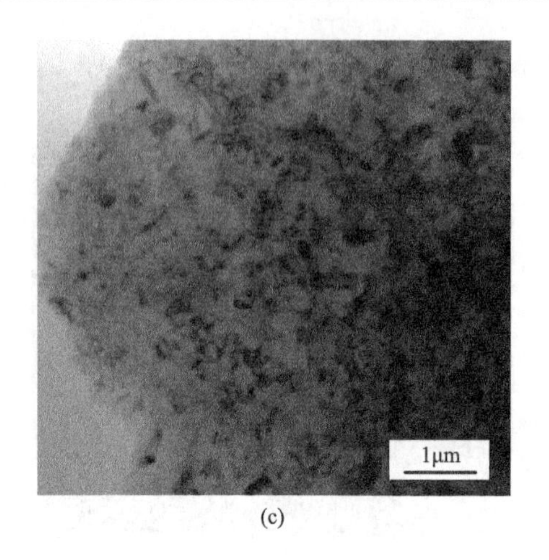

(c)

(d)

图 4-92　引入不同烧结助剂后 Si_2BC_3N 块体陶瓷 TEM 微观组织结构：（a），（b）MgO_p-ZrO_{2p}-SiO_{2p}；（c），（d）MgO_p-$ZrSiO_{4p}$[34]

4.5.8　ZrC_p/Si_2BC_3N 陶瓷基复合材料致密化及显微结构

通过溶胶凝胶法在 Si_2BC_3N 非晶陶瓷粉体中引入正丙醇锆 $Zr(PrO)_4$ 和糠醇 $C_5H_6O_2$，在 1500℃裂解保温 30min 后制备成 Si_2BC_3N-ZrC_p 复合粉体。经 1900℃/60MPa/60min 热压烧结后，复相陶瓷最终物相组成为 ZrC、β-SiC、α-SiC 和 BN(C) 相；随着正丙醇锆和糠醇含量的增加，ZrC 晶体衍射峰强逐渐增强（图 4-93）。值得注意的是，Si 与 C 的反应优先级要大于 Zr 与 C，若不加入糠醇以提供 C 源，1900℃热压烧结过程中只有少量 ZrO_2（正丙醇锆裂解产生）与 Si_2BC_3N 非晶粉体中的 C 反应，导致基体中大量 ZrO_2 残留。

STEM 模式下，ZrC 呈白色等轴状形貌，在 Si_2BC_3N 基体中分布较为均匀，无明显偏聚现象。SiC 在暗场像中呈淡灰色，颜色最深的为 BN(C)相，ZrC 和 SiC 晶粒被 BN(C)相包覆。此外 C 有着明显的偏聚现象，Si 和 Zr 元素位置处 C 含量较多，在 BN(C)相处较少。TEM 明场像表明，ZrC 晶粒尺寸约 100～200nm，SiC 晶粒尺寸约 200～400nm，内部有着高密度的孪晶和堆垛层错等原子排列缺陷(图 4-94)。

随着 ZrC_p 含量的增加，块体陶瓷的体积密度逐渐增加。由于 ZrC 的理论密度高于 Si_2BC_3N 陶瓷的理论密度，因此材料中的 ZrC_p 含量越高，ZrC_p/Si_2BC_3N 复相陶瓷的体积密度相对越高。但该复相陶瓷的相对密度随着 ZrC_p 含量的增加不断降低。由于 ZrC 与 Si_2BC_3N 的物理化学相容性较差，材料的烧结致密化温度和压强都应该在 Si_2BC_3N 陶瓷基体原有工艺上有所提高，因此 1900℃/60MPa/60min 热压烧结制备的 ZrC_p/Si_2BC_3N 复相陶瓷材料不能达到理想的体积密度，相对密度始终较低（图 4-95）。

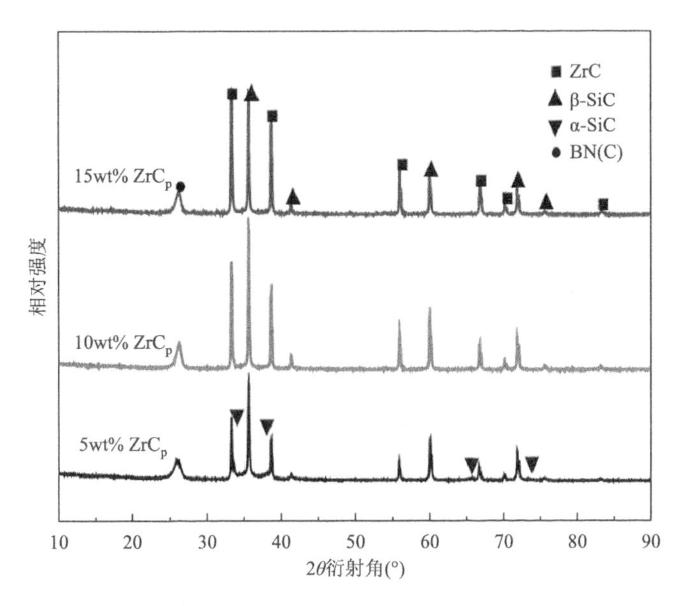

图 4-93 1900℃/60MPa/60min 热压烧结制备不同 ZrC_p 含量的 ZrC_p/Si_2BC_3N 复相陶瓷 XRD 图谱[35]

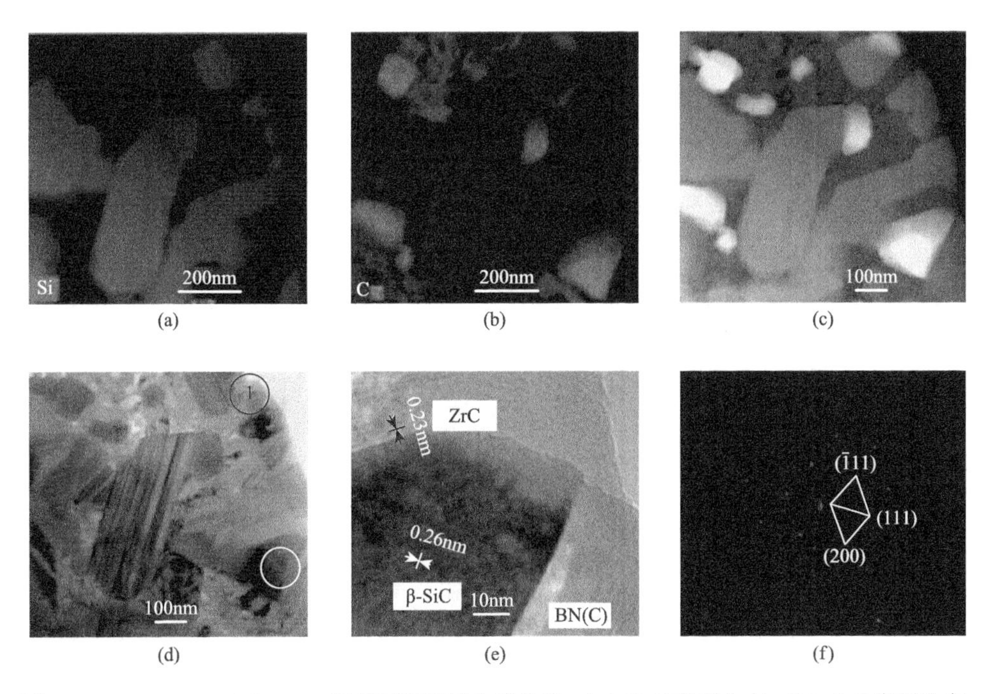

图 4-94 15wt% ZrC_p/Si_2BC_3N 复相陶瓷透射电镜分析：(a) Si 元素面分布；(b) C 元素面分布；(c) STEM 形貌；(d) TEM 明场像形貌；(e) 区域 1 的 HRTEM 精细结构；(f) 区域 2 的 SAED 衍射花样[35]

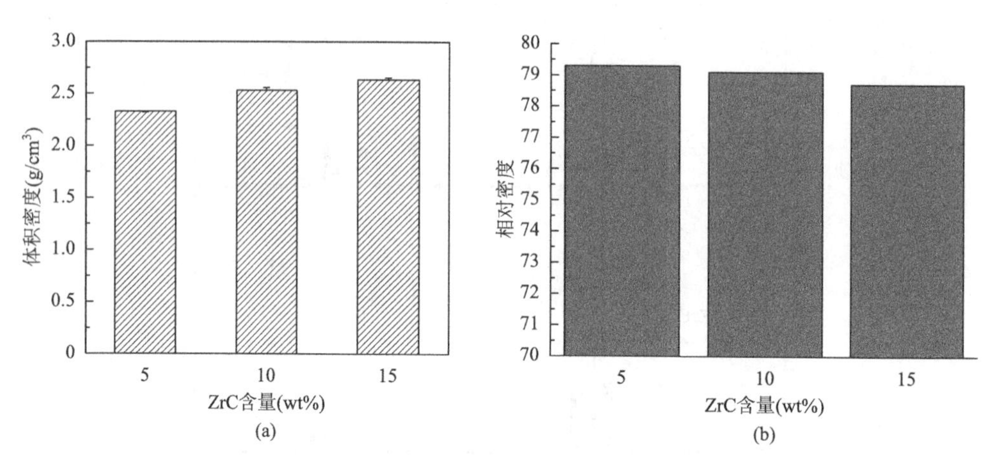

图 4-95　热压烧结制备不同 ZrC_p 含量 ZrC_p/Si_2BC_3N 复相陶瓷体积密度（a）和相对密度（b）[35]

在此热压烧结条件下，所制备的 ZrC_p/Si_2BC_3N 复相陶瓷致密化程度较低，材料表面粗糙多孔，表面存在着很多硬团聚体，断口颗粒呈近似球状（图 4-96）。

图 4-96　不同 ZrC_p 含量 ZrC_p/Si_2BC_3N 复相陶瓷 SEM 表面形貌：（a），（d）5wt% ZrC_p；（b），（e）10wt% ZrC_p；（c），（f）15wt% ZrC_p[35]

ZrC 含量由低到高的三种复相陶瓷材料相对密度分别为 79.3%、79.1%和 78.7%，因此通过溶胶凝胶法原位反应生成的 ZrC，抑制了 Si_2BC_3N 陶瓷基体的致密化进程。

4.5.9　$(TiB_{2p}\text{-}TiC_p)/Si_2BC_3N$ 陶瓷基复合材料致密化及显微结构

引入 TiB_p，TiB_p 与 Si_2BC_3N 陶瓷基体反应生成 TiC 和 TiB_2；引入 TiC_p 和 TiB_{2p}，TiB_2 和 TiC 并未与陶瓷基体反应生成新物相（图 4-97）。不同热压烧结工艺制备的$(TiC_p\text{-}TiB_{2p})/Si_2BC_3N$ 复相陶瓷的物相组成均为 α-SiC、β-SiC、BN(C)、TiB_2 和 TiC（图 4-98）。

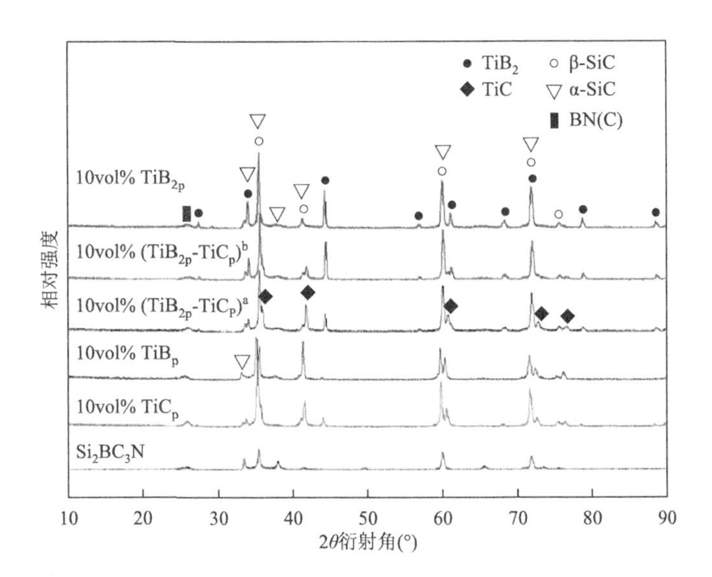

图 4-97　1900℃/40MPa/30min 热压烧结制备的不同成分$(TiB_{2p}\text{-}TiC_p)/Si_2BC_3N$ 复相陶瓷 XRD 图谱。a. TiB_2 和 TiC 摩尔比为 1∶2；b. TiB_2 和 TiC 摩尔比为 2∶1[36]

TiB 理论密度为 $4.51g/cm^3$，TiB_2 理论密度为 $4.52g/cm^3$，TiC 理论密度为 $4.93g/cm^3$，Si_2BC_3N 理论密度为 $2.84g/cm^3$，按混合定律计算得 10vol% TiB_{2p}/Si_2BC_3N、10vol% TiC_p/Si_2BC_3N、10vol% $(TiB_{2p}\text{-}TiC_p)/Si_2BC_3N$（$TiB_{2p}$ 和 TiC_p 摩尔比为 2∶1）、10vol% $(TiB_{2p}\text{-}TiC_p)/Si_2BC_3N$（$TiB_2$ 和 TiC 摩尔比为 1∶2）块体陶瓷的理论密度分别为：$2.98g/cm^3$、$3.02g/cm^3$、$2.99g/cm^3$、$3.01g/cm^3$；由于 TiB_2 和 TiC 两相含量未知，无法计算 10vol% TiB_p/Si_2BC_3N 块体陶瓷材料的理论密度（表 4-3）。

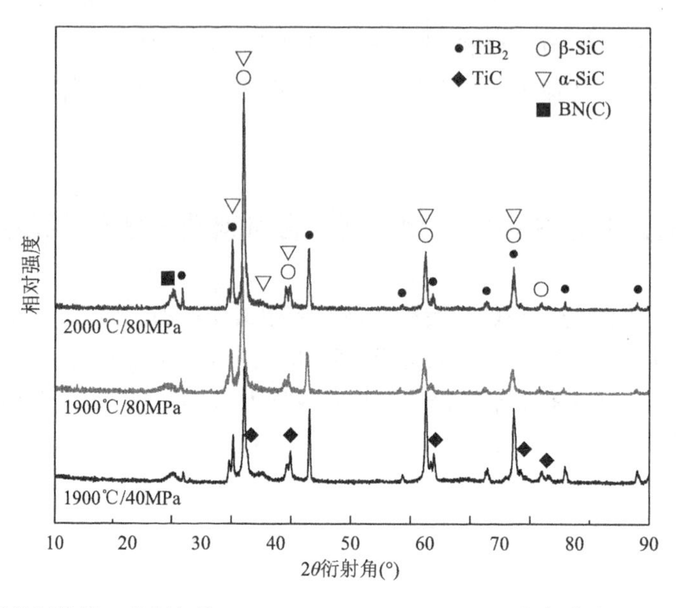

图 4-98 不同热压烧结工艺制备的 10vol% $(TiB_{2p}\text{-}TiC_p)/Si_2BC_3N$ 复相陶瓷 XRD 图谱，TiB_2 和 TiC 摩尔比为 2∶1：（a）1900℃/40MPa；（b）1900℃/80MPa；（c）2000℃/80MPa[36]

表 4-3 1900℃/40MPa/30min 热压烧结制备的不同成分 $(TiB_{2p}\text{-}TiC_p)/Si_2BC_3N$ 复相陶瓷材料的体积密度和相对密度[36]

陶瓷成分	体积密度（g/cm^3）	相对密度（%）
Si_2BC_3N	2.03	71.5
10vol% TiB_p/Si_2BC_3N	2.80	94.1
10vol% TiC_p/Si_2BC_3N	2.66	88.1
10vol% TiB_{2p}/Si_2BC_3N	2.62	88.0
10vol% $(TiB_{2p}\text{-}TiC_p)/Si_2BC_3N$①	2.66	88.4
10vol% $(TiB_{2p}\text{-}TiC_p)/Si_2BC_3N$②	2.31	77.3

注：①TiC 与 TiB_2 摩尔比为 1∶2；②TiC 与 TiB_2 摩尔比为 2∶1

在 1900℃/40MPa/30min 热压烧结条件下，纯 Si_2BC_3N 块体陶瓷致密度最低，仅为 71.5%。虽然 Si_2BC_3N 非晶陶瓷粉体由纳米颗粒构成的团聚体组成，烧结活性较大，但由于机械合金化制备的 Si_2BC_3N 非晶陶瓷粉体中存在诸如 C—C、C—Si、C—B—N 等共价键，烧结过程中原子扩散势垒较高，在此烧结工艺下提高烧结致密度较为困难。对于 TiB_p/Si_2BC_3N 复相陶瓷，烧结前复合粉体均为纳米颗粒构成的团聚体，表面能相对较高，烧结活性较高，且烧结过程中 TiB 粉体与 Si_2BC_3N 非晶陶瓷粉体发生了化学反应，促进烧结过程中元素扩散，有利于烧结致密化，因此其致密度较高。

在 1900℃/40MPa/30min 热压烧结条件下，仅有 TiB_p/Si_2BC_3N 复相陶瓷表面平整均匀，孔洞较少，烧结较为致密，其余成分陶瓷表面形貌与所测体积密度相符，纯 Si_2BC_3N 块体陶瓷表面粗糙多孔，孔洞较大且较密集。图 4-99 中表面暗灰色区域为 Si_2BC_3N 陶瓷基体，球状灰白色颗粒为 TiC，长条状灰白色颗粒为 TiB_2，浅灰色区域为增强相颗粒与基体之间的反应层。

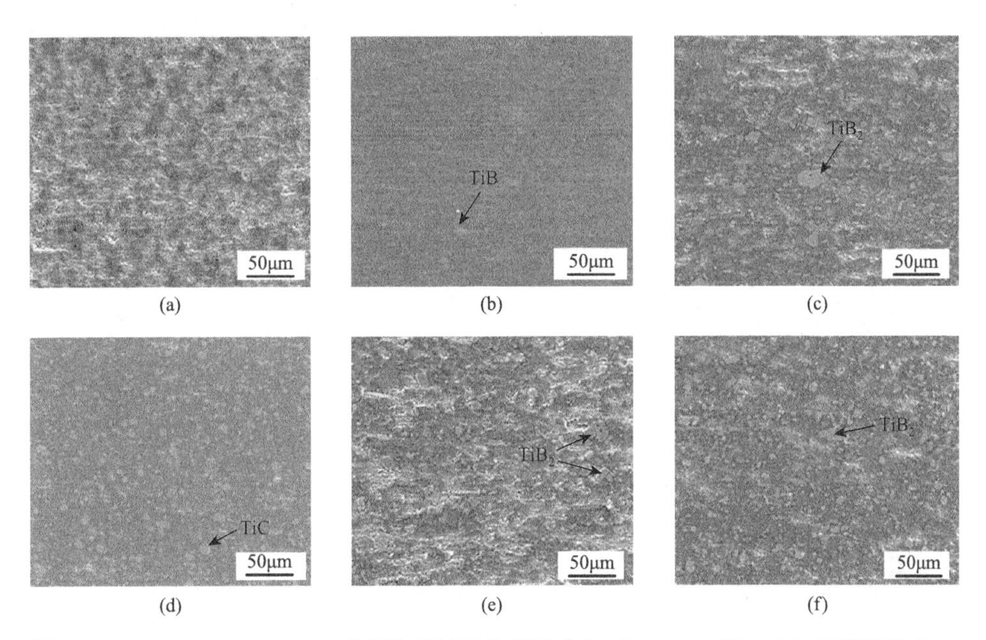

图 4-99　1900℃/40MPa/30min 热压烧结制备的不同成分(TiB_{2p}-TiC_p)/Si_2BC_3N 复相陶瓷 SEM 表面形貌：（a）Si_2BC_3N；（b）10vol% TiB_p；（c）10vol%TiB_{2p}；（d）10vol%TiC_p；（e）10vol% (TiB_{2p}-TiC_p)，TiB_2 和 TiC 摩尔比为 1∶2；（f）10vol% (TiB_{2p}-TiC_p)，TiB_2 和 TiC 摩尔比为 2∶1[36]

直接加入 TiB_{2p} 和 TiC_p 增强相的四种复合材料中 TiB_2 和 TiC 粒径较大。TiB_2、TiC 与 Si_2BC_3N 陶瓷基体之间均存在界面反应层，该反应层的存在有助于局部区域的原子扩散。部分断口形貌表明，TiB_{2p} 和 TiC_p 增强相存在穿晶断裂现象，这对于提高 Si_2BC_3N 陶瓷基体的强度和韧性是有利的（图 4-100）。

4.5.10　ZrB_{2p}/Si_2BC_3N 陶瓷基复合材料致密化及显微结构

通过溶胶凝胶法在 Si_2BC_3N 非晶陶瓷粉体中引入 ZrO_2，在高温等离子体烧结条件下 ZrO_2 原位反应制备 ZrB_{2p}/Si_2BC_3N 复相陶瓷材料，其最终物相组成为 SiC、ZrB_2 和 BN(C)（黑色物相为 ZrB_2，条纹状灰色相为 SiC，浅灰色相为 BN(C)相）。ZrB_2 晶粒较大，约为 1～1.5μm，ZrO_2 的碳热/硼热还原反应消耗了大量 BN(C)相，导致复相陶瓷中 BN(C)相较少，多数分布于 SiC 相周围。BN(C)相的析晶温度较

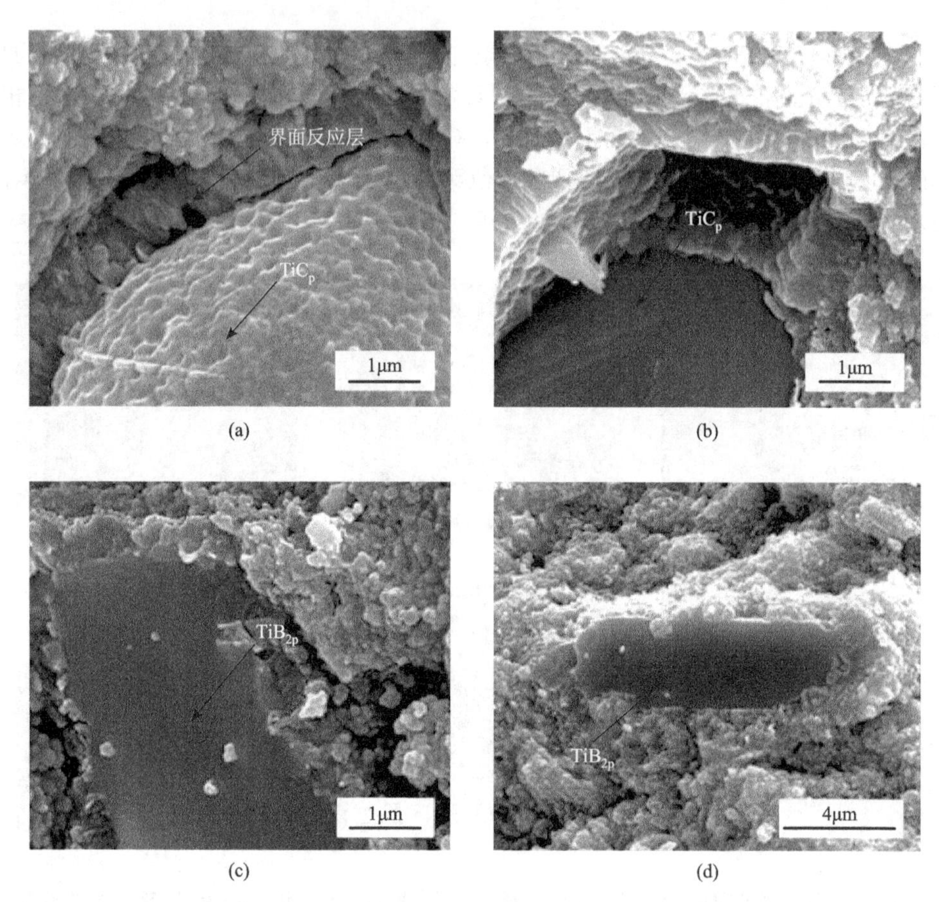

(a)　(b)　(c)　(d)

图 4-100　不同成分$(TiB_{2p}-TiC_p)/Si_2BC_3N$复相陶瓷 SEM 断口形貌：(a)，(b) 10vol% TiC_p；(c) 10vol% $(TiB_{2p}-TiC_p)$，TiB_{2p}和TiC_p摩尔比为 2∶1；(d) 10vol% $(TiB_{2p}-TiC_p)$，TiB_{2p}和TiC_p摩尔比为 1∶2

高，在由非晶态到晶态转变过程中，不容易形核和长大，因此结晶程度较低，具有湍层结构。SiC 晶粒尺寸约 1～3μm，明显大于热压和放电等离子烧结制备纯 Si_2BC_3N 块体陶瓷中的 SiC 晶粒尺寸，这说明原位反应生成 ZrB_2 明显促进了 SiC 相的析晶和长大（图 4-101）。

ZrB_{2p}/Si_2BC_3N 复相陶瓷材料中还有未能完全反应的 ZrO_2（图 4-102）。ZrB_2 晶粒被未反应的 ZrO_2 所包围，ZrB_2 表面小颗粒为反应后析出的碳。经高能球磨后，石墨与六方氮化硼都变成了非晶结构，由于二者的晶体参数及晶体结构十分相似，在非晶化过程中形成固溶或者掺杂。二者原子都是强共价键结合，因此原子的自扩散非常困难，这也使得部分区域的 ZrO_2 不能与 BN(C)相充分接触反应，造成 ZrO_2 残留。放电等离子烧结过程中，由于高能量及等离子体的通过，晶体活性要高于热压烧结等方式，因此复相陶瓷残留 ZrO_2 量并不多。

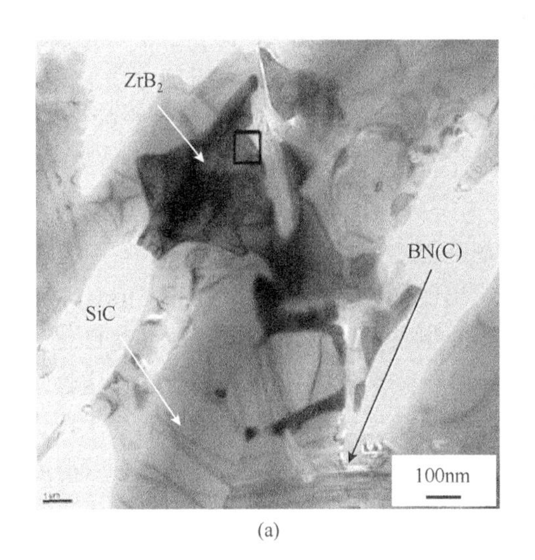

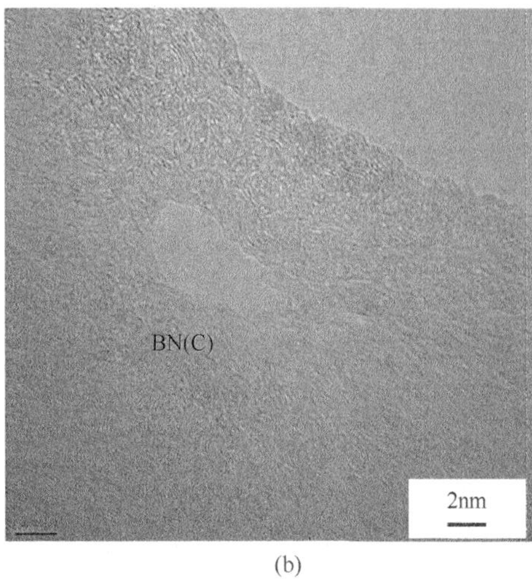

(a)　　　　(b)

图 4-101　2000℃/40MPa/5min 放电等离子烧结制备的 15wt% ZrB_{2p}/Si_2BC_3N 复相陶瓷透射电镜分析：（a）TEM 明场像形貌；（b）BN(C)相 HRETM 精细结构[37]

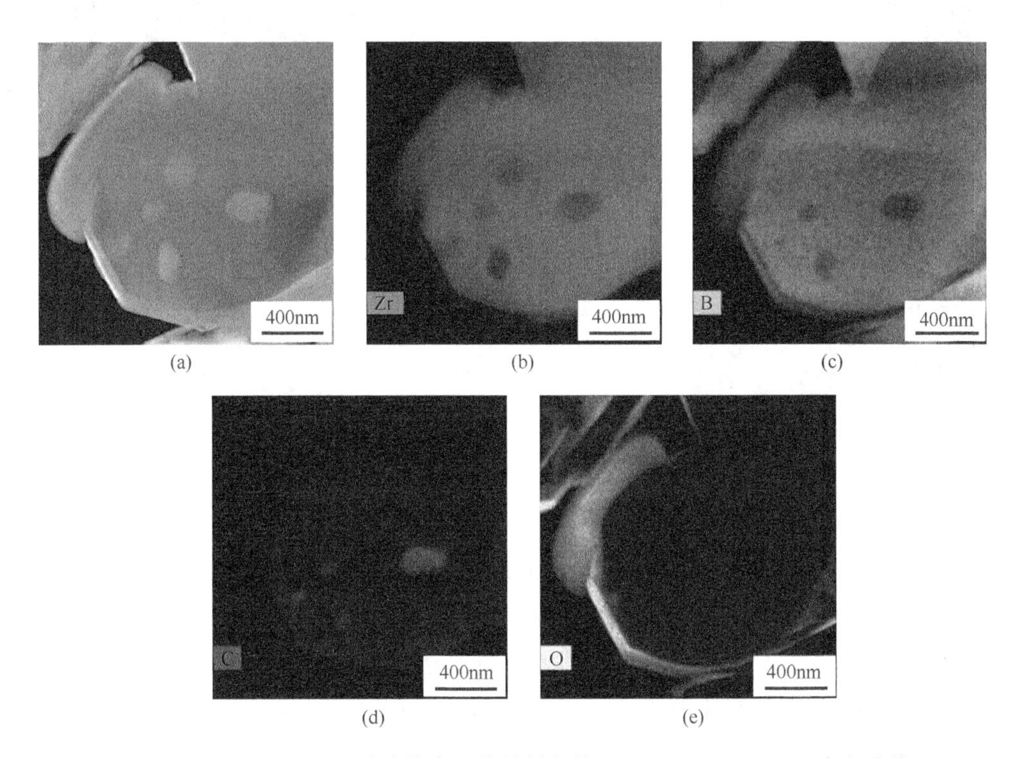

(a)　(b)　(c)　(d)　(e)

图 4-102　2000℃/40MPa/5min 放电等离子烧结制备的 15wt% ZrB_{2p}/Si_2BC_3N 复相陶瓷 STEM 形貌（a）及相应元素面分布图（b）～（e）[37]

在 SiC 与 BN(C)两相之间可以观察到明显的元素偏聚现象（图 4-103）。元素晶界偏聚有 2 类，分别是非平衡偏聚和平衡偏聚，其中，平衡偏聚只指热力学平衡情况，如果溶质原子和晶界相互作用，那么晶界中即出现溶质贫化或是富集的情况；而非平衡偏聚是指在外界温度、辐射、应力等因素影响下，会出现过饱和的问题，如裂缝、空位等。在 ZrB_{2p}/Si_2BC_3N 块体陶瓷中，元素的偏聚主要来源于几个方面：①湍层 BN(C)相本身是一种非稳态结构，在高温/烧结压强作用下，BN(C)相由非平衡态向平衡态转变，进而发生元素偏聚和析出现象；②$ZrO_2(s) + 2BN(C)(s) \longrightarrow ZrB_2(s) + 2C(s) + 2NO(g)$，当反应完全后，会产生富余的 C，造成轻质元素 C 优先占据晶界位置。在纳米材料中，元素在晶界位置偏聚能够让纳米晶粒的稳定性增强，相关研究指出，晶粒逐渐变小，块体材料性能受到晶界偏聚的影响变大，因而在纳米晶材料里，晶界偏聚非常关键，原因是晶界偏聚对晶界迁移有阻碍作用，晶界迁移速度下降，使得纳米晶材料晶界稳定性更高，避免晶粒生长或粗化。

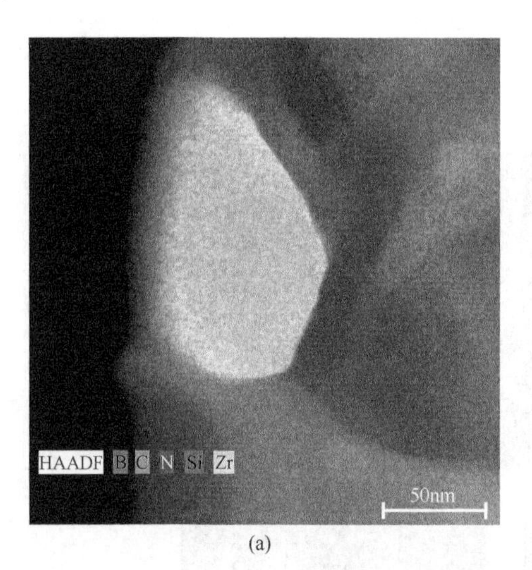

(a)

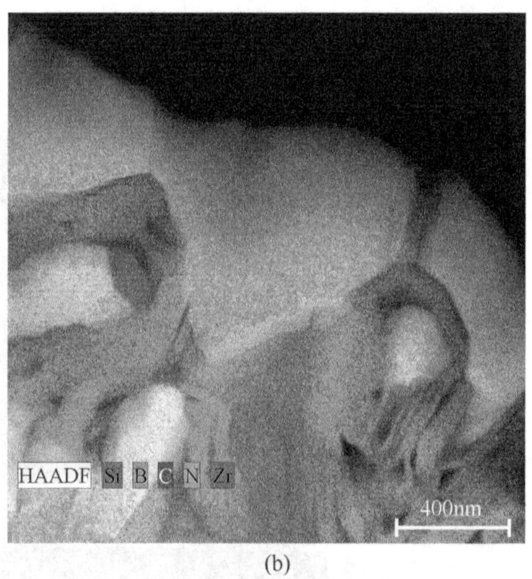

(b)

图 4-103　2000℃/40MPa/5min 放电等离子烧结制备的 15wt% ZrB_{2p}/Si_2BC_3N 复相陶瓷存在 C 偏聚现象：（a）C 元素在 ZrB_2 晶界偏析；（b）C 元素在 BN(C)晶界偏析[37]

不同成分 ZrB_{2p}/Si_2BC_3N 复相陶瓷表面光滑平整，无明显缺陷存在（黑色区域为 Si_2BC_3N 陶瓷基体，白色区域为 ZrB_2 相）。随着 ZrB_2 含量增加，白色区域在基体中逐渐增多，分布较为均匀。当 ZrB_2 含量达到 20wt%时，ZrB_2 有明显的团聚现象。Si_2BC_3N 陶瓷基体与 ZrB_2 相由于其较强的共价键特征，在烧结过程中很难达到较高致密度（图 4-104）。原位反应生成 ZrB_2 后，复相陶瓷断口较为致密，无明显气孔和微裂纹，片层状 BN(C)相的拔出有效消耗了断裂能量，提高了材料的断裂韧性（图 4-105）。

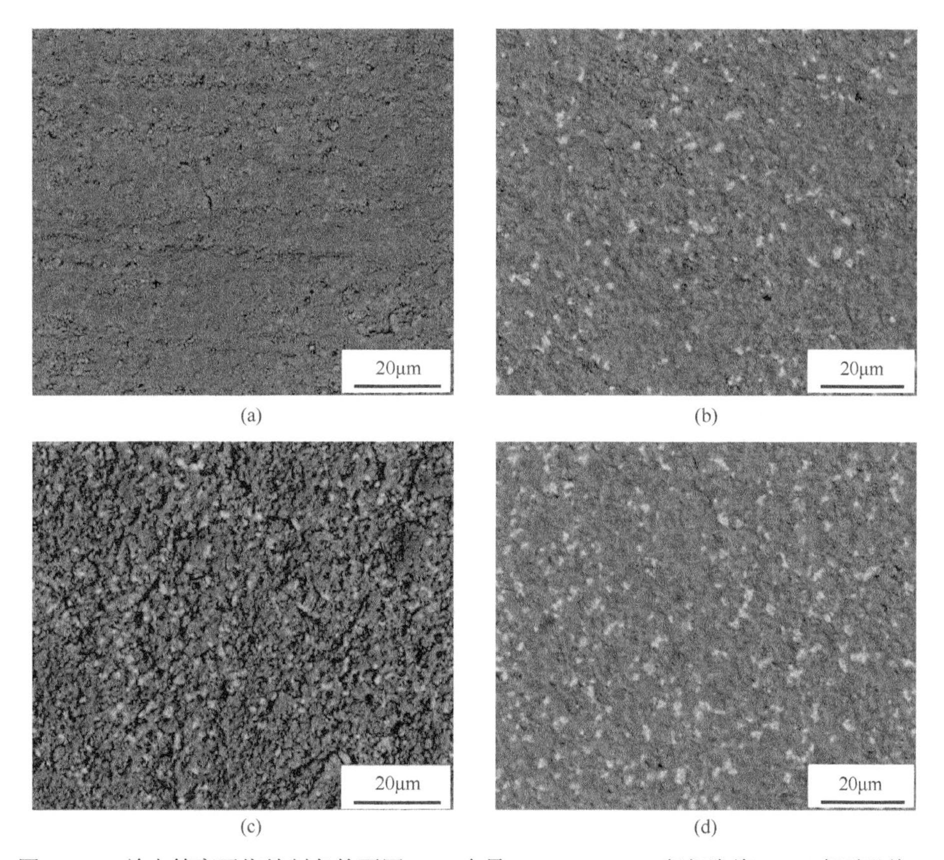

图 4-104　放电等离子烧结制备的不同 ZrB_2 含量 ZrB_{2p}/Si_2BC_3N 复相陶瓷 SEM 表面形貌：（a）纯 Si_2BC_3N；（b）5wt% ZrB_2；（c）10wt% ZrB_2；（d）15wt% ZrB_2[37]

图 4-105　2000℃/40MPa/5min 放电等离子烧结制备的不同 ZrB_{2p} 引入量 ZrB_{2p}/Si_2BC_3N 复相陶瓷 SEM 断口形貌：（a）纯 Si_2BC_3N；（b）15wt% ZrB_2[37]

通过溶胶凝胶法在 Si_2BC_3N 非晶陶瓷粉体中引入 ZrO_2、B_2O_3 和 C，在 C 源和 B 源充足条件下，三者原位反应直接生成 ZrB_2，没有中间物相产生（图 4-106）。1900℃/40MPa/5min 放电等离子烧结后，复相陶瓷物相组成为 SiC、ZrO_2 和 BN(C) 相，此时 ZrO_2 未与引入的 C 和 B_2O_3 发生碳热/硼热还原反应。烧结温度提高至 2000℃时，陶瓷内部发生快速的碳热/硼热还原反应，最终物相组成为 SiC、ZrB_2 和 BN(C)相。随着 ZrO_2、B_2O_3 和 C 含量增加，Si_2BC_3N 陶瓷基体中 ZrB_2 晶体衍射峰强逐渐提高（图 4-107）。

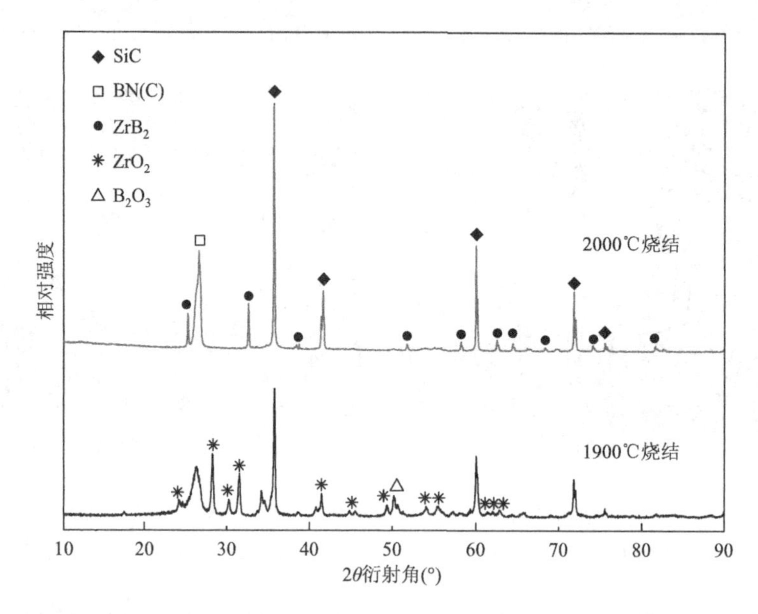

图 4-106　不同温度/40MPa/5min SPS 烧结制备的 15wt% ZrB_{2p}/Si_2BC_3N 复相陶瓷 XRD 图谱[37]

SPS 制备的 15wt% ZrB_{2p}/Si_2BC_3N 复相陶瓷中 SiC 晶粒尺寸约 1～1.2μm，ZrB_2 晶粒大小为 300～600nm，BN(C)相晶粒较小且没有固定形貌，主要分布在 SiC 与 ZrB_2 晶粒之间（图 4-108）。

纯 Si_2BC_3N 块体陶瓷抛光后表面仍然存在大量孔隙等缺陷。随着 ZrB_2 含量的增加，陶瓷表面缺陷逐渐减少（图 4-109）。原位生成 ZrB_2 明显促进复相陶瓷的烧结致密化，断口上有明显片层状 BN(C)拔出。

热压或放电等离子烧结制备 Si_2BC_3N 块体陶瓷，在析晶过程中很容易产生 SiC 孪晶。原位反应生成 ZrB_2 后，复相陶瓷中 SiC 晶粒内部同样存在明显的孪晶和层错（图 4-110）。

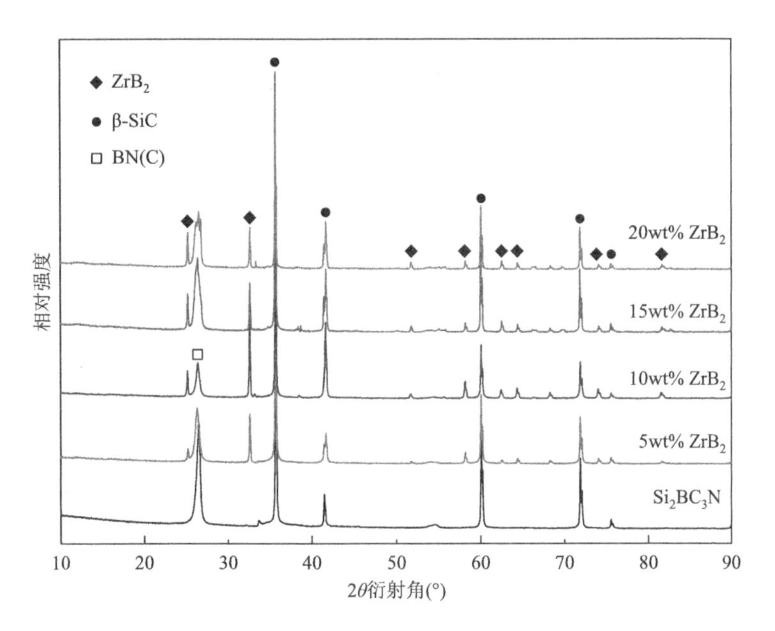

图 4-107　2000℃/40MPa/5min SPS 制备不同成分 ZrB_{2p}/Si_2BC_3N 复相陶瓷 XRD 图谱[37]

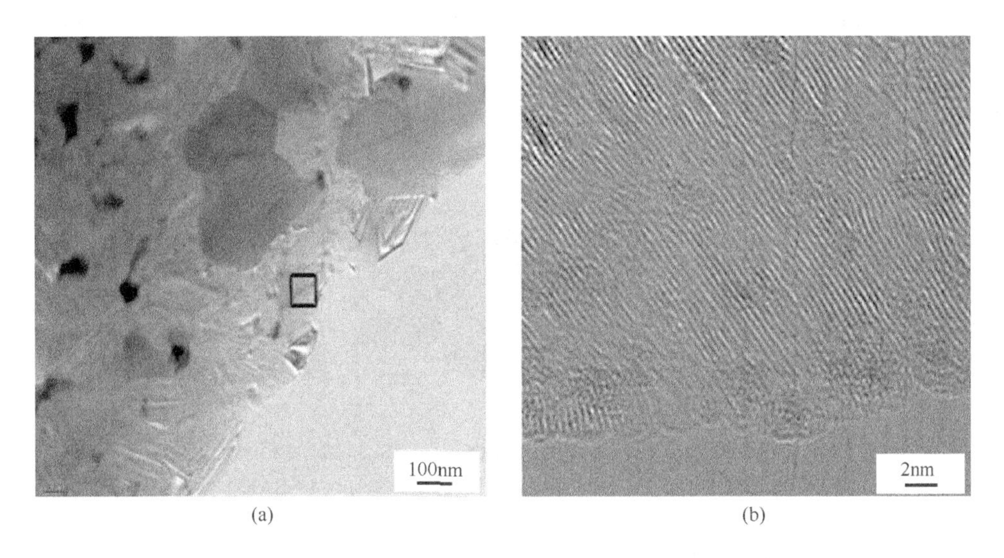

图 4-108　2000℃/40MPa/5min SPS 制备 15wt% ZrB_{2p}/Si_2BC_3N 复相陶瓷透射电镜分析：(a)TEM 明场像形貌；(b) BN(C)相 HRETM 精细结构[37]

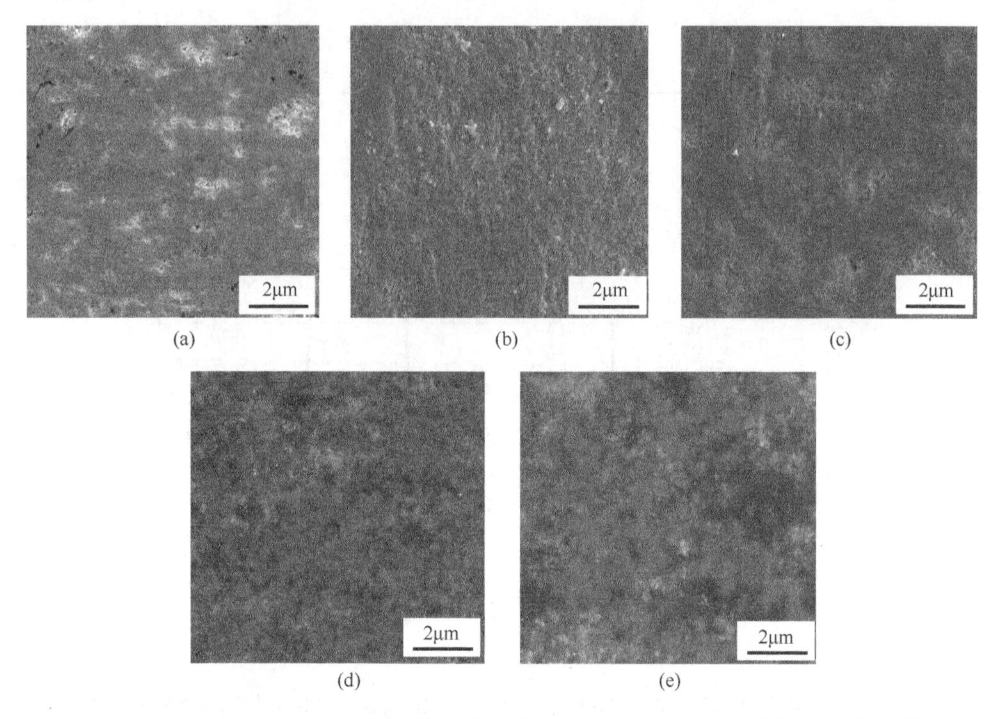

图 4-109　2000℃/40MPa/5min SPS 制备不同成分 ZrB_{2p}/Si_2BC_3N 复相陶瓷 SEM 表面形貌：（a）纯 Si_2BC_3N；（b）5wt% ZrB_2；（c）10wt% ZrB_2；（d）15wt% ZrB_2；（e）20wt% ZrB_2[37]

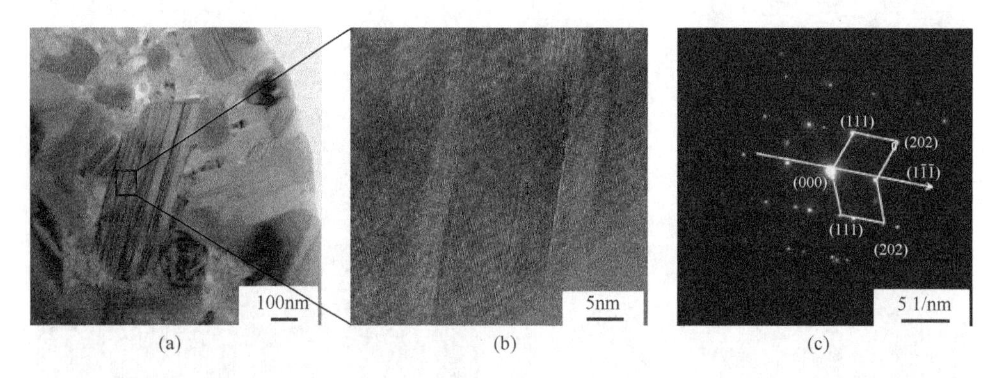

图 4-110　2000℃/40MPa/5min SPS 制备的 15wt% ZrB_{2p}/Si_2BC_3N 复相陶瓷透射电镜分析：（a）TEM 明场像形貌；（b）SiC 相 HRTEM 孪晶结构；（c）SAED 衍射花样[37]

将市售微米 ZrB_{2p} 高能球磨处理后得到纳米 ZrB_{2p}。XRD 图谱显示，高能球磨后 ZrB_2 的特征衍射峰强度显著降低、半高宽变宽。SEM 表面形貌证实高能球磨后 ZrB_2 颗粒主要为纳米颗粒的团聚体。上述结果说明高能球磨法可以将商业微米级 ZrB_{2p} 处理得到纳米级 ZrB_{2p}，从而为实现纳米级分散提供基础（图 4-111）。

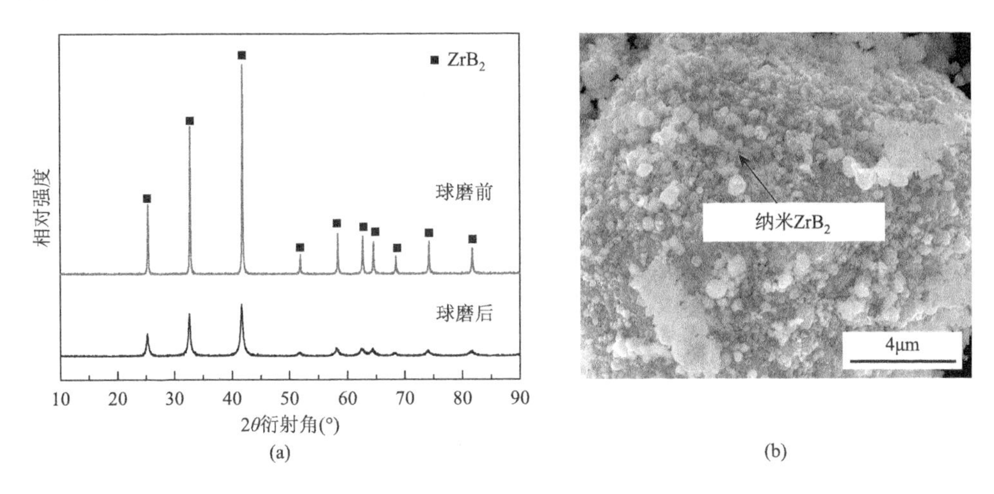

图 4-111　高能球磨制备的纳米 ZrB_2 陶瓷粉体 XRD 图谱（a）及 SEM 表面形貌（b）

Si_2BC_3N 陶瓷基体中引入金属或金属硼化物后可能通过形成纳米氧化物方式起到促进物相生长的作用。与纯 Si_2BC_3N 块体陶瓷相比，引入纳米 ZrB_{2p} 后，不改变基体材料的物相组成，此外还检测到 ZrB_2 和 ZrO_2 晶体衍射峰，其衍射峰强度随着 ZrB_{2p} 含量增加而增强（图 4-112）。相同 SPS 工艺下，引入纳米 ZrB_{2p} 后复相陶瓷材料的体积密度和相对密度不断升高（表 4-4）。

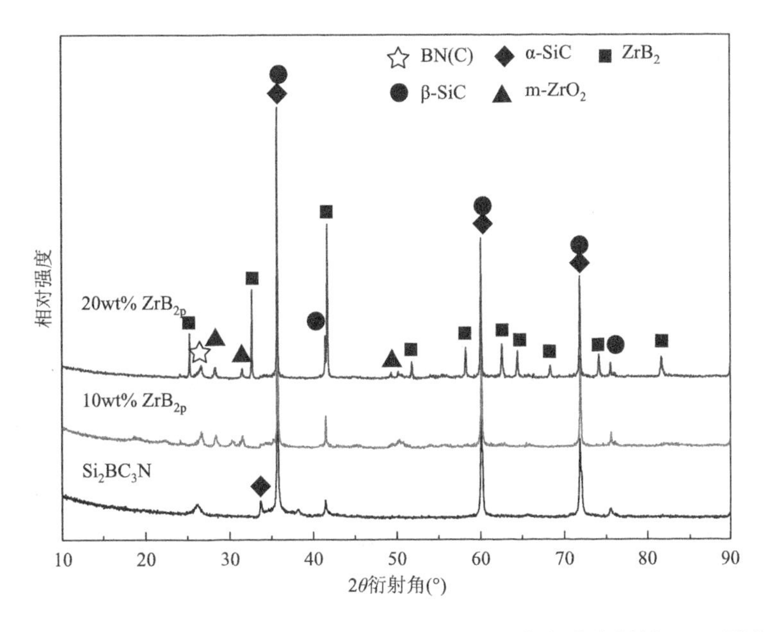

图 4-112　不同纳米 ZrB_{2p} 引入量的 ZrB_{2p}/Si_2BC_3N 复相陶瓷材料 XRD 图谱

表 4-4 1900℃/40MPa/30min 放电等离子烧结制备不同纳米 ZrB_{2p} 引入量 ZrB_{2p}/Si_2BC_3N 复相陶瓷材料的体积密度和相对密度

陶瓷成分	体积密度（g/cm^3）	相对密度（%）
Si_2BC_3N①	2.58	91.1
Si_2BC_3N	2.42	85.6
10wt% ZrB_{2p}/Si_2BC_3N	2.78	93.2
20wt% ZrB_{2p}/Si_2BC_3N	2.99	93.4

注：①1900℃/60MPa/30min 热压烧结制备

提高烧结温度可以促进 Si_2BC_3N 基体结构进一步发育，断口形貌显示更大粒径的片层 BN(C)及 SiC 颗粒。引入纳米 ZrB_{2p} 明显促进了 Si_2BC_3N 基体的发育，尤其是 BN(C)片状结构的发育以及 SiC 晶粒的生长，ZrB_2 也达到微米级，ZrB_2 颗粒周围均匀分布着片层 BN(C)和 SiC（图 4-113）。纯 Si_2BC_3N 陶瓷中裂纹主要沿直线传播，裂纹扩展路径中也会有少许曲折。引入纳米 ZrB_{2p} 后，复相陶瓷中裂纹传播出现了明显的偏转，此外还存 BN(C)片层状结构的拔出和桥接作用（图 4-114）。抑制裂纹扩展的行为主要归功于纳米 ZrB_{2p} 的引入促进了基体显微结构的发育。

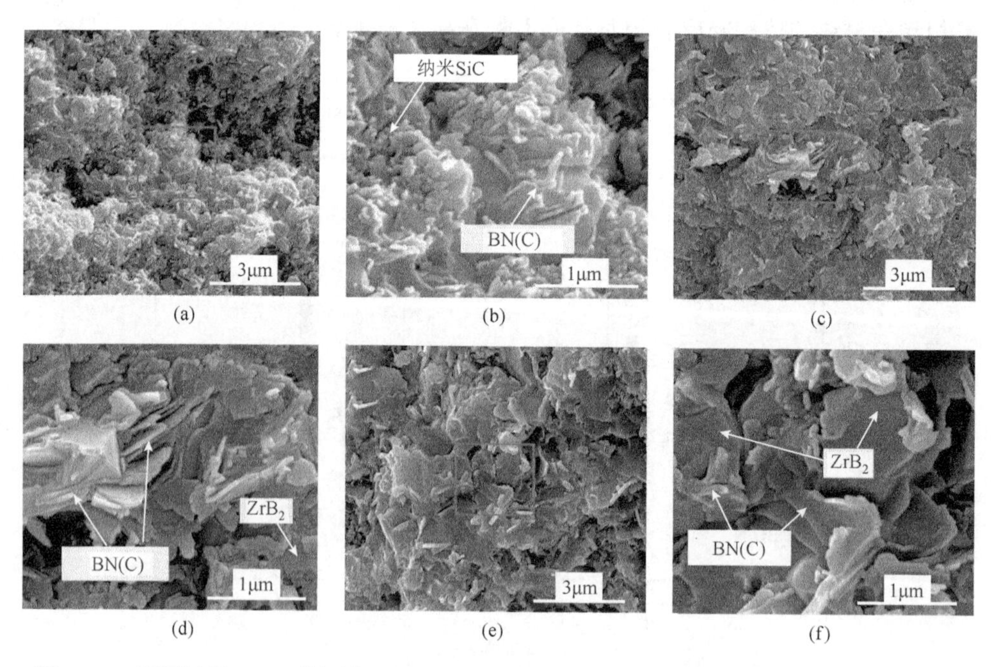

图 4-113 不同纳米 ZrB_{2p} 引入量 ZrB_{2p}/Si_2BC_3N 复相陶瓷材料 SEM 断口形貌：(a)，(b) 纯 Si_2BC_3N；(c)，(d) 10wt% ZrB_{2p}；(e)，(f) 20wt% ZrB_{2p}

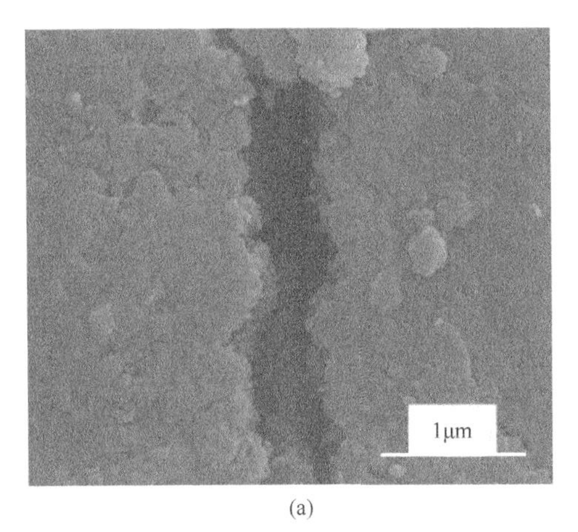

(a)

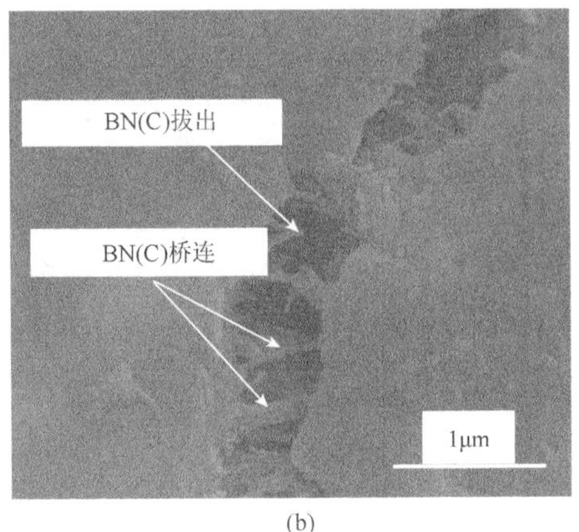

(b)

图4-114　不同纳米ZrB_{2p}引入量ZrB_{2p}/Si_2BC_3N复相陶瓷材料裂纹扩展形貌：（a）Si_2BC_3N；（b）10wt% ZrB_{2p}

SEM断口形貌表明提高烧结温度和引入纳米ZrB_{2p}可以促进Si_2BC_3N基体结构发育，但其作用机理还有待进一步探究。TEM明场像形貌表明，相比于1900℃烧结制备的Si_2BC_3N块体陶瓷，2000℃烧结进一步促进了晶粒的生长，SiC晶粒尺寸约200～500nm。湍层BN(C)呈现出交错堆叠的结构，与β-SiC晶粒之间存在较清晰界面。C晶格排列较BN的有序排列紊乱，在BN(C)和SiC两相界面处还有纳米级厚度C存在（图4-115）。元素面扫图结果表明，少量BN和C出现了相分离现象，由于BN(C)相为亚稳态，高温烧结时可能出现相分离现象（图4-116）。

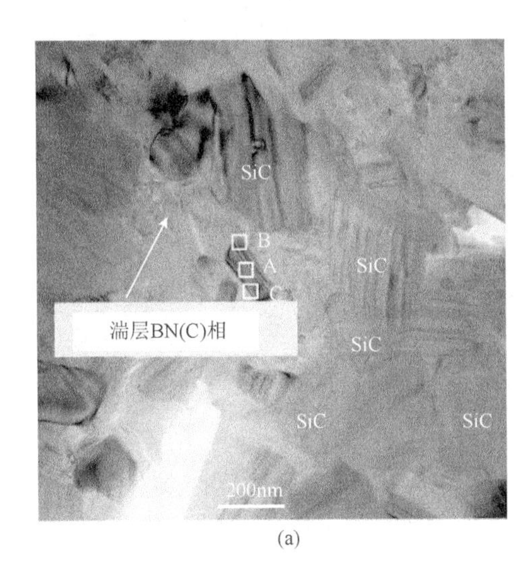

(a)

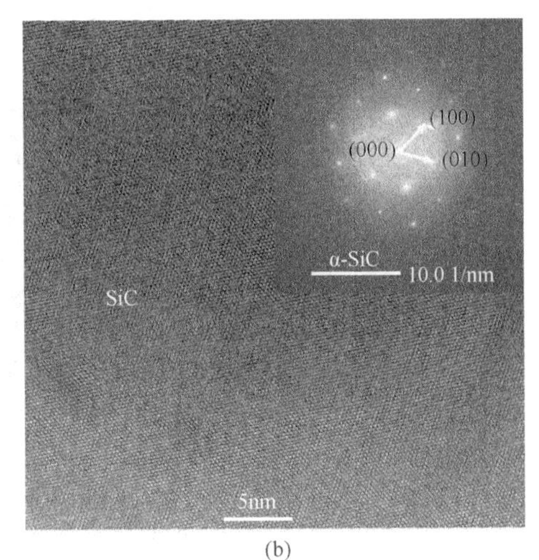

(b)

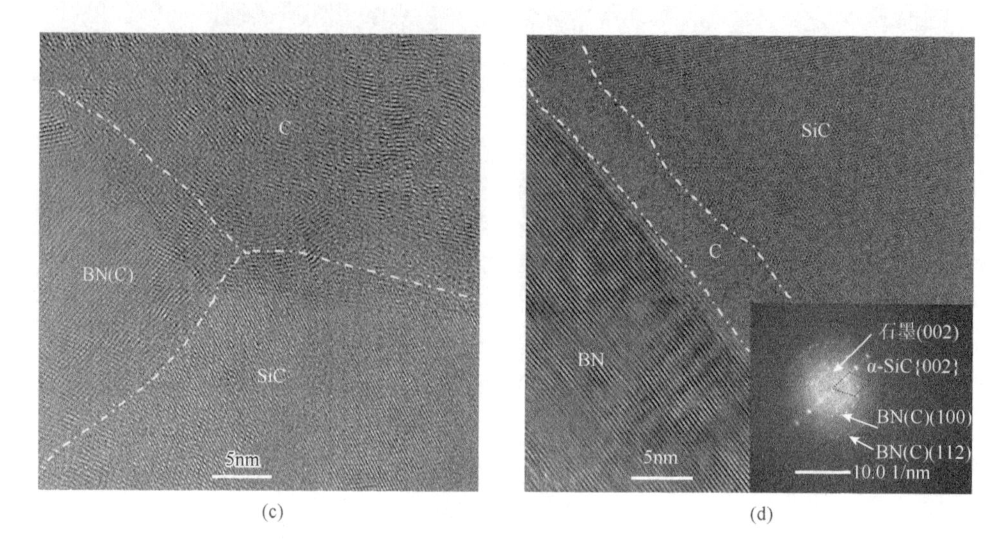

图 4-115　2000℃/60MPa/30min SPS 制备的纯 Si_2BC_3N 块体陶瓷材料透射电镜分析：（a）TEM 明场像形貌；（b）SiC 相 HRETM 精细结构及 SAED 衍射花样；（c）BN(C)、SiC 和 C 三相界面；（d）部分 C 从 BN(C)相中分离

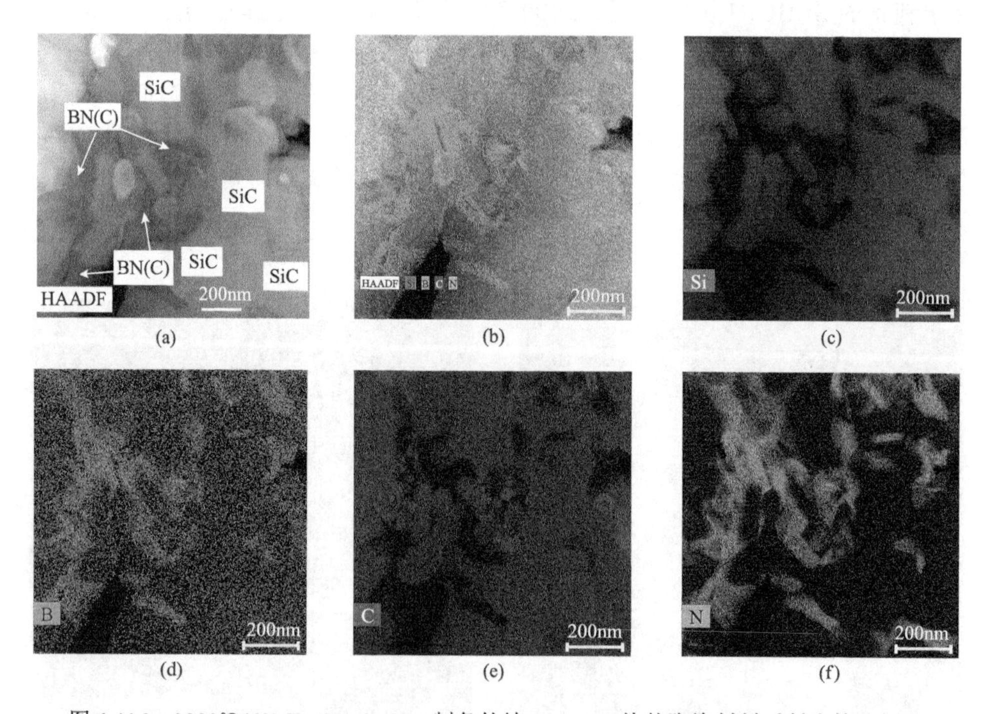

图 4-116　2000℃/60MPa/30min SPS 制备的纯 Si_2BC_3N 块体陶瓷材料透射电镜分析：（a）STEM 形貌；（b）～（f）相应元素面分布

TEM结果表明，引入20wt%纳米ZrB_{2p}后，除了SiC、BN(C)相外，还能观察到ZrB_2和ZrO_2。β-SiC毗邻SiC_xN_y相及ZrB_2晶粒。由元素面分布图可以看出，ZrB_2在烧结过程中原位氧化形成ZrO_2，起到了促进固相扩散的作用，从而在氧化锆周围生长了SiC、BN(C)以及SiC_xN_y晶粒。与纯Si_2BC_3N陶瓷相比，引入纳米ZrB_{2p}后SiC晶粒尺寸更大，且ZrB_2也生长为微米级，这要归功于ZrO_2能够有效促进晶粒的生长发育（图4-117）。

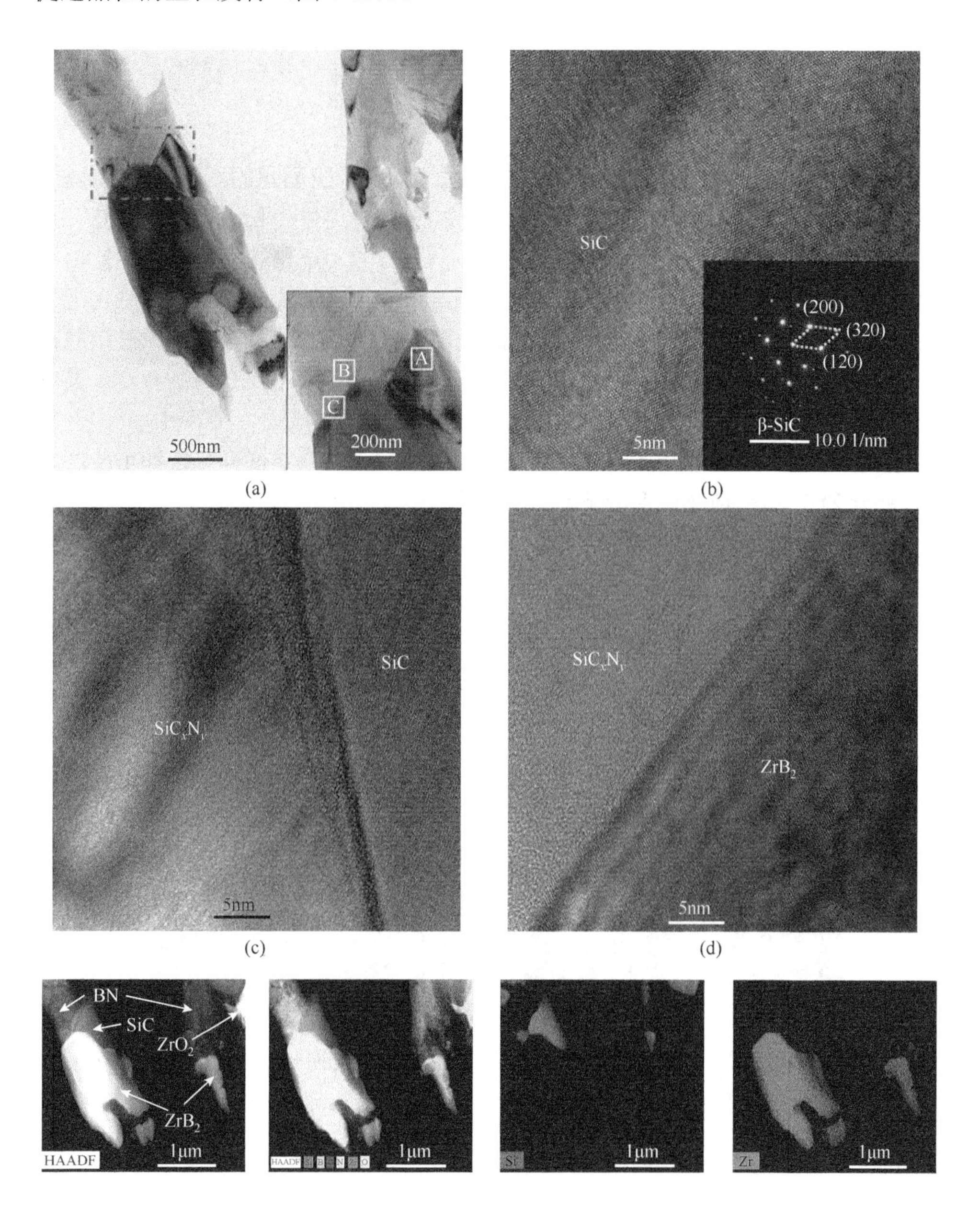

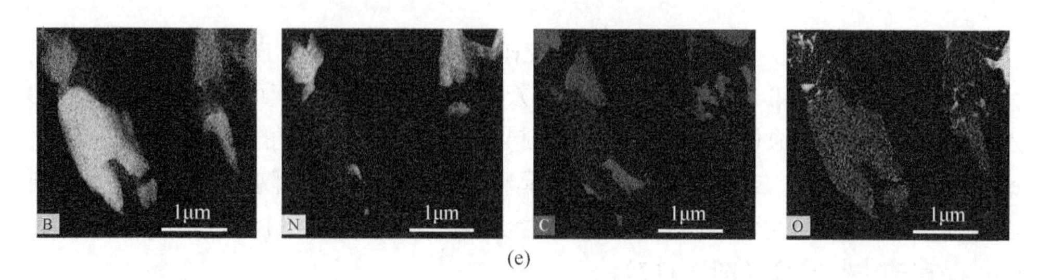

(e)

图 4-117　2000℃/60MPa/30min SPS 制备的 20wt%纳米 ZrB_{2p} 引入量 ZrB_{2p}/Si_2BC_3N 复相陶瓷材料透射电镜分析：（a）TEM 明场像形貌；（b）～（d）对应（a）中的 A、B 和 C 区域 HRTEM 精细结构；（e）相应的元素面分布

在几个特征区域观察发现：部分 ZrB_2 晶粒边缘有一层晶化的石墨层包裹；ZrB_2 晶粒与周围的 ZrO_2 晶粒相接触，这或许能佐证 ZrO_2 促进生长的作用；当然，在 ZrB_2 和 ZrO_2 晶粒间隙也分布着薄层石墨层；与 1900℃烧结制备的陶瓷相比，该复相陶瓷中还观察到了大量独立的 BN 和 C 结构。独立 BN 和 C 相的产生可能来源于高温下亚稳 BN(C)结构相分离，高温处理过程中原本进入 BN 晶格的 C 脱离出来，形成了独立的石墨结构。当然，这个过程也依赖于纳米 ZrO_2 的存在，其降低了反应进行的势垒（图 4-118）。元素面分布图可以清楚显示，在 ZrB_2 周围环绕着一层石墨层和散落的 ZrO_2 晶粒，在 ZrO_2 晶粒周围均匀分布着 SiC 和 BN 相，此外部分 ZrB_2 晶粒边缘蚀变成 ZrC 相（图 4-119）。

上述物相的形成与以下几个反应相关，主要伴随着 ZrB_2 颗粒氧化和还原过程以及 BN(C)的分解，在此过程中实现了石墨层的生长、ZrO_2 的形成以及 ZrC 的原位蚀变。

$$2ZrB_2(s)+5O_2(g)\longrightarrow 2ZrO_2(s)+2B_2O_3(s,g) \quad (4\text{-}22)$$

$$4BN(C)(s)+5O_2(g)\longrightarrow 2B_2O_3(s,g)+4CO(g)+2N_2(g) \quad (4\text{-}23)$$

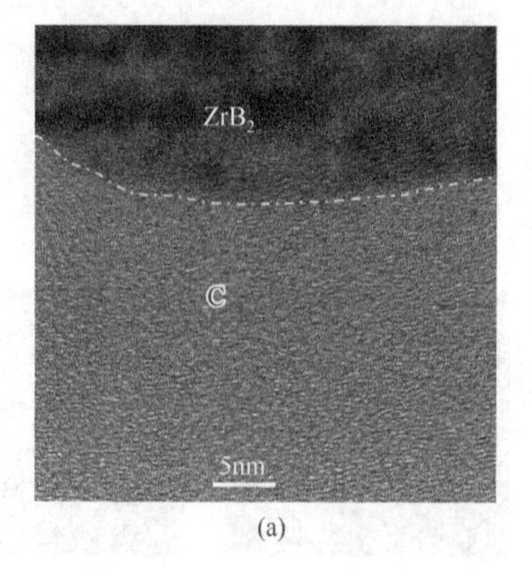

(a)

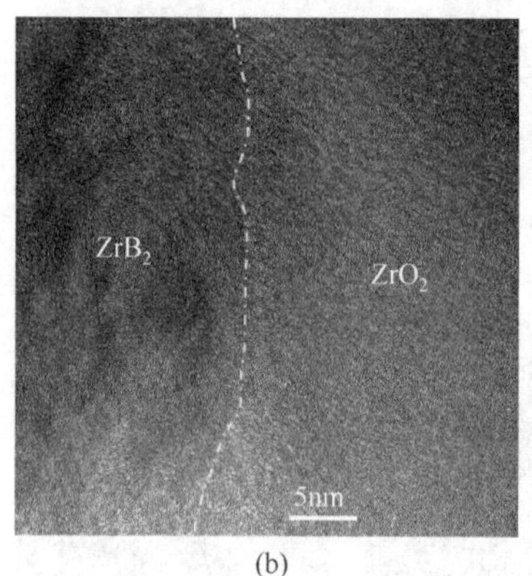

(b)

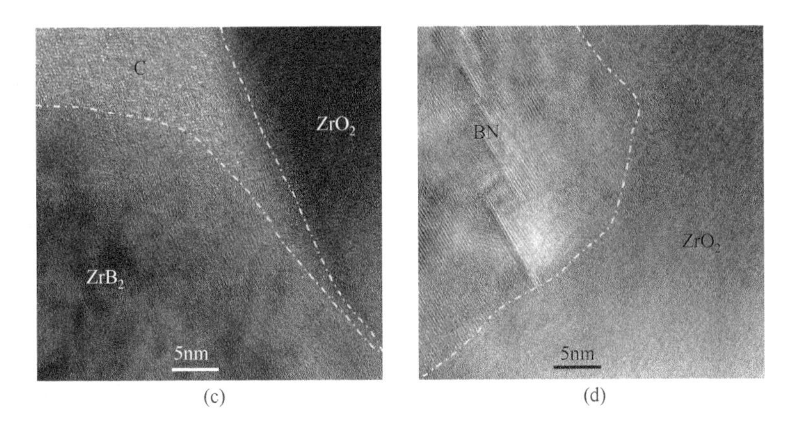

图4-118 SPS制备20wt%纳米ZrB_{2p}引入量的ZrB_{2p}/Si_2BC_3N复相陶瓷材料HRTEM精细结构分析：(a) ZrB_2与C界面结构；(b) ZrB_2与ZrO_2界面结构；(c) ZrB_2、ZrO_2与C界面结构；(d) ZrO_2与BN界面结构

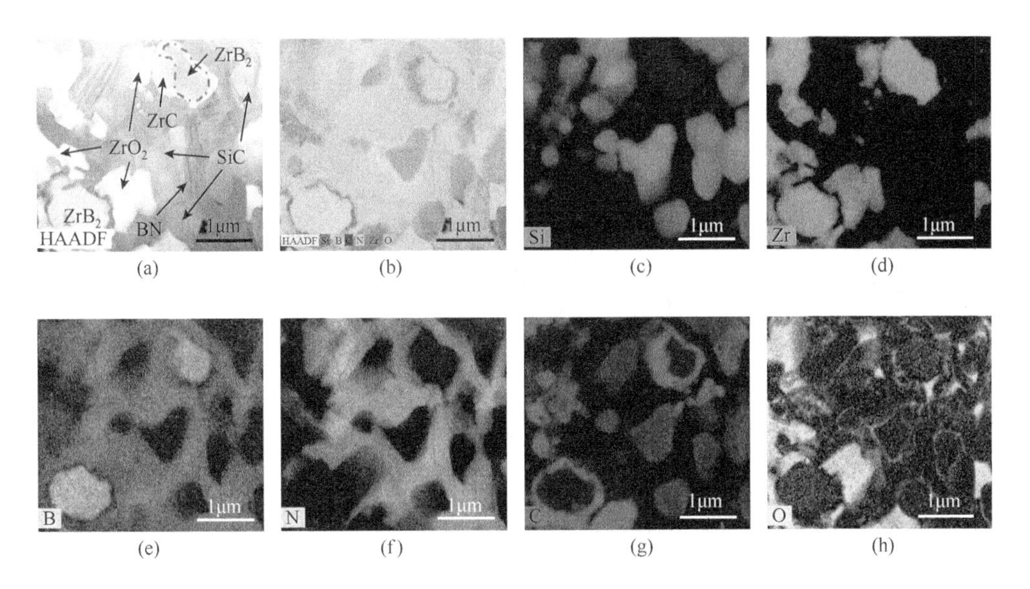

图4-119 SPS制备20wt%纳米ZrB_{2p}引入量的ZrB_{2p}/Si_2BC_3N复相陶瓷透射电镜分析：(a) STEM-HAADF图像；(b)～(h) 相应元素面分布

$$ZrB_2(s)+5CO(g)\longrightarrow ZrO_2(s)+B_2O_3(s,g)+5C(s) \tag{4-24}$$

$$B_2O_3(s,g)+N_2(g)+3C(s)\longrightarrow 2BN(s)+3CO(g) \tag{4-25}$$

$$ZrO_2(s)+3C(g)\longrightarrow ZrC(s)+2CO(g) \tag{4-26}$$

$$BN(C)(s)\longrightarrow BN(s)+C(s) \tag{4-27}$$

4.5.11 HfB_{2p}对 Si_2BC_3N 陶瓷基复合材料致密化及显微结构影响

HfB_{2p}/Si_2BC_3N 复相陶瓷的热压烧结致密化过程主要分为三个阶段：在 500～1200℃之间，加压柱位置不断下降，这是因为陶瓷粉体和磨具因温度升高而出现膨胀现象；在 1200～1600℃温升阶段为施加轴向载荷过程，所以此阶段加压柱位置变化较快，粉体因紧密堆垛而产生大程度的体积收缩。第二阶段为 1600～1815℃，此阶段加压柱位置变化不明显，无明显体积收缩，此时形成的陶瓷坯体致密度很低。第三阶段为 1815℃以上，加压柱位置迅速上升，并且上升速率也很快达到了峰值，表明陶瓷胚体发生了剧烈的体积收缩，粉体之间产生了烧结致密化现象。因此，HfB_2/Si_2BC_3N 复相陶瓷的烧结致密化起始温度约 1815℃，只有在此温度之上进行烧结，才能使粉体烧结致密化，得到致密化程度较高的块体陶瓷材料（图 4-120）。

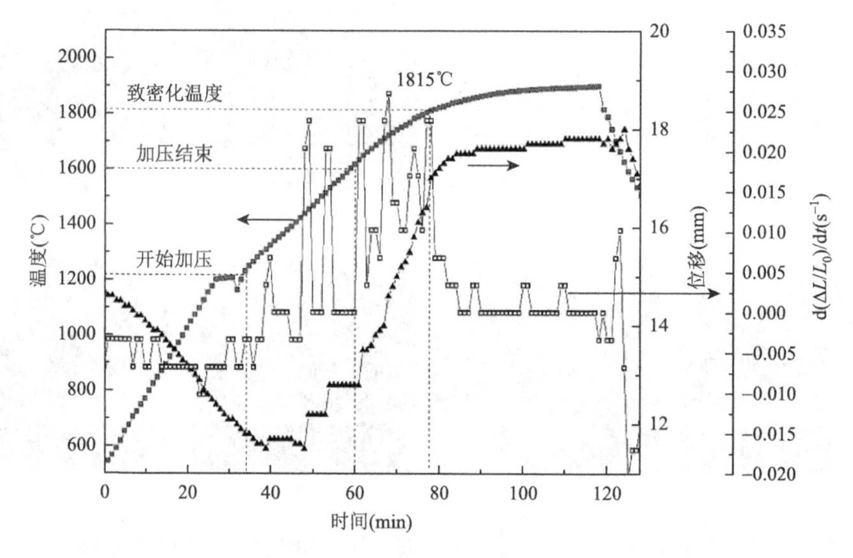

图 4-120 HfB_{2p}/Si_2BC_3N 复合粉体热压烧结过程中炉内石墨外套温度与加压柱位移及加压柱位移速率随时间的变化曲线[38]

引入 HfB_{2p}后，烧结过程中 Si_2BC_3N 陶瓷基体出现了明显的析晶现象，部分 HfB_2与 Si_2BC_3N 非晶陶瓷粉体发生了反应，生成了少量 HfC。随着体积分数的增大，HfB_2和 HfC 衍射峰强度随基体中 HfB_{2p} 添加量增加呈正相关增强，但没有新物相出现，说明 HfB_{2p}的引入量对基体材料的物相组成无明显影响，HfB_2并没有完全与 Si_2BC_3N 粉体反应生成 HfC，还有部分残留 HfB_2。因此 1900℃/60MPa/30min

热压烧结致密化后，HfB_{2p}/Si_2BC_3N 块体陶瓷材料由 α-SiC、β-SiC 和 BN(C)、HfB_2 和 HfC 相组成（图 4-121）。

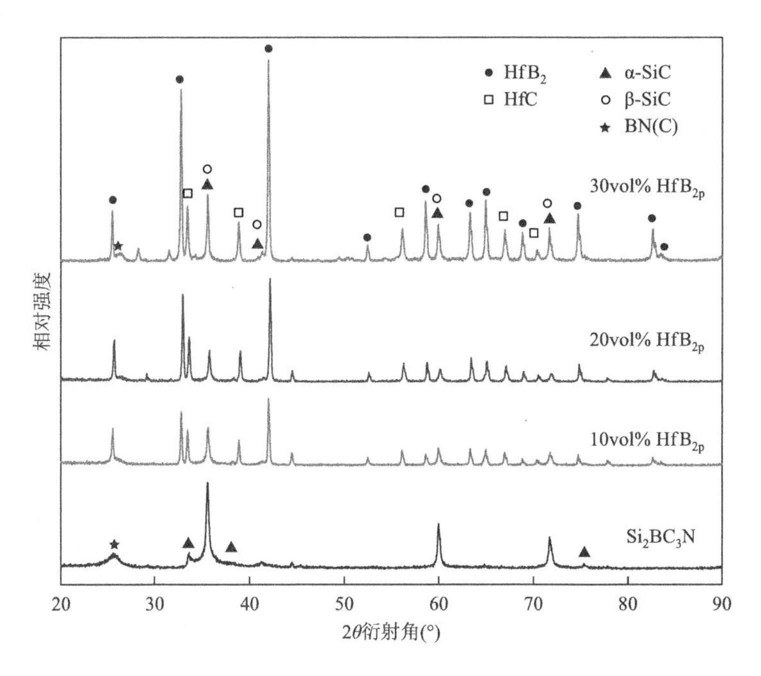

图 4-121　1900℃/60MPa/30min 热压烧结不同 HfB_{2p} 引入量的 HfB_{2p}/Si_2BC_3N 复相陶瓷 XRD 图谱[38]

HfB_2 理论密度为 $10.5g/cm^3$，HfC 理论密度为 $12.7g/cm^3$，均远远大于 Si_2BC_3N 陶瓷基体理论密度 $2.84g/cm^3$，由混合定律可得复相陶瓷的体积密度将随 HfB_{2p} 引入量的增大而增大，HfB_{2p} 引入量为 30vol%时复相陶瓷体积密度最高达 $4.91g/cm^3$。由于 HfB_{2p}/Si_2BC_3N 复相陶瓷中各相相对含量未知，所以无法按照混合定律计算其理论密度。此外，复相陶瓷开气孔率随 HfB_{2p} 引入量的增大逐渐减小，HfB_{2p} 引入量为 30vol%的复相陶瓷的开气孔率最低为 1.59%，比相同热压烧结工艺制备的 Si_2BC_3N 块体陶瓷开气孔率低得多。烧结前复合粉体由纳米颗粒构成的团聚体组成，表面能相对较高，烧结活性较高，同时烧结过程中 HfB_{2p} 粉体与 Si_2BC_3N 非晶粉体发生了化学反应，促进烧结过程中元素扩散，有利于烧结致密化，进而降低了复相陶瓷的开气孔率（图 4-122 和表 4-5）。

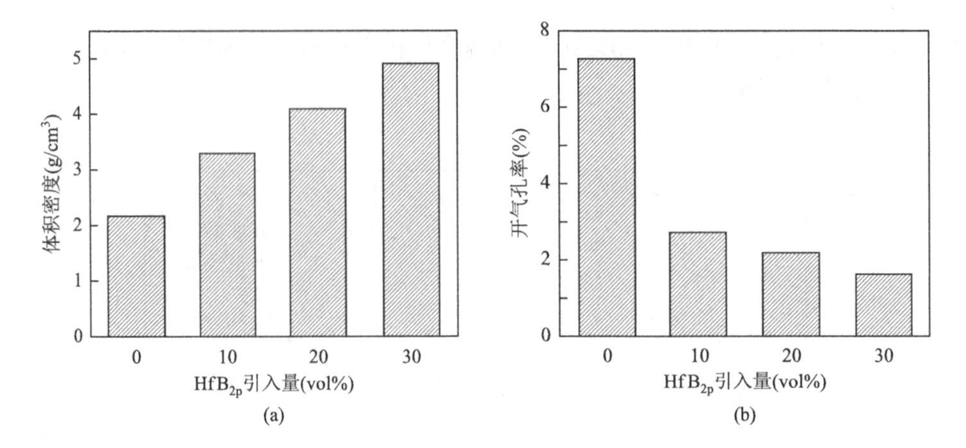

图 4-122 1900℃/60MPa/30min 热压烧结制备不同 HfB_{2p} 引入量 HfB_{2p}/Si_2BC_3N 复相陶瓷体积密度（a）及开气孔率（b）[38]

表 4-5 1900℃/60MPa/30min 热压烧结制备的不同 HfB_2 引入量 HfB_{2p}/Si_2BC_3N 复相陶瓷表观密度、体积密度和开气孔率[38]

HfB_{2p} 引入量（vol%）	表观密度（g/cm^3）	体积密度（g/cm^3）	开气孔率（%）
0	2.22	2.17	7.26
10	3.37	3.29	2.73
20	4.17	4.10	2.19
30	5.05	4.91	1.59

纯 Si_2BC_3N 块体陶瓷表面较为粗糙，孔洞较大且分布较为密集，材料致密度较低。引入 HfB_{2p} 后复相陶瓷表面平整致密，孔洞数量明显减少，且气孔孔径细小、分布均匀；随着 HfB_{2p} 引入量的增加，陶瓷表面平整度逐渐提高，气孔数量进一步降低。陶瓷表面黑色区域为 Si_2BC_3N 陶瓷基体，夹杂分布着的许多形状不规则的白色区域为增强相 HfB_2 和 HfC（图 4-123）。

引入高温组分 HfB_{2p} 后，复相陶瓷断口粗糙且不平整，但不存在明显气孔和微裂纹，材料的致密化程度明显提高；断口处均匀分布着片层状结构，断裂方式为脆性断裂（图 4-124）。从裂纹扩展情况来看，纯 Si_2BC_3N 陶瓷基体中裂纹扩展路径较为清晰、平直，没有明显路径偏转。引入 HfB_2 后，裂纹扩展路径曲折，裂纹路径上交叉混乱分布着片层状结构，这种片层状 BN(C)的拔出会产生大量新表面，对裂纹的扩展造成较大阻力。在裂纹扩展路径上能看到裂纹绕过和穿过增强相颗粒的现象，这两种增韧机制对复相陶瓷韧性的提高起到了一定效果（见 5.5.10 小节测试结果）。

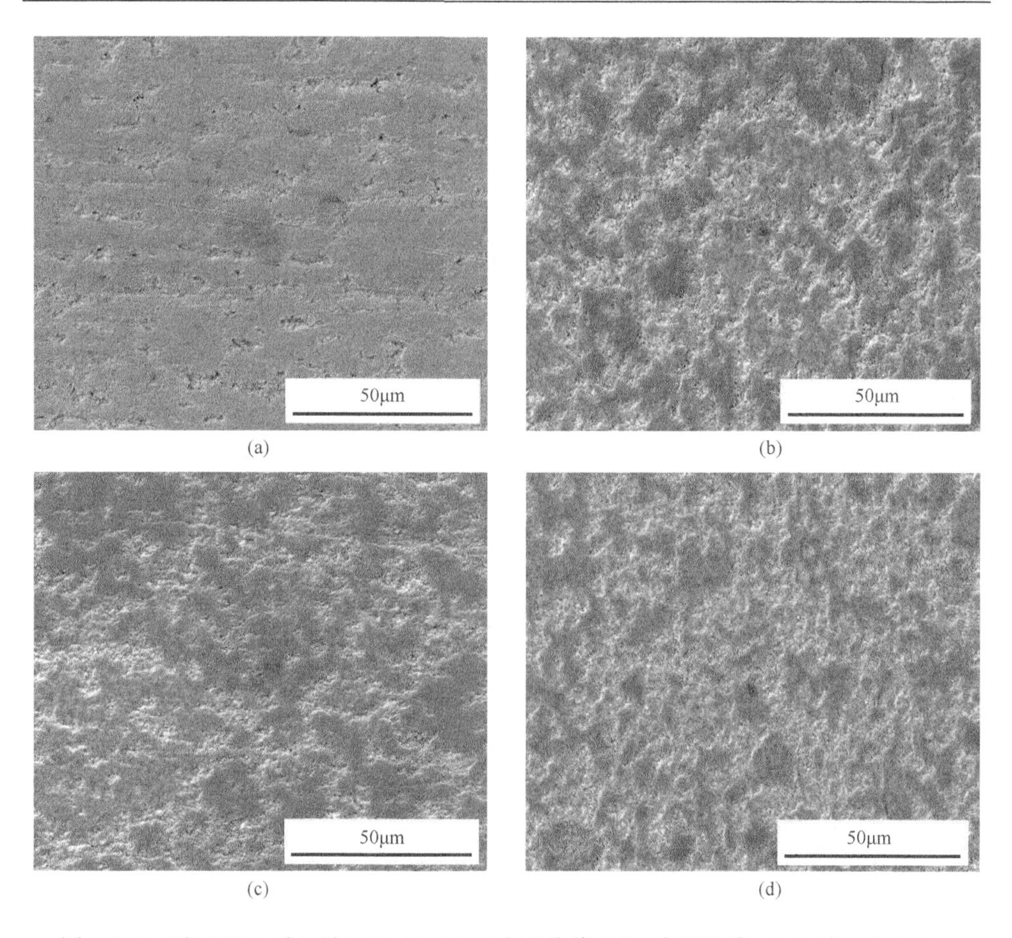

(a)　(b)　(c)　(d)

图 4-123　不同 HfB_2 引入量 HfB_{2p}/Si_2BC_3N 复相陶瓷 SEM 表面形貌：（a）纯 Si_2BC_3N；（b）10vol% HfB_{2p}；（c）20vol% HfB_{2p}；（d）30vol% HfB_{2p}[38]

(a)　(b)

图 4-124 不同 HfB_{2p} 引入量 HfB_{2p}/Si_2BC_3N 复相陶瓷 SEM 断口形貌：(a)，(b) 10vol% HfB_{2p}；(c)，(d) 20vol% HfB_{2p}；(e)，(f) 30vol% HfB_{2p}[38]

4.5.12 LaB_{6p} 对 Si_2BC_3N 陶瓷基复合材料致密化及显微结构影响

稀土氧化物有助于柱状 SiC 晶粒的生长，从而提高 SiC 陶瓷的力学性能；在 ZrC 陶瓷中引入 LaB_{6p}，有助于基体中生成层状新相，有效提高了 ZrC 陶瓷的断裂韧性。在 Si_2BC_3N 陶瓷基体中采用两种方式引入 LaB_{6p}：①一步法，即直接采用机械合金化技术对 LaB_{6p}、c-Si、h-BN、石墨混合粉体进行高能球磨 30h，然后采用 SPS 制备复相陶瓷；②两步法，先采用机械合金化技术制备 Si_2BC_3N 非晶陶瓷粉体，然后添加 5wt% LaB_{6p}，普通球磨 24h 得到复合粉体，最后 SPS 制备 LaB_{6p}/Si_2BC_3N 复相陶瓷。

采用一步法球磨工艺结合 SPS 技术制备复相陶瓷过程中，在 1160℃压头位移变化率急剧增大，意味着复合粉体开始发生致密化，甚至发生物相变化；陶瓷后续致密化导致压头位移在 1700℃稍微增大，高于 1800℃位移基本保持不变，LaB_{6p}/Si_2BC_3N 复相陶瓷的致密化过程基本完成（图 4-125）。该复合粉体主要由微米级的硬团聚体组成，堆积密度较低，因此陶瓷颗粒滑移、重排、破碎细化主导了复相陶瓷的初始致密化。在更高温度、压强作用下，析晶导致 SiC 和 BN(C)晶粒长大，并伴随着含 La 新相的生成，因此晶粒滑移和原子扩散在陶瓷中期和后期致密化过程中起主导作用。

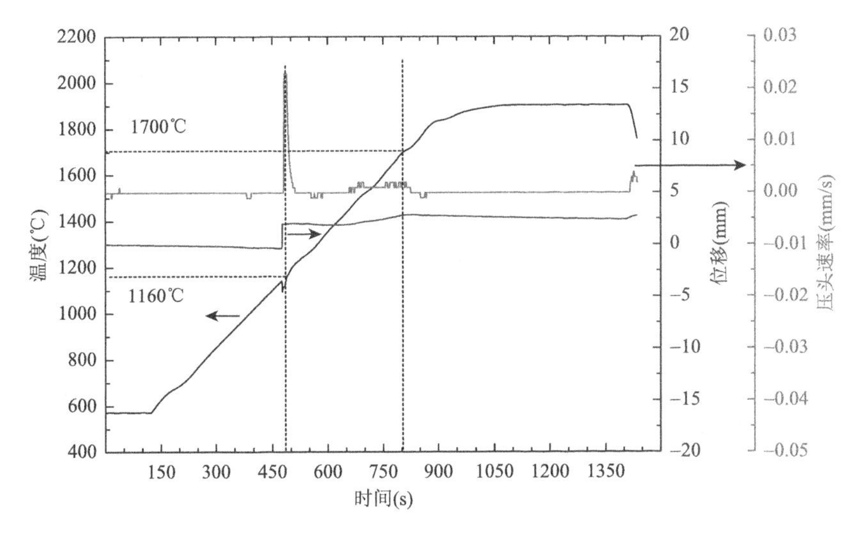

图 4-125　一步法球磨工艺结合 SPS 技术烧结制备 LaB_{6p}/Si_2BC_3N 复相陶瓷的烧结曲线[8]

对 LaB_{6p}/Si_2BC_3N 复合粉体在 1000～1900℃/50MPa 进行 SPS。在 1000℃烧结，体系没有发生明显的物相变化，与原始复合粉体相似，XRD 只能观察到 LaB_6 的晶体衍射峰。在 1300℃烧结，LaB_6 与体系中其他成分发生反应，体系发生析晶，LaB_6 晶体衍射峰凸现。在 1800℃烧结后，BN(C)晶体衍射峰（26.5°）强度有所增强，α-SiC 的衍射峰（32°）消失。值得注意的是，在 22°～30°范围内衍射峰对应的物相是含 La 的化合物（$La_5(B_4N_9)$或者 $La_{15}B_{14}N_{19}$），可能是高温条件下部分 C 或 N 原子固溶到 LaB_6 所致。在 1900℃烧结，β-SiC、BN(C)的衍射强度有所降低，这与 BN(C)特有的湍层结构以及 SiC 较高的结晶度有关（图 4-126）。引入 LaB_{6p} 促进了 Si_2BC_3N 陶瓷基体的烧结致密化。纯 Si_2BC_3N 陶瓷经 1900℃/50MPa SPS 制备的致密度仅为 89.0%，加入少量 LaB_{6p} 后复相陶瓷在 1800℃烧结致密度即达 96.9%，1900℃烧结制备的复相陶瓷致密度达 97.2%（图 4-127）。

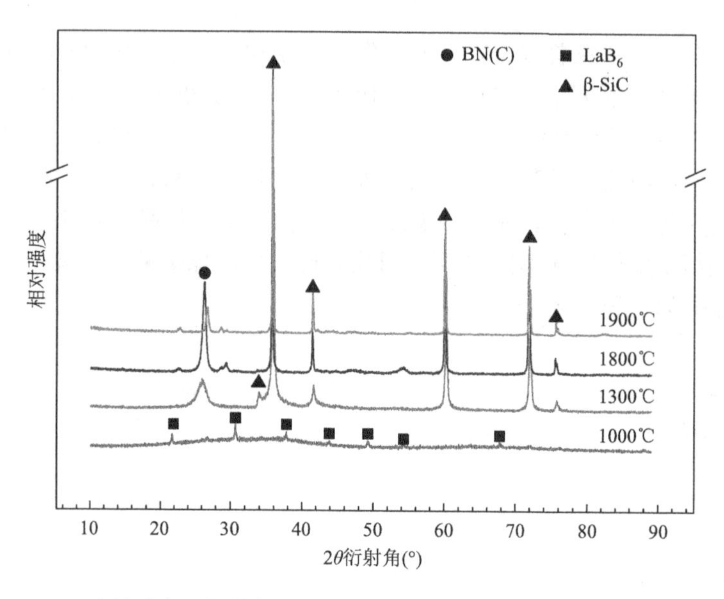

图 4-126 一步法球磨工艺结合 SPS 制备 LaB_{6p}/Si_2BC_3N 复相陶瓷的 XRD 图谱[8]

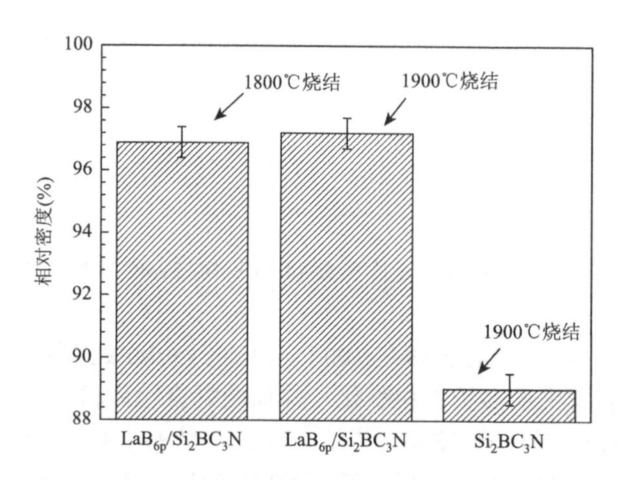

图 4-127 一步法球磨工艺结合 SPS 技术烧结制备的 LaB_{6p}/Si_2BC_3N 复相陶瓷的相对密度[8]

在 1000～1300℃烧结后，陶瓷断口仍能观察到接近球形的陶瓷颗粒。与复合粉体不同的是，部分颗粒发生轻度烧结导致烧结颈的形成。在 1800℃烧结，块体陶瓷发生充分烧结，生成大量近等轴状 SiC 和片层状 BN(C)晶粒，陶瓷以穿晶/沿晶混合方式断裂，更高的温度使晶粒继续发育长大。在 1900℃烧结，SiC 晶粒长大至约 2μm，BN(C)晶粒沿（0002）晶面厚度达到 150nm 且具有发育良好的片层状结构。EDS 结果表明，片层状 BN(C)）晶粒中含有 La。La 固溶到 BN(C)中促进其片层状结构的发育生长（图 4-128），将有助于改善陶瓷断裂韧性。

图 4-128　一步法球磨工艺结合 SPS 技术烧结制备 LaB_{6p}/Si_2BC_3N 复相陶瓷 SEM 断口形貌：（a）1000℃烧结；（b）1300℃烧结；（c）1800℃烧结；（d）1900℃烧结[8]

为了便于研究 LaB_6 对 BN(C)相生长行为的影响，即片层状 BN(C)晶粒的生长机制，采用同样的烧结工艺制备了 BNC 和 LaB_6/BNC 块体陶瓷。BNC 块体陶瓷中并无片层状晶粒生成，而 LaB_6 的引入导致了 $La_5B_2C_6$、新物相以及大量片层状 BN(C)晶粒的形成。元素分布图表明 La 除了在部分晶界发生聚集，其余几乎均匀地分布在 BN(C)层间。这表明 La 固溶到 BN(C)层间，甚至有可能分布在 BN(C)内部。HRTEM 精细结构分析表明含 La 的 BN(C)表现出（0002）晶面择优取向，从而导致片层状结构生成。片层状 BN(C)晶粒的生长过程分为三步：①在较低温度下，陶瓷主要由非晶单元以及极少量且均匀分布的 La(B, C, N)$_x$ 单元构成；②在足够高烧结温度，原子发生扩散、重排导致更多富 La 的 La(B, C, N)$_x$ 单元生成，该结构单元诱导 B、C 和 N 原子聚集、有序排列并像 h-BN 和石墨一样沿（0002）晶面进行择优取向生长，从而导致片层状 BN(C)相形成；③伴随着充分的原子扩散与重排，含 La 的 BN(C)片层晶粒在二维方向继续发育长大，将 La(B, C, N)$_x$ 单元“推挤”向边缘非晶区域（图 4-129）。

SPS 制备 LaB_{6p}/Si_2BC_3N 复相陶瓷前后，体系中均含有 Si—C、B—C、C—B—N、C—N、La—B 等多种化学键。不同的是，SPS 后，陶瓷各原子之间成键状态变化导致化学键所对应的峰位发生了不同程度的偏移。复相陶瓷中 B—N、B—C、C—C 和 C—B 键的相对含量有所增加，而 B—C—N 和 La—B 键的相对含量有所降低。更高温度烧结条件下，La 原子进一步固溶到 BN(C)的层间形成含 La 的 BN(C)化合物或者 La 与其他化学成分反应生成 La(B, C, N)$_x$ 化合物（图 4-130）。

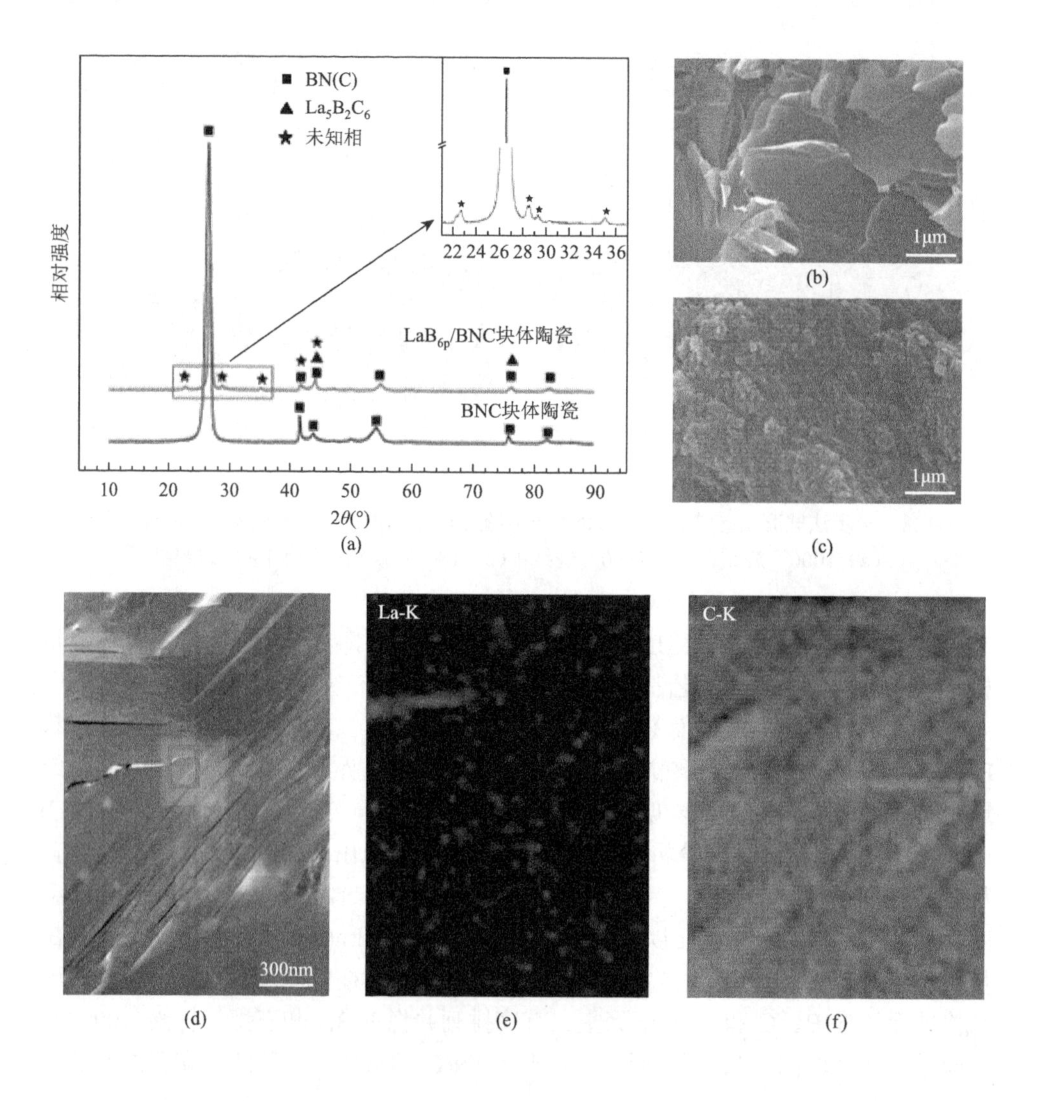

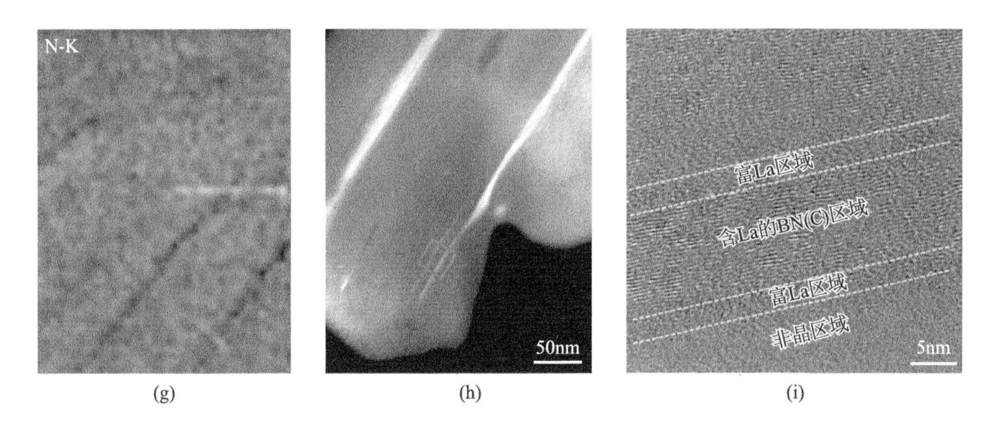

图4-129　一步法球磨工艺结合SPS技术1900℃/50MPa烧结制备的LaB_{6p}/BNC和BNC复相陶瓷的SEM断口形貌：（a）XRD图谱；（b）BNC陶瓷断口形貌；（c）LaB_{6p}/BNC陶瓷断口形貌；（d）LaB_{6p}/BNC陶瓷中片层状BN(C)相STEM形貌；（e）～（g）分别为La、C、N面分布；（h），（i）分别为LaB_{6p}/BNC陶瓷中片层状BN(C)相明场像及其HRTEM精细结构[8]

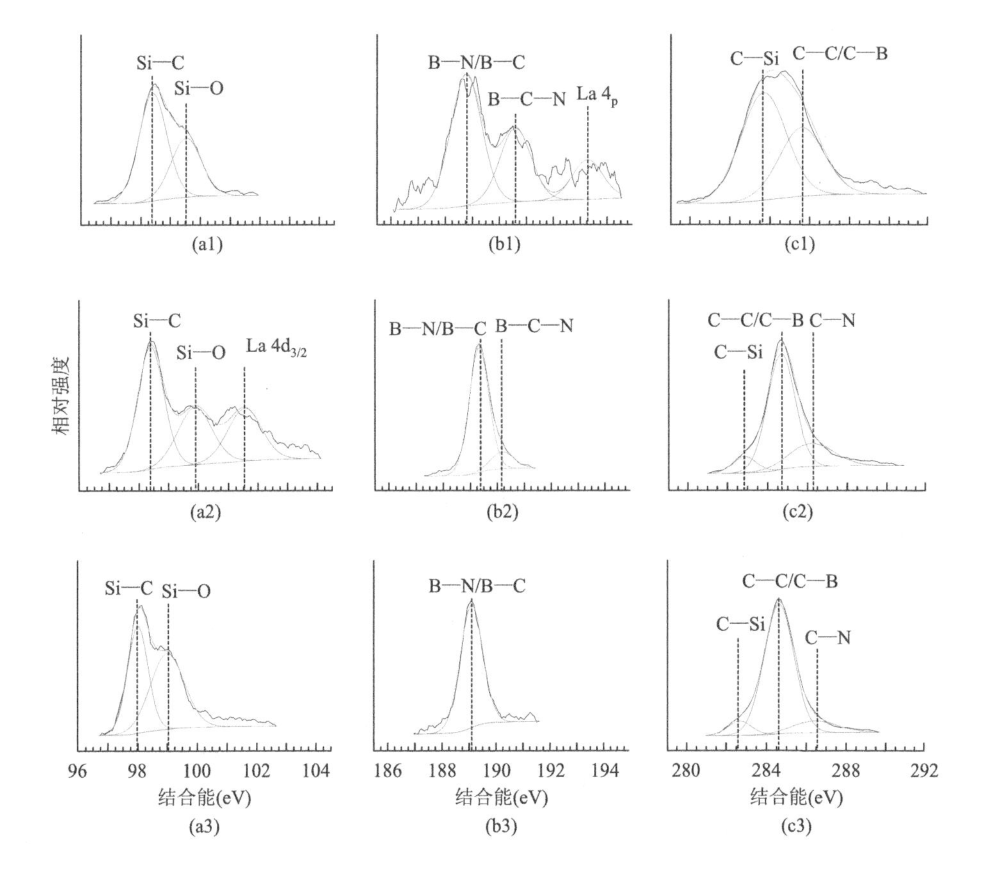

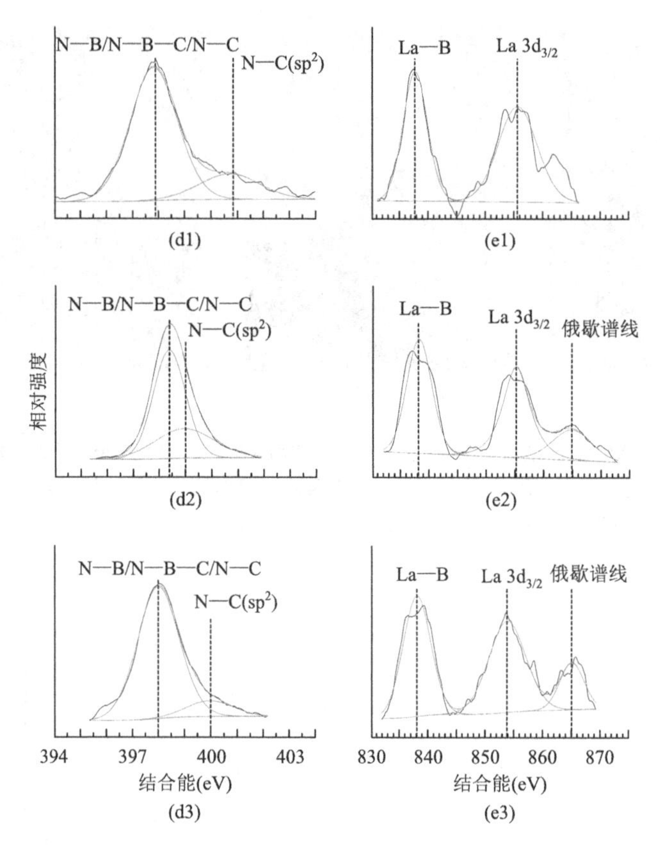

图 4-130　一步法球磨工艺结合 SPS 技术制备 LaB_{6p}/Si_2BC_3N 复相陶瓷的 XPS 拟合图谱：（a）Si 2p；（b）B 1s；（c）C 1s；（d）N 1s；（e）La 3d；（a1～e1）Si_2BC_3N 非晶粉体，（a2～e2）1300℃/50MPa 烧结，（a3～e3）1900℃/50MPa 烧结[8]

两步法球磨工艺结合 SPS 技术制备 LaB_{6p}/Si_2BC_3N 复相陶瓷的烧结致密化过程同样经历了三个阶段。不同之处在于两步法球磨工艺制备的复合粉体在 1360℃才开始致密化，比一步法“滞后”约 200℃。这表明两步法制备复合粉体的烧结活性相对较低（图 4-131）。随着烧结温度的升高，块体陶瓷的密度变化表现为三个阶段：第一阶段（1250～1450℃），复相陶瓷体积从 1.7g/cm^3 增大到 2.4g/cm^3（致密度提高约 41%）；第二阶段（1450～1550℃），体积密度增大到 2.75g/cm^3（致密度再次提高约 15%）；第三阶段（≥1550℃），体积密度变化较小，表明两步法制备复相陶瓷的致密化烧结临近结束（图 4-132）。

LaB_{6p}/Si_2BC_3N 复合粉体及两步法球磨工艺结合 SPS 技术制备的复相陶瓷在 XRD 图谱约 28.5°和约 47.5°显示两个微弱晶体衍射峰，可能对应 $LaBO_3$ 相。由于 Si_2BC_3N 非晶粉体及 LaB_{6p}/Si_2BC_3N 复合粉体均在氩气气氛保护下进行高能球磨，而 LaB_6 在空气中至少约 700℃才能被氧化，因此少量的 $LaBO_3$ 杂

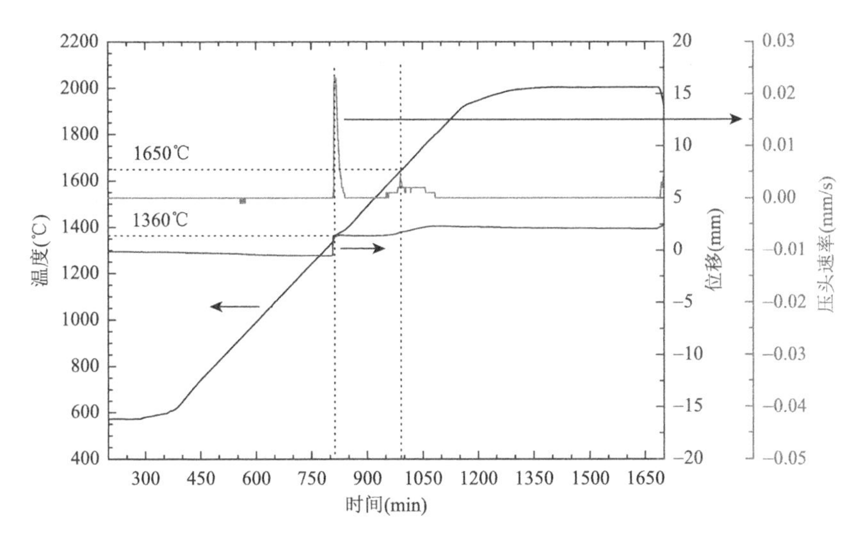

图 4-131　两步法球磨工艺结合 SPS 技术烧结制备 LaB_{6p}/Si_2BC_3N 复相陶瓷的烧结曲线[8]

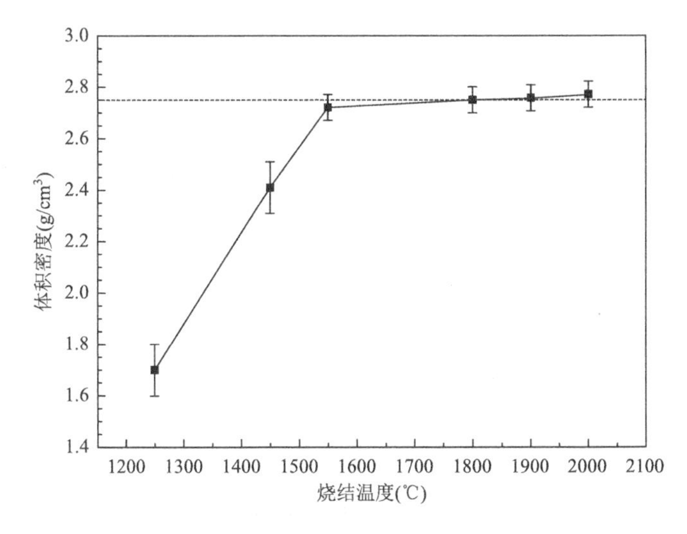

图 4-132　两步法球磨工艺结合 SPS 技术烧结制备的 LaB_{6p}/Si_2BC_3N 复相陶瓷的体积密度[8]

质可能源于原料粉体 LaB_6 的制备过程。复合粉体在 1250℃烧结后，LaB_6 衍射峰强度有所降低，可能原因有：①LaB_6 与 Si_2BC_3N 中的某些成分发生了反应；②LaB_6 在加热过程发生重结晶导致其晶粒尺寸减小。在 1450℃烧结，LaB_6 衍射峰消失，Si_2BC_3N 析晶导致 SiC 和 BN(C)的形成。部分 La 固溶到 BN(C)中是导致 LaB_6 衍射峰消失的原因之一。当烧结温度升高到 1900℃，粉体进一步析晶导致 SiC 和 BN(C)的衍射峰强度有所增强，La 的固溶或者部分 BN 的形成导致 BN(C)的衍射峰从 26.1°偏移到 26.8°。因此，除了材料发生烧结致密化，物相组成的变化也是导致加热至 1360℃时压头位移突然增大的原因之一（图 4-133）。

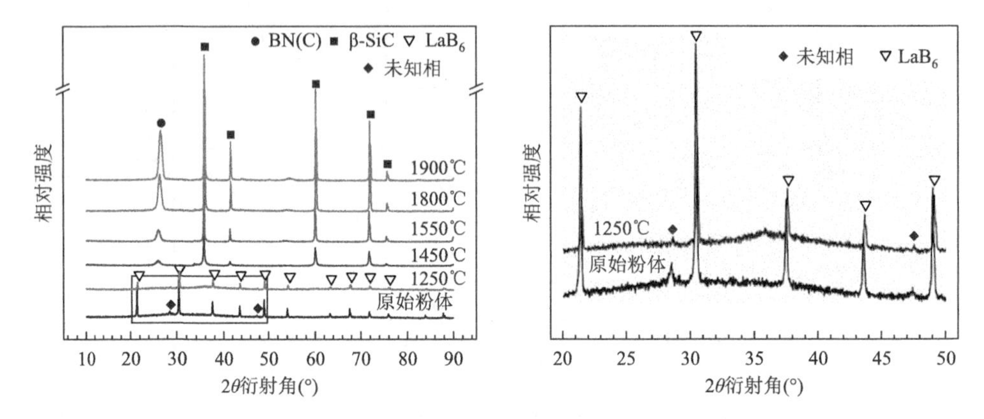

图 4-133　两步法球磨工艺结合 SPS 技术烧结制备 LaB_{6p}/Si_2BC_3N 复相陶瓷 XRD 图谱：（a）不同温度烧结制备；（b）图（a）中方框的放大图谱[8]

两步法球磨工艺结合 SPS 技术 1250℃/50MPa 制备的 LaB_{6p}/Si_2BC_3N 复相陶瓷断口形貌仍保持近球形颗粒形貌，无烧结迹象。在 1450℃烧结，复相陶瓷发生了初步烧结致密化，且伴随着 β-SiC 和含 La 的 BN(C)晶粒生成。尽管 1450℃烧结后的复相陶瓷仍有残余孔洞，但其体积密度已达 2.4g/cm^3，比 1250℃烧结后得到的复相陶瓷体积密度提高 41%。该温度条件下复相陶瓷发生快速致密化，归功于颗粒重排和颗粒软化后发生的微量塑性形变。高于 1800℃烧结，在断口可以清楚观察到近等轴状的 SiC 晶粒和片层状的 BN(C)晶粒；烧结温度提高到 1900℃，SiC 晶粒从 1μm 长大到 3μm，这是由于更高温度（≥1650℃）条件下晶界滑移和原子扩散使陶瓷发生充分烧结（图 4-134）。采用两步法球磨工艺结合 SPS 技术烧结制备的 LaB_{6p}/Si_2BC_3N 复相陶瓷，虽然断口形貌显示片层状 BN(C)发育较为完好，但裂纹扩展路径较为平直，部分 BN(C)存在拔出和桥连现象（图 4-135）。

(a)

(b)

(c)

图 4-134　两步法球磨工艺结合 SPS 技术不同温度烧结制备的 LaB_{6p}/Si_2BC_3N 复相陶瓷 SEM 断口形貌：(a) 1250℃；(b) 1450℃；(c) 1550℃；(d) 1800℃：(e) 1900℃；(f) 2000℃[8]

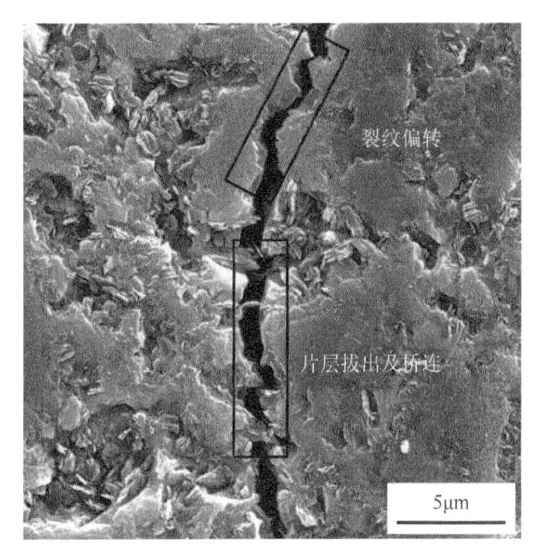

图 4-135　两步法球磨工艺结合 SPS 技术 1900℃/50MPa 烧结制备的 LaB_{6p}/Si_2BC_3N 复相陶瓷 SEM 裂纹扩展形貌[8]

4.6　短纤维对 MA-SiBCN 陶瓷基复合材料致密化及显微结构影响

第二相等轴颗粒增强 SiBCN 陶瓷材料的强韧性有较大改善，但仍具有本质脆性，在苛刻热冲击或热震条件下，仍容易发生炸裂或开裂，所以有必要引入纤维以进一步提高材料抵抗热震开裂的能力，避免其在服役过程中发生灾难性失效。

引入 20vol% C_f 后，纤维附近的陶瓷晶粒发生了显著的异常长大（图 4-136）。碳纤维附近的陶瓷晶粒平均尺寸约（249.1±86.5）nm，而远离纤维的陶瓷基体晶粒平均尺寸约（51.6±15.7）nm。在热压烧结过程中，纤维表面 C 原子要比陶瓷中的 C 原子具有更高的活性和更大的热扩散系数，在陶瓷基体非晶态组织的析晶过程中，C_f表面充当了异质形核位点作用，使 SiC 优先在纤维表面附近发生形核和生长。由于纤维表面附近的非晶态陶瓷组织具有相对较低的析晶温度和较快的原子扩散速率，当烧结条件相同时，该区域 SiC 晶粒的生长速度较快，生长时间较长，因此，晶粒具有较大的尺寸。此外，异质形核现象的发生也将使 C_f与在其表面附近优先形核生长的 SiC 之间存在一定程度的界面反应，使纤维与基体陶瓷之间的界面结合力增强。这些因素使得 20vol% C_f/Si_2BC_3N 复合材料发生断裂时，碳纤维不能发生有效拔出，纤维脱黏困难，这也是部分纤维拔出时表面黏着大量基体陶瓷颗粒的重要原因。

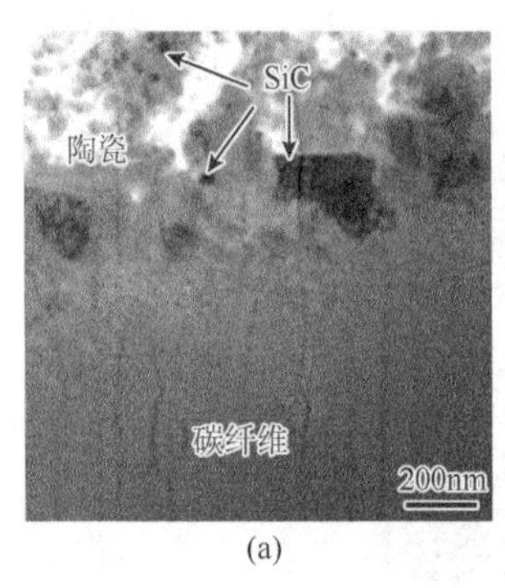

(a)

(b)

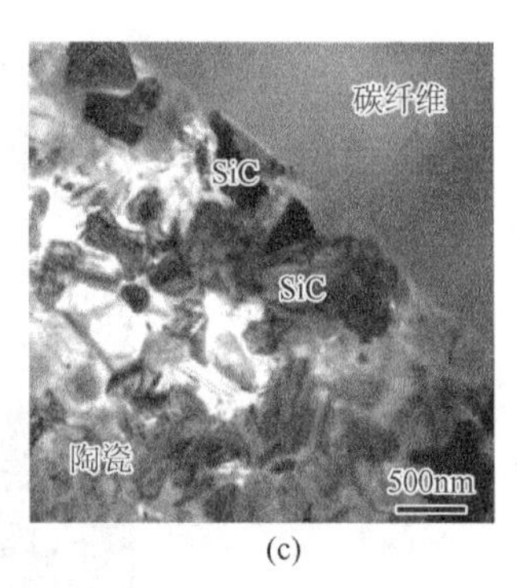

(c)

图 4-136　1800℃/40MPa/30min 热压烧结制备的 Si_2BC_3N 陶瓷基复合材料中 C_f 与陶瓷基体界面区域显微组织结构：（a），（b）20vol% C_f/Si_2BC_3N；（c）(20vol% C_f-7.5mol% ZrO_2)/Si_2BC_3N[1]

而在(20vol% C_f-7.5mol% ZrO_2)/Si_2BC_3N 复合材料中，由于少量 ZrO_2 烧结助剂的加入，陶瓷基体的平均晶粒尺寸长大至约（443.3±56.2）nm［图 4-136（c）］。推测 ZrO_2 的存在有利于提高基体陶瓷中原子的短程扩散速率，降低了非晶组织的起始析晶温度，因此各物相的晶粒生长速度得到提高。

该 20vol% C_f/Si_2BC_3N 复合材料存在几个主要问题。复合材料的气孔率很高，相对密度较低（71.7%）。Si_2BC_3N 非晶粉体中添加 20vol%的 C_f后，由于大量纤维的阻碍，粉体颗粒之间的接触、紧密堆积、传质和烧结将更加困难。陶瓷基体与 C_f之间发生了较为严重的界面反应，致使纤维的拔出比较困难，同时纤维与粉体颗粒之间的黏结现象比较严重（图 4-137）。推测这可能仍然与粉体颗粒之间不能发生有效烧结有较大关系。在陶瓷坯体被加热时，纤维可能会与粉体颗粒表面的氧化膜发生碳热还原反应；在随后的热压烧结过程中，C_f也可能会与基体中少量的金属杂质或低熔点金属合金等发生反应；这些因素的共同作用，使得纤维与粉体颗粒之间形成冶金结合。而与此同时，由于温度和压强不能满足复合粉体发生有效烧结的需要，粉体颗粒之间的烧结将非常有限，形成的冶金结合也很脆弱，结合力很小。

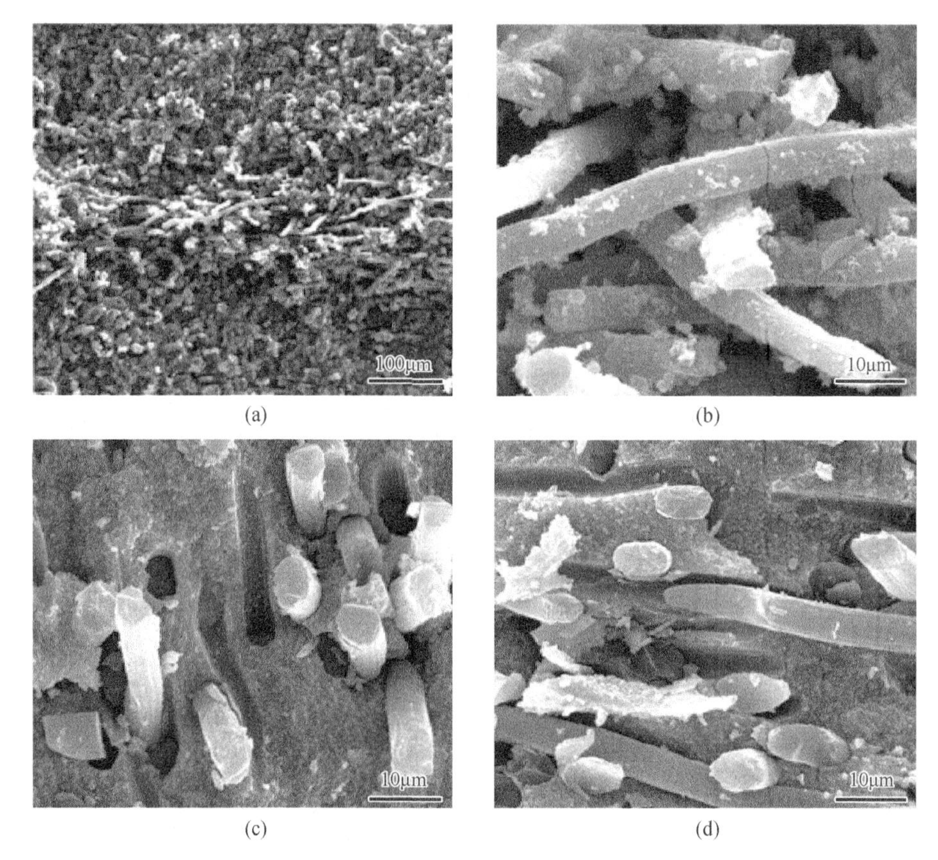

图 4-137 1800℃/40MPa/30min 热压烧结制备的 Si_2BC_3N 陶瓷基复合材料 SEM 断口形貌：（a），（b）20vol% C_f/Si_2BC_3N；（c），（d）(20vol% C_f-7.5mol% ZrO_2)/Si_2BC_3N[1]

C_f 在复合材料中的分布均匀性较差，局部有纤维团聚和聚集现象。纤维在材料中分散不均匀与材料的制备工艺有关，当前采用的短纤维及粉末冶金工艺制备复合材料时，纤维的分散程度受到人为因素的影响较大。纤维的团聚将导致粉体颗粒无法进入团聚纤维的缝隙中，这不利于材料的烧结致密化，也进一步阻碍了材料致密度和力学性能的提高。

ZrO_2 的添加促进了复合材料的烧结致密化，复合材料的气孔率明显降低，纤维与陶瓷颗粒之间的粘连现象也有了显著的改善。但从组织结构上观察，当前制备(20vol% C_f-7.5mol% ZrO_2)/Si_2BC_3N 复合材料仍然存在一些问题。首先，C_f 的分散程度虽然通过精心的工艺控制得到了明显的改善，但在局部区域仍然存在着纤维团聚，这有可能导致材料性能不均匀；在服役过程中，纤维团聚区域有可能充当缺陷或裂纹萌生区，致使材料在该处首先发生破坏。其次，复合材料中大部分 C_f 的有效拔出长度大约几十微米，为了更好地发挥复合材料韧性断裂的优势，纤维的脱黏程度和拔出长度可能需要进一步提高。

在 Si_2BC_3N 陶瓷基体中同时引入 C_f 和 ZrB_2，在发生碳热/硼热还原反应的过程中，纤维为反应提供了丰富的碳源，使得陶瓷与基体之间发生了严重的界面反应，部分纤维与陶瓷基体结合为一体，而在 C_f 表面也可以看到发生反应后所生成的包覆物（图 4-138 和图 4-139）。C_f 周围存在 SiC、ZrB_2 和 BN(C)相，基体与纤维界面清晰干净，界面处晶粒发生异常长大现象。本试验中所选择的 C_f 直径约 3μm，而 SPS 后纤维直径多数在 0.5μm，在碳热/硼热还原反应过程中，纤维为反应提供了丰富的碳源，造成了纤维性能的严重退化。引入 C_f 的初衷是一方面确保在烧结反应过程中，纤维仍然能保持强度，不受到任何损伤，另一方面是保证纤维与基体的结合为弱界面结合，从而在复相陶瓷断裂的过程中，纤维能够拔出，提高韧性。然而从实际效果来看，C_f 高温下损伤严重，增强增韧效果不理想。

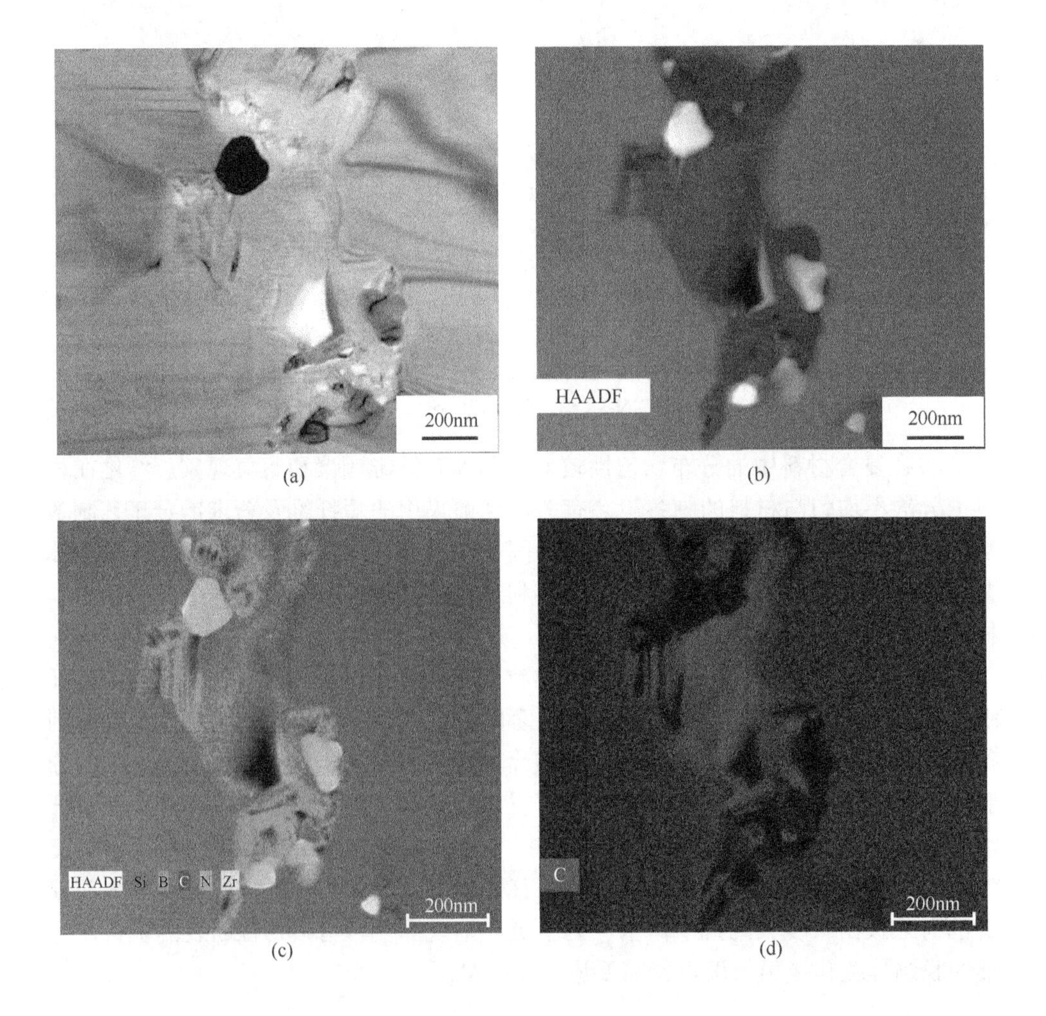

(a) (b) (c) (d)

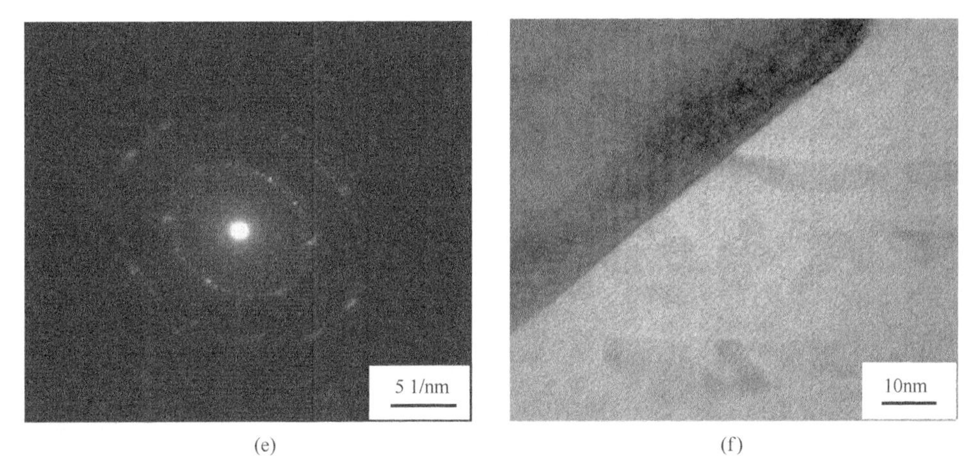

图 4-138　(10vol% C_f-15wt% ZrB_2)/Si_2BC_3N 复合材料透射电镜分析：（a）TEM 明场像形貌；（b）STEM 形貌；（c）Si、B、C、N、Zr 五种元素面分布；（d）C 元素面分布；（e）SAED 衍射花样；（f）纤维与陶瓷基体界面[37]

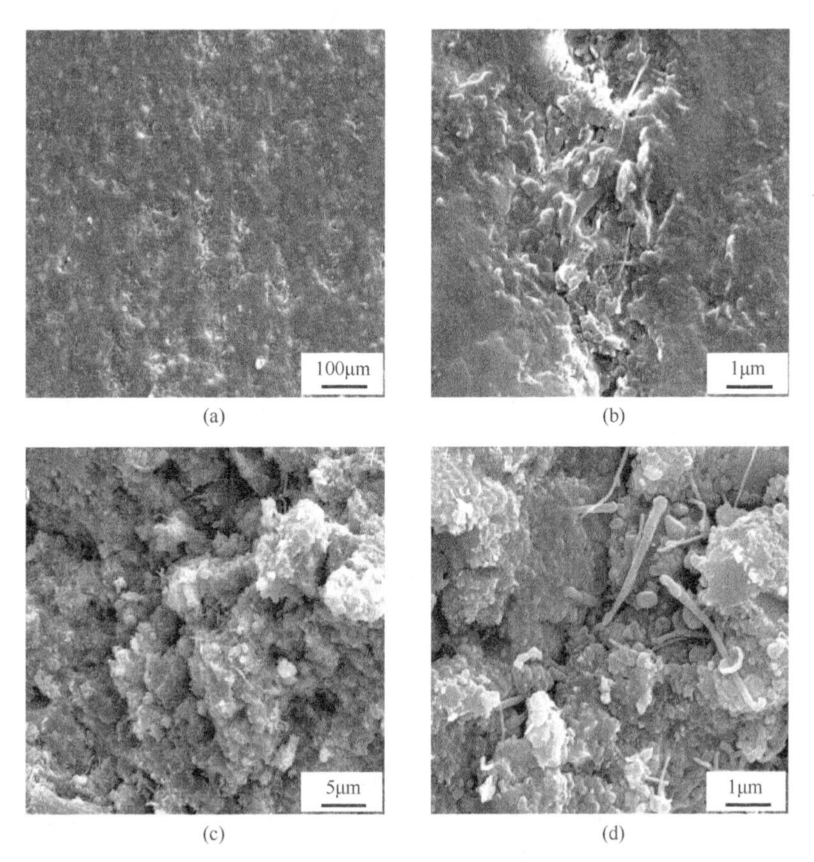

图 4-139　(10vol%C_f-15wt%ZrB_{2p})/Si_2BC_3N 复合材料 SEM 表面（a），（b）及断口形貌（c），（d）[37]

通过在 C_f 表面涂覆裂解碳来改善纤维与 Si_2BC_3N 陶瓷基体的界面结构和结合强度。在 800℃裂解，纤维表面形成了一层致密均匀的裂解碳，且纤维分散状态很好，纤维整体涂覆效果较为理想（图 4-140）。

图 4-140　不同温度裂解制备的裂解碳涂覆 C_f SEM 表面形貌：(a)，(b) 700℃；(c)，(d) 800℃；(e)，(f) 900℃[39]

纤维表面涂覆碳涂层后制备的 20vol% C_f/Si_2BC_3N 复合材料致密度仍不甚理想（图 4-141）。由于有裂解碳涂层，纤维能够有效拔出，纤维基体损伤不严重。然而纤维表面的裂解碳与基体发生严重反应，导致纤维拔出时表面黏着大量基体陶瓷颗粒。

此外 C_f 在 Si_2BC_3N 陶瓷基体中的分散性有待进一步提高，复合材料表面存在一些平行于材料断裂面的纤维和纤维剥离后留下的沟槽，这些纤维的存在不利于复合材料强度的提高。因为在基体中短切 C_f 是随机取向的，在同一平面上，当纤维与弯曲应力有一定的夹角时，会同时产生横向拉伸开裂应力和层内剪切应力。当横向拉伸应力达到纤维-基体间的界面强度时，纤维将垂直于界面方向剥离，而不是脱黏。因此，这种剥离对复合的强韧化作用是不利的。假设某一纤维与拉伸轴呈 θ 角，当纤维承载时，该纤维对强度的贡献为 $\sigma_f\cos\theta^2$。那么夹角 θ 越大，纤维对强度的贡献越小。因此，当纤维与拉伸轴呈 90°时，纤维对强度贡献为零，还有可能成为应力集中区而使强度下降。

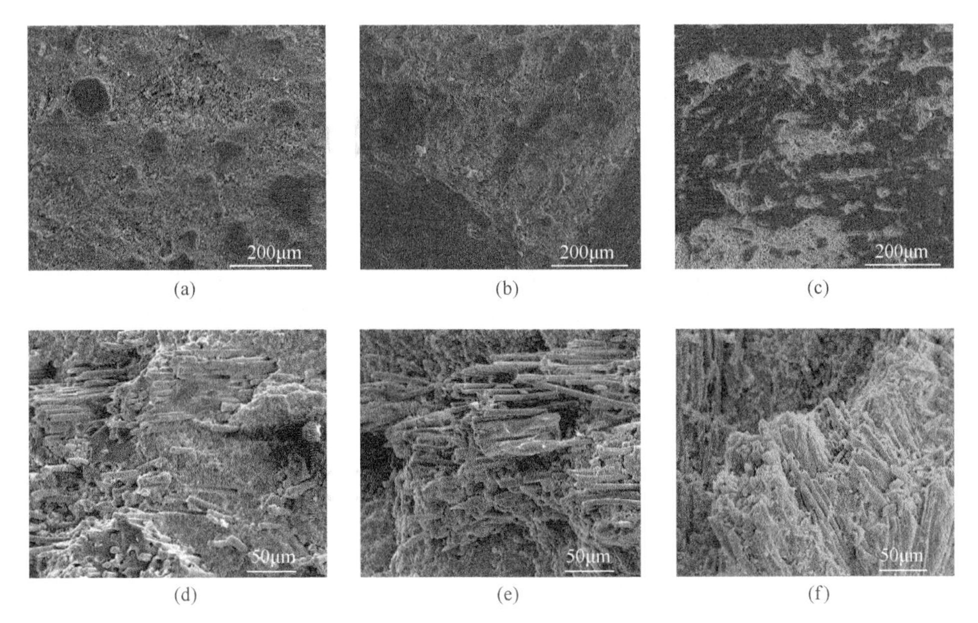

图 4-141　不同热压烧结温度制备的 20vol% C_f/Si_2BC_3N 复合材料（纤维表面涂覆裂解碳）SEM 表面及断口形貌：(a)，(d) 1800℃；(b)，(e) 1900℃；(c)，(f) 2000℃[39]

不同热压烧结温度制备的 20vol% C_f/Si_2BC_3N 复合材料（纤维表面涂覆裂解碳）物相组成为 BN(C)和 β-SiC 相。随着热压烧结温度的提高，BN(C)和 β-SiC 相对含量增加。β-SiC 衍射峰半高宽较大，表明 β-SiC 结晶程度不高，而 BN(C) 相仅有微弱的馒头峰，结晶度较低（图 4-142）。20vol% C_f/Si_2BC_3N 复合材料体积

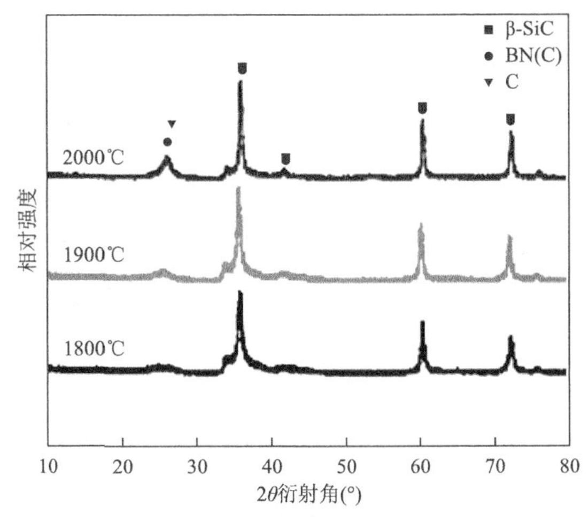

图 4-142　不同温度热压烧结制备的 20vol% C_f/Si_2BC_3N 复合材料 XRD 图谱（纤维表面涂覆裂解碳）[39]

密度随热压烧结温度的升高而增大，1800℃烧结时复合材料体积密度仅 1.92g/cm^3，1900℃烧结时提高到 2.14g/cm^3，而 2000℃热压烧结时复合材料体积密度则达到了 2.18g/cm^3（图 4-143）。

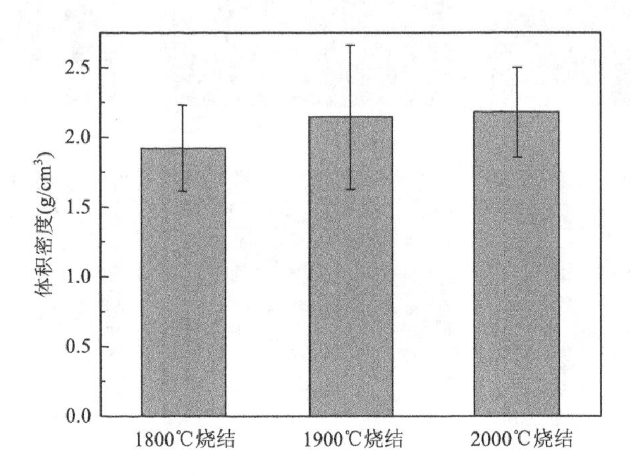

图 4-143　不同温度热压烧结制备的 20vol% C_f/Si_2BC_3N 复合材料体积密度（纤维表面涂覆裂解碳）[39]

在 Si_2BC_3N 陶瓷基体中引入短切 20vol% SiC_f（KD-Ⅰ型），在 1900℃/60MPa/60min 热压烧结过程中纤维发生严重析晶，导致强度严重退化，复合材料的物相组成为β-SiC、α-SiC 和 BN(C)相，纤维与陶瓷基体界面不清晰，TEM 明场像下无法分辨出 SiC_f（图 4-144）。

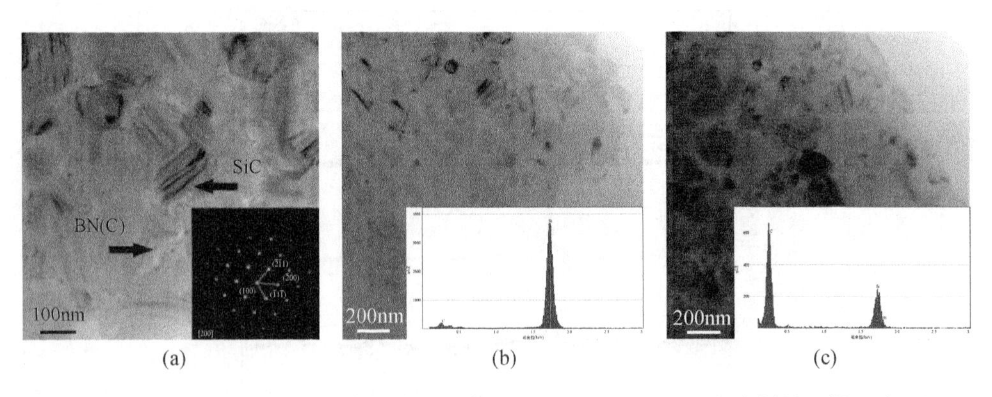

图 4-144　1900℃/60MPa/60min 热压烧结制备 20vol% SiC_f/Si_2BC_3N 复合材料透射电镜分析：（a）TEM 明场像及相应 SAED 衍射花样；（b）陶瓷基体明场像及相应元素点分析；（c）SiC_f 内部明场像及相应元素点分析[40]

随着热压烧结温度的升高及保温时间的延长，20vol% SiC_f/Si_2BC_3N 复合材料的致密度不断提高（图 4-145）。1800℃/60MPa/60min 烧结制备的复合材料，表面孔隙率较高，体积密度仅为 2.35g/cm^3，断口上有少量纤维拔出，纤维与陶瓷界面反应严重，不能起到很好的增强增韧效果；1900℃/60MPa/30min 烧结的复合材料，表面存在部分孔洞，体积密度达到 2.56g/cm^3，纤维无拔出和桥连效果，基本上在断口表面断裂；随着保温时间的延长，复合材料致密度变化不明显，体积密度达到 2.57g/cm^3，断口上已经无法区分纤维与陶瓷基体。腐蚀后 SEM 表面形貌表明，纤维与陶瓷基体处存在厚度约 2μm 的界面反应层，该界面反应层为两层结构，外层 C 含量较高而 Si 含量较低，内层 Si 含量较高而 C 含量较低（图 4-146）。

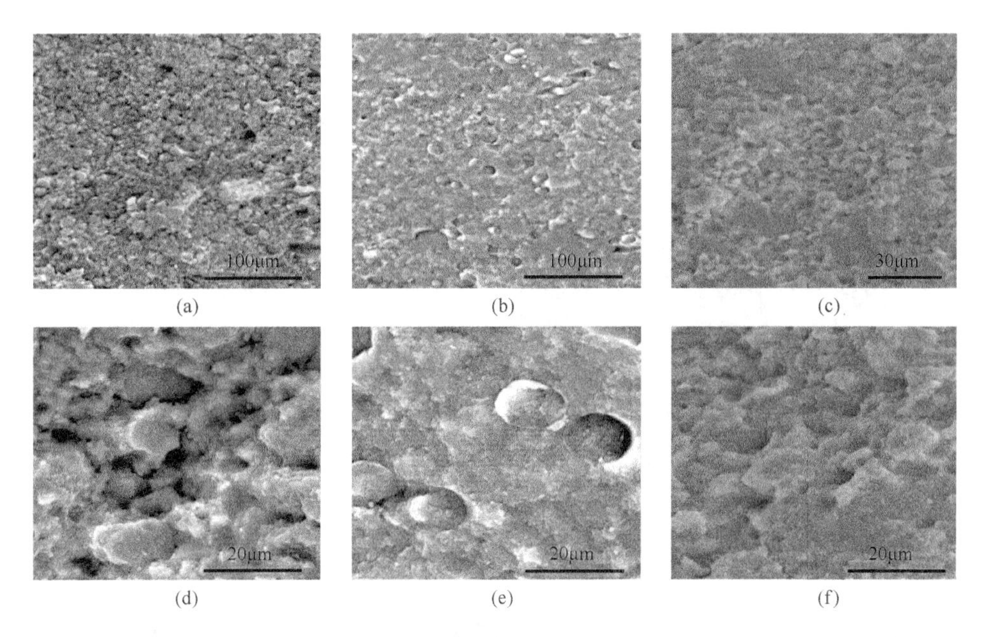

图 4-145　不同热压烧结工艺制备的 20vol% SiC_f/Si_2BC_3N 复合材料 SEM 断口形貌：(a)，(d) 1800℃/60MPa/60min；(b)，(e) 1900℃/60MPa/30min；(c)，(f) 1900℃/60MPa/60min[40]

为了改善 SiC_f（KD-Ⅱ型）与 Si_2BC_3N 陶瓷基体的界面结合状态，在纤维表面原位生成非晶碳来改善纤维/陶瓷基体的界面结合强度。改性后，纤维最外层为非晶富碳层，中间层为纳米 SiC，最内层为非晶 SiC，富碳层厚度在 80～100nm，包含部分氧（图 4-147）。

1900℃/60MPa/30min 热压烧结制备 10vol% SiC_f/Si_2BC_3N 复合材料（未改性 KD-Ⅱ型 SiC_f）的物相组成为 β-SiC、α-SiC 和 BN(C)相，大部分 SiC 晶粒尺寸约 100～200nm，而异常长大的 SiC 晶粒尺寸可达 500nm（图 4-148）。细小湍层 BN(C)相均匀分布在纳米 SiC 晶粒周围，在纤维与陶瓷基体界面处，Si_2BC_3N 陶瓷基体一侧 SiC 晶粒发生异常长大，而 SiC_f 内部 SiC 晶粒细小而均匀，尺寸约

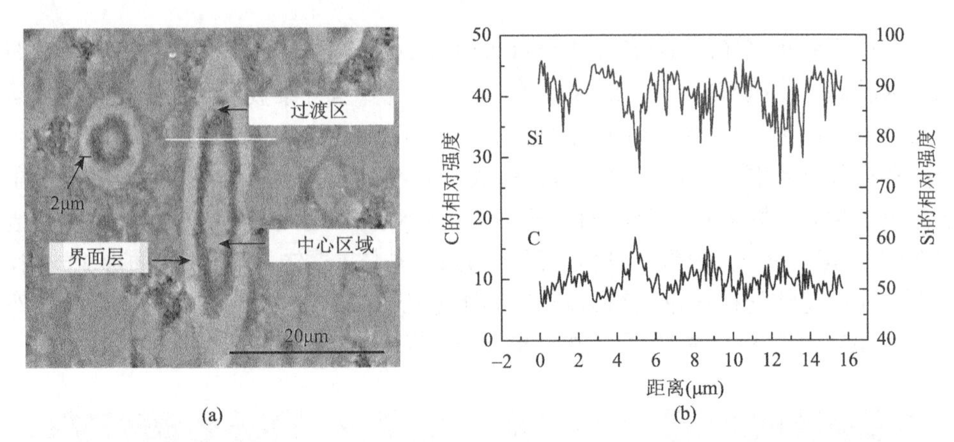

图 4-146　1900℃/60MPa/60min 热压烧结制备的 20vol% SiC_f/Si_2BC_3N 复合材料陶瓷基体与纤维界面反应层结构：（a）SEM 表面形貌；（b）线扫描结果[40]

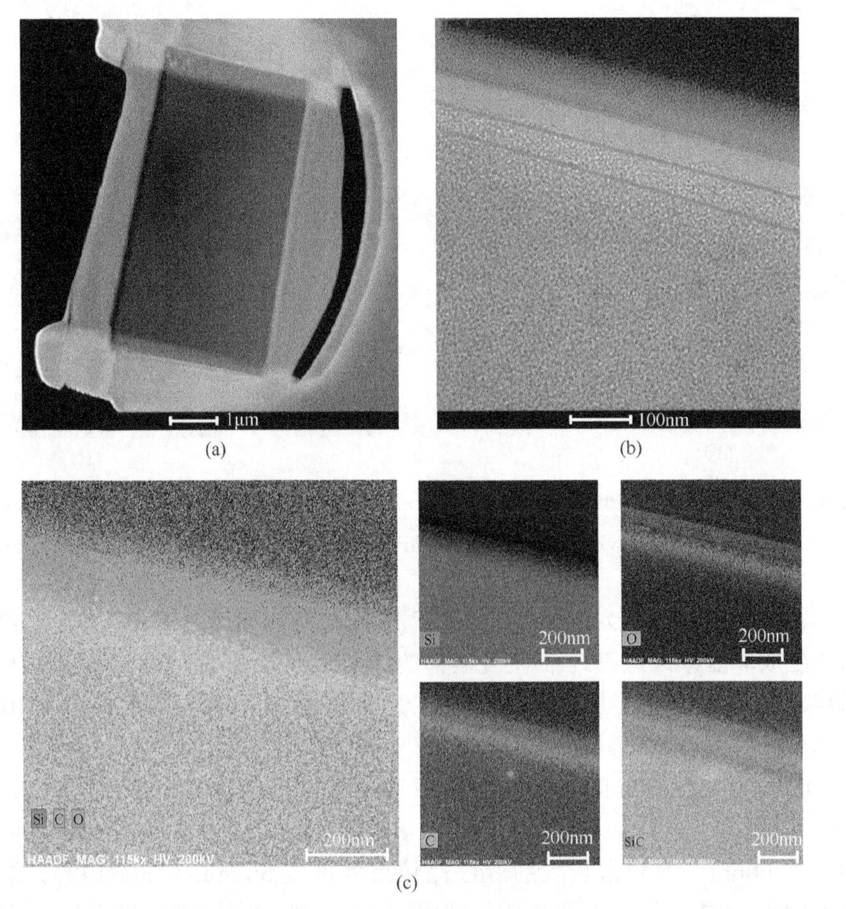

图 4-147　SiC_f（KD-Ⅱ型）表面原位生成非晶碳后截面透射电镜分析：（a）改性 SiC 纤维 FIB 切片形貌；（b）纤维截面 TEM 明场相形貌；（c）纤维表面元素面扫图[41]

50～100nm，纤维已经完全析晶。界面层厚度约为 40nm，由相互紧挨的 SiC 晶粒组成，界面处孔隙较多。引入非晶碳改性 SiC_f后，在纤维与陶瓷基体界面结合处同样发现异常长大的 SiC 晶粒，界面处孔隙率较大，纤维内部已经完全析晶（图 4-149）。无论是改性 SiC_f（KD-Ⅱ型）还是非改性 SiC_f（KD-Ⅱ型），复合材料断口上均不能看到纤维有效拔出（图 4-150）：一方面纤维的高温热稳定性较低，在此烧结条件下纤维完全晶化导致纤维强度大大降低；另一方面纤维表面原位生成的非晶碳层不能有效改善两者的界面结合，反而由于制备原位非晶碳层所采用的退火温度较高（1500℃），改性后纤维发生析晶强度降低。

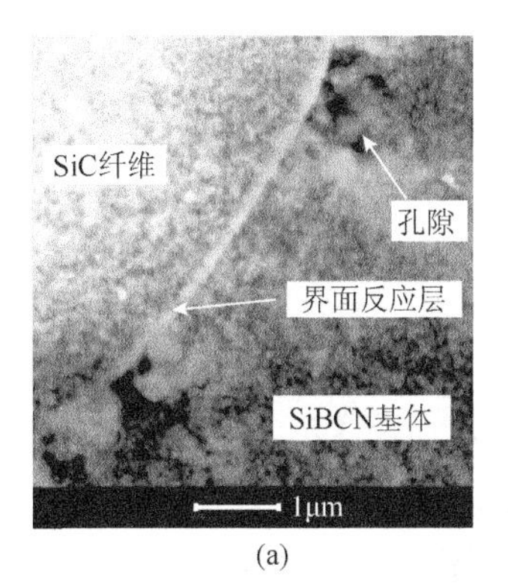

(a)

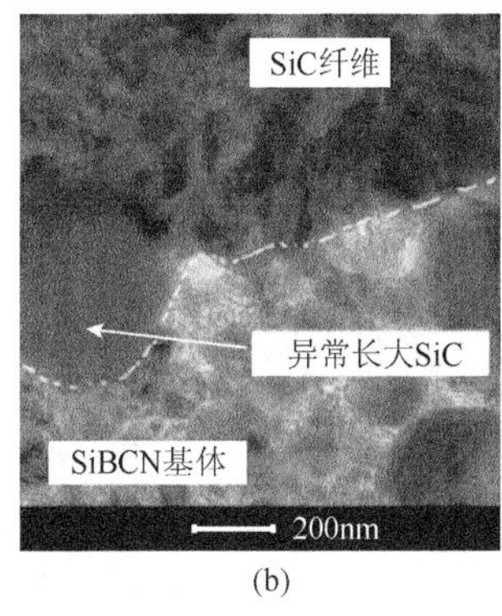

(b)

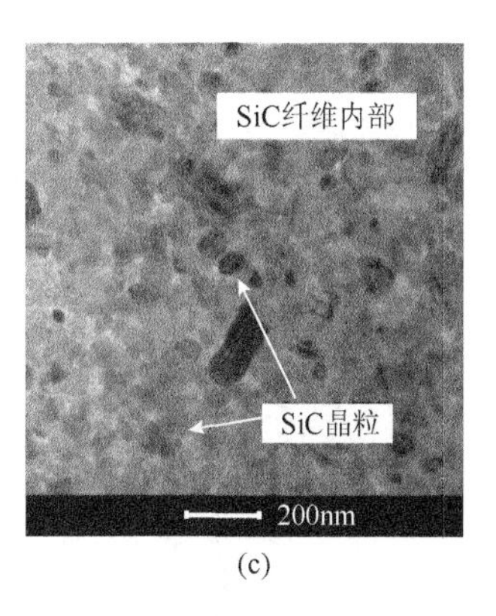

(c)

图 4-148　10vol% SiC_f（KD-Ⅱ型）增强 Si_2BC_3N 复合材料 TEM 微观组织结构：（a）纤维/陶瓷基体界面；（b）界面处 SiC 晶粒异常长大；（c）纤维基体[41]

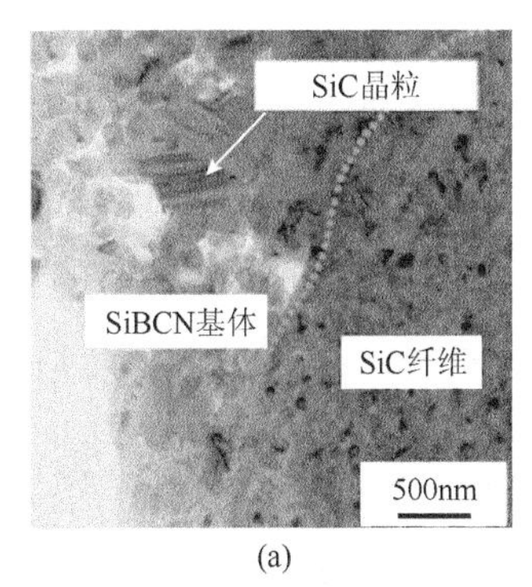

(a)

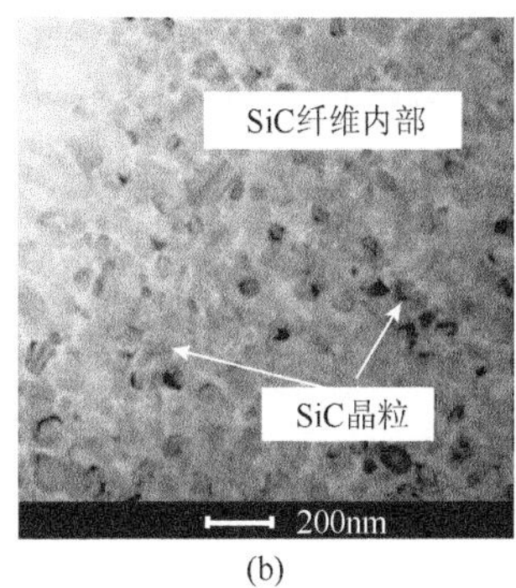

(b)

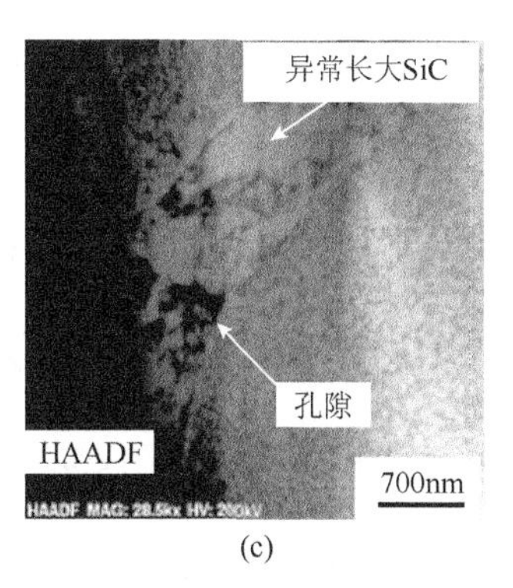

(c)

图 4-149　非晶碳改性 10vol% SiC_f（KD-Ⅱ型）增强 Si_2BC_3N 陶瓷基复合材料 TEM 微观组织结构：（a）纤维/陶瓷基体界面；（b）纤维基体；（c）界面处 SiC 晶粒异常长大及孔洞分布[41]

选用氧氯化锆、硼酸、壳聚糖作为反应原材料，在 SiC_f（KD-Ⅱ型）表面涂覆 ZrB_2 涂层，以改善 5vol% SiC_f/Si_2BC_3N 复合材料的界面结合强度，反应过程如下：

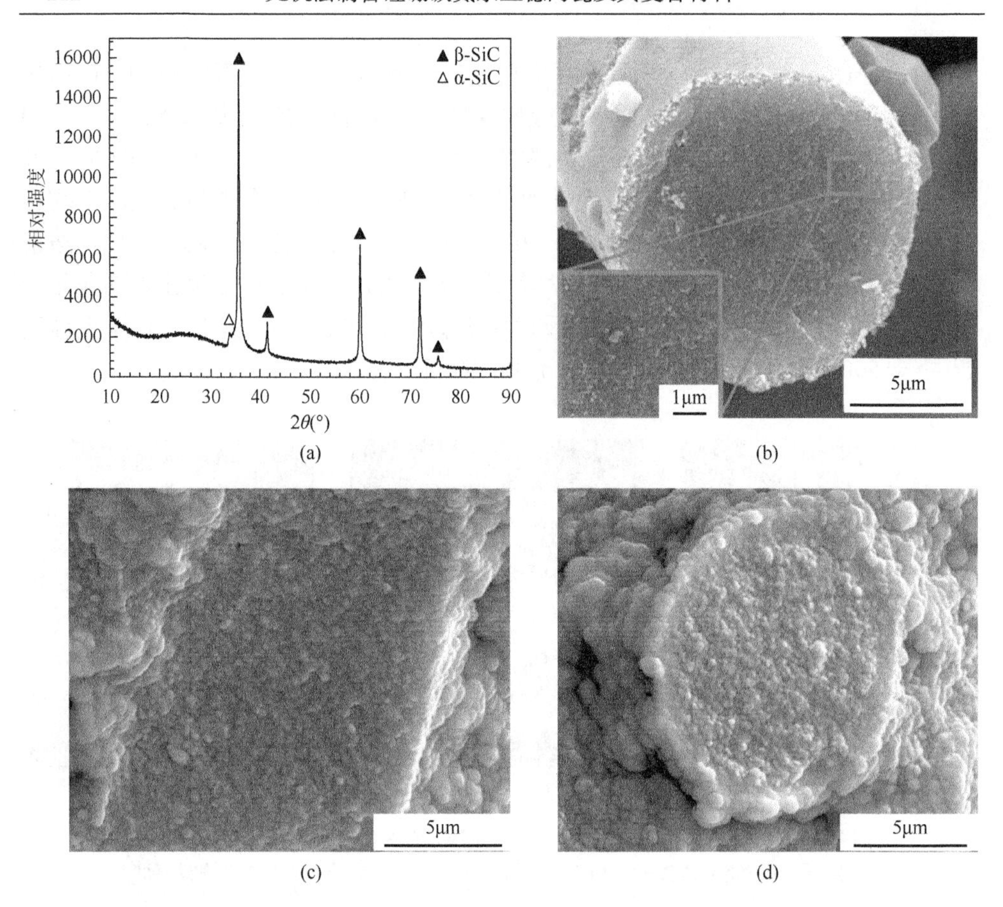

图 4-150　10vol% SiC_f（KD-Ⅱ型）及其复合材料经 1900℃高温处理后 XRD 图谱及 SEM 形貌：（a）XRD 图谱；（b）1900℃保温 30min 后纤维断口形貌；（c）纤维表面涂覆非晶 C 的复合材料断口形貌；（d）纤维表面未涂覆非晶 C 的复合材料断口形貌[42]

$$ZrO_2(s) + B_2O_3(s,l) + 5C(s) \longrightarrow ZrB_2(s) + 5CO(g) \quad \Delta G<0，1500℃ \tag{4-28}$$

$$ZrO_2(s) + 3C(s) \longrightarrow ZrC(s) + 2CO(g) \quad \Delta G<0，1660℃ \tag{4-29}$$

$$2B_2O_3(s,l) + 7C(s) \longrightarrow B_4C(s) + 6CO(g) \quad \Delta G<0，1560℃ \tag{4-30}$$

先驱体发生碳热/硼热还原反应后生成 ZrB_2，XRD 图谱没有显示 ZrO_2、ZrC、B_4C 等杂质相晶体衍射峰；此外 SiC 衍射峰强度有所提高，说明制备 ZrB_2 涂层过程中 SiC_f 发生少量析晶（图 1-151）。

ZrB_2 涂层比较均匀地包覆在 SiC_f 表面，但仍存在少量不均匀区域及颗粒物附着，部分改性纤维表面出现搭接现象。能谱分析表明，纤维表面 Zr 元素含量较低，没有检测到 B 元素，其中 Zr 元素含量低可能是由于涂层较薄，涂层

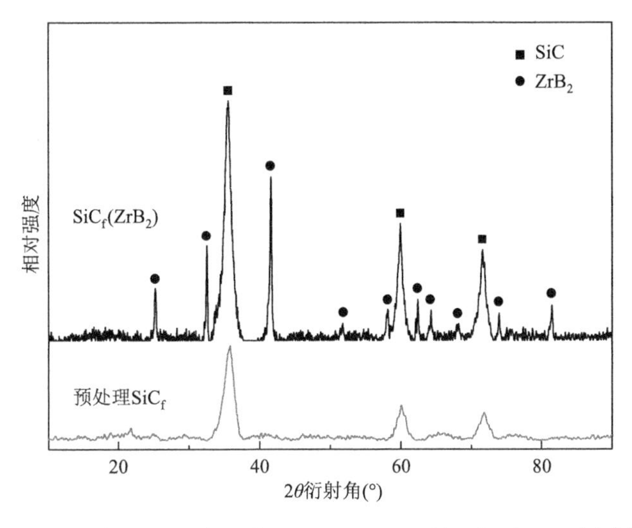

图 4-151 涂覆 ZrB_2 涂层前后 SiC_f（KD-Ⅱ型）表面 XRD 图谱[42]

占纤维整体的体积分数较少，而 B 元素处于能谱检测范围的边缘，难以检测出来（图 1-152）。

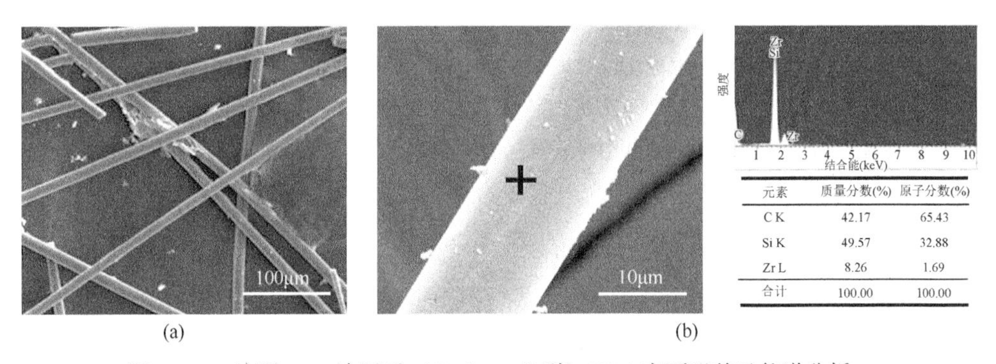

元素	质量分数(%)	原子分数(%)
C K	42.17	65.43
Si K	49.57	32.88
Zr L	8.26	1.69
合计	100.00	100.00

图 4-152 涂覆 ZrB_2 涂层后 SiC_f（KD-Ⅱ型）SEM 表面形貌及能谱分析：（a）低倍；（b）高倍[42]

XPS 结果表明涂层的主要成分为 ZrB_2，但仍含有少量未参与碳热/硼热还原反应的 ZrO_2 和 B_2O_3，杂质相主要呈非晶态。B 元素精细谱中出现的键分别为约 190.20eV 的 B—O 键和 191.19eV 的 B—Zr 键；Zr 元素精细谱中存在的键为约 179.71eV 的 Zr—O 键以及 183.02eV 的 Zr—B 键（图 1-153）。Zr—B 键的出现说明涂层的主要成分为 ZrB_2，而 B—O 和 Zr—O 键的存在则说明涂层中仍含有少量未参与碳热/硼热还原反应的 B_2O_3 和 ZrO_2。XRD 图谱中没有 B_2O_3 和 ZrO_2 晶体衍射峰出现，说明 B_2O_3 和 ZrO_2 主要呈非晶态，且含量较少。整体来说 ZrB_2 涂层在 SiC_f 表面实现了较好的均匀涂覆。

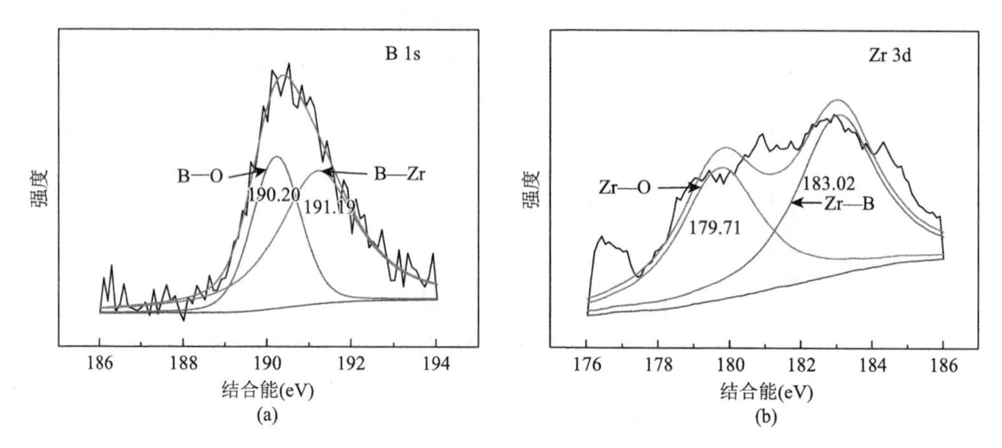

图 4-153　涂覆 ZrB_2 涂层后 SiC_f（KD-Ⅱ型）表面 XPS 精细图谱：（a）B 1s；（b）Zr 3d[42]

以硼酸、尿素为原料，在 SiC_f（KD-Ⅱ型）表面制备 BN 弱界面涂层，基本反应如下：

$$2H_3BO_3(l) \longrightarrow B_2O_3(s,l) + 3H_2O(l) \quad (4\text{-}31)$$

$$2CO(NH_2)_2(l) \longrightarrow NH_2CONHCONH_2(l) + NH_3(l) \quad (4\text{-}32)$$

$$B_2O_3(s,l) + 2NH_3(l) \longrightarrow 2BN(s) + 3H_2O(l) \quad (4\text{-}33)$$

改性后，SiC_f 表面基本实现了均匀涂覆 BN 涂层，涂层主要由无定形 BN 组成，含有少量非晶 B_2O_3，纤维在保温处理过程中基本没有析晶。涂覆 BN 涂层后，SiC 晶体衍射峰强度与涂覆前相近，BN 涂层的制备工艺对于 SiC 纤维的析晶影响较小。除了 SiC 晶体衍射峰以外，制备涂层后在约 27°和 40°出现了 BN 的衍射峰，峰强度较低，BN 涂层中只含有少量结晶相，涂层主要由无定形 BN 构成（图 1-154）。

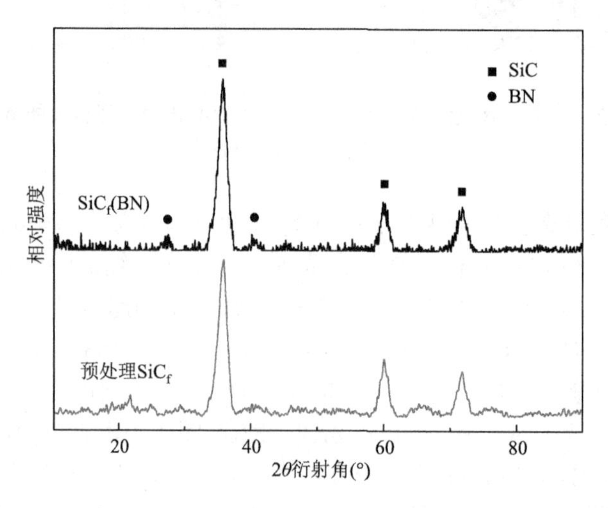

图 4-154　涂覆 BN 涂层前后 SiC_f（KD-Ⅱ型）表面 XRD 图谱[42]

制备 BN 涂层后，SiC_f 出现了相互搭接的现象，涂层基本上均匀地实现了包覆，但仍存在部分不均匀区域以及少量颗粒物；能谱结果表明，N 元素含量较高，B 元素仍然没有检测到，但仍可以说明纤维表面涂覆上了 BN 弱界面涂层，O 元素含量有所上升则表明涂层中含有少量 B_2O_3（图 4-155）。

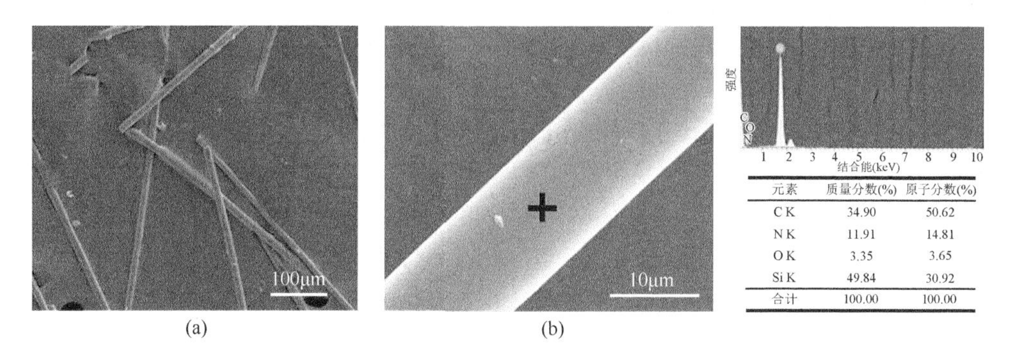

元素	质量分数(%)	原子分数(%)
C K	34.90	50.62
N K	11.91	14.81
O K	3.35	3.65
Si K	49.84	30.92
合计	100.00	100.00

图 4-155　涂覆 BN 涂层后 SiC_f（KD-Ⅱ型）SEM 表面形貌及能谱分析：（a）低倍；（b）高倍[42]

B 1s 精细谱中主要峰位为：约 190.75eV（B—N 键）、约 191.95eV（B—O 键）。两种键合表明涂层中含有 BN 和 B_2O_3，而 B—N 键对应峰的积分面积显著大于 B—O 键，说明 BN 的含量远高于 B_2O_3。结合 XRD 结果，B_2O_3 为非晶态（图 4-156）。

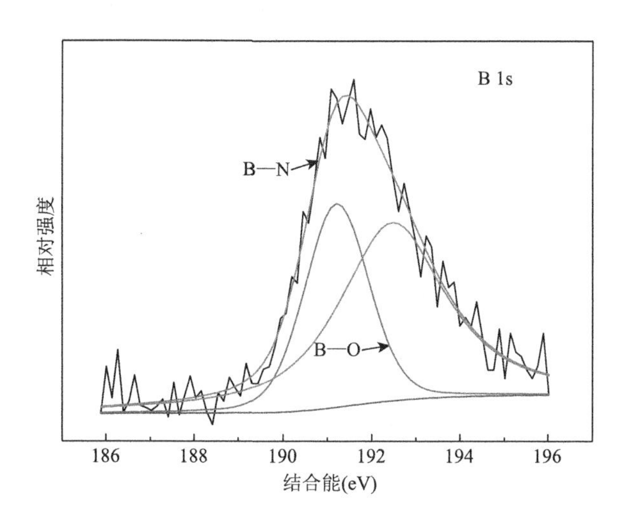

图 4-156　涂覆 BN 涂层后 SiC_f（KD-Ⅱ型）表面 B 1s XPS 精细图谱[42]

在 SiC_f（KD-Ⅱ型）表面制备涂层后，即使经过超声振荡除去涂层表面的颗粒附着物和不均匀区域，纤维表面仍存在少量杂质，涂层仍或多或少存在不均匀的现象。在 SiC_f 与 Si_2BC_3N 非晶粉体进行机械混合时，球混产生的剪切力会使涂层在不均匀区域处出现剥落，剥落的涂层以及颗粒附着物会与粉体混合，相当于加入了少量涂层颗粒或片层状物质，将对复合材料的结构和性能产生一定影响。另外，纤维之间存在的搭接现象会使其在复合材料中局部偏聚，导致复合材料性能不均匀，同时在热压烧结过程中，粉体难以进入纤维搭接处，从而影响复合材料的致密化过程，该区域甚至会成为裂纹源。

经 1900℃/60MPa/30min 热压烧结后，不同涂层改性 5vol% SiC_f（KD-Ⅱ型）增强 Si_2BC_3N 复合材料均发生了明显的析晶行为，主要物相为 β-SiC、α-SiC 和 BN(C)，其中 SiC 的结晶程度很高，而 BN(C)相晶化程度相对较低（图 4-157）。抛光后 5vol% SiC_f/Si_2BC_3N 复合材料表面粗糙度和孔隙率都比较低，复合材料较为致密。复合材料中的 SiC_f 呈各向异性分布，大部分垂直于热压方向，这是热压烧结过程中沿轴向加压所致（图 4-158）。

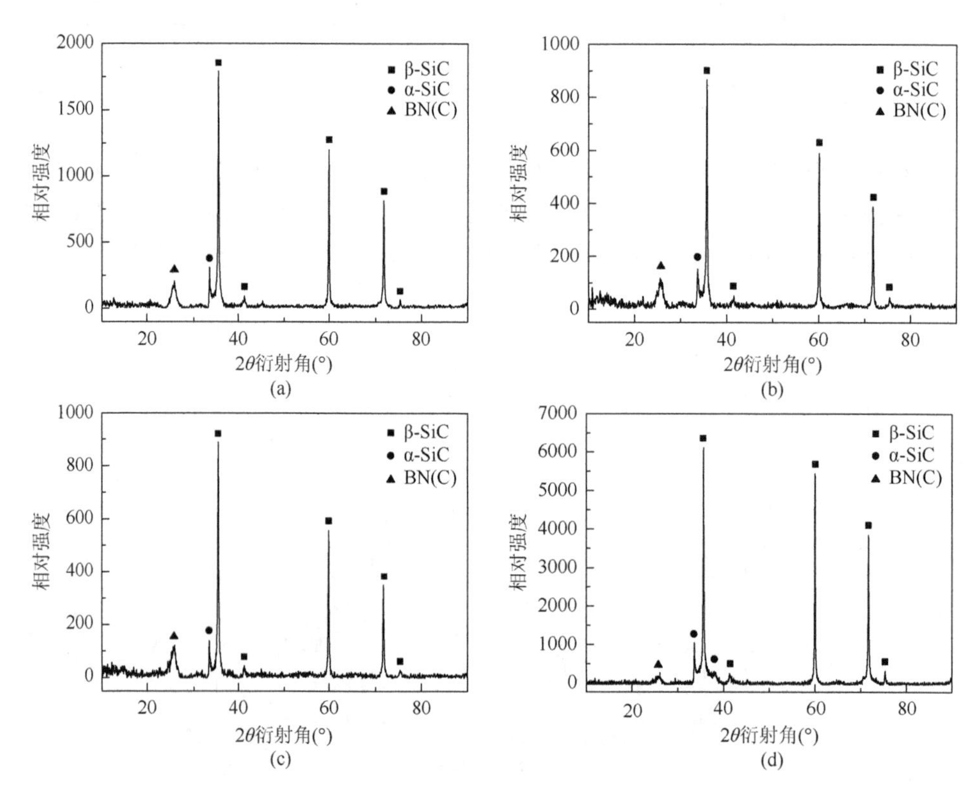

图 4-157　1900℃/60MPa/30min 热压烧结制备的不同涂层涂覆 5vol% SiC_f（KD-Ⅱ型）增强 Si_2BC_3N 复合材料 XRD 图谱：（a）未改性；（b）非晶 C；（c）BN；（d）ZrB_2[42]

在非晶 C 涂层改性后的 SiC_f（KD-Ⅱ型）表面再涂覆 BN 涂层，XRD 图谱中出现了 BN 的晶体衍射峰，但衍射峰强度较低。涂覆 BN 涂层后 SiC 晶体衍射峰

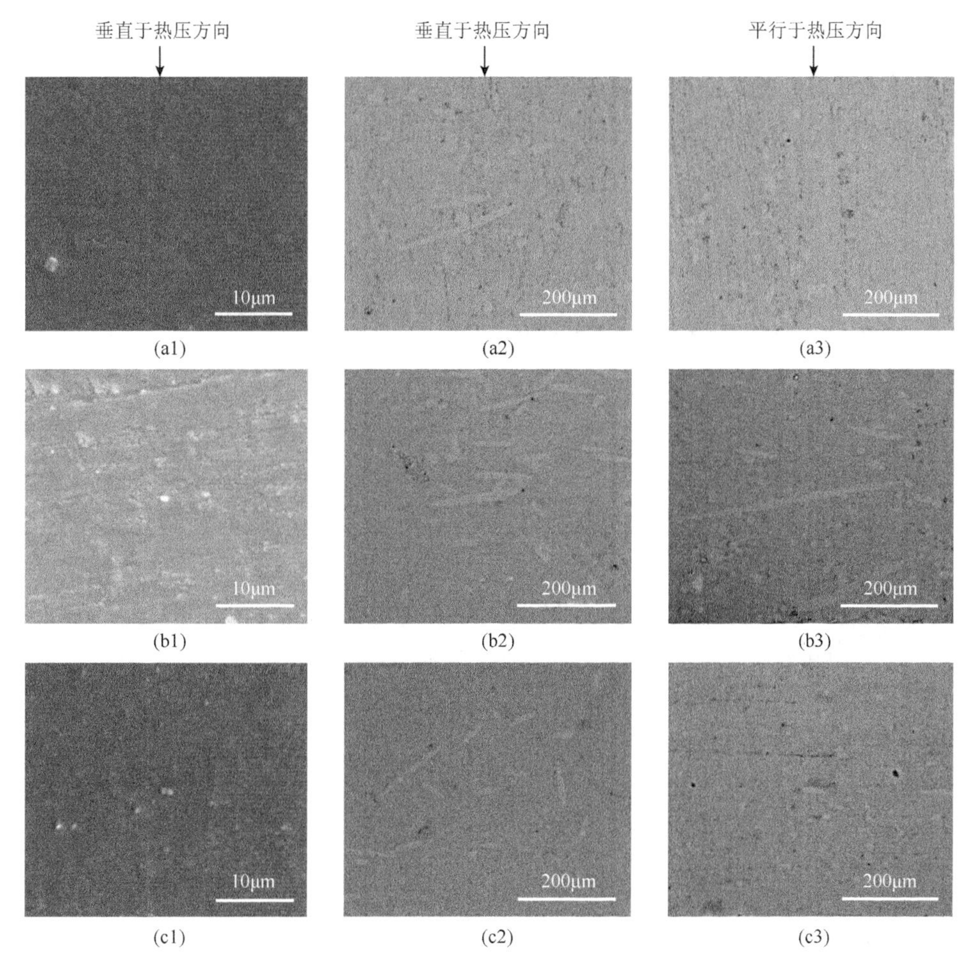

图4-158　1900℃/60MPa/30min热压烧结不同涂层涂覆5vol% SiC_f（KD-Ⅱ型）增强Si_2BC_3N复合材料SEM表面形貌：（a）非晶C；（b）BN；（c）ZrB_2[42]

强度提高，说明C/BN复合涂层制备过程中纤维非晶成分进一步析晶[图4-159(a)]。在非晶C涂层改性后的纤维表面再涂覆ZrB_2涂层，XRD图谱显示ZrB_2的衍射峰，没有杂质峰出现，ZrB_2涂层纯度较高；在制备C/ZrB_2复合涂层过程中非晶成分也进一步发生晶化［图4-159（b）］。在ZrB_2涂层改性后的SiC_f表面再涂覆BN复合涂层，XRD图谱中同时出现了ZrB_2和BN的晶体衍射峰，但衍射峰峰强度较低，而SiC的衍射峰强度基本不变，说明BN涂层的制备过程对于已涂覆的ZrB_2涂层产生了一定的影响，但对SiC_f的进一步析晶影响较小［图4-159（c）］。

在C/ZrB_2复合涂层表面涂覆BN后，虽然纤维的XRD图谱中仍然出现了ZrB_2的衍射峰，但与C/ZrB_2复合涂层相比，其晶体衍射峰强度降低，说明BN涂层的制备过程对C/ZrB_2复合涂层产生了一定影响，部分ZrB_2涂层可能出现脱落；BN

的衍射峰较弱，说明最外层的 BN 涂层结晶程度较低；SiC 衍射峰强度呈上升趋势，说明纤维中的非晶成分进一步发生了析晶［图 4-159（d)］。

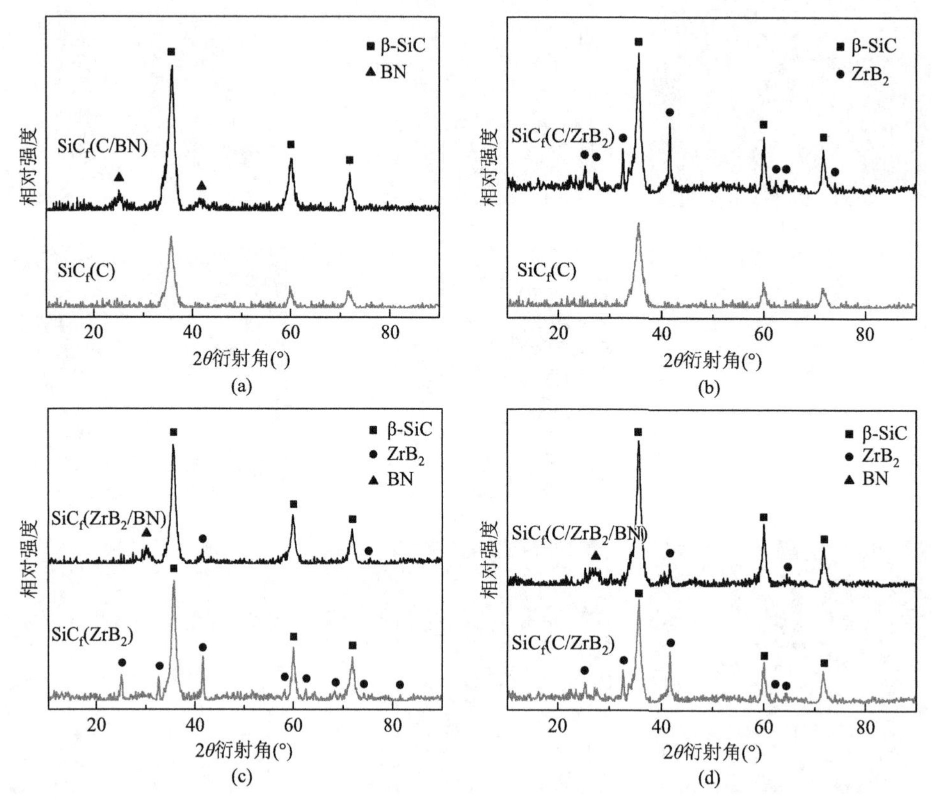

图 4-159　不同复合涂层涂覆 SiC_f（KD-Ⅱ型）的 XRD 图谱：（a）C/BN；（b）C/ZrB_2；（c）ZrB_2/BN；（d）$C/ZrB_2/BN$[42]

原始 SiC_f（KD-Ⅱ型）表面存在 Si—Si、Si—O、Si—C、Si—OH 等化学键，经排胶处理后，表面 Si—O 含量大大降低［图 4-160（a)］。制备 C/BN 复合涂层后，FT-IR 光谱显示主要的吸收峰位有：约 $3240cm^{-1}$（N—H、O—H 键）、约 $1379cm^{-1}$（B—N 键）、约 $1090cm^{-1}$（Si—O 键）、约 $904cm^{-1}$（Si—C 键）和约 $793cm^{-1}$（B—N、B—O 键）［图 4-160（b)］。制备 ZrB_2/BN 复合涂层后，代表 SiC_f 的吸收峰位有约 $1094cm^{-1}$（Si—O 键）、约 $877cm^{-1}$（Si—C 键）和约 $589cm^{-1}$（Si—Si 键）；约 $3240cm^{-1}$ 处 N—H、O—H 键及约 $782cm^{-1}$ 处 B—N、B—O 键吸收峰位的出现，说明 $C/ZrB_2/BN$ 三层涂层中含有 B_2O_3，表面吸附部分水分；而约 $1379cm^{-1}$ 处 B—N 键的存在则说明外层 BN 涂层中主要以 h-BN 为主，B_2O_3 的含量较少因而没有在该位置出现相应的吸收峰［图 4-160（c)］。制备 $C/ZrB_2/BN$ 三层涂层后，其红外衍射峰强度和位置基本不发生改变，复合涂层主要以 BN 为主，并含有少量的 B_2O_3［图 4-160（d)］。

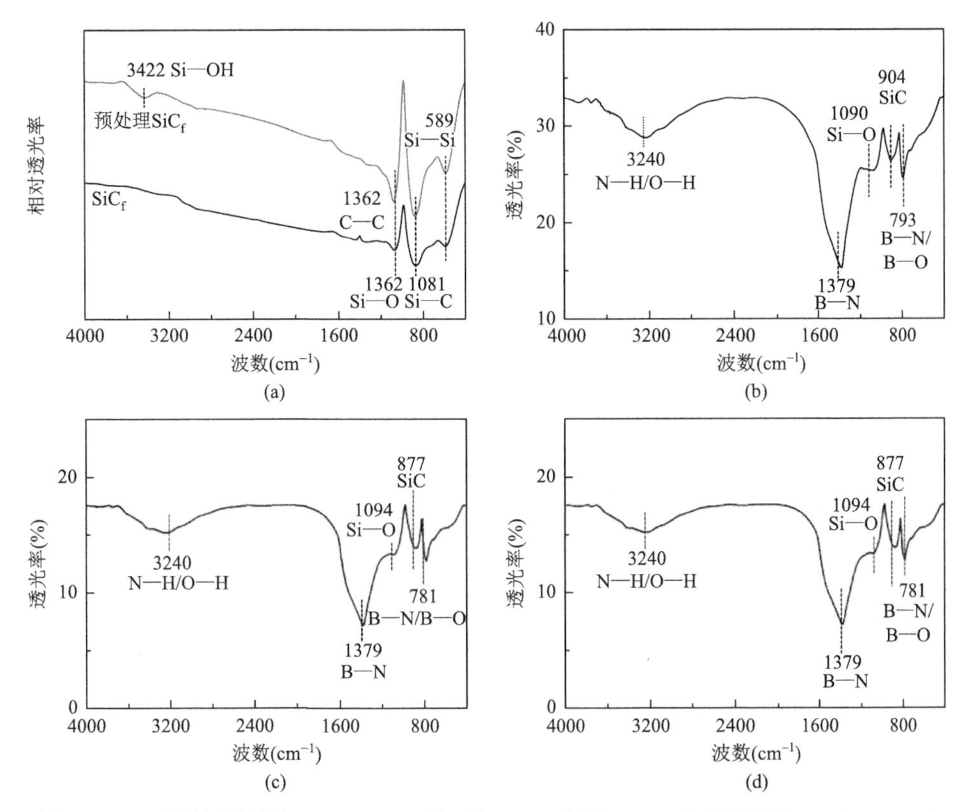

图 4-160　不同涂层涂覆 SiC_f（KD-Ⅱ型）的 FT-IR 光谱：（a）未改性纤维；（b）C/BN；（c）ZrB_2/BN；（d）C/ZrB_2/BN[42]

涂覆 C/BN 复合涂层后，纤维表面比较光滑，基本实现了均匀包覆，SiC_f 出现了搭接现象，存在少量颗粒物附着以及不均匀区域，能谱分析中 N 元素含量明显上升，没有 B 元素出现，O 元素含量稍微上升，以上特征与单独涂覆 BN 涂层相似［图 4-161（a）］。

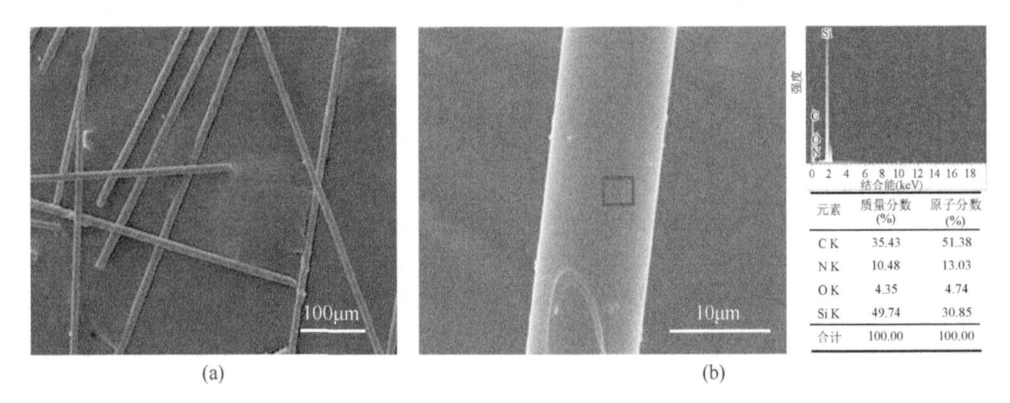

元素	质量分数(%)	原子分数(%)
C K	35.43	51.38
N K	10.48	13.03
O K	4.35	4.74
Si K	49.74	30.85
合计	100.00	100.00

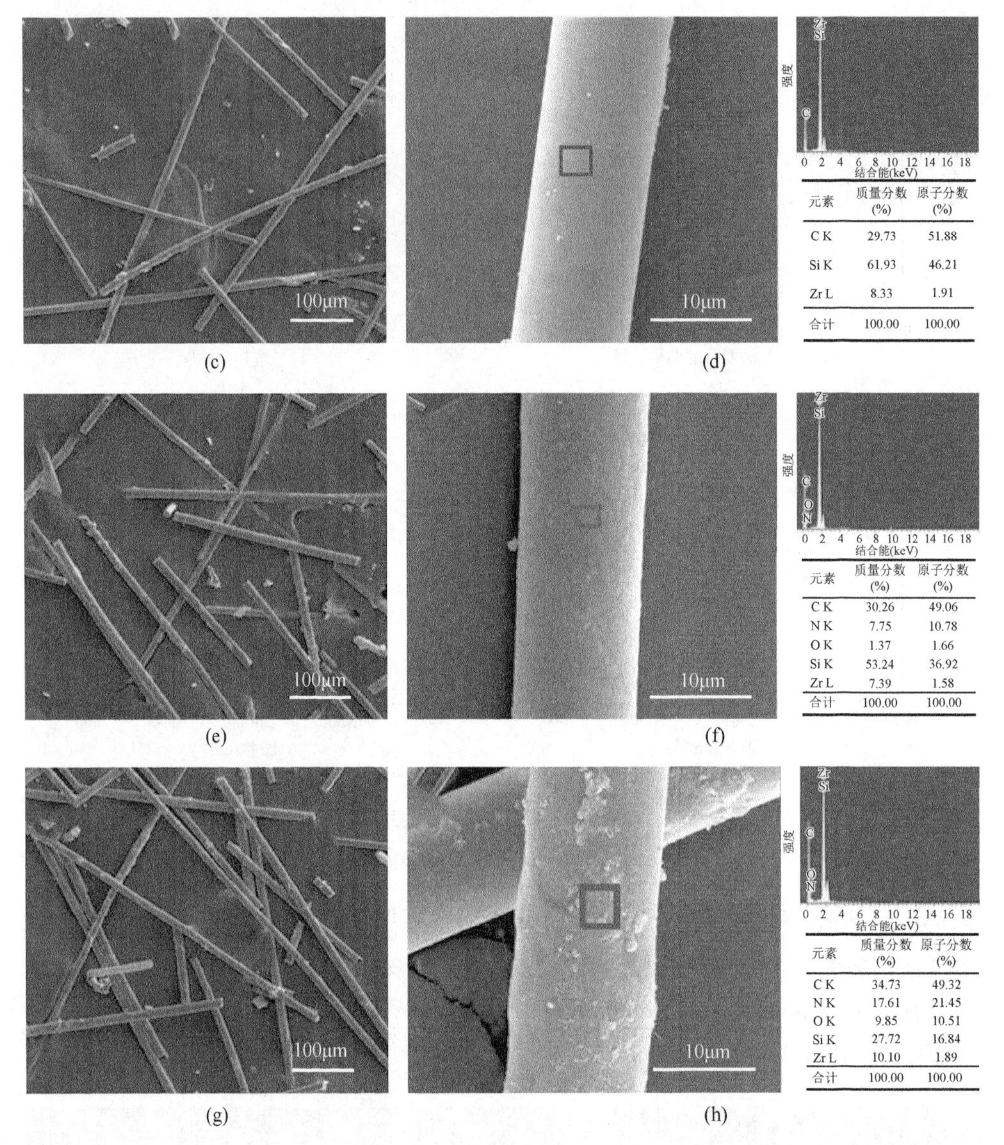

图 4-161　不同涂层涂覆 SiC_f（KD-Ⅱ型）的 SEM 形貌及能谱：(a)，(b) C/BN；(c)，(d) C/ZrB_2；(e)，(f) ZrB_2/BN；(g)，(h) $C/ZrB_2/BN$[42]

涂覆 C/ZrB_2 涂层后，涂层基本实现了均匀涂覆，同样存在少量不均匀区域和颗粒物附着，纤维同样出现了搭接的现象，能谱分析结果中没有 O 元素出现，说明涂层的纯度较高［图 4-161（b）］。值得注意的是，经过 C/ZrB_2 复合涂层改性后，有少量 SiC 纤维发生断裂。由于在 C/ZrB_2 复合涂层的制备过程中 SiC_f 析晶程度加深，在纤维内部形成了微裂纹，在温度和应力的作用下，涂层不均匀区域处发生裂纹扩展从而导致部分 SiC_f 断裂。总的来说，C/ZrB_2 复合涂层与 ZrB_2 涂层改性的效果相似。

与 C/BN、C/ZrB_2 两种复合涂层不同的是，在制备 ZrB_2/BN 复合涂层时，由于 ZrB_2 涂层本身存在少量不均匀区域和颗粒物附着，纤维之间也存在搭接现象，因此在涂覆 BN 涂层之前，首先需要通过超声振荡将 SiC_f 分散，并且除去不均匀区域及颗粒物。由于 ZrB_2 涂层和 BN 涂层都是使用溶液浸渍-热解法进行制备，BN 涂层的制备过程有可能会对 ZrB_2 涂层造成一定的影响［图 4-161（c）］。在 ZrB_2 复合涂层上再涂覆一层 BN 涂层后，纤维表面虽然实现了复合涂层的包覆，但不均匀区域比 C/BN 和 C/ZrB_2 复合涂层更多，能谱分析表明表面 O 元素含量增加不明显，N 元素和 Zr 元素的含量与 BN 和 ZrB_2 涂层改性时的情况基本一致。除此之外，SiC_f 断裂的现象也有所增加，这是涂层制备工艺引起不均匀区域增多所致。

虽然实现了 SiC_f（KD-Ⅱ型）表面涂覆 C/ZrB_2/BN 三层涂层，但均匀程度与单一涂层或双层涂层相比更差，表面附着的颗粒物也稍有增加，能谱分析结果与 ZrB_2/BN 复合涂层相似；SiC_f 断裂现象明显增加，这是涂层均匀程度变差和纤维析晶导致强度退化所致［图 4-161（d）］。

经 1900℃/60MPa/30min 热压烧结后，不同成分复合涂层涂覆 5vol% SiC_f 增强 Si_2BC_3N 复合材料，其物相组成相同，均为 β-SiC、α-SiC 和 BN(C)相（图 4-162）。

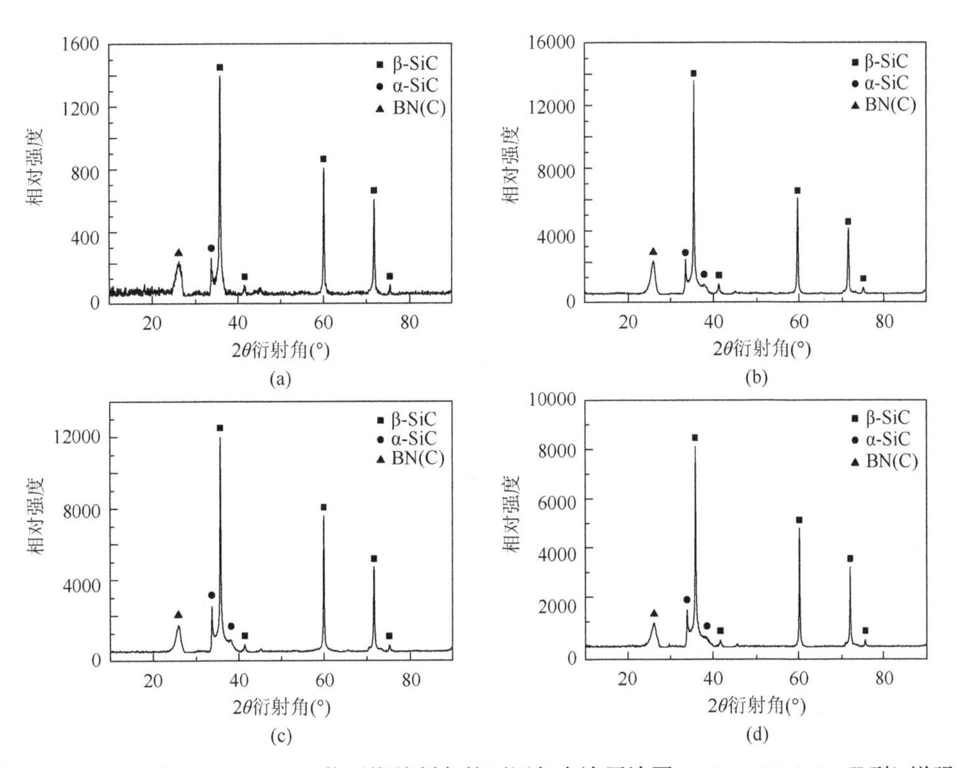

图 4-162　1900℃/60MPa/30min 热压烧结制备的不同复合涂层涂覆 5vol% SiC_f（KD-Ⅱ型）增强 Si_2BC_3N 复合材料 XRD 图谱：（a）C/BN；（b）C/ZrB_2；（c）ZrB_2/BN；（d）C/ZrB_2/BN[42]

在该热压烧结条件下，绝大部分改性 SiC_f 垂直于热压烧结方向分布，从表面上看纤维与基体结合良好，不存在明显的界面层。这说明单层或复合涂层的引入可以有效改善两者的界面结合强度（图 4-163）。

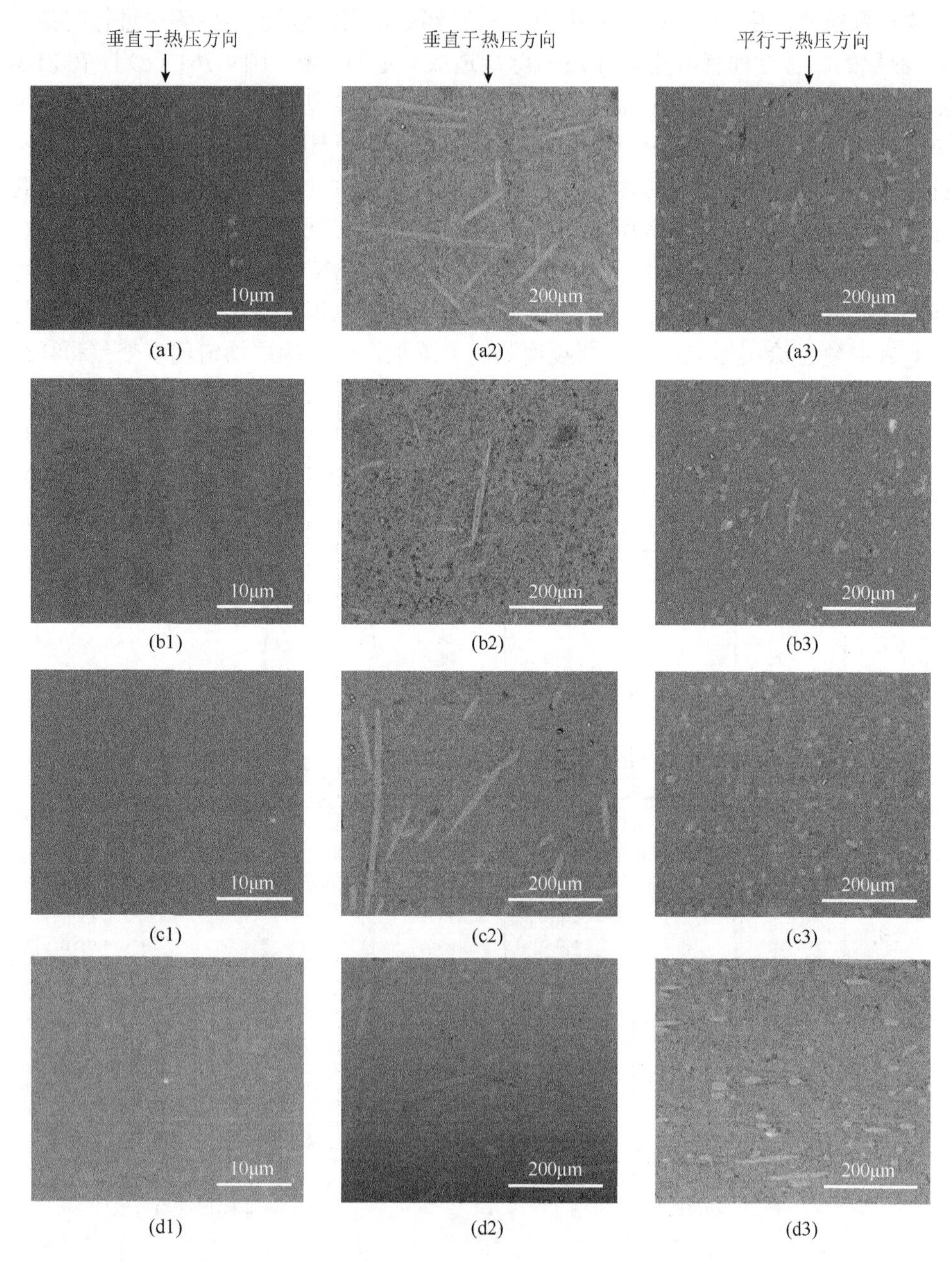

图 4-163　1900℃/60MPa/30min 热压烧结制备的不同复合涂层涂覆 5vol% SiC_f（KD-Ⅱ型）增强 Si_2BC_3N 复合材料 SEM 表面形貌：（a）C/BN；（b）C/ZrB_2；（c）ZrB_2/BN；（d）$C/ZrB_2/BN$[42]

根据混合法则以及阿基米德排水法，计算得到 5vol% SiC_f/Si_2BC_3N 复合材料体积密度和相对密度（表 4-6）。未改性 SiC_f（KD-Ⅱ型）增强 Si_2BC_3N 复合材料的相对密度最高，为 84.2%，而在纤维表面制备了单层/复合涂层后，复合材料相对密度均有所下降，这是因为在纤维表面制备涂层之后，纤维表面状态发生变化，导致纤维与复合材料基体之间的物理相容性有所改变。与前者相比，SiC_f 表面涂覆单层非晶碳后，该复合材料相对密度下降幅度较大。非晶碳涂层的制备非常均匀且不影响纤维的分散性，说明非晶碳涂层对于纤维与复合材料基体之间的物理相容性影响较大。此外由于制备温度较高，纤维退化较为严重；纤维表面涂覆 ZrB_2 的复合材料相对密度下降幅度最小，且涂覆 ZrB_2 涂层之后 SiC_f 搭接现象较少，说明 ZrB_2 涂层对于纤维与陶瓷基体物理相容性的影响较小。此外，纤维表面引入 ZrB_2/BN 和 C/ZrB_2/BN 复合涂层的复合材料均具有较低的相对密度（80.8%和 81.7%），这是因为 ZrB_2/BN 和 C/ZrB_2/BN 复合涂层的均匀性较差，纤维搭接现象严重，粉体难以实现较好的润湿（图 4-164）。

表 4-6 不同涂层涂覆 5vol% SiC_f（KD-Ⅱ型）增强 Si_2BC_3N 复合材料体积密度和相对密度[42]

密度	未涂覆涂层	非晶 C	ZrB_2	BN	C/BN	C/ZrB_2	ZrB_2/BN	C/ZrB_2/BN
体积密度（g/cm^3）	2.39	2.35	2.38	2.36	2.35	2.36	2.29	2.32
相对密度（%）	84.2	82.7	83.9	83.2	82.9	83.2	80.8	81.7

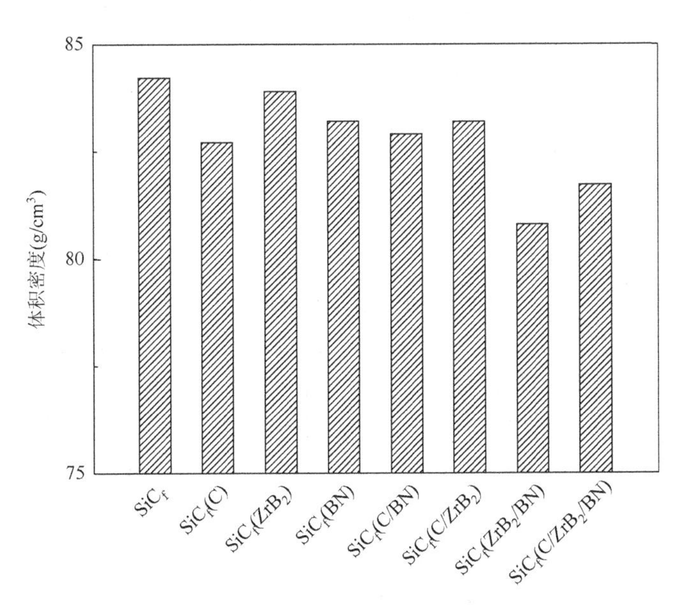

图 4-164 1900℃/60MPa/30min 热压烧结制备的不同涂层涂覆 5vol% SiC_f（KD-Ⅱ型）增强 Si_2BC_3N 复合材料体积密度[42]

Si_2BC_3N 陶瓷基体断口呈颗粒状，说明复合材料仍未实现完全致密化，与相对密度相符。所有断口形貌中都可以观察到复合材料呈片状剥离的现象，在剥离区域能够看到裂纹的扩展，说明复合材料强度较差。从图 4-165 中仅能观察到极少数 SiC_f 脱黏和拔出，复合材料发生断裂时，绝大多数纤维与 Si_2BC_3N 陶瓷基体同时断裂，纤维几乎没有起到相应的增韧效果。对于纤维表面不涂覆涂层的复合材料，少数 SiC_f 拔出后，纤维表面有层状物质剥离，该物质为高温下 SiC_f 中的 SiO_2 与游离碳发生反应后在纤维表面形成的 SiC 反应层，该反应层在含涂层的复合材料断口形貌中都没有观察到，说明在 SiC_f 表面制备涂层基本达到了阻止界面反应发生的效果。

图 4-165　引入不同涂层涂覆 5vol% SiC_f（KD-Ⅱ型）增强 Si_2BC_3N 复合材料 SEM 断口形貌：（a）未改性纤维；（b）非晶 C；（c）ZrB_2；（d）BN；（e）C/BN；（f）C/ZrB_2；（g）ZrB_2/BN；（h）C/ZrB_2/BN[42]

总体而言，非晶 C 涂层在 5vol% SiC_f/Si_2BC_3N 复合材料中可以有效改善纤维与陶瓷基体的界面结合状态，基本不影响 ZrB_2 和 BN 涂层的继续涂覆，甚至对于 ZrB_2 涂层、BN 涂层与 SiC_f 的界面结合具有一定的积极作用。ZrB_2 涂层的抗氧化性能较差，在高温下会与 SiC_f 或者 BN 涂层中的 O 元素发生反应，形成较强的界面结合从而导致纤维无法发挥有效的增韧作用；另一方面通过纯度较高的非晶 C 涂层将 ZrB_2 涂层与 SiC 纤维隔绝后，ZrB_2 涂层与 Si_2BC_3N 陶瓷基体可以形成强度适中的界面结合。BN 涂层对于调控 SiC_f 与 Si_2BC_3N 陶瓷基体的界面结合有着良好的效果；溶液浸渍-热解法制备的 BN 涂层含有 B_2O_3，在高温下会与 ZrB_2 涂层发生反应，另外 BN 涂层的制备过程会对已涂覆的 ZrB_2 涂层造成影响，因此 BN 涂层不适合与 ZrB_2 涂层进行复合。

在 C_f 和 SiC_f 表面分别涂覆裂解碳和 BN 弱界面涂层，在 Si_2BC_3N 陶瓷基体中同时引入 10vol% C_f 和 10vol% SiC_f。三种(10vol% C_f-10vol% SiC_f)/Si_2BC_3N 复合材料的物相组成基本相同，均为 β-SiC、α-SiC 及 BN(C)相，并未产生新的物相。C_f 和 SiC_f 表面同时引入 BN 涂层后，复合材料中不同物相之间的相对含量没有明显变化；而引入裂解碳涂层后复合材料中 α-SiC 含量有所减少，β-SiC 相对含量略有增加，可能是在高温烧结过程中发生了 α→β 相转变（图 4-166）。

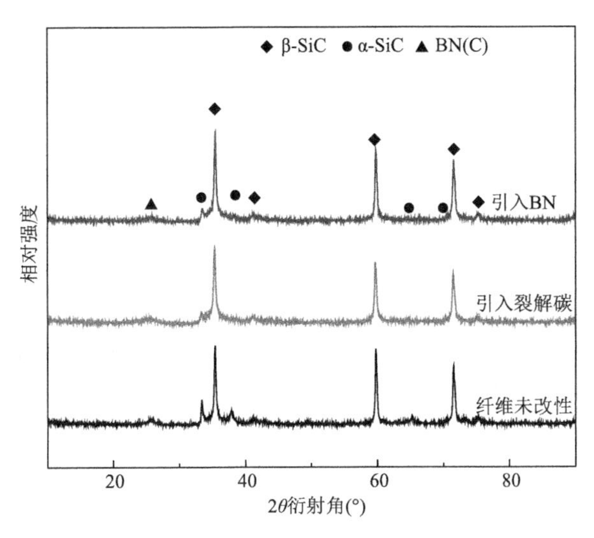

图 4-166　(10vol% C_f-10vol% SiC_f)/Si_2BC_3N 复合材料垂直于热压方向 XRD 图谱[43]

在 Si_2BC_3N 陶瓷基体中同时引入 10vol% C_f 和 10vol% SiC_f（KD-Ⅰ型）后，(10vol% C_f-10vol% SiC_f)/Si_2BC_3N 复合材料中纤维排列存在一定程度的择优取向，纤维主要平行排布在与热压方向垂直方向上，而在压强加载方向上仅可观察到纤维头部；在 C_f 和 SiC_f 表面同时涂覆裂解碳或 BN 后，引入弱界面层后两种复合材料内部纤维在垂直和平行于热压方向上均有排布。引入弱界面层后(10vol% C_f-10vol% SiC_f)/Si_2BC_3N 复合材料的体积密度从 2.24g/cm^3 分别降至 2.04g/cm^3（引入裂解碳弱界面涂层）和 2.18g/cm^3（引入 BN 弱界面涂层），相对密度从 80.9%降至 73.5%和 78.8%，三种复合材料致密度均较低，孔洞主要分布在纤维搭接处（图 4-167 和图 4-168）。

在 Si_2BC_3N 陶瓷基体中同时引入 10vol% C_f 和 10vol% SiC_f（KD-Ⅰ型），使得基体材料的传质和致密化过程更加困难，烧结后块体陶瓷材料表面孔洞较多，断口较为粗糙（图 4-169）。由于 C_f 和 SiC_f 直径不同，SiC_f 较粗且截面更接近圆形，因此很容易从断口分辨出两种不同纤维。C_f 的拔出现象较为明显，对材料增韧起到了积极的作用，而 SiC_f 与基体之间发生了较强的界面反应，且纤维本身晶化较

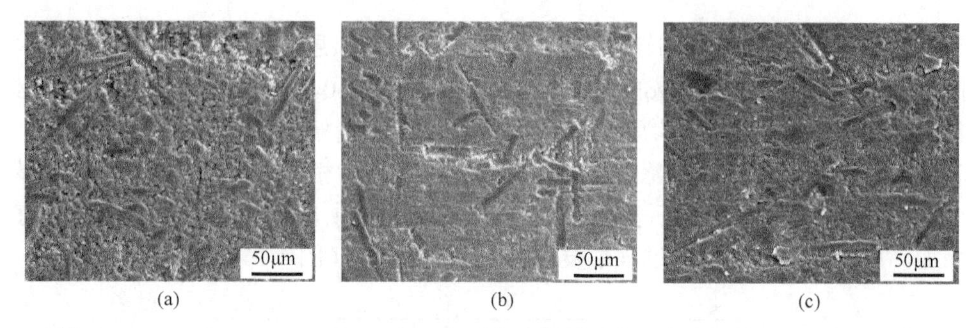

图 4-167　(10vol% C_f-10vol%SiC_f)/Si_2BC_3N 复合材料垂直于热压方向 SEM 表面形貌：（a）未改性纤维；（b）引入裂解 C；（c）引入 BN[43]

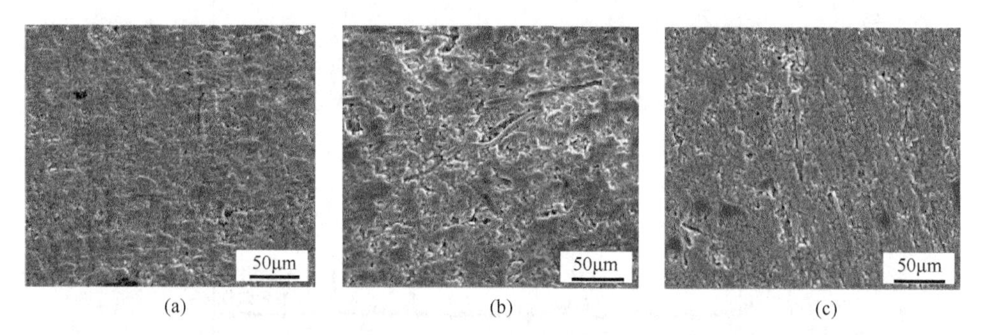

图 4-168　(10vol% C_f-10vol%SiC_f)/Si_2BC_3N 复合材料平行于热压方向 SEM 表面形貌：（a）未改性纤维；（b）引入裂解 C；（c）引入 BN[43]

图 4-169　(10vol% C_f-10vol%SiC_f)/Si_2BC_3N 复合材料垂直于热压方向 SEM 断口形貌：（a），（d）未改性纤维；（b），（e）引入裂解 C；（c），（f）引入 BN[43]

为严重，存在纤维拔断现象，在材料断裂时 SiC_f 与陶瓷基体几乎同时断裂，很难观察到纤维拔出现象，但 SiC_f 对裂纹偏转有较明显的作用。纤维的脱黏和拔出是 C_f 的主要增韧机制，而 SiC_f 主要依靠裂纹偏转、延长裂纹扩展路径的方式起到韧化效果。引入弱界面之后，SiC_f 与基体界面反应程度有所降低，界面清晰可见，可见纤维表面涂层对于改善纤维与基体的界面结构仍起到了一定的作用（图 4-170）。

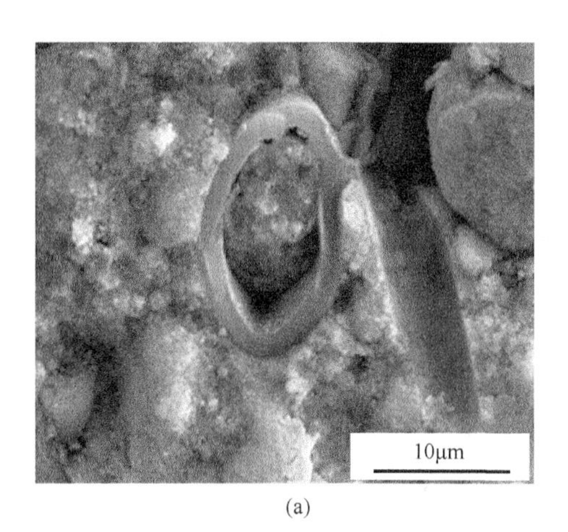

(a)

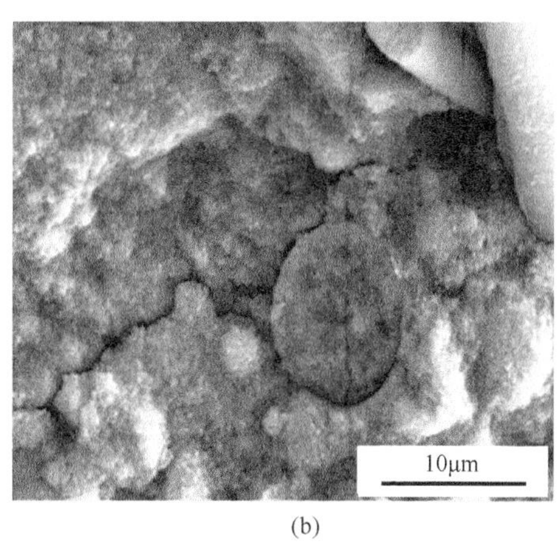

(b)

图 4-170　(10vol% C_f-10vol%SiC_f)/Si_2BC_3N 复合材料纤维与陶瓷基体界面反应层结构：（a）引入裂解碳；（b）引入 BN[43]

SiC_f（KD-Ⅰ型）表面涂覆裂解碳后，在断裂过程中存在分层断裂的现象，在纤维和基体之间存在厚度约 1.63μm 的界面反应层。材料断裂时分别在基体与涂层、涂层与纤维结合处发生两次断裂，对提高材料的力学性能有一定的作用。由于制备的涂层涂覆效果不太均匀，这种形貌只在少部分区域可以观察到。BN 弱界面涂层的引入使得纤维与基体之间界面结合得到改善，界面不存在明显反应层，但 SiC_f 发生了严重晶化，使其本身强度和韧性大幅下降，其增强增韧效果有限。

引入烧结助剂 $ZrSiO_4$ 后，(10vol%C_f-10vol%SiC_f)/Si_2BC_3N 复合材料的物相组成仍为 β-SiC、α-SiC 以及 BN(C)相，其中 β-SiC 含量明显升高，而 α-SiC 含量有所降低。此外还存在 ZrO_2 微弱晶体衍射峰（$ZrSiO_4$ 高温分解产生），以单斜和四方相的形式单独存在。室温状态下 ZrO_2 通常为单斜相，材料中 t-ZrO_2 的存在可能是由于降温过程中，t→m 相变受到体积效应的限制不能完全转变，而被部分保留了下来。ZrO_2 在 SiBCN 系亚稳陶瓷体系中可以促进材料的析晶和晶粒生长发育，因此 β-SiC 含量的升高来源于 ZrO_2 的促进作用（图 4-171）。

在垂直及平行于热压烧结方向上，引入烧结助剂 $ZrSiO_4$ 后(10vol%C_f-10vol%SiC_f)/Si_2BC_3N 复合材料中纤维均具有一定的择优取向，纤维大多垂直于压强加载方向排布。这是由于纤维在非晶陶瓷粉体中自由排布，在热压烧结时受

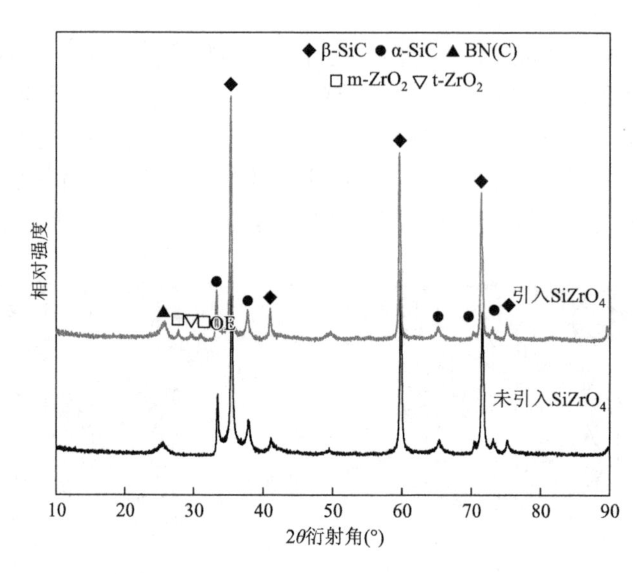

图 4-171 引入烧结助剂 $ZrSiO_4$ 前后(10vol% C_f-10vol%SiC_f)/Si_2BC_3N 复合材料（纤维表面未涂覆涂层）的物相组成[43]

到轴向加压的作用出现了重新排布现象。将助烧剂 $ZrSiO_4$ 引入复合材料中可以起到促进材料烧结、减少孔隙率、提高致密度的作用。引入助烧剂后复合材料的密度有明显提高，体积密度从 2.24g/cm^3 提高到 2.58g/cm^3，相对密度从 80.9%提高到 93.1%（图 4-172）。

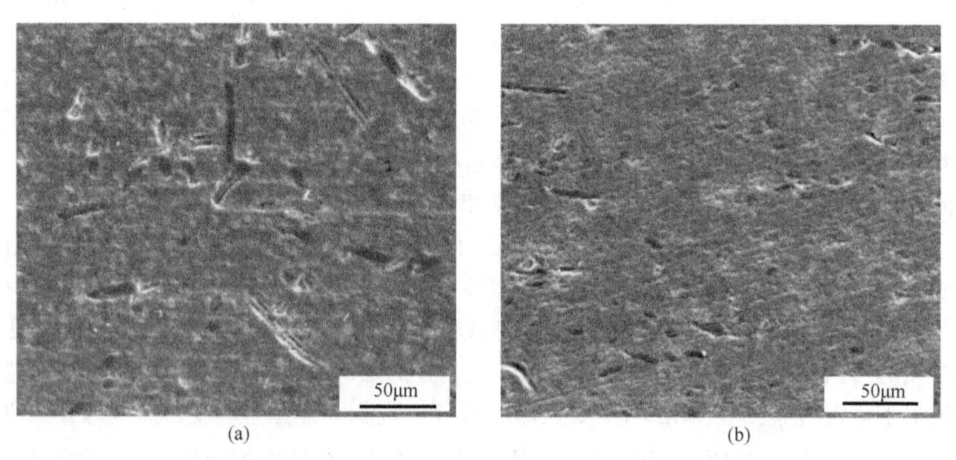

图 4-172 引入烧结助剂 $ZrSiO_4$ 后(10vol%C_f-10vol%SiC_f)/Si_2BC_3N 复合材料 SEM 表面形貌：（a）垂直于热压方向；（b）平行于热压方向[43]

SEM 断口形貌表明引入助烧剂后复合材料孔隙率降低，致密度明显增加。两种复合材料中纤维均有一定的定向排布，纤维整体分散均匀性较好，可以观察到大量纤维拔出后留下的凹坑以及裂纹绕过纤维扩展的现象，SiC_f（KD-Ⅰ型）和基体之间界面反应仍然较为严重（图 4-173）。

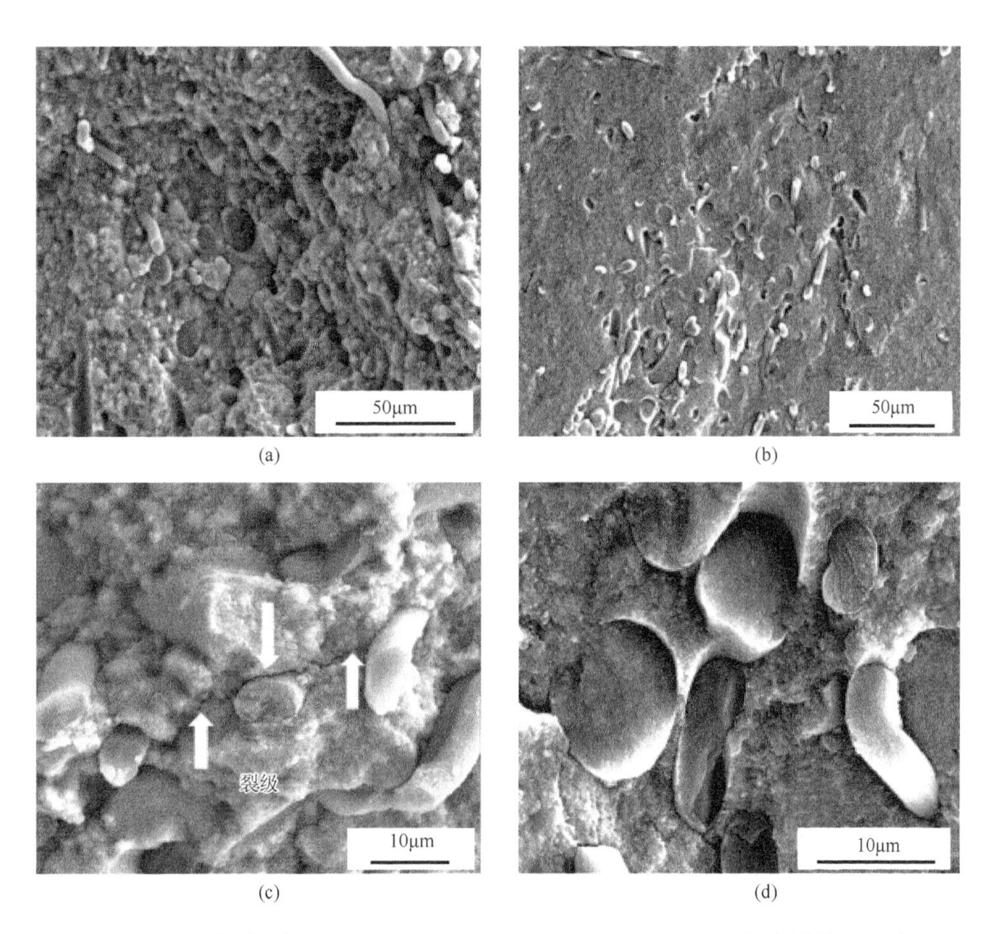

(a)　(b)　(c)　(d)

图 4-173　引入烧结助剂 $ZrSiO_4$ 后(10vol% C_f-10vol% SiC_f)/Si_2BC_3N 复合材料 SEM 断口形貌：（a），（c）未改性纤维；（b），（d）引入烧结助剂 $ZrSiO_4$[43]

4.7　多壁碳纳米管对 MA-SiBCN 陶瓷基复合材料致密化及显微结构影响

经 1900℃/40MPa/5min 放电等离子烧结后，不同 MWCNTs 含量的 MWCNTs/Si_2BC_3N 复相陶瓷仍由 α-SiC、β-SiC 和 BN(C)相组成。MWCNTs 的加入并不改变陶瓷基体的物相组成，随着 MWCNTs 含量的增加，SiC 衍射峰强度逐渐增强（图 4-174）。

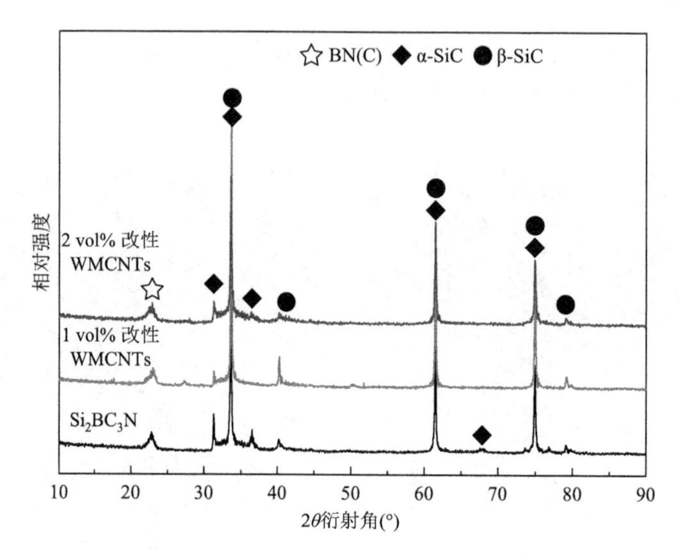

图 4-174　1900℃/40MPa/5min SPS 制备的 $MWCNTs/Si_2BC_3N$ 块体陶瓷物相组成[44]

引入 MWCNTs 后，断口上显示均匀分布的 MWCNTs，局部位置出现少量 MWCNTs 团聚体。MWCNTs 含量为 3vol%时，断口处还能观察到与机械合金化制备的 Si_2BC_3N 非晶陶瓷粉体类似的球形结构，说明 MWCNTs 在烧结过程中起到了抑制固相扩散的作用，阻碍了陶瓷基体中晶粒的生长发育（图 4-175）。

加入 1vol% MWCNTs 后，SiC 晶粒开始细化至 50nm，MWCNTs 主要分布在 SiC 和 BN(C)两相之间（图 4-176）。进一步观察发现，部分 SiC 晶粒中包埋有 MWCNTs 的一端，这将有助于实现 MWCNTs 的裂纹桥接和拔出，从而有助于实现强韧化。MWCNTs 含量进一步增加，更多 MWCNTs 实现与 Si_2BC_3N 基体相互桥连（图 4-177）。

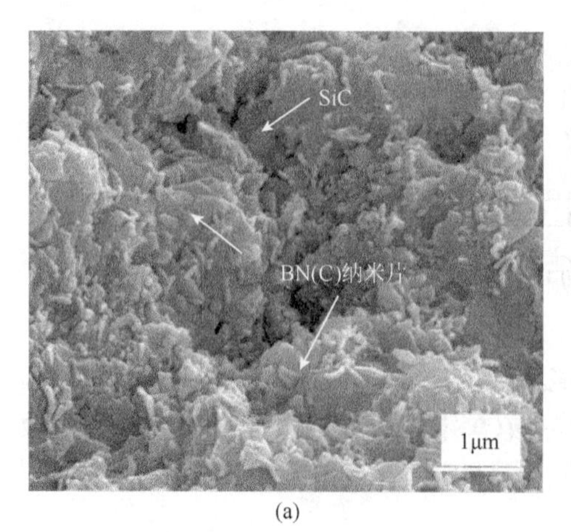

(a)

(b)

图 4-175 1900℃/40MPa/5min SPS 烧结制备 MWCNTs/Si_2BC_3N 块体陶瓷 SEM 断口形貌：（a）Si_2BC_3N；（b）1vol% MWCNTs；（c）2vol%MWCNTs；（d）3vol%MWCNTs[44]

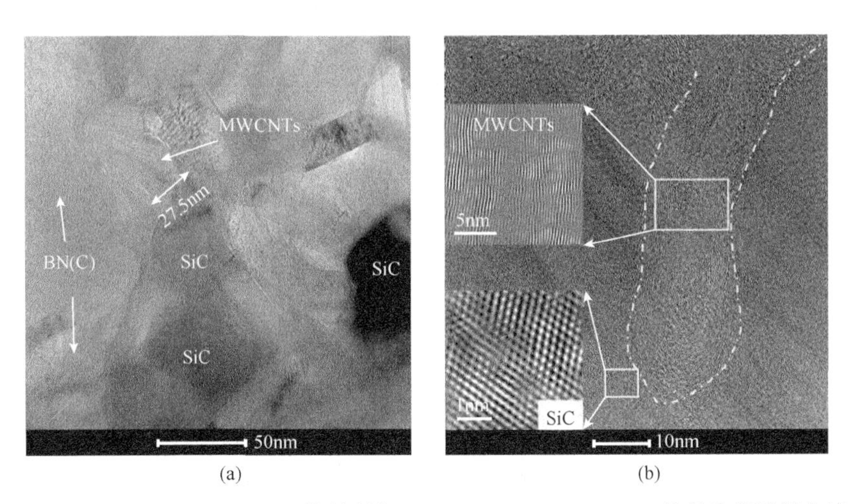

图 4-176 1900℃/40MPa/5min SPS 烧结制备 1vol% MWCNTs/Si_2BC_3N 块体陶瓷透射电镜分析：（a）TEM 明场像形貌；（b）HRTEM 精细结构[44]

MWCNTs 含量为 1vol%，复合材料的体积密度为 2.58g/cm^3，与纯 Si_2BC_3N 陶瓷相同，两者相对密度差别不大；引入 3vol% MWCNTs 会显著降低 Si_2BC_3N 陶瓷基体的致密度，相对密度仅为 85.8%。因此添加适量 MWCNTs 能够满足 Si_2BC_3N 块体陶瓷基体致密化要求，过量则会导致 MWCNTs 团聚和抑制烧结，降低复合材料致密度。

MWCNTs 表面涂覆 SiC 涂层后引入 Si_2BC_3N 陶瓷基体中，进一步促进了材料中 β-SiC 的生长发育。改性 MWCNTs 含量由 1vol%增加至 2vol%，β-SiC 相衍射峰强度有所提高。这是因为 MWCNTs 表面 SiC 涂覆作为异质形核位点促进了 Si_2BC_3N 非晶陶瓷粉体中 SiC 相的析出（图 4-178）。

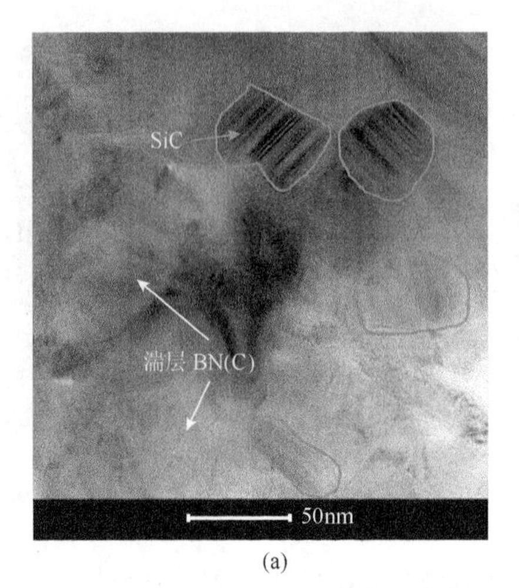

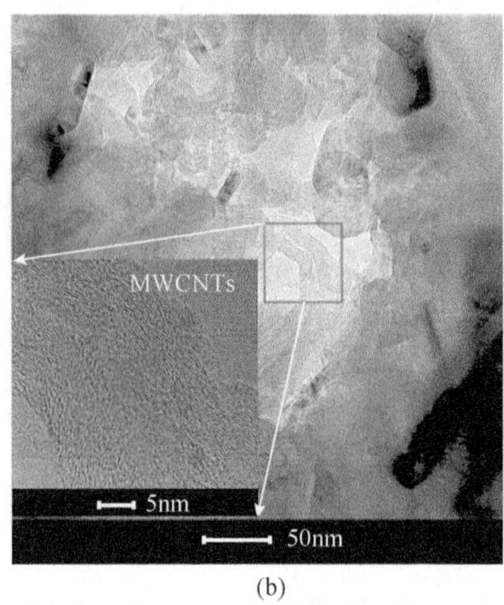

图 4-177　1900℃/40MPa/5min SPS 制备 2vol% MWCNTs/Si_2BC_3N 块体陶瓷透射电镜分析：（a）TEM 明场像形貌；（b）HRTEM 精细结构[44]

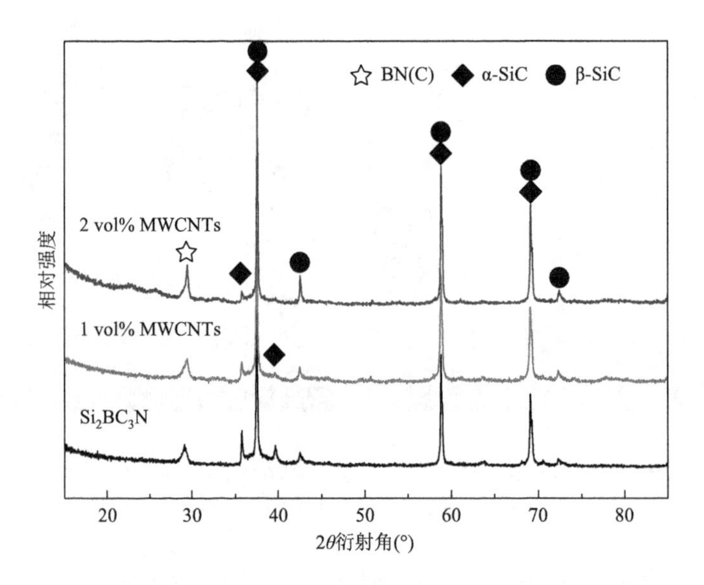

图 4-178　1900℃/40MPa/5min SPS 制备不同含量 SiC 涂覆 MWCNTs 增韧 Si_2BC_3N 块体陶瓷物相组成[44]

SiC 涂覆 MWCNTs 后，改性 MWCNTs 均匀分散于 Si_2BC_3N 陶瓷基体中，高倍扫描电镜下观察发现部分 MWCNTs 团聚，MWCNTs 主要与 SiC 颗粒紧密接触。Si_2BC_3N 陶瓷基体的析晶行为似乎未受到抑制，改性 MWCNTs 的引入并不会阻碍基体中各相的生长发育（图 4-179）。

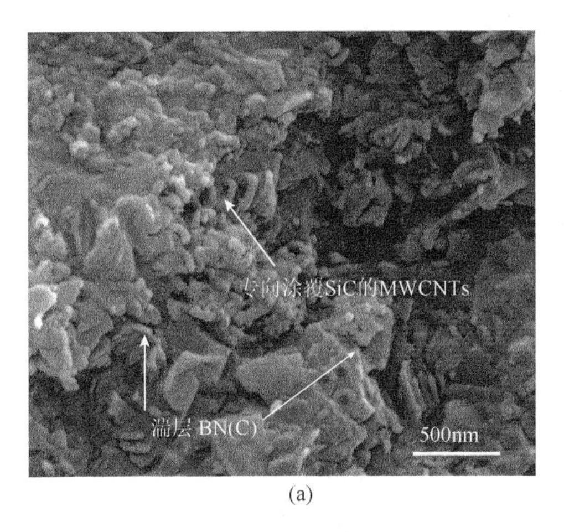

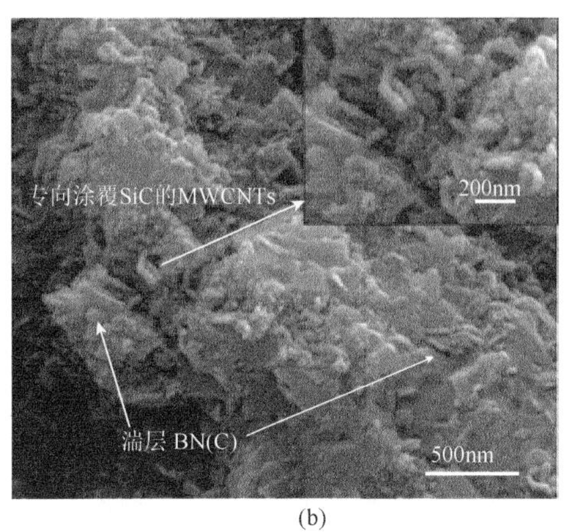

(a)　　　　　　　　　　(b)

图 4-179　不同改性 MWCNTs 含量的 MWCNTs/Si_2BC_3N 复合材料 SEM 断口形貌：（a）1vol%；（b）2vol%[44]

TEM 结果表明，除 SiC 和 BN(C)相外，涂覆 SiC 的 MWCNTs 较均匀地分布在 Si_2BC_3N 陶瓷基体中。部分 SiC 晶粒与 MWCNTs 相黏结，部分区域中 MWCNTs 与 SiC 的晶格条纹相重叠，说明二者高温下发生了界面反应，有助于提高界面结合强度。与未涂覆 SiC 涂层的 MWCNTs/Si_2BC_3N 复合材料相比，MWCNTs 涂覆处理后有效改善了两者界面结合状态。元素面分布结果表明 SiC 晶粒尺寸约 200nm，证实 SiC 涂覆处理 MWCNTs 的引入不会抑制 Si_2BC_3N 陶瓷基体的发育，反而促进了基体晶粒的发育（图 4-180）。

纯 Si_2BC_3N 陶瓷裂纹传播路径表现为近乎线性方向传播，未观察到明显强韧化机制。引入 SiC 涂覆 MWCNTs 的复合材料中观察到了明显的裂纹弯曲扩展现象，此外还存在 MWCNTs 的桥接和拔出（图 4-181）。MWCNTs 表面涂覆 SiC 后，可以一定程度上提高复合材料的相对密度（表 4-7）。

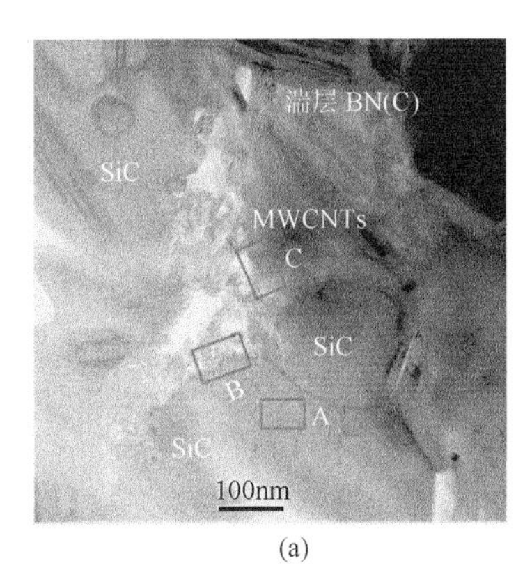

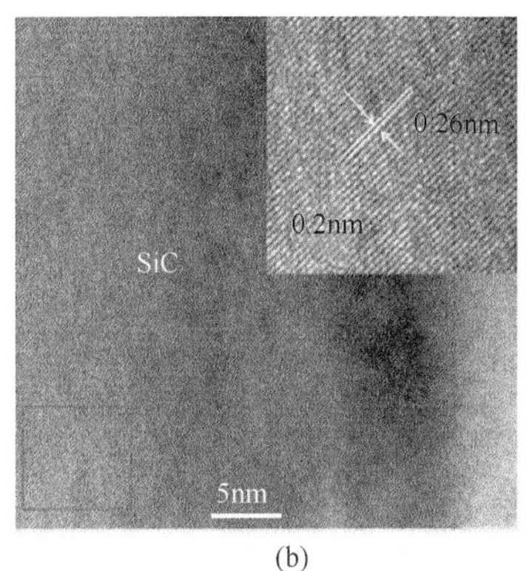

(a)　　　　　　　　　　(b)

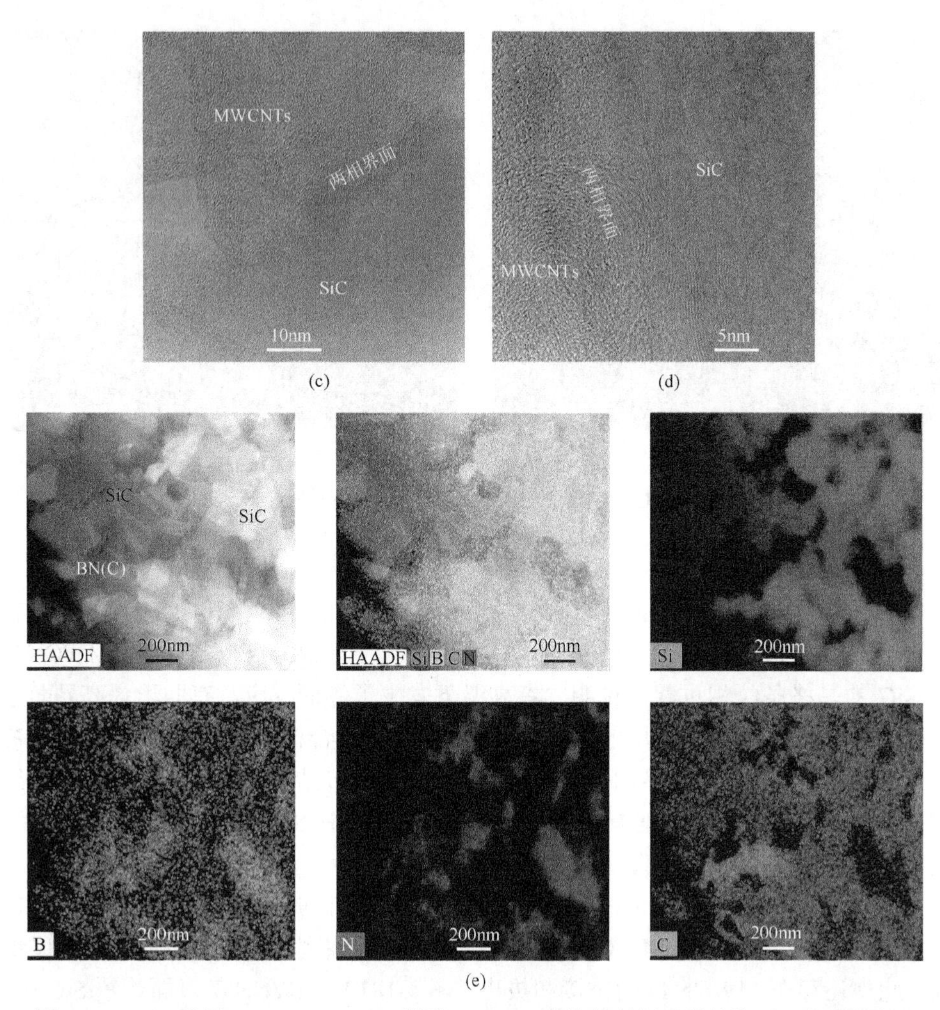

图 4-180　SiC 涂覆 1vol% MWCNTs 增强 Si_2BC_3N 陶瓷基材料显微结构及元素面分布：（a）TEM 明场像形貌；（b）～（d）HRTEM 精细结构；（e）相应元素面分布[44]

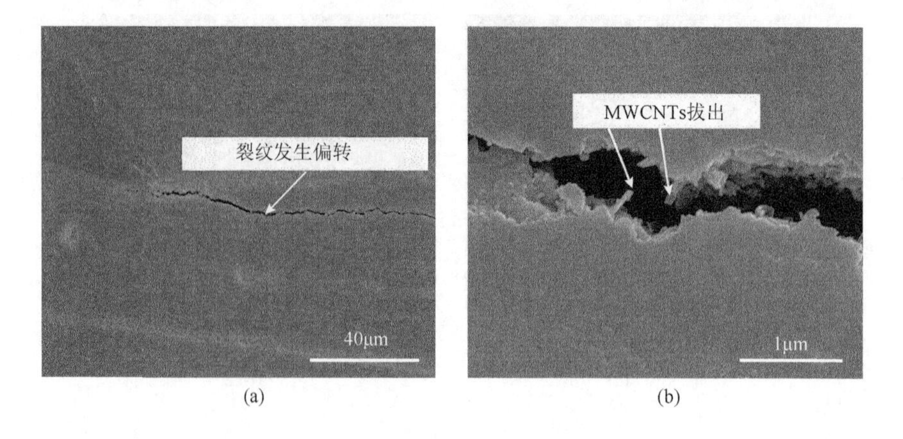

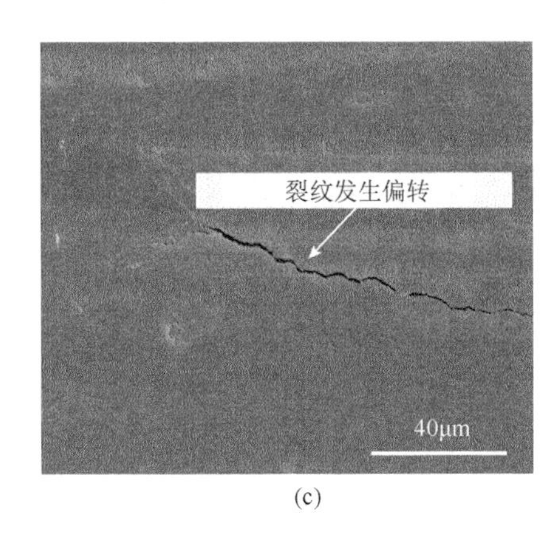

(c)

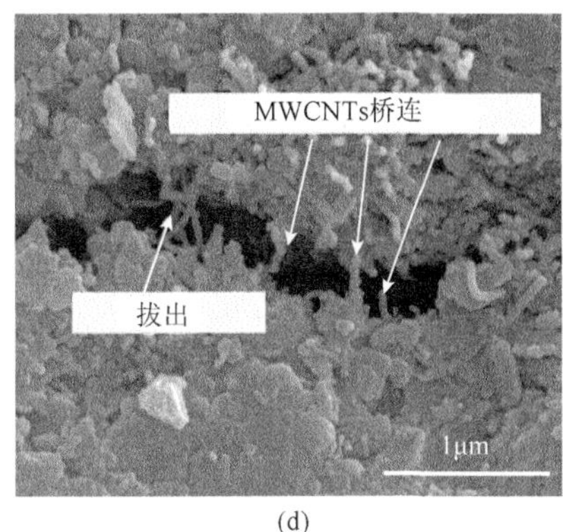

(d)

图 4-181　不同 SiC 改性 MWCNTs 含量的 MWCNTs/Si_2BC_3N 复合材料裂纹扩展形貌：（a），（b）1vol%；（c），（d）2vol%[44]

表 4-7　1900℃/40MPa/5min SPS 制备不同含量 MWCNTs 增韧 Si_2BC_3N 复合材料（MWCNTs 表面涂覆 SiC）体积密度和相对密度[44]

MWCNTs 含量（vol%）	体积密度（g/cm^3）	相对密度（%）
1①	2.58	91.2
1	2.59	91.7
2	2.61	93.1

注：①MWCNTs 表面未涂覆 SiC

4.8　石墨烯对 MA-SiBCN 陶瓷基复合材料致密化及显微结构影响

在 Si_2BC_3N 陶瓷基体中引入了不同含量的石墨烯，并不改变陶瓷基体的物相组成和微观组织结构（图 4-182），石墨烯主要分布在湍层 BN(C)区域内，少量石墨烯分布在非晶成分中，部分石墨烯沿着（0002）晶面长大，厚度约 10～30nm。TEM 明场像下，BN(C)相存在纳米聚集区，部分 BN(C)具有湍层或非晶状态（图 4-183）。石墨烯对 BN(C)相的生成起到了促进作用，由于 BN(C)是由 t-BN 与 t-C 交替混合的类石墨结构，石墨烯具有巨大的比表面能，表面活性很高，在 SPS 快速烧结致密化过程中，BN 可能优先与石墨烯反应结合生成 BN(C)相；此外 BN(C)相的生成会促进纳米 SiC 的生成，并且降低了 C 的活性，因此石墨烯的加入也使得 SiC 相的相对含量有所增加。

随着石墨烯含量的增加，复合材料相对密度逐渐降低，石墨烯不利于该体系亚稳陶瓷的烧结致密化。SEM 表面形貌表明，引入体积分数为 1%的石墨烯后，复合材料表面孔洞数量较少，基本没有发现缺陷，陶瓷表面较为致密光滑。石墨

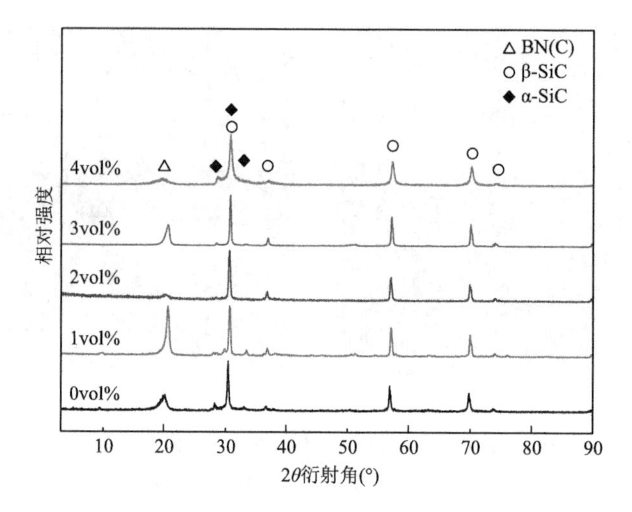

图 4-182　1800℃/40MPa/30min SPS 制备不同 graphene 含量 graphene/Si_2BC_3N 复合材料 XRD 图谱[45]

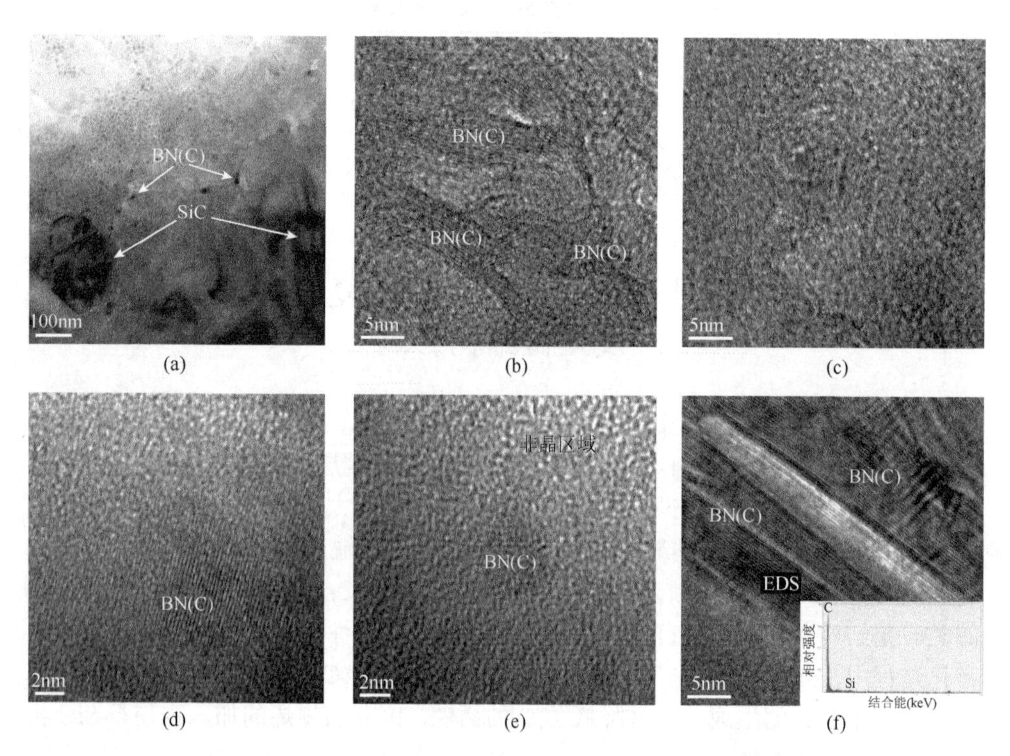

图 4-183　1800℃/40MPa/30min SPS 制备的 1vol% graphene/Si_2BC_3N 复合材料透射电镜分析：（a）TEM 明场像形貌；（b）～（f）HRTEM 精细结构[45]

烯含量提高到 2vol%，材料表面形貌没有太大变化，致密度与前者相差不大（图 4-184）。

石墨烯体积分数为 5%的复合材料表面孔洞数量增多，表面有类似于水纹状形貌存在（图 4-185）。石墨烯含量为 10vol%时，在 1800℃/40MPa/30min 烧结条件下，该复合材料致密度急剧下降（图 4-186），陶瓷表面上分布较多的孔洞和缺陷，这主要是因为石墨烯含量增加而导致在此温度下复合材料的致密化过程受到阻碍。

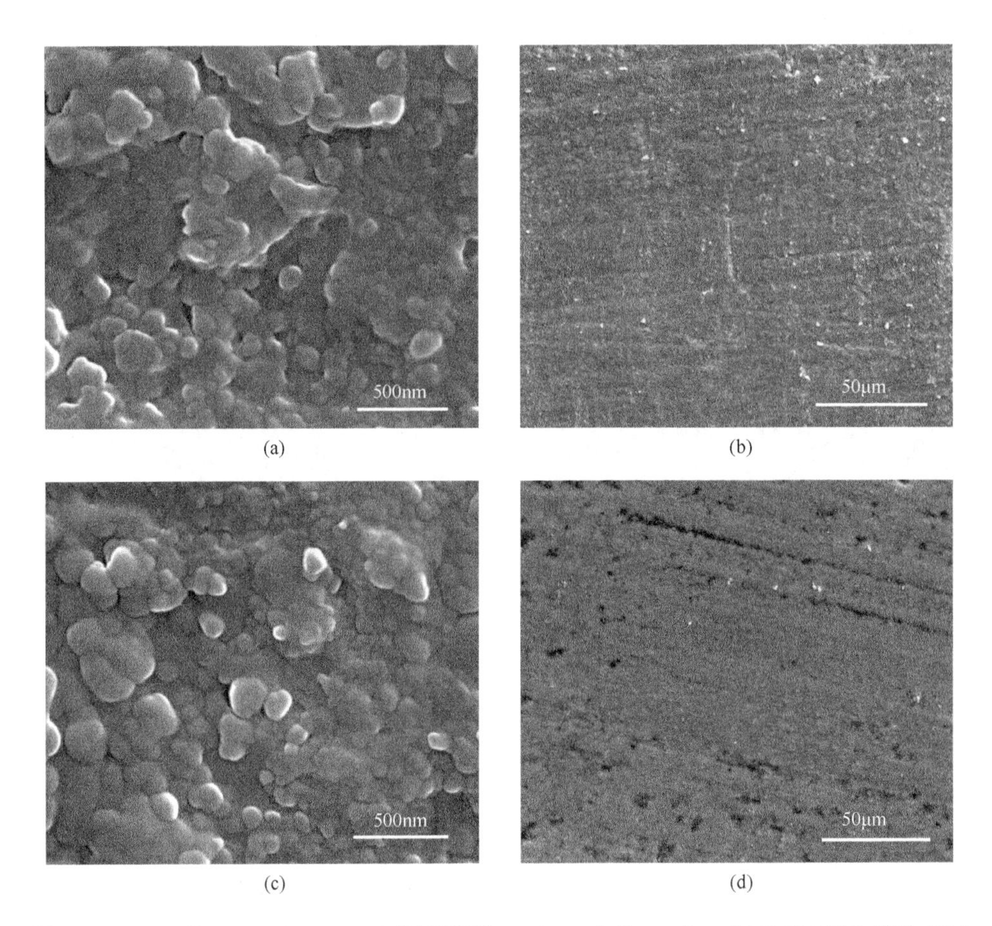

图 4-184　1800℃/40MPa/30min SPS 制备不同 graphene 含量 graphene/Si_2BC_3N 复合材料 SEM 表面形貌：（a），（b）1vol%；（c），（d）2vol%[45]

断口上纯 Si_2BC_3N 陶瓷颗粒呈现近似球形特征，不同石墨烯含量的复合材料，其断口形貌相似，断口上陶瓷颗粒近似球形且发生变形（图 4-187），石墨烯在基体中分布均匀，归功于 CTAB 溶液很好地混合了石墨烯和 Si_2BC_3N 非晶粉体。需要提及的是，石墨烯含量更高的复合材料，石墨烯拔出现象更为常见。由于制备石墨烯所采用的石墨粉体粒径较小，且氧化还原法制备的石墨烯平均粒径更小，因此大片石墨烯拔出现象相对而言比较少，但这对韧性的提高是有益的。

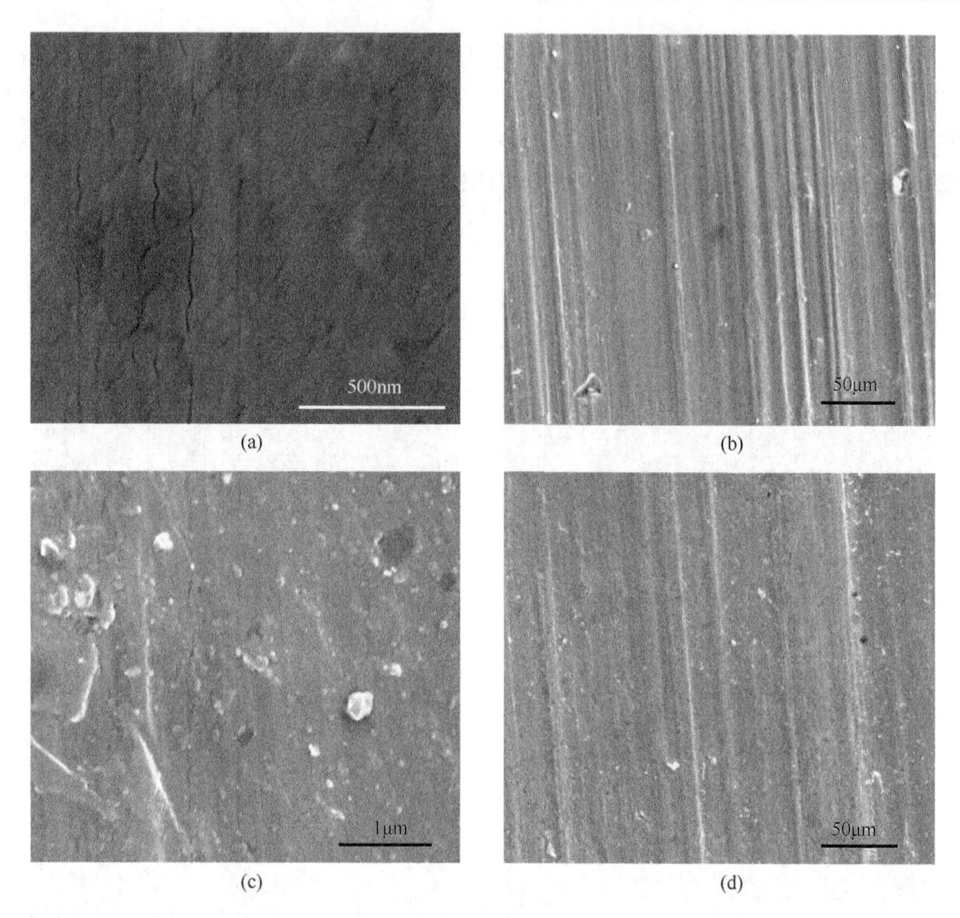

图 4-185　1800℃/40MPa/30min SPS 制备不同 graphene 含量 graphene/Si_2BC_3N 复合材料 SEM 表面形貌：（a），（b）5vol%；（c），（d）10vol%[45]

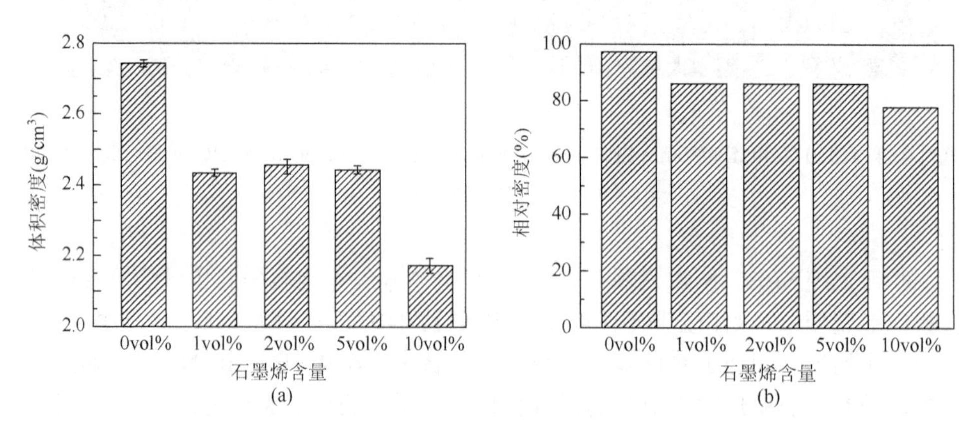

图 4-186　1800℃/40MPa/30min SPS 制备不同 graphene 含量 graphene/Si_2BC_3N 复合材料密度：（a）体积密度；（b）相对密度[45]

(a)

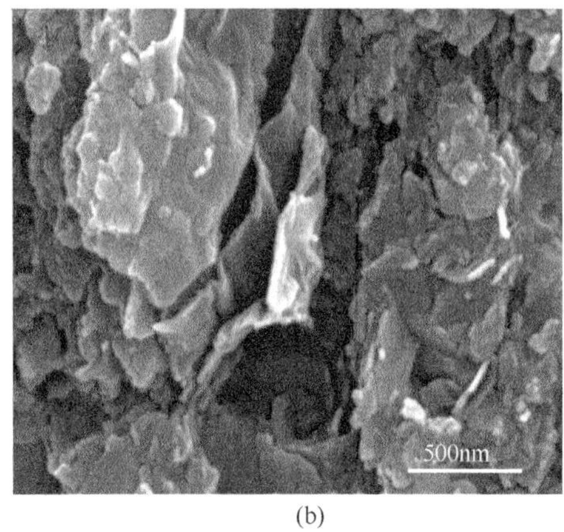

(b)

图 4-187　1800℃/40MPa/30min SPS 制备的 1vol% graphene/Si_2BC_3N 复合材料 SEM 断口形貌：（a）低倍；（b）高倍[45]

参 考 文 献

[1] 张鹏飞. 机械合金化 2Si-B-3C-N 陶瓷的热压烧结与晶化行为及高温性能[D]. 哈尔滨：哈尔滨工业大学，2013.

[2] Zhang P F，Jia D C，Yang Z H，Duan X M，Zhou Y. Microstructural features and properties of the nano-crystalline SiC/BN(C)composite ceramic prepared from the mechanically alloyed SiBCN powder[J]. Journal of Alloys and Compounds，2012，537（19）：346-356.

[3] Zhang P F，Jia D C，Yang Z H，Duan X M，Zhou Y. Crystallization and microstructural evolution process from the mechanically alloyed amorphous Si-B-C-N powder to the hot-pressed nano SiC/BN(C) ceramic[J]. Journal of Materials Science，2012，47（20）：7291-7304.

[4] Zhang P F，Jia D C，Yang Z H，Duan X M，Zhou Y. Progress of a novel non-oxide Si-B-C-N ceramic and its matrix composites[J]. Journal of Advanced Ceramics，2012，1（3）：157-178.

[5] Yang Z H，Jia D C，Duan X M，Zhou Y. Microstructure and thermal stabilities in various atmospheres of $SiB_{0.5}C_{1.5}N_{0.5}$ nano-sized powders fabricated by mechanical alloying technique[J]. Journal of Non-Crystalline Solids，2010，356（6）：326-333.

[6] 杨治华. Si-B-C-N 机械合金化粉末及陶瓷的组织结构与高温性能[D]. 哈尔滨：哈尔滨工业大学，2008.

[7] Yang Z H，Jia D C，Duan X M，Sun K N，Zhou Y. Effect of Si/C ratio and their content on the microstructure and properties of Si-B-C-N ceramics prepared by spark plasma sintering techniques[J]. Materials Science and Engineering A，2011，528（4-5）：1944-1948.

[8] 梁斌. 高压烧结 Si-B-C-N 非晶陶瓷的晶化及高温氧化机制[D]. 哈尔滨：哈尔滨工业大学，2017.

[9] Liang B，Yang Z H，Chen Q Q，Wang S J，Duan X M，Jia D C，Zhou Y，Luo K，Yu D L，Tian Y J. Crystallization behavior of amorphous Si_2BC_3N ceramic monolith subjected to high pressure[J]. Journal of the American Ceramic Society，2015，98（12）：3788-3796.

[10] 戴道生，韩汝琪. 非晶态物理[M]. 北京：电子工业出版社，1989.

[11] Weinmann M，Schuhmacher J，Kummer H，Prinz S，Peng J Q，Seifert H J，Christ M，Müller K，Bill J，Aldinger

F. Synthesis and thermal behavior of novel Si-B-C-N ceramic precursors[J]. Chemistry of Materials，2000，12（3）：623-632.

[12] Widgeon S，Mera G，Gao Y，Sen S，Navrotsky A，Riedel R. Effect of precursor on speciation and nanostructure of SiBCN polymer-derived ceramics[J]. Journal of the American Ceramic Society，2013，96（5）：1651-1659.

[13] Wu W，Li W，Sun H. Pressure-induced preferential growth of nanocrystals in amorphous $Nd_9Fe_{85}B_6$[J]. Nanotechnology，2008，19（25）：285603.

[14] Faupel F，Frank W，Macht M P，Mehrer H，Naundorf V，Raetzke K，Schober H R，Sharma S K，Teichler H. Diffusion in metallic glasses and supercooled melts[J]. Review of Modern Physics，2003，75（1）：237-280.

[15] Lahiri D，Singh V，Rodrigues G R，Costa T M H，Gallas M R，Bakshi S R，Seal S，Agarwal A. Ultrahigh-pressure consolidation and deformation of tantalum carbide at ambient and high temperatures[J]. Acta Materialia，2013，61（11）：4001-4009.

[16] Wang Y，Alsmeyer D，McCreery R. Raman spectroscopy of carbon materials：Structural basis of observed spectra[J]. Chemistry of Materials，1990，2（5）：557-563.

[17] Fuertes A B，Centeno T A. Mesoporous carbons with graphitic structures fabricated by using porous silica materials as templates and iron-impregnated polypyrrole as precursor[J]. Journal of Materials Chemistry，2005，15（10）：1079-1083.

[18] Nemanich R J，Glass J T，Lucovsky G，Shroder R E. Raman scattering characterization of carbon bonding in diamond and diamondlike thin films[J]. Journal of Vacuum Science & Technology A：Vacuum，Surfaces，and Films，1988，6（3）：1783-1783.

[19] Surajit S，Muthu D V S，Golberg D，Tang C，Zhi C，Bando Y，Sood A K. Comparative high pressure raman study of boron nitride nanotubes and hexagonal boron nitride[J]. Chemical Physics Letters，2006，421（1-3）：86-90.

[20] Sachdev H. Comparative aspects of the homogeneous degradation of c-BN and diamond[J]. Diamond and Related Materials，2001，10（3-7）：1390-1397.

[21] Vast N，Besson J M，Baroni S，Corso A D. Atomic structure and vibrational properties of icosahedral α-boron and B_4C boron carbide[J]. Computational Materials Science，2000，17（2-4）：127-132.

[22] Khajehpour J，Daoud W A，Williams T，Bourgeois L. Laser-induced reversible and irreversible changes in silicon nanostructures：One-and multi-phonon Raman scattering study [J]. Journal of Physical Chemistry C，2011，115（45）：22131-22137.

[23] Apperley D C，Harris R K，Marshall G L，Thompson D P. Nuclear magnetic resonance studies of silicon carbide polytypes[J]. Journal of the American Ceramic Society，1991，74（4）：777-782.

[24] Marchetti P S，Kwon D，Schmidt W R，Interrante L V，Maciel G E. High field ^{11}B magic-angle spinning NMR characterization of boron nitrides[J]. Chemistry of Materials，1991，3（3）：482-486.

[25] Gervais C，Babonneau F，Ruswisch L，Hauser R，Riedel R. Solid-state NMR investigations of the polymer route to SiBCN ceramics[J]. Canadian Journal of Chemistry，2003，81（11）：1359-1369.

[26] 胡成川. Si-B-C-N-Zr 机械合金化粉末及陶瓷的组织结构与性能[D]. 哈尔滨：哈尔滨工业大学，2013.

[27] Zhang G J，Ando M，Yang J F，Ohji T，Kanzaki S. Boron carbide and nitride as reactants for *in situ* synthesis of boride-bontaining ceramic composites[J]. Journal of the European Ceramic Society，2004，24（2）：171-178.

[28] 陆凤国，邱利霞，丁战辉，郭星原，吕洋，赵旭东，刘晓旸. ZrN-ZrB_2 纳米复合材料的高压制备及性能表征[J]. 高压物理学报，2011，25（2）：104-110.

[29] Tsuchida T，Kawaguchi M，Kodaira K. Synthesis of ZrC and ZrN in air from mechanically activated Zr-C powder mixtures[J]. Solid State Ionics，1997，101-103（part1）：149-154.

[30] 叶丹. Si-B-C-N-Al 机械合金化粉末及陶瓷的组织结构与抗氧化性[D]. 哈尔滨：哈尔滨工业大学，2012.

[31] Liao N，Jia D C，Yang Z H，Zhou Y，Li Y W. Enhanced mechanical properties，thermal shock resistance and oxidation resistance of Si_2BC_3N ceramics with Zr-Al addition[J]. Materials Science and Engineering A，2018，725：364-374.

[32] 侯俊楠. Mo-SiBCN 梯度复合材料组织结构设计与抗热震性能[D]. 哈尔滨：哈尔滨工业大学，2016.

[33] 王高远. 冰模法制备 SiBCN（Zr）梯度多孔陶瓷及其双连续复合材料的制备与性能研究[D]. 哈尔滨：哈尔滨工业大学，2018.

[34] Li D X，Yang Z H，Mao Z B，Jia D C，Cai D L，Liang B，Duan X M，He P G，Rao J C. Microstructures，mechanical properties and oxidation resistance of SiBCN ceramics with the addition of MgO，ZrO_2 and SiO_2（MZS）as sintering additives[J]. RSC Advances，2015，5（64）：52194-52205.

[35] 赵杨. 热压烧结制备 ZrC/SiBCN 复相陶瓷的组织结构与性能研究[D]. 哈尔滨：哈尔滨工业大学，2016.

[36] 廖兴琪.（TiB_2＋TiC）/SiBCN 复合材料的组织结构与性[D]. 哈尔滨：哈尔滨工业大学，2014.

[37] 苗洋. ZrB_2/SiBCN 陶瓷基复合材料制备及抗氧化与耐烧蚀性能[D]. 哈尔滨：哈尔滨工业大学，2017.

[38] 敖冬飞. HfB_2/SiBCN 复相陶瓷抗热震与耐烧蚀性能的研究[D]. 哈尔滨：哈尔滨工业大学，2018.

[39] 潘丽君. C_f表面涂层及 C_f/SiBCN 复合材料制备与性能[D]. 哈尔滨：哈尔滨工业大学，2012.

[40] Wang J Y，Yang Z H，Duan X M，Jia D C，Zhou Y. Microstructure and mechanical properties of SiC_f/SiBCN ceramic matrix composites [J]. Journal of Advanced Ceramics，2015，4（1）：31-38.

[41] 吴道雄. SiC_f表面非晶碳层对 SiC_f/SiBCN 复合材料性能的影响[D]. 哈尔滨：哈尔滨工业大学，2016.

[42] 周沅逸. SiC 纤维表面复合涂层的制备与表征[D]. 哈尔滨：哈尔滨工业大学，2016.

[43] 李悦彤.（C_f-SiC_f）/SiBCN 复合材料的力学与抗热震耐烧蚀性能[D]. 哈尔滨：哈尔滨工业大学，2016.

[44] Liao N，Jia D C，Yang Z H，Zhou Y，Li Y W. Strengthening and toughening effects of MWCNTs on Si_2BC_3N ceramics sintered by SPS technique[J]. Materials Science and Engineering A，2018，710：142-150.

[45] 李达鑫. SPS 烧结 Graphene/SiBCN 陶瓷及其高温性能[D]. 哈尔滨：哈尔滨工业大学，2016.

第5章　MA-SiBCN 系亚稳陶瓷及其复合材料力学和热物理性能

工程陶瓷构件中，尤其是高温结构件在进行设计、使用时，需承载冲击应力、机械应力等，此外还要抵抗环境介质的侵蚀和热冲击。因此，材料的力学和热物理性能是综合评价材料性能的一项重要指标。本章探讨了热压、放电等离子、热等静压及高压等烧结技术制备 SiBCN 系亚稳陶瓷及其复合材料的力学和热物理性能，讨论了陶瓷颗粒、金属第二相、短纤维、多壁碳纳米管、石墨烯等对该系亚稳陶瓷材料力学和热物理性能的影响规律。

5.1　热压烧结 MA-SiBCN 陶瓷力学和热物理性能

5.1.1　室温力学性能

SiBCN 系亚稳陶瓷及其复合材料的室温抗弯强度与热压烧结温度及原料组成等有关。1850℃热压烧结制备的 Si_2BC_3N 块体陶瓷（CS2H1850）抗弯强度为 191.7MPa。烧结温度提高到 1900℃，块体陶瓷（CS2H1900）的抗弯强度达到了 312.9MPa，这与烧结温度升高、陶瓷材料致密度提高有关。以 Si_3N_4、B_4C、c-Si、BN、无定形碳和石墨为原料经一步法高能球磨结合热压烧结制备的 Si_2BC_3N 块体陶瓷（ID2H1900）和两步法球磨得到的 Si_2BC_3N 块体陶瓷（CD2H1900），其体积密度没有一步法制备的陶瓷材料（CS2H1900）高，但这两种块体陶瓷的抗弯强度分别达到了 446.6MPa 和 423.4MPa（图 5-1）。

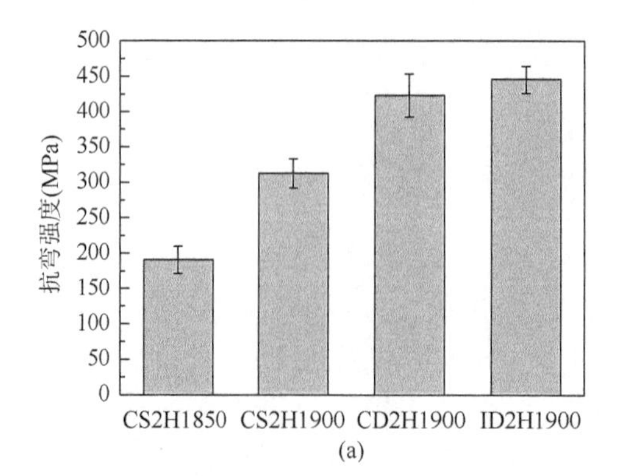

(a)

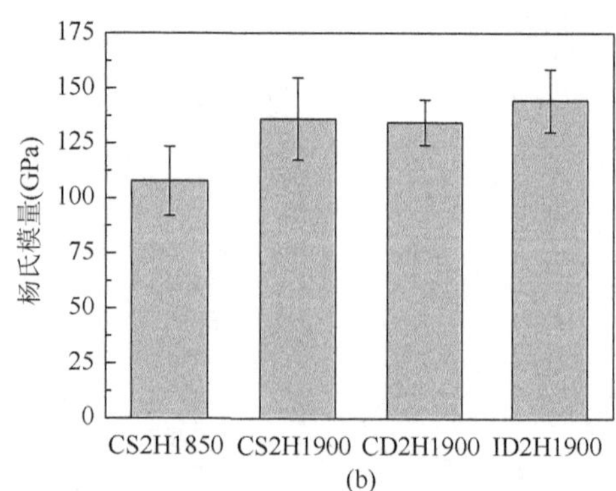

(b)

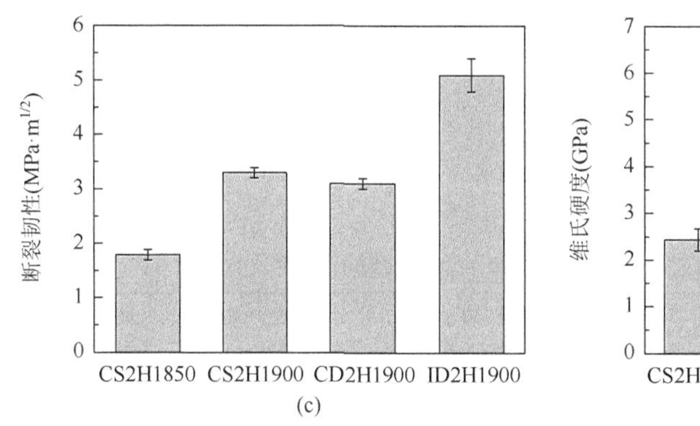

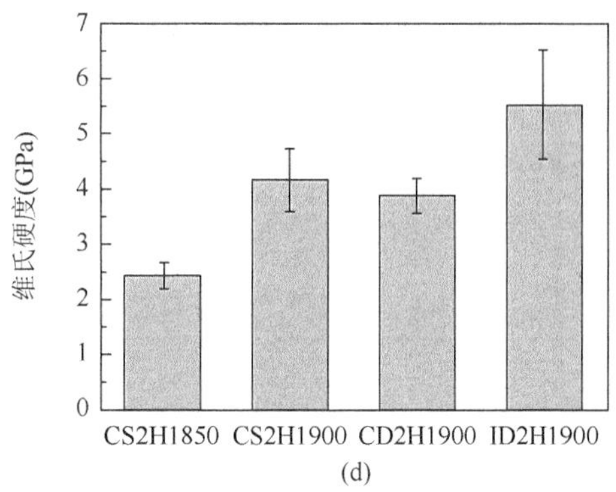

图 5-1　不同原料及热压烧结工艺制备 Si_2BC_3N 块体陶瓷的室温力学性能：（a）抗弯强度；（b）杨氏模量；（c）断裂韧性；（d）维氏硬度[3]

以 Si_3N_4、B_4C、c-Si、BN、无定形碳和石墨为原料经高能球磨后热压烧结制备的 Si_2BC_3N 块体陶瓷断裂韧性和维氏硬度最高，分别达到了 5.1MPa·m$^{1/2}$ 和 5.53GPa，这可能与该陶瓷中析出相 SiC 晶粒尺寸有关。一步法制备的 Si_2BC_3N 块体陶瓷杨氏模量最低，只有 107.9GPa。1900℃热压烧结制备的三种 Si_2BC_3N 块体陶瓷杨氏模量相差不大，约为 135～145GPa。在高温结构应用中，特别是在温度循环变换状态下，杨氏模量过高往往意味着抗热冲击性能较差，尤其是陶瓷与金属部件组成复合构件时，此问题表现尤为突出。而热压烧结制备的 Si_2BC_3N 块体陶瓷的杨氏模量仅有 SiC 陶瓷（SiC 陶瓷杨氏模量约 450GPa）的 1/3，这将有利于扩大 Si_2BC_3N 陶瓷材料在高温结构件中的应用[1, 2]。

温度和压强对材料致密度及力学性能的影响最为显著，而保温时间和气压的影响较小，见表 5-1。1800℃/80MPa/30min 或 1900℃/50MPa/30min 热压烧结条件下，陶瓷颗粒的黏滞流动、蠕变和塑性变形等烧结机制不能有效发挥作用，烧结动力学条件较低，烧结处于初期阶段或刚进入中期阶段，材料的孔隙率较高，因此材料的密度、抗弯强度等力学性能都较低。在 1900℃/80MPa/30min 热压烧结条件下，上述各种烧结机制作用显著增强，此时烧结很快进入中后期阶段，材料的孔隙率明显降低。由于陶瓷颗粒之间冶金连接部分的增大及材料致密度的升高，材料的抗弯强度等力学性能也都有显著提高。此时所制备的块体陶瓷材料体积密度、抗弯强度、杨氏模量、断裂韧性和维氏硬度分别为 2.5～2.7g/cm^3，270～380MPa，105～175GPa，2.3～3.7MPa·m$^{1/2}$ 和 5.7～6.4GPa。当前研究的 Si_2BC_3N 亚稳陶瓷材料中只含有碳化硅、氮化硼和石墨等三种强共价键化合物或单质，且材料中不含有杂质相或其他低熔点物相，因此该陶瓷材料的烧结致密化比较困难，材料需要在高温、高压的共同作用下才能达到较高的致密度。材料较低的硬度与其物相组成有关，在所制备的块体陶瓷中，SiC 和

BN(C)相的体积分数分别约为 60.6vol%和 39.4vol%。湍层 BN(C)相具有类似于石墨或六方氮化硼的层状结构，其硬度较低。因此，晶粒细小、含量较高且分布均匀的湍层 BN(C)相是 Si_2BC_3N 块体陶瓷相比于热压烧结制备的 SiC 块体陶瓷硬度显著降低的主要原因。

表 5-1　不同热压烧结工艺制备的 Si_2BC_3N 块体陶瓷体积密度及力学性能[4]

热压烧结工艺参数	体积密度（g/cm^3）	抗弯强度（MPa）	杨氏模量（GPa）	断裂韧性（$MPa·m^{1/2}$）	维氏硬度（GPa）
1800℃/80MPa/30min/1bar N_2	2.12	66.3±7.2	30.6±2.4	1.71±0.42	3.4±0.1
1900℃/50MPa/30min/1bar N_2	2.20	89.4±9.3	33.6±3.6	1.25±0.31	2.4±0.1
1900℃/80MPa/10min/1bar N_2	2.53	305.8±31.6	106.8±3.0	2.96±0.14	6.2±0.2
1900℃/80MPa/30min/1bar N_2	2.64	360.7±19.9	155.9±17.2	2.94±0.59	6.3±0.2
1900℃/80MPa/30min/8bar N_2	2.52	331.1±40.5	139.4±16.0	2.81±0.89	5.7±0.4

保温时间由 10min 延长至 30min 时，Si_2BC_3N 块体陶瓷材料的烧结程度有所提高，孔隙有所减少，因此材料的体积密度和力学性能基本有小幅度提高。由于 1900℃/80MPa 热压条件下材料的烧结已经处于中后期，大部分烧结机理都发挥作用，因此延长保温时间，材料的体积密度和力学性能增长幅度有限。由于气压的适当变化对材料的烧结行为影响很小，氮气气压为 1bar 或 8bar 条件下 1900℃/80MPa 热压烧结制备的陶瓷材料都处于烧结的后期阶段，烧结基本完成，孔隙率都很低，因此材料体积密度和力学性能都达到了相对较高的数值。二者在各力学性能平均值上的略微差异可能是由炉内物理条件波动或控温误差造成的。

在 80MPa 压强作用下，Si_2BC_3N 陶瓷坯体发生显著烧结致密化的起始温度约 1830℃。因此，当烧结温度低于该临界温度时，各种烧结机制将不能有效发挥作用，陶瓷坯体的烧结将十分有限，所制备的块体材料也将具有较高的孔隙率和相对较低的力学性能（表 5-2）。

表 5-2　1500～2000℃热压烧结制备 Si_2BC_3N 块体陶瓷体积密度及力学性能（80MPa/30min/8bar N_2，升温速率 20K/min）[5-7]

烧结温度（℃）	体积密度（g/cm^3）	抗弯强度（MPa）	杨氏模量（GPa）	断裂韧性（$MPa·m^{1/2}$）	维氏硬度（GPa）
1500	1.80	89.8±8.6	36.5±1.9	1.23±0.17	2.2±0.1
1600	1.96	94.3±6.7	44.6±1.5	1.32±0.14	3.0±0.1

续表

烧结温度（℃）	体积密度（g/cm^3）	抗弯强度（MPa）	杨氏模量（GPa）	断裂韧性（$MPa{\cdot}m^{1/2}$）	维氏硬度（GPa）
1700	2.17	109.1±7.2	57.3±0.6	1.47±0.06	3.4±0.1
1800	2.25	121.1±6.7	62.3±0.7	1.71±0.42	4.5±0.3
1900	2.52	331.0±40.5	139.4±16.0	2.81±0.89	5.7±0.4

Si_2BC_3N 非晶粉体分别在 1500℃、1600℃、1700℃、1800℃、1900℃及 80MPa 条件下热压烧结 30min。当烧结温度为 1500℃时，块体陶瓷材料只有约 89.8MPa 的抗弯强度。随着烧结温度的升高，材料的致密度和力学性能逐渐升高。温度低于或等于 1800℃时，陶瓷材料的体积密度及各项室温力学性能的增长幅度十分有限。例如，材料的抗弯强度仅从 1500℃时的约 89.8MPa 增加到 1800℃时的约 121.1MPa。然而，当烧结温度升高至 1900℃时，材料的抗弯强度迅速增加至约 331.0MPa。在 80MPa 压强作用下，烧结温度高于约 1830℃时，各种烧结机制将有效发挥作用，从而使得陶瓷材料迅速发生烧结，实现材料的快速致密化。同时，材料在快速烧结过程中的各种烧结机理也将促进材料的析晶和晶粒生长。例如，陶瓷颗粒的黏滞流动、蠕变及塑性变形等将使颗粒之间发生大面积的冶金结合，使得颗粒之间的接触面积显著增大，距离缩短，这些因素在较高烧结温度下均有利于原子的扩散、晶体的形核和晶粒的生长。另一方面，陶瓷颗粒之间形成的大面积冶金结合，原子的扩散、晶体的形核与生长使得陶瓷颗粒之间的结合力显著增强。这些因素对材料力学性能的提高又都发挥了积极作用。

5.1.2 高温力学性能

以 10～15℃/min 的升温速率将 Si_2BC_3N 亚稳陶瓷材料加热至指定温度，在目标温度保温 5min 后进行高温抗弯强度测试。与室温强度相比，Si_2BC_3N 块体陶瓷材料在 1000℃空气中的抗弯强度升高了约 13%，而在 1200℃空气中的抗弯强度与材料的室温强度比较接近（表 5-3）。这表明，热压烧结制备的 Si_2BC_3N 块体陶瓷材料至少在温度等于或低于 1200℃时不会出现强度下降的现象，这与材料良好的组织稳定性有关。在高温强度测试过程中，测试温度相对较低，且样品在高温环境中所处的时间较短，材料不会发生明显的氧化、失重、体积收缩或化学键断裂等现象。SiBCN 系亚稳陶瓷材料高温组织结构的稳定性使得材料具有良好的高温力学性能。

表 5-3　热压烧结制备的 Si_2BC_3N 块体陶瓷材料在室温、1000℃及 1200℃空气条件下保温 5min 后的三点抗弯强度[7]

测试温度	RT	1000℃	1200℃
抗弯强度 σ（MPa）	241.5±41.9	272.8±63.5	237.2±14.5

尽管 Si_2BC_3N 块体陶瓷材料的高温抗弯强度与室温数值相比改变不大，但材料在高温空气中的断裂机制和断裂方式发生了明显的变化（图 5-2 和图 5-3）。材料在高温空气中进行抗弯强度测试后，宏观断口的崎岖程度有所增加，并且呈现出类似韧窝状的结构。而断口的微观结构则由近似等轴状的颗粒构成。当测试温度为 1200℃时，断口类似韧窝状的宏观结构和近似等轴状颗粒的微观结构更为明显。样品在高温受载的过程中，材料在烧结制备过程中残留的微小孔洞或其他缺陷，以及结合力较弱的晶界部位等很可能会发生形核、长大、相互连接合并等现

图 5-2　1900℃/80MPa/1barN_2/30min 热压烧结制备的 Si_2BC_3N 块体陶瓷材料在 1000℃空气条件下保温 5min 后经三点抗弯强度测试后的 SEM 断口形貌：(a) 低倍；(b)，(c) 高倍[7]

图 5-3　1900℃/80MPa/1barN_2/30min 热压烧结制备的 Si_2BC_3N 块体陶瓷材料在 1200℃空气条件下保温 5min 后经三点抗弯强度测试后的 SEM 断口形貌：(a) 低倍；(b)，(c) 高倍[7]

象，致使材料在高温条件下的断裂表现出一定的韧性断裂特征，甚至可能伴随着一定量的塑性变形。而断口上近似等轴状的颗粒结构表明，在高温空气环境中，晶界的结合强度有所减弱，此时材料的断裂为沿晶断裂。材料在高温环境中的断口特征与高温保温处理之后材料的室温断口特征相似，表明两者具有相似的断裂机制和裂纹扩展方式。

将 Si_2BC_3N 块体陶瓷材料在 1800℃/1bar N_2 保温处理 3h 后，样品出现了约 3.55%的质量损失，材料的体积密度、抗弯强度和杨氏模量数值分别下降了约 2%、13%和 30%，而断裂韧性和维氏硬度的变化不明显（表 5-4）。结合退火处理前后材料组织结构的变化情况可以推断，样品的质量损失很可能是由于材料的分解引起的。在 1900℃/80MPa/30min/1bar N_2 热压烧结条件下制备的 Si_2BC_3N 块体陶瓷材料中存在着少量非晶或晶化度较低的物相，在这些非晶相或者在 SiC 与 BN(C) 的晶界区域可能存在 Si—B、Si—N、C—B、C—C 等化学键。当材料在 1800℃/1bar N_2 条件下保温 3h 时，非晶相或晶界区域内的不稳定化学键会发生变化或断裂。例如，Si—N 键会与近邻的自由碳发生反应［$Si_3N_4 + 3C \longrightarrow 3SiC + 2N_2$（g）］，也可能会由于局部温度的波动，局部氮气分压的降低，或者其他热力学或动力学条件的改变而发生自身分解反应［$Si_3N_4 \longrightarrow 3Si + 2N_2$（g）］。上述两种化学反应都会释放出氮气，致使材料产生失重。另外，Si_2BC_3N 块体陶瓷材料在 1800℃氮气气氛中保温处理时，材料内部可能会发生进一步烧结，或者晶化度进一步增加等现象，这些现象伴随着原子的扩散、化学键的断裂或形成。这也会对材料在高温下组织、性能及外形尺寸的稳定性产生一定的影响。

表 5-4　Si_2BC_3N 块体陶瓷材料经 1800℃/1bar N_2 保温 3h 后质量、密度和力学性能变化[7]

质量变化（%）	体积密度（g/cm^3）	相对密度（%）	抗弯强度（MPa）	杨氏模量（GPa）	断裂韧性（$MP·m^{1/2}$）	维氏硬度（GPa）
−3.55±0.80	2.47	87.0	286.9	98.2±5.1	2.74±0.26	5.4±0.3

Si_2BC_3N 块体陶瓷材料的失重造成了样品致密度的小幅度下降，而致密度的下降以及与材料失重相关的亚稳相分解或化学键断裂可能是材料抗弯强度和杨氏模量下降的主要原因。致密度的下降使材料的有效承载截面积减小，而发生在晶界区域的亚稳相分解或化学键断裂削弱了 SiC 与 BN(C)相界面结合力。推测可能由于上述两方面因素的共同作用，高温退火处理后材料的强度有所降低。与退火处理之前的陶瓷相比，1800℃/1bar N_2 保温 3h 后陶瓷材料断口的宏观特征由较为平整的形态转变成了类似于韧窝状的结构，而微观特征则由之前的小平面结构转变成了近似等轴的颗粒状结构（图 5-4）。热压烧结后，材料中会存在微小缺陷，晶界处也可能存在微小孔洞等结构，而在高温退火过程中，晶界处亚稳相的分解

或化学键的断裂、材料的失重及致密度的降低等因素都可能在材料内部产生新的微小缺陷或微小孔洞。在材料受载断裂的过程中，上述微观缺陷或孔洞会发生形核、长大，以及相互连接合并等现象，从而导致材料断面上近似韧窝结构的出现。材料断口上近似等轴的颗粒状结构表明，此时材料的断裂方式可能是以沿晶断裂为主。沿晶断裂说明晶界为材料内部结合力较弱的部位，这也进一步证实高温保温处理过程会使 Si_2BC_3N 块体陶瓷中晶界处的结合力有所减弱。

图 5-4　热压烧结制备的 Si_2BC_3N 块体陶瓷材料在 1800℃/1bar N_2 保温 3h 后 SEM 表面及断口形貌：（a）表面；（b）低倍断口；（c）高倍断口[7]

5.1.3　高温蠕变性能

当保温温度为 1400～1600℃，施加载荷为 100～150MPa 时，热压烧结制备的 Si_2BC_3N 块体陶瓷的减速蠕变阶段持续时间约为 3h，之后开始进入稳态蠕变阶段（图 5-5 和图 5-6）。125MPa 应力作用下，温度为 1400℃时，陶瓷材料的稳态蠕变速率很低，约为 $5.5\times10^{-10}s^{-1}$。试验进行约 25h 后，陶瓷样品的蠕变变形量仅为约 0.3%。并且在整个稳态蠕变过程中，样品变形量的变化非常小，表明 Si_2BC_3N 块体陶瓷在 1400℃下发生宏观变形的临界应力至少应大于 125MPa。材料优异的抗蠕变性能可能与材料优良的组织稳定性、材料中不含低熔点晶界相、材料中各物相的自扩散系数较低，以及试验所用的真空环境等因素有关。当温度升高至 1500℃和 1600℃时，材料的稳态蠕变速率分别增加至约 $3.4\times10^{-8}s^{-1}$ 和 $8.5\times10^{-8}s^{-1}$，该数值与采用先驱体裂解法制备的 SiBCN 纳米陶瓷在相似条件下的稳态蠕变速率在同一数量级，并且与 SiC 陶瓷的蠕变速率接近。1500～1600℃试验进行约 25h 后，样品的变形量也有约 0.2%～0.6%的增长。试验温度的升高促进了材料内部晶界的滑移、原子的扩散，以及各物相中位错的移动，这些因素使材料的蠕变速率加快，样品的宏观变形量也因此增加。当试验温度为 1500℃时，材料在 100MPa、125MPa 和 150MPa 三个应力状态下的稳态蠕变速率分别约为

$1.9\times10^{-8}s^{-1}$、$3.4\times10^{-8}s^{-1}$和$4.4\times10^{-8}s^{-1}$。试验进行约 20h 后，样品的宏观变形量分别约为 0.3%、0.5%和 0.7%。在高温加载条件下，热压烧结制备的 Si_2BC_3N 块体陶瓷很快进入稳态蠕变阶段，且在稳态阶段的蠕变速率受温度变化的影响较大。

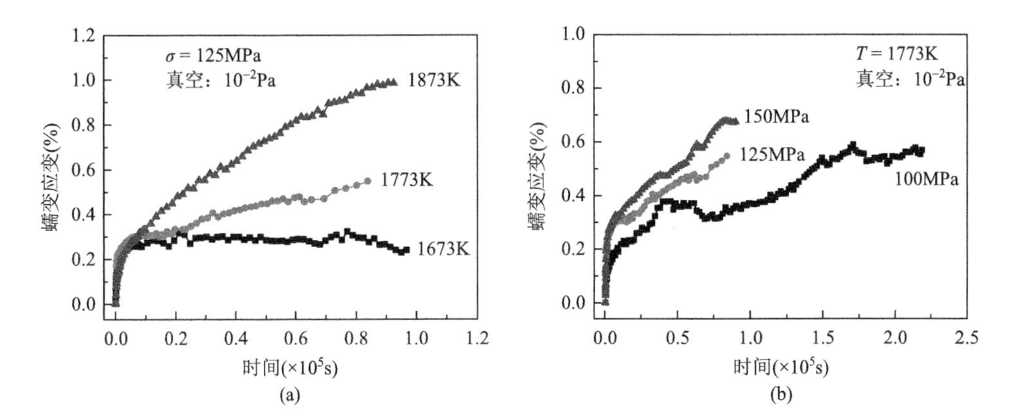

图 5-5　1900℃/80MPa/30min 热压烧结制备的 Si_2BC_3N 块体陶瓷在不同条件下的蠕变变形量曲线：（a）不同保温温度；（b）不同施加载荷[7]

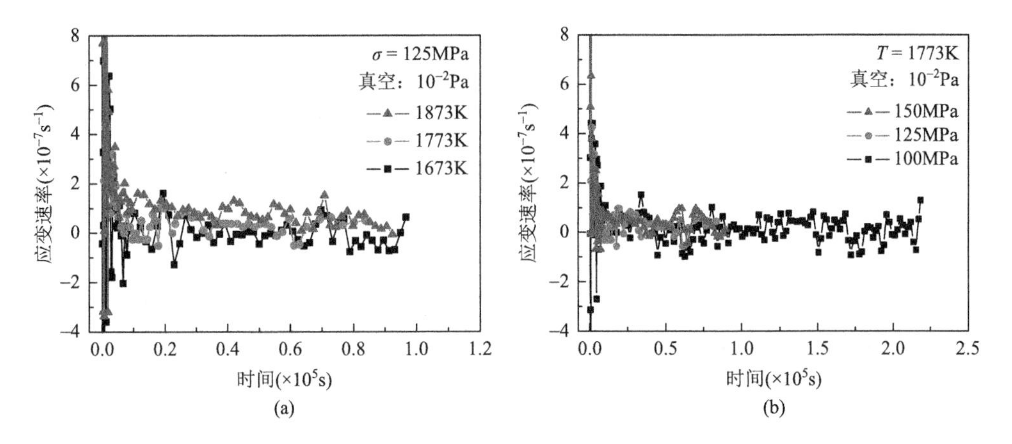

图 5-6　1900℃/80MPa/30min 热压烧结制备的 Si_2BC_3N 块体陶瓷在不同条件下的蠕变速率曲线：（a）不同保温温度；（b）不同施加载荷[7]

由上述蠕变变形量曲线及蠕变速率曲线可知，热压烧结制备的 Si_2BC_3N 块体陶瓷材料在减速蠕变阶段的蠕变速率变化趋势与传统材料相似[8, 9]，因此可以近似用 Norton 指数方程描述[10, 11]：

$$\dot{\varepsilon} = A\sigma^n e^{-\frac{Q}{RT}} t^{-c} \tag{5-1}$$

式中，A——常数；

σ——材料所受应力，MPa；

n——应力指数；

Q——蠕变激活能，J/mol；

R——摩尔气体常量，约 8.314J/mol；

T——热力学温度，K；

t——保温时间，s；

c——时间指数。

对该方程的等号两侧同时取自然对数，变换可得

$$\ln\dot{\varepsilon} = \ln A + n\ln\sigma - \frac{Q}{RT} - c\ln t \qquad (5\text{-}2)$$

采用方程（5-2），将调整后的蠕变速率在适当的条件下对做相应调整后的应力、温度或时间作图，可以计算出应力指数、蠕变激活能和时间指数。通过这些蠕变参数的数值可以进一步判断 Si_2BC_3N 陶瓷材料的蠕变机理。结构陶瓷的高温蠕变机理主要包括晶界机理（包括晶界扩散机理、晶界滑移机理和晶界黏滞流动机理）和晶格机理（包括位错滑移机理和位错攀移机理）。一般情况下，当蠕变受晶界机理控制时，$n<3$；而当蠕变受晶格机理控制时，$n\geqslant 3$[12]。与位错移动相比，扩散蠕变的激活能相对较小。另外，对多晶陶瓷的高温蠕变过程影响较大的因素还包括材料的气孔率、晶粒尺寸、显微组织和晶体缺陷等。

由试验结果计算得到的材料蠕变激活能及应力指数表明，稳态蠕变阶段的蠕变速率不随时间的增加而变化。热压烧结制备的 Si_2BC_3N 块体陶瓷在 1400～1600℃真空环境中的蠕变激活能大约为 664.26kJ/mol，而当温度为 1500℃时，材料的应力指数约为 2.09（图 5-7）。应力指数 $n\approx 2$ 表明，材料的蠕变机理为晶界机理，即晶界扩散和晶界滑移控制着材料的蠕变过程，并且晶界在滑移时有可能出现了少量的塑性变形或黏滞流动。该应力指数以及采用先驱体裂解法制备的 SiBCN 纳米复相陶瓷在相似条件下的蠕变应力指数都具有较小的数值，这说明两者的蠕变机理同为晶界机理[13, 14]。

另外，Si_2BC_3N 块体陶瓷材料的蠕变激活能比先驱体裂解法制备的 SiBCN 纳米复相陶瓷要高出约 5～6 倍[11]，而与 SiC 陶瓷受位错滑移和攀移机制控制的蠕变过程激活能接近[15]，说明在当前试验条件下发生蠕变变形时，材料可能要克服晶界扩散、晶界滑移、塑性流动、位错移动等多种变形障碍。Si_2BC_3N 块体陶瓷材料的减速蠕变阶段，蠕变速率随着时间的增加而逐渐降低。当温度和压强恒定时，二者之间的关系可用方程（5-1）或方程（5-2）加以描述。在一定的温度和压强下，材料的蠕变速率与时间为双对数关系。由计算结果可知，当试验温度为 1400～

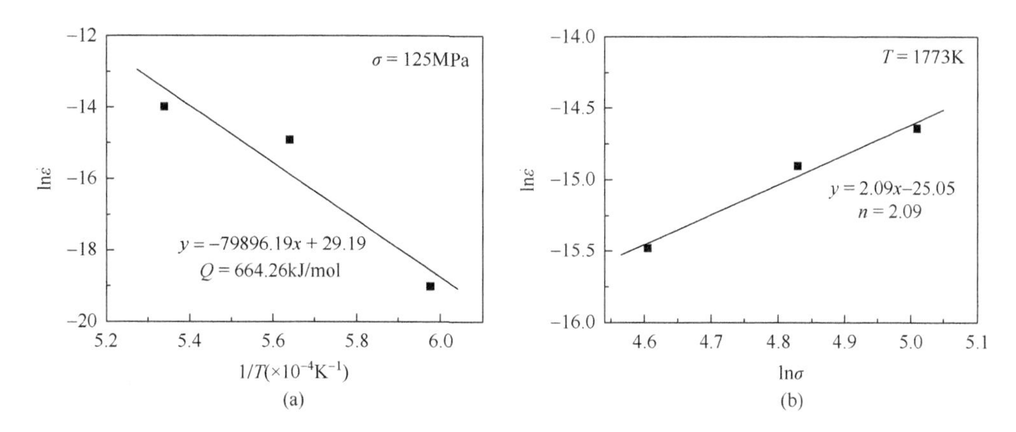

图 5-7　1900℃/80MPa/30min 热压烧结制备的 Si_2BC_3N 块体陶瓷材料稳态蠕变阶段的蠕变速率-温度倒数关系曲线（a）和蠕变速率-应力对数关系曲线（b）[7]

1600℃，试验应力为 100～150MPa 时，热压烧结制备的 Si_2BC_3N 块体陶瓷在减速蠕变阶段的时间指数约为 0.89±0.10（图 5-8）。

该热压烧结工艺制备的 Si_2BC_3N 纳米块体陶瓷中各晶粒尺寸＜100nm，细小的晶粒尺寸构成使晶界区域在材料中占有较大的比例。因此在材料发生蠕变时，晶界的滑移和扩散成为材料变形的控制因素。同时，由组织结构结果可知，热压烧结制备的 Si_2BC_3N 块体陶瓷中还存在少量的非晶区域，BN(C)相的结晶度较低，许多 SiC 晶粒中也存在较多的层错等原子排列缺陷。在高温蠕变条件下，材料有序程度的提高和材料中局部区域的分解等因素都会增加材料的变形量。因此，Si_2BC_3N 块体陶瓷的高温蠕变更可能是以晶界扩散和晶界滑移为主，同时伴随着晶界的塑性变形和黏滞流动、晶粒内部位错的滑移和攀移、材料有序程度的提高，以及材料局部区域分解等综合因素作用的变形过程。以石墨、h-BN、c-Si 为原料结合热压烧结工艺制备的 Si_2BC_3N 块体陶瓷中，SiC 和 BN(C)相均为强共价键化合物，各物相的自扩散系数非常低，而且相互阻碍彼此原子的扩散及晶粒的生长，这使得材料中各种原子的扩散非常困难。另外，材料中不含有低熔点晶界相，因此晶粒之间的滑移也会非常困难。这些因素的共同作用使得纳米晶 Si_2BC_3N 块体陶瓷具有良好的高温抗蠕变性能。

5.1.4　热物理性能

热压烧结制备的 Si_2BC_3N 纳米晶块体陶瓷在室温下的热导率约为 9.4W/(m·K)，该数值远低于 SiC 陶瓷在室温下的热导率，显然这与材料的显微组织结构特征有

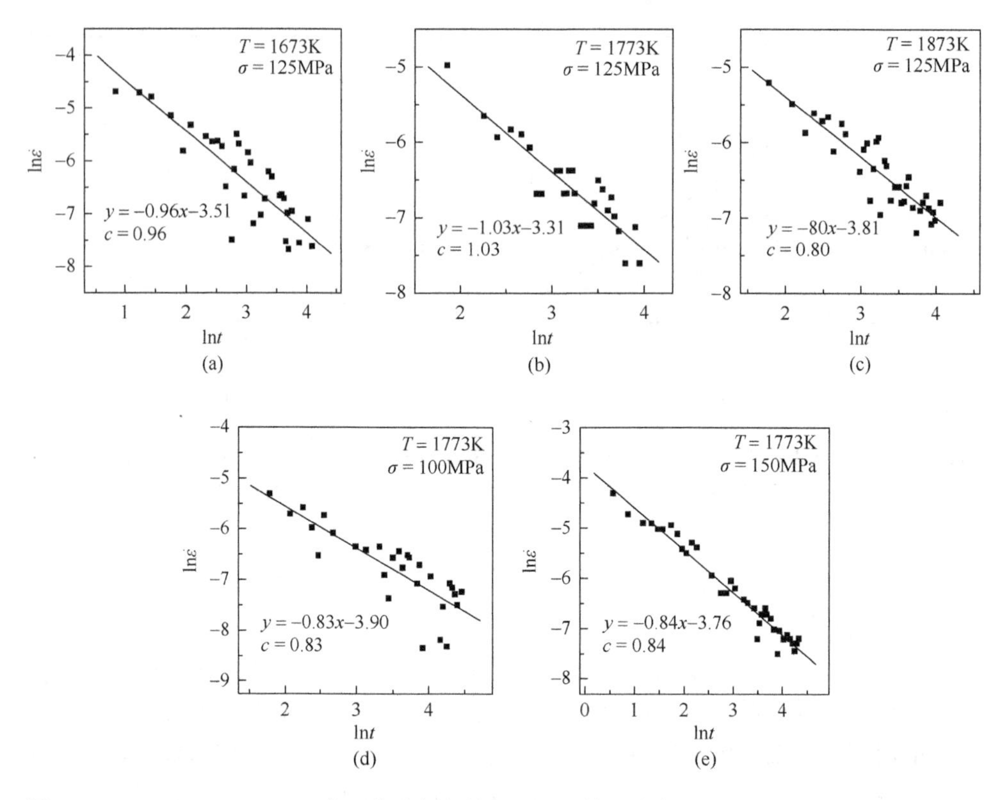

图 5-8　1900℃/80MPa/30min 热压烧结制备的 Si_2BC_3N 块体陶瓷在不同保温温度和不同载荷作用下减速蠕变阶段的时间指数：（a）1673K/125MPa；（b）1773K/125MPa；（c）1873K/125MPa；（d）1773K/100MPa；（e）1773K/150MPa[7]

关（图 5-9）。Si_2BC_3N 纳米晶块体陶瓷由晶粒尺寸＜100nm 的 SiC 和 BN(C)相构成，细小而均匀分布的晶粒使得晶界区域在材料中占有较大的比例。大量晶界区域的存在使材料中阻碍声子传播的缺陷区域显著增多，因此依赖于声子传递进行的导热将受到很大的阻碍。另外，BN(C)相特殊的湍层结构，以及 SiC 与 BN(C)之间晶格结构的差别也都使晶格振动引起的热传递受到较大程度的散射，致使材料的导热效果明显下降。当温度等于或高于 200℃时，Si_2BC_3N 块体陶瓷的热导率约为 7.3～8.4W/(m·K)，受温度变化的影响较小。

当温度高于约 200℃时，Si_2BC_3N 陶瓷的热膨胀系数变得较为稳定，数值随温度的变化很小（图 5-10）。材料在 200℃、800℃和 1400℃时的热膨胀系数分别为 4.2×10^{-6}℃$^{-1}$、4.9×10^{-6}℃$^{-1}$ 和 4.9×10^{-6}℃$^{-1}$。Si_2BC_3N 块体陶瓷在 200～1400℃温度区间内的平均热膨胀系数约为 $4.8\times10^{-6}K^{-1}$，该数值与热压烧结 SiC 陶瓷的热膨胀系数接近。较低的热膨胀系数，以及较高的强度和较低的杨氏模量使 Si_2BC_3N 块体陶瓷具有良好的抗热冲击性能。

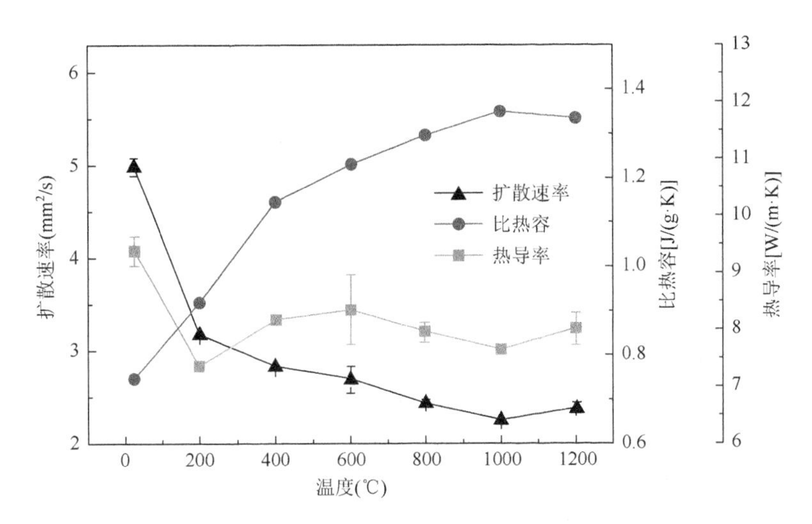

图 5-9 1900℃/80MPa/30min 热压烧结制备的 Si_2BC_3N 块体陶瓷在 RT～1200℃温度范围内的热扩散速率、比热容及热导率[7]

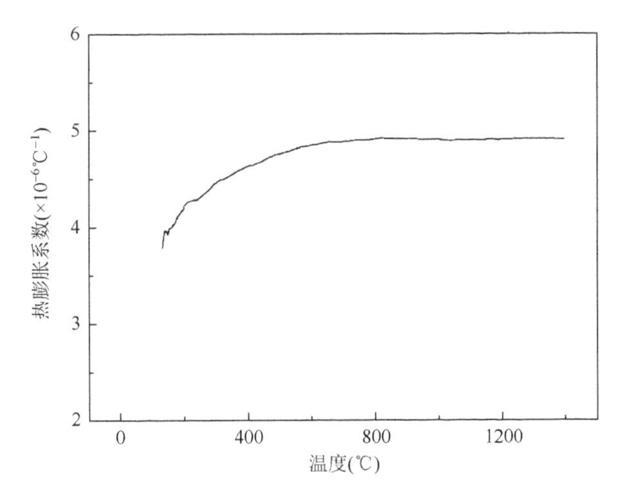

图 5-10 1900℃/80MPa/30min 热压烧结制备的 Si_2BC_3N 块体陶瓷在 200～1400℃温度范围内的热膨胀系数[7]

热压烧结制备的 Si_2BC_3N 块体陶瓷的热膨胀系数同纯 α-SiC 或 β-SiC 陶瓷的热膨胀系数相差不大，采用不同球磨工艺和原料制备的 Si_2BC_3N 块体陶瓷的平均热膨胀系数分别为 $4.6\times10^{-6}℃^{-1}$、$4.6\times10^{-6}℃^{-1}$ 和 $4.4\times10^{-6}℃^{-1}$（图 5-11）。

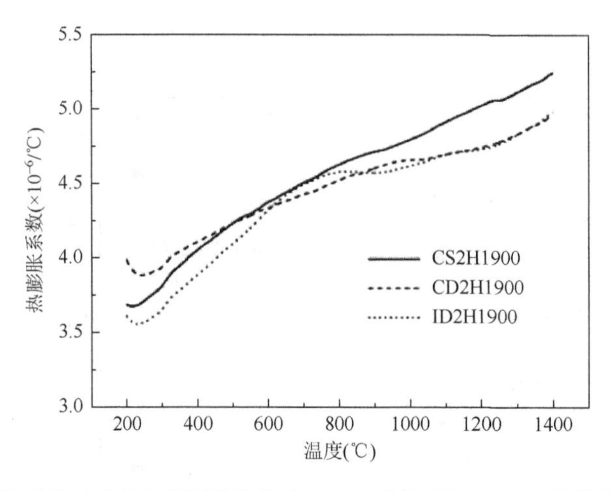

图 5-11 不同高能球磨工艺结合热压烧结技术 1900℃制备的 Si_2BC_3N 块体陶瓷材料在 200～1400℃温度范围内的热膨胀系数：CS2H1900，一步法球磨工艺；CD2H1900，两步法球磨工艺；ID2H1900，先将 Si_3N_4、B_4C、C 球磨 8h，接着加入 C-Si 和石墨球磨 8h，最后加入剩余 h-BN 和石墨再球磨 4h[7]

5.2 放电等离子烧结 MA-SiBCN 陶瓷力学和热物理性能

5.2.1 室温力学性能

一般而言，提高烧结压强有助于提高陶瓷材料的体积密度。1800℃/25MPa/5min SPS 制备的 Si_2BC_3N 块体陶瓷体积密度仅为 2.18g/cm^3，当烧结压强提高到 40MPa 后，块体陶瓷的体积密度达到了 2.62g/cm^3。

烧结压强由 25MPa 提高到 40MPa，Si_2BC_3N 块体陶瓷的力学性能获得了数倍增长（表 5-5）。1800℃/40MPa/5min 烧结的 Si_2BC_3N 块体陶瓷抗弯强度和维氏硬度为 25MPa 烧结制备的陶瓷性能的 3 倍多，分别达到了 311.5MPa 和 3.7GPa，而断裂韧性和杨氏模量约提高了 2 倍，分别达到了 3.45MPa·m$^{1/2}$ 和 133.0GPa。

表 5-5 不同放电等离子烧结工艺制备的 Si_2BC_3N 块体陶瓷力学性能[3]

SPS 工艺参数	抗弯强度（MPa）	杨氏模量（GPa）	断裂韧性（MPa·m$^{1/2}$）	维氏硬度（GPa）
1800℃/25MPa/5min	91.8±16.7	63.7±11.9	1.38±0.19	1.0±0.2
1800℃/40MPa/5min	311.5±29.5	133.0±3.0	3.45±0.13	3.7±0.2

随着 Si/C 比的增加，SiBCN 系亚稳陶瓷材料的抗弯强度和杨氏模量增加（图 5-12）。Si_3BC_4N 块体陶瓷的抗弯强度和杨氏模量分别达到了 511.5MPa 和 157.3GPa。Si/C 比对 SiBCN 系亚稳陶瓷断裂韧性与维氏硬度的影响见图 5-13。维

氏硬度随 Si/C 比增加线性增加，Si_3BC_4N 块体陶瓷的维氏硬度为 5.92GPa。断裂韧性也随 SiC 含量增加（Si/C 比增加）而增加，但其增加幅度没有维氏硬度增加幅度大，其最高值为 5.64MPa·m$^{1/2}$。可见，随 Si/C 比含量的增加，SiBCN 亚稳陶瓷材料各类力学性能数值均有不同程度提高，主要原因是 Si/C 比增加导致高能球磨及烧结后基体 SiC 相含量增加。

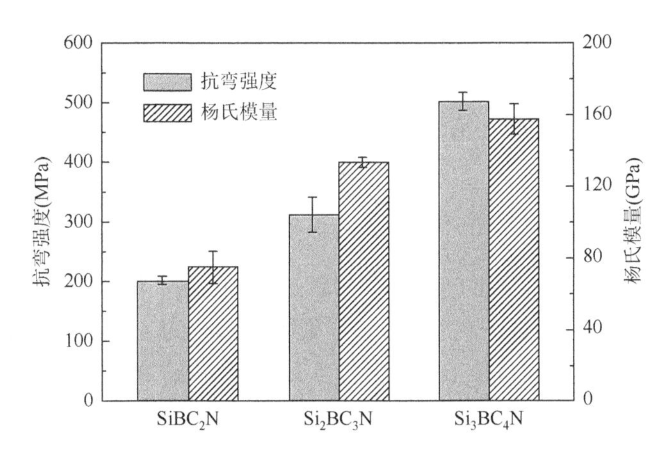

图 5-12 不同 Si/C 比的 SiBCN 亚稳陶瓷材料抗弯强度及杨氏模量[2, 3]

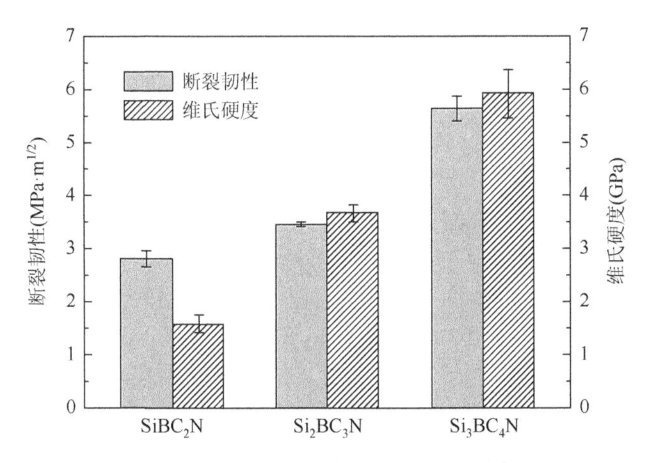

图 5-13 不同 Si/C 比的 SiBCN 亚稳陶瓷材料断裂韧性及维氏硬度[2, 3]

与两种 SiC 块体陶瓷相比，SPS 制备的 Si_3BC_4N 块体陶瓷的抗弯强度与 SiC 陶瓷基本一致，但其断裂韧性高于 SiC 陶瓷，而且其杨氏模量只有 SiC 陶瓷的 30%～41%。较低的杨氏模量有助于 SiBCN 系亚稳陶瓷材料在高温环境下具有更广阔的应用空间（表 5-6）。

表 5-6　放电等离子烧结制备的 Si_3BC_4N 块体陶瓷与 SiC 陶瓷室温力学性能比较[3]

力学性能	Si_3BC_4N	SiC-1①	SiC-2②
致密度（%）	95.4	98	约 99
抗弯强度（MPa）	511.5	520	约 530
杨氏模量（GPa）	157.3	380	约 510
断裂韧性（$MPa·m^{1/2}$）	5.64	3.6	约 4.5

注：①SiC-1 为石墨和 C-Si 机械合金化后 SPS 制备；②SiC-2 为市售 SiC 粉体经 SPS 制备（B + C 为烧结助剂）。烧结工艺为 1700℃/40MPa/10min

5.2.2　热物理性能

随着 Si/C 比的增加，SiBCN 系亚稳陶瓷材料的热扩散系数增加（图 5-14）。热压烧结制备的 SiC 块体陶瓷的热扩散系数室温值约为 $48mm^2/s$，而 SPS 制备的 Si_3BC_4N 块体陶瓷热扩散系数室温值只有 $16.7mm^2/s$，约为热压烧结 SiC 块体陶瓷的 1/3。

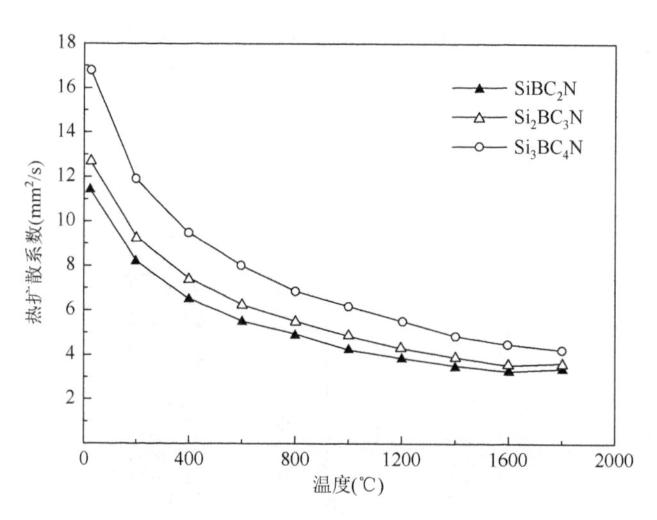

图 5-14　SPS 制备的不同 Si/C 比 SiBCN 块体陶瓷的热扩散系数随温度变化曲线[3]

SPS 制备的 SiBCN 系亚稳陶瓷材料的比热容随 Si/C 比的增加而降低（图 5-15）。其中 SPS 制备的 Si_3BC_4N 块体陶瓷的比热容与文献报道的热压烧结纯 SiC 块体陶瓷的比热容值基本一致。热压烧结 SiC 块体陶瓷的热导率室温值约 105W/(m·K)，而 SPS 制备的 Si_3BC_4N 块体陶瓷的热导率大约只有纯 SiC 块体陶瓷热导率的 50%（图 5-16）。

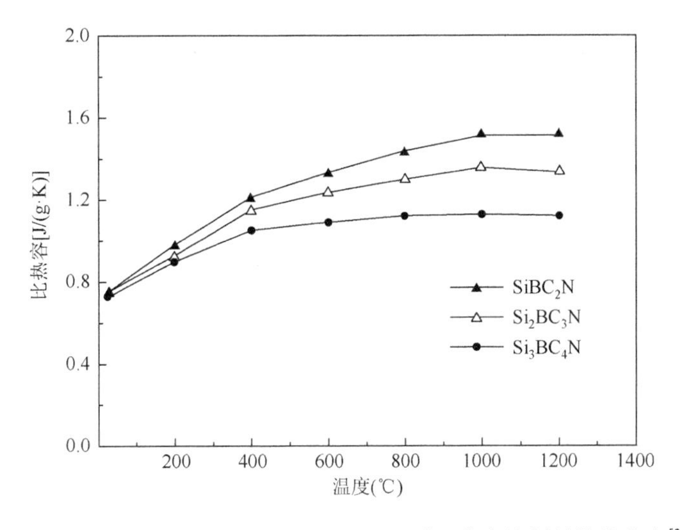

图 5-15 SPS 制备的不同 Si/C 比 SiBCN 系亚稳陶瓷材料的比热容[3]

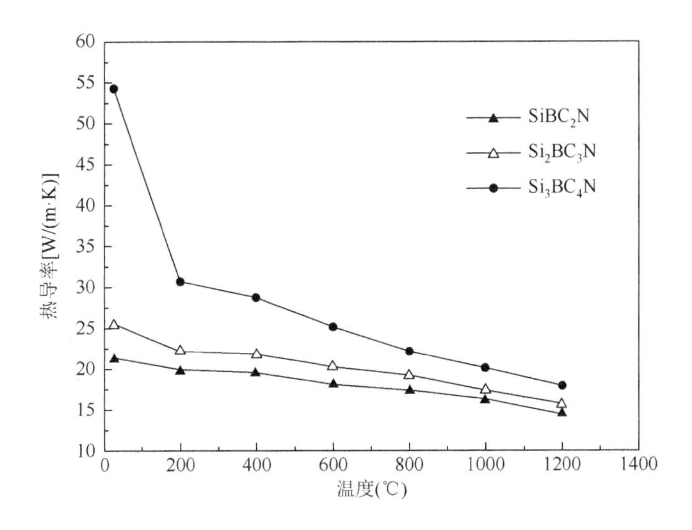

图 5-16 SPS 制备的不同 Si/C 比 SiBCN 系亚稳陶瓷材料的导热率[3]

SPS 制备的 $SiBC_2N$、Si_2BC_3N 和 Si_3BC_4N 三种块体陶瓷材料的平均热膨胀系数分别为 $3.6\times10^{-6}℃^{-1}$、$3.8\times10^{-6}℃^{-1}$ 和 $4.0\times10^{-6}℃^{-1}$（图 5-17）。可见，其热膨胀系数值明显小于热压烧结制备的 SiC 块体陶瓷、Si_2BC_3N 块体陶瓷及 SiC-BN 块体陶瓷。SPS 具有快速烧结的特点，因此所制备的 SiBCN 系亚稳陶瓷材料中含有部分非晶态、原子排列混乱区等组织。非晶态结构的热膨胀系数小于其同等成分的晶体热膨胀系数。热膨胀系数的降低有助于提高 SiBCN 系亚稳陶瓷的高温稳定性。

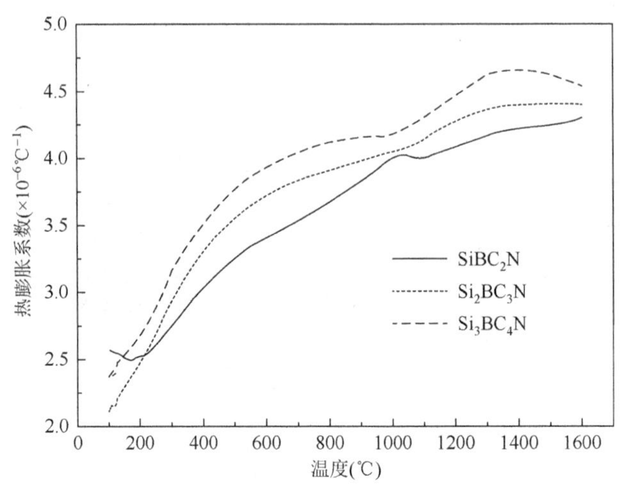

图 5-17 SPS 制备不同的 Si/C 比 SiBCN 系亚稳陶瓷材料的热膨胀系数[3]

5.3 热等静压烧结 MA-SiBCN 陶瓷力学性能

热等静压烧结制备的Si_2BC_3N块体陶瓷体积密度和力学性能基本随着烧结温度的提高而增大（表 5-7）。烧结温度达到 1900℃时，Si_2BC_3N 块体陶瓷体积密度达到最高（2.80g/cm^3），同时其抗弯强度、杨氏模量、断裂韧性和维氏硬度均达到最大，分别为 471.5MPa、133.5GPa、5.13MPa·m$^{1/2}$ 和 11.0GPa。相对于热压烧结而言，热等静压烧结压强远远高于热压烧结，靠惰性气体传递压强且压强均匀，所以材料密度大大提高，其力学性能的提高主要归结于块体陶瓷致密度的提高及材料内部缺陷的减少。

表 5-7 热压（HP）和热等静压（HIP）烧结制备的 Si_2BC_3N 块体陶瓷的力学性能对比

烧结工艺	相对密度（%）	抗弯强度（MPa）	杨氏模量（GPa）	断裂韧性（MPa·m$^{1/2}$）	维氏硬度（GPa）
HP1900℃	89.0	331.0±40.5	139.4±16.0	2.81±0.89	5.7±0.4
HIP1700℃	96.1	404.4±32.1	120.0±8.6	3.52±0.31	10.8±0.3
HIP1800℃	97.5	459.5±35.3	128.9±6.7	4.77±0.12	10.1±0.3
HIP1900℃	98.9	471.5±29.5	133.5±7.7	5.13±0.23	11.0±0.2

5.4 高压烧结 MA-SiBCN 陶瓷力学和热物理性能

5.4.1 室温力学性能

随着烧结温度升高，Si_2BC_3N 非晶块体陶瓷的纳米硬度与杨氏模量呈现先增大后减小的趋势（图5-18）。1100℃/5GPa/30min烧结制备的Si_2BC_3N非晶块体陶瓷具有最高的纳米硬度和杨氏模量，分别为29.4GPa和291GPa。1600℃/5GPa/30min烧结的纳米晶块体陶瓷的硬度仍高达20GPa，杨氏模量高达220GPa。

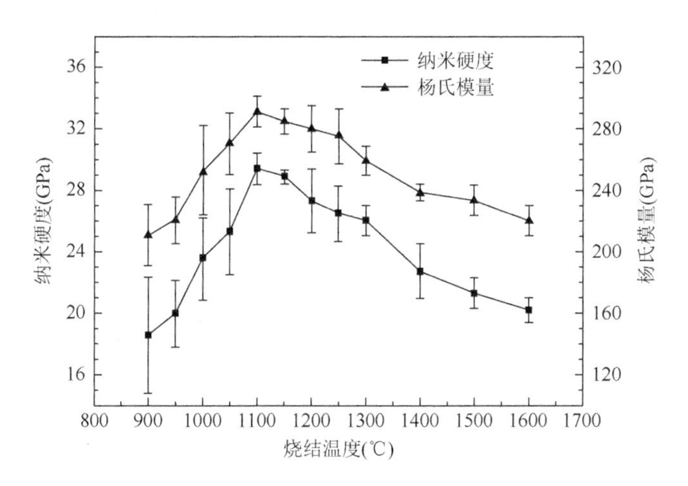

图5-18　900～1600℃/5GPa/30min高压烧结制备的Si_2BC_3N非晶和纳米晶块体陶瓷纳米硬度和杨氏模量[16]

随着烧结温度的升高，Si_2BC_3N非晶块体陶瓷的断裂韧性呈先减小后增大的趋势，但变化幅度不大（图5-19）。1100℃/5GPa/30min高压烧结的非晶块体陶瓷断裂韧性最低，约为3.6MPa·m$^{1/2}$。

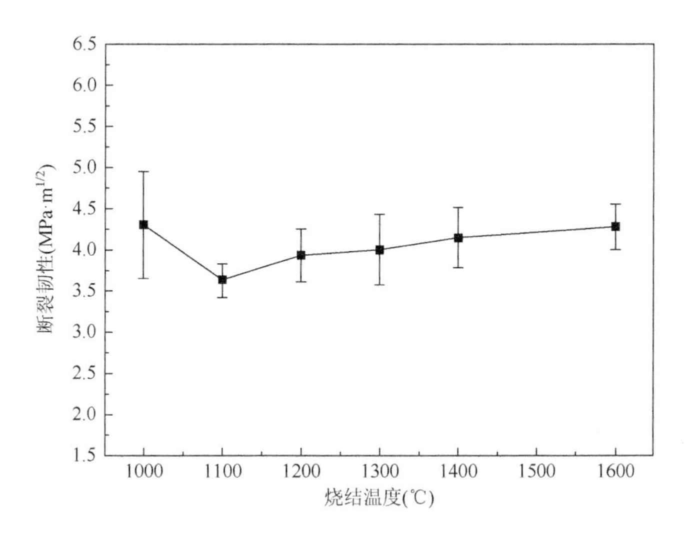

图5-19　1000～1600℃/5GPa/30min高压烧结的SiBCN块体陶瓷的断裂韧性[16]

结合对微观组织结构、组织形貌以及化学键结构的分析，可理解高压烧结 Si_2BC_3N 块体陶瓷力学性能的变化趋势[17]。

非晶态（≤1100℃）：高压 5GPa 烧结条件下，1100℃以下烧结的 Si_2BC_3N 块体陶瓷具有非晶态结构，其力学性能主要取决于材料体积密度。烧结温度低于 1100℃，随着温度逐渐升高，密度不断增大，导致力学性能逐渐升高。

结晶态（＞1100℃）：烧结温度高于 1100℃，Si_2BC_3N 块体陶瓷由非晶态逐渐转变为结晶态，材料内的非晶三维网络结构也随之遭到破坏。

Si_2BC_3N 非晶块体陶瓷的纳米硬度可以视为非晶基体、SiC、BN(C)、BN 以及石墨硬度的耦合结果。1100℃/5GPa/30min 高压烧结，块体陶瓷具有近乎完全非晶态的结构，Si—C、C—B、C—N（sp^3）、N—B（sp^3）以及 C—B—N 等多种化学键组成了坚固的非晶三维网络，因而材料具有最高的纳米硬度及杨氏模量。随着烧结温度的升高（＞1100℃），非晶材料发生析晶，导致 SiC 和 BN(C) 晶粒在非晶基体中析出，也破坏了原有致密的非晶三维网络结构。虽然 SiC 硬度高达 30GPa，但是 BN(C)相硬度较低，很可能与 h-BN 和石墨的硬度接近，BN(C)“软相”的析出会导致 Si_2BC_3N 块体陶瓷的力学性能有所降低。另一方面，Si—C、C—B、C—N（sp^3）以及 C—B—N 等化学键有助于提高材料的硬度，但是随着非晶陶瓷的析晶，这些化学键的含量会有所减少，导致 SiBCN 非晶/纳米晶块体陶瓷的力学性能低于非晶材料的力学性能。足够高烧结温度（＞1600℃）条件下 Si_2BC_3N 非晶块体陶瓷近乎完全晶化，最终演变成主要由 SiC 和 BN(C)相构成的 Si_2BC_3N 纳米晶复相陶瓷。BN(C)“软相”的硬度远远低于 SiC 的硬度。

随着晶粒尺寸 d 增大，材料的硬度值 H 逐渐减小。也就是说，更高烧结温度（＞1600℃）条件下晶粒的生长或者粗化会导致材料硬度呈现下降的趋势。与密度的变化趋势相同，1200℃/1～5GPa/30min 高压烧结制备的 Si_2BC_3N 块体陶瓷的力学性能随烧结压强升高呈现出单调增大趋势（图 5-20）。1～3GPa 范围内，随着烧结压强升高，Si_2BC_3N 块体陶瓷纳米硬度和杨氏模量的变化幅度比较大；3～5GPa 范围内，两者变化趋势相对较小。

5.4.2　热物理性能

5GPa/30min 条件下，1100℃和 1200℃高压烧结制备的 Si_2BC_3N 块体陶瓷在 T＜1200℃时具有相对较低的热膨胀系数（$<5\times10^{-6}$℃$^{-1}$）。不同的是，前者在 1200℃＜T＜1400℃范围内热膨胀系数急剧增大，而后者变化幅度相对较小（图 5-21）。

1600℃高压烧结的 Si_2BC_3N 块体陶瓷具有相对较高的热膨胀系数，但在整个测试温度范围内（尤其是 700℃＜T＜1400℃）变化相对比较缓慢。材料热膨胀系

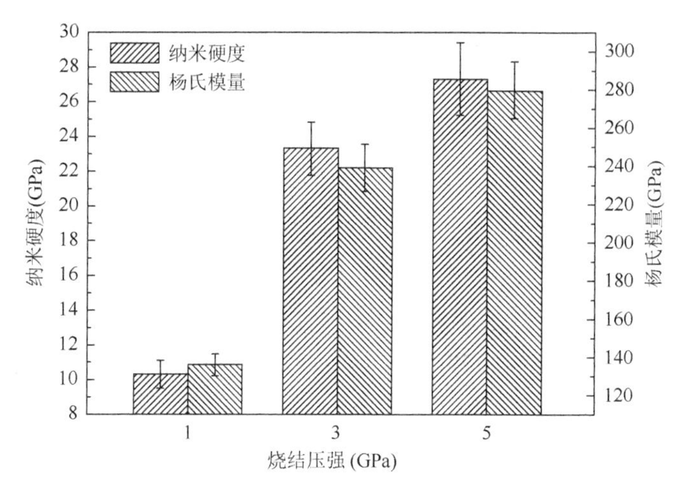

图 5-20　1～5GPa/1200℃/30min 高压烧结的 Si_2BC_3N 块体陶瓷纳米硬度和杨氏模量[16]

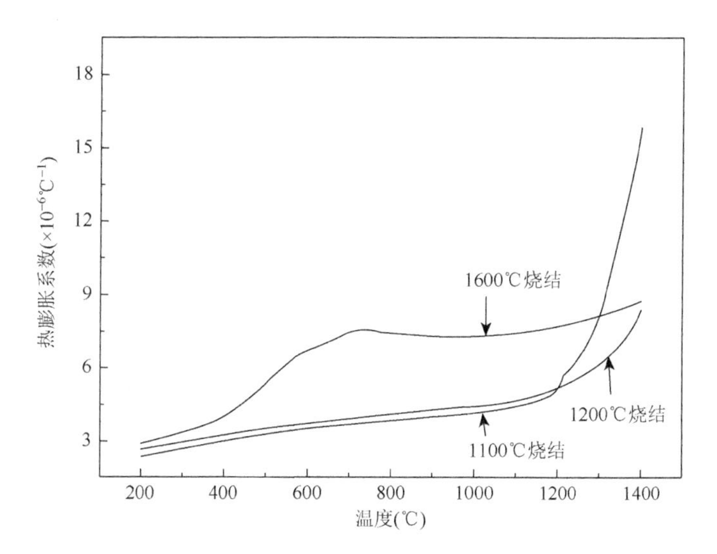

图 5-21　1100～1600℃/5GPa/30min 高压烧结制备的 Si_2BC_3N 块体陶瓷材料热膨胀系数[16]

数的变化与其在测试过程中温度升高导致的微观结构变化密切相关。Si_2BC_3N 块体陶瓷在 1100℃以下保持非晶态结构，1200℃开始形核导致纳米晶在非晶基体析出，然后随温度升高晶粒长大，这一系列微纳尺度上的结构变化，最终引起宏观层次上陶瓷尺寸的变化，表现为热膨胀系数发生较大变化。在 $T<1400$℃测试温度范围内，1200℃/5GPa 以及 1600℃/5GPa 条件下烧结制备的 Si_2BC_3N 块体陶瓷的微观结构变化不大，因此表现为热膨胀系数变化幅度相对较小。

5.5 金属与陶瓷颗粒对 MA-SiBCN 陶瓷力学和热物理性能影响

5.5.1 Al 引入的影响

随着烧结温度的升高，$Si_2BC_3NAl_{0.6}$ 块体陶瓷材料的抗弯强度先增大后降低（图 5-22）。1800℃/40MPa/30min 热压烧结制备的 $Si_2BC_3NAl_{0.6}$ 块体陶瓷的抗弯强度为 246.2MPa；烧结温度升高至 1900℃，该陶瓷材料的抗弯强度有了显著性提高，达到了 500.1MPa。抗弯强度显著提高归功于材料体积密度的提高。随着烧结温度的继续升高，陶瓷的抗弯强度较前者有所降低。$Si_2BC_3NAl_{0.6}$ 块体陶瓷材料断裂韧性的变化趋势与抗弯强度的相一致，均表现为随烧结温度的升高先增加后降低，在烧结温度为 1900℃时达到最大值。

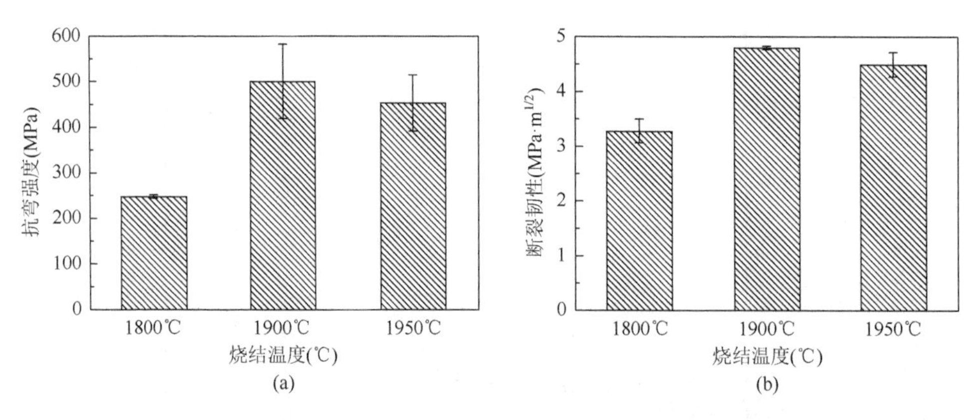

图 5-22　不同温度热压烧结制备的 $Si_2BC_3NAl_{0.6}$ 块体陶瓷的抗弯强度和断裂韧性[18]

1800℃/40MPa/30min 热压烧结制备的 $Si_2BC_3NAl_{0.6}$ 块体陶瓷的杨氏模量为 124.1GPa，随着烧结温度的提高，该体系陶瓷材料的杨氏模量达到了 232.2GPa（图 5-23）。随着烧结温度的进一步提高，$Si_2BC_3NAl_{0.6}$ 块体陶瓷的杨氏模量有所降低，但若考虑到图中所示误差带，二者相差不大。三种 $Si_2BC_3NAl_{0.6}$ 块体陶瓷的杨氏模量都明显低于纯 SiC 陶瓷的杨氏模量，这有利于它们在循环变化的温度环境下与金属部件组成复合部件。1800℃和 1900℃热压烧结制备的 $Si_2BC_3NAl_{0.6}$ 块体陶瓷的硬度值相差不大，而 1950℃热压烧结制备的纳米晶块体陶瓷硬度较前两者显著增大，这是因为材料致密度提高及缺陷减少。

随着烧结压强的增大，$Si_2BC_3NAl_{0.6}$ 块体陶瓷的抗弯强度和断裂韧性均有所降

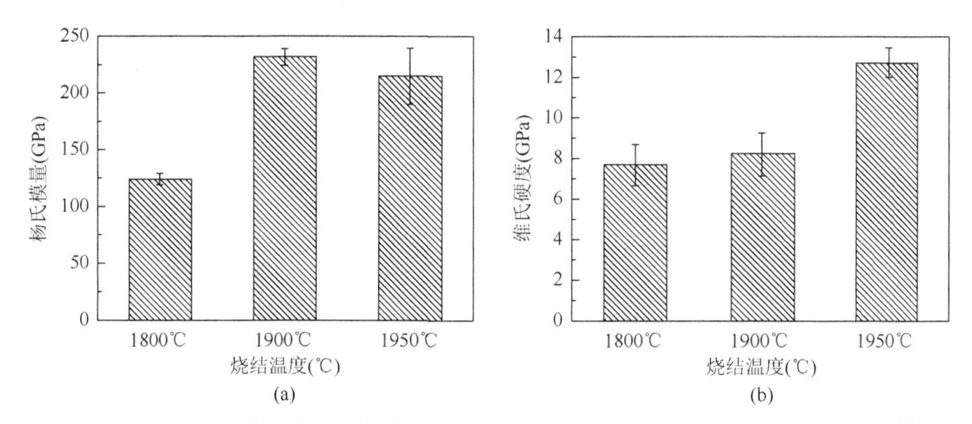

图 5-23　不同温度热压烧结制备的 $Si_2BC_3NAl_{0.6}$ 块体陶瓷材料杨氏模量和维氏硬度[18]

低（表 5-8）。两种陶瓷材料的杨氏模量相差不大，这是由于杨氏模量受致密度的影响较大，对显微组织的变化并不敏感。当烧结压强增大时，材料的硬度明显增大。

表 5-8　不同压强热压烧结制备 $Si_2BC_3NAl_{0.6}$ 块体陶瓷材料力学性能[18]

烧结工艺参数	抗弯强度（MPa）	断裂韧性（$MPa·m^{1/2}$）	杨氏模量（GPa）	维氏硬度（GPa）
1900℃/40MPa	500.1±81.2	4.80±0.03	232.2±7.4	8.2±1.0
1900℃/50MPa	438.7±69.8	4.19±1.13	223.2±3.0	12.9±0.7

不同温度和压强热压烧结制备的 $Si_2BC_3NAl_{0.6}$ 块体陶瓷材料的热膨胀系数随温度的变化趋势类似，均呈现出：在 800℃以下时，材料热膨胀系数随温度的升高而急剧增加；在 800℃以上，材料热膨胀系数随温度的升高增加趋势逐渐变缓，最终达到一个稳定的状态。1300℃时，四种块体陶瓷材料的热膨胀系数值相差不大，均约为 $5\times10^{-6}℃^{-1}$（图 5-24）。

$Si_2BC_3NAl_{0.2}$、$Si_2BC_3NAl_{0.6}$（以 Al 为铝源）和 $Si_2BC_3N_{1.6}Al_{0.6}$（以 AlN 为铝源）三种块体陶瓷材料的热膨胀系数随温度变化趋势很相似，均表现为：温度低于 800℃时，材料的热膨胀系数随温度的升高而快速增加；高于 800℃时，块体材料的热膨胀系数随温度升高增加趋势逐渐变缓，最终达到一个稳定的状态（图 5-25）。在 1300℃，三种材料的热膨胀系数值在 $4.8\sim5.1\times10^{-6}℃^{-1}$ 之间；温度高于 400℃，三种 SiBCNAl 系亚稳陶瓷材料的热膨胀系数大小关系表现为 $Si_2BC_3NAl_{0.6}>Si_2BC_3N_{1.6}Al_{0.6}>Si_2BC_3NAl_{0.2}$。

1900℃/50MPa/30min 热压烧结制备的 $Si_2BC_3NAl_{0.6}$ 块体陶瓷之所以具有最高的热膨胀系数，是因为在三种材料中其 AlON 相相对含量最高，而 AlON 相在各物相中热膨胀系数最大（表 5-9）。

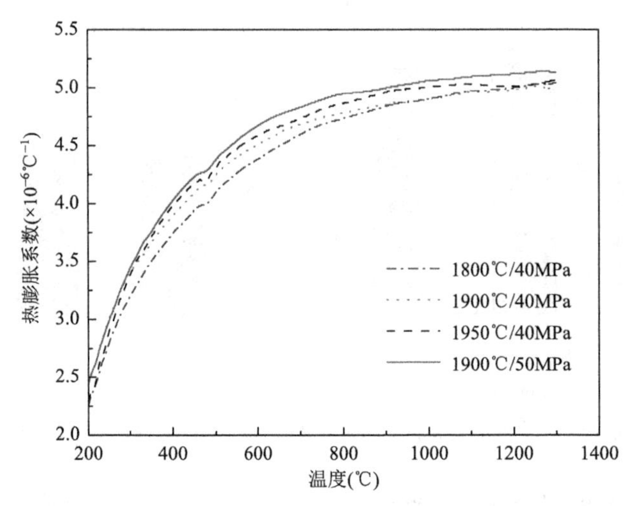

图 5-24　不同烧结工艺制备的 $Si_2BC_3NAl_{0.6}$ 陶瓷材料热膨胀系数随温度变化曲线[18]

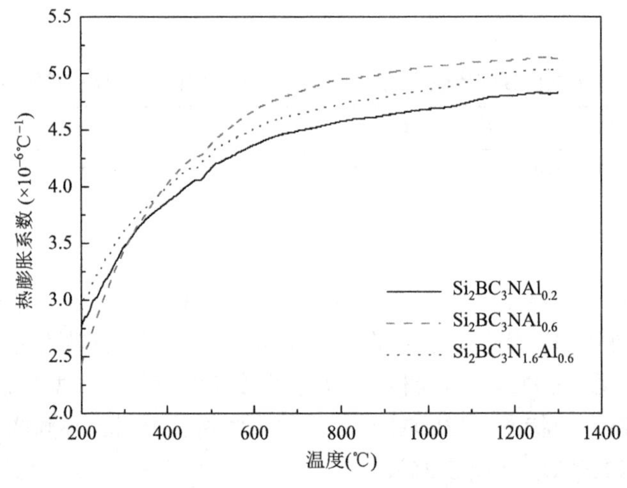

图 5-25　1900℃/50MPa 热压烧结制备的 $Si_2BC_3NAl_{0.2}$、$Si_2BC_3NAl_{0.6}$（以 Al 为铝源）和 $Si_2BC_3N_{1.6}Al_{0.6}$（以 AlN 为铝源）三种块体陶瓷材料在不同温度下的热膨胀系数[18]

表 5-9　不同陶瓷材料的热膨胀系数对比[18]

陶瓷材料	测试温度（℃）	热膨胀系数（$\times10^{-6}$℃$^{-1}$）
α-SiC	0～1000	4.7
β-SiC	0～1000	5.1
AlN	0～1000	4.5
BCN	1100～1300	5.5
AlON	25～1000	7.0

5.5.2　Mo 引入的影响

随着 Si_2BC_3N 含量的增多（10vol%～40vol%），Mo/Si_2BC_3N 复合材料的体积密度逐渐降低，在 Si_2BC_3N 含量 50vol%处有所提高，而后体积密度继续降低（图 5-26）。金属 Mo 体积密度为 10.2g/cm^3、Mo_2C 体积密度为 9.1g/cm^3、MoC 体积密度为 9.2g/cm^3、Mo 与 Si 的化合物体积密度在 6～8g/cm^3 之间，所以 Mo 化合物的生成必然会引起复合材料体积密度的降低，而体积密度在 Si_2BC_3N 固相含量为 50vol%成分处有所增加是因为 $Mo_{4.8}Si_3C_6$ 的体积密度较其他 Mo 与 Si 化合物体积密度大，$Mo_{4.8}Si_3C_6$ 成分的增多使复合材料体积密度有所增大（表 5-10）。

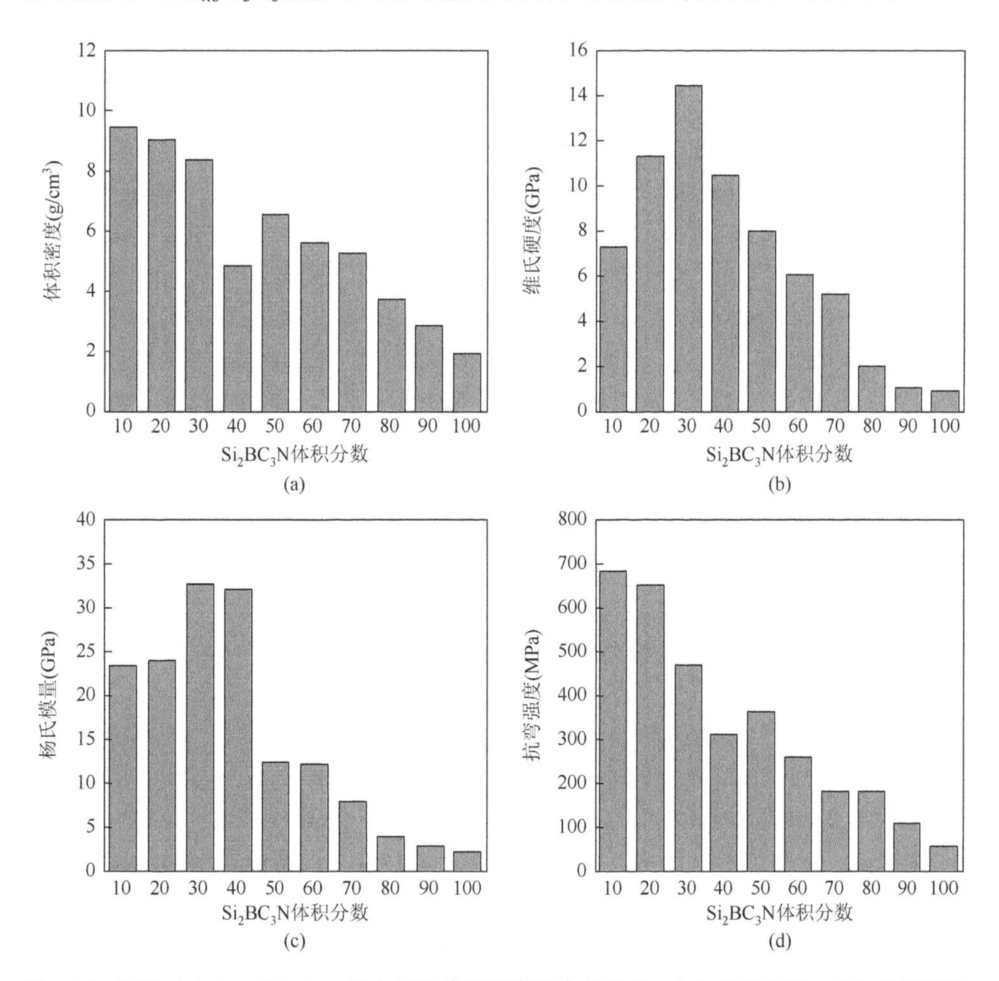

图 5-26　不同成分 Mo/Si_2BC_3N 复合材料体积密度和力学性能：(a) 体积密度；(b) 维氏硬度；(c) 杨氏模量；(d) 抗弯强度[19]

表 5-10　不同体积分数 Si_2BC_3N 固相含量 Mo/Si_2BC_3N 复合材料体积密度和力学性能[19]

Si_2BC_3N 含量（vol%）	体积密度（g/cm^3）	硬度（GPa）	杨氏模量（GPa）	抗弯强度（MPa）
10	9.48	7.3±2.3	23.2±0.2	679.8±0.2
20	9.05	11.3±1.0	24.0±1.0	651.4±5.9
30	8.41	14.5±0.9	32.7±2.1	468.4±3.8
40	4.85	10.6±0.4	32.3±4.3	312.2±3.5
50	6.57	8.0±2.0	12.3±0.6	363.3±0.6
60	5.6	6.1±1.2	12.2±3.3	262.8±1.3
70	5.25	5.2±0.6	7.9±0.2	181.3±3.9
80	3.76	2.0±0.3	3.9±0.3	178.1±2.4
90	2.80	1.1±0.1	3.1±0.1	108.1±4.8
100	1.91	0.9±0.1	2.2±0.3	51.4±0.4

随着固相含量 Si_2BC_3N 体积分数的增加，Mo/Si_2BC_3N 复合材料硬度呈现先增加后降低的趋势。Si_2BC_3N 体积分数由 10%增加至 30%时，硬度值由 7.3GPa 增加至 14.5GPa，当 Si_2BC_3N 体积分数高于 30%时复合材料硬度值逐渐减小，可能是 $Mo_{4.8}Si_3C_6$ 相硬度值较其他成分硬度偏小。Si_2BC_3N 体积分数的变化对复合材料杨氏模量与硬度的影响规律相同，同样是先随着 Si_2BC_3N 体积分数的增加杨氏模量值先增加，至 Si_2BC_3N 含量为 30vol%时达到最大，后杨氏模量值逐渐减少。因此 Si_2BC_3N 体积分数对 Mo/Si_2BC_3N 复合材料的杨氏模量影响较大，体积分数为 10%时杨氏模量为 23.2GPa，体积分数为 50%时杨氏模量显著降低，至体积分数为 70%时杨氏模量仅为 7.9GPa，可能是 $Mo_{4.8}Si_3C_6$ 相杨氏模量较低所致。

Si_2BC_3N 固相含量体积分数较小时，复合材料抗弯强度较高，固相含量体积分数为 10%与 20%的复合材料抗弯强度分别为 679.8MPa 和 651.4MPa；Si_2BC_3N 固相体积分数为 30%时抗弯强度值显著降低，达到 468.4MPa；之后随着 Si_2BC_3N 体积分数的增加抗弯强度基本呈不断降低趋势，仅在固相含量为 50%时略微提高，至固相含量体积分数为 100%时抗弯强度仅为 51.4MPa。

不同固相含量 Mo/Si_2BC_3N 复合材料热膨胀系数随温度的升高不断提高，其中纯 Si_2BC_3N 块体陶瓷的热膨胀系数最低，Si_2BC_3N 体积分数为 90%时，复合材料热膨胀系数有了明显的提高（图 5-27 和表 5-11）。Si_2BC_3N 体积分数在 10%～80%范围内，复合材料热膨胀系数变化较大。随着 Si_2BC_3N 体积分数的增加，复合材料的热膨胀系数逐渐提高，Si_2BC_3N 体积分数为 40%时变化趋势发生了转变，而后随着 Si_2BC_3N 体积分数的继续增多，复合材料的热膨胀系数有所降低。这是因为随着 Si_2BC_3N 体积分数的增多，生成 Mo 的化合物的种类和含量逐渐增多，而 Mo 化合物的热膨胀系数较大，导致了复合材料线膨胀系数的提高；Si_2BC_3N

体积分数为 30%的复合材料热膨胀系数的降低可能是因为材料的致密度较低，较大的孔隙率抵消了 Mo 化合物较大的热膨胀系数对复合材料热膨胀系数带来的消极影响；Si_2BC_3N 体积分数小于 40%之后，随着 Si_2BC_3N 陶瓷含量的进一步降低，复合材料内部产生了较多的 Si—C、C—N 等共价键，共价键的增多导致了材料热膨胀系数的进一步减小。

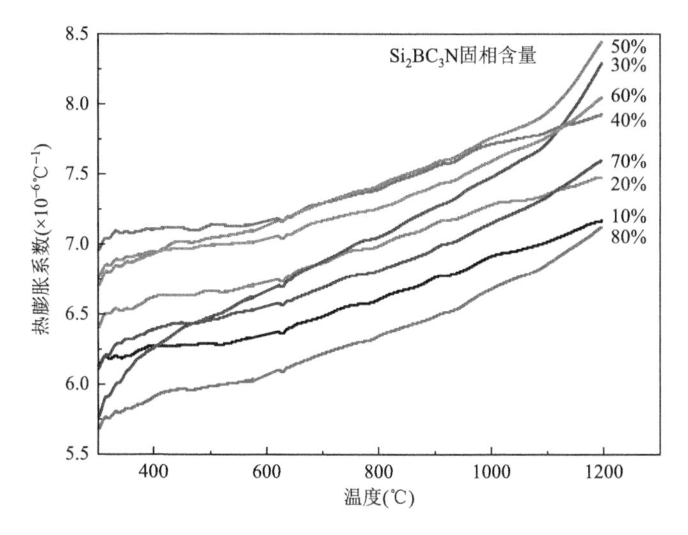

图 5-27　不同 Si_2BC_3N 固相含量 Mo/Si_2BC_3N 复合材料热膨胀系数随温度变化曲线[19]

表 5-11　不同 Si_2BC_3N 固相含量 Mo/Si_2BC_3N 复合材料平均热膨胀系数[19]

Si_2BC_3N 体积分数（%）	平均热膨胀系数（$\times10^{-6}K^{-1}$）
10	8.64
20	9.35
30	16.0
40	19.50
50	15.50
60	11.9
70	10.9
80	10.8
90	9.93
100	5.61

烧结助剂 $MgO-Al_2O_3-SiO_2$（MAS）的引入使纯 Si_2BC_3N 块体陶瓷材料的体积密度由 1.91g/cm^3 提高到 2.44g/cm^3；硬度值由 0.9GPa 提高到 3.6GPa，提高了 3 倍；杨氏模量由 2.2GPa 提高到 7.1GPa；抗弯强度提高最为显著，由 51.4MPa 提高到

216.6MPa，提高了 3 倍多。烧结助剂 MAS 的加入同样显著性提高了 Mo/Si_2BC_3N 复合材料（固相含量 90vol%）的体积密度和力学性能。MAS 的引入使得复合材料体积密度由 2.80g/cm^3 提高到 3.26g/cm^3；硬度的提高较为显著，由 1.1GPa 提高到 6.4GPa，提高了约 5 倍；杨氏模量和抗弯强度值均有所提高，分别提高了 14.9GPa 和 55.4MPa（表 5-12）。

表 5-12　不同成分 Mo/Si_2BC_3N 复合材料引入烧结助剂 MAS 前后体积密度和力学性能[19]

陶瓷成分	体积密度（g/cm^3）	硬度（GPa）	杨氏模量（GPa）	抗弯强度（MPa）
Si_2BC_3N	1.91	0.9±0.2	2.2±0.3	51.4±3.6
Si_2BC_3N + MAS	2.44	3.6±0.4	7.1±0.8	216.6±2.7
Mo/Si_2BC_3N	2.80	1.1±0.1	23.1±0.1	108.1±4.8
Mo/Si_2BC_3N + MAS	3.26	6.4±0.4	38.0±0.2	163.5±5.2

纯 Si_2BC_3N 块体陶瓷的膨胀率与温度基本呈直线关系。随着温度的不断提高，纯 Si_2BC_3N 块体陶瓷材料的热膨胀系数不断提高，在 300℃以后，材料的热膨胀系数随温度的增加较为平缓；烧结助剂 MAS 的引入在不同温度区间对纯 Si_2BC_3N 块体陶瓷热膨胀系数变化率的影响略有差异，使材料的热膨胀系数出现先低于纯 Si_2BC_3N 后高于纯 Si_2BC_3N 的趋势，原因是 MAS 热膨胀系数较低使得 Si_2BC_3N 块体陶瓷材料热膨胀系数降低，而 MAS 的引入导致材料致密度提高，引起了材料热膨胀系数的升高，在较高的温度下后者产生的影响更为显著（图 5-28）。

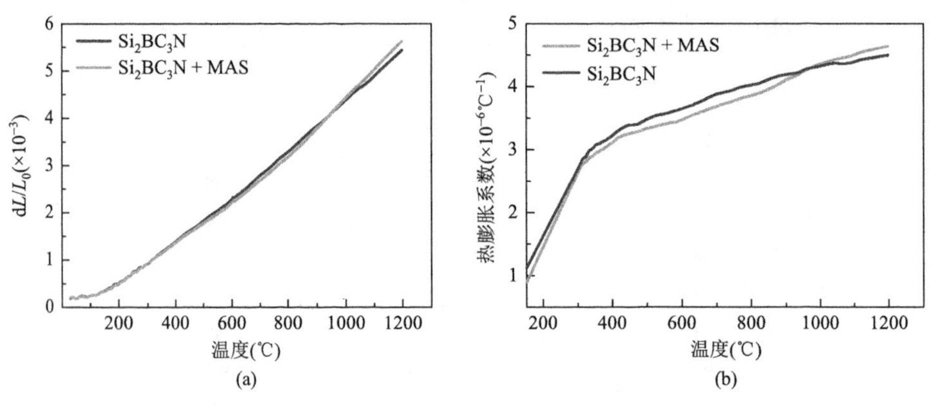

图 5-28　Si_2BC_3N 块体陶瓷引入烧结助剂 MAS 前后热膨胀率随温度变化曲线（a）和热膨胀系数随温度变化曲线（b）[19]

固相含量为 90vol%的 Mo/Si_2BC_3N 复合材料膨胀率与温度基本呈直线关系。随着温度的不断提高 Mo/Si_2BC_3N 复合材料的热膨胀系数增长幅度较明显，烧结助剂 MAS 的引入使 Mo/Si_2BC_3N 复合材料的热膨胀系数有所降低。Mo/Si_2BC_3N 复合材料在引入 MAS 前的平均热膨胀系数为 $9.93\times10^{-6}K^{-1}$，引入 MAS 后复合材料的平均热膨胀系数降低至 $9.06\times10^{-6}K^{-1}$，说明添加剂的引入降低了复合材料的热膨胀系数，提高了复合材料的尺寸稳定性，更有利于材料在高温环境下的应用（图 5-29 和表 5-13）。

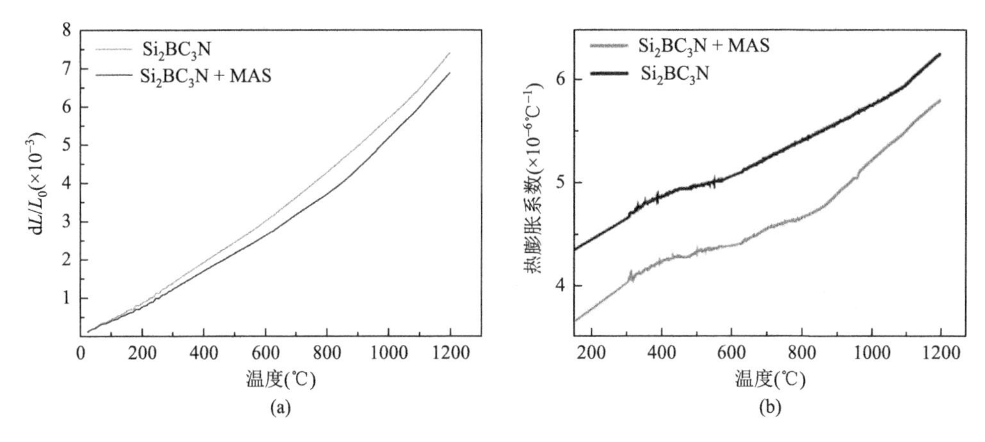

图 5-29　Si_2BC_3N 体积分数为 90%的 Mo/Si_2BC_3N 复合材料引入烧结助剂 MAS 前后热膨胀率随温度变化曲线（a）及热膨胀系数随温度变化曲线（b）[19]

表 5-13　不同固相含量 Mo/Si_2BC_3N 复合材料引入烧结助剂 MAS 前后平均热膨胀系数[19]

陶瓷成分	Si_2BC_3N	$Si_2BC_3N + MAS$	Mo/Si_2BC_3N	$Mo/Si_2BC_3N + MAS$
平均热膨胀系数（$\times10^{-6}K^{-1}$）	5.61	4.04	9.93	9.06

5.5.3　Zr 引入的影响

随着热压烧结温度的升高，$Si_2B_5C_3NZr_2$ 块体陶瓷抗弯强度也逐步提高（图 5-30）。1800℃/40MPa/30min 热压烧结制备的 $Si_2B_5C_3NZr_2$ 块体陶瓷的抗弯强度为 222.1MPa，烧结温度提高至 1900℃，块体陶瓷抗弯强度为 302.9MPa；当烧结温度为 2000℃时，该块体陶瓷抗弯强度为 400.0MPa。提高烧结温度会促进晶粒长大，材料致密度的提升是提高 SiBCNZr 系陶瓷材料抗弯强度的决定性因素。1800℃和 1900℃热压烧结制备的 $Si_2B_5C_3NZr_2$ 块体陶瓷断裂韧性差别很小，分别为 $2.83MPa·m^{1/2}$ 和 $2.91MPa·m^{1/2}$，2000℃烧结制备的块体陶瓷断裂韧性最高，为 $3.16MPa·m^{1/2}$。1800～2000℃烧结制备的 $Si_2B_5C_3NZr_2$ 块体陶瓷断裂韧性较低，这可能是因为陶瓷物相组成复杂，各相热膨胀系数不匹配（SiC，4.9×10^{-6}℃$^{-1}$；ZrN，7.2×10^{-6}℃$^{-1}$；ZrB_2，6.9×10^{-6}℃$^{-1}$），导致烧结后冷却过程中材料内部产生残余应力过大从而降低材料的断裂韧性，此外块体陶瓷材料致密度较低也是导致其断裂韧性较低的主要原因之一。

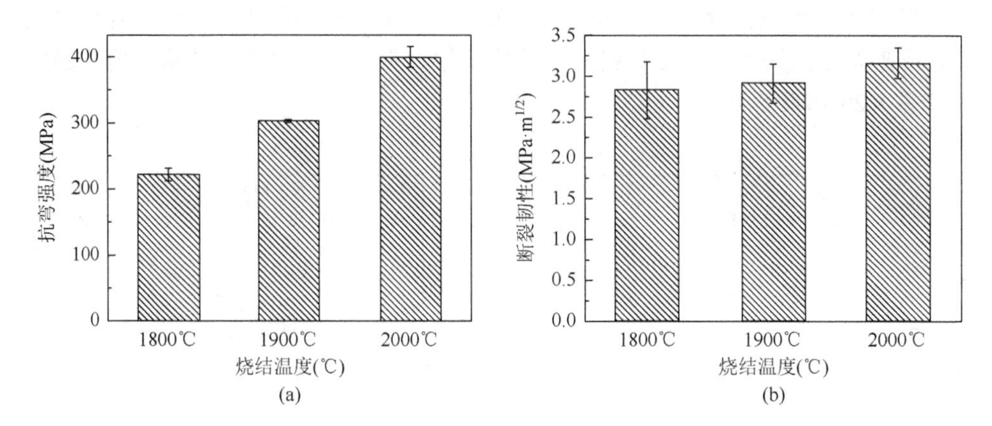

图 5-30 不同烧结温度制备的 $Si_2B_5C_3NZr_2$ 块体陶瓷力学性能：（a）抗弯强度；（b）断裂韧性[20]

1800～2000℃热压烧结制备的 $Si_2B_5C_3NZr_2$ 块体陶瓷杨氏模量与烧结温度呈近似线性关系，分别为 142.1GPa、197.3GPa 和 251.6GPa（图 5-31）。杨氏模量是一个反映原子间结合力大小的物理量，对材料的显微组织不敏感。2000℃烧结制备的块体陶瓷材料杨氏模量最大，致密度最高；1900℃烧结的块体陶瓷杨氏模量高于 1800℃烧结的陶瓷，但两者密度接近，虽然 1900℃热压烧结没有提高材料的致密度，但提高了材料内各相的均匀度。

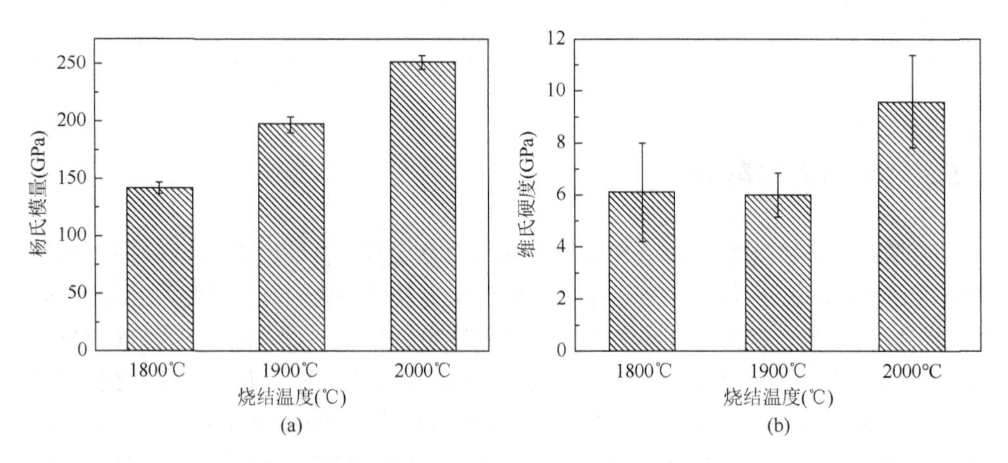

图 5-31 不同烧结温度制备 $Si_2B_5C_3NZr_2$ 块体陶瓷力学性能：（a）杨氏模量；（b）维氏硬度[20]

1800℃和 1900℃热压烧结制备的 $Si_2B_5C_3NZr_2$ 块体陶瓷维氏硬度值较为接近，分别为 6.1GPa 和 6.0GPa，考虑到两者的误差带，可近似认为两者相等；2000℃

热压烧结的陶瓷硬度值为 9.57GPa，相比前者提高了将近 60%。块体陶瓷的硬度取决于材料的物相组成及其分布、微观组织结构等。材料内部的孔隙和微裂纹通常会显著降低材料的硬度并造成材料各处硬度分布不均匀。$Si_2B_5C_3NZr_2$ 块体陶瓷中的主要硬质相为 SiC、ZrN、ZrB_2，其维氏硬度分别为 28GPa、13GPa、22GPa。2000℃烧结的陶瓷密度最高，各硬质相发育良好，所以其维氏硬度有显著提升。

高温组分 ZrN 和 ZrB_2 含量的提高，有助于提高 Si_2BC_3N 陶瓷基体的抗弯强度、断裂韧性和维氏硬度，降低陶瓷基体的杨氏模量（图 5-32 和图 5-33）。1900℃热压烧结制备的 $Si_2B_2C_3NZr_{0.5}$ 和 $Si_2B_3C_3NZr$ 块体陶瓷的抗弯强度相差不大，分别为 202MPa 和 226MPa；而 $Si_2B_5C_3NZr_2$ 块体陶瓷抗弯强度最大，达到 302.9MPa。$Si_2B_2C_3NZr_{0.5}$、$Si_2B_3C_3NZr$ 和 $Si_2B_5C_3NZr_2$ 三种块体陶瓷材料的断裂韧性分别为 $2.34MPa{\cdot}m^{1/2}$、$2.83MPa{\cdot}m^{1/2}$ 和 $2.91MPa{\cdot}m^{1/2}$，三者的断裂韧性较低。

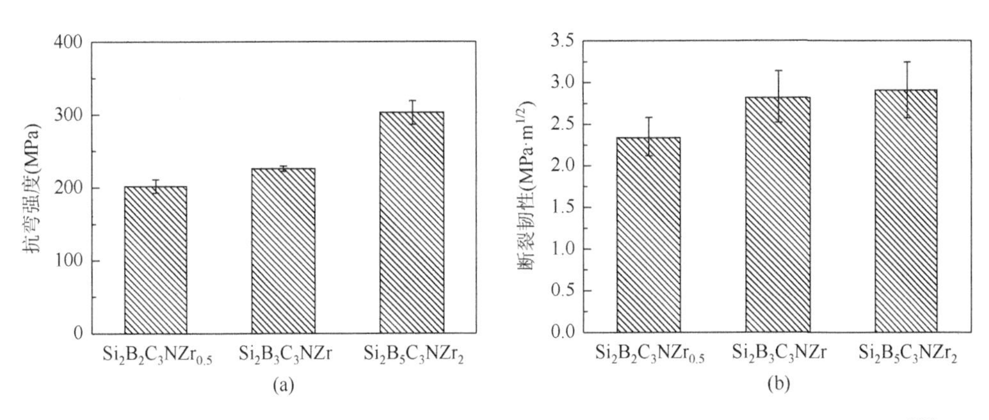

图 5-32　不同成分 SiBCNZr 块体陶瓷材料力学性能：（a）抗弯强度；（b）断裂韧性[20]

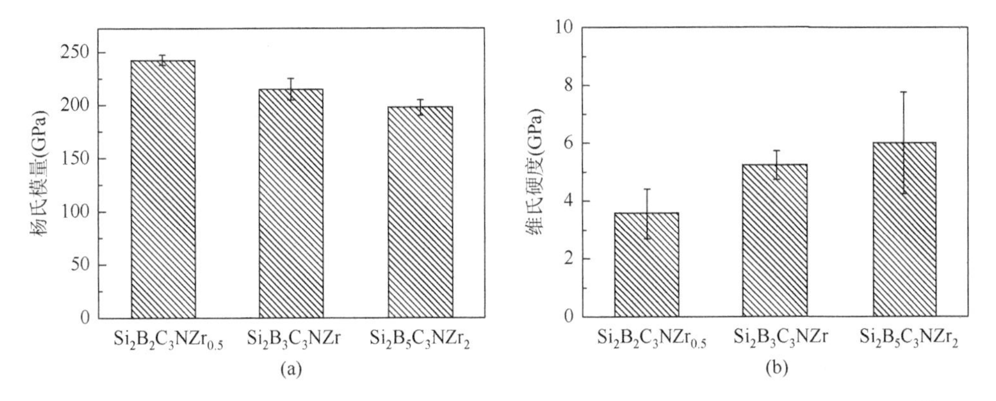

图 5-33　不同成分 SiBCNZr 块体陶瓷材料力学性能：（a）杨氏模量；（b）维氏硬度[20]

随着 Zr 和 B 含量的增加，陶瓷材料的杨氏模量呈线性下降。$Si_2B_2C_3NZr_{0.5}$、

$Si_2B_3C_3NZr$ 和 $Si_2B_5C_3NZr_2$ 三种块体陶瓷材料的杨氏模量分别为 242.1MPa、214.5MPa 和 197.3MPa。由于 ZrB_2 的杨氏模量小于 SiC，由混合定律可知当 ZrB_2 含量在基体中增加时，复相陶瓷杨氏模量会下降。$Si_2B_2C_3NZr_{0.5}$、$Si_2B_3C_3NZr$ 和 $Si_2B_5C_3NZr_2$ 三种块体陶瓷材料的维氏硬度分别为 3.56GPa、5.24GPa、6.00GPa。当基体中 Zr 和 B 含量增大时，材料的硬度随之升高，含量进一步增高时硬度提高幅度有限，主要是因为材料中的 ZrB_2 含量增加，烧结变得困难从而使材料致密度下降。

采用不同高能球磨工艺制备 $Si_2B_2C_3NZr_{0.5}$ 非晶陶瓷粉体，经 1900℃/40MPa/30min 热压烧结制备 $Si_2B_2C_3NZr_{0.5}$ 块体陶瓷，两种球磨工艺制备的块体陶瓷体积密度相差不大，除维氏硬度外，两步法球磨制备的块体陶瓷各项力学性能均有一定程度提高，但增幅不大（表 5-14）。

表 5-14 不同高能球磨工艺结合热压烧结技术制备的 $Si_2B_2C_3NZr_{0.5}$ 块体陶瓷力学性能[20]

陶瓷成分	体积密度（g/cm^3）	抗弯强度（MPa）	断裂韧性（$MPa·m^{1/2}$）	杨氏模量（GPa）	维氏硬度（GPa）
$Si_2B_2C_3NZr_{0.5}$①	3.24	202±9.1	2.34±0.24	242.1±4.6	3.56±0.88
$Si_2B_2C_3NZr_{0.5}$②	3.22	213±7.8	2.57±0.41	252.4±5.8	3.29±0.57

注：①Si、B、h-BN、石墨和 Zr 粉同时高能球磨直至结束；②Zr 和 B 粉先球磨一段时间，后加入 Si、h-BN 和石墨粉体进行高能球磨直至结束

5.5.4 Cu-Ti 引入的影响

理论上金属/陶瓷双连续复合材料中陶瓷相的抗弯强度及脆性会随复合材料中陶瓷相体积分数的增加而提高，当陶瓷相体积分数提高到某一数值时，在某种程度上可以看作脆性材料。随着 $Si_2B_2C_3N$ 初始固相含量（陶瓷相含量）的增加，复合材料的抗弯强度在两种加载方式下均逐渐下降，这与理论上随陶瓷增强相含量增加抗弯强度增加的规律不符（图 5-34）。

$Si_2B_2C_3N$ 固相含量为 30vol%时，复合材料平行于冷冻方向的抗弯强度最大，达到了（252.4±3.3）MPa，垂直于冷冻方向的抗弯强度达到了（230.8±3.5）MPa，说明此固相含量下陶瓷骨架的闭气孔率较低，金属浸渗充分，界面结合强度适中，有利于载荷的传递和分布。垂直于冷冻方向的强度略低于平行方向是因为本样品中，当采用平行于冷冻方向的加载方式时，陶瓷片层孔隙较小（金属含量较少）的一侧向上，陶瓷片层孔隙较大（金属含量较多）的一侧向下，试样中任意平行于中性面的平面上两相的片层尺寸各自不变，该种加载方式利用了陶瓷相抗压强度较高，金属相抗拉强度较高，使陶瓷含量较多的试样上半部分受压应力，金属

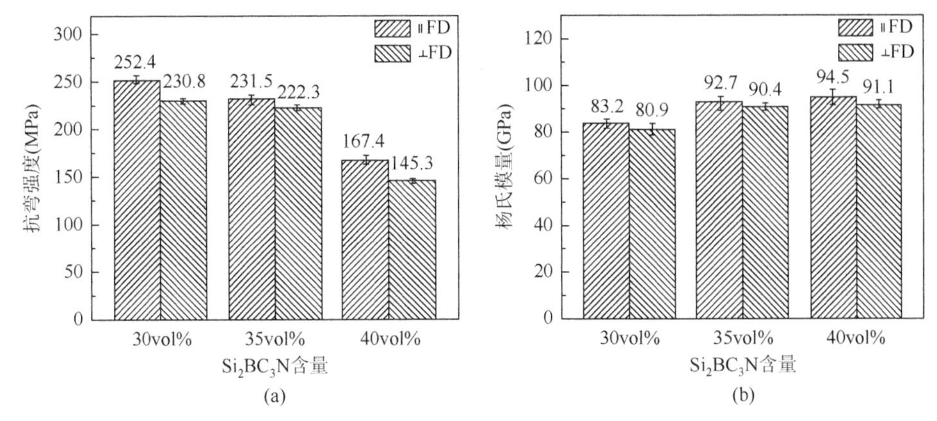

图 5-34　不同 $Si_2B_2C_3N$ 固相含量 $Cu_{80}Ti_{20}/Si_2B_2C_3N$ 复合材料力学性能：（a）抗弯强度；（b）杨氏模量[21]

FD. 冷冻方向

含量较多的试样下半部分受到拉应力，所以试样整体抗弯强度较高。而当采用垂直于冷冻方向的加载方式时，不具有上述效应，且在平行于试样中性面的某一平面上，复合材料的片层尺寸呈梯度分布，这会导致该平面上薄弱片层部位在该平面的应力状态下先发生开裂，所以抗弯强度降低。

当 $Si_2B_2C_3N$ 固相含量增至 35vol%，$Cu_{80}Ti_{20}/Si_2B_2C_3N$ 复合材料在两种加载方式下抗弯强度下降不明显，分别为（231.5±6.0）MPa（平行于冷冻方向）和（222.3±3.5）MP（垂直于冷冻方向）。当 $Si_2B_2C_3N$ 固相含量增至 40vol%，$Cu_{80}Ti_{20}/Si_2B_2C_3N$ 复合材料在两种加载方式下抗弯强度均较大幅度下降至（167.4±5.9）MPa（平行于冷冻方向）和（145.3±2.3）MPa（垂直于冷冻方向）。当固相含量达到 40vol%后，陶瓷浆料黏度高，除气困难，使陶瓷骨架中可能残留较多闭气孔，固相含量较高时也会使陶瓷片层孔隙尺寸过小，这些导致了金属浸渗的效果较差，复合材料块体中气孔等缺陷较多，复合材料的实际密度低于理论密度，最终影响了复合材料抗弯强度。

杨氏模量是复合材料重要的物理及工程参量，许多材料的拉伸杨氏模量与压缩杨氏模量不同，而弯曲杨氏模量是两者的复合结果。在两种加载方式下复合材料的杨氏模量均随着陶瓷相含量的增加有小幅度提高。$Si_2B_2C_3N$ 固相含量为 40vol%的复合材料杨氏模量最大，为（94.5±3.5）GPa（平行于冷冻方向）及（91.1±2.2）GPa（垂直于冷冻方向），但明显低于致密纯 Si_2BC_3N 块体陶瓷的杨氏模量（约 140GPa，致密度≥95%），可能的原因有三点：①纯金属或合金抵抗弹性变形的能力远低于陶瓷相，陶瓷片层孔中具有较强弹性变形能力的连续金属相会显著增加复合材料承载时的变形量；②采用无压烧结制备的陶瓷骨架致密度较低，在承载时可能发生局部片层断裂，使得相邻的连续金属相获得更大的变形空间；③采用无压浸渗 Cu 与 Ti 的混合粉体，铸态的连续金属相的致密度较低，这会显著降低连续金属相的杨氏模量，进而进一步拉低复合材料的杨氏模量。

采用冰模法结合熔渗/无压烧结技术制备的 $Cu_{80}Ti_{20}/Si_2B_2C_3N$ 复合材料因具有连续陶瓷与金属片层交替排列的结构，使得裂纹的扩展需要经过多次陶瓷-金属界面的偏转，消耗大量裂纹扩展的能量，提高断裂功。此外，金属或陶瓷片层的脱黏、拔出及桥连，以及陶瓷片层间的陶瓷桥结构均能一定程度上提高该体系复合材料的断裂韧性（图 5-35）。双连续复合材料的断裂韧性随陶瓷初始固相含量增加先升高后降低，$Si_2B_2C_3N$ 固相含量为 35vol%的复合材料断裂韧性最高，两种加载方式下分别达到了（11.24±0.31）$MPa\cdot m^{1/2}$（平行于冷冻方向）及（8.97±0.25）$MPa\cdot m^{1/2}$（垂直于冷冻方向），说明渗入金属可以有效阻止裂纹的灾难性扩展，适中的界面结合强度显著提高了多孔陶瓷基体的断裂韧性。但固相含量为 30vol%的复合材料的断裂韧性却略低于前者，分别为（10.57±0.32）$MPa\cdot m^{1/2}$（平行于冷冻方向）及（7.34±0.47）$MPa\cdot m^{1/2}$（垂直于冷冻方向）。在该复合材料横截面上有部分陶瓷片层孔隙未渗入金属，导致裂纹在这些部位快速扩展，甚至萌发新的裂纹。此外，固相含量为 30vol%的复合材料其金属相两侧与陶瓷基体界面粗糙，存在较厚的反应层，金属-陶瓷片层反应较剧烈或结合过强，导致裂纹无法偏转而直接穿过金属或陶瓷片层沿直线快速扩展，导致其韧性偏低。固相含量为 40vol%的复合材料断裂强度最低，两种加载方式下断裂韧性降至（7.26±0.23）$MPa\cdot m^{1/2}$（平行于冷冻方向）及（5.56±0.20）$MPa\cdot m^{1/2}$（垂直于冷冻方向），其韧性较低的主要原因是多孔陶瓷预制体中的金属渗入量不足，金属相的连续性差使连续的陶瓷骨架主要承受载荷，陶瓷骨架的脆性使得复合材料断裂韧性下降。

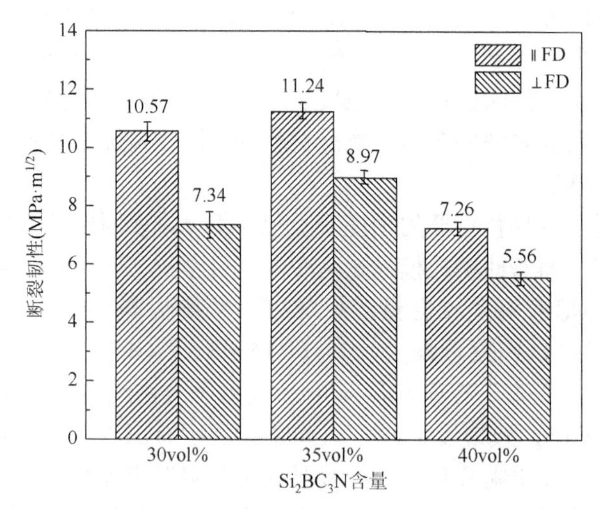

图 5-35 不同 $Si_2B_2C_3N$ 固相含量 $Cu_{80}Ti_{20}/Si_2B_2C_3N$ 复合材料断裂韧性[21]

FD. 冷冻方向

5.5.5 Zr-Al 引入的影响

引入适量 Zr-Al 纳米粉体可以促进 Si_2BC_3N 基体结构发育和提高力学性能（表 5-15）。含有 1vol%～3vol% Zr-Al 助烧剂的 Si_2BC_3N 陶瓷材料具有更高的相对密度，约 95%～96%。但含有 5vol% Zr-Al 助烧剂的陶瓷材料致密度和力学性能并未进一步取得较大的提升，原因可能是少量金属复合物氧化后形成的纳米氧化物可以促进致密化行为，但过多的氧化物反而可能高温团聚，不能进一步促进高温烧结致密化。由于致密化程度提高，陶瓷材料与纯 SiBCN 相比，其维氏硬度和杨氏模量均有了一定提高。因此，材料的硬度和抗弯强度基本上随着助烧剂含量增加而逐渐降低（含 1vol%助烧剂的陶瓷材料具有最高的抗弯强度，约 590.2MPa），然而该陶瓷材料的断裂韧性随着助烧剂的增加逐渐提高，含 5vol%助烧剂的陶瓷材料断裂韧性最高达到 5.60MPa·$m^{1/2}$。这是由于引入较多的添加剂形成了较多的应力集中位点，一旦裂纹传播至此，可以起到有效的裂纹偏转和钉扎作用。

表 5-15 引入不同含量金属助烧剂 Zr-Al 后 Si_2BC_3N 陶瓷材料的力学性能[22]

Zr-Al 引入量(vol%)	抗弯强度（MPa）	断裂韧性（MPa·$m^{1/2}$）	杨氏模量（GPa）	维氏硬度（GPa）
1	590.2±28.1	4.93±0.57	120.6±3.6	5.8±0.1
3	480.1±29.1	5.42±0.26	122.6±3.3	5.3±0.5
5	481.3±28.7	5.60±0.30	120.4±3.8	5.2±0.1

5.5.6 添加 ZrO_{2p} 或 AlN_p 的影响

烧结助剂 ZrO_{2p} 或 AlN_p 能够有效促进 Si_2BC_3N 陶瓷基体的烧结致密化，减少气孔率，提高材料致密度。加入上述助烧剂后，相同条件下烧结制备的 Si_2BC_3N 块体陶瓷具有更高的体积密度和力学性能（表 5-16）。加入 ZrO_{2p} 或 AlN_p 助烧剂后，所制备的 Si_2BC_3N 块体陶瓷材料体积密度、抗弯强度和维氏硬度都有了显著性提高，而 ZrO_2 对上述三项力学性能的影响更明显。Si_2BC_3N 块体陶瓷的相对密度从不含助烧剂时的约 88.7%分别提高至约 97.7%和 96.9%；室温抗弯强度从纯 Si_2BC_3N 陶瓷的约 331.1MPa 分别提高到约 575.4MPa 和 415.7MPa；维氏硬度从约 5.7GPa 分别提高至约 6.7GPa 和 6.4GPa。加入助烧剂后，所制备的 Si_2BC_3N 块体陶瓷杨氏模量和断裂韧性也都有所增加，但提升幅度相对较小。块体陶瓷的杨氏模量从不含助烧剂时的约 140GPa 分别增大至约 160GPa 和 150GPa；断裂韧性从约 2.8MPa·$m^{1/2}$ 分别升高至约 3.7MPa·$m^{1/2}$ 和 4.1MPa·$m^{1/2}$。

表 5-16 引入 5mol% ZrO_{2p} 或 5mol% AlN_p 烧结助剂前后 Si_2BC_3N 块体陶瓷材料（热压烧结工艺为 1900℃/80MPa/30min）体积密度与力学性能[7]

陶瓷成分	体积密度（g/cm³）	抗弯强度（MPa）	杨氏模量（GPa）	断裂韧性（MPa·m$^{1/2}$）	维氏硬度（GPa）
Si_2BC_3N	2.52	331.1±40.5	139.4±16.0	2.81±0.89	5.7±0.4
ZrO_{2p}/Si_2BC_3N	2.83	575.4±73.7	159.2±21.7	3.67±0.01	6.7±0.7
AlN_p/Si_2BC_3N	2.74	415.7±147.3	148.4±8.3	4.08±1.18	6.4±1.2

加入烧结助剂 MgO_p-ZrO_{2p}-SiO_{2p} 或 MgO_p-$ZrSiO_{4p}$ 后，与纯 Si_2BC_3N 块体陶瓷相比，其抗弯强度分别提高了 139.3MPa 和 63.1MPa，杨氏模量几乎保持不变，断裂韧性分别提高了 2.29MPa·m$^{1/2}$ 和 3.05MPa·m$^{1/2}$，提高了近一倍。维氏硬度提高幅度也非常大，提高了 1.6GPa 和 2.6GPa（表 5-17）。

表 5-17 引入 MgO-ZrO_2-SiO_2 或 MgO-$ZrSiO_4$ 助烧剂前后 Si_2BC_3N 块体陶瓷材料（热压烧结工艺为 1900℃/80MPa/30min）体积密度与力学性能[23]

陶瓷成分	抗弯强度（MPa）	杨氏模量（GPa）	断裂韧性（MPa·m$^{1/2}$）	维氏硬度（GPa）
MgO_p-ZrO_{2p}-SiO_{2p}/Si_2BC_3N	470.4±71.1	134.9	5.10±0.62	7.3±0.5
MgO_p-$ZrSiO_{4p}$/Si_2BC_3N	394.2±41.7	152.9	5.86±0.86	8.3±0.6

5.5.7 sol-gel 法引入 ZrC_p 的影响

与纯 Si_2BC_3N 块体陶瓷相比，以溶胶凝胶法在 Si_2BC_3N 陶瓷基体中引入 ZrC_p 将极大降低 ZrC_p/Si_2BC_3N 复相陶瓷的力学性能。随着 ZrC_p 含量增加，复相陶瓷的体积密度逐渐提高，但相对密度随 ZrC_p 含量增加而降低，这与 ZrC 难以烧结致密化有关。与纯 Si_2BC_3N 块体陶瓷相比，ZrC_p/Si_2BC_3N 复相陶瓷抗弯强度和维氏硬度较低，ZrC_p 含量为 5wt%、10wt%、15wt%的三种复相陶瓷抗弯强度分别为 153.9MPa、181.8MPa 和 229.5MPa（图 5-36）。由于 ZrC_p/Si_2BC_3N 复相陶瓷在此烧结条件（1900℃/60MPa/60min/1bar N_2）下难以致密化，气孔等缺陷并没有很好的消除，同时陶瓷颗粒之间的冶金结合较弱，从而导致复相陶瓷抗弯强度较低。三种不同 ZrC_p 含量的 ZrC_p/Si_2BC_3N 复相陶瓷断裂韧性较为接近，分别为（1.96±0.46）MPa·m$^{1/2}$、（2.25±0.37）MPa·m$^{1/2}$、（2.11±0.26）MPa·m$^{1/2}$（表 5-18）。复合陶瓷致密度很低，材料断裂时裂纹往往沿着孔洞等缺陷扩展，导致断裂韧性不高。

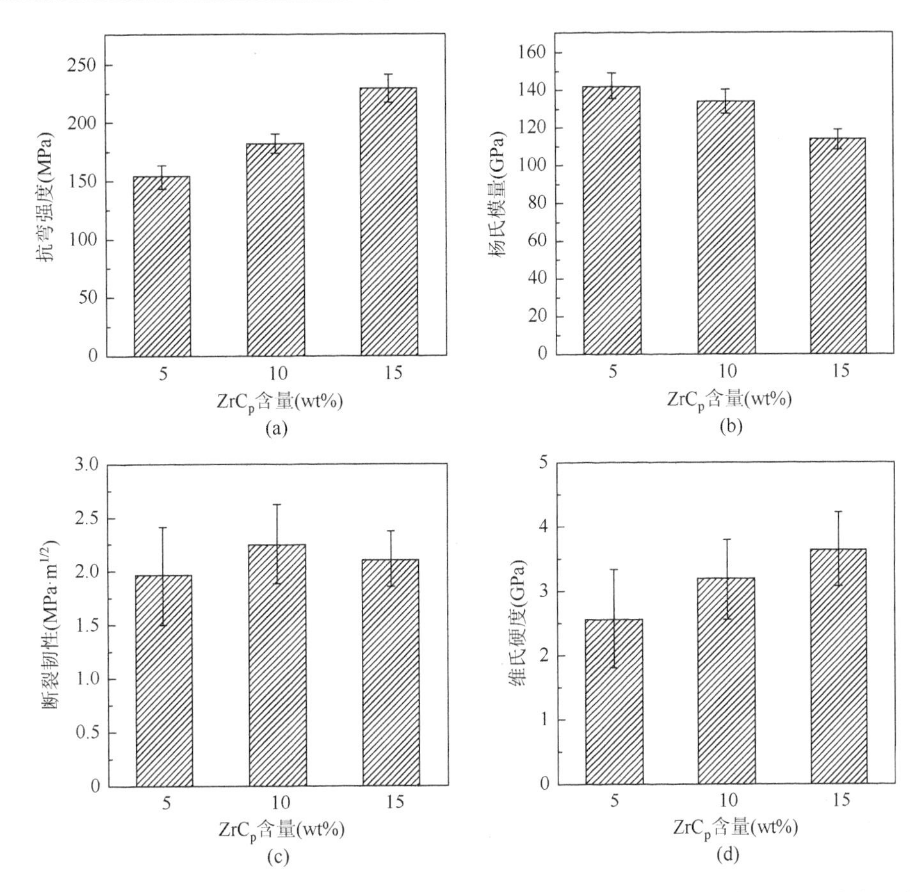

图 5-36　热压烧结制备的不同 ZrC_p 含量 ZrC_p/Si_2BC_3N 复相陶瓷的力学性能：（a）抗弯强度；（b）杨氏模量；（c）断裂韧性；（d）维氏硬度[8]

表 5-18　热压烧结制备的不同 ZrC_p 含量 ZrC_p/Si_2BC_3N 复相陶瓷的力学性能[8]

ZrC_p 含量（wt%）	抗弯强度（MPa）	断裂韧性（$MPa\cdot m^{1/2}$）	杨氏模量（GPa）	维氏硬度（GPa）
5	153.9±9.6	1.96±0.46	141.7±6.8	2.5±0.8
10	181.8±8.3	2.25±0.37	133.4±6.4	3.2±0.6
15	229.5±11.6	2.11±0.26	113.4±5.2	3.4±0.6

5.5.8　（TiB_{2p}-TiC_p）引入的影响

相比其他成分(TiB_{2p}-TiC_p)/Si_2BC_3N 复相陶瓷材料，1900℃/40MPa/30min 热压烧结制备的 10vol% TiB_{2p}/Si_2BC_3N 复相陶瓷致密度最高，综合力学性能最优，其抗弯强度、断裂韧性、杨氏模量和维氏硬度分别为(311.2±59.0)MPa、(3.92±0.39)$MPa\cdot m^{1/2}$、

（141.3±8.7）GPa 和（7.0±0.2）GPa；相同热压烧结工艺制备的纯 Si_2BC_3N 块体陶瓷仅有（111.8±7.9）MPa、（1.03±0.23）$MPa·m^{1/2}$、（58.0±2.2）GPa 和（2.1±0.1）GPa（表 5-19）。TiB_2 对陶瓷基体的韧化效果较 TiC 显著，含有 TiC 组分的复相陶瓷断裂韧性较低。TiB_{2p} 和 TiC_p 同时加入对 Si_2BC_3N 陶瓷基体的增韧效果比仅加入 TiC_p 要好（图 5-37），此外提高烧结温度可以有效提高 SiBCNTi 系亚稳陶瓷材料的力学性能（表 5.20）。

表 5-19 1900℃/40MPa/30min 热压烧结制备不同成分(TiB_{2p}-TiC_p)/Si_2BC_3N 复相陶瓷材料的力学性能[24]

增强相引入量	抗弯强度（MPa）	断裂韧性（$MPa·m^{1/2}$）	杨氏模量（GPa）	维氏硬度（GPa）
Si_2BC_3N	111.8±7.9	1.03±0.23	58.0±2.2	2.1±0.1
10vol%TiB_p	311.2±59.0	3.92±0.39	141.3±8.7	7.0±0.2
10vol%TiB_{2p}	205.2±4.2	2.64±0.17	104.6±9.5	3.1±0.2
10vol%TiC_p	164.9±13.2	1.85±0.12	76.1±2.1	2.7±0.1
10vol%(TiC_p + TiB_{2p})①	158.2±4.9	2.73±0.81	78.5±3.6	1.5±0.1
10vol%(TiC_p + TiB_{2p})②	177.9±4.4	2.09±0.20	81.6±1.7	2.9±0.1

注：①TiB_2 与 TiC 摩尔比为 2∶1；②TiB_2 与 TiC 摩尔比为 1∶2

表 5-20 1900～2000℃/80MPa/30min 热压烧结制备的 10vol%(TiB_{2p}-TiC_p)/Si_2BC_3N 复相陶瓷材料（TiB_2 与 TiC 摩尔比为 2∶1）的力学性能[24]

热压烧结参数	抗弯强度（MPa）	断裂韧性（$MPa·m^{1/2}$）	杨氏模量（GPa）	维氏硬度（GPa）
1900℃/80MPa/30min	290.4±2.8	3.57±0.12	164.2±3.9	4.8±0.1
2000℃/80MPa/30min	319.2±5.2	4.24±0.32	170.0±2.8	4.9±0.1

纯 Si_2BC_3N 块体陶瓷的断裂近似为解理脆性断裂，其裂纹扩展沿着 BN(C)相

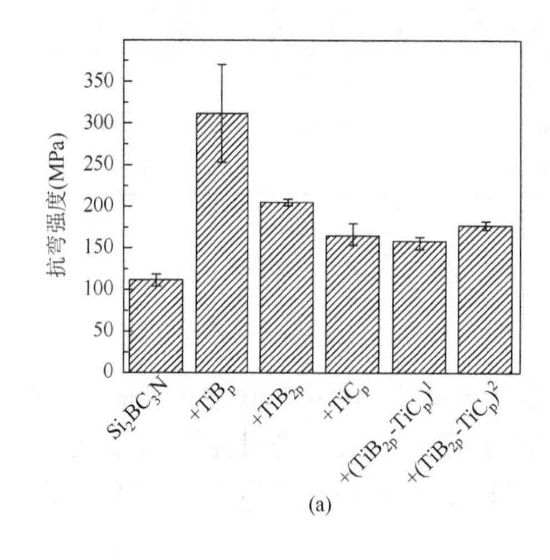

(a)

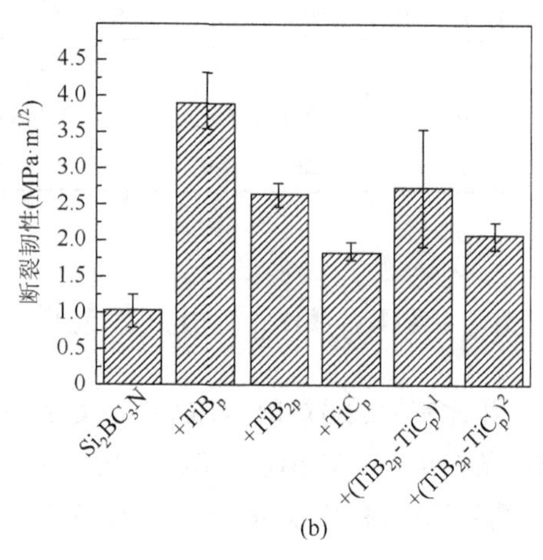

(b)

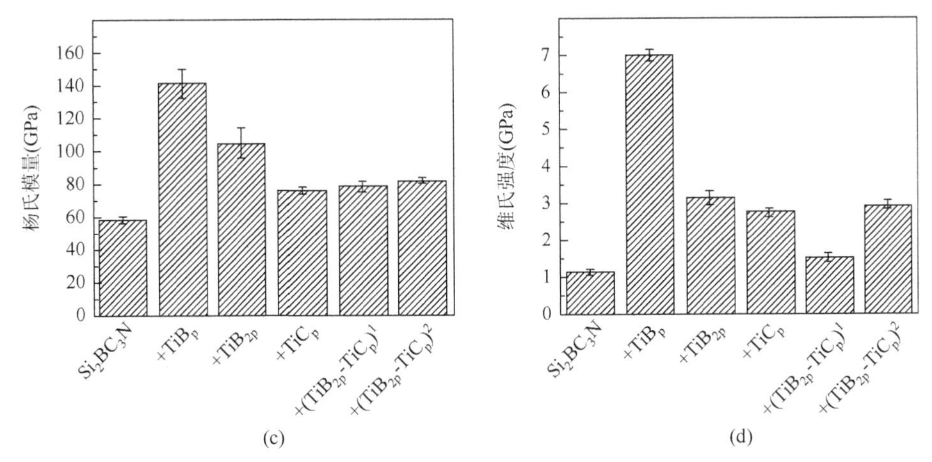

图 5-37　不同成分$(TiB_{2p}-TiC_p)/Si_2BC_3N$复相陶瓷的力学性能：（a）抗弯强度；（b）断裂韧性；（c）杨氏模量；（d）维氏硬度；1. TiB_2与 TiC 摩尔比为 2∶1；2. TiB_2与 TiC 摩尔比为 1∶2[24]

的解理面（0002）晶面进行。不同成分$(TiB_{2p}-TiC_p)/Si_2BC_3N$复相陶瓷断口不平整，阶梯状均匀分布着细小的片层结构，断裂形式均为脆性断裂（图 5-38）。在不同成分$(TiB_{2p}-TiC_p)/Si_2BC_3N$复相陶瓷断口形貌中，均能明显看到板条状$TiB_2$和/或球状 TiC 拔出，$TiB_2$、TiC 增强相与$Si_2BC_3N$陶瓷基体存在约 0.70μm 厚的反应层。不同成分$(TiB_{2p}-TiC_p)/Si_2BC_3N$复相陶瓷力学性能与增强相含量相关，$TiB_2$、TiC 两种增强相的补强增韧作用相似。断口处存在的板条状TiB_2颗粒拔出后留下的方孔、裂纹沿着TiB_2颗粒与基体的界面上偏转和裂纹穿透TiB_2颗粒，可从断裂截面上看出TiB_2颗粒的断裂为穿晶解理断裂。断口上存在球状 TiC 颗粒拔出、裂纹穿过反应壳层和 TiC 颗粒；同样可从截面上看到明显的阶梯状河流花样，因而 TiC 颗粒的断裂也为穿晶解理断裂。TiB_2和 TiC 增强相的引入，导致裂纹偏转和较多新界面的产生，给裂纹扩展造成了较大的阻力，因此含TiB_2或 TiC 高温组分的陶瓷各项力学性能指标均高于纯Si_2BC_3N块体陶瓷。在该热压烧结工艺条件下，$(TiB_{2p}-TiC_p)/Si_2BC_3N$复相陶瓷材料中均存在一定数量气孔和微裂纹等缺陷，使得该复相陶瓷材料综合力学性能不够理想。

纯Si_2BC_3N块体陶瓷中裂纹扩展路径较为清晰平整，无明显较大偏转。与纯Si_2BC_3N块体陶瓷形成较鲜明对比，引入 10vol% TiB_{2p}后复相陶瓷中片层状结构交叉错乱分布在裂纹扩展路径上，片层状结构的拔出和大量新鲜表面的产生，给裂纹扩展造成较大阻力。不同成分$(TiB_{2p}-TiC_p)/Si_2BC_3N$复相陶瓷，在裂纹扩展路径上均能看到明显的裂纹绕过增强相颗粒和裂纹穿过增强相颗粒的现象，其中增强相对裂纹扩展以偏转作用为主，这两种增韧机制均对复相陶瓷断裂韧性提高做出了贡献（图 5-39）。

图 5-38 不同成分$(TiB_{2p}\text{-}TiC_p)/Si_2BC_3N$ 复相陶瓷的断口形貌：（a）10vol% TiB_p；（b）10vol%TiB_{2p}；（c）10vol%TiC_p；（d）10vol% $(TiB_{2p}\text{-}TiC_p)$（TiB_2 与 TiC 摩尔比为 2：1）；（e）10vol% $(TiB_{2p}\text{-}TiC_p)$（TiB_2 与 TiC 摩尔比为 1：2）[24]

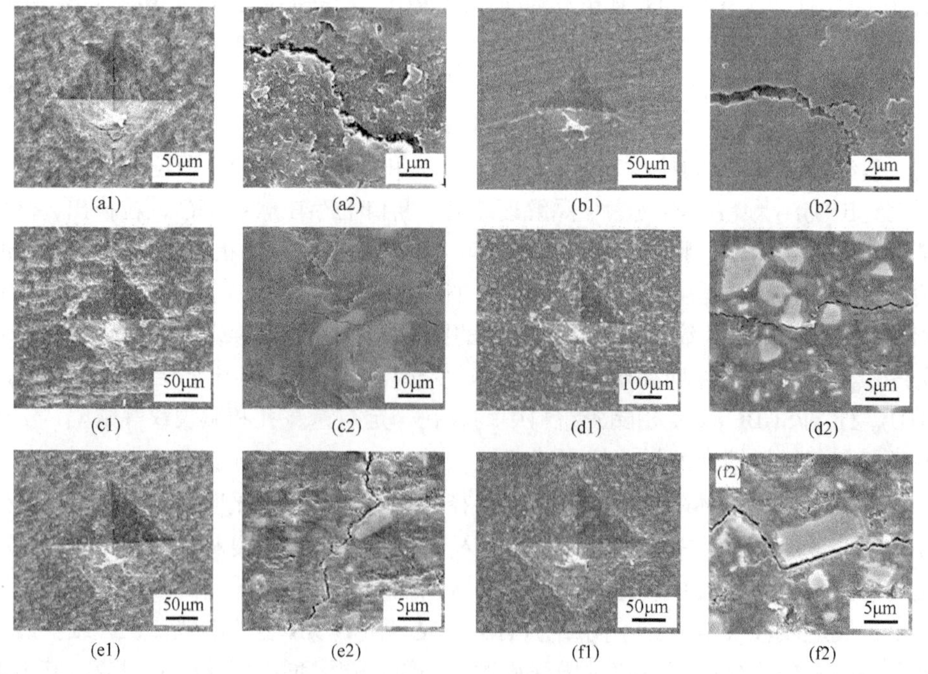

图 5-39 不同成分$(TiB_{2p}\text{-}TiC_p)/Si_2BC_3N$ 复相陶瓷的维氏压痕形貌：（a）Si_2BC_3N；（b）10vol%TiB_p；（c）10vol%TiB_{2p}；（d）10vol%TiC_p；（e）10vol% $(TiB_{2p}\text{-}TiC_p)$（TiB_2 与 TiC 摩尔比为 2：1）；（f）10vol% $(TiB_{2p}\text{-}TiC_p)$（TiB_2 与 TiC 摩尔比为 1：2）[24]

5.5.9　ZrB_{2p} 引入的影响

通过溶胶凝胶法在 Si_2BC_3N 陶瓷基体中引入 ZrO_2 或 ZrO_2、C、B_2O_3 原位反应生成 ZrB_2，经 SPS 2000℃/60MPa/5min 烧结制备 ZrB_{2p}/Si_2BC_3N 复相陶瓷材料。前者引入 ZrO_2 与陶瓷基体中 BN(C)相发生原位反应，很难估算复相陶瓷理论密度；后者引入 ZrO_2、C 和 B_2O_3 三者反应生成 ZrB_2，不消耗基体中的 B 和 C。前者制备的 ZrB_{2p}/Si_2BC_3N 复相陶瓷平均晶粒尺寸和气孔率都要低于后者，后者陶瓷基体中存在较多湍层 BN(C)相（表 5-21 和表 5-22）。

表 5-21　以 ZrO_{2p} 为原料原位反应制备的 ZrB_{2p}/Si_2BC_3N 复相陶瓷的体积密度和力学性能（SPS 2000℃/60MPa/5min）[25]

原位生成 ZrB_{2p} 含量（wt%）	体积密度（g/cm^3）	抗弯强度（MPa）	断裂韧性（$MPa \cdot m^{1/2}$）	杨氏模量（GPa）	维氏硬度（GPa）
0	2.67	125±16	3.5±0.1	133±6	3.1±0.2
5	2.82	315±18	4.6±0.2	151±8	5.2±0.2
10	3.08	358±15	4.7±0.2	160±6	6.0±0.1
15	3.24	362±16	5.0±0.1	173±5	7.5±0.1
20	3.53	411±16	5.1±0.1	181±6	7.8±0.2

表 5-22　以 ZrO_2、C、B_2O_3 为原料原位反应制备的 ZrB_{2p}/Si_2BC_3N 复相陶瓷的体积密度和力学性能（SPS 2000℃/60MPa/5min）[25]

原位生成 ZrB_{2p} 含量（wt%）	体积密度（g/cm^3）	抗弯强度（MPa）	断裂韧性（$MPa \cdot m^{1/2}$）	杨氏模量（GPa）	维氏硬度（GPa）
0	2.57	211±16	3.5±0.1	133±16	4.1±0.2
5	2.77	236±16	3.7±0.1	144±4	4.3±0.2
10	2.94	291±20	3.9±0.2	155±6	5.0±0.1
15	3.12	338±15	4.6±0.3	160±5	6.5±0.1
20	3.22	351±18	4.5±0.2	172±8	7.2±0.2

无论以哪种方式原位引入 ZrB_{2p}，该复相陶瓷的抗弯强度、断裂韧性、维氏硬度与纯 Si_2BC_3N 块体陶瓷相比，均有明显的提高，其中以 ZrO_2 原位生成的 ZrB_{2p}/Si_2BC_3N 复相陶瓷材料综合力学性能最优。随着 ZrB_{2p} 含量增加，复相陶瓷的抗弯强度增加。

陶瓷杨氏模量主要由原子间结合力决定，和化学键类型、原子种类都有密切联系，但陶瓷杨氏模量对晶粒粗细并不敏感，所以两种 ZrB_{2p}/Si_2BC_3N 复相陶瓷材料的杨氏模量相差不大，两者维氏硬度随着 ZrB_{2p} 含量增加而增大。

当应力在陶瓷基体内部传播遇到增强相时，裂纹将发生偏转，很好地消耗了内应力，提高了复相陶瓷材料的断裂韧性（图 5-40）。以 ZrO_2 为原料原位反应制备的复相陶瓷裂纹扩展路径较为曲折，而以 ZrO_2、C 和 B_2O_3 为原料原位反应制备的 ZrB_{2p}/Si_2BC_3N 复相陶瓷的裂纹扩展近似呈直线形。

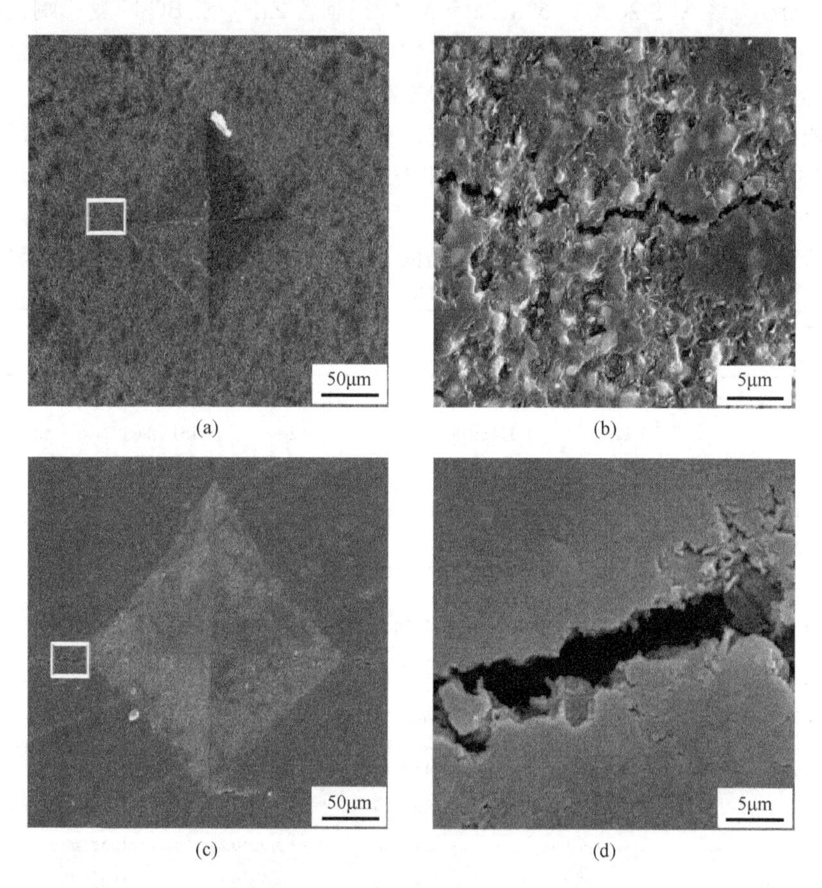

图 5-40 ZrB_{2p}/Si_2BC_3N 复相陶瓷的压痕形貌：（a），（b）以 ZrO_2 为原料原位反应生成 ZrB_2；（c），（d）以 ZrO_2、C 和 B_2O_3 为原料原位反应生成 ZrB_2[25]

在 Si_2BC_3N 非晶粉体中直接引入不同含量的纳米 ZrB_{2p} 粉体，经热压烧结制备的 ZrB_{2p}/Si_2BC_3N 复相陶瓷材料力学性能有较大的提升（表 5-23）。引入 10wt%纳米 ZrB_{2p} 后，复相陶瓷的相对密度、硬度、杨氏模量、抗弯强度和断裂韧性均有不同程度提高，其抗弯强度由 347.5MPa 提高至 559.6MPa，断裂韧性也从 $5.23MPa·m^{1/2}$ 提高到 $6.71MPa·m^{1/2}$；引入 20wt%纳米 ZrB_{2p} 并不能进一步提高陶瓷抗弯强度，但是其断裂韧性仍保持较高水平。纳米 ZrB_{2p} 的引入促进了 Si_2BC_3N 基体结构的生长发育，从而使得片层 BN(C)结构起到了自增强和自增韧作用；此外，ZrB_2 和 ZrO_2 还具有颗粒钉扎和裂纹偏转等效果。纳米 ZrB_{2p} 的引入量需要控制，过量 ZrB_{2p} 的引入并不能进一步改善材料的力学性能。

表 5-23　2000℃/60MPa/5min SPS 制备的不同含量纳米 ZrB_{2p} 增强 Si_2BC_3N 陶瓷的力学性能[25]

纳米 ZrB_{2p} 引入量（wt%）	抗弯强度（MPa）	杨氏模量（GPa）	断裂韧性（$MPa\cdot m^{1/2}$）	维氏硬度（GPa）
10	559.6±30.5	163.6±2.2	6.71±0.14	5.57±0.09
20	512.3±7.2	178.9±4.1	6.77±0.17	5.22±0.10

5.5.10　HfB_{2p} 引入的影响

随着 HfB_{2p} 引入量（≤10vol%）的增加，HfB_{2p}/Si_2BC_3N 复相陶瓷材料的抗弯强度有较大提高；HfB_{2p} 引入量在 10vol%～30vol%范围时，复相陶瓷的抗弯强度随着 HfB_{2p} 引入量增多逐渐提高，但增幅较小。一方面陶瓷材料的抗弯强度与物相组成有关，HfB_2 和 HfC（引入的 Hf 与陶瓷基体 C 反应生成）两相抗弯强度要比 SiC 和 BN(C)相抗弯强度高；另一方面随着 HfB_{2p} 引入量增加，复相陶瓷难以烧结致密化。

随着 HfB_{2p} 引入量的增加，复相陶瓷的杨氏模量和断裂韧性增幅明显。HfB_2 引入量为 30vol%时，复相陶瓷抗弯强度和断裂韧性均达到最大值，分别为约 176.1MPa 和 4.17$MPa\cdot m^{1/2}$。复相陶瓷的杨氏模量和断裂韧性与致密度有较好的对应关系，HfB_{2p} 引入量越多，复相陶瓷致密化程度越高、气孔率越低。纯 Si_2BC_3N 陶瓷材料硬度很低，只有（1.8±0.2）GPa，引入 HfB_{2p} 后，复相陶瓷硬度显著增大；随着 HfB_{2p} 引入量的增加，复相陶瓷的硬度缓慢增加（图 5-41 和表 5-24）。

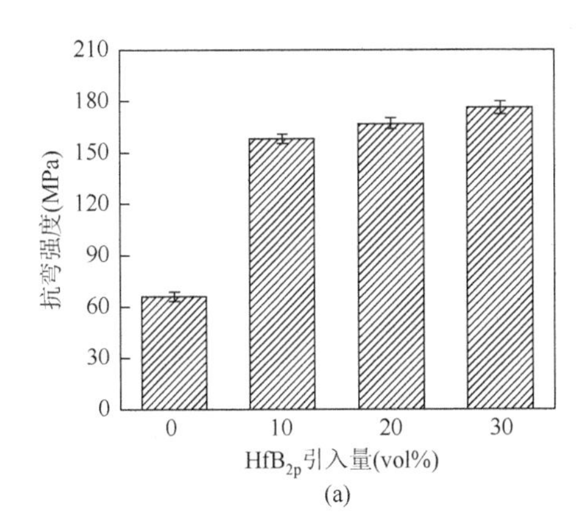

(a)

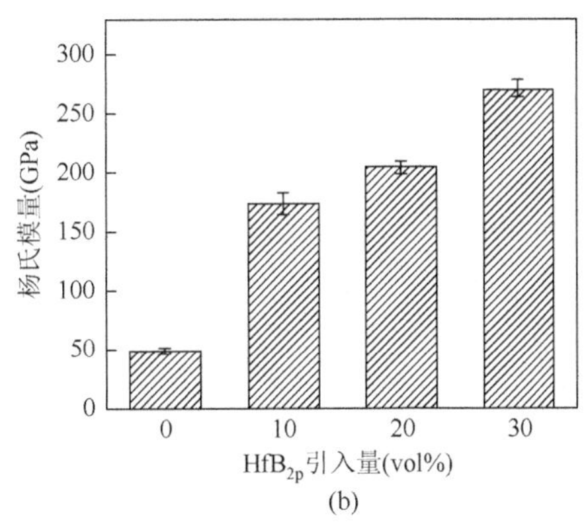

(b)

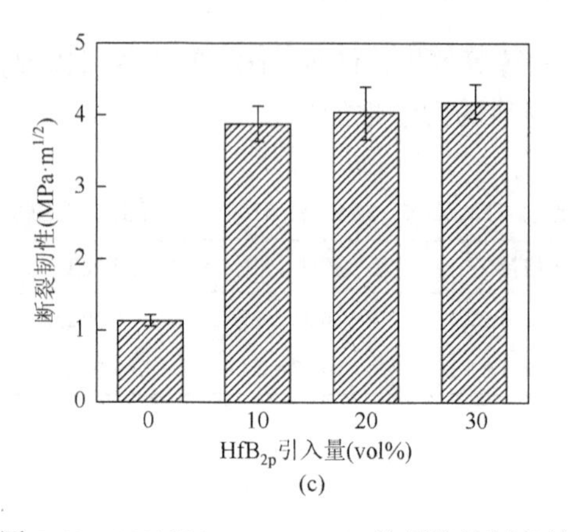

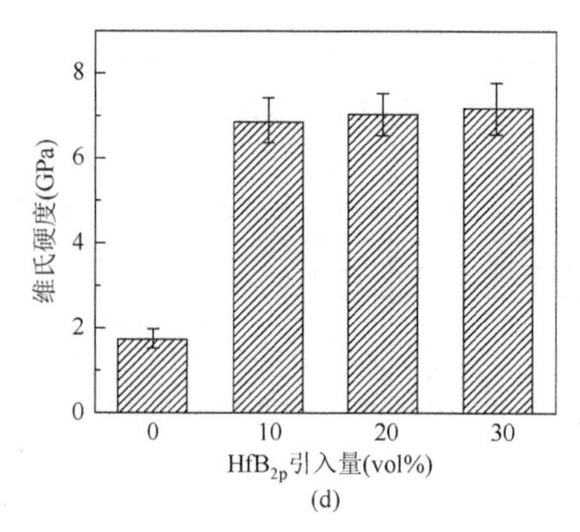

图 5-41　1900℃/60MPa/30min 热压烧结制备的不同 HfB_{2p} 引入量 HfB_{2p}/Si_2BC_3N 复相陶瓷的力学性能：（a）抗弯强度；（b）杨氏模量；（c）断裂韧性；（d）维氏硬度[26]

表 5-24　1900℃/60MPa 热压烧结不同 HfB_{2p} 引入量 HfB_{2p}/Si_2BC_3N 复相陶瓷的力学性能[26]

HfB_{2p} 引入量（vol%）	抗弯强度（MPa）	断裂韧性（MPa·m$^{1/2}$）	杨氏模量（GPa）	维氏硬度（GPa）
0	66.0±2.6	1.14±0.08	49.1±2.2	1.8±0.2
10	158.2±2.5	3.38±0.18	173.5±9.6	6.9±0.5
20	166.8±3.1	4.03±0.37	203.8±5.4	7.0±0.5
30	176.1±3.7	4.17±0.24	270.1±7.6	7.2±0.6

纯 Si_2BC_3N 块体陶瓷中裂纹扩展的路径较为平直，没有明显较大偏转，引入 HfB_{2p} 后，裂纹传播路径较为曲折。裂纹扩展路径上交叉错乱分布着片层状 BN(C)，这种结构的拔出会产生大量新鲜表面，对裂纹的扩展造成较大阻力。在裂纹扩展路径上能看到裂纹绕过和穿过增强相颗粒现象，其中主要以增强相对裂纹扩展路径的偏转为主，这两种增韧机制共同提高了复相陶瓷的断裂韧性（图 5-42）。

5.5.11　LaB_{6p} 对 Si_2BC_3N 陶瓷室温力学和热物理性能影响

采用一步法球磨工艺制备 LaB_{6p}/Si_2BC_3N 复合粉体，经 1800℃和 1900℃SPS

(a1)

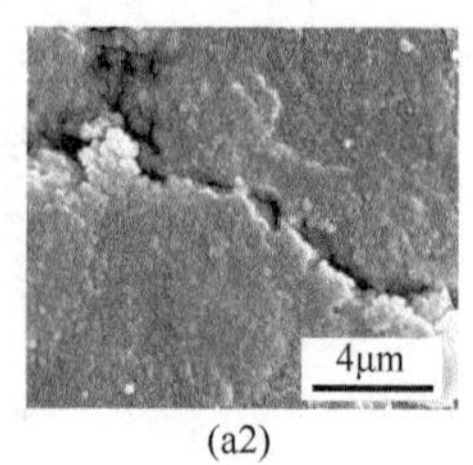

(a2)

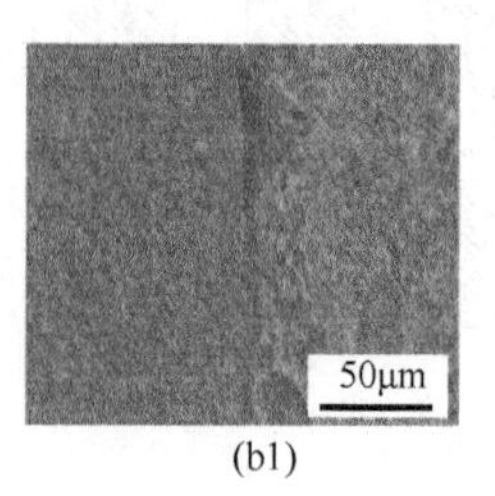

(b1)

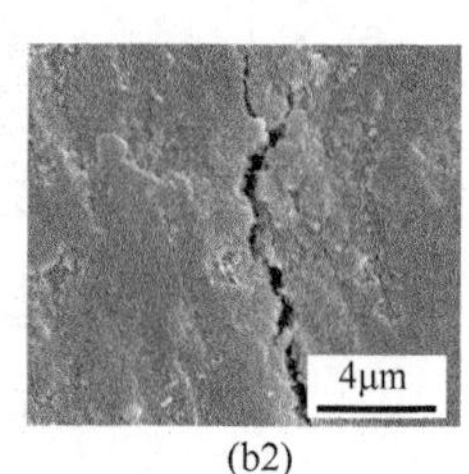

(b2)

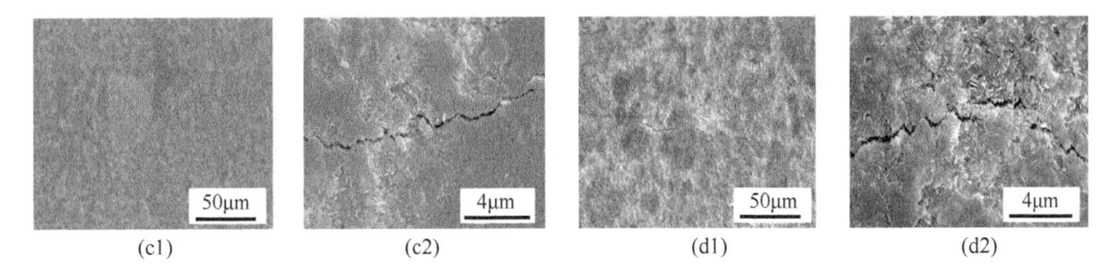

图 5-42　不同 HfB_{2p} 引入量 HfB_{2p}/Si_2BC_3N 复相陶瓷的压痕形貌：（a）Si_2BC_3N；（b）10vol% HfB_{2p}；（c）20vol% HfB_{2p}；（d）30vol% HfB_{2p}[26]

制备的复相陶瓷均具有很高的致密度，两者差别不大（表 5-25）。不同的是，SiC 和 BN(C)晶粒有所长大，从而导致硬度、抗弯强度和杨氏模量有所降低。另一方面，由于片层状 BN(C)晶粒的发育长大，复相陶瓷的断裂韧性得到明显改善（由 $2.53MPa\cdot m^{-1/2}$ 增大至 $7.87MPa\cdot m^{-1/2}$）。

表 5-25　1800～1900℃/50MPa SPS 制备的 LaB_{6p}/Si_2BC_3N 和 Si_2BC_3N 陶瓷材料的相对密度和力学性能[16]

相对密度及力学性能	LaB_{6p}/Si_2BC_3N		Si_2BC_3N
	1800℃烧结	1900℃烧结	1900℃烧结
相对密度（%）	96.9±0.5	97.2±0.5	89.0±0.5
维氏硬度（GPa）	5.69±0.1	4.8±0.2	4.8±0.2
抗弯强度（MPa）	340.2±30.8	273.0±21.6	207.9±15.0
杨氏模量（GPa）	182.3±20.6	113.3±10.8	102.3±9.3
断裂韧性（$MPa\cdot m^{-1/2}$）	2.53±0.03	7.87±0.24	5.62±0.18

1800℃/50MPa SPS 制备的 LaB_{6p}/Si_2BC_3N 复相陶瓷，BN(C)晶粒发育程度较低，片层状结构不明显，裂纹扩展路径较为平直，因此复相陶瓷断裂韧性较低。在 1900℃烧结，裂纹扩展路径较为曲折，可以观察到明显的晶粒拔出、桥连和裂纹偏转现象，因此陶瓷在断裂过程中将消耗更多的能量，提高断裂功，改善陶瓷的断裂韧性（图 5-43）。

在 LaB_{6p}/Si_2BC_3N 复相陶瓷强韧化方面，片层状 BN(C)晶粒发挥了很大作用。SiBCN 系亚稳陶瓷材料中 BN(C)相具有与湍层 BN 和湍层石墨相类似的结构，该结构导致层间结合力较弱。在裂纹尖端应力场作用下，部分片层状 BN(C)晶粒倾向于沿着“亚晶界”发生层间开裂，在一定时间内可以作为弹性桥改变裂纹扩展路径或释放裂纹尖端应力，起到良好的增韧效果。

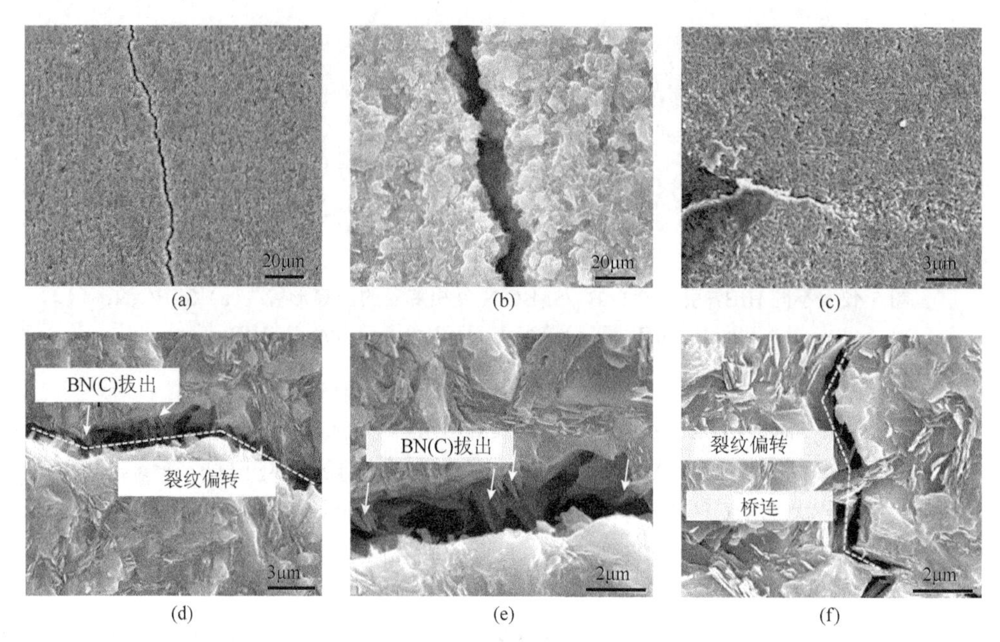

图 5-43　一步法球磨工艺结合 SPS 制备的 LaB_{6p}/Si_2BC_3N 复相陶瓷的裂纹扩展形貌：（a），（b）1800℃/50MPa；（c）～（f）1900℃/50MPa[16]

相同工艺条件制备的纯 Si_2BC_3N 块体陶瓷，断口几乎观察不到片层状晶粒，裂纹扩展路径比较平直。裂纹扩展路径与 1800℃/50MPa SPS 制备的 LaB_{6p}/Si_2BC_3N 复相陶瓷相似，但纯 Si_2BC_3N 陶瓷具有较低的致密度（89.0%），因此表现出相对较高的断裂韧性（$5.62MPa·m^{-1/2}$）。

采用两步法球磨工艺结合 SPS 技术制备的复相陶瓷力学性能如表 5-26 所示：随着烧结温度提高，复相陶瓷体积密度增大，进而导致较高的抗弯强度、杨氏模量和维氏硬度。在 1800℃烧结，BN(C)晶粒特有的片层状结构发育程度较低，因此断裂韧性较低（$3.01MPa·m^{-1/2}$）。在更高温度烧结，复相陶瓷中含有大量发育良好的片层状 BN(C)晶粒，使陶瓷断裂过程中裂纹扩展路径更加曲折，消耗更多能量，从而有效提高了陶瓷的断裂韧性。其主要增韧机制与一步法制备的陶瓷相同，包括晶粒拔出、桥连和裂纹偏转；不同的是，两步法制备的陶瓷中片层状 BN(C)晶粒的发育程度不如一步法好，因此增韧效果相对较差。

表 5-26　1800～2000℃/50MPa SPS 制备的 LaB_{6p}/Si_2BC_3N 复相陶瓷的力学性能[16]

烧结温度	抗弯强度（MPa）	杨氏模量（GPa）	断裂韧性（$MPa·m^{-1/2}$）	维氏硬度（GPa）
1800℃	331.2±19.5	155.4±5.6	3.01±0.26	6.1±0.3
1900℃	372.4±14.7	165.8±17.7	4.23±0.08	6.4±0.2
2000℃	390.6±27.1	184.7±23.0	4.64±0.19	6.6±0.3

整体而言，两种球磨工艺结合 SPS 技术制备的复相陶瓷具有相同的物相和相似的组织结构，均具有较高的断裂韧性。不同的是，一步法制备的 LaB_{6p}/Si_2BC_3N 复合粉体具有较高的烧结活性，在较低温度下即可开始致密化烧结；相同温度（＞1800℃）烧结条件下，一步法陶瓷中片层状 BN(C)晶粒发育较好，因此具有更高的断裂韧性。

5.6　短纤维对 MA-SiBCN 陶瓷基复合材料力学和热物理性能影响

5.6.1　短 C_f 引入的影响

随着热压烧结温度的升高，20vol% C_f/Si_2BC_3N 复合材料的维氏硬度明显提高。1800℃热压烧结制备的复合材料硬度仅 1.8GPa；当烧结温度提高至 2000℃时，材料硬度达到 2.9GPa（图 5-44）。随着烧结温度的升高，复合材料的抗弯强度逐渐增大；烧结温度从 1800℃提高至 2000℃时，复合材料抗弯强度从 30.4MPa 提高到 70.5MPa。与纯 Si_2BC_3N 陶瓷相比，20vol% C_f/Si_2BC_3N 复合材料的力学性能较差。1800℃热压烧结制备的纯 Si_2BC_3N 块体陶瓷的抗弯强度为 191.7MPa，1900℃热压烧结可到 423.4MPa。在此烧结条件下，C_f 在基体中分布不均匀，烧结过程中易出现团聚、桥接，使得复合材料致密度不高，降低材料力学性能。

热压烧结温度为 1900℃时，20vol% C_f/Si_2BC_3N 复合材料的杨氏模量最大，为 55.6GPa；而 1800℃烧结制备的复合材料杨氏模量最低，只有 20.3GPa。纯 SiC 陶瓷的杨氏模量约为 450GPa，热压烧结制备的 20vol% C_f/Si_2BC_3N 复合材料具有较低的杨氏模量，这将有利于其在高温结构件中的应用。随着热压烧结温度的提高，该复合材料的断裂韧性变化不明显，在 2.24～2.38MPa·$m^{1/2}$ 之间。

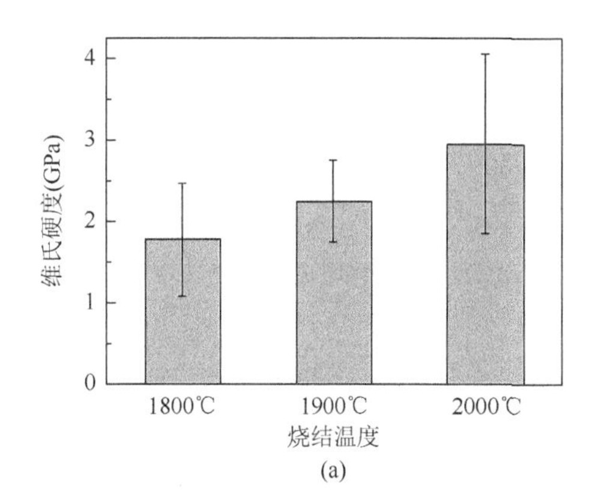

(a)

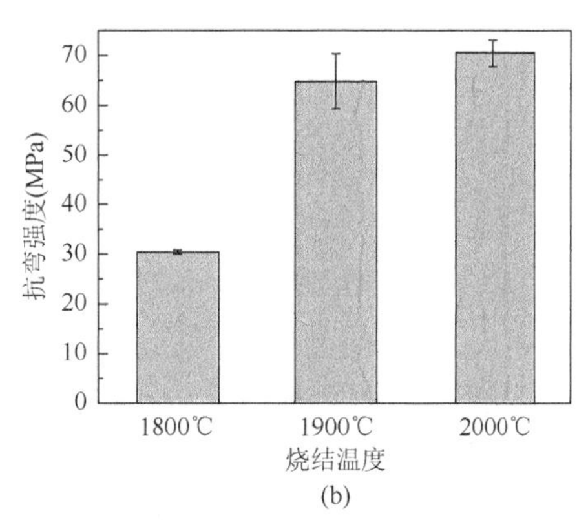

(b)

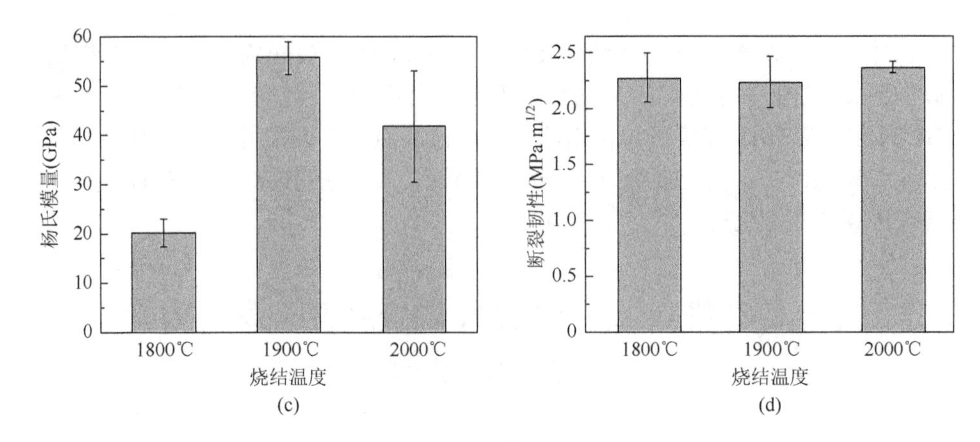

图 5-44　不同温度热压烧结制备的 20vol% C_f/Si_2BC_3N 复合材料的力学性能：（a）维氏硬度；（b）抗弯强度；（c）杨氏模量；（d）断裂韧性[27]

20vol% C_f/Si_2BC_3N 复合材料在断裂过程中显示出伪塑性变形行为。1900℃热压烧结制备的复合材料在载荷-位移曲线上出现了明显的屈服平台，复合材料的断裂功明显提高，说明复合材料具有较好的抵抗裂纹扩展能力。C_f 的桥接、拔出、断裂是 20vol% C_f/Si_2BC_3N 复合材料主要的强韧化机制（图 5-45）。

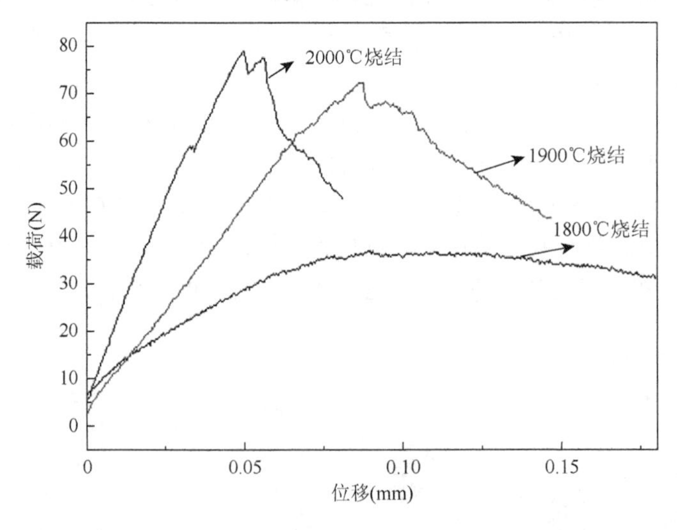

图 5-45　不同温度热压烧结制备的 20vol% C_f/Si_2BC_3N 复合材料的载荷-位移曲线[27]

引入助烧剂 ZrO_{2p} 后，(20vol% C_f-7.5mol% ZrO_{2p})/Si_2BC_3N 复合材料不仅能够承受较大的载荷，断裂功显著提高（图 5-46）。复合材料较高的抗弯强度和断裂韧性能够为材料在高温热冲击和高速气流冲刷使用环境下提供保障。加

入 ZrO_{2p} 助烧剂后，复合材料相对密度和力学性能均有了显著性提高，相对密度、抗弯强度、杨氏模量和断裂韧性分别从 71.7%、64.6MPa、14.7GPa 和 1.47MPa·$m^{1/2}$ 提高至 88.5%、112.5MPa、111.1GPa 和 2.9MPa·$m^{1/2}$（表 5-27）。复合材料力学性能的提高归功于基体材料的有效烧结及复合材料致密度的提高。(20vol% C_f-7.5mol% ZrO_{2p})/Si_2BC_3N 复合材料的杨氏模量能满足实际使用要求，这将有利于提高复合材料的抗热震和耐烧蚀性能，进一步扩大 SiBCN 系亚稳陶瓷材料的使用范围。

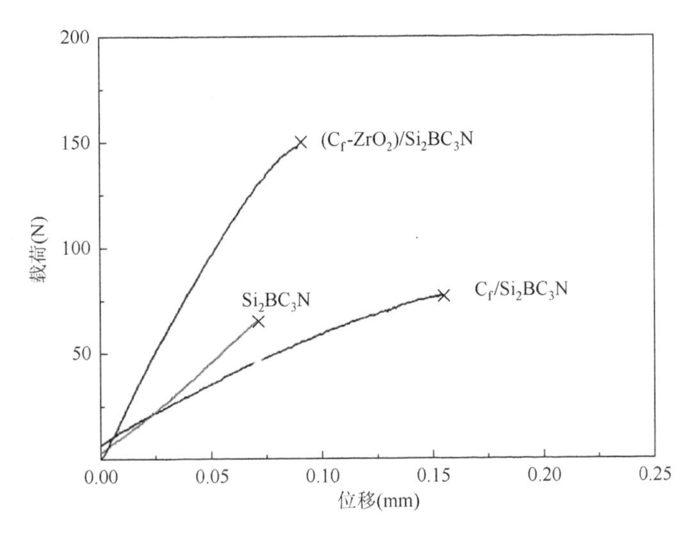

图 5-46　1800℃/40MPa/30min 热压烧结制备的 Si_2BC_3N、20vol% C_f/Si_2BC_3N 及 (20vol% C_f-7.5mol% ZrO_{2p})/Si_2BC_3N 复合材料在室温下的载荷-位移曲线[7]

表 5-27　1800℃/40MPa/30min 热压烧结制备的 20vol% C_f/Si_2BC_3N 和(20vol% C_f-7.5mol% ZrO_{2p})/Si_2BC_3N 复合材料的体积密度和力学性能[7]

复合材料成分	体积密度（g/cm^3）	抗弯强度（MPa）	杨氏模量（GPa）	断裂韧性（MPa·$m^{1/2}$）
20vol% C_f/Si_2BC_3N	1.88	64.6±3.2	14.7±7.4	1.47±0.09
(20vol% C_f-7.5mol% ZrO_{2p})/Si_2BC_3N	2.39	112.5±12.1	111.1±23.3	2.94±0.25

热膨胀系数是影响其抗热震性能的重要因素之一。一般而言材料热膨胀系数越小，抗热震性越优异。随着热压烧结温度的升高，20vol% C_f/Si_2BC_3N 复合材料热膨胀系数增大。1800℃热压烧结制备的复合材料热膨胀系数最小，测试温度为 1200℃时，热膨胀系数仅为 1.6×10^{-6}℃$^{-1}$（图 5-47）。

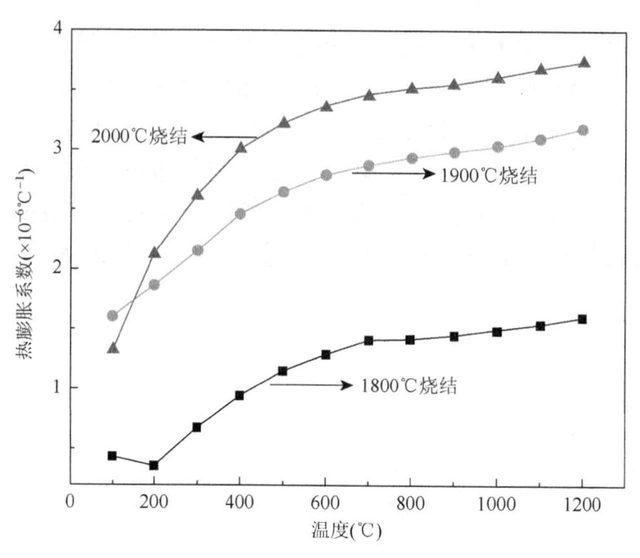

图 5-47　不同温度热压烧结制备的 20vol% C_f/Si_2BC_3N 复合材料的热膨胀系数随温度的变化曲线[27]

5.6.2　短 SiC_f 引入的影响

对比 20vol% C_f/Si_2BC_3N 复合材料，相同热压烧结工艺制备的 20vol% KD-Ⅰ型 SiC_f 增强 Si_2BC_3N 复合材料力学性能有明显提高（图 5-48）。1900℃/60MPa/30min 热压烧结制备的 20vol% SiC_f/Si_2BC_3N 复合材料抗弯强度、断裂韧性、杨氏模量分别为（284.3±13.8）MPa、（2.78±0.14）$MPa{\cdot}m^{1/2}$ 和（183.5±11.1）GPa，而 20vol% C_f/Si_2BC_3N 复合材料仅有（64.8±5.5）MPa、（2.24±0.23）$MPa{\cdot}m^{1/2}$ 和（55.6±3.2）GPa。

SiC_f（KD-Ⅰ型）表面涂覆 BN 弱界面涂层后，随着热压烧结温度的提高，复合材料抗弯强度、断裂韧性及杨氏模量均有一定程度提高。热压烧结温度的提高

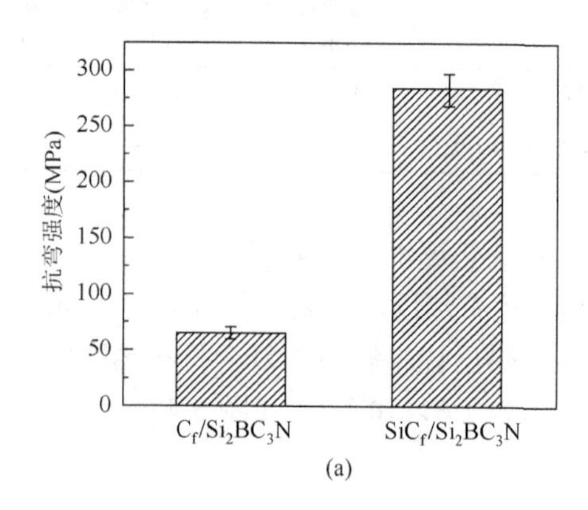

(a)

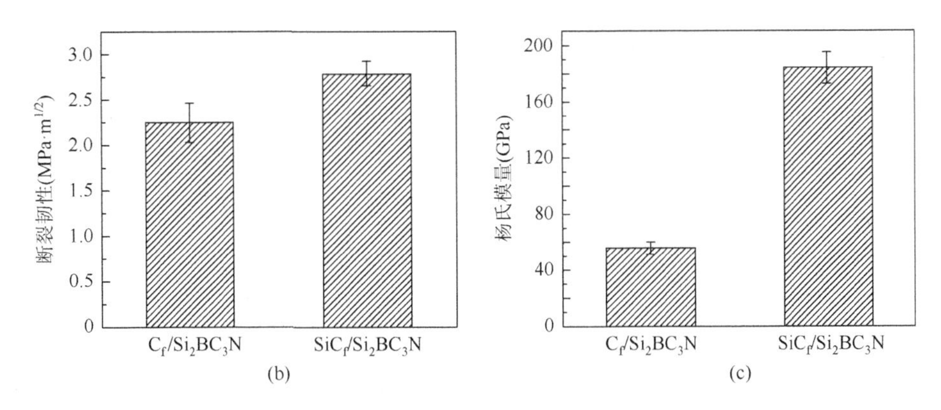

图 5-48　热压烧结制备的 20vol% C_f/Si_2BC_3N 与 20vol% SiC_f/Si_2BC_3N 复合材料（KD-Ⅰ型 SiC_f 表面未涂覆 BN）的力学性能对比：（a）抗弯强度；（b）断裂韧性；（c）杨氏模量[28]

有助于 Si_2BC_3N 陶瓷基体的烧结致密化，热压烧结工艺为 1900℃/80MPa/30min 时，20vol%SiC_f/Si_2BC_3N 复合材料致密度达到 93.0%。随着烧结压强的提高，复合材料的体积密度和抗弯强度没有明显提高，断裂韧性及杨氏模量反而降低（表 5-28）。由于烧结压强过大会对纤维本身造成损伤，基体与纤维界面强度过高，当裂纹扩展至纤维与基体界面处时，只有部分裂纹发生了偏转，而大部分的纤维并没有起到相应的增韧效果，从而使复合材料断裂韧性有所下降。

表 5-28　20vol% SiC_f/Si_2BC_3N 复合材料（KD-Ⅰ型 SiC_f 表面涂覆 BN）的体积密度和力学性能[28]

热压烧结工艺	体积密度（g/cm^3）	抗弯强度（MPa）	断裂韧性（$MPa·m^{1/2}$）	杨氏模量（GPa）
1800℃/60MPa/30min	2.62	149.4±13.3	2.50±0.56	92.9±3.6
1900℃/60MPa/30min	2.67	193.4±4.2	3.92±0.45	154.1±25.4
1900℃/80MPa/30min	2.70	208.0±5.7	3.32±0.26	114.3±10.2

对于 SiC_f（KD-Ⅰ型）表面未涂覆 BN 弱界面涂层的 20vol% SiC_f/Si_2BC_3N 复合材料，由于基体与纤维界面结合力较强，复合材料的力学性能主要取决于材料基体的性能，而纤维的增韧效果并不明显（表 5-29）。保温时间过长，基体与纤维界面结合力过强从而抑制了纤维的拔出；但保温时间的延长提高 Si_2BC_3N 陶瓷基体的烧结致密化和促进 SiC、BN(C)晶粒生长，在裂纹扩展阶段由于晶粒尺寸较大，裂纹扩展路径增加，从而对材料的断裂韧性起到了促进作用。此外，大晶粒的拔出对提高复合材料的断裂韧性同样起到了促进作用。

表 5-29 热压烧结制备的 20vol% SiC_f/Si_2BC_3N 复合材料（KD-Ⅰ型 SiC_f 表面未涂覆 BN）的体积密度和力学性能[28]

热压烧结工艺	体积密度（g/cm^3）	抗弯强度（MPa）	断裂韧性（$MPa \cdot m^{1/2}$）	杨氏模量（GPa）
1800℃/60MPa/30min	2.35	73.3±2.4	1.04±0.11	73.3±3.0
1800℃/40MPa/30min	2.46	70.2±6.3	1.72±0.11	64.1±2.8
1900℃/60MPa/30min	2.56	284.3±17.9	2.78±0.14	183.5±11.1
1900℃/60MPa/60min	2.57	171.8±6.5	3.66±0.08	107.3±7.3

在 SiC_f（KD-Ⅰ型）表面涂覆 BN 弱界面涂层后，即使采用超声振荡除去涂层表面的颗粒附着物和不均匀区域，纤维表面仍然存在少量杂质，涂层仍存在不均匀现象。此外，纤维之间存在的搭接现象使其在复合材料中局部团聚，导致复合材料性能不均匀；在热压烧结过程中，非晶陶瓷粉体难以进入纤维搭接处，从而影响复合材料的致密化过程，该区域甚至会成为裂纹源。这些因素在复合材料的制备过程中都需要加以控制。

在 SiC_f（KD-Ⅱ型）表面分别涂覆非晶碳、BN、ZrB_2 单层涂层或 C/BN、C/ZrB_2、ZrB_2/BN 和 C/ZrB_2/BN 等复合涂层。单一涂层改性 SiC_f 引入到 Si_2BC_3N 陶瓷基体后，所有复合材料的抗弯强度均有所增加；而复合涂层改性 SiC_f 增强 Si_2BC_3N 陶瓷基复合材料的断裂韧性呈明显提高趋势。在所制备的复合材料中，5vol% $SiC_f(C/ZrB_2/BN)/Si_2BC_3N$ 复合材料维氏硬度最高，而 5vol% $SiC_f(ZrB_2)/Si_2BC_3N$ 复合材料硬度最低；抗弯强度方面，5vol%$SiC_f(C/BN)/Si_2BC_3N$ 复合材料具有最高的抗弯强度，而 5vol%$SiC_f(ZrB_2/BN)/Si_2BC_3N$ 复合材料抗弯强度最低；5vol%$SiC_f(C/ZrB_2)/Si_2BC_3N$ 复合材料杨氏模量最高，而 5vol%$SiC_f(ZrB_2/BN)/Si_2BC_3N$ 复合材料杨氏模量最低；5vol%$SiC_f(C/ZrB_2)/Si_2BC_3N$ 和 5vol%$SiC_f(ZrB_2)/Si_2BC_3N$ 复合材料分别具有最高和最低的断裂韧性。整体而言，5vol%$SiC_f(C/ZrB_2)/Si_2BC_3N$ 复合材料综合力学性能最佳（图 5-49 和表 5-30）。

由于非晶 C 涂层制备工艺的特殊性，该涂层只能作为 SiC_f 表面第一层涂层。整体来说，含有非晶 C 涂层的复合材料综合力学性能均优于没有经过涂层改性的复合材料。只在 SiC_f 表面制备单一非晶 C 涂层时，复合材料的硬度、抗弯强度、杨氏模量以及断裂韧性与没有涂层改性的复合材料相比均有所提高。在非晶 C 涂层表面再涂覆一层 BN 涂层形成 C/BN 复合涂层时，与单一的非晶 C 涂层改性相比，除了硬度有所下降以外，复合材料抗弯强度、杨氏模量、断裂韧性均有所提高。在非晶 C 涂层表面涂覆 ZrB_2 涂层后，与涂覆前相比，复合材料的抗弯强度、杨氏模量、断裂韧性和维氏硬度均有所提高。而在非晶 C 涂层表面继续涂覆 ZrB_2 和 BN 涂层后，复合材料的硬度与断裂韧性均呈上升趋势，抗弯强度和杨氏模量没有出现明显变化趋势。以上对比结果表明，非晶 C 涂层的制备有效改善了 SiC_f

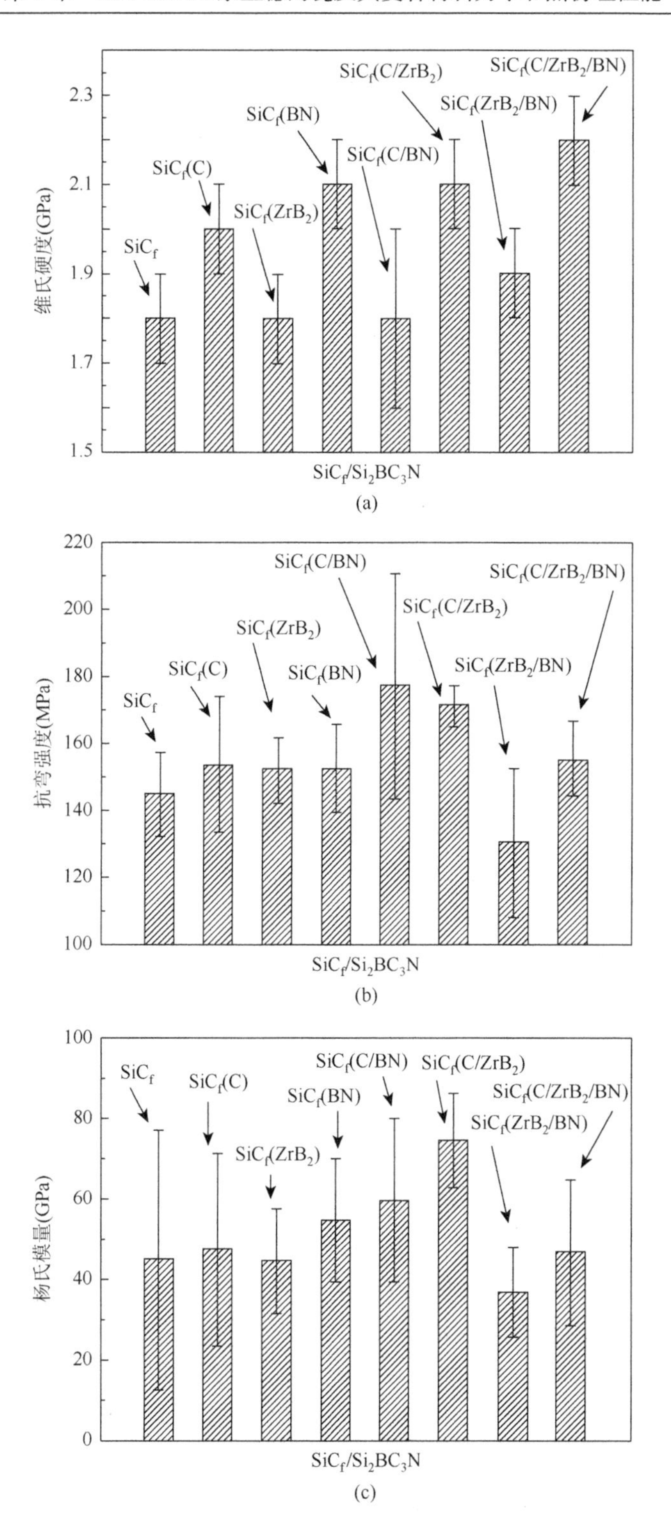
2.3
2.1
1.9
1.7
1.5
维氏硬度(GPa)
SiCf
SiCf(C)
SiCf(ZrB2)
SiCf(BN)
SiCf(C/BN)
SiCf(C/ZrB2)
SiCf(ZrB2/BN)
SiCf(C/ZrB2/BN)
SiCf/Si2BC3N
(a)
220
200
180
160
140
120
100
抗弯强度(MPa)
SiCf
SiCf(C)
SiCf(ZrB2)
SiCf(BN)
SiCf(C/BN)
SiCf(C/ZrB2)
SiCf(ZrB2/BN)
SiCf(C/ZrB2/BN)
SiCf/Si2BC3N
(b)
100
80
60
40
20
0
杨氏模量(GPa)
SiCf
SiCf(C)
SiCf(ZrB2)
SiCf(BN)
SiCf(C/BN)
SiCf(C/ZrB2)
SiCf(ZrB2/BN)
SiCf(C/ZrB2/BN)
SiCf/Si2BC3N
(c)

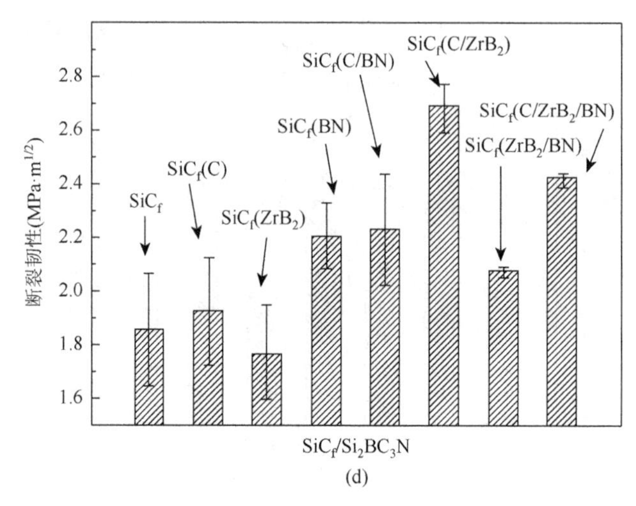

图 5-49　不同表面涂层改性的 5vol% SiC_f（KD-Ⅱ型）增强 Si_2BC_3N 陶瓷基复合材料室温力学性能：（a）维氏硬度；（b）抗弯强度；（c）杨氏模量；（d）断裂韧性[29, 30]

表 5-30　不同表面涂层改性的 5vol% SiC_f（KD-Ⅱ型）增强 Si_2BC_3N 陶瓷基复合材料的力学性能[29]

复合材料	抗弯强度（MPa）	杨氏模量（GPa）	断裂韧性（$MPa·m^{1/2}$）	维氏硬度（GPa）
SiC_f/Si_2BC_3N	144.7±12.6	72.3±16.1	1.86±0.21	1.8±0.1
$SiC_f(C)/Si_2BC_3N$	153.5±20.3	73.5±11.9	1.92±0.20	2.0±0.1
$SiC_f(ZrB_2)/Si_2BC_3N$	151.9±9.8	72.2±6.5	1.77±0.18	1.8±0.1
$SiC_f(BN)/Si_2BC_3N$	152.2±13.2	77.1±7.7	2.21±0.12	2.1±0.1
$SiC_f(C/BN)/Si_2BC_3N$	177.0±33.6	79.5±10.2	2.23±0.21	1.8±0.2
$SiC_f(C/ZrB_2)/Si_2BC_3N$	171.3±6.1	87.0±5.8	2.68±0.09	2.1±0.1
$SiC_f(ZrB_2/BN)/Si_2BC_3N$	130.2±22.1	68.2±5.5	2.07±0.02	1.9±0.1
$SiC_f(C/ZrB_2/BN)/Si_2BC_3N$	155.2±11.5	73.2±9.1	2.42±0.03	2.2±0.1

与 Si_2BC_3N 陶瓷基体的界面结合情况，对于 ZrB_2 和 BN 涂层的继续涂覆基本不影响，甚至对于另外两个涂层与纤维的界面结合产生了一定的积极作用。

只对 SiC_f（KD-Ⅱ型）进行 ZrB_2 涂层改性时，与改性前相比，改性后复合材料抗弯强度有所提高，杨氏模量和硬度基本没有变化，断裂韧性则呈下降趋势。在 ZrB_2 涂层表面继续涂覆 BN 涂层后，与涂覆 BN 涂层之前相比，该复合材料的维氏硬度、断裂韧性增加，抗弯强度、杨氏模量均下降。在 SiC_f 表面制备非晶 C 涂层再涂覆 ZrB_2 涂层情况下，该复合材料综合性能最优。在 C/ZrB_2 复合涂层表面继续涂覆 BN 涂层，相比于涂覆之前，该复合材料的硬度有所上升，而抗弯强度、断裂韧性和杨氏模量都出现了较为明显的下降。因此，ZrB_2 涂层直接涂覆在

SiC_f上时，无论是否继续在 ZrB_2 涂层上涂覆 BN 涂层，复合材料的各项力学性能指标都比较差，这是因为 ZrB_2 的抗氧化性能较差，直接涂覆在 SiC_f表面时，在高温热压烧结时会与 SiC_f或者 BN 涂层中的 O 元素发生反应，形成较强的界面结合从而导致纤维无法发挥增强增韧作用。通过纯度较高的非晶 C 涂层将 ZrB_2 涂层与 SiC_f隔绝后，复合材料展现出了最佳的力学性能，说明 ZrB_2 涂层与 Si_2BC_3N 陶瓷基体可以形成强度适中的界面结合，使纤维的增韧效果有效发挥。

BN 涂层的制备温度比非晶 C 涂层、ZrB_2 涂层都要低，因此 BN 只能作为 SiC_f最外层的涂层。从整体来看，BN 涂层作为最外层时，复合材料的断裂韧性都明显提高。只在 SiC_f表面涂覆 BN 涂层时，与没有涂层改性的复合材料相比，改性后的复合材料整体力学性能均有所提高。先在 SiC_f表面制备非晶 C 涂层，再涂覆 BN 涂层，得到的复合材料除了硬度有所下降以外，其余力学性能与单一 BN 涂层改性相比均有所提高。ZrB_2/BN 复合涂层改性后复合材料综合力学性能较差，而 C/ZrB_2/BN 复合涂层改性的复合材料有着较高的硬度和断裂韧性，抗弯强度与杨氏模量处于中间水平。对比分析发现，BN 涂层对于调控 SiC_f 与 Si_2BC_3N 陶瓷基体的界面结合有着良好的效果，可以使 SiC_f 有效发挥桥连、拔出、裂纹偏转等增韧机制。使用溶液浸渍-热解法制备出来的 BN 涂层由于含有 B_2O_3，在高温下会与 ZrB_2 涂层发生反应，另外与 ZrB_2 涂层相似的制备工艺也使得 BN 涂层的制备过程对已涂覆 ZrB_2 涂层造成影响，因此 BN 涂层不适合与 ZrB_2 涂层进行复合。

不同改性 SiC_f（KD-Ⅱ型）增强 Si_2BC_3N 陶瓷基复合材料的载荷-位移曲线表明，无论是否进行表面涂层改性，或 SiC_f表面是否制备单层或复合涂层，复合材料均表现出灾难性的脆性断裂行为。导致复合材料发生脆性断裂的最主要原因是 SiC_f在热压烧结（1900℃/60MPa）的过程中发生极其严重的析晶，导致强度大幅度退化，绝大部分纤维无法有效发挥其强韧化作用（图 5-50）。

5vol% SiC_f/Si_2BC_3N 复合材料热膨胀率随温度呈线性变化规律，在 200～1200℃温度范围内时，5vol% SiC_f/Si_2BC_3N 复合材料热膨胀系数较为稳定，平均热膨胀系数为 $4.29\times10^{-6}K^{-1}$（图 5-51），与 20vol% C_f/Si_2BC_3N 复合材料相比，其热膨胀系数较高。

5.6.3　短（C_f-SiC_f）引入的影响

与 20vol% C_f/Si_2BC_3N 和 20vol% SiC_f/Si_2BC_3N 复合材料（引入 KD-Ⅰ型 SiC_f 纤维）相比，采用 10vol% C_f和 10vol% SiC_f（KD-Ⅰ型）共同增强的 Si_2BC_3N 陶瓷基复合材料的体积密度、抗弯强度及杨氏模量均介于上述两种复合材料之间，断裂韧性相对于前两者有了一定的提高（纤维表面涂覆裂解碳复合材料除外）（表 5-31）。

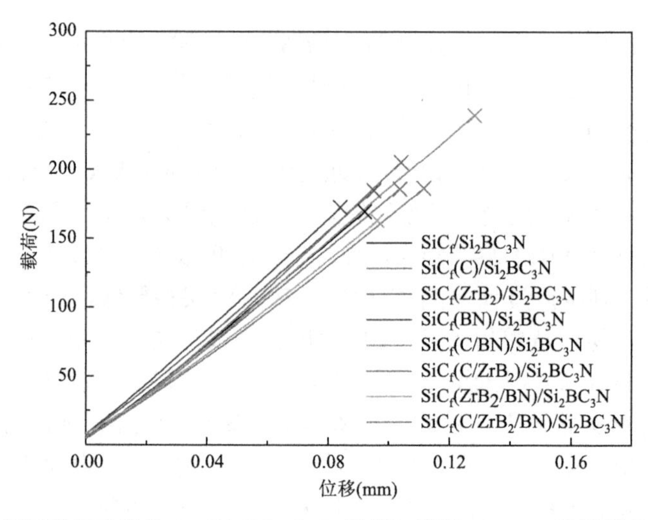

图 5-50　不同涂层改性的 5vol% SiC_f（KD-Ⅱ型）增强 Si_2BC_3N 陶瓷基复合材料的载荷-位移曲线[29]

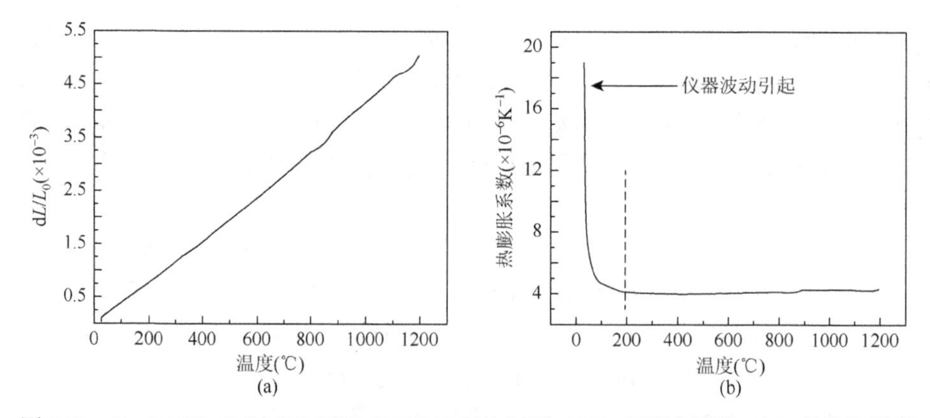

图 5-51　5vol% KD-Ⅱ型 SiC_f 增强 Si_2BC_3N 复合材料（SiC_f 表面未涂覆 BN）的热膨胀率（a）及热膨胀系数（b）随温度变化曲线[28]

表 5-31　短纤维增强 Si_2BC_3N 陶瓷材料的体积密度和力学性能[31]

复合材料*	体积密度（g/cm^3）	抗弯强度（MPa）	杨氏模量（GPa）	断裂韧性（$MPa·m^{1/2}$）
20vol% C_f/Si_2BC_3N	2.14	64.8±5.5	55.6±3.2	2.2±0.2
20vol% SiC_f/Si_2BC_3N	2.56	284.3±17.9	183.5±11.1	2.8±0.1
(10vol%C_f-10vol% SiC_f)/Si_2BC_3N①	2.24	97.2±2.6	83.8±2.5	3.5±0.2
(10vol%C_f-10vol% SiC_f)/Si_2BC_3N②	2.04	59.4±5.1	54.0±5.0	2.0±0.3
(10vol%C_f-10vol% SiC_f)/Si_2BC_3N③	2.18	69.2±8.5	72.9±8.3	2.6±0.2
(10vol%C_f-10vol%SiC_f)/Si_2BC_3N + $ZrSiO_{4p}$④	2.58	235.3±18.4	127.4±1.7	5.3±0.3

注：①纤维表面未改性；②纤维表面涂覆裂解碳；③纤维表面涂覆 BN；④纤维表面未改性

* KD-I 型 S；SiC_f

热压烧结温度过高，可能导致纤维与基体之间发生严重界面反应，从而使界面结合强度较高，影响纤维的增强增韧效果，所以引入弱界面涂层的方式以期改善其界面结构。分别在 C_f 和 SiC_f（KD-Ⅰ型）表面引入裂解碳和 BN 弱界面层，改性后两种复合材料的致密度较低，抗弯强度由 97.2MPa 分别降至 59.4MPa 和 69.2MPa，杨氏模量由 83.8GPa 降至 54.0GPa 和 72.9GPa，断裂韧性从 $3.5MPa{\cdot}m^{1/2}$ 降至 $2.0MPa{\cdot}m^{1/2}$ 和 $2.6MPa{\cdot}m^{1/2}$。可见，弱界面层的引入使材料的体积密度和力学性能没有得到改善，反而有所降低。

在制备裂解碳涂层过程中发现两种纤维均发生了不同程度的性能退化，其中 C_f 变得非常脆，几乎起不到强韧化效果，而 SiC_f 也有一定程度的析晶；此外，在纤维表面制备弱界面涂层过程中，纤维之间粘连和桥接现象较为严重，导致纤维分散性较差；烧结过程中纤维搭接处粉体很难进入纤维之间的空隙中，从而影响粉体颗粒的扩散传质及陶瓷材料的烧结致密化过程，导致复合材料致密度较低；陶瓷基体中局部区域存在纤维团聚现象，这有可能导致材料性能不均匀。因此弱界面的引入不仅不能使得基体材料的性能得到有效改善，反而会使材料受外加载荷作用时，在性能退化的纤维或纤维团聚区域萌生裂纹而率先发生破坏，造成了材料的力学性能不升反降的现象。与裂解碳涂层相比，涂覆 BN 涂层后纤维分散性较好，纤维粘连现象不严重，其制备过程中对纤维性能损伤程度较小，所以其力学性能略优于引入裂解碳涂层的复合材料。弱界面层的引入对复合材料的断裂行为具有明显的改善，材料由典型的脆性断裂变为伪塑性断裂，这对避免材料在服役过程中发生灾难性失效断裂具有重要意义（图 5-52）。

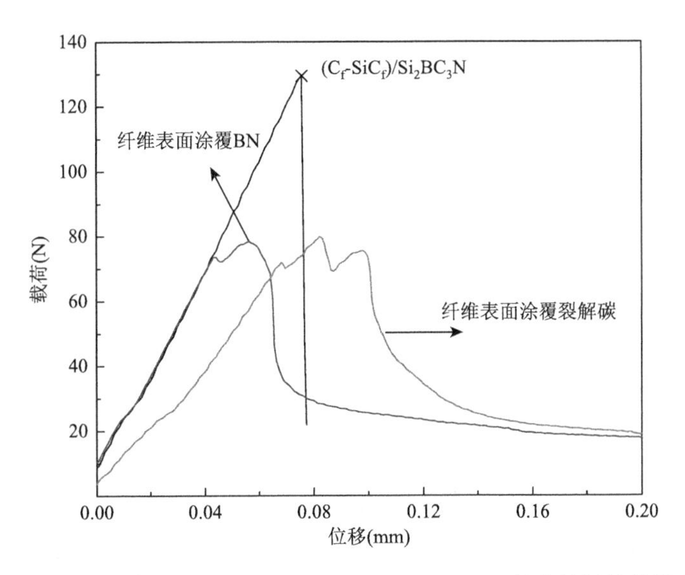

图 5-52　引入弱界面层前后(10vol% C_f-10vol% SiC_f)/Si_2BC_3N 复合材料的载荷-位移曲线[31]

考虑到弱界面层并没有对复合材料的力学性能产生明显的改善效果，同时存在纤维阻碍粉体颗粒烧结致密化以及纤维与基体界面反应严重的现象，因此在复合材料中引入少量烧结助剂，试图通过烧结助剂促进粉体致密化烧结同时降低烧结温度进而减少纤维与基体之间的界面反应。

烧结助剂 $ZrSiO_{4p}$ 的引入起到了促进复合材料烧结、减少孔隙率、提高致密度的作用，因此复合材料的体积密度和力学性能得到了明显提高。引入烧结助剂后，复合材料体积密度从 $2.24g/cm^3$ 提高到 $2.58g/cm^3$，抗弯强度从 97.2MPa 提高到了 253.3MPa，提高了近 2 倍；杨氏模量和断裂韧性分别提高了 43.6GPa 和 $1.82MPa·m^{1/2}$。ZrO_2 等物质离子键的比重高，自身扩散系数较大，容易烧结，因而对整个材料内部空位及原子的扩散和烧结致密化过程起到了一定的促进作用。烧结助剂 $ZrSiO_{4p}$ 的引入并没有改变复合材料的断裂方式，复合材料仍为典型的脆性断裂，但添加助烧剂的(10vol% C_f-10vol% SiC_f)/Si_2BC_3N 复合材料承受的载荷相对较大，说明烧结助剂对材料力学性能的改善仍起到了一定的作用（图 5-53）。

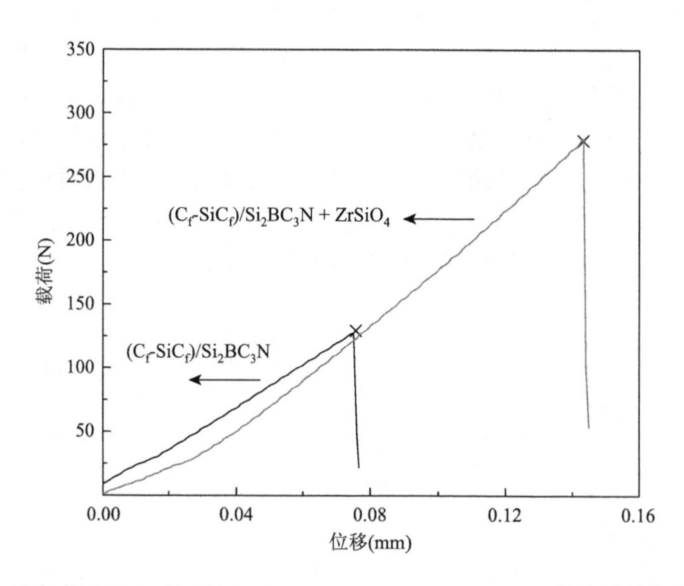

图 5-53　引入添加剂 $ZrSiO_{4p}$ 前后(10vol% C_f-10vol% SiC_f)/Si_2BC_3N 复合材料载荷-位移曲线[31]

(10vol% C_f-10vol% SiC_f)/Si_2BC_3N 复合材料的热膨胀率与温度大体呈线性关系，温度在 300℃以上时复合材料的热膨胀系数趋于稳定，四种复合材料的平均热膨胀系数如表 5-32 所示。引入弱界面层或烧结助剂后复合材料的平均热膨胀系数均有所降低，其中引入 BN 弱界面层的复合材料具有最小的热膨胀系数，四种(10vol% C_f-10vol% SiC_f)/Si_2BC_3N 复合材料的平均热膨胀系数分别为 $4.15\times10^{-6}K^{-1}$、$3.21\times10^{-6}K^{-1}$、$3.05\times10^{-6}K^{-1}$ 和 $3.69\times10^{-6}K^{-1}$（图 5-54）。与相同条件热压烧结制备的 20vol%C_f/Si_2BC_3N 和 20vol%SiC_f/Si_2BC_3N 复合材料相比，四种(10vol%C_f-10vol%SiC_f)/Si_2BC_3N 复合材料的热膨胀系数均低于 20vol%SiC_f/Si_2BC_3N 复合材料的热膨胀系数（$4.29\times10^{-6}K^{-1}$），但多数高于 20vol%C_f/Si_2BC_3N 复合材料的热膨胀系数（$3.17\times10^{-6}K^{-1}$）。

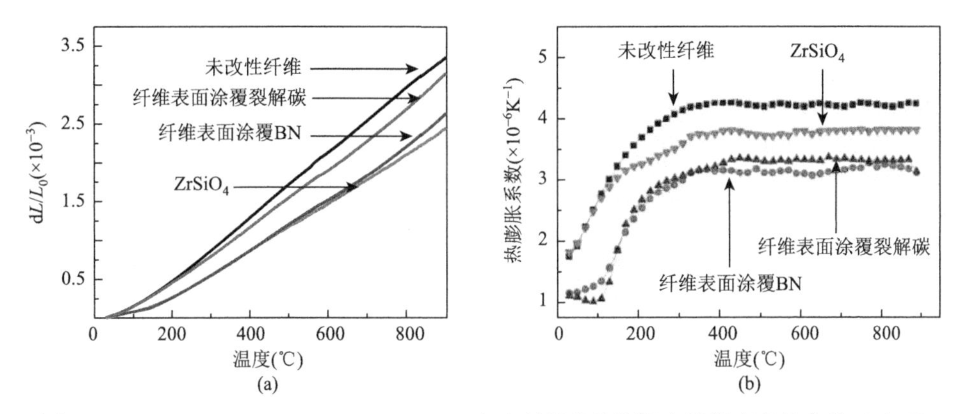

图 5-54　(10vol% C_f-10vol% SiC_f)/Si_2BC_3N 复合材料的热膨胀率随温度变化曲线（a）及热膨胀系数随温度变化曲线（b）[31]

表 5-32　(10vol%C_f-10vol%SiC_f)/Si_2BC_3N 复合材料的平均热膨胀系数[31]

复合材料	平均热膨胀系数（$\times10^{-6}K^{-1}$）
(10vol% C_f-10vol% SiC_f)/Si_2BC_3N①	4.15
(10vol% C_f-10vol% SiC_f)/Si_2BC_3N②	3.21
(10vol% C_f-10vol% SiC_f)/Si_2BC_3N③	3.05
(10vol% C_f-10vol% SiC_f)/Si_2BC_3N + $ZrSiO_{4p}$④	3.69

注：①纤维表面未改性；②纤维表面涂覆裂解碳；③纤维表面涂覆 BN；④纤维表面未改性

5.7　多壁碳纳米管引入对 MA-SiBCN 陶瓷室温力学性能影响

MWCNTs 的引入起到了补强增韧效果，但 MWCNTs 并不能促进 Si_2BC_3N 陶瓷基体的烧结致密化，反而会抑制晶粒发育或者在其较高含量时由于自身的团聚阻碍了基体材料的扩散烧结。纯 Si_2BC_3N 块体陶瓷的抗弯强度为 320.1MPa，引入 1vol%和 2vol% MWCNTs 后复合材料的抗弯强度分别为 462.1MPa 和 322.1MPa；随着 MWCNTs 含量的增加，复合材料杨氏模量先增大后减小，纯 Si_2BC_3N 块体陶瓷的断裂韧性为 4.11 $MPa{\cdot}m^{1/2}$，而含 1vol% MWCNTs 的复合材料断裂韧性最高，达到 5.54$MPa{\cdot}m^{1/2}$；随着 MWCNTs 含量的增加，复合材料维氏硬度值逐渐降低（由 5.4GPa 降至 3.6GPa），相比于晶态 SiC，MWCNTs 自身硬度较低，因而降低了复合材料的硬度（图 5-55）。

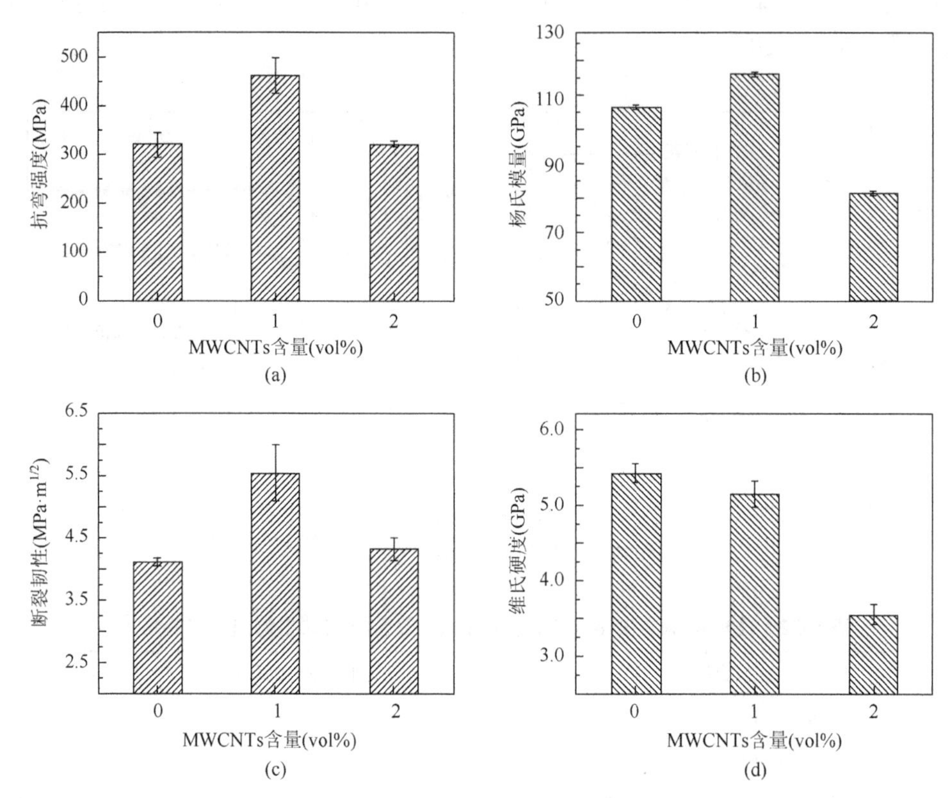

图 5-55　1900℃/60MPa/5min SPS 制备不同 MWCNTs 含量的 MWCNTs/Si_2BC_3N 复合材料的力学性能：（a）抗弯强度；（b）杨氏模量；（c）断裂韧性；（d）维氏硬度[32]

纯 Si_2BC_3N 块体陶瓷在裂纹扩展路径上能观察到少量裂纹偏转。随着 MWCNTs 含量的增加，复合材料中均观察到更曲折的裂纹扩展路径，MWCNTs 起到了裂纹偏转、拔出和裂纹桥接等增韧作用（图 5-56）。

SiC 涂层涂覆 MWCNTs 增强 Si_2BC_3N 陶瓷材料的抗弯强度低于未涂覆 SiC 涂层的 MWCNTs/Si_2BC_3N 复合材料。SiC 涂覆 MWCNTs 后有少许粘连，导致其强韧化效果不能完全发挥。由于 MWCNTs 和 SiC 涂层之间形成了一定的结合力，断裂韧性有所改善。随着 MWCNTs（表面涂覆 SiC）含量增加，Si_2BC_3N 基陶瓷材料力学性能有明显改善，其抗弯强度和断裂韧性分别达到 532.1MPa 和 6.66MPa·$m^{1/2}$，明显高于未引入或未改性 MWCNTs 复合材料的力学性能。MWCNTs 表面涂覆 SiC 后一方面改善了增强相自身的断裂强度；另一方面还提高了 MWCNTs 与陶瓷基体间的结合强度，从而在加载破坏过程中具有更大的拔出功（表 5-33）。

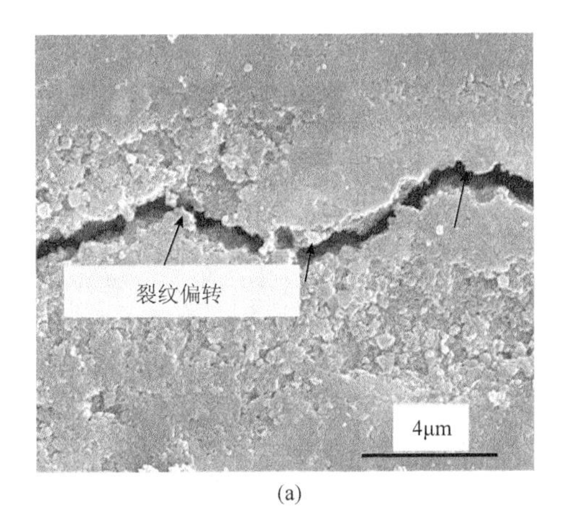

(a)

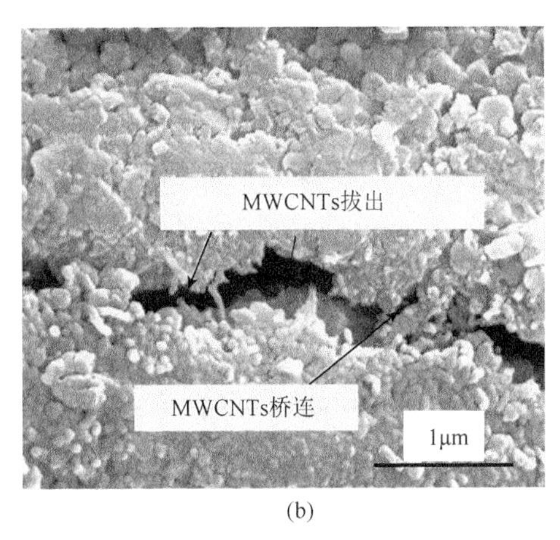

(b)

图 5-56　SPS 制备的 1vol% MWCNTs/Si_2BC_3N 复合材料的压角裂纹扩展形貌：（a）裂纹偏转；（b）MWCNTs 桥连和拔出[32]

表 5-33　放电等离子烧结制备的 MWCNTs/Si_2BC_3N 复合材料的体积密度及力学性能[32]

改性 MWCNTs 含量（vol%）	体积密度（g/cm^3）	抗弯强度（MPa）	杨氏模量（GPa）	断裂韧性（$MPa \cdot m^{1/2}$）
1①	2.58	462.1±35.2	111.6±0.6	5.54±0.45
1	2.59	390.9±28.6	142.5±6.5	5.80±0.26
2	2.61	532.1±22.1	144.0±1.8	6.66±0.25

注：①MWCNTs 表面未涂覆 SiC 涂层

5.8　石墨烯引入对 MA-SiBCN 陶瓷室温力学性能影响

Si_2BC_3N 块体陶瓷的体积密度和致密度随石墨烯含量增加不断降低，石墨烯含量为 10vol%时，复合材料体积密度和致密度分别为 2.17g/cm^3 和 77.2%，远低于纯 Si_2BC_3N 块体陶瓷的 97.3%；维氏硬度随着石墨烯含量增加不断降低，而抗弯强度和杨氏模量随石墨烯含量增加显著提高。石墨烯含量为 1vol%、2vol%和 5vol%时，复合材料抗弯强度先增加后降低，杨氏模量在石墨烯含量为 5vol%时达到最大，此时复合材料的致密度为 86.2%。当石墨烯含量增加到 10vol%时，复合材料抗弯强度达到了最大值（196.6±11.7）MPa，杨氏模量达（111.0±9.3）GPa（表 5-34）。杨氏模量和抗弯强度随着石墨烯含量增加并没有表现出连续增加或减少的规律，但石墨烯对提高 Si_2BC_3N 块体陶瓷抗弯强度和杨氏模量有很大的促进作用。气孔率对陶瓷抗弯强度和杨氏模量的影响至关重要，石墨烯的加入使得该复合材料的致密度下降，然而其抗弯强度和杨氏模量反而提高，说明石墨烯的加入对 Si_2BC_3N 陶瓷基体的增益作用大于气孔对其模量和强度的弱化作用。

表 5-34 1800℃/40MPa/5min SPS 烧结制备 graphene/Si_2BC_3N 复合材料的力学性能[33, 34]

石墨烯含量（vol%）	密度（g/cm^3）	相对密度（%）	抗弯强度（MPa）	杨氏模量（GPa）	断裂韧性（$MPa·m^{1/2}$）	维氏硬度（GPa）
0	2.7	97.3	64.8±6.8	68.6±6.8	0.72±0.15	8.5±1.3
1	2.4	85.9	153.4±0.7	125.4±5.0	3.04±0.24	5.4±0.7
2	2.5	86.6	168.9±1.7	94.6±3.9	4.06±0.56	3.0±0.1
5	2.4	86.2	135.3±8.3	150.1±2.9	5.40±0.63	3.0±0.2
10	2.2	77.2	196.6±11.7	111.0±9.3	3.71±0.01	2.4±0.1

石墨烯的加入有效提高了 Si_2BC_3N 陶瓷基体的断裂韧性。纯 Si_2BC_3N 块体陶瓷致密度较高，但断裂韧性仅（0.72±0.15）$MPa·m^{1/2}$，石墨烯含量为 5vol%时，复合材料断裂韧性达到了最大，为（5.40±0.63）$MPa·m^{1/2}$；石墨烯含量为 10vol%时，该复合材料断裂韧性有所下降，达（3.71±0.01）$MPa·m^{1/2}$。

裂纹尖端扩展遇到石墨烯片层时，若石墨烯与 Si_2BC_3N 陶瓷基体界面结合强度适中，裂纹扩展将在石墨烯处受阻，进而使得裂纹沿着石墨烯片表面行走，因此在断口上可以看到石墨烯纳米片被拔出（图 5-57）。石墨烯的钉扎机制能够使得裂纹行走路径更加扭曲以释放压力，因此提高了材料的断裂韧性（图 5-58）。在 1800℃烧结温度下，石墨烯含量由 1vol%提高到 2vol%时，石墨烯的增韧效果显著，断裂韧性值也增大，原因在于裂纹扩展时遇到石墨烯的频率增多，裂纹扩展路径较长。复合材料断裂韧性的提高应归功于石墨烯纳米片的拔出和被穿透所消耗的能量，并且拔出一片石墨烯所消耗的能量较拔出一根纳米纤维要高，这是由石墨烯较大的比表面积所致。在 1900℃ SPS 时，由于烧结温度较高，石墨烯不能稳定存在，因此断口上很难看到石墨烯有效拔出和桥连，对 Si_2BC_3N 陶瓷基体的增韧效果有限。

(a)

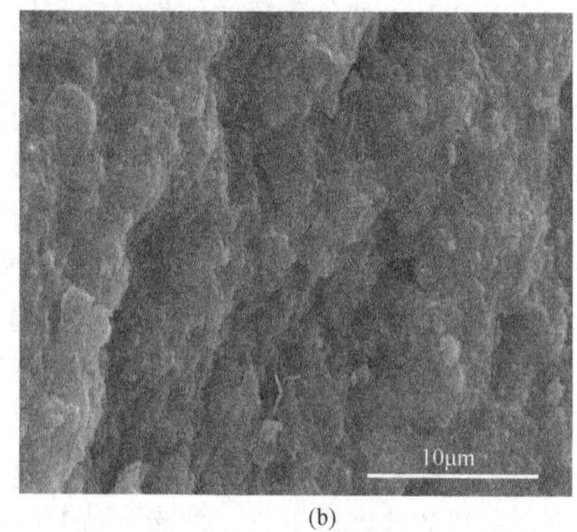

(b)

图 5-57 10vol% graphene/Si_2BC_3N 复合材料的 SEM 断口形貌：（a）高倍；（b）低倍[34]

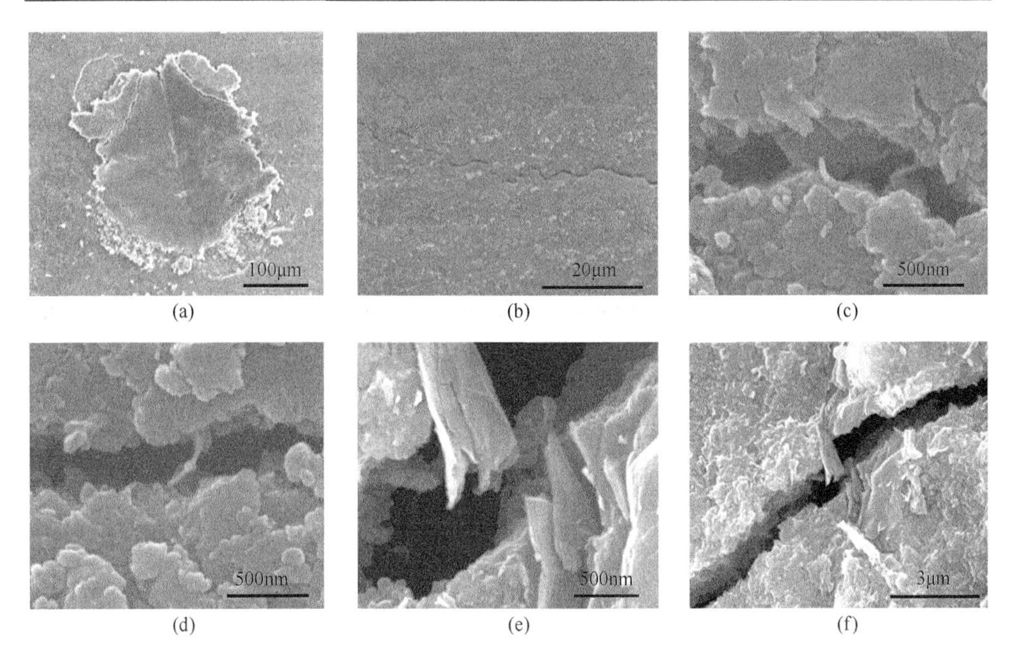

图 5-58　graphene/Si_2BC_3N 复合材料的维氏压痕及压角裂纹扩展形貌：（a）压痕形貌；（b）裂纹偏转；（c）石墨烯拔出；（d）石墨烯桥连；（e），（f）裂纹穿透石墨烯[34]

石墨烯在不同晶粒尺寸复合材料中增韧机制有所不同，若陶瓷基体晶粒尺寸在微米级别，除了石墨烯桥连、拔出外，裂纹扩展时倾向于双向偏转，而纳米晶陶瓷则会使得裂纹向着三维方向发生偏转[35]。graphene/Si_2BC_3N 复合材料的微观组织结构由 SiC、BN(C)以及少量非晶成分组成，为纳米复相陶瓷。石墨烯的加入使得 Si_2BC_3N 陶瓷的断裂韧性得到了很大的提高，石墨烯在 Si_2BC_3N 陶瓷中的增韧机制主要是：石墨烯的拔出、桥连、裂纹穿透石墨烯、裂纹偏转。

参 考 文 献

[1] Yang Z H，Jia D C，Duan X M，Zhou Y. Microstructure and thermal stabilities in various atmospheres of $SiB_{0.5}C_{1.5}N_{0.5}$ nano-sized powders fabricated by mechanical alloying technique[J]. Journal of Non-Crystalline Solids，2010，356（6）：326-333.

[2] Yang Z H，Jia D C，Duan X M，Sun K N，Zhou Y. Effect of Si/C ratio and their content on the microstructure and properties of Si-B-C-N ceramics prepared by spark plasma sintering techniques[J]. Materials Science and Engineering A，2011，528（4-5）：1944-1948.

[3] 杨治华. Si-B-C-N 机械合金化粉末及陶瓷的组织结构与高温性能[D]. 哈尔滨：哈尔滨工业大学，2008.

[4] Zhang P F，Jia D C，Yang Z H，Duan X M，Zhou Y. Microstructural features and properties of the nano-crystalline SiC/BN(C)composite ceramic prepared from the mechanically alloyed SiBCN powder[J]. Journal of Alloys and Compounds，2012，537（19）：346-356.

[5] Zhang P F，Jia D C，Yang Z H，Duan X M，Zhou Y. Crystallization and microstructural evolution process from the

mechanically alloyed amorphous Si-B-C-N powder to the hot-pressed nano SiC/BN(C)ceramic[J]. Journal of Materials Science，2012，47（20）：7291-7304.

[6] Zhang P F，Jia D C，Yang Z H，Duan X M，Zhou Y. Progress of a novel non-oxide Si-B-C-N ceramic and its matrix composites[J]. Journal of Advanced Ceramics，2012，1（3）：157-178.

[7] 张鹏飞. 机械合金化 2Si-B-3C-N 陶瓷的热压烧结与晶化行为及高温性能[D]. 哈尔滨：哈尔滨工业大学，2013.

[8] 金志浩，高积强，乔冠军. 工程陶瓷材料[M]. 西安：西安交通大学出版社，2000.

[9] Carter J R C H，Davis R F，Bentley J. Kinetics and mechanisms of high-temperature creep in silicon carbide：Ⅱ，Chemically vapor deposited[J]. Journal of the American Ceramic Society，1984，67（11）：732-740.

[10] Christ M，Thurn G，Weinmann M，Bill J，Aldinger F. High-temperature mechanical properties of Si-B-C-N-precursor-derived amorphous ceramics and the applicability of deformation models developed for metallic glasses[J]. Journal of the American Ceramic Society，2000，83（12）：3025-3032.

[11] Ravi Kumar N V，Mager R，Cai Y，Zimmermann A，Aldinger F. High temperature deformation behaviour of crystallized Si-B-C-N ceramics obtained from a boron modified poly（vinyl）silazane polymeric precursor[J]. Scripta Materialia，2004，51（1）：65-69.

[12] 张清纯. 结构陶瓷的高温蠕变[J]. 硅酸盐通报，1988，21（1-4）：36-48.

[13] Kumar N V，Prinz S，Cai Y，Zimmermann A，Aldinger F，Berger F，Müller K. Crystallization and creep behavior of Si-B-C-N ceramics[J]. Acta Materialia，2005，53（17）：4567-4578.

[14] Kumar R，Phillipp F，Aldinger F. Oxidation induced effects on the creep properties of nano-crystalline porous Si-B-C-N ceramics[J]. Materials Science and Engineering A，2007，445-446（15）：251-258.

[15] 常春，陈传忠，孙文成. SiC 的高温抗氧化性分析[J]. 山东大学学报，2002，32（6）：581-585.

[16] 梁斌. 高压烧结 Si-B-C-N 非晶陶瓷的晶化及高温氧化机制[D]. 哈尔滨：哈尔滨工业大学，2017.

[17] Liang B，Yang Z H，Chen Q Q，Wang S J，Duan X M，Jia D C，Zhou Y，Luo K，Yu D L，Tian Y J. Crystallization behavior of amorphous Si_2BC_3N ceramic monolith subjected to high pressure[J]. Journal of the American Ceramic Society，2015，98（12）：3788-3796.

[18] 叶丹. Si-B-C-N-Al 机械合金化粉末及陶瓷的组织结构与抗氧化性[D]. 哈尔滨：哈尔滨工业大学，2012.

[19] 侯俊楠. Mo-SiBCN 梯度复合材料组织结构设计与抗热震性能[D]. 哈尔滨：哈尔滨工业大学，2016.

[20] 胡成川. Si-B-C-N-Zr 机械合金化粉末及陶瓷的组织结构与性能[D]. 哈尔滨：哈尔滨工业大学，2013.

[21] 王高远. 冰模法制备 SiBCN（Zr）梯度多孔陶瓷及其双连续复合材料的制备与性能研究[D]. 哈尔滨：哈尔滨工业大学，2018.

[22] Liao N，Jia D C，Yang Z H，Zhou Y，Li Y W. Enhanced mechanical properties，thermal shock resistance and oxidation resistance of Si_2BC_3N ceramics with Zr-Al addition[J]. Materials Science and Engineering A，2018，725：364-374.

[23] Li D X，Yang Z H，Mao Z B，Jia D C，Cai D L，Liang B，Duan X M，He P G，Rao J C. Microstructures，mechanical properties and oxidation resistance of SiBCN ceramics with the addition of MgO，ZrO_2 and SiO_2（MZS）as sintering additives[J]. RSC Advances，2015，5（64）：52194-52205.

[24] 廖兴琪.（TiB_2 + TiC）/SiBCN 复合材料的组织结构与性[D]. 哈尔滨：哈尔滨工业大学，2014.

[25] 苗洋. ZrB_2/SiBCN 陶瓷基复合材料制备及抗氧化与耐烧蚀性能[D]. 哈尔滨：哈尔滨工业大学，2017.

[26] 敖冬飞. HfB_2/SiBCN 复相陶瓷抗热震与耐烧蚀性能的研究[D]. 哈尔滨：哈尔滨工业大学，2018.

[27] 潘丽君. C_f表面涂层及 C_f/SiBCN 复合材料制备与性能[D]. 哈尔滨：哈尔滨工业大学，2012.

[28] Wang J Y，Yang Z H，Duan X M，Jia D C，Zhou Y. Microstructure and mechanical properties of SiC_f/SiBCN

ceramic matrix composites[J]. Journal of Advanced Ceramics，2015，4（1）：31-38.

[29]　周沅逸. SiC 纤维表面复合涂层的制备与表征[D]. 哈尔滨：哈尔滨工业大学，2016.

[30]　吴道雄. SiC_f表面非晶碳层对 SiC_f/SiBCN 复合材料性能的影响[D]. 哈尔滨：哈尔滨工业大学，2016.

[31]　李悦彤.（C_f-SiC_f）/SiBCN 复合材料的力学与抗热震耐烧蚀性能[D]. 哈尔滨：哈尔滨工业大学，2016.

[32]　Liao N，Jia D C，Yang Z H，Zhou Y，Li Y W. Strengthening and toughening effects of MWCNTs on Si_2BC_3N ceramics sintered by SPS technique[J]. Materials Science and Engineering A，2018，710：142-150.

[33]　Li D X，Yang Z H，Jia D C，Duan X M，He P G，Zhou Y. Spark plasma sintering and toughening of graphene platelets reinforced SiBCN nanocomposites[J]. Ceramics International，2015，41（9）：10755-10765.

[34]　李达鑫. SPS 烧结 Graphene/SiBCN 陶瓷及其高温性能[D]. 哈尔滨：哈尔滨工业大学，2016.

[35]　Liu J，Yan H X，Reece M J，Jiang K. Toughening of zirconia/alumina composites by the addition of graphene platelets[J]. Journal of the European Ceramic Society 2012，32（16）：4185-4193.

第 6 章　MA-SiBCN 陶瓷与复合材料的抗热震和耐烧蚀性能及热震烧蚀损伤机理

抗热震性或抗热冲击性是指材料承受温度骤变而不被破坏的能力，是材料热学与力学性质的综合表现，同时还受构件几何形状和环境介质等综合因素影响。再入大气层的弹头端帽、高（超）声速飞行器翼前沿，在通过稠密大气层时，因气动加热，表面温度急剧上升，表面材料会发生一系列复杂的物理化学变化和传质，如材料熔化、蒸发、升华，材料与周围空气之间的化学反应，材料各成分之间的化学反应，材料的流失和剥蚀等，统称为烧蚀。陶瓷材料的抗热震和耐烧蚀性能是许多工程应用，如耐火和保温材料、高导热集成电路基片、高温结构件和航空航天防热构件等首先需要考虑的因素，具有重要的工程应用价值。本章主要阐述基于机械合金化的无机法结合烧结技术制备的 SiBCN 系亚稳陶瓷及其复合材料的抗热震和耐烧蚀性能，并对材料的抗热震和耐烧蚀损伤机理进行了研究和分析。

6.1　MA-SiBN 陶瓷的耐烧蚀性能

氧乙炔焰烧蚀过程中 Si_3BN、Si_2BN、SiBN、SiB_2N、SiB_3N 五种不同 Si/B 比块体陶瓷材料表面最高温度分别为 1921℃、1759℃、1743℃、1979℃和 2002℃，说明较高 Si/B 原子比的 MA-SiBN 陶瓷具有更加优异的隔热性能（图 6-1）。对于 Si_2BN、SiBN 块体陶瓷，由于在烧蚀试验时，烧蚀火焰对中性不好，火焰中心相对于样品表面中心发生较大偏移，所测烧蚀表面最高温度偏低。

不同 Si/B 比 MA-SiBN 系陶瓷材料按照 GJ B 323A—1996 标准经氧乙炔焰烧蚀 10s 后均具有较低的质量烧蚀率和线烧蚀率，表现出优良的耐烧蚀性能。随着 Si/B 原子比降低，块体陶瓷质量烧蚀率和线烧蚀率变化明显，说明该烧蚀条件下 Si/B 原子比对 MA-SiBN 系陶瓷材料耐烧蚀性能影响较大（表 6-1）。其中 Si_2BN 块体陶瓷质量烧蚀率最低（0.12mg/s），而 SiBN 块体陶瓷线烧蚀率最低（0.0031mm/s）。

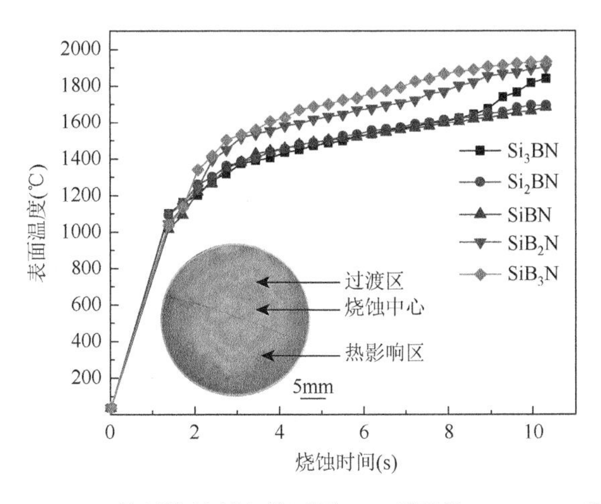

图 6-1　1800℃/40MPa/30min 热压烧结制备的不同 Si/B 原子比 MA-SiBN 系陶瓷经氧乙炔焰烧蚀 10s 后表面温度随烧蚀时间的变化曲线[1]

表 6-1　不同 Si/B 原子比 MA-SiBN 系陶瓷经氧乙炔焰烧蚀 10s 后的烧蚀性能[1]

化学成分	质量烧蚀率（mg/s）	线烧蚀率（mm/s）
Si_3BN	0.51	0.0100
Si_2BN	0.12	0.0042
SiBN	0.31	0.0031
SiB_2N	0.52	0.0036
SiB_3N	1.01	0.0049

随着 Si/B 原子比的降低，材料中 Si_3N_4 相含量逐渐降低，h-BN 相含量逐渐增加。五种不同 Si/B 原子比的 MA-SiBN 陶瓷烧蚀中心、过渡区和热影响区物相存在明显差异（图 6-2）。Si/B 原子比越高的陶瓷，氧乙炔焰在烧蚀区的烧蚀作用越明显，使得烧蚀中心与过渡区、热影响区物相出现较大差别。

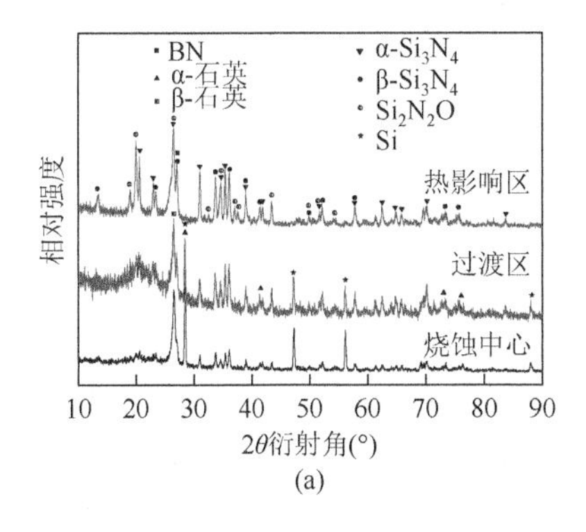

(a)

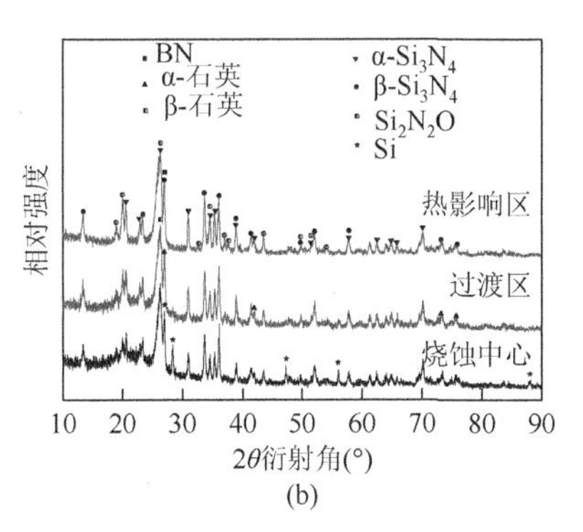

(b)

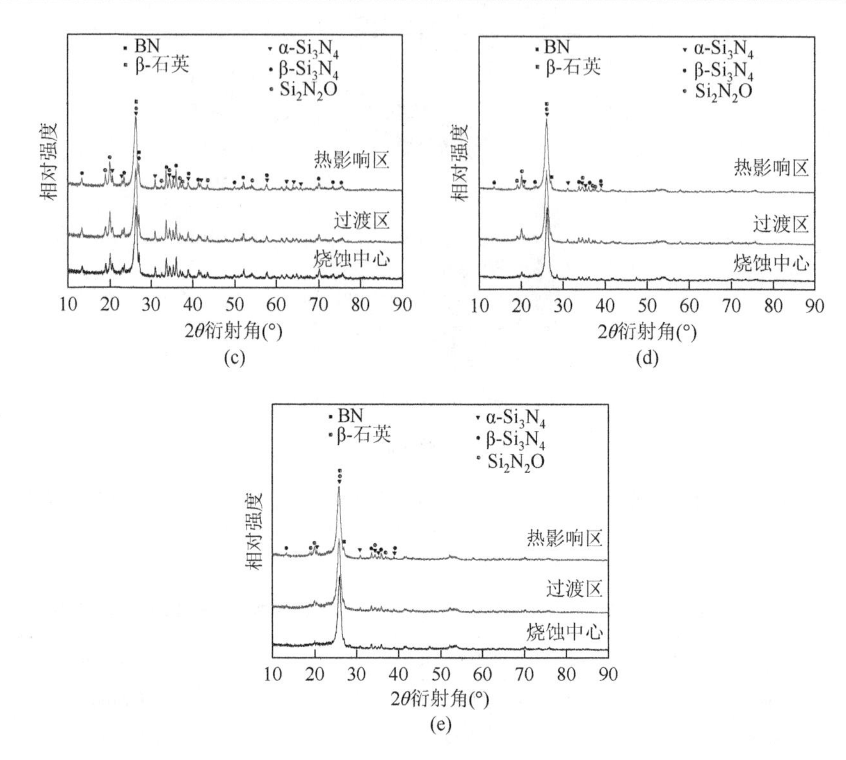

图 6-2　不同 Si/B 原子比 MA-SiBN 系陶瓷经氧乙炔焰烧蚀 10s 后不同区域微区 XRD 图谱：（a）Si_3BN；（b）Si_2BN；（c）SiBN；（d）SiB_2N；（e）SiB_3N[1]

在 Si_3BN 块体陶瓷烧蚀中心，来自基体的 α-Si_3N_4、β-Si_3N_4、Si_2N_2O 和 h-BN 四相晶体衍射峰强度很低，而 α-石英、β-石英以及单质 Si 衍射峰较强。这是因为高 Si/B 原子比 MA-SiBN 陶瓷中具有较多 Si_3N_4 和 Si_2N_2O 相，在氧乙炔焰的高温氧化和剥蚀作用下，发生了 Si_3N_4 的氧化和 Si_2N_2O 的分解进而产生了 α-石英和 β-石英相。较高 Si/B 原子比使得烧蚀中心区范围内对氧消耗较多，使得氧分压迅速下降，在高温作用下 Si_3N_4 发生分解生成单质 Si 和 N_2。同时单质 Si 表面迅速发生氧化，生成 SiO_2 保护层，短时间内阻碍了其进一步氧化，从而使得部分单质 Si 保留至室温。

Si_3BN 块体陶瓷过渡区微区 XRD 图谱表明，α-Si_3N_4、β-Si_3N_4、Si_2N_2O 和 h-BN 四相晶体衍射峰强度较烧蚀中心明显增强，同时在 $2\theta = 15°$～$25°$范围可以看到明显的非晶馒头峰，说明在过渡区表面产生了部分非晶相。此外，在该区域内仍存在较强的单质 Si 晶体衍射峰，说明高 Si/B 原子比会引起陶瓷表面单质 Si 残留增加，而单质 Si 的存在会对材料介电性能造成不利的影响。从该角度分析，高 Si/B 原子比组分不利于 MA-SiBN 系陶瓷的高温透波性能。在热影响区，Si_3BN 陶瓷基体相 α-Si_3N_4、β-Si_3N_4、Si_2N_2O 和 h-BN 的晶体衍射峰进一步增强，说明烧蚀氧化层逐渐变薄。热影响区 α-石英的晶体衍射峰消失，过渡区存在的非晶衍射峰也消失，说明氧乙炔焰烧蚀作用在热影响区未产生明显的非晶物相。

Si_2BN 块体陶瓷的烧蚀中心和过渡区在 $2\theta = 15° \sim 25°$范围内存在宽化馒头峰，说明在这两个烧蚀区域中均产生了一定量的非晶相；同样在烧蚀中心观察到少量单质 Si 残留，但由于 Si/B 原子比的减小，烧蚀中心对氧的消耗较 Si_3BN 块体陶瓷少，氧分压下降程度降低，所以 Si_3N_4 分解量减少使得残留 Si 含量降低，其衍射峰强度下降明显。此外，Si_3N_4 分解量减少也使得基体相 α-Si_3N_4、β-Si_3N_4 得以保留，所以其衍射峰强度较 Si_3BN 块体陶瓷烧蚀中心对应物相衍射峰强度高，但随着远离烧蚀中心，基体相衍射峰强度仍呈现增强趋势。

随着 Si/B 原子比的进一步减小，SiBN、SiB_2N、SiB_3N 三种块体陶瓷基体中 α-Si_3N_4、β-Si_3N_4 相含量明显下降，烧蚀中心、过渡区和热影响区的物相变化不太明显。低 Si/B 原子比的材料中 h-BN 含量较高，因此烧蚀区域物相变化主要由 h-BN 的氧乙炔焰烧蚀作用主导。h-BN 的氧化主要产物为 B_2O_3 和 N_2，在高温烧蚀作用下均以气态形式挥发，所以上述三种 Si/B 原子比的 MA-SiBN 材料烧蚀区域物相没有明显差异。

实际上 Si_3N_4 氧化反应的驱动力最高，而 h-BN 氧化驱动力较 Si_3N_4 低，h-BN 具有更好的耐烧蚀和抗氧化性能，因此 Si/B 原子比的降低，有利于提高 MA-SiBN 系陶瓷材料耐烧蚀性能。只有当烧蚀温度高于 2200K 时，Si_3N_4 的分解反应在热力学上才可以自发进行。这与烧蚀中心到过渡区中残留单质 Si 量逐渐减少，热影响区无单质 Si 的物相演变规律相符。在距离烧蚀焰心较远的热影响区，烧蚀温度较低，Si_3N_4 分解反应在热力学上难以发生，所以烧蚀后 MA-SiBN 系陶瓷材料表面上该区域内无单质 Si 残留。此外，单质 Si 的残留不仅与热力学条件有关，还与 Si_3N_4 所处环境的氧分压、界面反应速率、气体流速等诸多因素有关。

经氧乙炔焰烧蚀前，Si_3BN、Si_2BN、SiBN、SiB_2N 和 SiB_3N 五种块体陶瓷表面致密光滑平整，烧蚀后 MA-SiBN 系陶瓷材料表面均出现了不同程度的烧蚀损伤，烧蚀火焰中心出现面积大小不同的烧蚀坑（图 6-3 和图 6-4）。除 Si_2BN 块体陶瓷外，其余块体陶瓷表面均出现了明显贯穿式裂纹。块体陶瓷内部不可避免存

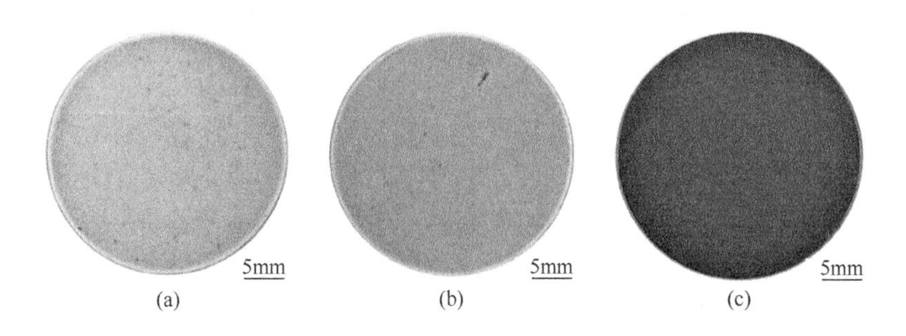

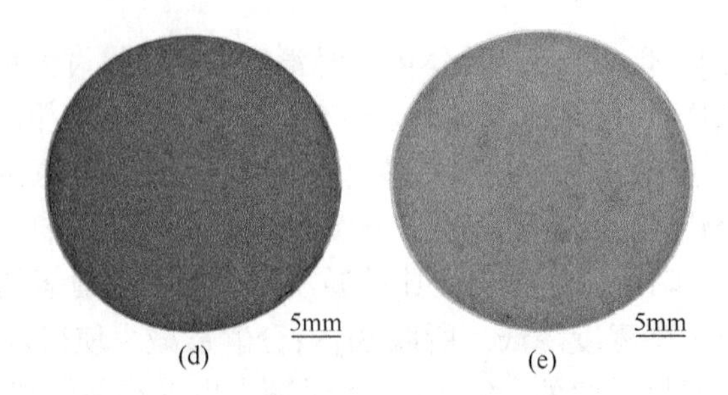

图 6-3　烧蚀前不同 Si/B 原子比 MA-SiBN 系陶瓷材料的表面光学照片：(a) Si_3BN；(b) Si_2BN；(c) SiBN；(d) SiB_2N；(e) SiB_3N[1]

在微观缺陷以及各物相热膨胀系数、热导率失配等，使得在高温氧乙炔焰热冲击下，陶瓷表面与背面温差较大，在材料内部产生较大热应力，从而使得材料出现宏观裂纹，导致试样开裂。

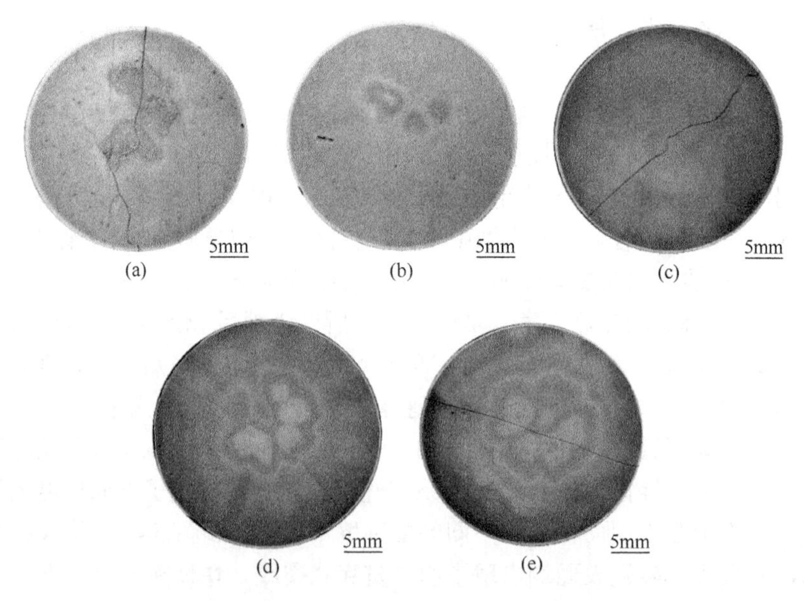

图 6-4　氧乙炔焰烧蚀 10s 后不同 Si/B 原子比 MA-SiBN 系陶瓷的表面光学照片：(a) Si_3BN；(b) Si_2BN；(c) SiBN；(d) SiB_2N；(e) SiB_3N[1]

高 Si/B 原子比的 Si_3BN 块体陶瓷，经氧乙炔焰烧蚀 10s 后，材料炸裂为四部分；随着 Si/B 原子比的降低，SiBN、SiB_2N 和 SiB_3N 三种块体陶瓷表面均只产生了一条贯穿烧蚀中心近似直径长度的裂纹，使陶瓷劈裂成两部分。这说明 h-BN 含量的提高，有利于材料热导率的提高和降低材料的热膨胀系数，从而对 MA-SiBN 系陶瓷材料抗热震性能起积极作用。

由于烧蚀火焰的高温氧化作用，基体 Si_3N_4、h-BN 等开始发生氧化，氧化产物进一步软化、挥发，从而吸收一部分热量，使得材料表面温升在约 8s 后才达到约 1900℃。升至高温耗时较长，使得高温烧蚀时间较短，因此高速燃气流对试样表面的强烈冲刷作用持续时间较短，在烧蚀区形成了大量氧化产物挥发遗留的大尺寸气孔，同时在表面形成由 SiO_2 占主体的氧化层。烧蚀过程中高速燃气流垂直于块体陶瓷表面，烧蚀中心区 SiO_2 被气流吹走较少，从而在试样表面形成一层保护膜；烧蚀焰进一步对材料进行烧蚀时，SiO_2 的软化、挥发、分解等均会吸收一部分热量，从而使材料烧蚀率降低。由于 Si_3N_4 的氧化反应优先于 h-BN 发生，所以随着 Si/B 原子比的增加，在烧蚀区容易产生更多的氧化产物，其中 N_2 的逸出和 B_2O_3、SiO 的挥发使得在烧蚀中心表面形成更多大孔径的孔洞（图 6-5）。

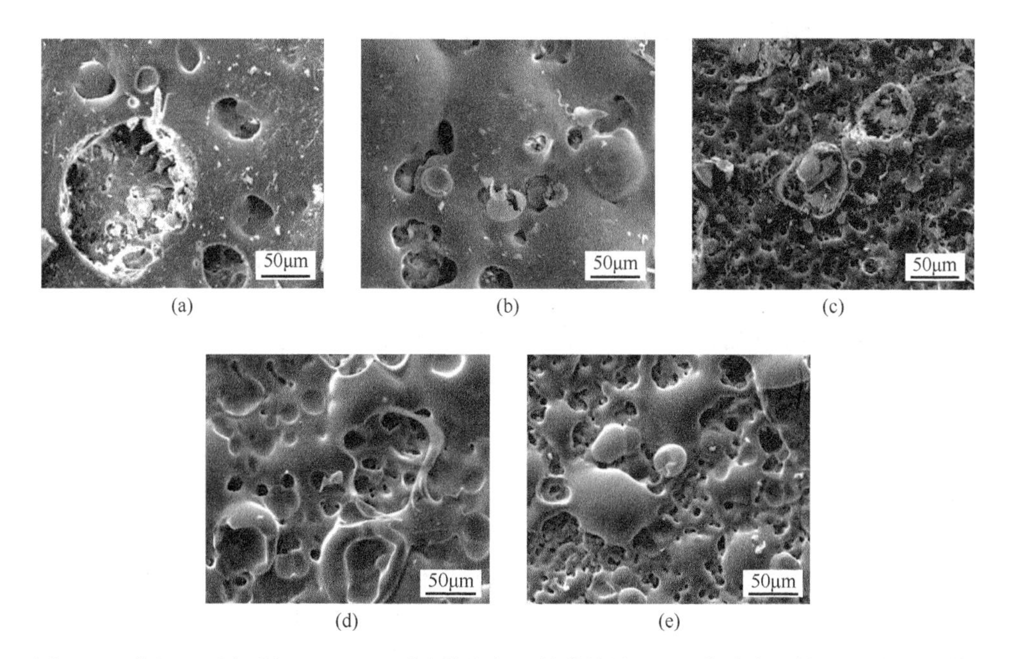

图 6-5　不同 Si/B 原子比 MA-SiBN 系陶瓷经氧乙炔焰烧蚀 10s 后烧蚀中心的 SEM 表面形貌：（a）Si_3BN；（b）Si_2BN；（c）SiBN；（d）SiB_2N；（e）SiB_3N[1]

不同 Si/B 原子比 MA-SiBN 系陶瓷过渡区烧蚀程度不及烧蚀中心区，在过渡区可以看到氧化产物气体逃逸遗留的细小孔洞，均匀分布在非晶 SiO_2 氧化层中（图 6-6）。随着 Si/B 原子比降低，基体中 h-BN 含量增加，材料热导率提高。低 Si/B 原子比的 SiB_2N 和 SiB_3N 块体陶瓷过渡区温度较高，其过渡区气孔尺寸较大，氧化膜更为明显。Si_2BN 和 SiBN 块体陶瓷烧蚀过渡区可以看到少量球状 SiO_2 颗粒。强烈的气流冲刷会将 SiO_2 带往过渡区，低温下液态 SiO_2 流动性较差，与基体润湿性较差，为使表面吉布斯自由能最低，在表面张力作用下，液态 SiO_2 凝固成球状颗粒。

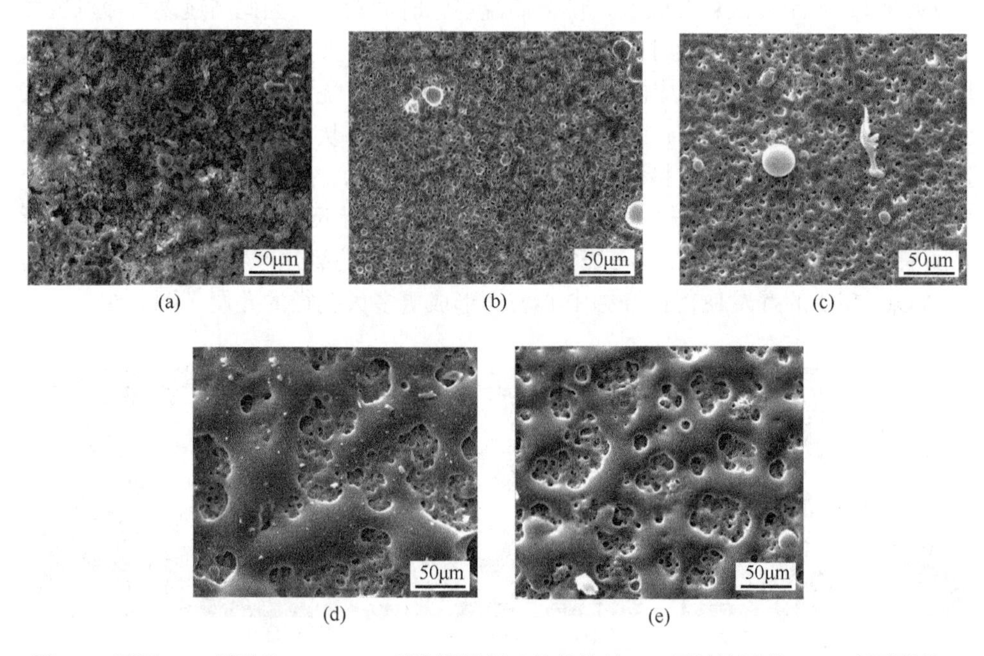

图 6-6　不同 Si/B 原子比 MA-SiBN 系陶瓷经氧乙炔焰烧蚀 10s 后过渡区的 SEM 表面形貌：（a）Si_3BN；（b）Si_2BN；（c）SiBN；（d）SiB_2N；（e）SiB_3N[1]

MA-SiBN 系陶瓷热影响区表面温度进一步下降，SiO_2 黏度提高，从而使得内部形成的气泡难以通过表面 SiO_2 氧化层进行扩散逃逸。低 Si/B 原子比的 SiB_2N 和 SiB_3N 块体陶瓷热影响区可以观察到大范围未破裂气泡，氧化层主要成分为非晶 SiO_2。高 Si/B 原子比的 Si_2BN 和 SiBN 块体陶瓷由于 Si_3N_4 含量较高，热影响区域内氧化程度较为明显，氧化产生的大量气体冲破氧化层留下了细密的气孔（图 6-7）。

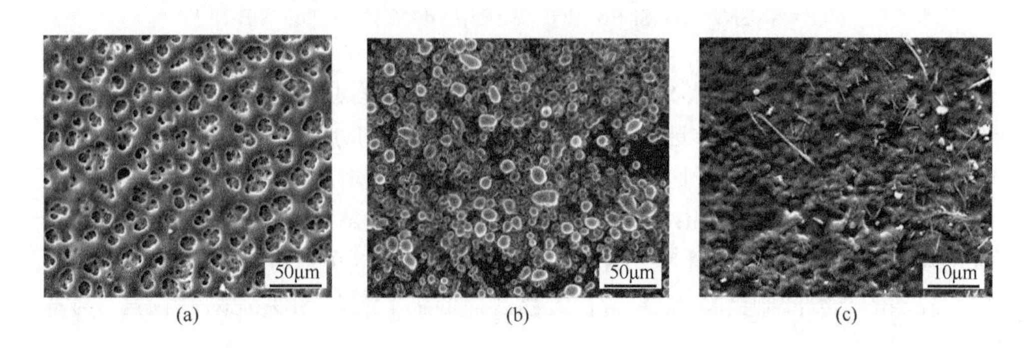

(d)　(e)

图 6-7　不同 Si/B 原子比 MA-SiBN 系陶瓷经氧乙炔焰烧蚀 10s 后热影响区的 SEM 表面形貌：（a）Si_3BN；（b）Si_2BN；（c）SiBN；（d）SiB_2N；（e）SiB_3N[1]

不同 Si/B 原子比 MA-SiBN 系陶瓷在烧蚀中心区域的截面方向均可分为三个区域：SiO_2 熔融区、热影响区及陶瓷基体。Si_3BN、SiBN、SiB_2N、SiB_3N 四种块体陶瓷烧蚀截面均可明显观察到非晶 SiO_2 层，层厚因气流剥蚀冲刷以及材料 Si/B 原子比不同而有差异（图 6-8 和图 6-9）。MA-SiBN 系陶瓷表面 SiO_2 熔化层均较

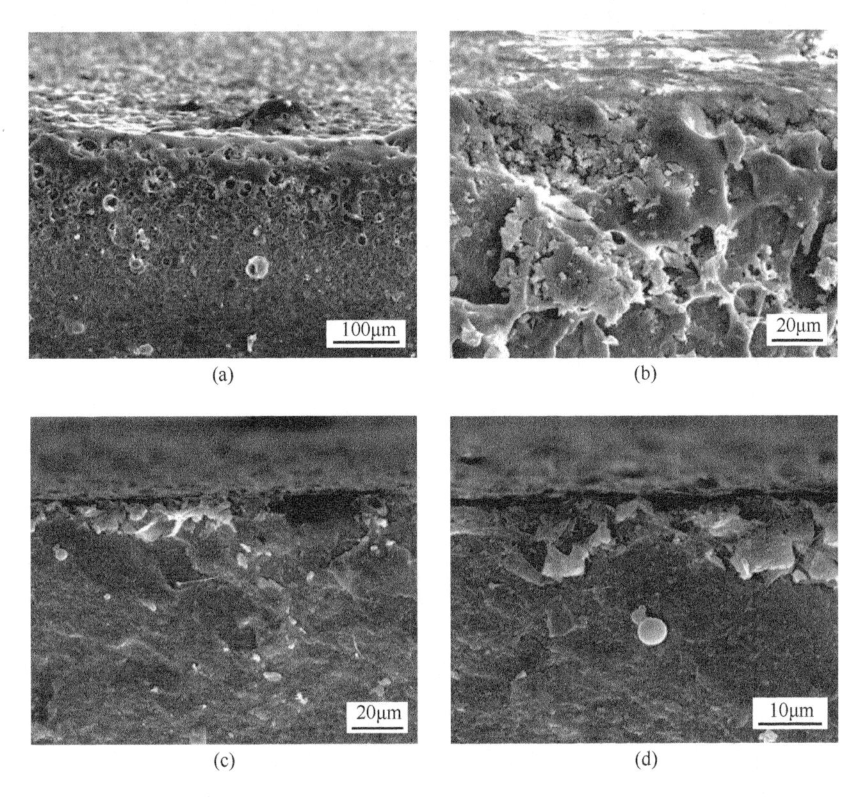

(a)　(b)　(c)　(d)

图 6-8　不同 Si/B 原子比 MA-SiBN 系陶瓷经氧乙炔焰烧蚀 10s 后 SEM 截面形貌：（a）Si_3BN，低倍；（b）Si_3BN，高倍；（c）SiBN，低倍；（d）SiBN，高倍[1]

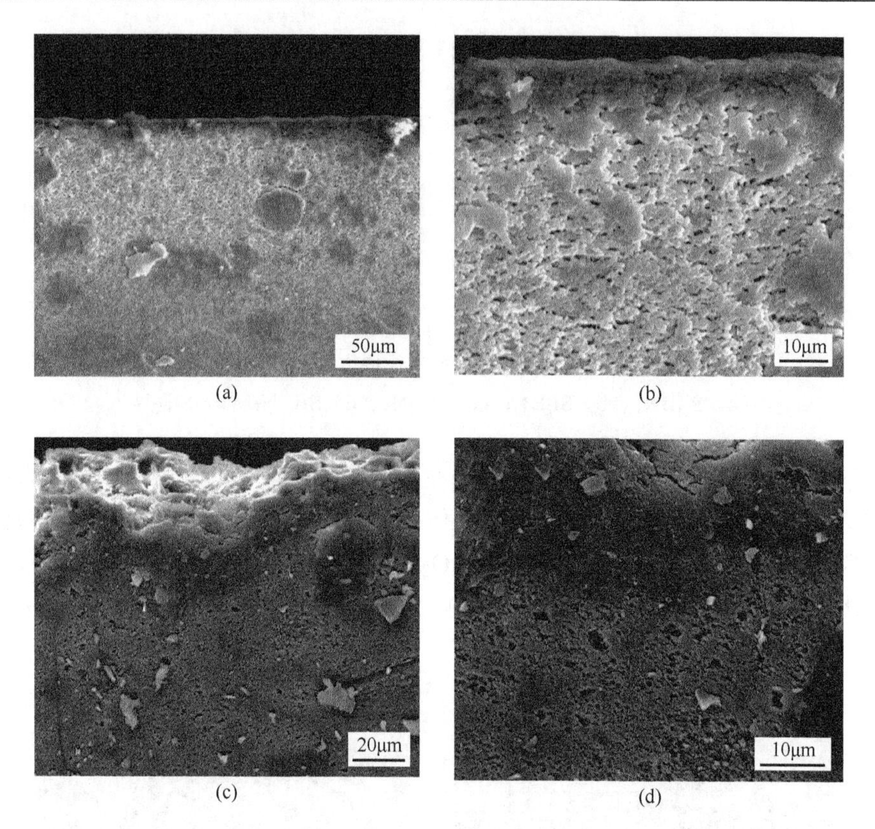

图 6-9　不同 Si/B 原子比 MA-SiBN 系陶瓷经氧乙炔焰烧蚀 10s 后 SEM 截面形貌：（a）SiB_2N，低倍；（b）SiB_2N，高倍；（c）SiB_3N，低倍；（d）SiB_3N，高倍[1]

为致密，对基体形成有效保护作用，降低了陶瓷材料的烧蚀率；在较致密 SiO_2 氧化层之下，热影响区呈现疏松多孔的形貌。

6.2　金属与陶瓷颗粒增强 MA-SiBCN 陶瓷材料抗热震和耐烧蚀性能

6.2.1　Mo/Si_2BC_3N 复合材料的抗热震性能

不同成分 Mo/Si_2BC_3N 复合材料的残余强度随热震温差的变化有所不同。Si_2BC_3N 含量为 10vol%～40vol%的复合材料分别经 900℃和 1600℃温差热震后，其残余强度随着 Si_2BC_3N 陶瓷含量增加不断降低；Si_2BC_3N 含量为 50vol%时，复合材料残余强度小幅度升高。随着 Si_2BC_3N 含量的进一步增加，复合材料残余强度逐渐降低（图 6-10）。此外，与纯 Si_2BC_3N 陶瓷相比，Si_2BC_3N 含量为 10vol%

和 20vol%的复合材料经 900℃和 1600℃温差热震后，其残余强度反而有了显著性提高，热震温度越高材料抗弯强度提升越明显。加入烧结助剂 MgO_p-Al_2O_{3p}-SiO_{2p}（MAS）后，复合材料的残余抗弯强度高于未引入 MAS 的复合材料（表 6-2）。

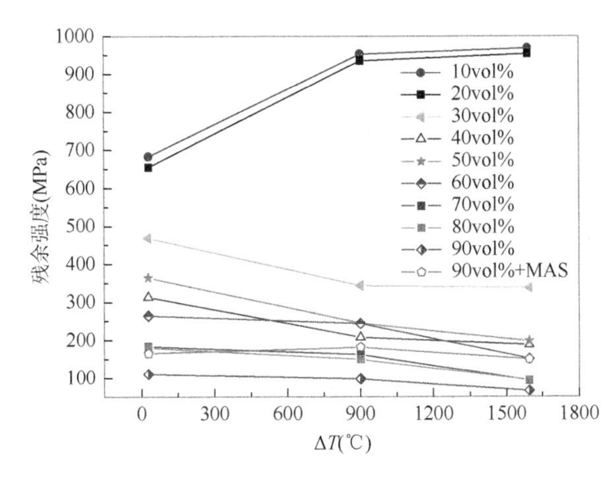

图 6-10　不同 Si_2BC_3N 含量的 Mo/Si_2BC_3N 复合材料经不同温差热震后的残余强度[2]

表 6-2　不同 Si_2BC_3N 含量的 Mo/Si_2BC_3N 复合材料经不同温差热震后的残余强度[2]

Si_2BC_3N 含量	$\Delta T = 900$℃		$\Delta T = 1600$℃	
	残余强度（MPa）	强度保持率（%）	残余强度（MPa）	强度保持率（%）
10vol%	954.4±5.6	140.4	970.1±3.4	142.7
20vol%	936.5±4.9	143.8	955.0±3.1	146.7
30vol%	342.0±2.8	73.0	338.8±1.3	72.3
40vol%	206.0±0.5	66.0	187.4±0.9	60.0
50vol%	243.1±0.2	66.9	197.7±0.2	54.4
60vol%	242.0±0.7	92.1	151.3±2.4	57.6
70vol%	160.8±2.6	88.7	92.9±0.6	83.5
80vol%	147.3±3.6	82.7	94.4±0.7	53.0
90vol%	95.1±0.2	87.9	63.6±1.3	58.8
90vol% + 10vol% Mo + MAS	179.6±2.1	109.8	149.5±2.3	91.4

不同 Si_2BC_3N 含量的 Mo/Si_2BC_3N 复合材料在 900℃温差循环热震 20 次后，除了 Si_2BC_3N 含量为 20vol%及 50vol%的复合材料表面有轻微裂纹，其他成分的复合材料均保持了较好的完整性。1600℃温差热震后，所制备的不同成分 Mo/Si_2BC_3N 复合材料表面均出现贯穿裂纹，甚至发生断裂失效。

热震温差为 900℃时，Si_2BC_3N 含量为 10vol%的复合材料表面凹坑明显增多，致密度明显下降；热震温差为 1600℃时，该复合材料表面形貌发生了很大变化，在晶界处发生了明显的析晶现象（图 6-11）。Si_2BC_3N 含量为 20vol%的复合材料经 900℃温差热震后，材料表面由较致密变得疏松多孔，致密度明显降低；热震温差达到 1600℃时，材料表面析晶明显，晶粒间距增大，表面更加疏松多孔；在较高温度下多次循环热震，晶界热腐蚀比较严重，导致晶间开裂；此外材料内部出现了明显的微裂纹，裂纹多存在于晶界，材料热震后失效。热震温差为 900℃时，Si_2BC_3N 含量为 30vol%的复合材料表面凹坑较多，致密度有所降低；当热震温差达到 1600℃时，晶粒长大现象突出，晶界出现明显微裂纹。在 1600℃温差热震后，该复合材料内部组织结构发生了显著改变，析晶现象更为明显，表面出现互相交错的六方和等轴状晶体，材料内部疏松多孔，表面可观察到许多微裂纹。热震温差为 900℃时，热冲击并没有对 Si_2BC_3N 含量为 50vol%的复合材料的致密度产生较大的影响；当热震温差达到 1600℃时，材料表面疏松多孔，复合材料致密度较低（图 6-12）。

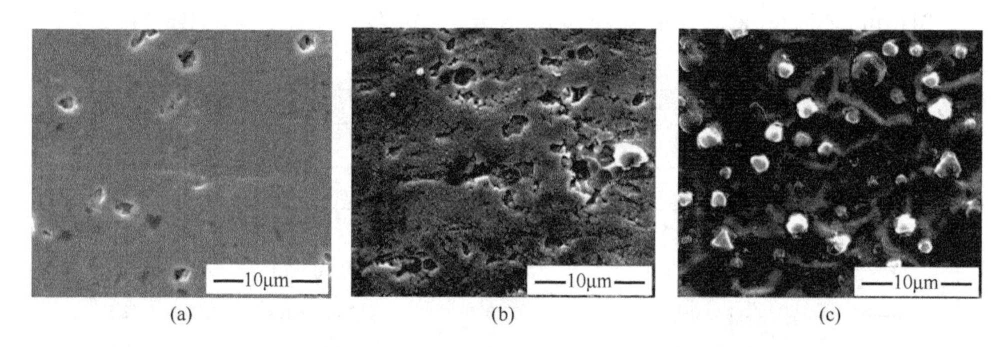

图 6-11　Si_2BC_3N 含量 10vol%的 Mo/Si_2BC_3N 复合材料经不同温差热震后 SEM 表面形貌：（a）RT；（b）$\Delta T = 900$℃；（c）$\Delta T = 1600$℃[2]

图 6-12　Si_2BC_3N 含量 50vol%的 Mo/Si_2BC_3N 复合材料经不同温差热震后 SEM 表面形貌：（a）RT；（b）$\Delta T = 900$℃；（c）$\Delta T = 1600$℃[2]

热震温差为 900℃时，Si_2BC_3N 含量为 90vol%的 Mo/Si_2BC_3N 复合材料表面孔洞减少，致密度进一步提升，但在表面出现了许多微小裂纹。原因可能是多次热震循环后陶瓷晶粒有所长大，填补了晶粒间的空隙，提高了复合材料致密度，但晶粒的增大导致晶粒间相互挤压产生了较大的应力，从而产生了微裂纹。当热震温差达 1600℃时，该复合材料表面变得疏松多孔，内部出现很多细小且结合较差的陶瓷颗粒，类似于粉体硬团聚（图 6-13）。引入烧结助剂 MAS 后，在 900℃温差热震时，复合材料表面孔洞数量减少，致密度进一步提高，材料表面没有明显微裂纹；热震温差达 1600℃时，复合材料表面覆盖有一层多孔氧化膜，陶瓷颗粒之间冶金结合（图 6-14）。

图 6-13　Si_2BC_3N 含量 90vol%的 Mo/Si_2BC_3N 复合材料经不同温差热震后 SEM 表面形貌：（a）RT；（b）$\Delta T = 900$℃；（c）$\Delta T = 1600$℃[2]

图 6-14　Si_2BC_3N 含量 90vol%的 Mo/Si_2BC_3N + MAS 复合材料经不同温差热震后 SEM 表面形貌：（a）RT；（b）$\Delta T = 900$℃；（c）$\Delta T = 1600$℃[2]

热震裂纹产生是由于在热循环过程中，材料由于热导率及热膨胀系数的差异产生热失配，材料各组元不能自由收缩和膨胀，从而产生了热应力，当材料内部的热应力大于材料的残余强度时，材料就会开裂。根据裂纹出现的位置，不同成分 Mo/Si_2BC_3N 复合材料裂纹产生的原因为：①裂纹在材料内部气孔聚集处。由于在孔洞较多的局域位置材料致密度不高，强度较低，在此处产生的热应力会使孔洞相互连通从而形成裂纹。②在出现微孔的材料部分易形成裂纹。当 Si_2BC_3N 含量较多时，金属 Mo 与 Si_2BC_3N 陶瓷基体反应生成的物相较多，各物相之间由于多次热震循环之后热失配现象较突出，物相之间发生分离产生微孔，在热冲击的作用下，微孔不断增多并连通，从而形成了裂纹。③在两种成分界面处易形成裂纹。由于在相界、晶界处，两侧不同成分、结构的物相热学性能差别较大，在热冲击作用下，由二者相互约束产生的热应力大于界面结合强度从而形成微裂纹。

6.2.2 (Zr-Al)/Si_2BC_3N 复合材料的抗热震性能

适量金属 Zr-Al 烧结助剂的添加有效提高了 Si_2BC_3N 陶瓷材料的抗热震性能。添加 1mol% Zr-Al 助烧剂的陶瓷材料，经 600℃温差热震后残余强度最高，达到 626.8，强度保持率为 106.4%。而 Zr-Al 添加量超过 1mol%时，Si_2BC_3N 陶瓷基体热膨胀系数升高，从而在热震过程中诱导形成较大的热应力，反而不利于抗热震性的提高（表 6-3）。经 600℃温差热震后，含 1mol%或 3mol% Zr-Al 烧结助剂的陶瓷材料残余强度升高，显示出优越的抗热震损伤能力。

表 6-3 (Zr-Al)/Si_2BC_3N 复合材料的抗热震因子及不同温差热震后的残余强度、强度保持率[3]

Zr-Al 引入量（wt%）	α（$\times10^{-6}K^{-1}$）	R（℃）	R''''（mm）	R_{st}（$K\cdot m^{1/2}$）	残余强度（MPa）/强度保持率（%）		
					$\Delta T=600$℃	$\Delta T=800$℃	$\Delta T=1000$℃
0	4.51	470	0.18	7.9	245.1/74.5	125.6/38.2	93.4/28.4
1	4.65	789	0.21	10.9	626.8/106.4	257.9/43.7	158.7/26.9
3	4.80	610	0.27	9.9	533.6/111.2	136.9/28.5	88.2/18.4
5	5.12	585	0.28	9.5	406.5/84.5	93.9/19.5	72.9/15.2

烧结助剂 Zr-Al 的引入，使得 Si_2BC_3N 陶瓷材料热膨胀系数略微增大，这可能导致在热震过程中形成更大的热应力。引入助烧剂的 Si_2BC_3N 陶瓷材料 R 参数较纯 Si_2BC_3N 陶瓷大，说明含助烧剂的陶瓷材料能够承受更大的热震温差。可能原因是添加 Zr-Al 促进了 Si_2BC_3N 基体结构的发育，使得材料的抗弯强度和断裂韧性提高，从而提高了陶瓷基体抵抗应力破坏的能力。随着助烧剂含量进一步增加，陶瓷材料抗弯强度降低，抵抗应力破坏能力也相应地降低，从而具有更低的 R 参数。烧结助剂的引入将有助于提高 Si_2BC_3N 块体陶瓷的韧性，R''''参数随之提高。因此，Si_2BC_3N 陶瓷材料的抗热冲击性能由前两者共同决定：一方面，材料的强度决定了灾难型裂纹扩展的起始温差；另一方面，材料的断裂韧性决定了

Si_2BC_3N陶瓷材料抵抗裂纹扩展的能力。R_{st}参数反映出Si_2BC_3N陶瓷基体的抗热震性随着助烧剂Zr-Al的引入而得到改善；但是随着助烧剂含量增加，其反而会削弱Si_2BC_3N陶瓷基体的抗热震性能。上述R_{st}参数与最终各温度下的残余强度实测值相吻合。引入1mol% Zr-Al助烧剂的陶瓷材料具有最优的抗热震性能，而更高的助烧剂含量并不利于高温差条件下抗热震性能的提高。这在一定程度上是由于热膨胀系数增加导致热应力集中。

6.2.3　(Cu-Ti)/Si_2BC_3N复合材料的耐烧蚀性能

初始陶瓷固相含量为35vol%的$Cu_{80}Ti_{20}/Si_2BC_3N$复合材料具有与理论预期相近的密度（金属含量较接近理论值约49.76vol%），因此该复合材料中的金属发汗剂含量可精确控制。经氧乙炔焰烧蚀10s后，$Cu_{80}Ti_{20}/Si_2BC_3N$复合材料的质量烧蚀率与线烧蚀率分别为60mg/s及0.25mm/s。质量烧蚀率较高是因为烧蚀过程中大量金属相熔化，并在高速气流的冲刷下脱离表面，向环境周围飞溅，由于烧蚀时间较短，一部分黏度较高的金属液还未离开试样表面就已冷却凝固（图6-15）。

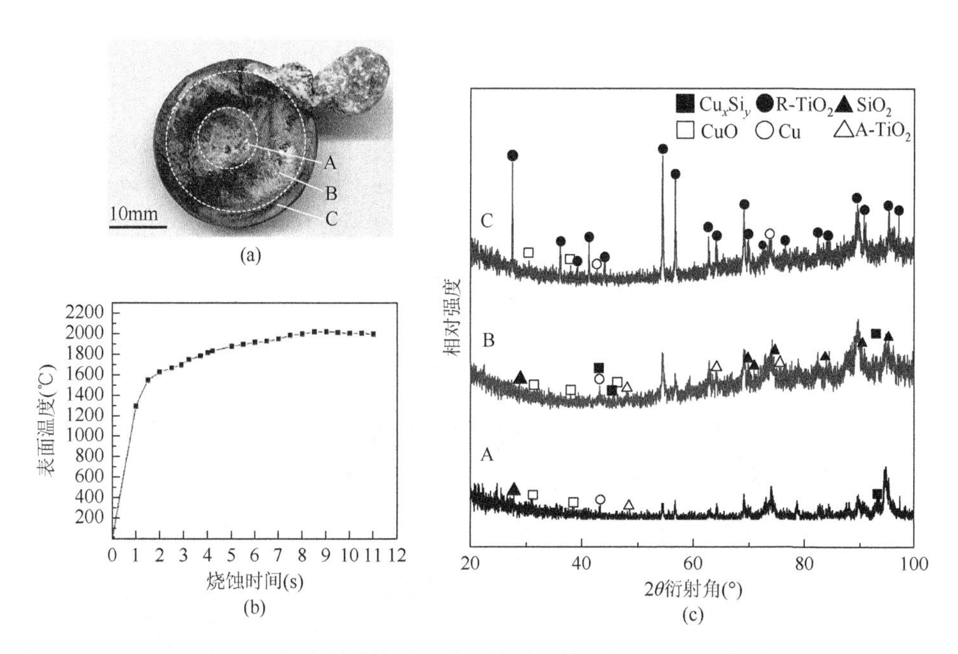

图6-15　$Cu_{80}Ti_{20}/Si_2BC_3N$复合材料烧蚀形貌及烧蚀后物相组成：（a）烧蚀后试样宏观形貌；（b）烧蚀过程中试样表面温度随时间变化曲线；（c）烧蚀后试样表面各烧蚀区域微区XRD图谱；A. 烧蚀中心；B. 过渡区；C. 热影响区[4]

复合材料线烧蚀率较高是因为在烧蚀过程中，烧蚀中心金属熔化渗出后首先向周围（过渡区）流动，烧蚀中心区域裸露的陶瓷骨架在强氧化性气流的冲刷下迅速被氧化剥蚀，因而出现较深的烧蚀坑，当火焰气流减小或与陶瓷表面接触位置发生偏移时，部分过渡区堆积的金属液重新回流至烧蚀中心，填充裸露的陶瓷骨架，一定程度上可恢复该复合材料的完整性和结构强度。

$Cu_{80}Ti_{20}/Si_2BC_3N$ 复合材料烧蚀后，材料表面宏观上仍可分为三个区域，但与传统非（微）烧蚀材料不同，此处烧蚀中心 A 是主要的质量及尺寸损失区域，即烧蚀后表面高度小于烧蚀前试样表面的区域；过渡区 B 是从 A 区域流出的金属液堆积并在冷却凝固后形成的表面高度大于烧蚀前陶瓷表面的区域；热影响区 C 指的是 B 区域外侧边缘到试样边缘的部分，该区域表面平整，没有严重的烧蚀痕迹，表面高度与烧蚀前陶瓷表面基本相同。烧蚀过程中复合材料表面温度在 3s 内急剧上升至约 1700℃，这种剧烈的温度变化对材料表面造成的热冲击容易使复合材料物相之间发生热失配从而导致开裂；随后温度继续上升至 2000℃以上，温度在 2000～2025℃范围内有所波动，在烧蚀末期温度略有下降。烧蚀结束后三个区域主要物相组均为金红石型 TiO_2 以及少量锐钛矿型 TiO_2，R-TiO_2 的晶体衍射峰强度由烧蚀中心向外逐渐增强。试样表面氧化物还有 Si_2BC_3N 陶瓷基体氧化生成的 SiO_2，发汗剂 Cu 氧化生成的 CuO，此外还有少量未氧化的 Cu 与 Cu_xSi_y 化合物。

在氧乙炔焰短时高焓热流冲击下，烧蚀中心金属相全部熔化流出，裸露的陶瓷片层在高速气流的冲刷下损伤并断裂成碎片相互搭接在一起，碎裂的片层表面有许多被氧化的陶瓷颗粒。陶瓷片层表面主要有 TiO_2、少量 SiO_2 以及未被氧化的 C。在烧蚀中心较边缘处，可以看到许多直径 10～30μm 的球状金属液滴，凝固的液滴主要成分是 TiO_2、C、CuO 和少量 SiO_2。在高速气流冲刷作用下，烧蚀坑内有大量包裹着 Cu 的 TiO_2 液滴被吹向陶瓷外侧，表面 TiO_2 与被氧化的陶瓷基体润湿性较差，金属液滴能够迅速离开烧蚀中心，因此在烧蚀中心只有覆盖在陶瓷片层表面的 TiO_2 氧化层以及少量凝固的金属液滴（图 6-16），所以该区域的 TiO_2 衍射峰强度较弱。

(a)

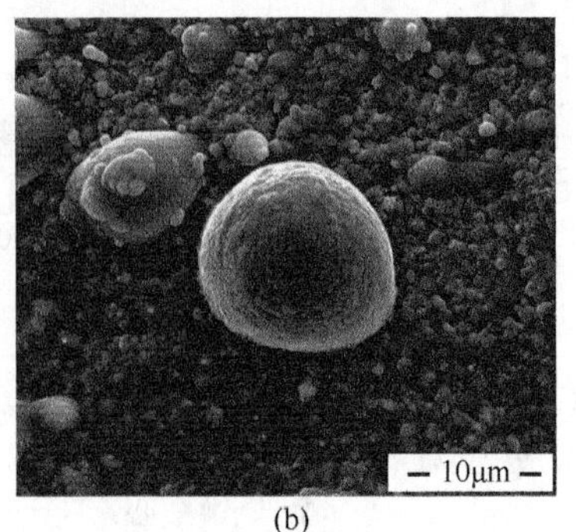

(b)

图 6-16 $Cu_{80}Ti_{20}/Si_2BC_3N$ 复合材料烧蚀后烧蚀中心 SEM 表面形貌：（a）低倍；（b）高倍[4]

$Cu_{80}Ti_{20}/Si_2BC_3N$ 复合材料烧蚀过渡区主要是熔化后的金属从烧蚀中心流出后所堆积的部位。环状的金属堆积物表面具有两种特征形貌，第一种表面氧化层粗糙且疏松，主要含有C、O、Ti及少量Cu元素，表面有许多颗粒和微孔；第二种形貌表面有许多直径约500μm的鼓包，表面氧化层较光滑致密且具有鳞片状特征，表面主要含有C、O、Ti及少量Si元素。烧蚀过渡区 TiO_2 衍射峰强度较烧蚀中心有所增强但仍有所宽化，说明金属堆积物表面的 TiO_2 氧化层较薄、结晶度不高（图6-17）。

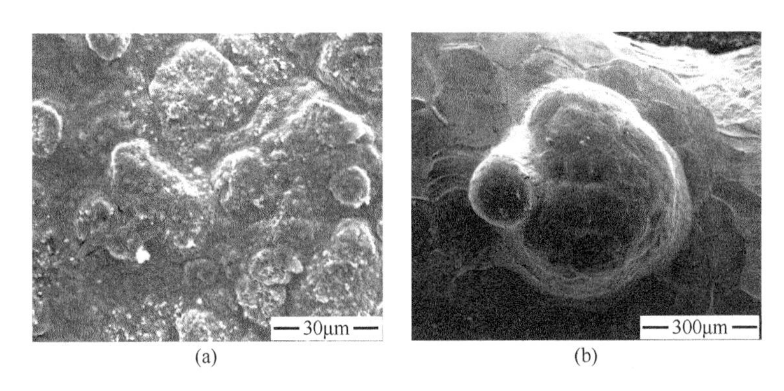

图6-17　$Cu_{80}Ti_{20}/Si_2BC_3N$ 复合材料烧蚀后过渡区不同形貌：（a）粗糙区域；（b）致密区域[4]

烧蚀热影响区表面存在两种特征形貌：第一种表面生成了大量棒状和球状 TiO_2，且表面Cu含量较高（说明有一定量熔化的Cu从多孔表面渗出）（图6-18）；第二种表面粗糙多孔，主要含有Ti、O和Cu三种元素。烧蚀过渡区的金属堆积物阻挡了热流及熔化金属达到该区域，使得热影响区烧蚀损伤程度较小，发汗剂Cu能够较稳定地从陶瓷片层中渗出。此外由于热影响区受到的热冲击较小，表面 TiO_2 结晶程度很高，晶粒尺寸较大，TiO_2 衍射峰强度很高且未宽化。

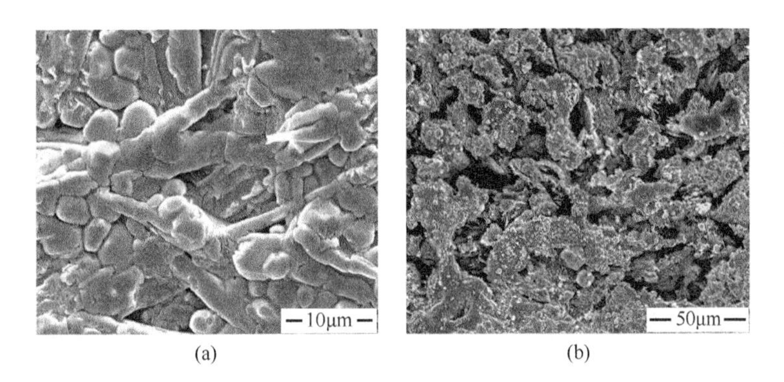

图6-18　$Cu_{80}Ti_{20}/Si_2BC_3N$ 复合材料热影响区不同烧蚀形貌：（a）较致密区域；（b）多孔区域[4]

6.2.4　ZrB_{2p}/Si_2BC_3N 复相陶瓷的抗热震及耐烧蚀性能

1. 抗热震性能

对于抗热震性来说，决定性的因素主要是材料内部热应力的大小以及抵抗应力破坏能力大小之间的平衡。其中，热应力的大小主要与热膨胀系数、热导率以及热震温差有关；抵抗热应力破坏的能力则主要受抗弯强度、断裂韧性以及显微结构等因素影响[5]。以溶胶凝胶法引入 ZrO_2、C 和 B_2O_3 原位反应生成 ZrB_2 的复相陶瓷，体系中 BN(C)含量较多，常温下其热导率要低于以溶胶凝胶法引入 ZrO_2 原位反应生成 ZrB_2 的复相陶瓷（图 6-19）。对于 BN(C)含量较高，ZrB_2 晶粒尺寸较小的复相陶瓷，陶瓷基体中存在大量晶界，大量声子散射的发生削弱了材料热传导的能力，在多种影响因素作用下前者热导率较低。

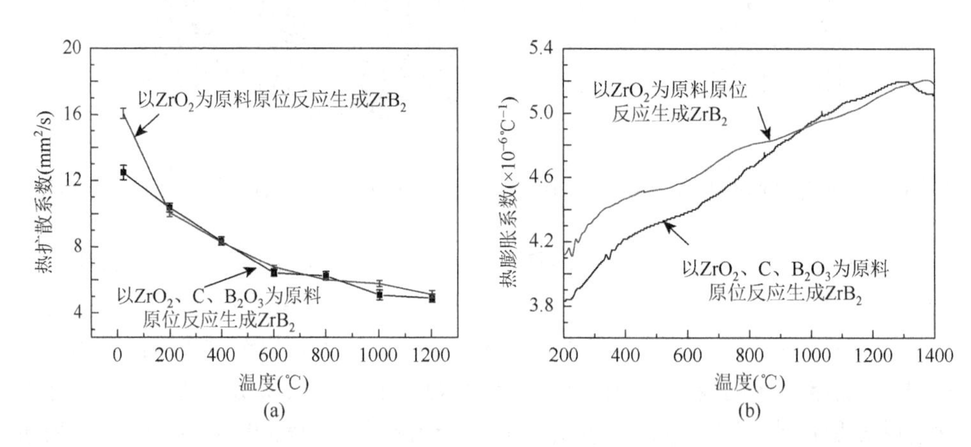

图 6-19　溶胶凝胶法引入 ZrB_{2p} 增强 Si_2BC_3N 陶瓷材料的热扩散系数（a）和热膨胀系数（b）与温度的关系[6]

通常情况下，随着温度的不断提高，在平衡位置，原子的震动频率变高，使得原子间距扩大，晶格体积增大，导致多晶体材料热膨胀量在温度不断提高的同时逐渐变大[7]。两种 ZrB_{2p}/Si_2BC_3N 复相陶瓷热膨胀系数随着温度的升高均增大且平均热膨胀系数小于 5×10^{-6}℃$^{-1}$，可以预测两者均有较好的抗热震性能。但以溶胶凝胶法引入 ZrO_2、C 和 B_2O_3 原位反应生成 ZrB_2 的复相陶瓷，其热膨胀系数随温度的升高（200～1400℃）变化幅度较大，由 3.8×10^{-6}℃$^{-1}$ 升高到 5.2×10^{-6}℃$^{-1}$，升高了 36.8%。而以溶胶凝胶法引入 ZrO_2 原位反应生成 ZrB_2 的复相陶瓷，其热膨胀系数仅升高了 26.8%。

经高温差热震后，两种 ZrB_{2p}/Si_2BC_3N 复相陶瓷的残余强度均有一定程度下降（图 6-20）。以溶胶凝胶法引入 ZrO_2 原位反应生成 ZrB_2 的复相陶瓷，相同热震温差下其残余强度明显高于以溶胶凝胶法引入 ZrO_2、C 和 B_2O_3 原位反应生成 ZrB_2 的复相陶瓷。经过 1100℃热震后，前者的残余强度由 358.1MPa 降到 230.5MPa，与热震前强度相比降低了 35.6%。后者经 1100℃热震后，其残余强度由 338.6MPa 下降到 183.4MPa，与热震前强度相比下降了 45.8%。影响 ZrB_{2p}/Si_2BC_3N 复相陶瓷残余强度的因素一般来说有以下两点：①ZrB_2 热膨胀系数为 $6.88\times10^{-6}℃^{-1}$，而 h-BN 和 SiC 的热膨胀系数分别为 $4.9\times10^{-6}℃^{-1}$ 和 $4.7\times10^{-6}℃^{-1}$，在急速降温过程中材料内部产生较大残余应力是造成热震残余强度下降的主要原因。②高温保温时，陶瓷基体中 BN(C)相易与氧气反应生成 B_2O_3（熔点为 445℃）而挥发，此外 SiC 和 ZrB_2 部分氧化也会造成材料分解。B_2O_3 与陶瓷表面润湿角较小，在水蒸气条件下 B_2O_3 挥发点较低，但热震后陶瓷表面仍然有少量 B_2O_3 残留，残留的 B_2O_3 与 SiO_2 反应生成的硅硼玻璃在高温条件下具有一定的流动性，能够在试样表面铺展开来，对热震过程中产生的微裂纹有愈合效果。

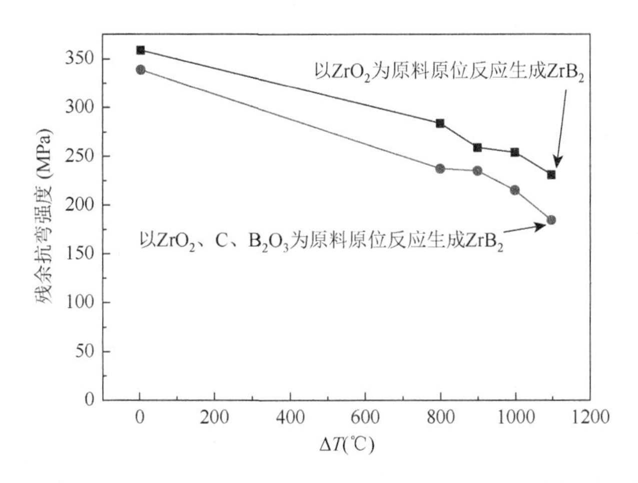

图 6-20　溶胶凝胶法引入 ZrB_{2p} 增强 Si_2BC_3N 陶瓷材料经不同温差热震后的残余强度[6]

经 800℃温差热震后，两种 ZrB_{2p}/SiBCN 复相陶瓷表面均没有出现氧化产物晶体衍射峰，物相组成与热震前相同。随着热震温度的升高，ZrO_2 晶体衍射峰开始出现，峰强度越来越高（图 6-21）。

热震温差为 800℃时，两种 ZrB_{2p}/Si_2BC_3N 复相陶瓷表面光滑致密，未发现明显氧化层，随着热震温差的提高，复相陶瓷表面逐渐疏松多孔，氧化产物为 SiO_2 和 ZrO_2；热震温差为 1000℃时，复相陶瓷表面气孔较多，氧化层较为明显；热震温差为 1100℃时，复相陶瓷表面出现明显的氧化层，同时还有大量气孔产生。800℃温差热震后，两种 ZrB_{2p}/Si_2BC_3N 复相陶瓷断口逐渐变得粗糙，随着热震温差的

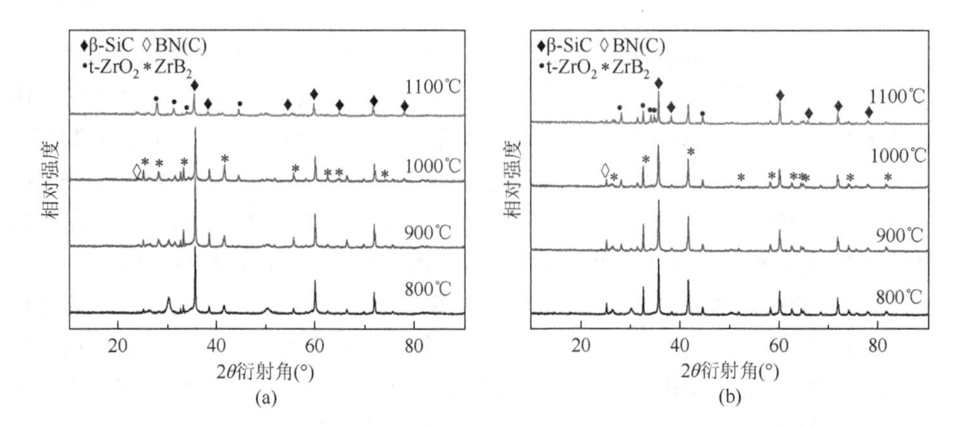

图 6-21　ZrB_{2p}/Si_2BC_3N 复相陶瓷经不同温差热震后表面 XRD 图谱：（a）溶胶凝胶法引入 ZrO_2 原位生成 ZrB_2；（b）溶胶凝胶法引入 ZrO_2、C、B_2O_3 原位生成 ZrB_2[6]

升高断口粗糙度增加；经热震后复相陶瓷内部残余应力分布已经发生了变化，使得裂纹扩展过程中发生了一定程度上的偏转（图 6-22 和图 6-23）。

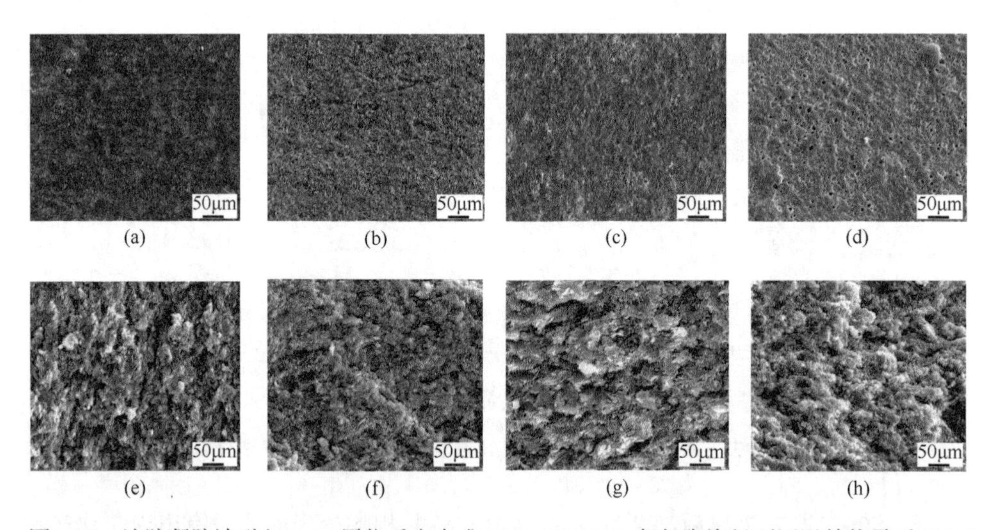

图 6-22　溶胶凝胶法引入 ZrO_2 原位反应生成 ZrB_{2p}/Si_2BC_3N 复相陶瓷经不同温差热震后 SEM 表面及断口形貌：（a），（e）800℃；（b），（f）900℃；（c），（g）1000℃；（d），（h）1100℃[6]

图 6-23　溶胶凝胶法引入 ZrO_2、B_2O_3、C 原位反应生成 ZrB_{2p}/Si_2BC_3N 复相陶瓷经不同温差热震后 SEM 表面及断口形貌：(a)，(e) 800℃；(b)，(f) 900℃；(c)，(g) 1000℃；(d)，(h) 1100℃[6]

在 Si_2BC_3N 陶瓷基体中引入纳米 ZrB_{2p}，同样可以提高该体系陶瓷的抗热震性能。含纳米 ZrB_{2p} 的复相陶瓷具有较低的热膨胀系数，同时还具有较高的热导率，可以有效缓解热应力集中；纳米 ZrB_{2p} 的引入还显著提高了 Si_2BC_3N 陶瓷基体的抗弯强度和断裂韧性，并促进了片层 BN(C)结构的发育，可以很好地抵抗热应力破坏。含 10wt%纳米 ZrB_{2p} 的复相陶瓷经 1000℃温差热震后仍保留 363.6MPa 的残余强度，较纯 Si_2BC_3N 块体陶瓷的 97.7MPa 提高了 272%。此外部分纳米 ZrB_2 在 SPS 过程中逐渐氧化形成纳米 ZrO_2，有效促进了固相扩散并诱导石墨层在 ZrB_2 颗粒周围生长，同时还促进了周围 BN(C)和 SiC 相的发育。引入纳米 ZrB_{2p} 显著改善了 Si_2BC_3N 陶瓷基体的抗热震性，其中以 10wt%引入量最佳（表 6-4）。

表 6-4　引入纳米 ZrB_{2p} 增强 Si_2BC_3N 陶瓷材料的热震参数及残余强度[6]

纳米 ZrB_{2p} 含量（wt%）	α（10^{-6}℃$^{-1}$）	R（℃）	R''''（mm）	R_{st}（$K\cdot m^{1/2}$）	残余强度（MPa）/强度保持率（%）		
					RT	$\Delta T=800$℃	$\Delta T=1000$℃
0	4.21	431	0.26	8.0	347.5	196.2/56.5	97.7/28.1
10	4.28	599	0.27	11.34	559.6	446.6/79.8	363.6/65.0
20	4.80	447	0.28	8.71	512.3	212.6/41.5	165.2/32.2

2. 耐烧蚀性能

1）溶胶凝胶法引入 ZrO_2 原位反应生成的 ZrB_{2p}/Si_2BC_3N 复相陶瓷的耐烧蚀性能

氧乙炔焰烧蚀 10s 后，ZrB_{2p}/Si_2BC_3N 复相陶瓷没有产生宏观可见裂纹，说明在剧烈热冲击条件下，该复相陶瓷表现出了良好的抗热冲击性能。短时间高焓热流烧蚀，复相陶瓷表面宏观烧蚀现象不明显。随着烧蚀时间延长，烧蚀坑面积逐渐增大（图 6-24）。由于高温气流的氧化和冲刷，烧蚀后陶瓷表面在烧蚀中心会有一些白色晶体状物质出现，在烧蚀热影响区更加明显。

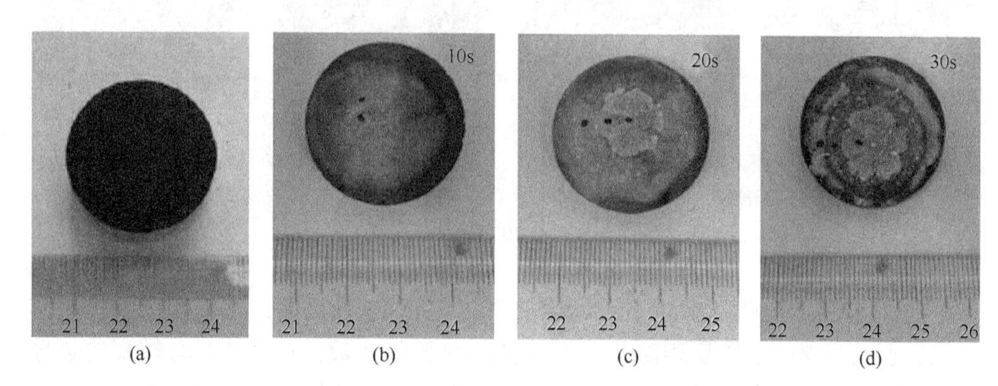

图 6-24 溶胶凝胶法引入 ZrO_2 原位反应生成的 ZrB_{2p}/Si_2BC_3N 复相陶瓷经氧乙炔焰烧蚀前后陶瓷表面宏观形貌：（a）烧蚀前；（b）烧蚀 10s；（c）烧蚀 20s；（d）烧蚀 30s[6]

ZrB_{2p}/Si_2BC_3N 复相陶瓷烧蚀后烧蚀表面分为三个区域：烧蚀中心、过渡区和热影响区。在烧蚀中心，由于火焰直接作用在陶瓷表面，因此该区域的烧蚀现象最为明显。在过渡区和烧蚀边缘区，由于陶瓷远离火焰中心且夹角较大，氧乙炔火焰烧蚀作用不强。复相陶瓷烧蚀约 10s 后表面即达到稳态烧蚀温度约 2100℃，由于复相陶瓷热导率较低，且烧蚀时间较短，陶瓷背面温度虽然有所升高，但尚未达到氧化起始温度，因此陶瓷背面宏观形貌未发生改变（图 6-25）。

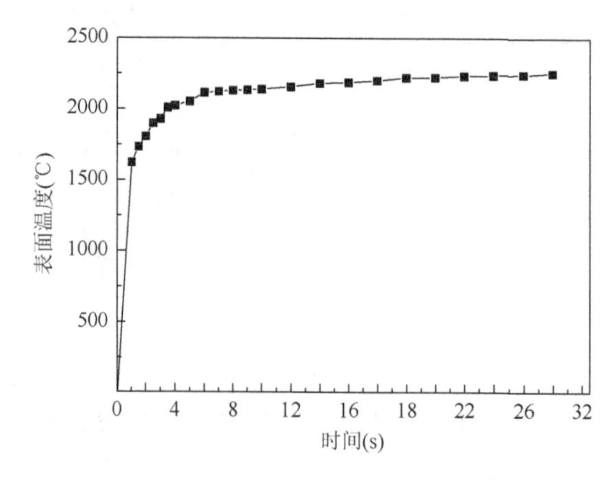

图 6-25 溶胶凝胶法引入 ZrO_2 原位反应生成的 ZrB_{2p}/Si_2BC_3N 复相陶瓷在氧乙炔焰烧蚀过程中表面温度随烧蚀时间的变化曲线[6]

氧乙炔焰烧蚀 30s 后，复相陶瓷的质量烧蚀率和线烧蚀率分别为 0.48mg/s 和

0.0041mm/s。与纯 Si_2BC_3N 块体陶瓷的质量烧蚀率（13.7mg/s）和线烧蚀率（0.0422mm/s）相比，ZrB_{2p}/Si_2BC_3N 复相陶瓷的耐烧蚀性能明显提高，质量烧蚀率提高两个数量级，线烧蚀率提高一个数量级（表 6-5）。

表 6-5　溶胶凝胶法引入 ZrO_2 原位反应生成的 ZrB_{2p}/Si_2BC_3N 复相陶瓷经氧乙炔焰烧蚀 30s 后的质量烧蚀率和线烧蚀率[6]

质量烧蚀率（mg/s）	线烧蚀率（mm/s）
0.48	0.0041

与烧蚀中心相比，过渡区和热影响区 SiC 相含量较高。过渡区存在明显非晶 SiO_2 衍射峰，靠近中心区，非晶 SiO_2 逐渐析晶转变为方石英。从烧蚀中心向热影响区靠近，ZrB_2 衍射峰逐渐增强，ZrO_2 衍射峰也随之增强。BN(C)相在烧蚀过程中氧化成 B_2O_3 等挥发，然而在烧蚀中心、过渡区和热影响区仍然可以检测到 BN(C)相衍射峰。烧蚀中心 $ZrSiO_4$ 晶体峰强要明显低于过渡区和热影响区的峰强（图 6-26）。

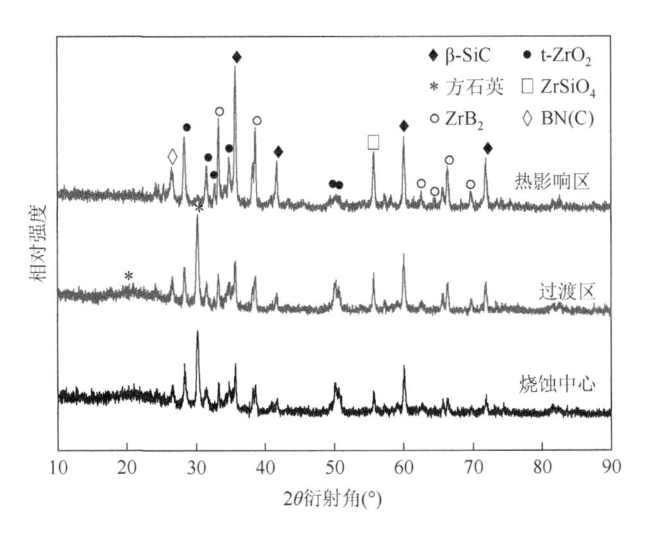

图 6-26　溶胶凝胶法引入 ZrO_2 原位反应生成的 ZrB_{2p}/Si_2BC_3N 复相陶瓷经氧乙炔焰烧蚀 30s 后不同烧蚀区域微区 XRD 图谱[6]

烧蚀中心存在较为光滑致密连续的氧化膜，氧化膜同时含有 C、O、Si、Zr 四种元素，推测是液相 SiO_2 与 ZrO_2 接触反应并包裹在陶瓷表面上形成的。这种由 ZrO_2 与 SiO_2 在高温下生成的共晶液相可以有效阻止 SiO_2 的分解和挥发，提高该复相陶瓷的耐烧蚀能力。由于高温氧化性热流影响，复相陶瓷断口产生了多孔层，厚度约 380.2μm（图 6-27）。

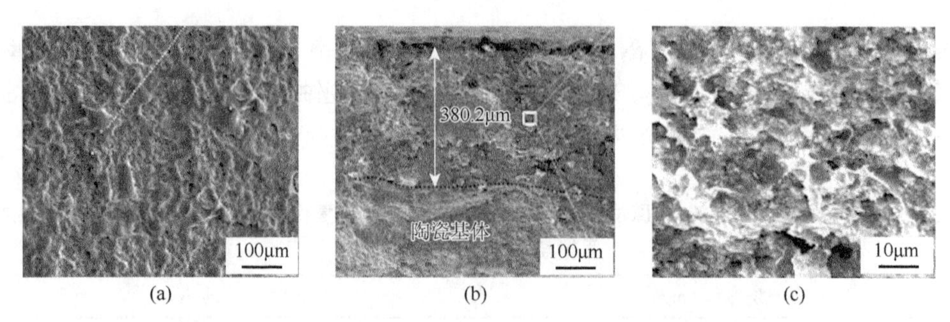

图 6-27　溶胶凝胶法引入 ZrO_2 原位反应生成的 ZrB_{2p}/Si_2BC_3N 复相陶瓷经氧乙炔焰烧蚀 30s 后不同烧蚀中心 SEM 表面及断口形貌：（a），（b）表面；（c）断口[6]

烧蚀过渡区存在两种形貌，一种是高温气流冲刷后留下的波浪棱，另一种是气泡破裂后所遗留的孔洞或气泡。烧蚀过渡区主要由 SiO_2、SiC、ZrO_2 及 $ZrSiO_4$ 组成，氧化表面有棒状 SiO_2 析出。过渡区 Zr 含量明显低于烧蚀中心表面。由于过渡区烧蚀温度低于烧蚀中心区而高于热影响区，液相 SiO_2 仍具有很好的流动性，大量 SiO_2 被高温气流冲刷到过渡区形成了一层较为连续完整的氧化层，部分气泡由于内部压强过大发生破裂，最终凝固形成了过渡区形貌特征。连续致密光滑的氧化层可以阻止基体在烧蚀过程中被继续氧化，由于氧化层具有良好的流动性，可以填充进裂缝中使得材料在热冲击下具有一定的自愈合效果。过渡区烧蚀氧化层厚度约 149.7μm，基体仍然保持完整（图 6-28）。

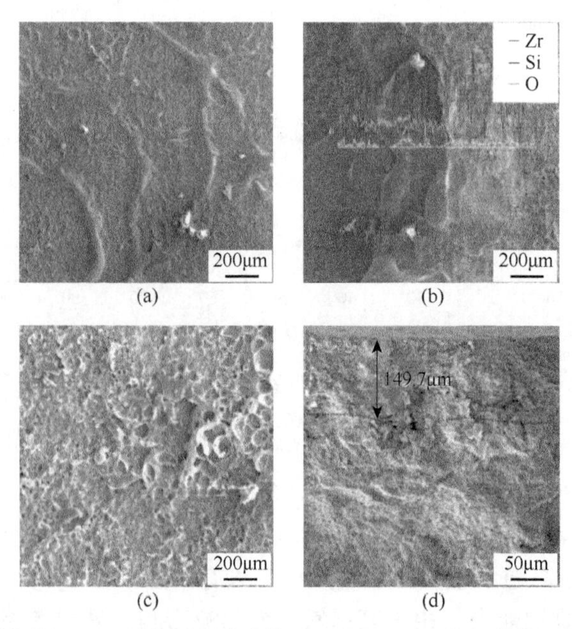

图 6-28　溶胶凝胶法引入 ZrO_2 原位反应生成的 ZrB_{2p}/Si_2BC_3N 复相陶瓷经氧乙炔焰烧蚀 30s 后烧蚀过渡区 SEM 形貌：（a）～（c）表面；（d）断口[6]

与烧蚀中心和过渡区相比，热影响区距离烧蚀中心较远，没有受到高温气流剥蚀影响，表面形貌主要受到高温氧化过程。由于高温气流使得热影响区表面发生氧化鼓泡，较为连续致密的氧化表面上分布着大小相近的气泡，平均尺寸约10μm。由于热影响区温度较低，液相SiO_2黏度较高，与材料表面接触角大，润湿性差，内部氧化反应所形成的气体无法从表面排出，而是以气泡形式凸起（图6-29）。

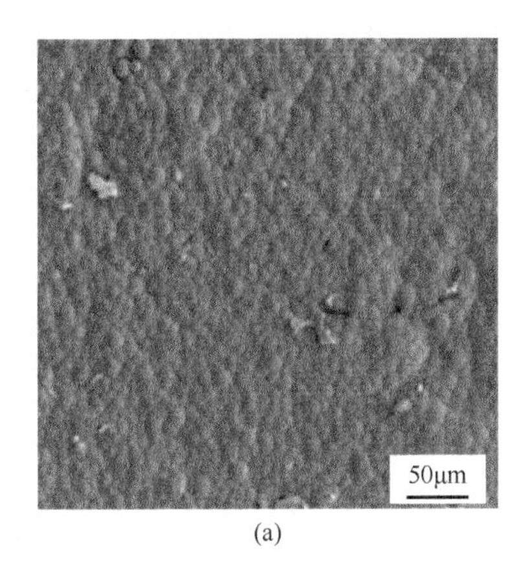

(a)

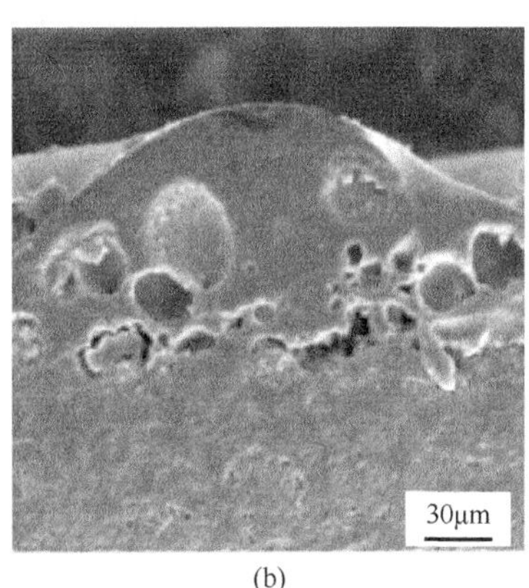

(b)

图6-29 溶胶凝胶法引入ZrO_2原位反应生成的ZrB_{2p}/Si_2BC_3N复相陶瓷经氧乙炔焰烧蚀30s后热影响区SEM形貌：（a）表面；（b）截面[6]

2）溶胶凝胶法引入ZrO_2、B_2O_3、C原位反应生成的ZrB_{2p}/Si_2BC_3N复相陶瓷的耐烧蚀性能

ZrB_{2p}/Si_2BC_3N复相陶瓷烧蚀10s、20s后，陶瓷表面烧蚀现象不太明显；烧蚀30s后，陶瓷表面出现轻微烧蚀坑；烧蚀时间延长到60s后，烧蚀坑较为明显。由于烧蚀10s、20s、30s对应的烧蚀坑较浅，无法准确测量其线烧蚀率及质量烧蚀率。复相陶瓷烧蚀60s后线烧蚀率和质量烧蚀率分别为0.0005mm/s和0.0071mg/s（表6-6）。与纯Si_2BC_3N陶瓷相比，ZrB_{2p}/Si_2BC_3N复相陶瓷的耐烧蚀性能较好，但烧蚀结束后陶瓷出现了宏观可见裂纹，在实际应用中，这种宏观可见裂纹可能会导致材料发生灾难性失效（图6-30）。

表6-6 溶胶凝胶法引入ZrO_2、B_2O_3和C原位反应生成的ZrB_{2p}/Si_2BC_3N复相陶瓷的烧蚀性能[6]

烧蚀时间	60s
质量烧蚀率（mg/s）	0.0071
线烧蚀率（mm/s）	0.0005

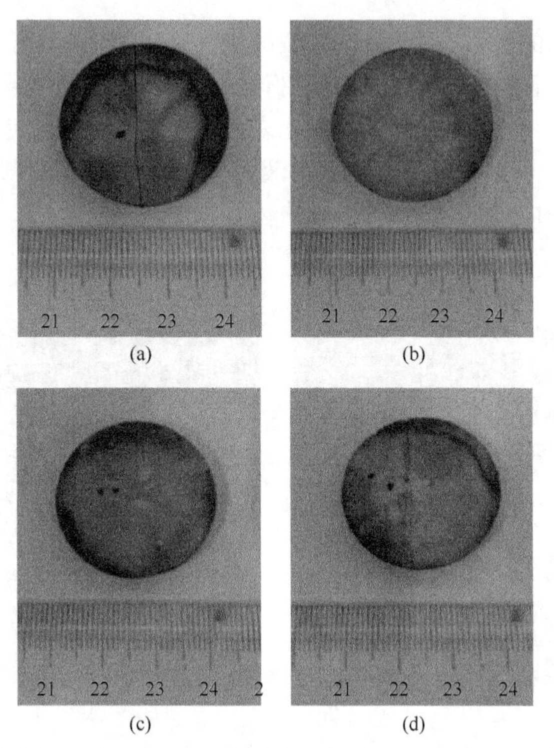

图 6-30　溶胶凝胶法引入 ZrO_2、B_2O_3 和 C 原位反应生成 ZrB_{2p}/Si_2BC_3N 复相陶瓷氧乙炔焰烧蚀不同时间后的宏观形貌：（a）10s；（b）20s；（c）30s；（d）60s[6]

烧蚀结束后 ZrB_{2p}/Si_2BC_3N 复相陶瓷物相组成为 SiC、SiO_2、$ZrSiO_4$、BN(C)、t-ZrO_2 和 ZrB_2（图 6-31）。烧蚀中心 $ZrSiO_4$ 晶体衍射峰要弱于过渡区和热影响区，

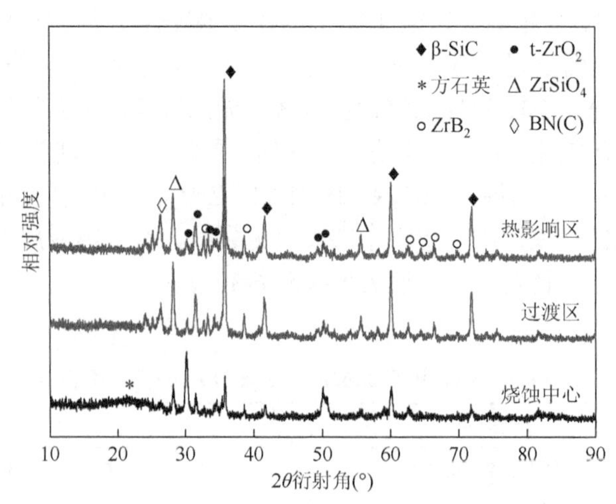

图 6-31　溶胶凝胶法引入 ZrO_2、B_2O_3 和 C 原位反应生成的 ZrB_{2p}/Si_2BC_3N 复相陶瓷经氧乙炔焰烧蚀 60s 后烧蚀中心、过渡区及热影响区微区 XRD 图谱[6]

在高温气流冲刷下，SiO_2 与 ZrO_2 迅速反应生成较为稳定的 $ZrSiO_4$。烧蚀中心形貌呈疏松多孔的网状结构，氧化膜成分为 ZrO_2 和 SiO_2。过渡区存在大量气泡破裂后遗留的孔洞，在高温气流冲刷下，SiC 急剧氧化并被冲刷到过渡区，热影响区表面覆盖一层中空球形 SiO_2（图 6-32）。

图 6-32　溶胶凝胶法引入 ZrO_2、B_2O_3 和 C 原位反应生成的 ZrB_{2p}/Si_2BC_3N 复相陶瓷经氧乙炔焰烧蚀 60s 后不同区域 SEM 表面形貌：(a) 烧蚀中心；(b) 烧蚀中心与过渡区界面；(c) 过渡区；(d) 过渡区与热影响区界面；(e) 热影响区[6]

3）纳米 ZrB_{2p} 增强 Si_2BC_3N 复相陶瓷的耐烧蚀性能

引入纳米 ZrB_{2p}，同样可以提高 Si_2BC_3N 陶瓷基体的耐烧蚀性能。经氧乙炔焰烧蚀 30s 后，纯 Si_2BC_3N 陶瓷材料表面有贯穿裂纹形成，而 10wt%纳米 ZrB_{2p} 的复相陶瓷裂纹尺寸较小，含 20wt%纳米 ZrB_{2p} 的复相陶瓷表面并未观察到明显的裂纹，说明在该烧蚀条件下 ZrB_{2p}/Si_2BC_3N 复相陶瓷抵抗急剧温度变化的能力较纯 Si_2BC_3N 陶瓷要高得多。引入纳米 ZrB_{2p} 的陶瓷材料经烧蚀后的烧蚀坑无论从面积还是深度方面均显著优于纯 Si_2BC_3N 陶瓷，这应归功于 ZrB_2 自身优异的耐烧蚀性（图 6-33）。表 6-7 表明，含 10wt%和 20wt%纳米 ZrB_{2p} 的 Si_2BC_3N 陶瓷材料线烧蚀率由纯 Si_2BC_3N 块体陶瓷的 0.047mm/s 分别降低至 0.0091mm/s 和 0.0071mm/s；而质量烧蚀率由 20.80mg/s 分别降低至 1.91mg/s 和 2.10mg/s。

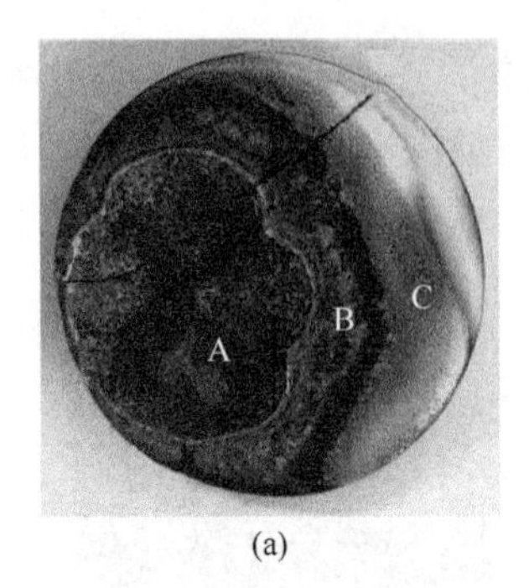

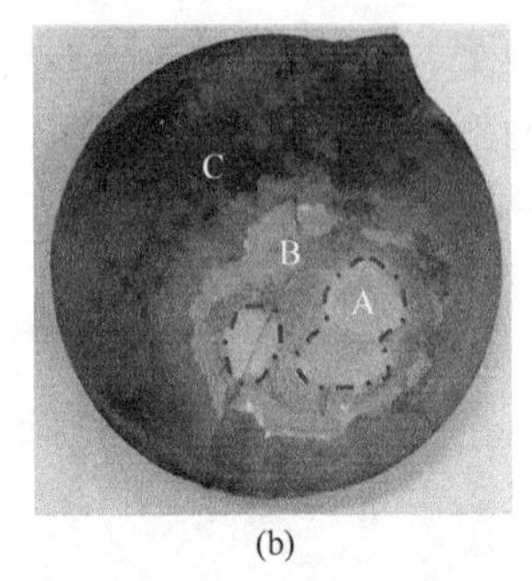

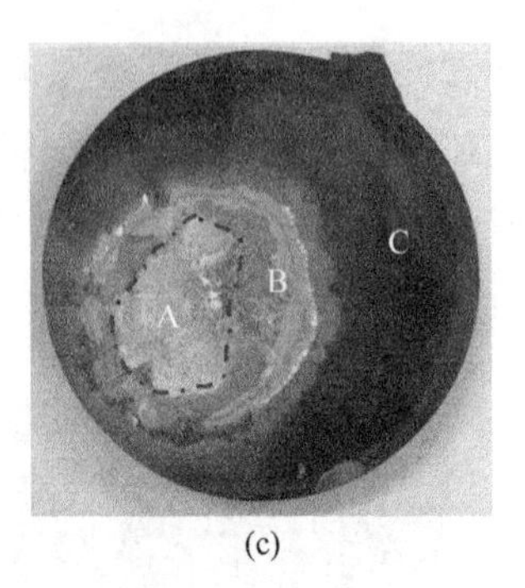

(a) (b) (c)

图 6-33 纳米 ZrB_{2p} 增强 Si_2BC_3N 复相陶瓷经氧乙炔焰烧蚀 30s 后的宏观形貌：(a) 0wt% ZrB_2；(b) 10wt% ZrB_2；(c) 20wt% ZrB_2；A. 烧蚀中心；B. 过渡区；C. 热影响区

表 6-7 纳米 ZrB_{2p} 增强 Si_2BC_3N 复相陶瓷的烧蚀性能（氧乙炔焰烧蚀 30s）

烧蚀性能	纳米 ZrB_2 含量		
	0wt%	10wt%	20wt%
线烧蚀率（mm/s）	0.047	0.0091	0.0071
质量烧蚀率（mg/s）	20.80	1.91	2.10

ZrB_{2p}/Si_2BC_3N 复相陶瓷烧蚀表面物相组成与 1500℃高温氧化产物一致。纯 Si_2BC_3N 块体陶瓷，烧蚀中心区和过渡区均检测到 SiC 相，而在热影响区检测到较弱的方石英和 BN(C)衍射峰，说明热影响区并未遭受严重的烧蚀损伤；但该区域 SiC 晶体衍射峰也明显减弱，这可能是由烧蚀中心区的烧蚀产物在表面冷凝沉积导致。相比较而言，含 20wt%纳米 ZrB_{2p} 的复相陶瓷在各个烧蚀区域内均检测到新形成的 ZrO_2 和 $ZrSiO_4$ 相。相对于烧蚀中心区而言，过渡区表面则检测到较高的 ZrO_2 晶体衍射峰，而热影响区则检测到较高的 $ZrSiO_4$ 晶体衍射峰。氧乙炔焰烧蚀过程中，烧蚀中心区氧化过程占主导地位并伴随强的气流冲刷，其表面覆盖的氧化产物有限；而过渡区表面温度超过 1600℃，是主要氧化损伤区；在热影响区，复相陶瓷表面温度进一步降低，氧化速率和形成 $ZrSiO_4$ 晶相速率匹配度较高，导致生成较多的 $ZrSiO_4$。整体来看，由于 ZrB_2 具有优异的耐烧蚀性能，含有纳米 ZrB_{2p} 的 Si_2BC_3N 陶瓷材料均表现出优异的耐烧蚀性，这为拓展 Si_2BC_3N 陶瓷基材料在更高温环境服役提供了可能（图 6-34）。

对比纯 Si_2BC_3N 陶瓷，含 20wt%纳米 ZrB_{2p} 的复相陶瓷烧蚀中心区较为致密，但过渡区表面呈疏松多孔结构。烧蚀中心较为致密是由于复相陶瓷耐烧蚀性改善；过渡区出现疏松多孔现象应归因于 ZrB_2 较差的抗氧化性能，氧化产物挥发后遗留较多孔洞，SiO_2 无法有效填充其中；复相陶瓷热影响区表面形成光滑的氧化球。引入较多的 B 更易形成含硼硅酸盐，其黏度较纯 SiO_2 低，从而可能形成光滑的硼硅酸盐球体[8]（图 6-35）。整体来看，引入纳米 ZrB_{2p} 的复相陶瓷烧蚀区表面较为疏松多孔。

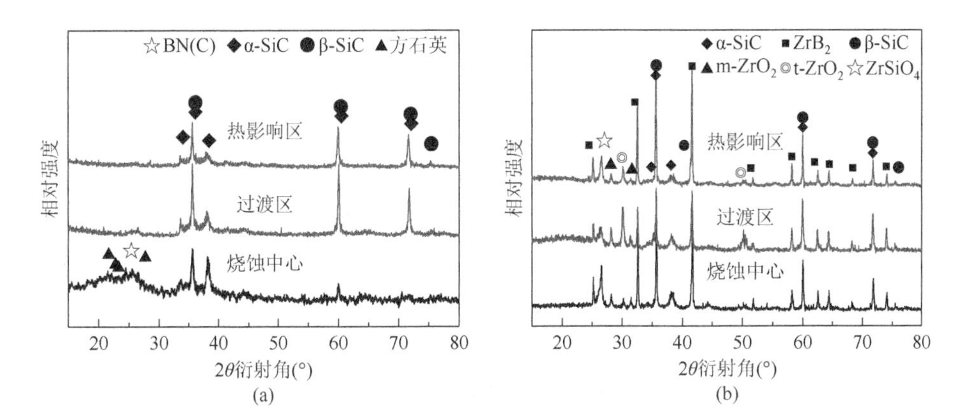

图 6-34　纳米 ZrB_{2p} 增强 Si_2BC_3N 复相陶瓷经氧乙炔焰烧蚀 30s 后各烧蚀区域的微区物相组成：（a）Si_2BC_3N；（b）20wt%纳米 ZrB_{2p}

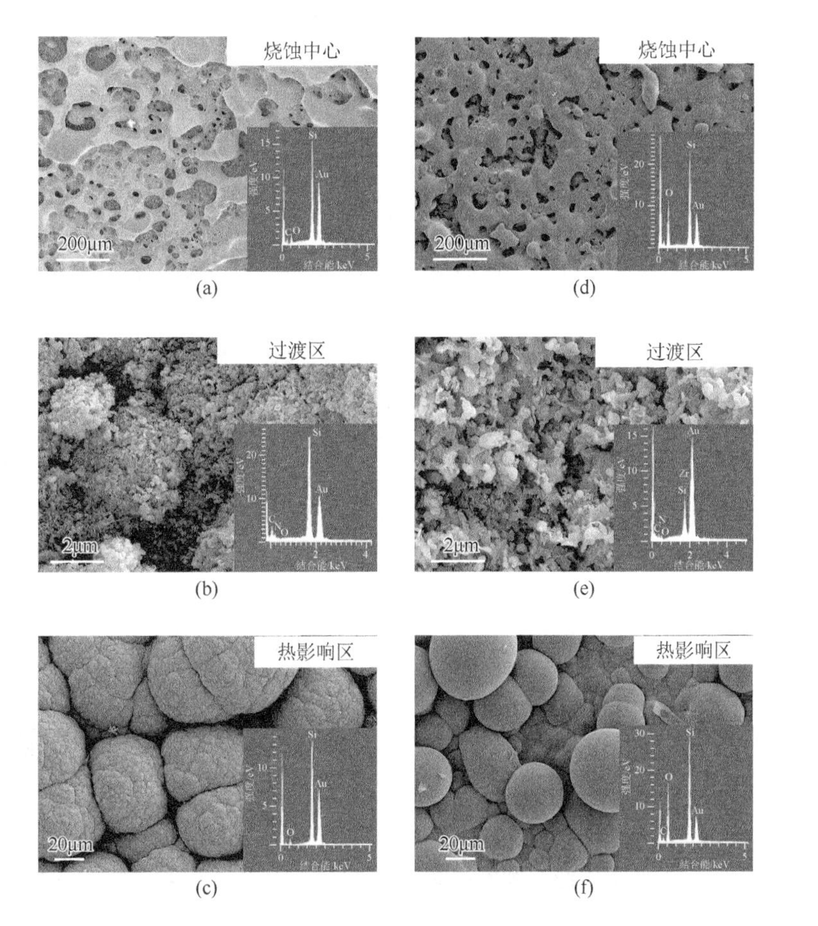

图 6-35　纳米 ZrB_{2p} 增强 Si_2BC_3N 复相陶瓷经氧乙炔焰烧蚀 30s 后各烧蚀区域 SEM 表面形貌：（a）～（c）Si_2BC_3N；（d）～（f）20wt%纳米 ZrB_{2p}

从截面形貌看，纯 Si_2BC_3N 陶瓷经氧乙炔焰烧蚀后氧化层与基体结合良好，在烧蚀中心处氧化层较薄，氧化层不平整；过渡区截面内层氧化层含有部分空隙，含氧量较低，热影响区较为致密（图 6-36）。含高温组元 ZrB_2 的复相陶瓷烧蚀 30s 后各区域氧化层厚度较薄，热影响区氧化物层厚度仅为纯 Si_2BC_3N 陶瓷热影响区厚度的 1/10。复相陶瓷烧蚀中心氧化层与陶瓷基体结合较差，过渡区和热影响区界面结合较好（图 6-37）。

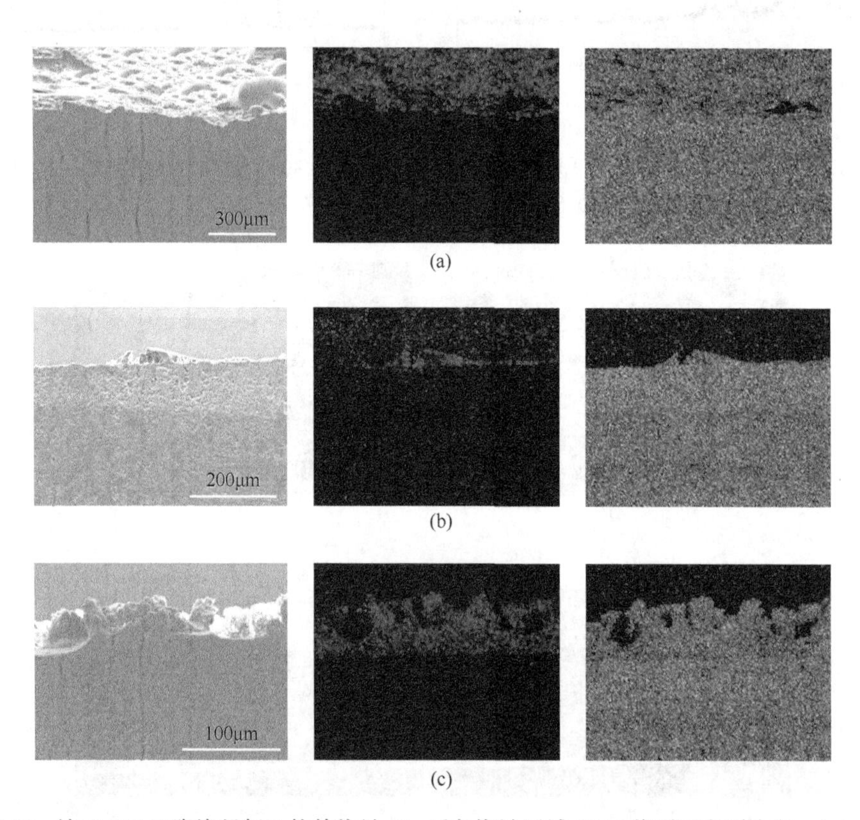

图 6-36　纯 Si_2BC_3N 陶瓷经氧乙炔焰烧蚀 30s 后各烧蚀区域 SEM 截面元素面分布：（a）烧蚀中心；（b）过渡区；（c）热影响区

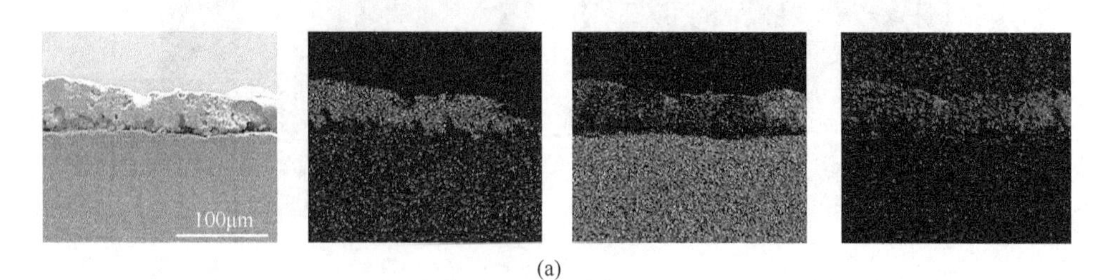

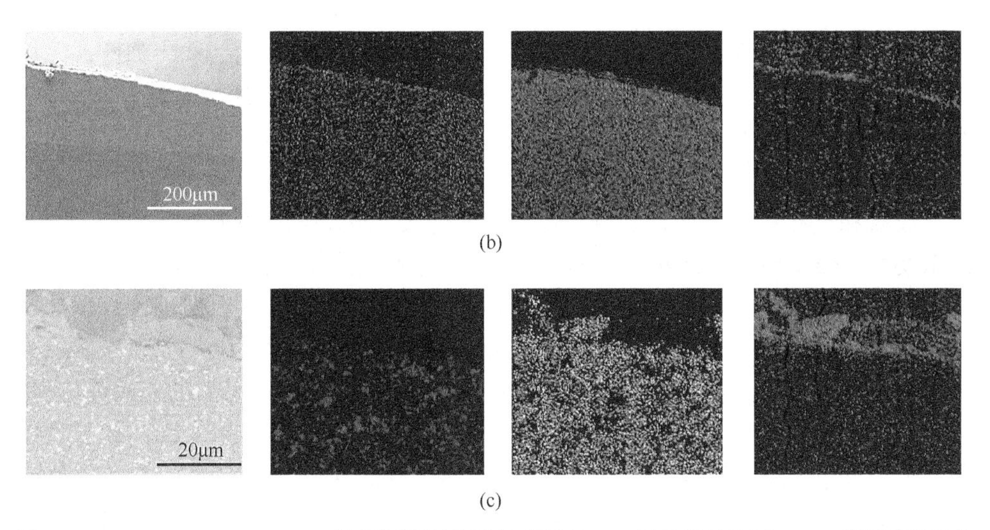

图 6-37　20wt% ZrB_{2p}/Si_2BC_3N 复相陶瓷经氧乙炔焰烧蚀 30s 后各烧蚀区域 SEM 截面元素面分布：（a）烧蚀中心；（b）过渡区；（c）热影响区

尽管 ZrB_{2p}/Si_2BC_3N 复相陶瓷材料的耐烧蚀性得到了显著提高，但在烧蚀过渡区仍可观察到较为明显的氧化损伤现象（图 6-38）。靠近烧蚀过渡区上表面位置

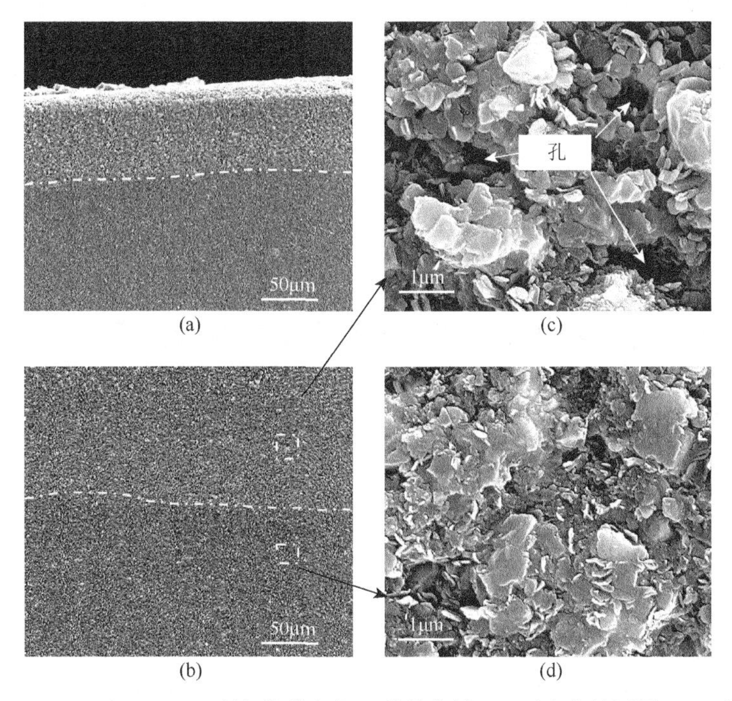

图 6-38　20wt% ZrB_{2p}/Si_2BC_3N 复相陶瓷经氧乙炔焰烧蚀 30s 后各烧蚀区域 SEM 截面形貌：（a）二次电子形貌；（b）背散射电子形貌；（c）上截面高倍形貌；（d）下截面高倍形貌

处生成了较多的气孔，而在远离过渡区表面则保留了较致密的结构。因此，在该系亚稳陶瓷中引入高温耐烧蚀组元 ZrB_2 时必须考虑复合材料的抗氧化性能，避免牺牲 Si_2BC_3N 陶瓷基体自身优异的抗氧化性优势，缩短其高温服役时间。

ZrB_{2p}/Si_2BC_3N 复合材料抗热震性能与陶瓷物相组成、晶粒大小及形貌、陶瓷表面裂纹和气孔率等有关。采用溶胶凝胶法引入 ZrB_{2p} 增强 Si_2BC_3N 陶瓷的物相组成均为 ZrB_2、SiC 和 BN(C)，但两者抗热震与耐烧蚀性能有较大差别，以 ZrO_2、B_2O_3 和 C 为原料原位反应生成的复相陶瓷烧蚀后陶瓷表面甚至出现了穿透性裂纹。一般情况下，陶瓷晶粒在由小变大的过程中，材料表面的裂纹会以准静态的方式进行小范围扩张，这种方式的扩张能够在一定程度上提高材料的抗热震能力。因此，在热导率及热膨胀系数差别不大的情况下，溶胶凝胶法引入 ZrO_2 原位反应生成的 ZrB_{2p}/Si_2BC_3N 复相陶瓷的抗热震性能要优于前者。由于大小均匀的气孔能够起到散热的作用，而有规律的裂纹能够增加材料的稳定性，因此陶瓷材料气孔与裂纹能够在某种程度上提高材料的抗热震能力以及抗破坏能力。溶胶凝胶法引入 ZrO_2 原位反应生成的 ZrB_{2p}/Si_2BC_3N 复相陶瓷的致密度较高，当受到热冲击时，材料的抗热震性能变差，裂纹呈动态扩展形式，陶瓷材料出现灾难性破坏。因此，可以在材料稳定性的基础上适度增加材料表面的微裂纹，并且将裂纹设计成以准静态的方式进行扩展，这种裂纹扩展方式能够在一定程度上增加材料的稳定性以及抗破坏能力。

直接引入纳米 ZrB_{2p}，采用 SPS 快速烧结技术制备 ZrB_{2p}/Si_2BC_3N 复相陶瓷，材料各物相晶粒都发生了长大，但与溶胶凝胶法原位反应生成的复相陶瓷材料相比，其晶粒尺寸较小，且纳米 ZrB_{2p} 分布较为均匀，与基体物相之间没有发生化学反应，界面结合强度适中，因此该系复合材料具有更优的耐烧蚀性能。

6.2.5 HfB_{2p}/Si_2BC_3N 复相陶瓷的抗热震及耐烧蚀性能

1. 抗热震性能

热震温差分别为 800℃、1000℃和 1200℃时，纯 Si_2BC_3N 陶瓷热震后的残余强度提高随热震温差提高先升高后降低（图 6-39）。陶瓷表面热震过程中发生部分氧化，形成的氧化薄膜在高温时具有一定的流动性，可以对机加工过程中留存在试样表面的微裂纹进行弥合；陶瓷基体中气孔较多，虽然会使陶瓷室温力学性能降低，但在热震时可以起到消耗和分散热弹性应变能的作用。引入适量 HfB_{2p} 后，复相陶瓷残余强度随热震温差增大不断降低。Si_2BC_3N 陶瓷基体的热膨胀系数为 $4.8\times10^{-6}K^{-1}$，而增强相 HfB_2 热膨胀系数为 $5.7\times10^{-6}K^{-1}$，HfC 热膨胀系数为

$6.6\times10^{-6}K^{-1}$，三者热膨胀系数匹配性较差，急剧降温过程中陶瓷内部产生较大的残余应力。当热震温差升高时，热应力为主导因素，其对材料的热冲击作用要大于氧化薄膜对材料表面微裂纹的弥合能力，陶瓷内部的微裂纹会快速扩展，导致复合陶瓷承载能力大幅降低，抗热震性能下降。

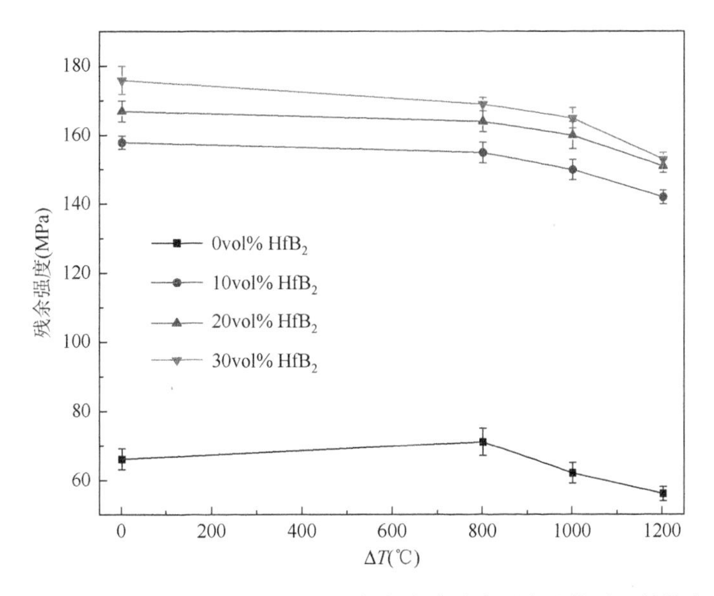

图 6-39　不同 HfB_{2p} 引入量 HfB_{2p}/Si_2BC_3N 复相陶瓷残余强度随热震温差的变化曲线[9]

引入适量 HfB_{2p} 后，HfB_{2p}/Si_2BC_3N 复相陶瓷抗热震性能相对于纯 Si_2BC_3N 陶瓷有了很大提高。HfB_{2p} 含量为 30vol%的复相陶瓷在不同热震温差下的残余强度均为最高值，最高残余强度可达 169MPa。随着热震温差的逐渐增大，热膨胀系数失配的缺点逐渐凸显（表 6-8）。

表 6-8　HfB_{2p}/Si_2BC_3N 复相陶瓷经不同温差热震后残余强度及强度保持率[9]

HfB_{2p} 引入量（vol/%）	$\Delta T=800℃$		$\Delta T=1000℃$		$\Delta T=1200℃$	
	残余强度（MPa）	强度保持率（%）	残余强度（MPa）	强度保持率（%）	残余强度（MPa）	强度保持率（%）
0	71	107.6	62	93.9	56	84.8
10	155	98.1	150	94.9	142	89.9
20	164	98.2	160	95.8	151	90.4
30	169	96	165	93.8	153	86.9

纯 Si_2BC_3N 块体陶瓷在不同温差热震后，物相组成为 β-SiC、BN(C)和少量 SiO_2；不同 HfB_{2p} 引入量 HfB_{2p}/Si_2BC_3N 复相陶瓷热震后物相变化规律基本相同，热震后氧化产物主要是 HfO_2 和 $HfSiO_4$（图 6-40）。

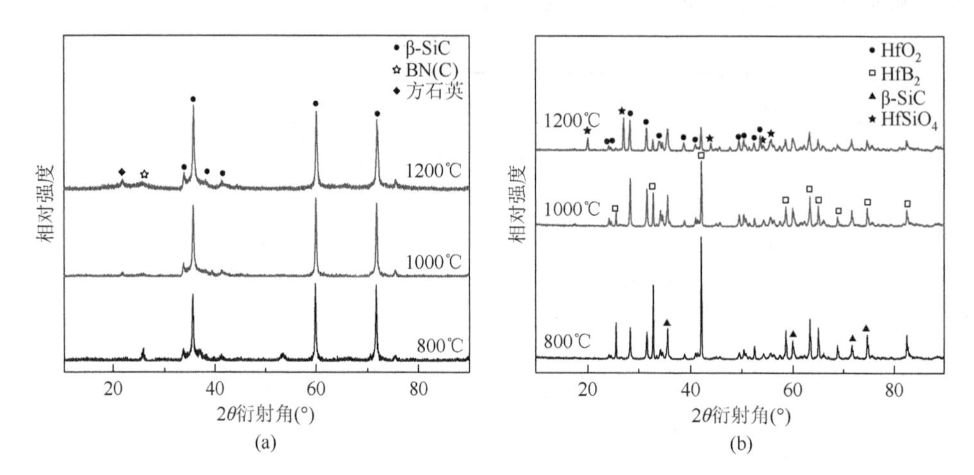

图 6-40　不同 HfB_{2p} 引入量 HfB_{2p}/Si_2BC_3N 复相陶瓷在不同温差热震后的 XRD 图谱：（a）Si_2BC_3N；（b）HfB_{2p}/Si_2BC_3N[9]

经过 800℃温差热震后，纯 Si_2BC_3N 块体陶瓷表面有少量气孔，表面光洁度与热震前相比略有提升，基体氧化并不明显。热震温差达到 1000℃时，块体陶瓷表面出现大量气孔，基体材料被剧烈氧化，生成的气体从表面逃逸，造成了大量气孔萌生，部分气孔转化为材料表面的微裂纹源，受到较小外力时裂纹便会扩展。热震温差达到 1200℃时，材料表面气孔大量减少，高温下氧化膜具有良好的流动性，对表面微裂纹有一定的自愈合作用，所以表面平整度提高；但表面仍然存在部分气体逃逸遗留下来的扩散通道（图 6-41）。

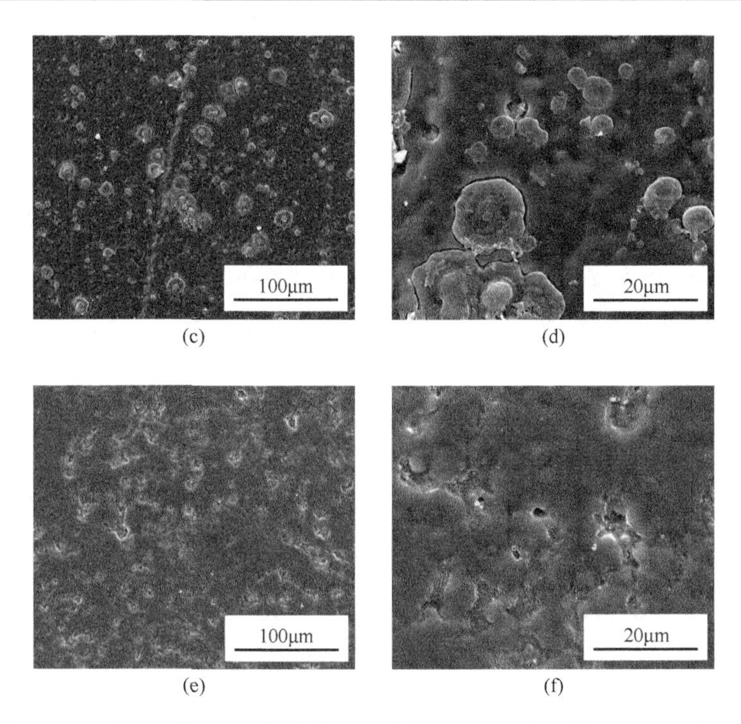

图 6-41 纯 Si_2BC_3N 陶瓷不同温差热震后 SEM 表面形貌：(a)，(b) $\Delta T = 800$℃；(c)，(d) $\Delta T = 1000$℃；(e)，(f) $\Delta T = 1200$℃[9]

热震温差为800℃时，复相陶瓷表面粗糙多孔，表明30vol% HfB_{2p}/Si_2BC_3N 复相陶瓷表面已经发生一定程度的氧化，氧化层疏松多孔。热震温差达到1000℃时，由于氧化产物的填充作用，表面微裂纹在一定程度上被弥合，陶瓷表面光洁度有所提高。由于热震温度较低，陶瓷表面氧化损伤不严重，表面并没有出现大量气孔。热震温差提高到1200℃时，复相陶瓷表面出现大量气孔和微裂纹，材料表面的热应力对材料的破坏已经超过了氧化膜对微裂纹的愈合作用，并且复相陶瓷中基体与增强相的热膨胀系数不匹配，导致机加工残留的微裂纹与气孔扩展为明显裂纹，宏观上体现为复相陶瓷残余强度明显降低（图 6-42）。气孔的出现会显著破坏材料表面氧化膜的光滑性和致密度，同时气孔也极易成为微裂纹源，受到较小的外力时裂纹就会迅速蔓延，导致材料的承载能力下降。

与室温断口形貌相比，800℃温差热震后30vol% HfB_{2p}/Si_2BC_3N 复相陶瓷的断口形貌并无明显差异，说明复相陶瓷组织结构并没有发生明显变化，其断裂方式仍然为脆性断裂。1000℃温差热震后复相陶瓷断口处并没有出现微裂纹，说明在热震过程中热应力并没有在其内部产生微裂纹。热震温差达到1200℃时，复相陶瓷表面萌生部分裂纹，但并没有向内部扩展，然而断口边缘有一层明显氧

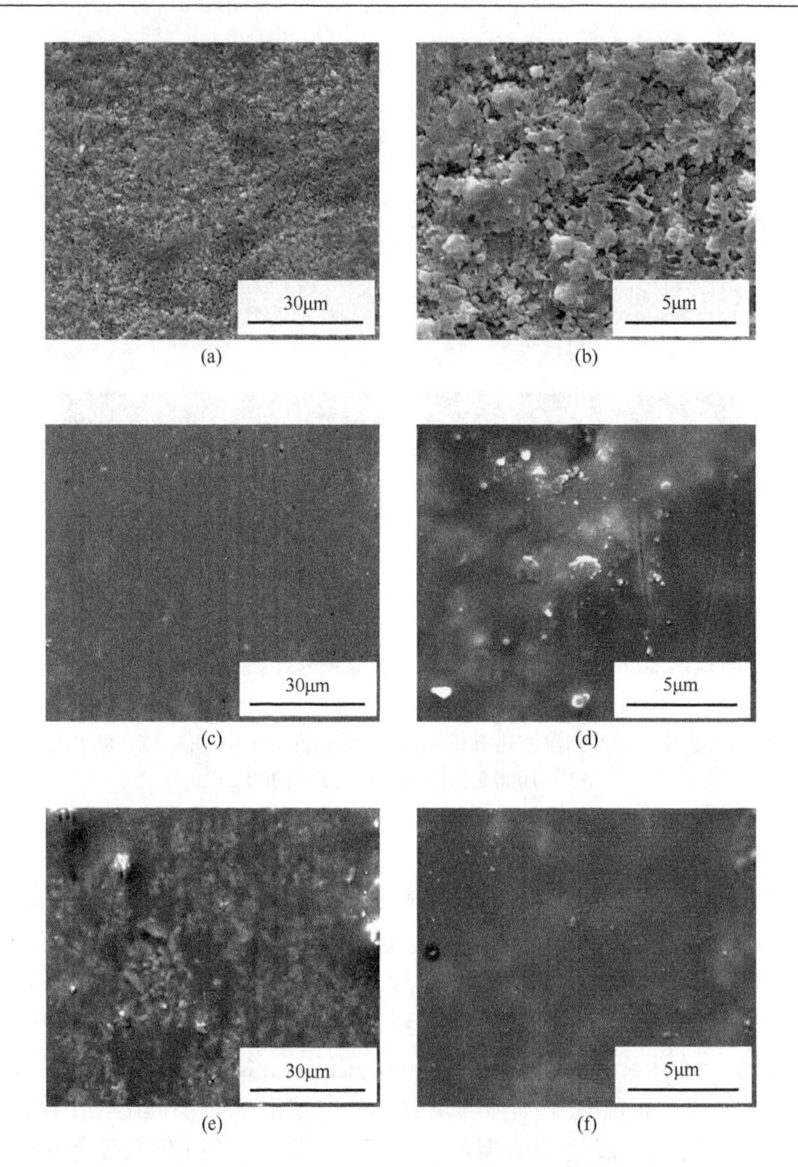

图 6-42　30vol% HfB_{2p}/Si_2BC_3N 复相陶瓷不同温差热震后 SEM 表面形貌：(a)，(b) $\Delta T = 800$℃；(c)，(d) $\Delta T = 1000$℃；(e)，(f) $\Delta T = 1200$℃[9]

化层（图 6-43）。从截面 SEM 形貌上看，热震温差为 800℃时，陶瓷表面生成的氧化层较薄，不易区分；热震温差进一步增大时，复相陶瓷表面氧化层随之增厚。

图 6-43 30vol %HfB_{2p}/Si_2BC_3N 复相陶瓷经不同温差热震后 SEM 断口形貌：（a）$\Delta T = 800$℃；（b）$\Delta T = 1000$℃；（c）$\Delta T = 1200$℃[9]

2. 耐烧蚀性

经氧乙炔焰烧蚀 10s 后纯 Si_2BC_3N 陶瓷表面最高温度达到 1816℃。不同 HfB_{2p} 引入量 HfB_{2p}/Si_2BC_3N 复相陶瓷均进行了 60s 的烧蚀实验，表面最高温度分别为 1942℃、2070℃和 2364℃。一方面随着 HfB_{2p} 体积分数的增加，复相陶瓷 SiC 和 BN(C)相对含量降低，而 HfB_2 和 HfC 相热导率较高可以有效降低表面烧蚀温度；另一方面烧蚀过程中复相陶瓷表面氧化产物较为平整致密，有效阻碍了氧乙炔焰的进一步侵蚀，同样有利于表面温度降低（图 6-44）。

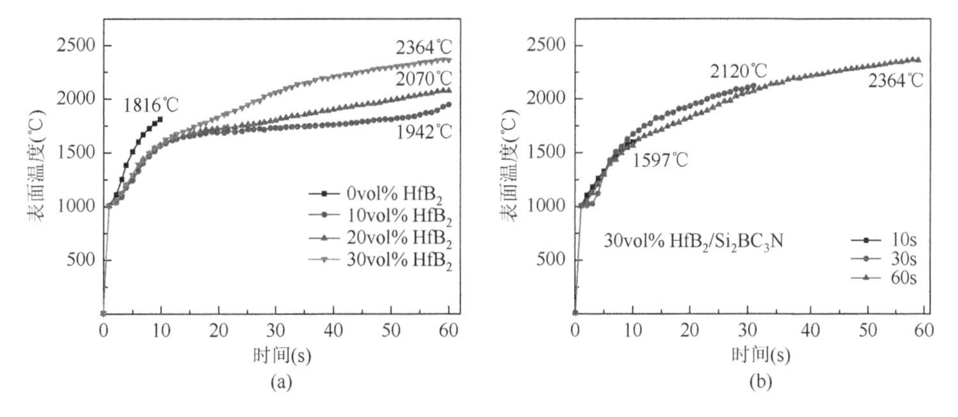

图 6-44 HfB_{2p}/Si_2BC_3N 复相陶瓷经氧乙炔焰烧蚀过程中表面温度随时间的变化曲线：（a）不同 HfB_{2p} 引入量；（b）不同烧蚀时间[9]

烧蚀 10s 后，纯 Si_2BC_3N 陶瓷的质量烧蚀率和线烧蚀率均最高，分别为 0.99mg/s 和 0.02930mm/s；不同 HfB_{2p} 引入量 HfB_{2p}/Si_2BC_3N 复相陶瓷的质量烧蚀率和线烧蚀率较陶瓷基体要低，耐烧蚀性能显著提高；随着 HfB_{2p} 引入量的增加，复相陶瓷线烧蚀率逐渐降低，线烧蚀率最低为 0.00055mm/s。10vol% HfB_2/Si_2BC_5N 复相陶瓷烧蚀 60s 后，质量烧蚀率为 0.091mg/s。随着烧蚀时间延长，30vol% HfB_2

复相陶瓷质量烧蚀率和线烧蚀率逐渐升高。随着 HfB_{2p} 体积分数的增大，复相陶瓷体积密度大幅增加，导致质量烧蚀率逐渐增大（表 6-9）。

表 6-9　不同 HfB_{2p} 引入量 HfB_{2p}/Si_2BC_3N 复相陶瓷的质量烧蚀率及线烧蚀率[9]

HfB_{2p} 引入量（vol%）	烧蚀时间（s）	质量变化（mg）	质量烧蚀率（mg/s）	厚度变化（mm）	线烧蚀率（mm/s）
0	10	9.89	0.99	0.293	0.02930
10	60	5.37	0.091	0.643	0.01057
20	60	9.76	0.16	0.554	0.00923
30	10	0.25	0.025	0.004	0.00040
30	30	1.20	0.041	0.014	0.00047
30	60	11.11	0.19	0.033	0.00055

烧蚀结束后，不同成分复相陶瓷材料表面均出现了大小不一的贯穿式裂纹。在热压烧结和机械加工时陶瓷表面均会产生微观缺陷，同时陶瓷的热导率和热膨胀系数不同，因此不同成分陶瓷材料在氧乙炔焰的高速热流冲击下，背面与表面温度相差过大，导致块体陶瓷表面出现宏观上的裂纹。纯 Si_2BC_3N 陶瓷烧蚀 10s 后已经完全炸裂，表面出现了较深的烧蚀坑，烧蚀坑面积较大，表面平整度较差，有许多凸起和气泡。随着 HfB_{2p} 引入量的增加，试样表面平整度逐渐提高，烧蚀坑面积逐渐减小，烧蚀坑也越来越浅。30vol% HfB_{2p}/Si_2BC_3N 复相陶瓷的烧蚀坑面积最小，烧蚀坑最浅，表面较为平整，没有明显厚度起伏，宏观上表现出较好的耐烧蚀性（图 6-45）。

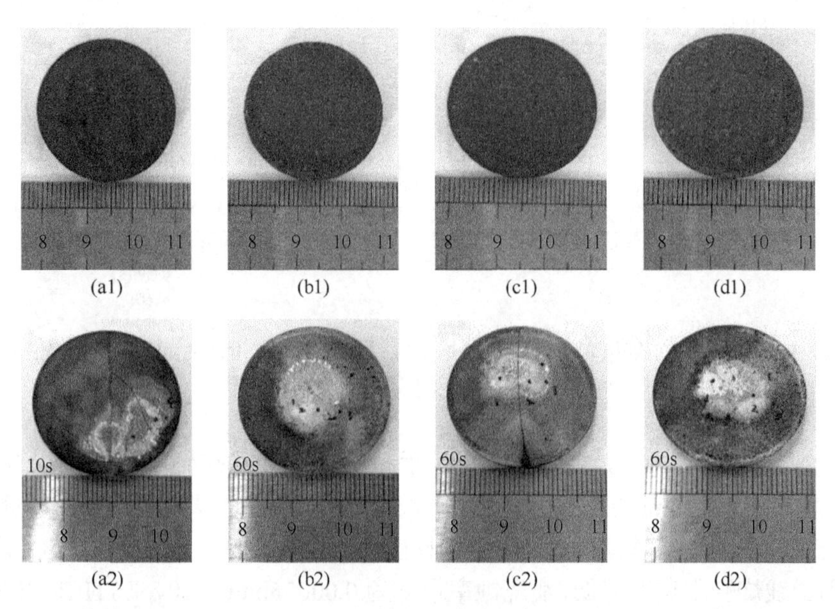

图 6-45　不同 HfB_{2p} 引入量 HfB_{2p}/Si_2BC_3N 复相陶瓷经氧乙炔焰烧蚀前后宏观表面形貌：（a）Si_2BC_3N；（b）10vol% HfB_{2p}；（c）20vol% HfB_{2p}；（d）30vol% HfB_{2p}[9]

烧蚀前 30vol% HfB_{2p}/Si_2BC_3N 复相陶瓷材料表面光滑平整，经氧乙炔焰烧蚀不同时间后陶瓷表面均产生了不同程度的烧蚀损伤，在焰流中心部位因氧乙炔焰的高焓高速气流冲刷而产生了深浅不一的烧蚀坑。烧蚀时间为 10s 时，HfB_{2p}/Si_2BC_3N 复相陶瓷材料表面只出现了轻微的颜色变化，没有明显裂纹产生，烧蚀表面较为平整，没有发现明显烧蚀坑。随着烧蚀时间的延长，复相陶瓷表面出现了明显的烧蚀坑，烧蚀坑的深度和面积均随烧蚀时间的延长而增大。烧蚀结束后，烧蚀区表面较为粗糙，有许多凸起，未烧蚀区表面未观察到明显厚度起伏（图 6-46）。

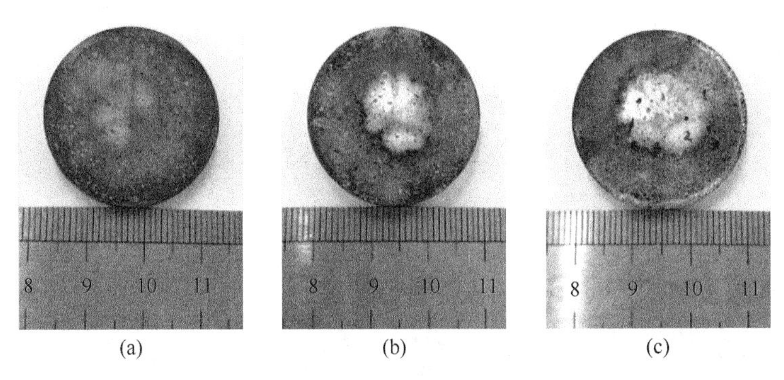

图 6-46 30vol% HfB_{2p}/Si_2BC_3N 复相陶瓷经氧乙炔焰烧蚀不同时间后宏观表面形貌：（a）10s；（b）30s；（c）60s[9]

纯 Si_2BC_3N 块体陶瓷烧蚀过渡区在 $2\theta = 20°\sim25°$之间存在非晶 SiO_2 衍射峰，靠近温度较高的烧蚀中心，非晶 SiO_2 逐步发生析晶转变为方石英相（图 6-47）。

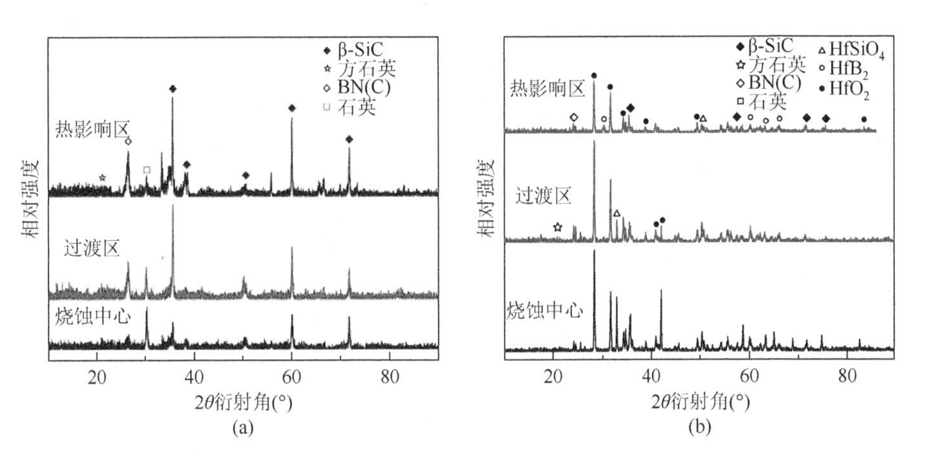

图 6-47 氧乙炔焰烧蚀 10s 后不同 HfB_{2p} 引入量 HfB_{2p}/Si_2BC_3N 复相陶瓷不同烧蚀区域 XRD 图谱：（a）Si_2BC_3N；（b）30vol% HfB_{2p}[9]

对于 30vol% HfB_{2p}/Si_2BC_3N 复相陶瓷，从热影响区到过渡区再到烧蚀中心区，HfB_2 晶体衍射峰逐渐减弱并最终消失，与此同时，HfO_2 衍射峰强度在向烧蚀中心靠近过程中逐渐增强，表明越靠近烧蚀中心，火焰温度越高，陶瓷氧化越剧烈。复相陶瓷 BN(C)相在烧蚀过程中会被氧化成 B_2O_3、CO 和 CO_2，由于高温高速气流的冲刷作用，B_2O_3 迅速挥发，因此在各个烧蚀区域均未检测到相关 B_2O_3 衍射峰。但在热影响区、过渡区和烧蚀中心依旧可以观察到 BN(C)相晶体衍射峰，说明烧蚀后仍然有部分 BN(C)相残留。此外，$HfSiO_4$ 在烧蚀中心的衍射峰强度要强于其在过渡区和热影响区的峰强。

烧蚀 10s 后，纯 Si_2BC_3N 陶瓷表面粗糙多孔，随着 HfB_{2p} 引入量的增加，烧蚀中心表面逐渐变得连续光滑致密。烧蚀过程中氧化产物 HfO_2 与液相 SiO_2 反应生成的 $HfSiO_4$ 在表面形成包裹层，这种在高温条件下形成的熔融包裹层可以有效阻碍 SiO_2 的挥发，从而保护基体材料不被高温气流进一步侵蚀和氧化，提高材料的耐烧蚀能力（图 6-48）。

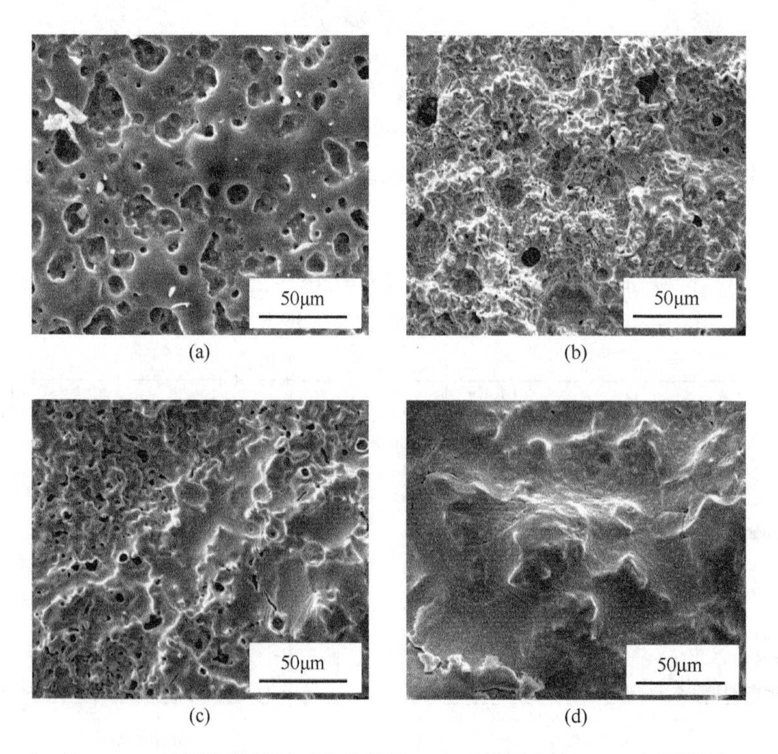

图 6-48　HfB_{2p}/Si_2BC_3N 复相陶瓷经氧乙炔焰烧蚀 10s 后烧蚀中心 SEM 表面形貌：(a) Si_2BC_3N；(b) 10vol% HfB_{2p}；(c) 20vol% HfB_{2p}；(d) 30vol% HfB_{2p}[9]

由于烧蚀过渡区表面温度低于烧蚀中心，所以过渡区表面较为致密，孔隙率较低。烧蚀过渡区存在两种形貌，一种是高温热流冲击试样后留下的波浪纹，另一种是表面气泡破裂后留下的气孔。与纯 Si_2BC_3N 陶瓷相比，复相陶瓷过渡区面积较大，平均宽度达 953.5μm，过渡区与热影响区界限更为清晰，烧蚀过渡区主要由 SiO_2、SiC、HfO_2 相组成，Hf 含量显著低于烧蚀中心，表层覆盖有 $HfSiO_4$。烧蚀过渡区的温度介于中心区和热影响区，这一温度使液相 SiO_2 具有较低黏度的同时还具有一定的流动性，在高温热流的冲击作用下 SiO_2 被冲刷到过渡区并在陶瓷表面形成一层完整连续的覆盖层（图 6-49）。

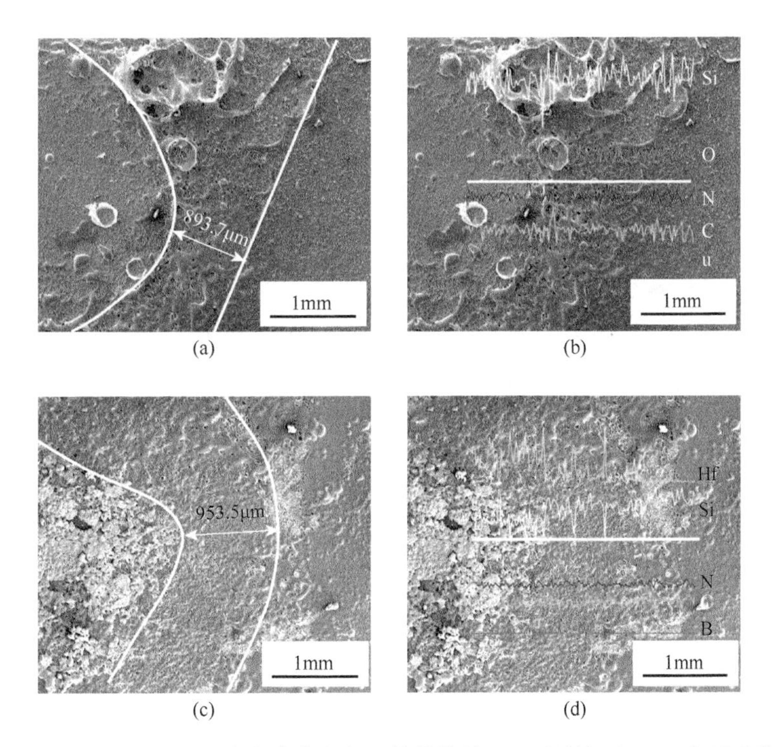

图 6-49　HfB_{2p}/Si_2BC_3N 复相陶瓷经氧乙炔焰烧蚀 10s 后过渡区 SEM 表面形貌：（a），（b）Si_2BC_3N；（c），（d）30vol% HfB_{2p}[9]

烧蚀热影响区距离烧蚀中心最远，相比于烧蚀中心和过渡区，其并没有受到强烈的高温热流冲刷，表面更为致密平整。热影响区表面由于高温热流的冲刷及热力氧化作用出现了明显的起泡现象，在较为致密的表面分布着平均尺寸约 10μm 的气泡。由于热影响区温度较低，由烧蚀中心冲刷到热影响区的液相 SiO_2 在此区域黏度变大，和陶瓷表面的接触角变大导致润湿性较差，其内部包裹的气体不能及时从表面排出，所以以气泡形式凸起（图 6-50）。

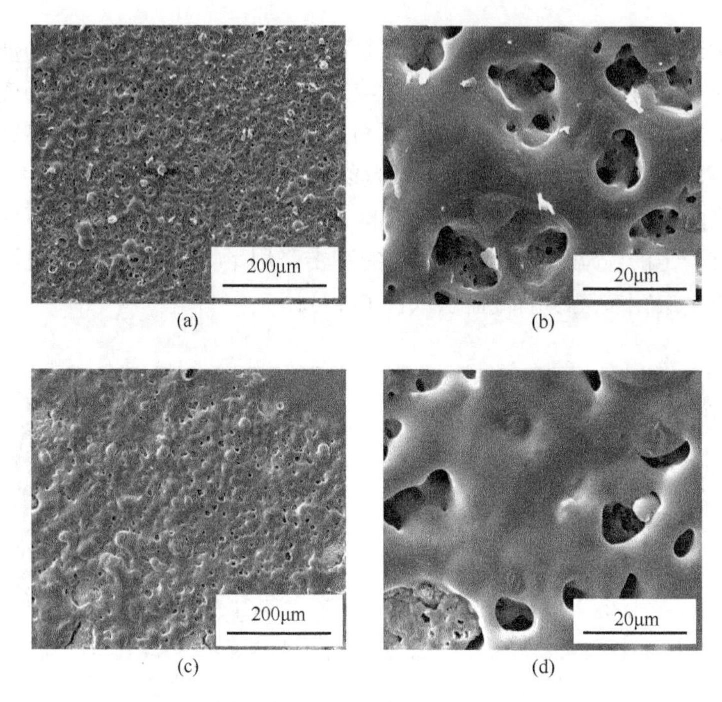

图 6-50　HfB_{2p}/Si_2BC_3N 复相陶瓷经氧乙炔焰烧蚀 10s 后热影响区 SEM 表面形貌：（a），（b）Si_2BC_3N；（c），（d）30vol% HfB_{2p}[9]

纯 Si_2BC_3N 陶瓷沿截面方向存在一层较薄的氧化层，但高温焰流已影响到基体较深的地方；陶瓷表面经过烧蚀后变得疏松多孔，存在较多的微裂纹，耐烧蚀性能较差。30vol% HfB_{2p}/Si_2BC_3N 复相陶瓷表面覆盖一层较厚的连续致密 SiO_2 氧化层，可以有效阻碍基体材料在烧蚀过程中被进一步氧化，SiO_2 填充到表层微裂纹中使得复相陶瓷在高温热流冲刷下还具有一定自愈合能力（图 6-51）。

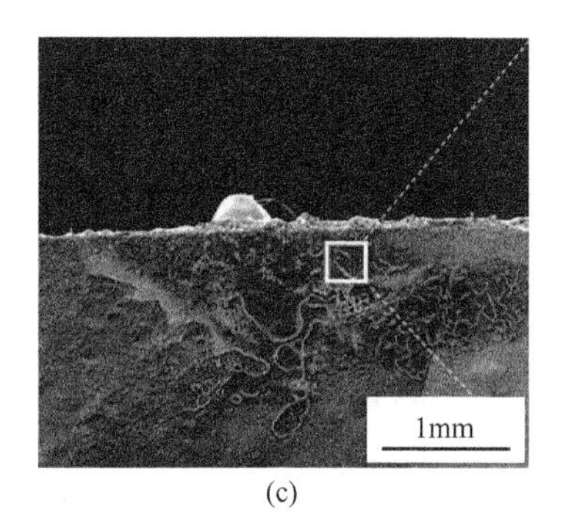

(c)

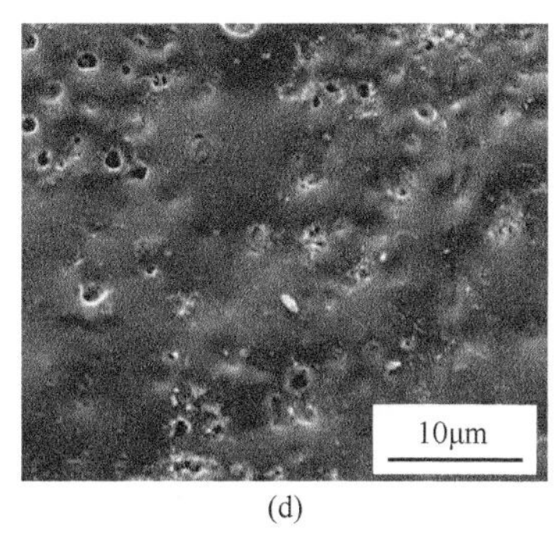

(d)

图 6-51 HfB_{2p}/Si_2BC_3N 复相陶瓷经氧乙炔焰烧蚀 10s 后 SEM 截面形貌：（a），（b）Si_2BC_3N；（c），（d）30vol% HfB_{2p}[9]

6.2.6 $(ZrB_{2p}\text{-}ZrN_p)/Si_2BC_3N$ 复相陶瓷的耐烧蚀性能

随着烧结温度提高，$(ZrB_{2p}\text{-}ZrN_p)/Si_2BC_3N$ 复相陶瓷耐烧蚀性能逐渐增强；随着烧蚀时间的延长，复相陶瓷材料质量烧蚀率增加，线烧蚀率有所下降（表 6-10）。1900℃烧蚀 10s 后，$(ZrB_{2p}\text{-}ZrN_p)/Si_2BC_3N$ 复相陶瓷质量烧蚀率和线烧蚀率分别为 0.066mg/s 和 0.0081mm/s。

表 6-10 不同热压烧结工艺制备的$(ZrB_{2p}\text{-}ZrN_p)/Si_2BC_3N$ 复相陶瓷的质量烧蚀率和线烧蚀率[10]

热压烧结工艺	烧蚀时间（s）	质量烧蚀率（mg/s）	线烧蚀率（mm/s）
1700℃/60MPa/30min	10	0.092	0.0032
1800℃/60MPa/30min	10	0.086	0.0061
1900℃/60MPa/30min	10	0.066	0.0081
1900℃/60MPa/30min	30	0.11	0.0077

$(ZrB_{2p}\text{-}ZrN_p)/Si_2BC_3N$ 复相陶瓷经氧乙炔焰烧蚀后宏观表面出现了明显裂纹，在火焰对中处出现烧蚀坑。1700℃和 1800℃热压烧结制备的复相陶瓷烧蚀坑不集中，这可能是烧蚀过程中火焰中心不稳定造成的。在高温氧乙炔焰的热冲击下，复相陶瓷表面与背面温差较大，材料内部热应力较大从而出现宏观裂纹，导致材料开裂（图 6-52）。

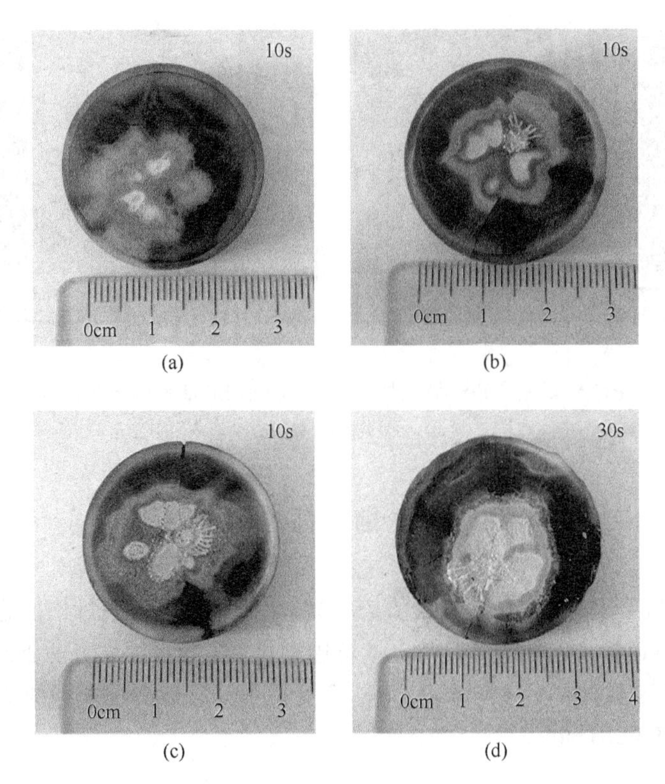

(a)　(b)　(c)　(d)

图 6-52　不同热压烧结温度制备的(ZrB_{2p}-ZrN_p)/Si_2BC_3N 复相陶瓷经氧乙炔焰烧蚀不同时间后表面宏观形貌：（a）1700℃；（b）1800℃；（c），（d）1900℃[10]

(ZrB_{2p}-ZrN_p)/Si_2BC_3N 复相陶瓷烧蚀后表面主要物相为 SiC、ZrO_2、方石英及部分非晶相。烧蚀过程中，未烧蚀区同样出现了 SiO_2 和 ZrO_2 晶体衍射峰，说明陶瓷基体也受到了热流影响。与未烧蚀区相比，烧蚀中心 SiC 相含量明显降低，说明烧蚀中心处的 SiC 大量氧化生成了 SiO_2 或 SiO（图 6-53）。

(ZrB_{2p}-ZrN_p)/Si_2BC_3N 复相陶瓷烧蚀中心表面疏松多孔，气体逸出后遗留的孔洞数量较多，尺寸较大（图 6-54），烧蚀中心氧化表面物相组成为 SiC、ZrO_2 和 SiO_2。烧蚀过渡区有很多球形 SiO_2，这种球形结构来源于烧蚀中心气流的冲刷以及过渡区 SiC 相的氧化。过渡区出现了鼓泡现象，气泡大小不等，平均尺寸约 30μm（图 6-55）。由于热影响区离烧蚀中心较远，温度相对较低，SiO_2 黏度较高，内部氧化反应产生的气体大多数以气泡形式鼓起，形成了疏松多孔的形貌特征，进一步远离烧蚀中心，部分气泡发生破裂（图 6-56）。

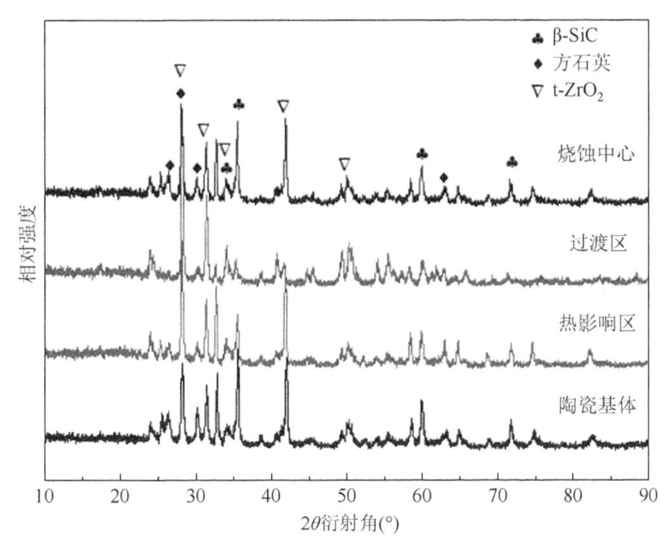

图6-53 1900℃热压烧结制备的$(ZrB_{2p}-ZrN_p)/Si_2BC_3N$复相陶瓷经氧乙炔焰烧蚀10s后不同区域微区XRD图谱[10]

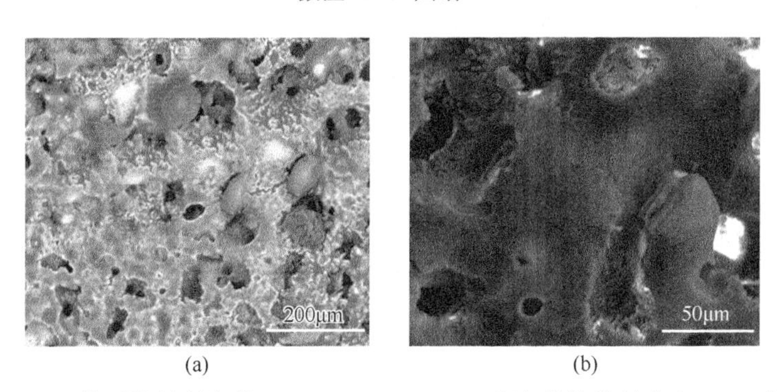

(a) (b)

图6-54 1900℃热压烧结制备的$(ZrB_{2p}-ZrN_p)/Si_2BC_3N$复相陶瓷烧蚀中心SEM表面形貌：（a）低倍；（b）高倍[10]

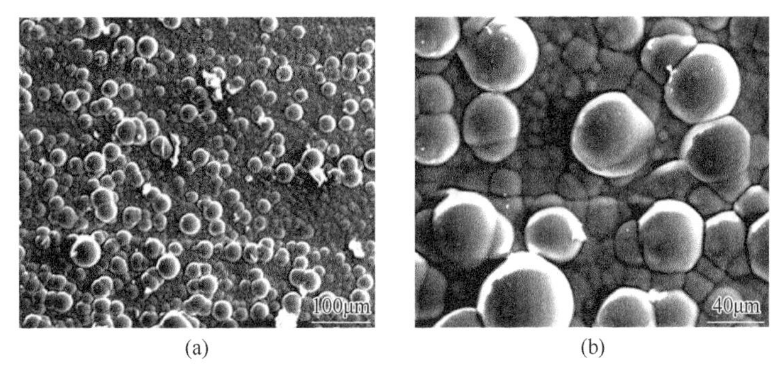

(a) (b)

图6-55 1900℃热压烧结制备的$(ZrB_{2p}-ZrN_p)/Si_2BC_3N$复相陶瓷过渡区SEM表面形貌：（a）低倍；（b）高倍[10]

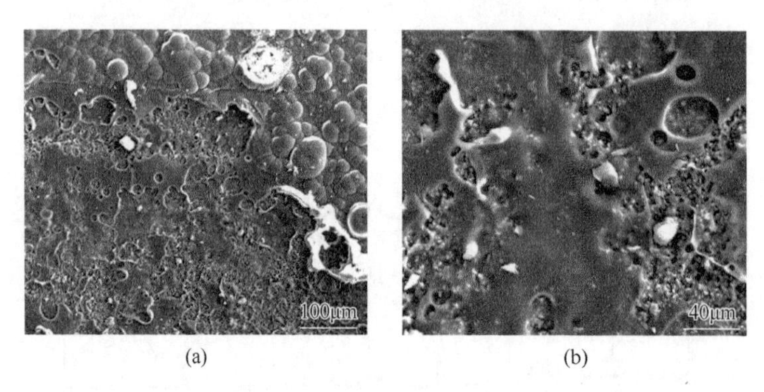

图 6-56 1900℃热压烧结制备的(ZrB_{2p}-ZrN_p)/Si_2BC_3N 复相陶瓷热影响区 SEM 表面形貌：（a）低倍；（b）高倍[10]

6.2.7 C_f/(ZrB_{2p}-ZrN_p)/Si_2BC_3N 复相陶瓷的耐烧蚀性能

三种不同 C_f 含量的 C_f/(ZrB_{2p}-ZrN_p)/Si_2BC_3N 复合材料表面温升规律基本相同。氧乙炔焰烧蚀 2s 后三种复合材料表面温度急剧上升至 1300℃，在 1600～1700℃范围内有所波动（图 6-57），这种剧烈温度变化对材料表面造成的热冲击容易使高模量的陶瓷材料发生劈裂。C_f的引入并没有降低(ZrB_{2p}-ZrN_p)/Si_2BC_3N 复相陶瓷表面温度，原因是复合材料的热导率增加幅度很小，相反复合材料的致密度较低，为高速气流向基体内部扩散提供了通道。

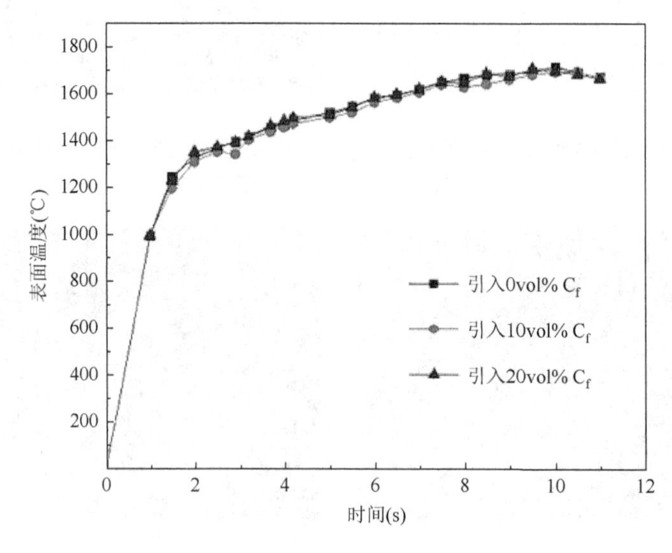

图 6-57 烧蚀过程中 C_f/(ZrB_{2p}-ZrN_p)/Si_2BC_3N 复合材料表面温度随烧蚀时间变化曲线

氧乙炔焰烧蚀10s后，三种不同纤维含量的复合材料均未发生宏观的灾难性断裂，在烧蚀中心均未发现宏观裂纹，说明复合材料具有良好的抗热震和耐烧蚀性能。由于陶瓷基体致密度较高，表面几乎没有宏观质量损失。与其他成分的陶瓷材料相比，在相同烧蚀条件下，$C_f/(ZrB_{2p}\text{-}ZrN_p)/Si_2BC_3N$复合材料表面稳态烧蚀温度仅有1700℃左右，说明在质量损失较小的前提下，$C_f/(ZrB_{2p}\text{-}ZrN_p)/Si_2BC_3N$复合材料可通过烧蚀表面一系列物相变化来使材料的表面温度稳定在相对较低水平，具有很好的航天防热应用前景（图6-58）。

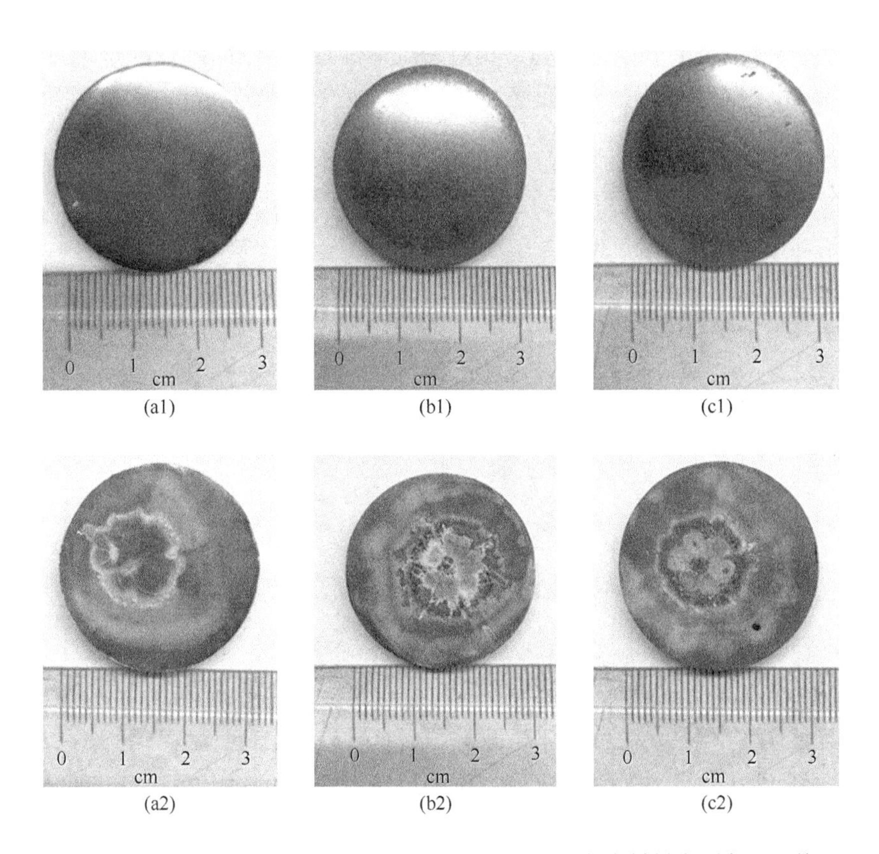

图6-58　氧乙炔焰烧蚀前后$C_f/(ZrB_{2p}\text{-}ZrN_p)/Si_2BC_3N$复合材料表面宏观形貌：（a）$(ZrB_{2p}\text{-}ZrN_p)/Si_2BC_3N$；（b）10vol% C_f；（c）20vol% C_f

$(ZrB_{2p}\text{-}ZrN_p)/Si_2BC_3N$陶瓷基体烧蚀前后厚度几乎没有变化，烧蚀后由于烧蚀区域氧化物产生及覆盖，厚度甚至有所增加，使线烧蚀率为负值。随着C_f含量的增加，复合材料线烧蚀率和质量烧蚀率逐渐增大（表6-11）。

表 6-11 $C_f/(ZrB_{2p}\text{-}ZrN_p)/Si_2BC_3N$ 复合材料经氧乙炔焰烧蚀 10s 后的烧蚀性能

C_f含量（vol%）	0	10	20
质量烧蚀率（mg/s）	0.066	0.27	0.38
线烧蚀率（mm/s）	−0.003	0.002	0.004

与烧蚀中心相比，未烧蚀区及热影响区 SiC 相含量较高，烧蚀后部分 SiC 氧化生成 SiO_2，在靠近中心区还发生 β-SiC 向 α-SiC 转变。烧蚀中心温度较高，部分非晶 SiO_2 析晶转变为方石英。从未烧蚀区向烧蚀中心靠近，ZrN、ZrB_2 衍射峰逐渐消失，ZrO_2 衍射峰随之增强，相对含量逐渐增加。BN(C)相在烧蚀过程中氧化生成 B_2O_3、CO_2 等挥发，但在烧蚀中心、过渡区及热影响区内均检测到 BN(C) 相晶体衍射峰（图 6-59）。

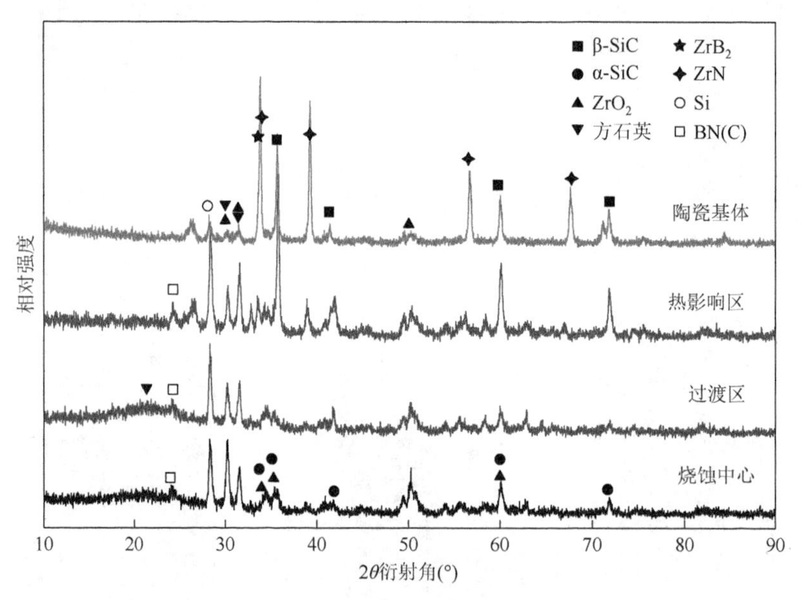

图 6-59 10vol% C_f 增强$(ZrB_{2p}\text{-}ZrN_p)/Si_2BC_3N$ 复合材料经氧乙炔焰烧蚀 10s 后不同区域的微区 XRD 图谱

6.3 短纤维对 MA-SiBCN 陶瓷材料抗热震和耐烧蚀性能的影响

6.3.1 C_f/Si_2BC_3N 复合材料的抗热震性能

随着热震温度升高，三种不同温度热压烧结制备的 20vol% C_f/Si_2BC_3N 复合材料残余强度逐渐降低（图 6-60）。在 RT～700℃热震温差范围内，C_f 开始氧化，导致材料表面出现孔洞和裂纹，材料显微缺陷增多，三种复合材料强度下降较为明显；热震温差在 700～900℃之间，三种复合材料强度有所降低。在此温度区间，C_f 继续被氧化，材料表面出现了颜色变白的现象，基体中 SiC 相被氧化生成 SiO_2，部分熔融 SiO_2 黏性流动可以填补缺陷，阻止内部纤维的进一步氧化；$\Delta T = 1100$℃时，三种复合材料强度均呈下降趋势，2000℃热压烧结制备的复合材料强度退化最为严重，仅为原始强度的 38.9%，1800℃热压烧结制备的复合材料抗热震性能最佳（表 6-12）。1800℃热压烧结制备的 20vol%C_f/Si_2BC_3N 复合材料致密度较低，气孔大小均匀，气孔内壁圆滑；这些气孔作为既存裂纹，不仅能够分散消耗热弹性应变能，还有助于松弛应力，因此有利于提高复合材料抗热震损伤能力。

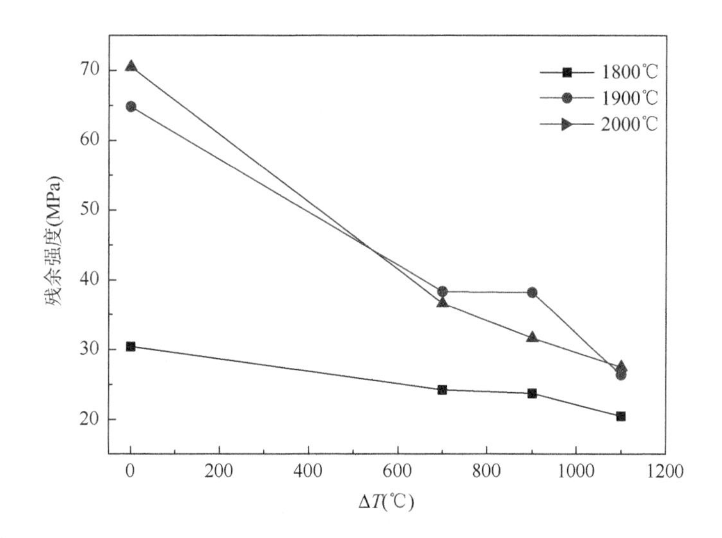

图 6-60　不同温度热压烧结制备的 20vol% C_f/Si_2BC_3N 复合材料经不同热震温差后的残余强度[11]

表 6-12　不同温度（1800～2000℃/60MPa/30min）热压烧结制备的 20vol% C_f/Si_2BC_3N 复合材料经不同温差热震后的强度保持率[11]

热震温差	强度保持率（%）		
	1800℃	1900℃	2000℃
$\Delta T = 700$℃	79.6	59.1	56.9
$\Delta T = 900$℃	78.0	58.9	56.2
$\Delta T = 1100$℃	67.3	40.1	38.9

不同温差热震后，复合材料表面C_f均被氧化，在试样表面留下许多孔洞和沟槽。随着热震温差的增加，表面沟槽不断增加，C_f氧化程度不断加深（图 6-61）。ΔT 增加到 1100℃时，C_f氧化程度加剧，表面沟槽已经观察不到任何纤维。基体部分 SiC 相氧化生成熔融 SiO_2，有效填补表面部分缺陷，使表面裂纹减少，一定程度上提高了材料的抗热震性能。

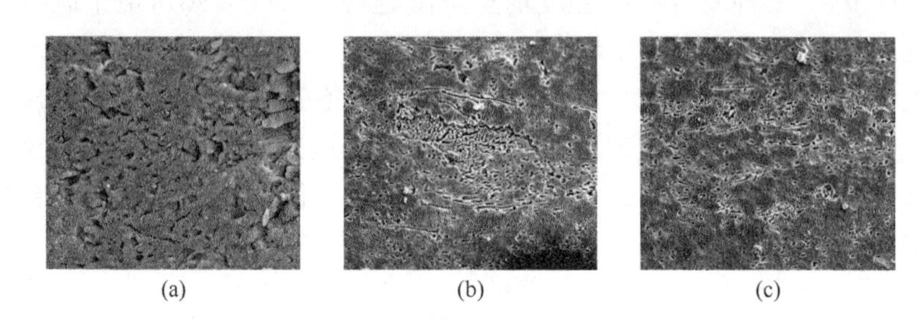

图 6-61　2000℃热压烧结制备的 20vol% C_f/Si_2BC_3N 复合材料经不同温差热震后 SEM 表面形貌：（a）$\Delta T = 700$℃；（b）$\Delta T = 900$℃；（c）$\Delta T = 1100$℃[11]

不同温差热震后，C_f的脱黏和拔出仍是复合材料的主要增韧机制。随着热震温差增大，复合材料氧化层逐渐加深。热震温差为 700℃时，断口靠近氧化层处仍存在未被氧化的纤维；热震温差为 900℃时，断口靠近氧化层处几乎全是 C_f 氧化后留下的孔洞，氧化层下方断口处还可以看到很多未损伤的纤维拔出以及拔出后留下的孔洞和沟槽，说明在此热震条件下纤维仍然起到增强增韧的效果（图 6-62）。

图 6-62　2000℃热压烧结制备的 20vol% C_f/Si_2BC_3N 复合材料经不同温度热震后 SEM 断口形貌：（a）$\Delta T = 700$℃；（b）$\Delta T = 900$℃[11]

热震温差为 1100℃时，C_f 并没有被完全氧化，远离复合材料表面，纤维完整性逐渐提高（图 6-63）。复合材料表面纤维几乎完全氧化，在纤维和基体界面处形成了较大的孔洞和沟槽。区域 B 纤维前端呈针状，而纤维间未见基体。纤维表面存在 SiO_2 球形颗粒。由于热震温差较大，基体中部分 SiC 氧化生成液态 SiO_2。在热震后的降温冷却过程中，液态 SiO_2 与 C 纤维和 SiC 基体的润湿性较差，在液态 SiO_2 的表面张力和热应力的共同作用下收缩为球状颗粒。远离氧化表面，纤维明显变细，损伤仍然比较严重。距离复合材料表面 300μm 处，绝大部分纤维仍然保持了其初始形貌，与基体结合良好。

图 6-63　2000℃热压烧结制备的 20vol% C_f/Si_2BC_3N 复合材料经 1100℃温差热震后 SEM 断口形貌：（b）～（e）分别为（a）中 A～D 区域的放大图[11]

6.3.2　C_f/Si_2BC_3N 复合材料的耐烧蚀性能

在氧乙炔焰烧蚀过程中，C_f/Si_2BC_3N 复合材料表面升温速率随热压烧结温度的提高而降低（图 6-64）。在氧乙炔焰烧蚀条件下，由于烧蚀材料本身热物理性能的差异，材料表面升温状况和在设定时间内所能达到的最高温度有所不同。三种 C_f/Si_2BC_3N 复合材料表面温度烧蚀 2s 后即达到约 1900℃。烧蚀初期，材料内部温度梯度大，导致内部热应力也大。1800℃、1900℃和 2000℃热压烧结制备的复合材料在烧蚀过程中试样表面温度最高分别为 2220℃、2180℃和 2150℃。

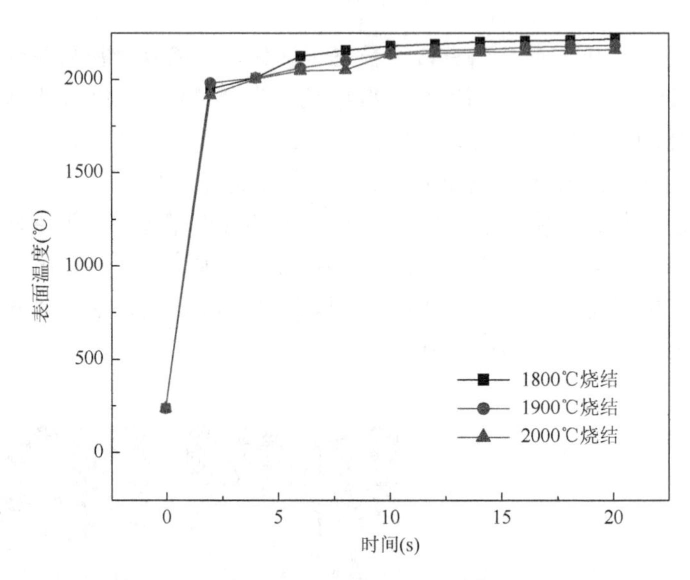

图 6-64　不同温度热压烧结的 20vol% C_f/Si_2BC_3N 复合材料经氧乙炔焰烧蚀过程中表面温度随烧蚀时间的变化曲线[11]

随着热压烧结温度的提高，复合材料体积密度增大，线烧蚀率和质量烧蚀率均有所降低。这是因为复合材料致密度较低，材料内部气孔率增大，增加了燃气流在材料中的扩散通道，使得复合材料抗冲刷能力降低，加速了复合材料的热力氧化作用。1800℃热压烧结制备的复合材料线烧蚀率、质量烧蚀率分别为 0.0731mm/s、25.5mg/s，而 2000℃烧结制备的复合材料线烧蚀率、质量烧蚀率分别降低为 0.0422mm/s、13.7mg/s（表 6-13）。

表 6-13　不同温度热压烧结制备的 20vol% C_f/Si_2BC_3N 复合材料经氧乙炔焰烧蚀 10s 后的烧蚀性能[11]

热压烧结参数	体积密度（g/cm^3）	线烧蚀率（mm/s）	质量烧蚀率（mg/s）
1800℃/60MPa/30min	1.77	0.0731	25.5
1900℃/60MPa/30min	1.97	0.0455	15.2
2000℃/60MPa/30min	2.07	0.0422	13.7

不同温度热压烧结制备的 20vol% C_f/Si_2BC_3N 复合材料烧蚀后陶瓷表面中心均出现一明显的烧蚀坑，随着烧结温度的提高，烧蚀坑面积减少，烧蚀深度变浅（图 6-65）。烧蚀结束后，复合材料烧蚀中心表面出现了明显的微裂纹，表面覆盖一层氧化层。在高温、高速燃气流作用下，氧化性气氛与材料发生反应，部分基体氧化产物 SiO_2 被高速气流带走，暴露的基体被持续性氧化和冲刷，逐渐形

成烧蚀坑。由于烧蚀中心表面温度较高，复合材料烧蚀中心表面迅速融化蒸发，随后冷却生长出不连续的 SiO_2 纳米线（图 6-66）。

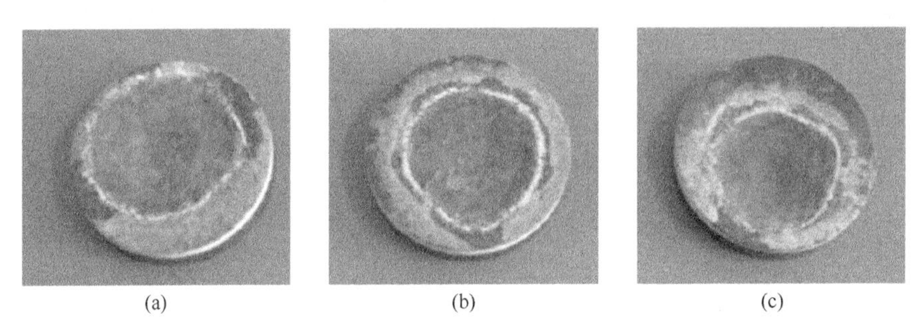

(a)　　(b)　　(c)

图 6-65　不同温度热压烧结制备的 20vol% C_f/Si_2BC_3N 复合材料经氧乙炔焰烧蚀 10s 后的宏观形貌：（a）1800℃；（b）1900℃；（c）2000℃[11]

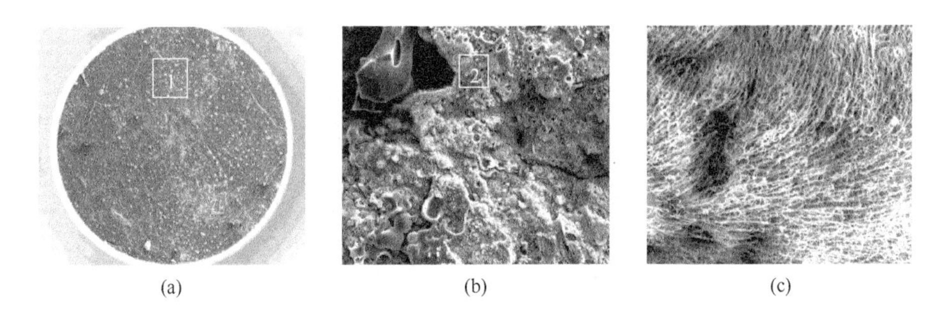

(a)　　(b)　　(c)

图 6-66　2000℃热压烧结制备的 20vol% C_f/Si_2BC_3N 复合材料经氧乙炔焰烧蚀 10s 后烧蚀中心 SEM 表面形貌：（a）低倍；（b）“1”区域放大；（c）“2”区域放大[11]

与烧蚀中心相比，复合材料过渡区表面温度和冲刷压强都有所降低，此区域烧蚀程度相应也有所减轻。烧蚀结束后，复合材料表面裸露着许多纤维。在此烧蚀条件下，C_f 表面严重损伤，前端呈针状，较尖细，后端相对较粗。暴露在气流中的纤维与基体两者的界面处形成涡流，在此处积聚很多热量，加快了材料的烧蚀。随着时间增加，纤维前端比纤维后端暴露在气流中的时间长，这就使 C_f 的前、后端烧蚀有差别，导致前端的纤维较细、较尖，后端的则相对较粗。由于氧化产物 SiO_2 对 C_f 具有保护作用，因此基体烧蚀速率大于 C_f 的烧蚀速率（图 6-67）。

材料的热影响区距离烧蚀中心最远，因此烧蚀程度最低。在此区域内氧化产物 SiO_2 不会被气流冲刷掉，而是以液膜的形式附着在复合材料表面，有效阻止高温燃气流对 C_f 及基体的氧化，从而使复合材料的烧蚀损伤大幅度降低。热影响区表面存在较均匀的孔洞，为 B_2O_3、CO、CO_2、N_2 等气相挥发所致（图 6-68）。

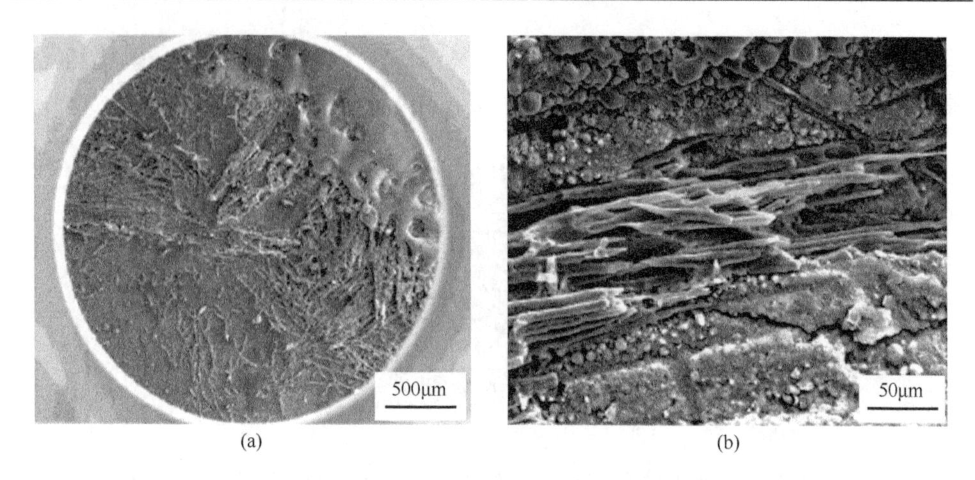

图 6-67 2000℃热压烧结制备的 20vol% C_f/Si_2BC_3N 复合材料经氧乙炔焰烧蚀 10s 后过渡区 SEM 表面形貌：（a）低倍；（b）高倍[11]

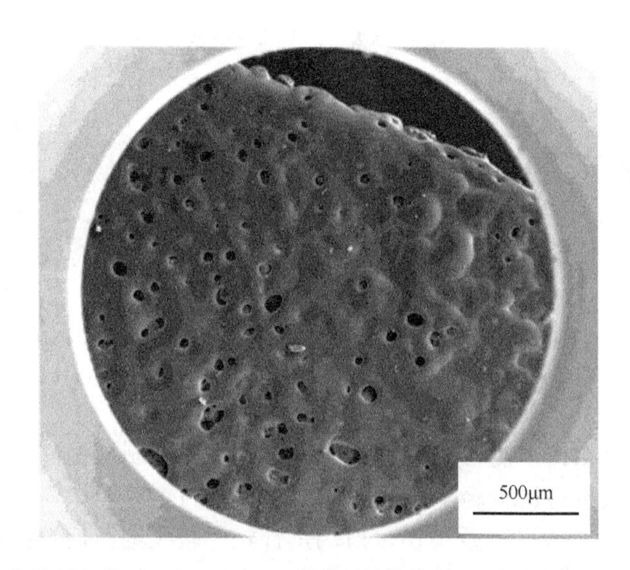

图 6-68 2000℃烧结制备的 20vol% C_f/Si_2BC_3N 复合材料经氧乙炔焰烧蚀 10s 后热影响区 SEM 表面形貌[11]

6.3.3 SiC_f/Si_2BC_3N 复合材料的抗热震性能

SiC_f（KD-Ⅰ型）表面涂覆 BN 弱界面涂层可以显著提高 20vol% SiC_f/Si_2BC_3N 复合材料的抗热震性能（表 6-14）。热震温差为 600℃时，纤维表面未涂覆 BN 涂层的复合材料抗弯强度急剧下降，强度保持率仅为 39.0%，而改性后的复合材料抗弯强度为 134.7MPa，强度保持率高达 77.9%，远远大于纯 Si_2BC_3N 陶瓷基体。

当热震温差为 800℃时，两种 20vol% SiC_f/Si_2BC_3N 复合材料残余强度下降幅度较大，分别为室温强度的 20.1%和 35.7%（图 6-69）。

表 6-14　1900℃/60MPa/30min 热压烧结制备的 20vol% SiC_f（KD-I 型）增强 Si_2BC_3N 复合材料经不同温差热震后的残余强度及强度保持率[12]

复合材料	ΔT = 600℃		ΔT = 800℃		ΔT = 1000℃		ΔT = 1200℃	
	残余强度（MPa）	强度保持率（%）	残余强度（MPa）	强度保持率（%）	残余强度（MPa）	强度保持率（%）	残余强度（MPa）	强度保持率（%）
SiC_f/Si_2BC_3N	83.1±44.5	39.0	44.3±6.4	20.1	41.6±7.7	19.5	61.3±12.5	28.8
SiC_f/Si_2BC_3N①	134.7±22.6	77.9	61.8±7.0	35.7	62.3±3.7	36.0	52.0±13.7	30.1

注：① SiC_f表面涂覆 BN 弱界面涂层

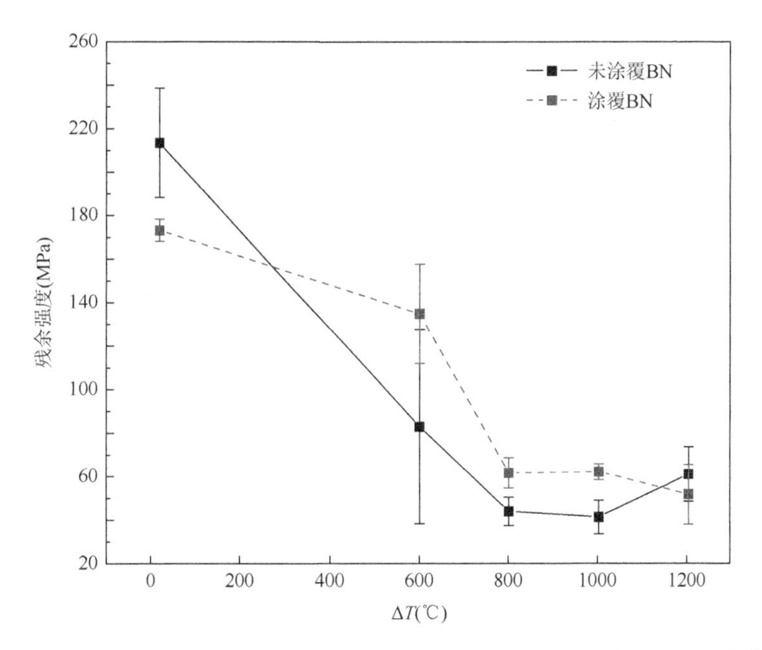

图 6-69　20vol% SiC_f（KD-Ⅰ型）增强 Si_2BC_3N 复合材料经不同温差热震后的残余强度[12]

经不同温差热震后，两种复合材料表面均发生氧化。陶瓷基体表面氧化层较为致密，而纤维处氧化较为严重，在纤维头端出现疏松多孔的结构；热震温差为 800℃时，两种复合材料表面并没有明显微裂纹存在；热震温差为 1000℃时，纤维表面涂覆 BN 的复合材料表面有明显起泡现象，而纤维表面未涂覆 BN 的复合材料表面可以观察到微裂纹，纤维氧化程度较为严重。当纤维氧化较为轻微时，可对裂纹进行一定程度上的偏转，从而对材料的强度以及断裂韧性有一定的提高。纤维氧化较为严重时，纤维表面覆盖疏松多孔的 SiO_2，当裂纹扩展至纤维与基体界面时，由于纤维机械性能损伤较为严重，裂纹会贯穿纤维传播，因此纤维并不能起到相应增强增韧作用。SiC_f表面涂覆有 BN 弱界面涂层的复合材料表面并没有热震产生的微裂纹，只有少量氧化膜破裂形成的疏松多孔结构，纤维损伤较为轻微，并没有观察到大面积纤维氧化遗留的孔洞（图 6-70）。

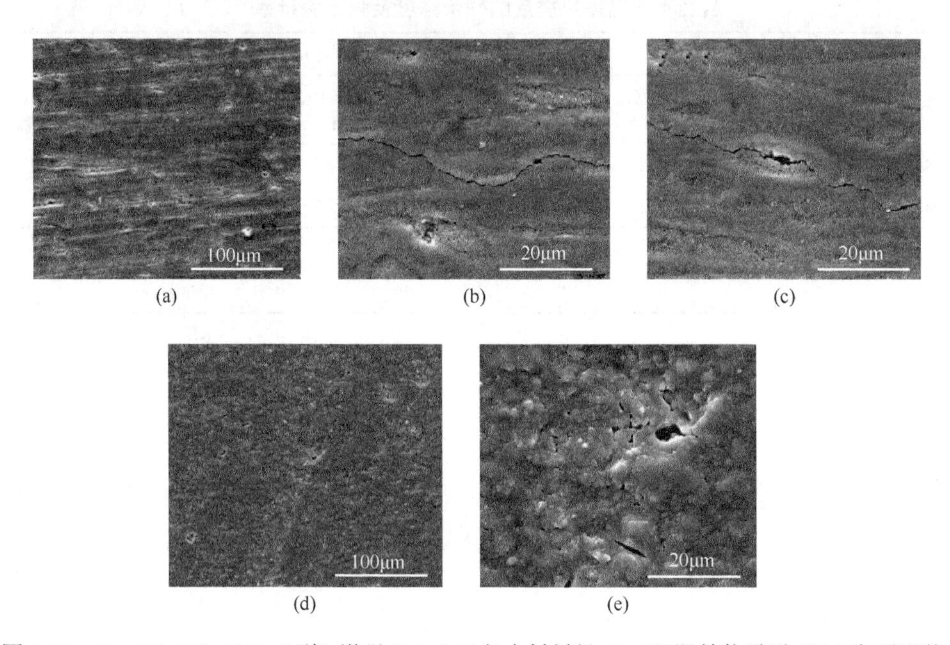

图 6-70　20vol% SiC_f（KD-Ⅰ型）增强 Si_2BC_3N 复合材料经 1000℃温差热震后 SEM 表面形貌：（a）～（c）纤维表面未涂覆 BN；（d），（e）纤维表面涂覆 BN[12]

热震温差提高至 1200℃时，两种复合材料表面均可观察到明显的微裂纹，SiC_f氧化损伤更加剧烈。纤维表面未涂覆 BN 的复合材料，当裂纹传播至纤维处并没有发生裂纹的偏转，而是穿过纤维传播。而纤维表面涂覆 BN 的复合材料，可以观察到明显裂纹偏转现象。纤维表面引入 BN 涂层使得纤维与基体为弱界面结合，从而使得裂纹传播至界面时会沿着该弱界面传播，起到了明显增强增韧效果。内外温差产生的热应力导致材料内部微观缺陷产生，是热震后 20vol% SiC_f/Si_2BC_3N 复合材料力学性能下降的主要原因（图 6-71）。

6.3.4　SiC_f/Si_2BC_3N 复合材料的耐烧蚀性能

经氧乙炔焰烧蚀 2s 后，复合材料表面温度迅速升高至约 1600℃。两种 20vol% SiC_f/Si_2BC_3N 复合材料烧蚀过程中表面最高温度分别约为 2102℃和 2166℃，而材料背面温升较慢。SiC_f（KD-Ⅰ型）表面涂覆 BN 的复合材料烧蚀

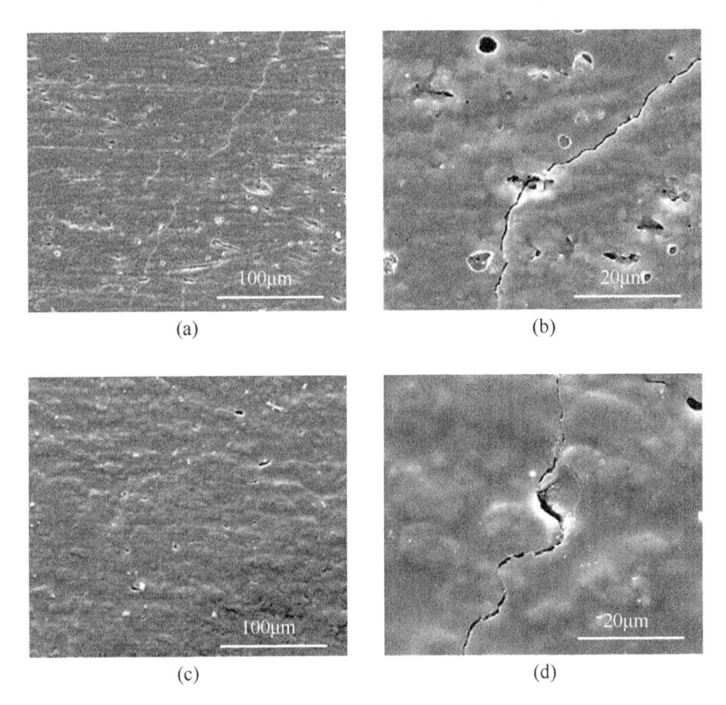

图 6-71　20vol% SiC_f（KD-Ⅰ型）增强 Si_2BC_3N 复合材料经 1200℃温差热震后 SEM 表面形貌：（a），（b）纤维表面未涂覆 BN；（c），（d）纤维表面涂覆 BN[12]

12.8s 后背面温度达 102℃，而纤维表面未涂覆 BN 的复合材料烧蚀 21.3s 后背面达到 104℃。纤维表面未涂覆 BN 弱界面涂层的复合材料热导率比涂覆 BN 涂层的复合材料要低，从而表现出较为良好的隔热性能（图 6-72）。

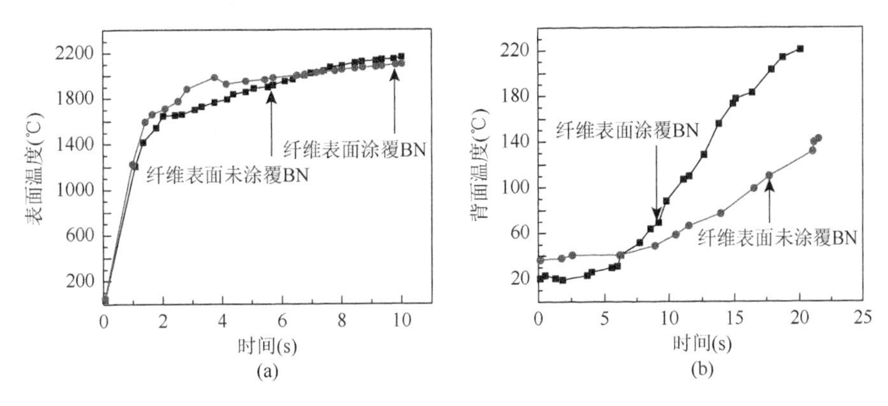

图 6-72　20vol% SiC_f（KD-Ⅰ型）增强 Si_2BC_3N 复合材料表面温度（a）及背面温度（b）随烧蚀时间变化曲线[12]

SiC_f（KD-Ⅰ型）表面引入 BN 弱界面涂层后，20vol% SiC_f/Si_2BC_3N 复合材料耐烧蚀性能有了明显的提高，比相同烧结工艺制备的 20vol% C_f/Si_2BC_3N 复合材料质量烧蚀率与线烧蚀率分别降低了 37.5%和 47.9%。SiC_f（KD-Ⅰ型）相比于 C_f 在氧乙炔焰烧蚀条件下更耐烧蚀，表现出更优良的烧蚀性能（表 6-15）。

表 6-15　20vol% SiC_f（KD-I 型）增强 Si_2BC_3N 复合材料经氧乙炔焰烧蚀 10s 后的烧蚀性能[12]

化学成分	质量烧蚀率（mg/s）	线烧蚀率（mm/s）
SiC_f/SiBCN①	9.5	0.0237
SiC_f/SiBCN	10.2	0.0274

注：① 纤维表面涂覆 BN 弱界面

20vol% SiC_f/Si_2BC_3N 复合材料经过氧乙炔焰烧蚀 10s 后表面出现明显裂纹，陶瓷材料中心出现烧蚀坑。在约 2100℃氧乙炔焰热冲击下，复合材料表面与背面温差较大，材料内部热应力较大，导致材料表面出现贯穿式裂纹。引入 20vol% SiC_f 后，纤维在热压烧结过程中严重析晶，从而导致复合材料抗热震性能较差（图 6-73）。

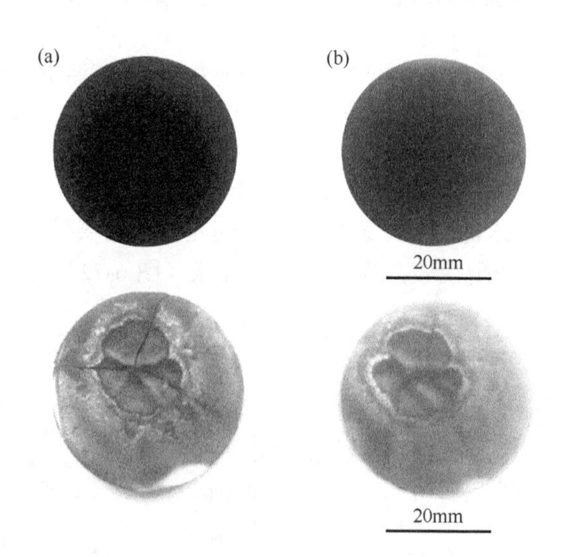

图 6-73　20vol% SiC_f（KD-Ⅰ型）增强 Si_2BC_3N 复合材料经氧乙炔焰烧蚀前后宏观形貌：（a）纤维表面未涂覆 BN；（b）纤维表面涂覆 BN[12]

在烧蚀中心区域，由于烧蚀焰对陶瓷表面的冲刷，烧蚀坑底部较为光滑，可以观察到少量 SiC_f 剥蚀遗留的纤维坑（图 6-74）。在石墨压头单向加压的条件下，纤维倾向于垂直热压烧结方向分布，因此在表面所观察到的机械剥蚀所形成的纤维坑主要平行分布在试样表面。与二维或三维的纤维织物相比，并没有观察到平行于烧蚀方向的 SiC_f。不同晶型 SiO_2 熔点在 1273～1923K 之间，远低于烧蚀表面温度，因此氧乙炔焰烧蚀过程中 SiO_2 主要为液相，高温下 SiO_2 黏度较小、流动性较好，可以有效填充剥蚀所留下的剥蚀坑，从而使得纤维坑下部分较为平整。高速冲刷气流垂直于试样表面，使得烧蚀中心 SiO_2 被气流带走较少。SiO_2 在烧蚀区域形成了基体与纤维的保护层，当烧蚀焰对材料进一步烧蚀时，SiO_2 熔化/软化吸热一定程度上降低复合材料表面温度，使其烧蚀率降低。

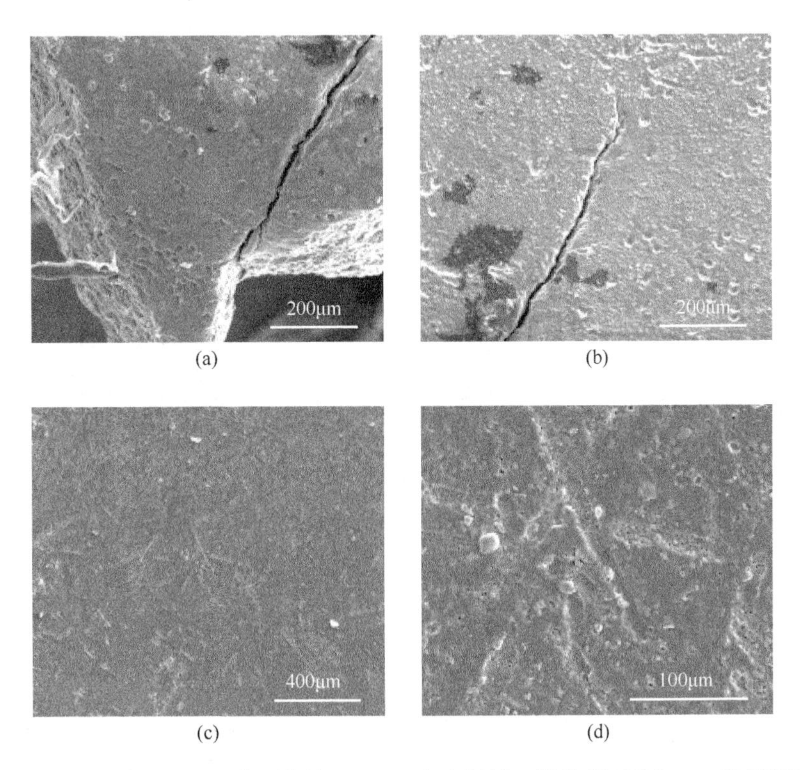

(a) (b) (c) (d)

图 6-74 20vol% SiC_f（KD-Ⅰ型）增强 Si_2BC_3N 复合材料（纤维表面引入 BN 弱界面涂层）烧蚀中心 SEM 表面形貌：（a），（b）微裂纹萌生扩展；（c），（d）部分纤维剥蚀[12]

从烧蚀中心到过渡区，烧蚀焰温度逐渐降低，液态 SiO_2 黏度随着烧蚀温度的降低逐渐升高，当表面 SiC_f 及基体被氧乙炔焰剥蚀掉后，液态的 SiO_2 无法有效填充，从而在烧蚀中心边缘区表面粗糙度较大。烧蚀中心边缘区表面主要由颗粒状 SiO_2 组成，可以观察到 SiC_f 剥蚀所留下的剥蚀坑。剥蚀坑底部疏松多孔，相比于烧蚀中心的剥蚀坑，没有观察到液态 SiO_2 填充迹象。在烧蚀中心边缘，高温冲刷气流在烧蚀中心以垂直陶瓷表面方向向外冲刷，使得大量 SiO_2 随着高温气流带至过渡区。由于低温下液态 SiO_2 流动性较差并与基体润湿性较差，为使得表面吉布斯自由能最低，在表面张力作用下，液态 SiO_2 形成球状颗粒。

过渡区表面覆盖一层相对致密的 SiO_2，表面存在少量气孔。远离烧蚀中心处，由于冲刷现象较少，基体氧化反应起到主导作用。烧蚀过程氧化产生气体逃逸，使得氧化层表面出现鼓泡，气泡破裂后形成孔洞。过渡区温度相对热影响区高，此温度下 SiO_2 流动性较好，鼓泡和孔洞较少（图 6-75）。

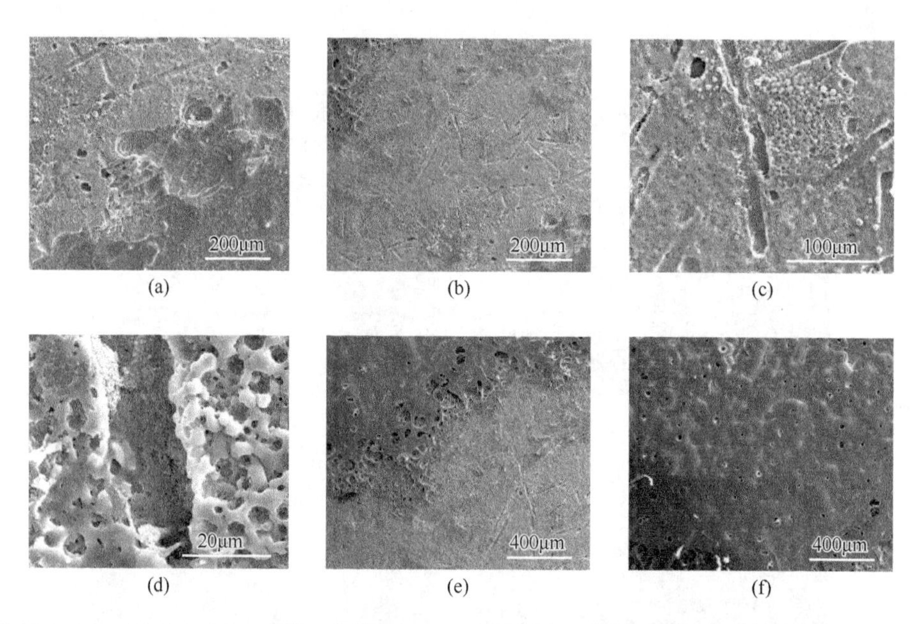

图 6-75　20vol% SiC_f（KD-Ⅰ型）增强 Si_2BC_3N 复合材料（纤维表面引入 BN 弱界面涂层）过渡区 SEM 表面形貌：（a）～（c）部分纤维剥蚀；（d）剥蚀坑较为粗糙；（e），（f）非晶 SiO_2 氧化层[12]

远离烧蚀中心，热影响区表面温度进一步下降，SiO_2 黏度提高。材料内部氧化形成的气泡难以通过流动性较差的 SiO_2 氧化层，因此在热影响区可以观察到大范围未破裂鼓泡。热影响区除气孔外，表面可以观察到白色颗粒团簇物，其主要组成为 B、C、Si 和 O 元素（B 元素含量较高），因此白色颗粒为 B_2O_3 与 SiO_2 混合物或硼硅玻璃相（图 6-76）。

20vol% SiC_f/Si_2BC_3N 复合材料（纤维表面引入 BN 弱界面涂层）烧蚀中心截面方向可分为三个区域：SiO_2 熔融区、热影响区及陶瓷基体。SiO_2 熔融区层厚约 20μm，烧蚀过程中烧蚀表面与芯部存在温度差，在距表层约 44.8μm 的热影响区处形成裂纹，可以观察到 SiC_f 对裂纹起到了偏转作用，从而使得复合材料耐烧蚀

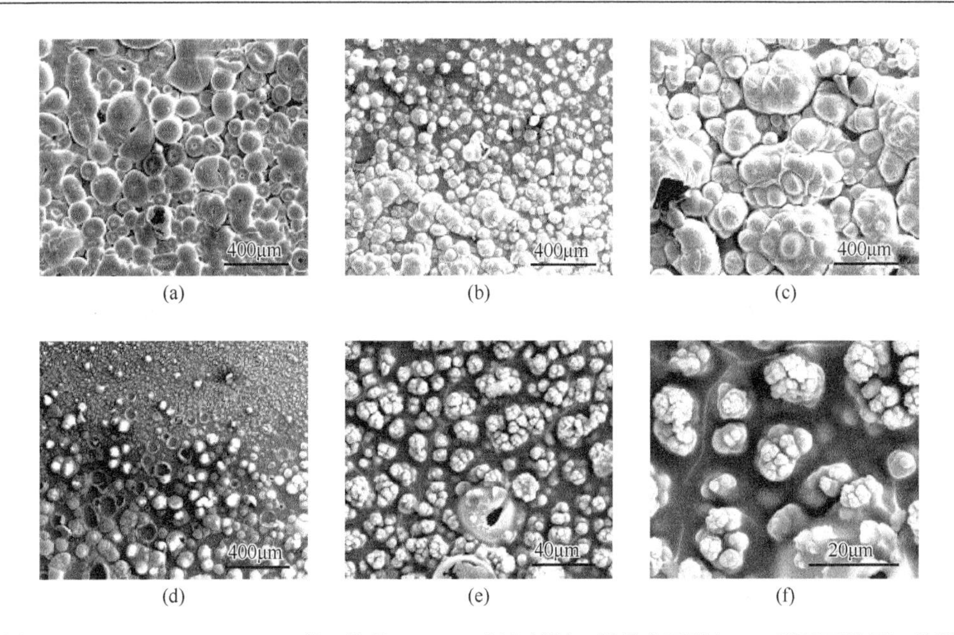

图 6-76　20vol% SiC_f（KD-Ⅰ型）增强 Si_2BC_3N 复合材料（纤维表面引入 BN 弱界面涂层）热影响区 SEM 表面形貌：（a）～（c）表面存在大量鼓泡；（d）～（f）表面有白色 SiO_2 颗粒生成[12]

性能提高。流动性较好的液态 SiO_2 填充在裂纹内部，起到了一定的自愈合效果。热冲击下，复合材料基体较为疏松，呈棒状颗粒形貌，部分 SiC 表面出现明显的烧蚀（图 6-77）。

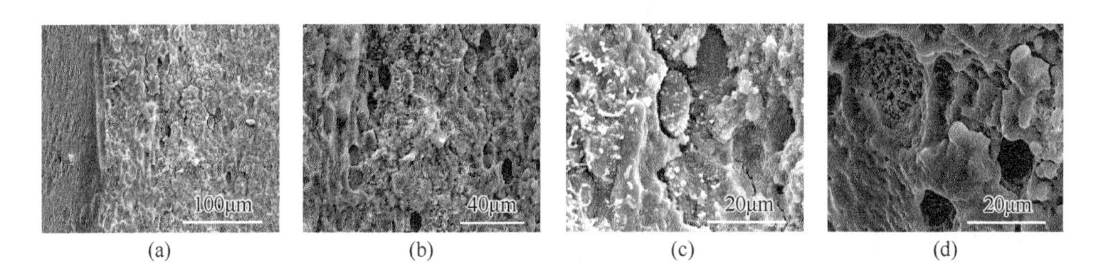

图 6-77　20vol% SiC_f（KD-Ⅰ型）增强 Si_2BC_3N 复合材料（纤维表面引入 BN 弱界面涂层）烧蚀区 SEM 截面形貌：（a）约 20μm SiO_2 熔化层；（b），（c）部分纤维拔出；（d）热影响区较为粗糙[12]

在 SiC_f（KD-Ⅱ型）表面原位生成非晶碳，改性后的 5vol% SiC_f/Si_2BC_3N 复合材料烧蚀性能下降，其质量烧蚀率和线烧蚀率分别为 1.62mg/s 和 0.0412mm/s。而相同热压烧结条件制备的纯 Si_2BC_3N 陶瓷，其线烧蚀率和质量烧蚀率分别为 0.0253mm/s 和 0.61mg/s。引入 5vol%未改性 SiC_f（KD-Ⅱ型），该复合材料烧蚀率反而降低，可见 SiC_f 和非晶碳层的引入会导致 Si_2BC_3N 陶瓷基体耐烧蚀性能下降，纤维含量越高，复合材料的耐烧蚀性能越差（表 6-16）。

表 6-16　SiC_f（KD-Ⅱ型）增强 Si_2BC_3N 复合材料经氧乙炔焰烧蚀 10s 后的烧蚀性能[14]

化学成分	质量烧蚀率（mg/s）	线烧蚀率（mm/s）
Si_2BC_3N	0.61	0.0253
5vol%改性 SiC_f	1.62	0.0412
10vol%改性 SiC_f	4.92	0.0681
10vol%未改性 SiC_f	3.41	0.0486

Si_2BC_3N 陶瓷及其复合材料经氧乙炔焰烧蚀 10s 后表面均发生了明显变化，在正对火焰喷嘴的位置出现了烧蚀坑，烧蚀坑周围颜色变为灰白色。在烧蚀过程中，陶瓷材料表面温度在短时间内迅速升温至约 2000℃，而芯部温度较低，巨大的热震温差导致材料内部产生了较大的热应力，四种复合陶瓷材料在烧蚀过程中均产生了贯穿式裂纹（图 6-78）。

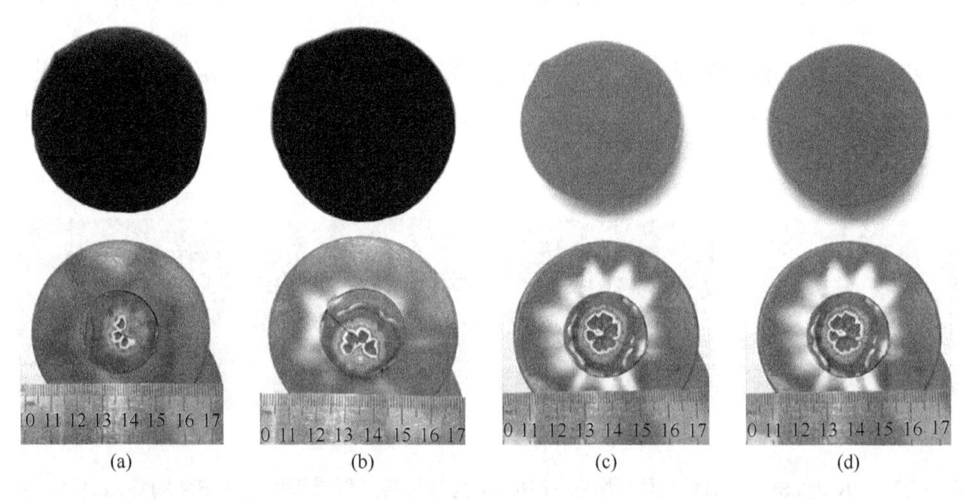

图 6-78　SiC_f（KD-Ⅱ型）增强 Si_2BC_3N 复合材料经氧乙炔焰烧蚀 10s 后宏观形貌：（a）Si_2BC_3N；（b）5vol%改性 SiC_f；（c）10vol%改性 SiC_f；（d）10vol%未改性 SiC_f[13]

氧乙炔焰烧蚀结束后，XRD 图谱显示 Si_2BC_3N 陶瓷基体仍由 β-SiC、α-SiC 和 BN(C)相组成，随着 SiC_f 的引入和纤维含量的增加，BN(C)相含量有所降低。微区 XRD 结果表明，烧蚀结束后，烧蚀中心和过渡区均出现了方石英，热影响区存在非晶 SiO_2。对比四种复相陶瓷材料的方石英晶体衍射峰和 SiO_2 非晶峰，纯 Si_2BC_3N 陶瓷烧蚀表面方石英衍射峰强度较高且尖锐，而引入 10vol%改性 SiC_f

的复合材料 SiO_2 非晶峰最明显。随着纤维含量的增加，复合材料热影响区非晶 SiO_2 含量增加，非晶碳层的存在可能会促进非晶 SiO_2 的生成（图 6-79）。

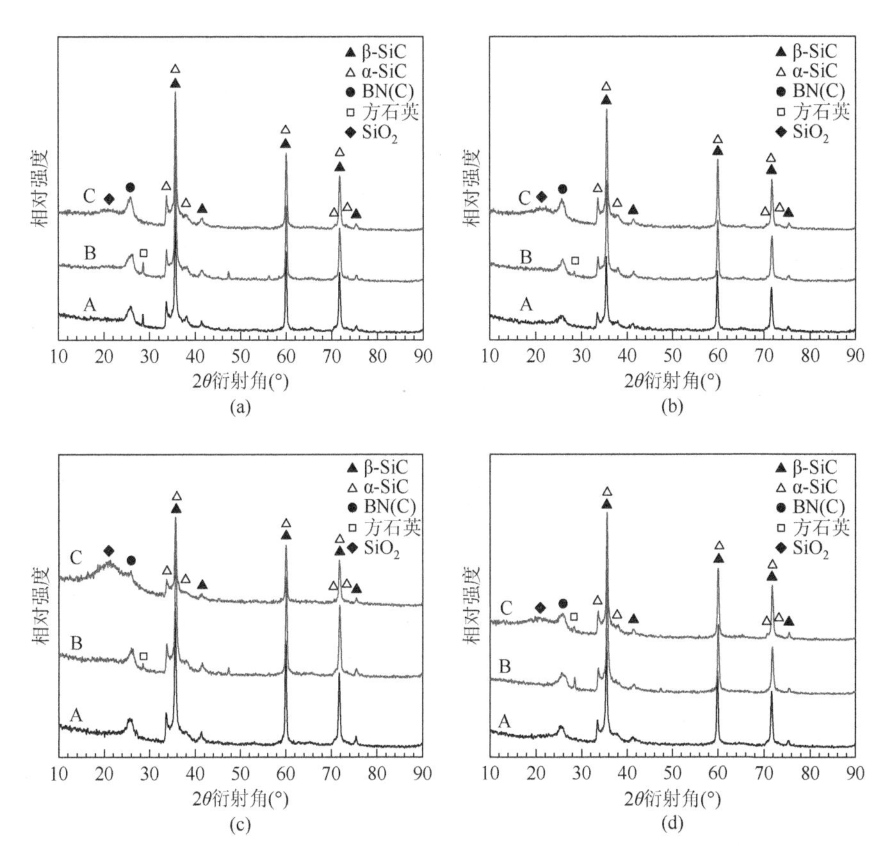

图 6-79　SiC_f（KD-Ⅱ型）增强 Si_2BC_3N 复合材料经氧乙炔焰烧蚀 10s 后微区 XRD 图谱：（a）Si_2BC_3N；（b）5vol%改性 SiC_f；（c）10vol%改性 SiC_f；（d）10vol%未改性 SiC_f；A. 烧蚀中心；B. 过渡区；C. 热影响区[13]

纯 Si_2BC_3N 陶瓷烧蚀中心比较光滑，SiC_f 含量越多，复合材料烧蚀中心越粗糙。能谱分析表明，复合材料表面存在较多的氧元素，烧蚀后表面存在一层氧化物薄膜。Si_2BC_3N 陶瓷基体在高温富氧环境下容易发生氧化，生成黏度较低的液相 SiO_2，在高速气流冲刷下其将从中心向外蔓延，形成一层覆盖烧蚀坑的液膜。在烧蚀氧化过程中还伴随着气体逃逸，液膜中出现许多鼓泡。因此烧蚀结束后，残留在液膜中的气泡会随着液膜一起冷却，在材料表面形成光滑且带有少量气孔的氧化层（图 6-80）。纤维含量较多的复合材料，在烧蚀中心凹坑部位能观察到部分 SiC_f，表面被氧化层所覆盖，纤维表面没有气孔存在，说明纤维相对于陶瓷基体具有更好的抗氧化能力，氧化程度较低。在纤维下方的陶瓷基体中存在许多气孔，说明在表层氧化层下方可能存在着疏松多孔的内层氧化层。

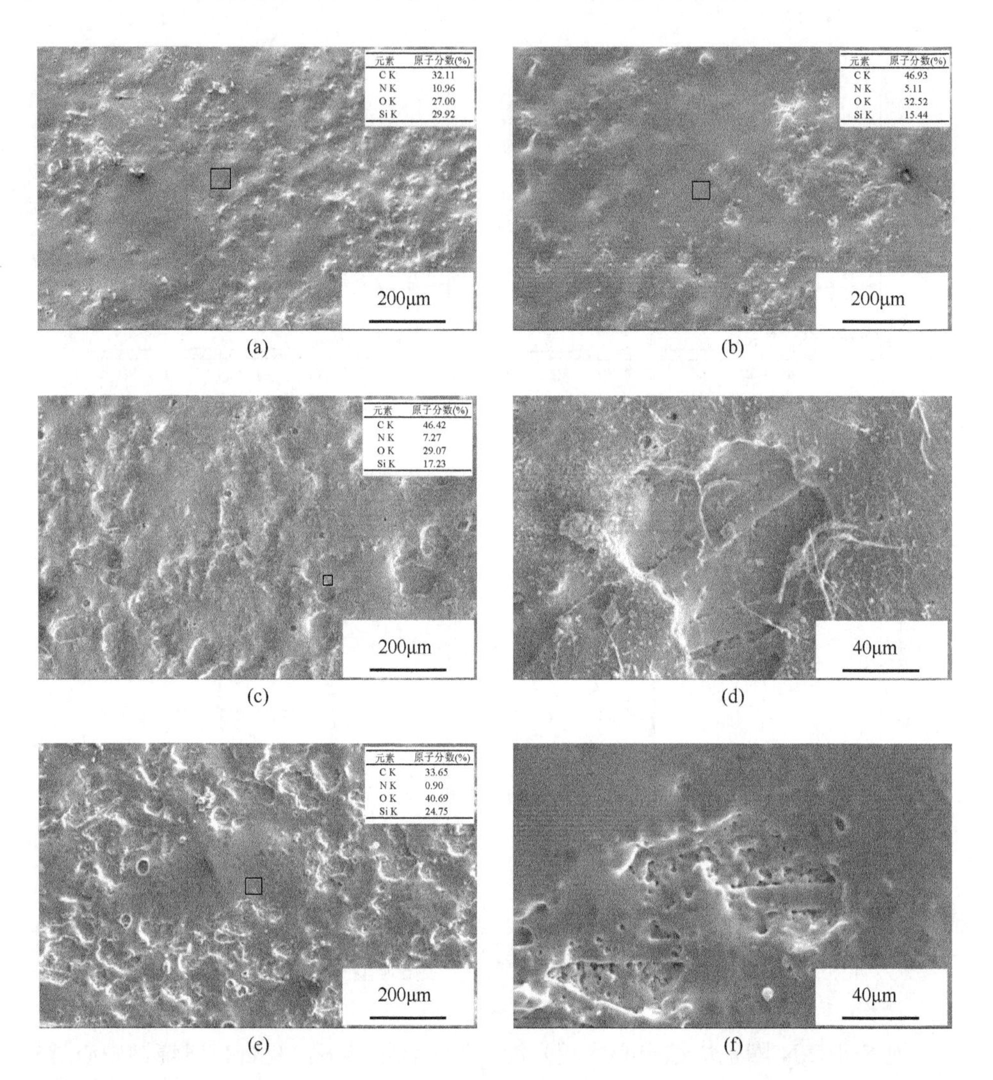

图 6-80　SiC_f（KD-Ⅱ型）增强 Si_2BC_3N 复合材料经氧乙炔焰烧蚀 10s 后烧蚀中心 SEM 表面形貌：（a）Si_2BC_3N；（b）5vol%改性 SiC_f；（c），（d）10vol%改性 SiC_f；（e），（f）10vol%未改性 SiC_f[14]

复合材料烧蚀中心存在部分致密区域，但仍然分散着少量直径约 100μm 的凹坑，凹坑所在位置含有大量未氧化的 SiC_f。EDS 结果表明，致密部位含有大量的氧元素，而疏松部位氧元素较少，氮元素较多，说明致密部位主要为非晶 SiO_2，而疏松部位可能为氧化层剥离后暴露出来的陶瓷基体。由于烧蚀中心直接受高温氧乙炔焰侵蚀，该部位氧化较为严重，进而产生了大量非晶 SiO_2，足以覆盖整个烧蚀坑，形成光滑致密的氧化层；但由于纤维所在处致密度较低，孔隙率较高，氧乙炔焰侵蚀最为严重，基体中 SiC 和 BN(C)相快速氧化产生液相 SiO_2，进而被高速气流冲刷至边缘区，难以覆盖烧蚀坑周围区域，进一步暴露出液膜下的基体；暴露的基体氧化后气体逃逸变得更加疏松多孔，部分 CO_2、CO 和 N_2 气体可能会在黏稠的液膜中聚集形成直径约 100μm 的气泡，最后气泡破裂，在原位置形成凹坑；烧蚀结束后温度下降，残留在这一区域的液膜、大尺寸气泡分别凝固形成致密部位和凹坑。烧蚀中心由于正对火焰喷嘴，其表面液膜除面对高温外，还承受着极高的气流压强，液膜内气体会被高压挤出，因此烧蚀中心凹坑和气泡尺寸较小。

Si_2BC_3N 陶瓷及其复合材料过渡区形貌较为相似，均呈疏松多孔结构。在过渡区表面均发现了 SiC_f，纤维粗细不均，半埋在基体中。EDS 结果显示，纤维氧含量升高，可见在烧蚀过程中纤维也发生了氧化，但其表面依然较光滑，说明其抗氧化性优于陶瓷基体。与改性的复合材料相比，未改性 10vol% SiC_f/Si_2BC_3N 复合材料中纤维氧化更严重，部分纤维直径已经缩小至约 5μm（图 6-81 和图 6-82）。

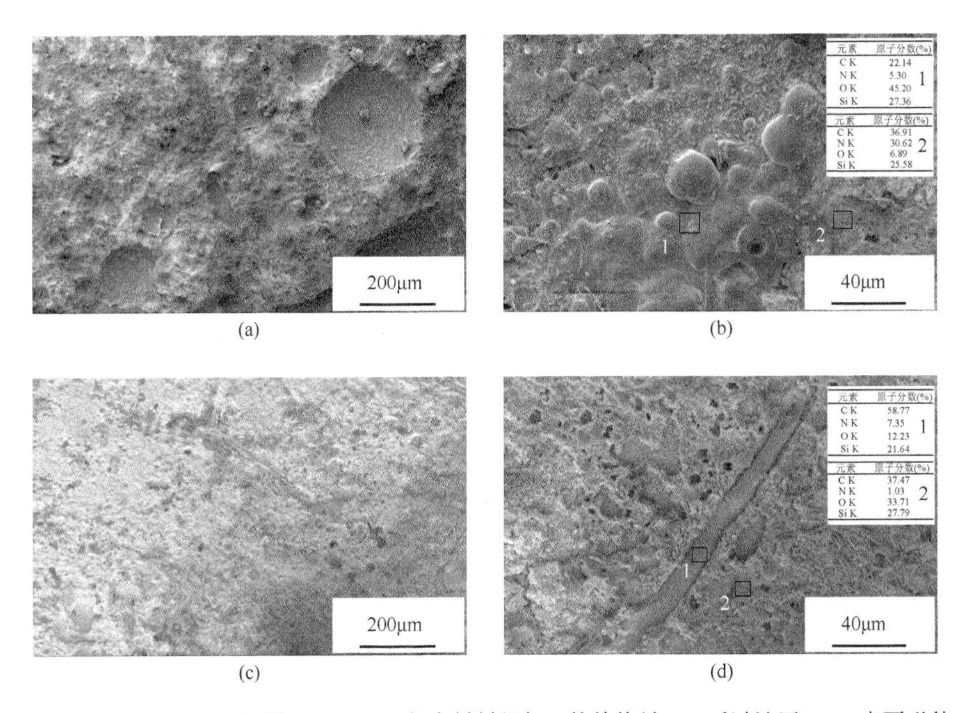

图 6-81　SiC_f（KD-Ⅱ型）增强 Si_2BC_3N 复合材料经氧乙炔焰烧蚀 10s 后过渡区 SEM 表面形貌：（a），（b）Si_2BC_3N；（c），（d）5vol%改性 SiC_f[14]

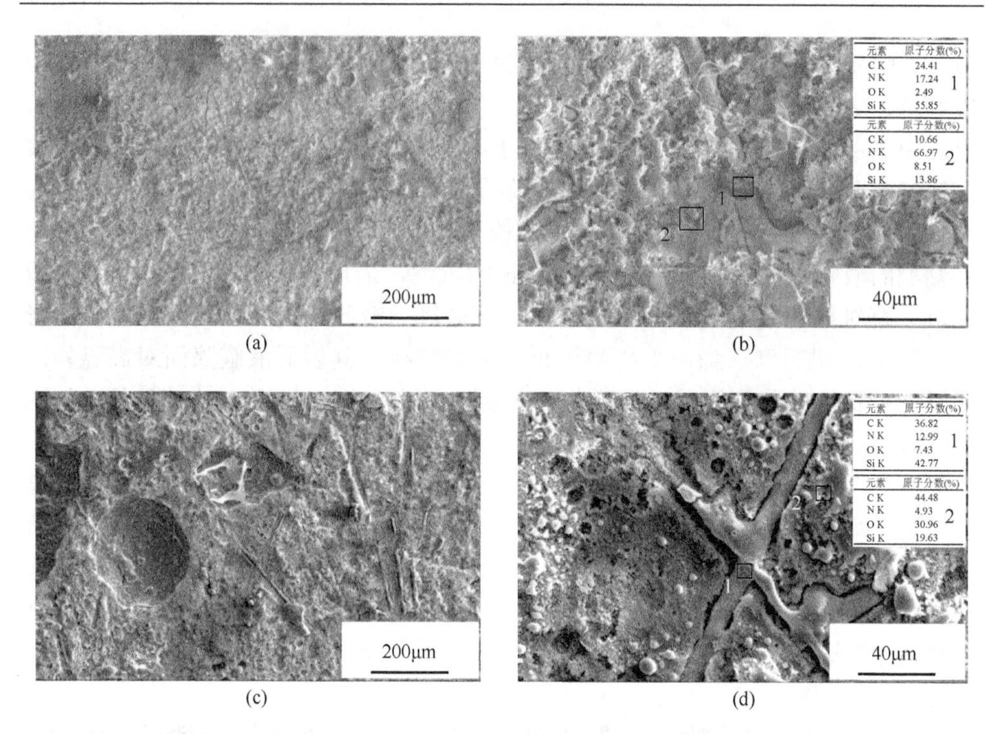

图 6-82　SiC_f（KD-Ⅱ型）增强 Si_2BC_3N 复合材料经氧乙炔焰烧蚀 10s 后过渡区 SEM 表面形貌：（a），（b）10vol%改性 SiC_f；（c），（d）10vol%未改性 SiC_f[14]

Si_2BC_3N 陶瓷及其复合材料热影响区微观形貌相差不大。热影响区均存在大量气孔以及中空 SiO_2 微球，SiO_2 球直径在 20～50μm 之间，靠近烧蚀边缘的小球直径更小。从过渡区到热影响区，烧蚀温度降低，液相黏度增大，覆盖在材料表面。但氧化气体透过氧化膜向外逸出，使得冷却凝固后的氧化层表面和内部存在许多气孔。在温度更低的区域，液膜黏度进一步增大，气泡到达液膜表面后不会马上破裂。当烧蚀结束并冷却后，这些气泡在氧化层表面形成空心 SiO_2 微球。材料表面温度在烧蚀结束后会迅速下降，部分液相 SiO_2 在快速降温过程中可能来不及形成 SiO_2 晶体，便以非晶态保留下来（图 6-83）。

10vol% SiC_f/Si_2BC_3N 复合材料热影响区边缘表面粗糙多孔，纤维含量越多，孔洞数量越多、尺寸越大（图 6-84）。EDS 分析发现该区域表面含有大量氧，该区域受富氧热流影响，表层同样发生氧化损伤。与改性后的复合材料相比，未改性的复合材料热影响区边缘区域氧化损伤最为严重。从烧蚀表面来看，非晶碳的引入可以有效阻碍 SiC_f 的烧蚀氧化，然而改性后的复合材料质量烧蚀率和线烧蚀率仍较未改性复合材料差，主要是 SiC_f 表面制备非晶碳层（1500℃/2h）的温度较高，保温时间较长，导致纤维性能退化严重，进而导致改性复合材料烧蚀性能下降。

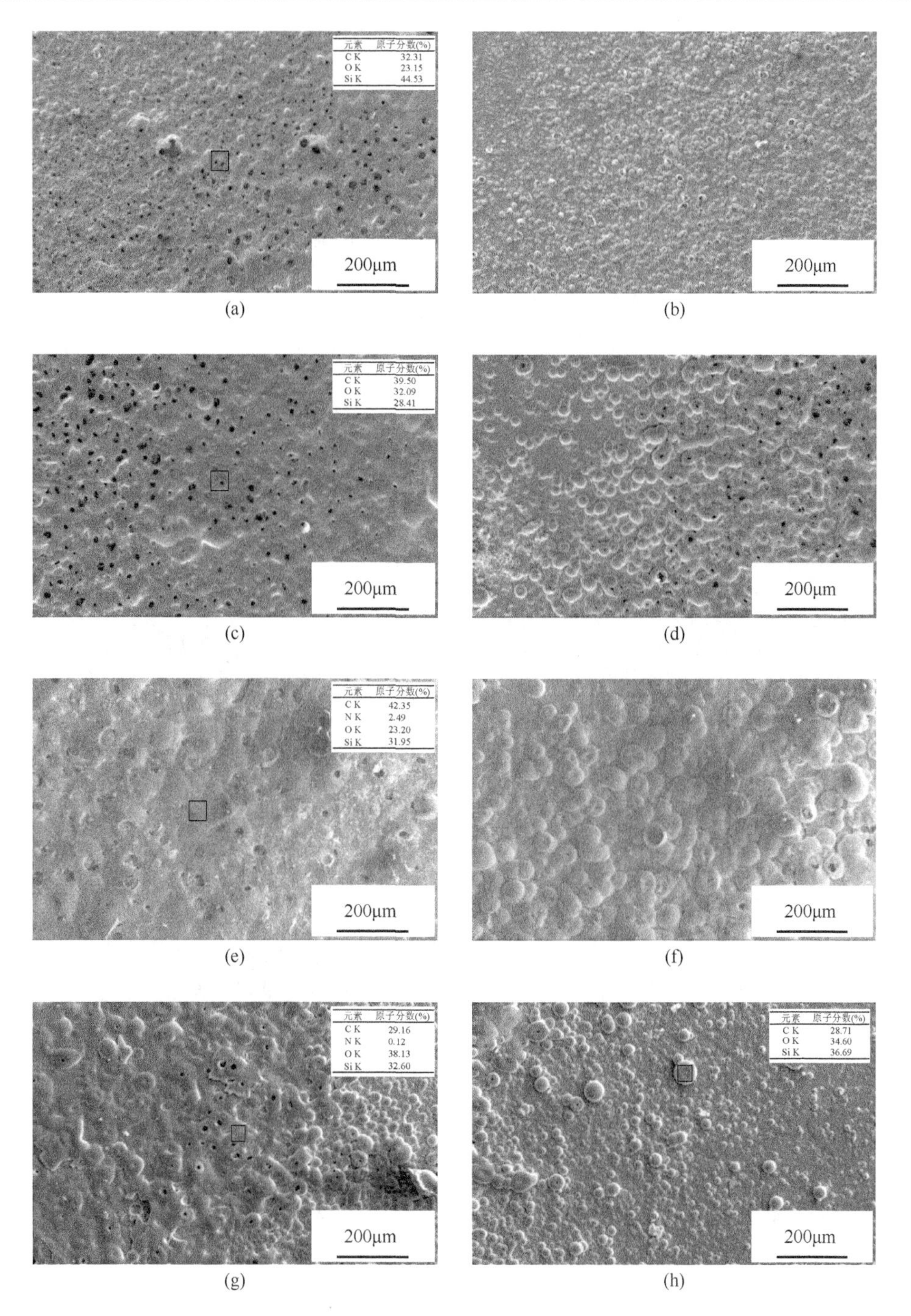

图 6-83　SiC_f（KD-Ⅱ型）增强 Si_2BC_3N 复合材料经氧乙炔焰烧蚀 10s 后热影响区 SEM 表面形貌：（a），（b）Si_2BC_3N；（c），（d）5vol%改性 SiC_f；（e），（f）10vol%改性 SiC_f；（g），（h）10vol%未改性 SiC_f[14]

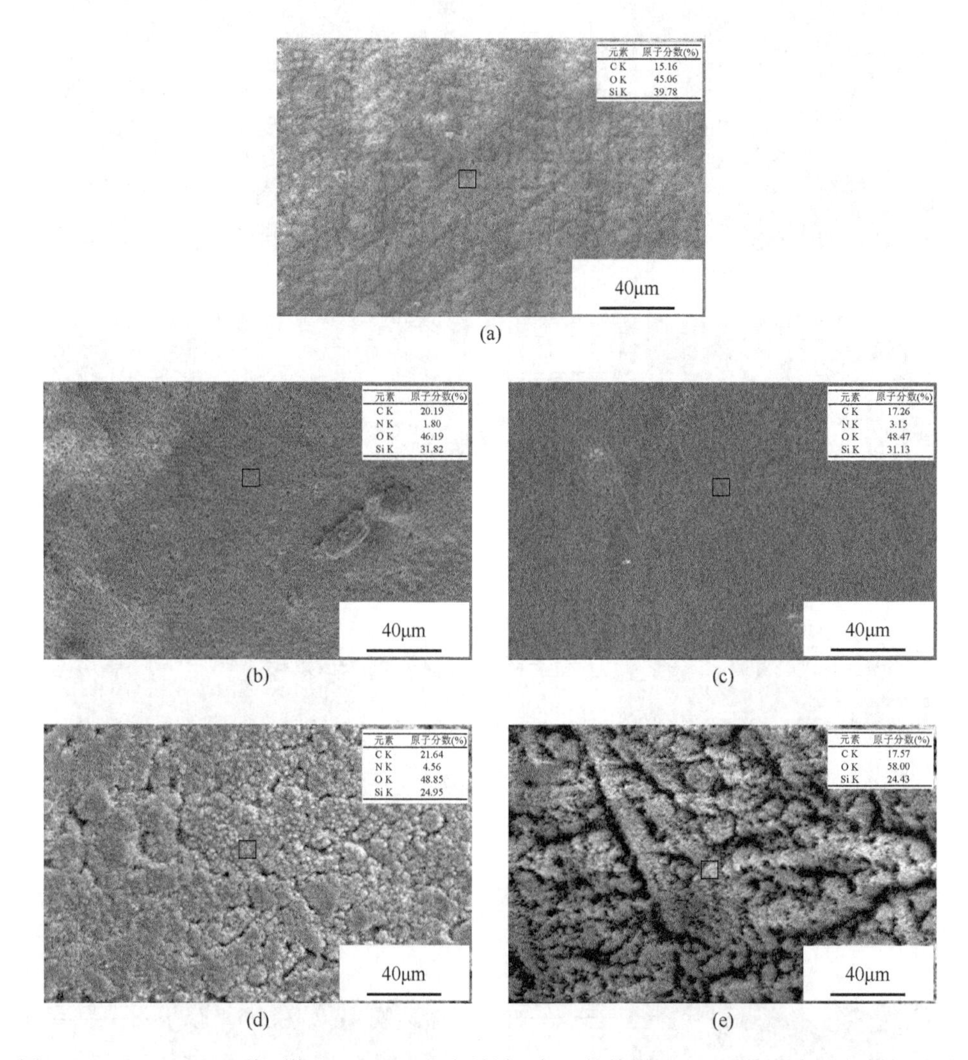

图 6-84　SiC_f（KD-Ⅱ型）增强 Si_2BC_3N 复合材料经氧乙炔焰烧蚀 10s 后热影响区边缘 SEM 表面形貌：（a）Si_2BC_3N；（b）5vol%改性 SiC_f；（c）10vol%改性 SiC_f；（d），（e）10vol%未改性 SiC_f[14]

不同 SiC_f（KD-Ⅱ型）含量 SiC_f/Si_2BC_3N 复合材料截面结构可依次划分为致密层、过渡层及陶瓷基体。致密层主要由非晶 SiO_2 和方石英组成，厚度较为均匀。纯 Si_2BC_3N 和改性 SiC 纤维含量为 5vol%、10vol%的复合材料氧化层厚度分别约为 100μm、40μm 和 60μm。而未改性 SiC 纤维含量为 10vol%的复合材料氧化层厚度仅约为 30μm，但氧化层中充满了气孔（图 6-85）。

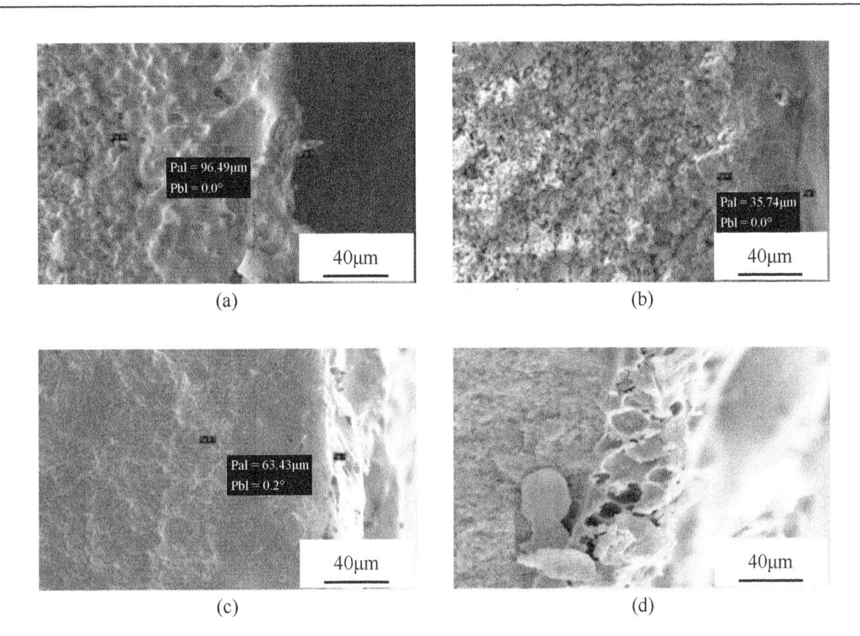

(a)　(b)　(c)　(d)

图 6-85　SiC_f（KD-Ⅱ型）增强 Si_2BC_3N 复合材料经氧乙炔焰烧蚀 10s 后截面 SEM 形貌：（a）Si_2BC_3N；（b）5vol%改性 SiC_f；（c）10vol%改性 SiC_f；（d）10vol%未改性 SiC_f[13]

从氧化层结构来看，氧乙炔焰烧蚀后，改性 SiC_f 增强 Si_2BC_3N 复合材料非晶 SiO_2 氧化层中化学成分分布不均匀（图 6-86）。最外层处，Si 含量较少，相反 B、

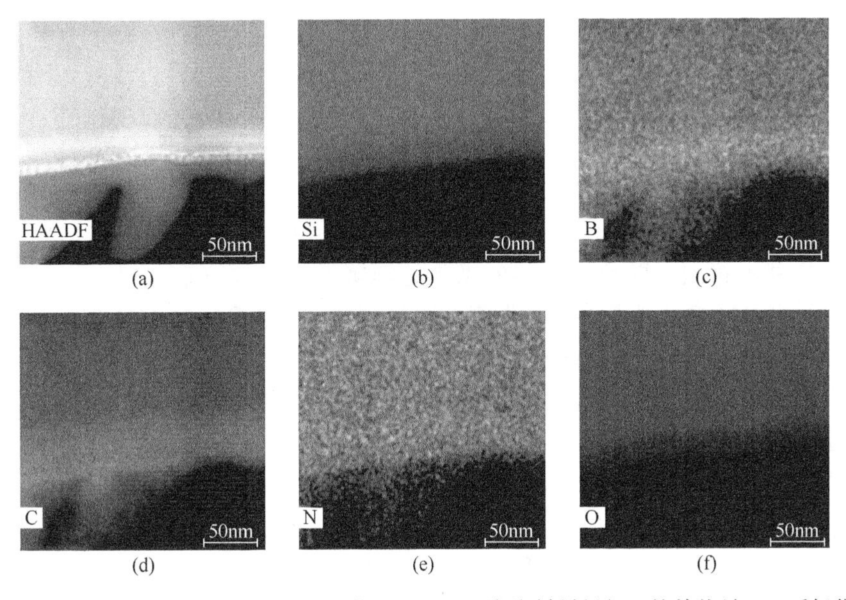

(a)　(b)　(c)　(d)　(e)　(f)

图 6-86　10vol%改性 SiC_f（KD-Ⅱ型）增强 Si_2BC_3N 陶瓷材料经氧乙炔焰烧蚀 10s 后氧化层透射电镜分析：（a）STEM 形貌；（b）～（f）相应的元素面扫描图[13]

C、N 和 O 含量较多，说明氧化层最外层还含有部分 B_2O_3 或者硼硅玻璃。B_2O_3 在氧化温度大于 900℃以上便急剧挥发，硼硅玻璃在 1600℃以上会发生分解[13]。实际上氧乙炔焰作用到陶瓷表面的温度高达 2200℃，因此形成这种氧化结构的内在原因有待进一步研究。

6.3.5 $(C_f\text{-}SiC_f)/Si_2BC_3N$ 复合材料的抗热震性能

通过提高复合材料的抗弯强度、断裂韧性或者降低杨氏模量和热膨胀系数可以提高复合材料的抗热震性能。计算结果表明，纤维表面涂覆 BN 弱界面涂层的(10vol% C_f-10vol% SiC_f)/Si_2BC_3N 复合材料具有最高的抗热震损伤参数值，而添加烧结助剂 $ZrSiO_4$ 的复合材料抗热震损伤参数最小，因此在 SiC_f（KD-Ⅱ型）和 C_f 表面同时引入 BN 弱界面涂层的复合材料应具有较好的抗热震性能（表 6-17）。

表 6-17　$(C_f\text{-}SiC_f)/Si_2BC_3N$ 复合材料的抗热震损伤性能[15]

纤维含量及涂层种类	抗弯强度（MPa）	断裂韧性（$MPa\cdot m^{1/2}$）	抗热震损伤参数（μm）
10vol% C_f-10vol% $SiC_f^{①}$	97.2±2.6	3.51	1739
10vol% C_f-10vol% $SiC_f^{②}$	59.4±5.1	2.04	1573
10vol% C_f-10vol% $SiC_f^{③}$	69.2±8.5	2.60	1882
10vol% C_f-10vol% $SiC_f^{④}$	235.3±18.4	5.33	684

注：①未改性纤维；②纤维表面涂覆裂解碳；③纤维表面涂覆 BN；④添加烧结助剂 $ZrSiO_{4p}$

四种(10vol% C_f-10vol% SiC_f)/Si_2BC_3N 复合材料经不同温差热震后残余强度变化趋势基本相同，随热震温差的增加逐渐降低。整体来看，引入烧结助剂的复合材料室温抗弯强度最高，但强度下降速度较快，强度保持率最低，在 800℃、1000℃、1200℃温差热震后的残余强度仅为原始强度的 38.0%、23.5%和 22.9%（表 6-18）。引入弱界面涂层裂解碳后，复合材料残余强度比未改性复合材料要高，其强度保持率也相对较高，性能下降幅度不大，可见弱界面层的引入有利于复合材料抗热震性能的提高。BN 弱界面涂层对于 Si_2BC_3N 陶瓷材料抗热震性能的改善效果更为明显，经 800℃、1000℃、1200℃温差热震后复合材料的抗弯强度分别为原始强度的 71.4%、71.4%和 61.8%（图 6-87）。

表 6-18　$(C_f\text{-}SiC_f)/Si_2BC_3N$ 复合材料不同温差热震后残余抗弯强度及残余强度保持率[15]

纤维含量及涂层种类	ΔT = 800℃		ΔT = 1000℃		ΔT = 1200℃	
	残余强度（MPa）	强度保持率（%）	残余强度（MPa）	强度保持率（%）	残余强度（MPa）	强度保持率（%）
10vol% C_f-10vol% SiC_f①	53.7±4.7	55.2	55.9±5.6	57.5	39.2±3.4	40.3
10vol% C_f-10vol% SiC_f②	43.0±2.2	72.4	28.3±2.0	47.6	29.1±3.5	49.0
10vol% C_f-10vol% SiC_f③	49.4±0.9	71.4	49.4±2.1	71.4	42.8±1.9	61.8
10vol% C_f-10vol% SiC_f④	89.4±0.7	38.0	55.2±3.4	23.5	54.0±0.7	22.9

注：①未改性纤维；②纤维表面涂覆裂解碳；③纤维表面涂覆 BN；④添加烧结助剂 $ZrSiO_{4p}$

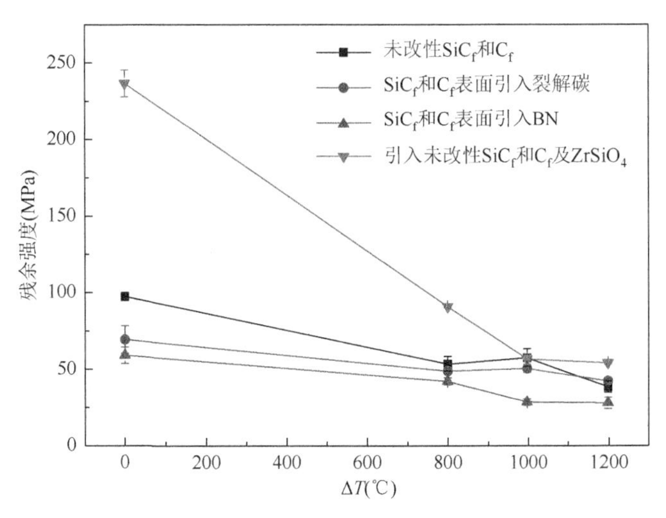

图 6-87　(10vol% C_f-10vol% SiC_f)/Si_2BC_3N 复合材料经不同温差热震后残余强度随热震温差的变化曲线[15]

热压烧结制备 20vol% SiC_f/Si_2BC_3N 复合材料，纤维析晶导致强度退化，是复合材料抗热震性能下降的主要原因；20vol% C_f/Si_2BC_3N 复合材料致密度较低，力学性能较差，纤维氧化损伤严重导致材料抗热震性能降低；(10vol% C_f-10vol% SiC_f)/Si_2BC_3N 复合材料抗热震性能的下降与纤维氧化损伤、性能退化及热应力集中均有一定关联。弱界面涂层的引入可以对内部纤维起到一定的保护作用，减少其氧化损伤，因此热震后复合材料强度下降幅度相对较小；而烧结助剂只对促进基体材料烧结致密化作用明显，对减少内部纤维氧化损伤没有影响，所以复合材料强度下降较快。

四种(10vol% C_f-10vol% SiC_f)/Si_2BC_3N 复合材料经不同温差热震后的物相组成及相对含量与热震前相比均没有明显变化，仍由 β-SiC、α-SiC 及 BN(C)相组成，材料表面氧化产物含量较少或为非晶态，因此 XRD 图谱中无相关晶体衍射峰（图 6-88）。

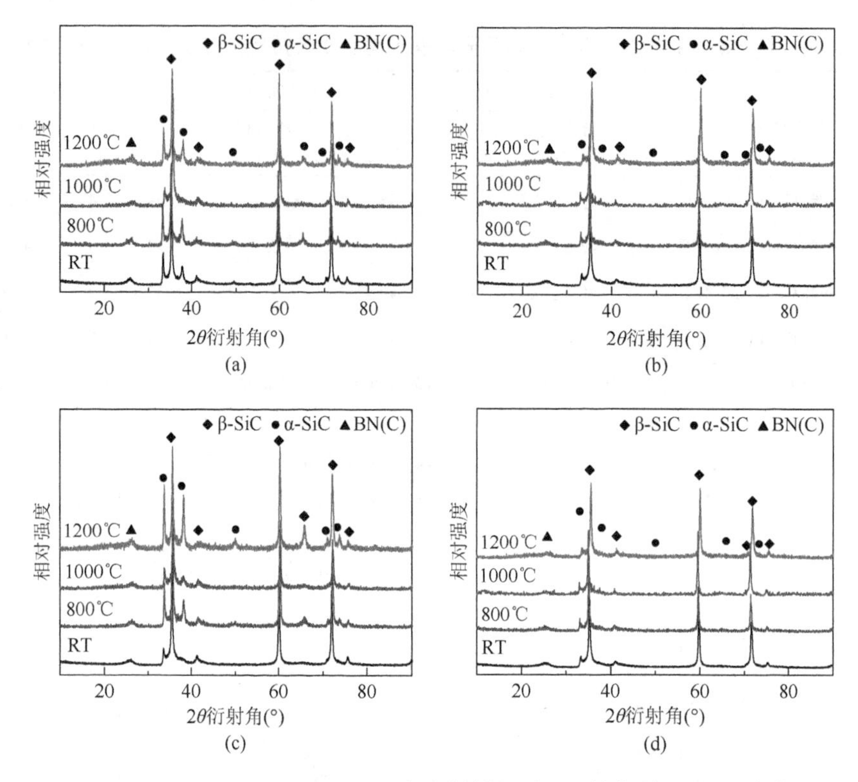

图 6-88　(10vol% C_f-10vol % SiC_f)/Si_2BC_3N 复合材料经不同温差热震后 XRD 图谱：（a）未改性纤维；（b）纤维表面涂覆裂解碳；（c）纤维表面涂覆 BN；（d）添加助烧剂 $ZrSiO_{4p}$[15]

热震温差为 800℃时，C_f和 SiC_f损伤程度较轻，表面存在少量纤维剥蚀留下的沟槽，纤维和基体之间存在间隙，陶瓷基体表面有少量微裂纹存在。热震温差为 1000℃时，C_f氧化程度明显增加，在材料表面留下大量孔洞和沟槽，陶瓷基体也发生了一定的氧化，出现了疏松多孔的结构，但无明显微裂纹存在。当热震温差进一步提高至 1200℃时，SiC_f 氧化损伤也较为严重，氧化表面可观察到大量纤维氧化后遗留的孔洞和沟槽，表面氧化产生部分液相，填补了部分孔洞和沟槽（图 6-89）。

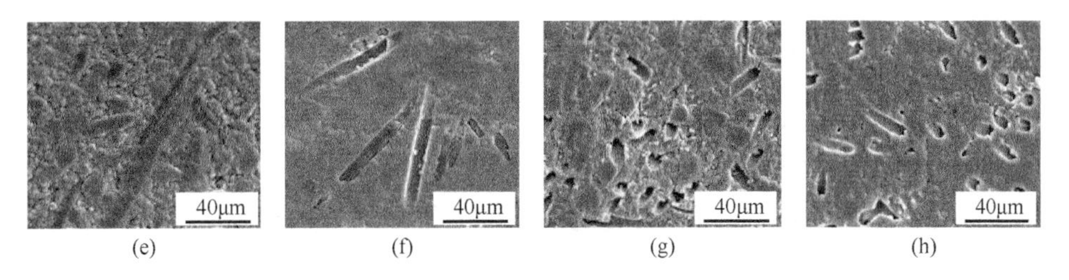

图 6-89 (10vol% C_f-10vol% SiC_f)/Si_2BC_3N 复合材料经不同温差热震后 SEM 表面形貌：（a），（e）RT；（b），（f）800℃；（c），（g）1000℃；（d），（h）1200℃[15]

热震后(10vol% C_f-10vol% SiC_f)/Si_2BC_3N 复合材料内部没有因为热应力而产生微裂纹，随着热震温差的增加，纤维损伤程度越来越严重，800℃热震温差下仍可以观察到纤维拔出迹象，而 1000℃和 1200℃温差热震后断口几乎没有 C_f 拔出痕迹，SiC_f 与基体同时断裂，两者均没有起到补强增韧效果（图 6-90）。

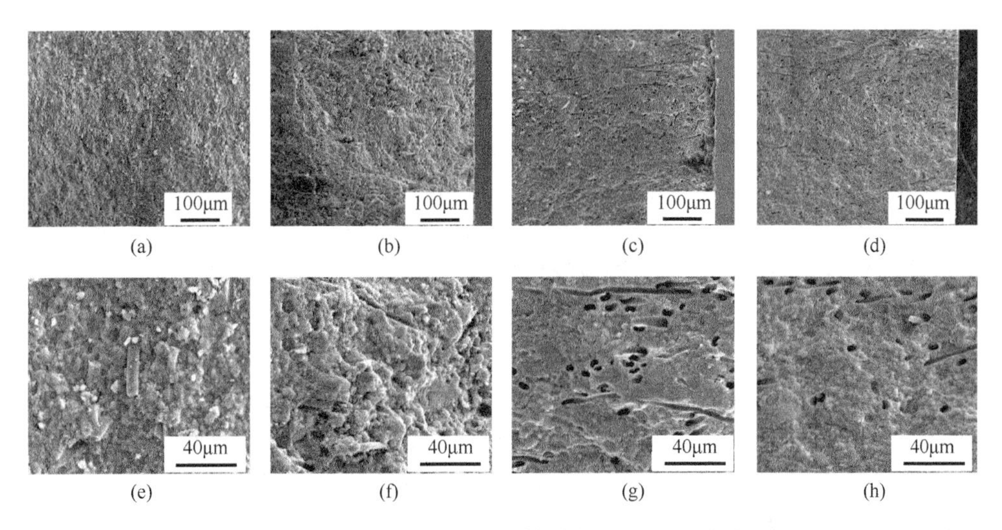

图 6-90 (10vol% C_f-10vol% SiC_f)/Si_2BC_3N 复合材料室温及不同温差热震后 SEM 断口形貌：（a），（e）RT；（b），（f）800℃；（c），（g）1000℃；（d），（h）1200℃[15]

纤维表面引入裂解碳弱界面涂层后，热震温差为 800℃时，改性复合材料纤维和陶瓷基体氧化现象并不明显，表面仍可观察到大量纤维，只有少数纤维发生了轻微断裂，在这个热震温差下复合材料表面存在少量微裂纹。热震温差达到 1000℃时，纤维发生了明显的氧化，表面存在大量孔洞和沟槽，同时表面氧化产生液相，填补了部分孔洞和沟槽，表面仍然有少量微裂纹存在。热震温差为 1200℃时，氧化产生的液相产物几乎将整个表面覆盖，仅可观察到少量的纤维氧化后遗留的凹槽，表面致密度增加，没有明显微裂纹存在（图 6-91）。

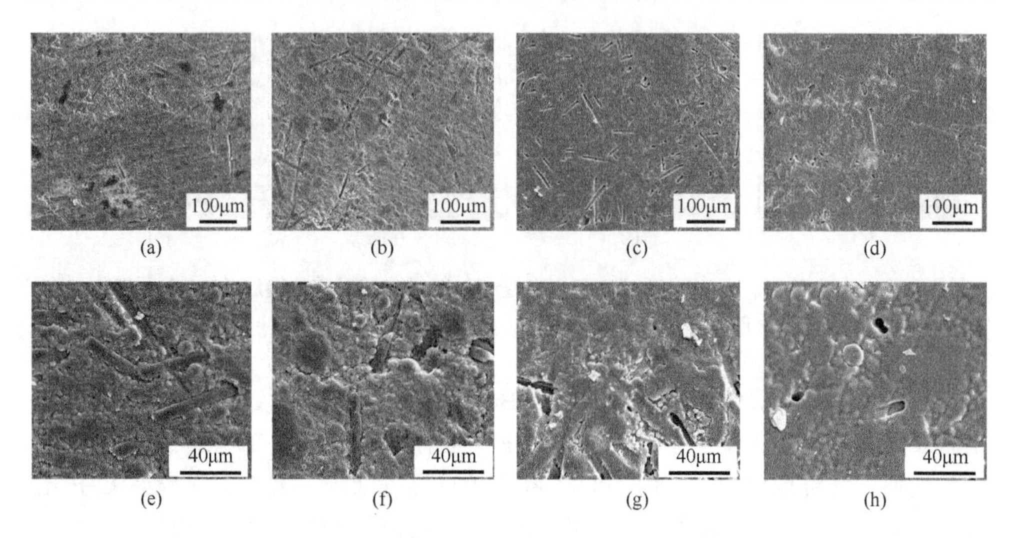

图 6-91　(10vol% C_f-10vol% SiC_f)/Si_2BC_3N 复合材料（纤维表面涂覆裂解碳）经不同温差热震后 SEM 表面形貌：(a)，(e) RT；(b)，(f) 800℃；(c)，(g) 1000℃；(d)，(h) 1200℃[15]

纤维表面引入裂解碳弱界面涂层的(10vol% C_f-10vol% SiC_f)/Si_2BC_3N 复合材料，裂纹是以绕过纤维传播为主，纤维完整性相对较好，损伤较轻，因此碳涂层的引入使得纤维与涂层基体为弱界面结合，当裂纹传播至两者界面时会沿着较弱的界面传播，纤维对基体起到了明显的增韧效果。但也存在着裂纹贯穿纤维传播使得纤维断裂的情况，但是这种现象较少。

与未引入弱界面涂层的复合材料相比，引入裂解碳涂层后材料内部纤维的氧化程度明显降低，热震温差为 800℃时，复合材料断口中没有观察到明显纤维氧化现象，大量纤维仍能有效拔出；1000℃温差热震时只有在接近氧化表面的区域有纤维氧化留下的孔洞，远离氧化表面的纤维完整性较好，纤维脱黏和拔出现象较为明显；而 1200℃温差热震后复合材料氧化程度有所增加，材料内部也存在着纤维氧化后遗留的孔洞，但仍可观察到少量纤维拔出现象（图 6-92）。

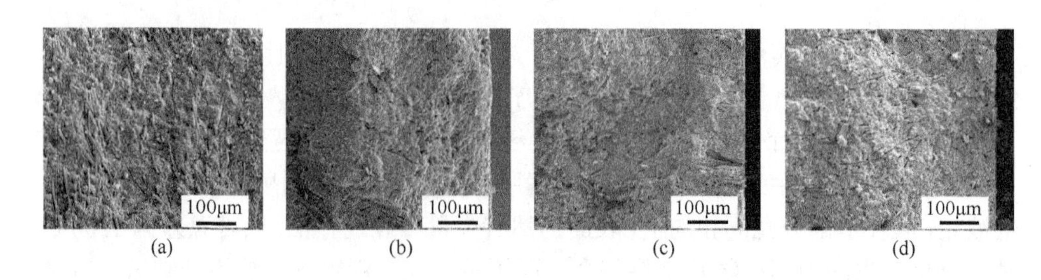

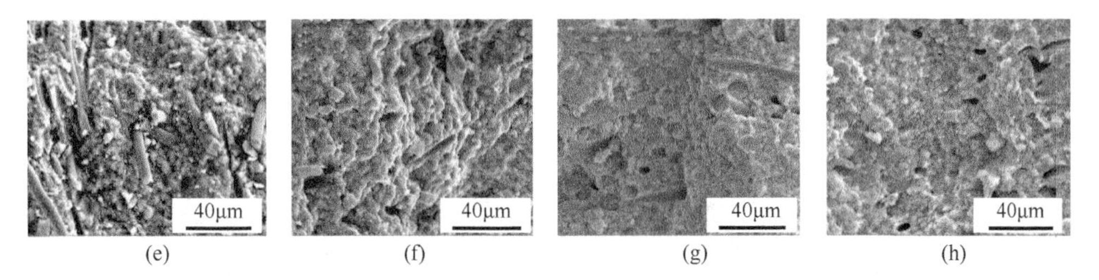

图 6-92　(10vol% C_f-10vol% SiC_f)/Si_2BC_3N 复合材料（纤维表面涂覆裂解碳）经不同温差热震后 SEM 断口形貌：（a），（e）RT；（b），（f）800℃；（c），（g）1000℃；（d），（h）1200℃[15]

纤维表面引入弱界面 BN 涂层后，该复合材料经不同温差热震后表面和断口形貌与前者相似。热震温差为 800℃时，复合材料表面仍有微裂纹存在，纤维存在轻微的氧化损伤及断裂，但仍可观察到两种纤维存在；随着热震温差的提高，表面纤维氧化留下大量孔洞和沟槽，陶瓷材料表面覆盖一层氧化层，内部存在少量微裂纹（图 6-93 和图 6-94）。

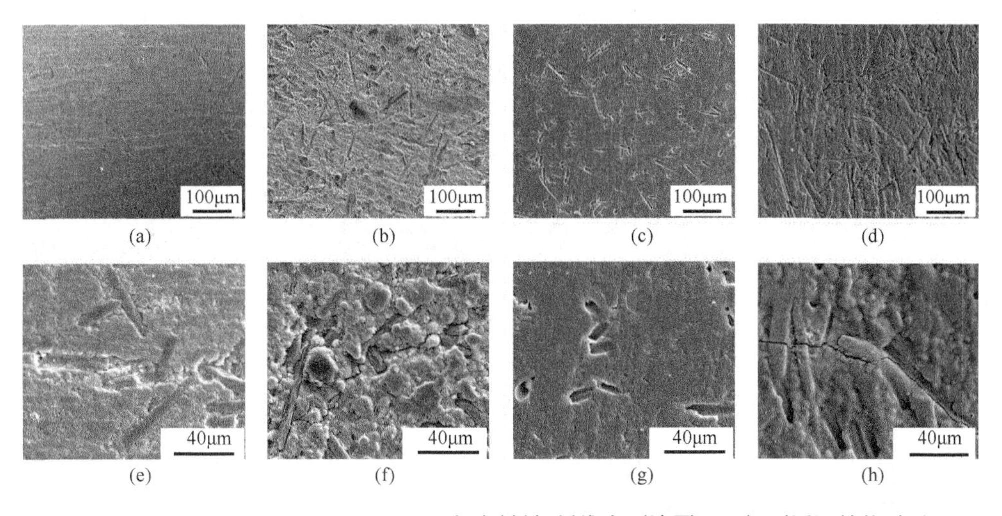

图 6-93　(10vol% C_f-10vol% SiC_f)/Si_2BC_3N 复合材料（纤维表面涂覆 BN）经不同温差热震后 SEM 表面形貌：（a），（e）RT；（b），（f）800℃；（c），（g）1000℃；（d），（h）1200℃[15]

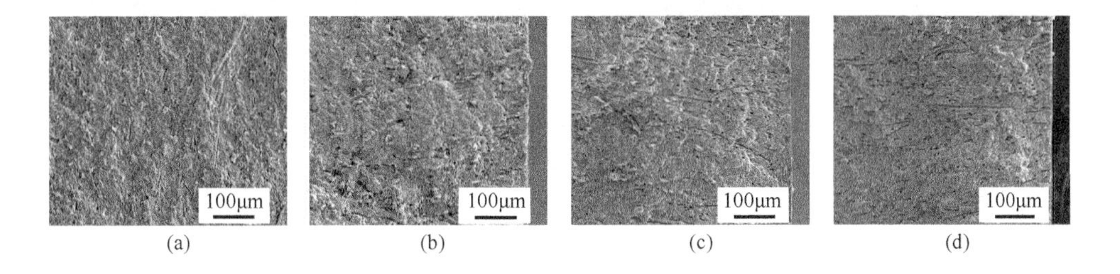

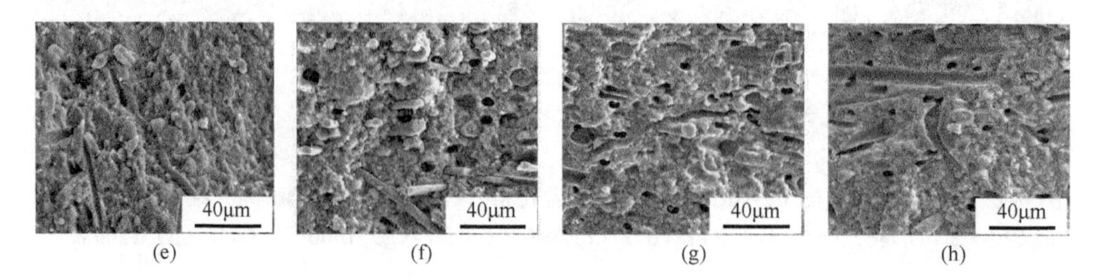

图6-94　(10vol% C_f-10vol% SiC_f)/Si_2BC_3N复合材料(纤维表面涂覆BN)经不同温差热震后SEM断口形貌：(a)，(e) RT；(b)，(f) 800℃；(c)，(g) 1000℃；(d)，(h) 1200℃[15]

添加烧结助剂$ZrSiO_{4p}$后，热震温差为800℃时，该复合材料表面观察到了少量微裂纹。热震温差为1000℃时，陶瓷表面纤维氧化殆尽，遗留下大量孔洞和沟槽，陶瓷基体出现轻微氧化，表面微裂纹萌生和扩展；1200℃温差热震后，陶瓷表面氧化严重，但孔洞和沟槽仍然较多（图6-95）。热震温差为800℃时，复合材料断口纤维保存较为完整，存在大量纤维拔出现象；1000℃热震时纤维发生氧化，断口可以观察到纤维孔洞及沟槽；1200℃热震时纤维氧化殆尽，材料内部基本观察不到纤维，没有起到相应的增韧效果（图6-96）。

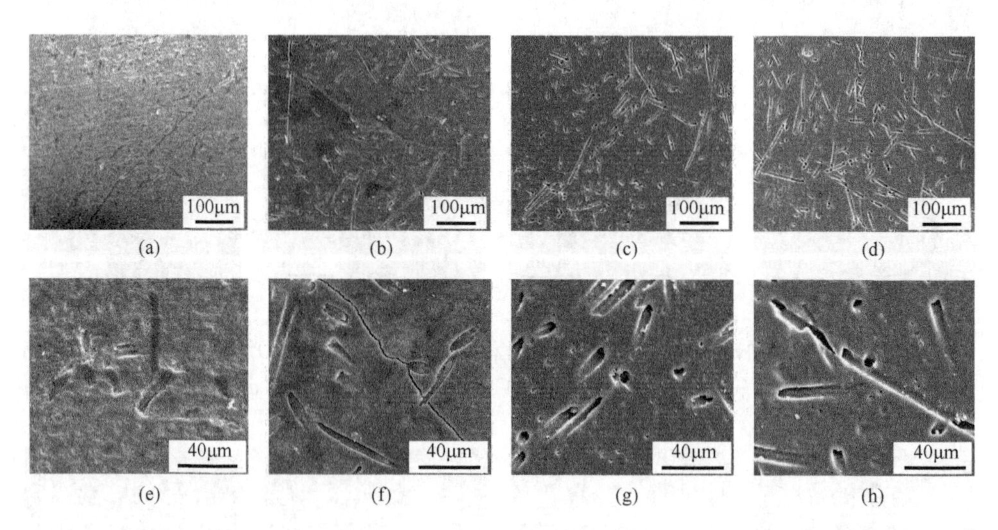

图6-95　(10vol% C_f-10vol% SiC_f)/Si_2BC_3N复合材料（引入烧结助剂$ZrSiO_{4p}$）经不同温差热震后SEM表面形貌：(a)，(e) RT；(b)，(f) 800℃；(c)，(g) 1000℃；(d)，(h) 1200℃[15]

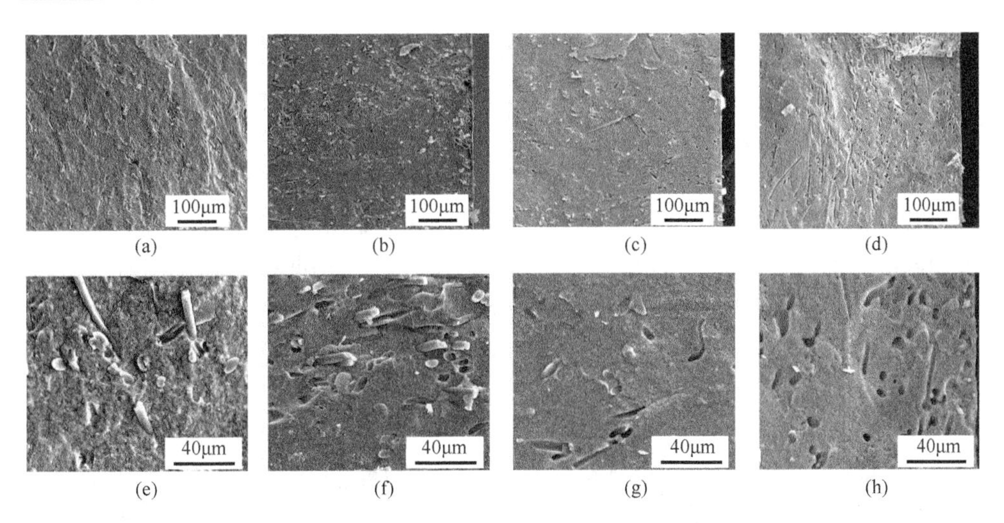

图 6-96 (10vol% C_f-10vol% SiC_f)/Si_2BC_3N 复合材料（引入烧结助剂 $ZrSiO_{4p}$）经不同温差热震后 SEM 断口形貌：(a)，(e) RT；(b)，(f) 800℃；(c)，(g) 1000℃；(d)，(h) 1200℃[15]

6.3.6 (C_f-SiC_f)/Si_2BC_3N 复合材料的耐烧蚀性能

材料烧蚀率与密度有一定关系，引入弱界面层后复合材料的体积密度有所降低，质量烧蚀率较未引入涂层时有所增加，但线烧蚀率的变化规律不是十分明显；引入裂解碳弱界面涂层后复合材料线烧蚀率略有增加，而引入 BN 涂层后则有所降低，可能是因为复合材料体积密度降低，内部气孔增多，从而增加了燃气流在材料内部的扩散通道，加速了材料烧蚀。引入烧结助剂 $ZrSiO_{4p}$ 后，由于烧结助剂对减少气孔率、提高基体致密度有一定作用，复合材料密度明显增加，其耐烧蚀性能也随之提高，其质量烧蚀率和线烧蚀率分别为 1.36mg/s 和 0.0273mm/s。

四种(10vol% C_f-10vol% SiC_f)/Si_2BC_3N 复合材料的质量烧蚀率有所差异，但 10vol% C_f 和 10vol% SiC_f 混合增强 Si_2BC_3N 陶瓷的质量烧蚀率要明显低于 20vol% C_f/Si_2BC_3N 和 20vol% SiC_f/Si_2BC_3N 复合材料，可见采用 C_f 和 SiC_f 共同增强 Si_2BC_3N 陶瓷基体具有比单一采用一种纤维增强得到的复合材料更加优异的耐烧蚀性能（表 6-19）。

表 6-19 C_f 和 SiC_f 混合增强 Si_2BC_3N 陶瓷材料体积密度及烧蚀率[15]

纤维含量及涂层种类	体积密度（g/cm^3）	质量烧蚀率（mg/s）	线烧蚀率（mm/s）
10vol% C_f + 10vol% SiC_f①	2.24	4.33	0.0523
10vol% C_f + 10vol% SiC_f②	2.04	7.01	0.0603
10vol% C_f + 10vol% SiC_f③	2.18	4.64	0.0480
10vol% C_f + 10vol% SiC_f④	2.58	1.36	0.0273

注：①未改性纤维；②纤维表面涂覆裂解碳；③纤维表面涂覆 BN；④添加烧结助剂 $ZrSiO_{4p}$

氧乙炔焰烧蚀前复合材料表面光滑平整，烧蚀后复合材料表面冲刷出不同深浅的烧蚀坑。其中添加烧结助剂 $ZrSiO_{4p}$ 的复合材料烧蚀坑面积最小，深度最浅，其次为未改性的(10vol% C_f-10vol% SiC_f)/Si_2BC_3N 复合材料，引入弱界面层的复合材料烧蚀面积相对较大（图 6-97）。烧蚀过程中，四种材料背面温度均小于 100℃，陶瓷背面宏观形貌没有变化；四种(10vol% C_f-10vol% SiC_f)/Si_2BC_3N 复合材料稳态表面温度分别约为2044℃、2062℃、2050℃、1976℃。与 20vol% C_f/Si_2BC_3N 和 20vol% SiC_f/Si_2BC_3N 复合材料相比，(10vol% C_f-10vol% SiC_f)/Si_2BC_3N 复合材料在烧蚀结束后空冷降温过程中没有出现宏观可见裂纹，烧蚀区面积更小，深度更浅。

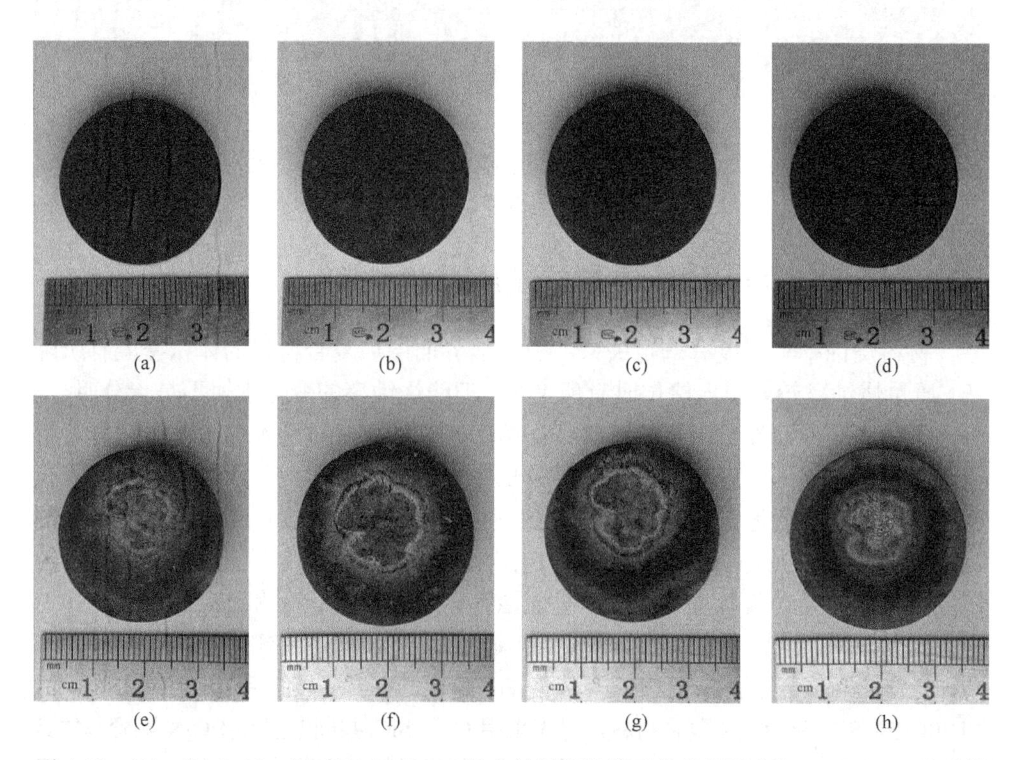

图 6-97　(10vol% C_f-10vol% SiC_f)/Si_2BC_3N 复合材料烧蚀前后宏观表面形貌：(a)，(e) 未改性纤维；(b)，(f) 纤维表面涂覆裂解碳；(c)，(g) 纤维表面涂覆 BN；(d)，(h) 添加烧结助剂 $ZrSiO_{4p}$[15]

四种(10vol% C_f-10vol% SiC_f)/Si_2BC_3N 复合材料经氧乙炔焰烧蚀后不同烧蚀区域基体物相组成没有发生改变，仍由 β-SiC、α-SiC 及 BN(C)相组成，过渡区及热影响区 XRD 图谱在 $2\theta = 20° \sim 30°$之间出现了明显的非晶 SiO_2 馒头峰。添加少量烧结助剂 $ZrSiO_{4p}$ 的复合材料烧蚀后三个烧蚀区域均可观察到非晶 SiO_2 衍射峰，ZrO_2 相对含量有所增加，基体中 SiC 及 BN(C)相含量降低；过渡区及热影响区

m-ZrO_2消失，仅可观察到 t-ZrO_2的晶体衍射峰，ZrO_2发生了由单斜相向四方相的马氏体相变（图 6-98）。

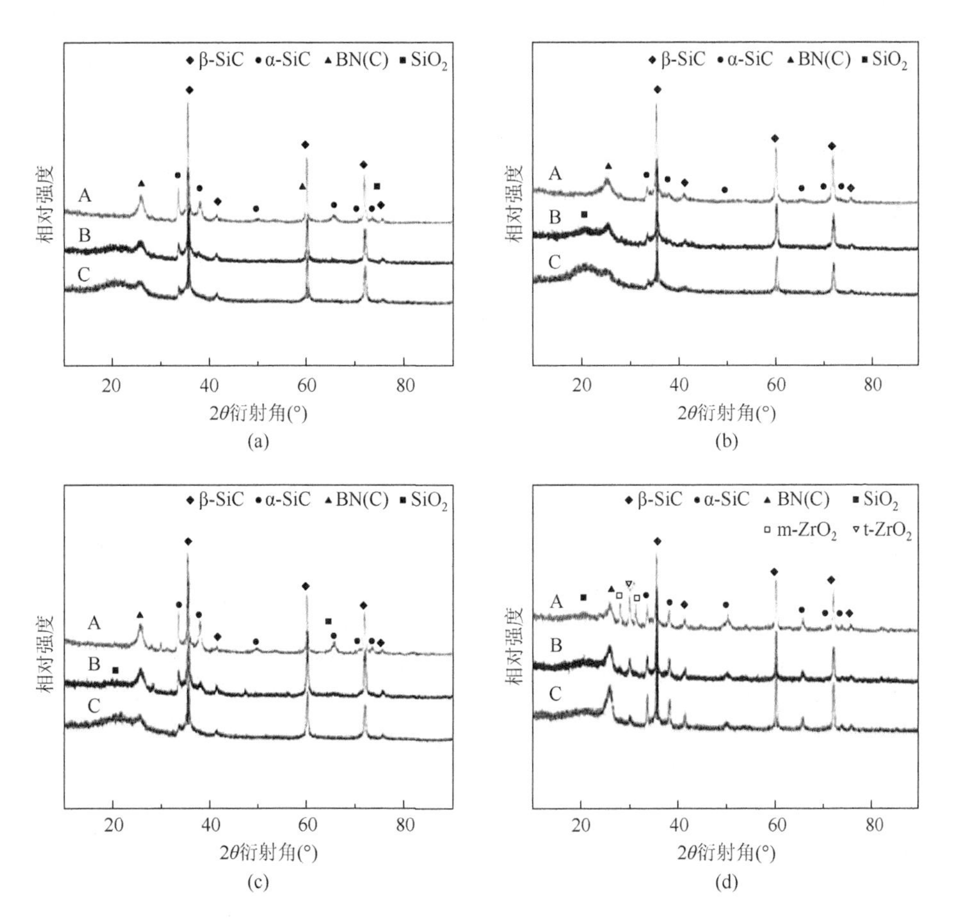

图 6-98　(10vol% C_f-10vol% SiC_f)/Si_2BC_3N 复合材料经氧乙炔焰烧蚀前后不同烧蚀区域微区 XRD 图谱：（a）未改性纤维；（b）纤维表面涂覆裂解碳；（c）纤维表面涂覆 BN；（d）添加烧结助剂 $ZrSiO_{4p}$；A. 烧蚀中心；B. 过渡区；C. 热影响区[15]

(10vol% C_f-10vol% SiC_f)/Si_2BC_3N 复合材料烧蚀区与过渡区界面较为清晰，两侧区域形貌明显不同，其元素变化规律不明显；烧蚀区表面较为粗糙，可以观察到大量纤维坑，由于复合材料是由热压烧结方法制备的，在单向加压的条件下纤维大多平行分布在与压强加载方向垂直的方向，因此在烧蚀表面所观察到的纤维坑主要平行于试样表面。纤维坑的出现一方面可能是烧蚀过程中纤维被氧化造成，另一方面高温气流冲刷下可能造成纤维的剥蚀，形成纤维坑。过渡区主要由一层较为致密的氧化层组成，表面分布较多气孔（图 6-99）。

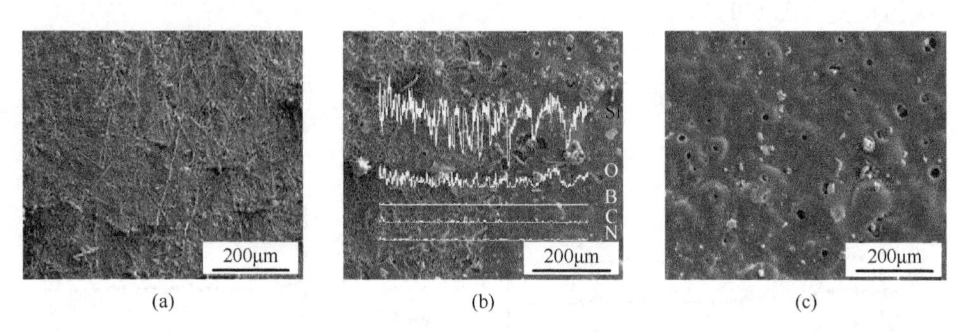

图 6-99　(10vol% C_f-10vol% SiC_f)/Si_2BC_3N 复合材料经氧乙炔焰烧蚀 10s 后 SEM 表面形貌：（a）烧蚀中心；（b）烧蚀中心与过渡区界面；（c）过渡区[15]

(10vol% C_f-10vol% SiC_f)/Si_2BC_3N 复合材料烧蚀中心出现了少量微裂纹，纤维坑内存在着很多球形 SiO_2 小颗粒，颗粒连成串状沿着纤维坑方向铺展，与基体润湿性较差，在表面张力的作用下收缩成球状；烧蚀中心呈现疏松多孔的海绵状形貌（图 6-100）。高温气流冲刷下，烧蚀中心中大量 SiO_2 被气流带至过渡区，过渡区域温度相对较低，SiO_2 具有较好的流动性，可以很好地将基体覆盖。

图 6-100　(C_f-SiC_f)/Si_2BC_3N 复合材料经氧乙炔焰烧蚀 10s 后 SEM 表面形貌：（a）烧蚀中心，低倍；（b）烧蚀中心，高倍；（c）过渡区[15]

(10vol% C_f-10vol% SiC_f)/Si_2BC_3N 复合材料热影响区出现了大量鼓泡，气泡大小不等，平均尺寸 30μm 左右，主要成分为非晶 SiO_2。由于距离烧蚀中心较远，烧蚀温度相对较低，SiO_2 黏度较高，内部氧化反应产生的气体难以像过渡区那样随着连续氧化层的流动排出表面，大多数以气泡的形式鼓起，随着进一步远离中心区域，气泡发生破裂（图 6-101）。

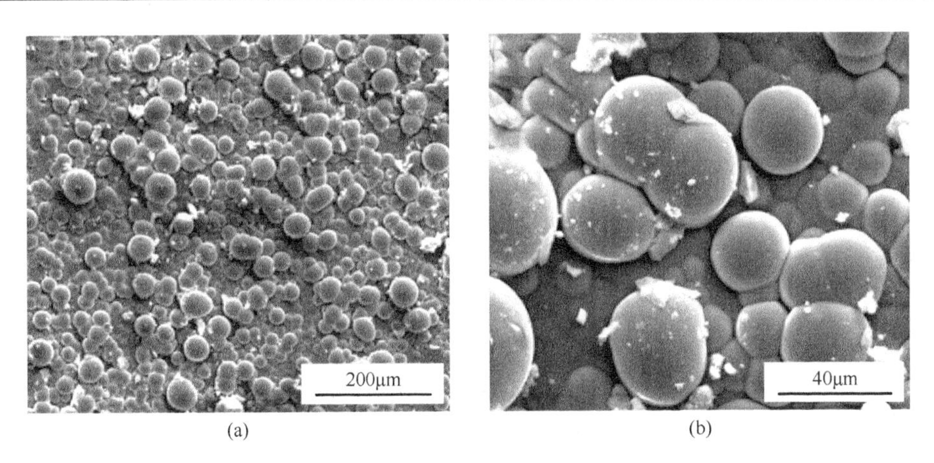

图 6-101　(10vol% C_f-10vol% SiC_f)/Si_2BC_3N 复合材料经氧乙炔焰烧蚀 10s 后热影响区 SEM 表面形貌：（a）低倍；（b）高倍[15]

纤维表面涂覆裂解碳后，(10vol% C_f-10vol% SiC_f)/Si_2BC_3N 复合材料烧蚀中心存在两种截然不同的形貌（图 6-102）。在烧蚀中心（烧蚀坑内），复合材料微观组织与前者相似，表面有很多纤维剥蚀留下的沟槽，沟槽内存在球状颗粒，基体为疏松多孔的结构，烧蚀中心可观察到微裂纹存在。在烧蚀中心边缘表面还可观

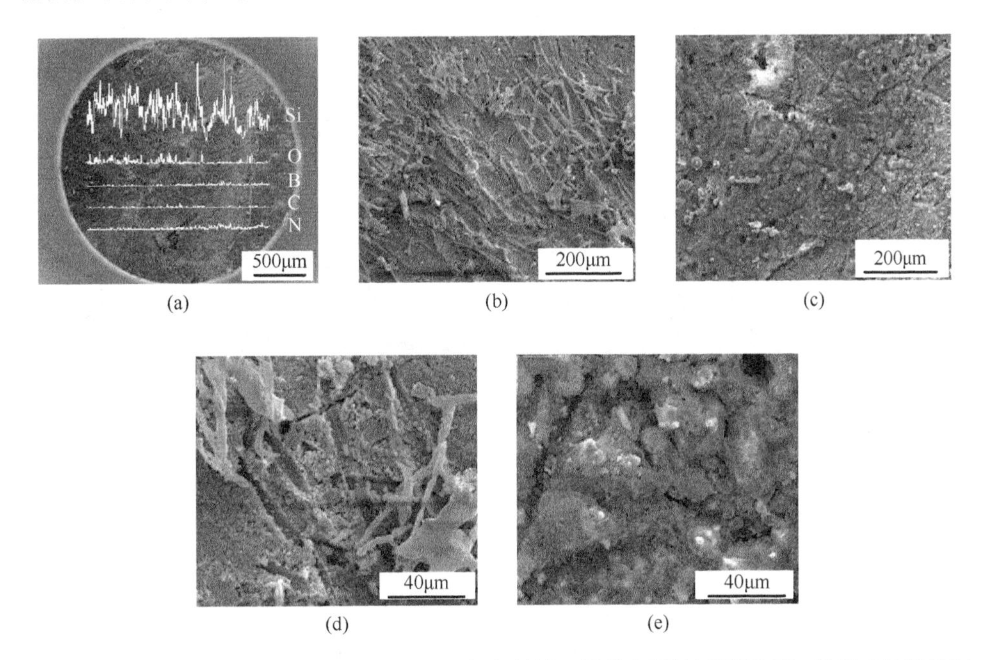

图 6-102　(10vol% C_f-10vol% SiC_f)/Si_2BC_3N 复合材料（纤维表面涂覆裂解碳）经氧乙炔焰烧蚀 10s 后烧蚀中心 SEM 表面形貌：（a）烧蚀中心与过渡区界面；（b）烧蚀中心，低倍；（c）烧蚀中心边缘，低倍；（d）烧蚀中心，高倍；（e）烧蚀中心边缘，高倍[15]

察到很多类似于胶状物质彼此连成针状网络，推测可能是在制备裂解碳涂层的过程中由于使用的浸渍液浓度偏高，纤维之间存在大量浸渍溶液裂解后生成的物质。

纤维表面涂覆裂解碳后，(10vol% C_f-10vol% SiC_f)/Si_2BC_3N 复合材料过渡区表面覆盖一层非晶 SiO_2，表面存在大量气孔，与前者相比其过渡区气孔尺寸更大，直径约 50μm。可见，过渡区氧化反应更加剧烈，产生了更多气体产物（图 6-103）。热影响区表面仍出现了大量鼓泡现象，气泡尺寸更大，说明该区域氧化反应更加剧烈。由于纤维表面涂覆裂解碳后，复合材料致密度相对较低，燃气流在材料内部扩散较快，导致材料温度升高较快，从而加速了材料表面的烧蚀氧化反应。在热影响区边缘仍可以观察到纤维，表明纤维并没有完全被烧蚀掉，部分 SiC_f 保存较为完整，表面涂层的引入有效保护了纤维，降低其在氧乙炔焰烧蚀条件下的损伤程度(图 6-104)。

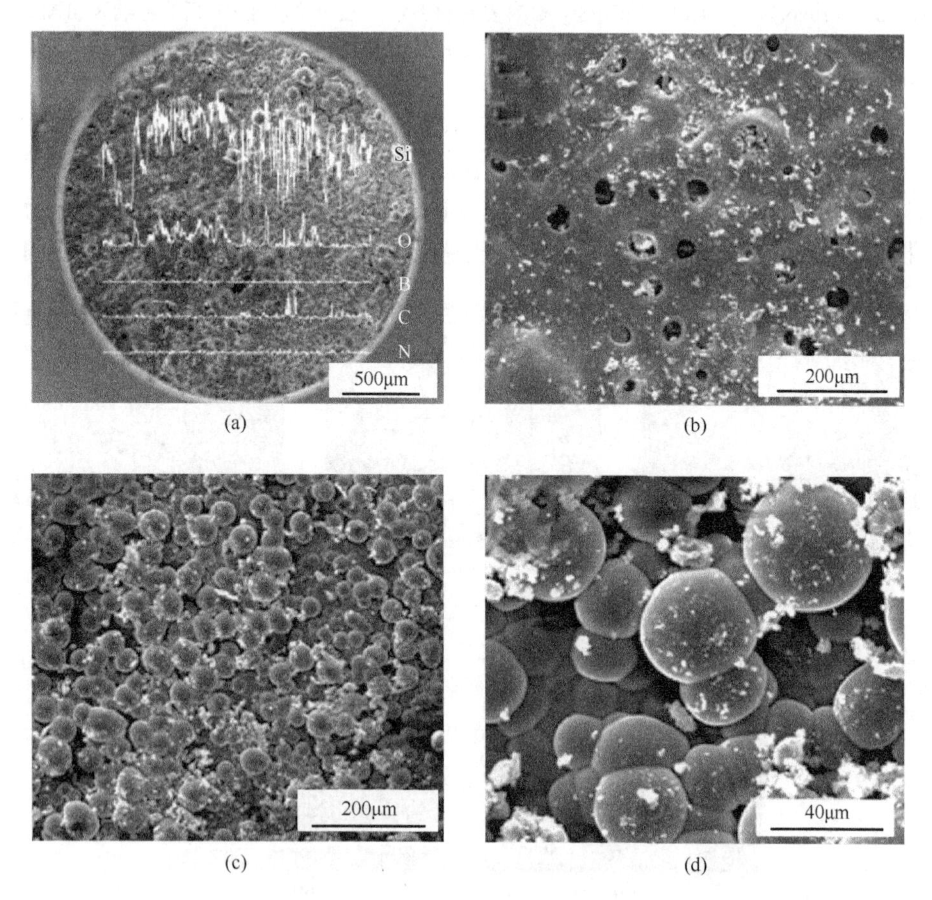

图 6-103　(10vol% C_f-10vol% SiC_f)/Si_2BC_3N 复合材料（纤维表面涂覆裂解碳）过渡区及热影响区 SEM 表面形貌：（a）过渡区与热影响界面；（b）过渡区；（c）热影响区，低倍；（d）热影响区，高倍[15]

(a)　　(b)

图 6-104　(10vol% C_f-10vol% SiC_f)/Si_2BC_3N 复合材料（纤维表面涂覆裂解碳）经氧乙炔焰烧蚀 10s 后热影响区边缘 SEM 表面形貌：（a）低倍；（b）高倍[15]

纤维表面涂覆 BN 弱界面涂层后，(10vol% C_f-10vol% SiC_f)/Si_2BC_3N 复合材料各个烧蚀区域的微观组织特征与纤维表面涂覆裂解碳的复合材料较为相似，各烧蚀区域元素种类及含量没有明显变化（图 6-105）。烧蚀中心仍具有两种不同形貌，烧蚀坑表面有微裂纹存在，存在大量纤维剥蚀坑且内部有很多圆形颗粒，为疏松

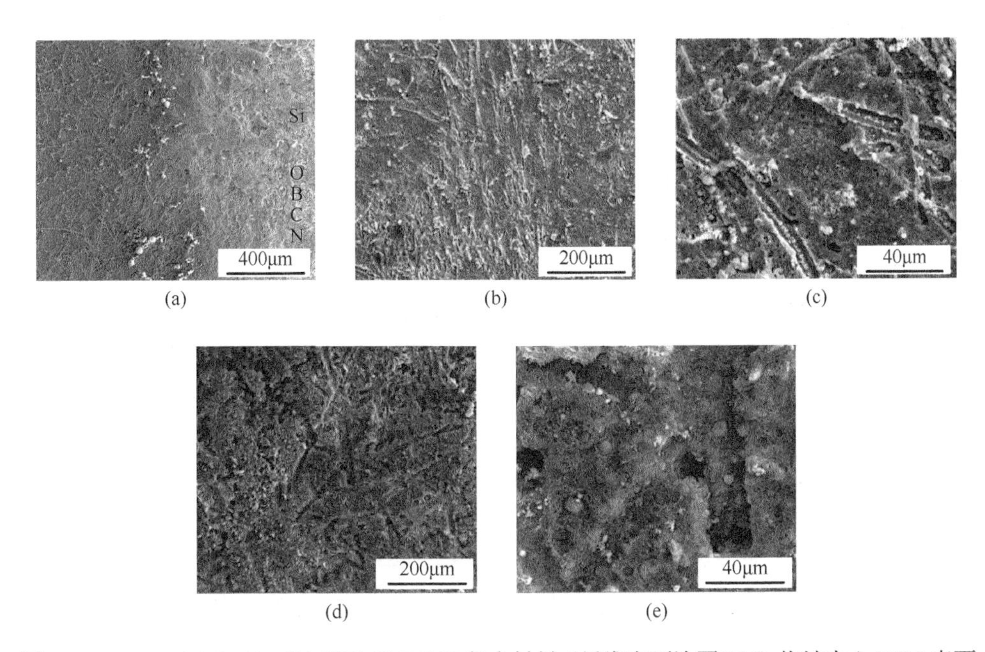

(a)　　(b)　　(c)

(d)　　(e)

图 6-105　(10vol% C_f-10vol% SiC_f)/Si_2BC_3N 复合材料（纤维表面涂覆 BN）烧蚀中心 SEM 表面形貌：（a）烧蚀中心两种不同形貌界面；（b）烧蚀中心，低倍；（c）烧蚀中心，高倍；（d）烧蚀中心边缘，低倍；（e）烧蚀中心边缘，高倍[15]

多孔的结构；烧蚀中心边缘处具有海绵状的疏松结构，内部还存在部分 SiC_f，说明弱界面涂层 BN 的引入对减弱纤维的烧蚀损伤有一定作用。

纤维表面涂覆 BN 后，(10vol% C_f-10vol% SiC_f)/Si_2BC_3N 复合材料过渡区及热影响区形貌与其他成分复合材料基本相同，过渡区表面被一层非晶 SiO_2 所覆盖，内部含有较多气孔，气孔直径大小不等；热影响区表面存在鼓泡现象，远离热影响区域气泡发生破裂（图 6-106）。

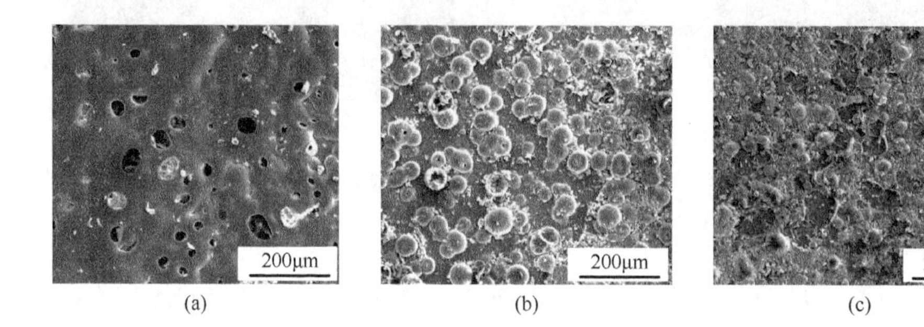

(a)　　(b)　　(c)

图 6-106　(10vol% C_f-10vol% SiC_f)/Si_2BC_3N 复合材料（纤维表面涂覆 BN）过渡区和热影响区 SEM 表面形貌：（a）过渡区；（b）热影响区；（c）热影响区边缘[15]

对比分析纤维表面分别涂覆裂解碳和 BN 的复合材料，弱界面层在烧蚀温度较高的情况下会优先氧化，产生的液相挥发及气体产物会带走部分热量，对于降低材料表面温度同时保护内部纤维具有一定的作用。但由于在制备涂层过程中，浸渍液干燥及裂解过程中会造成纤维彼此粘连，影响纤维在基体中的分散性，使复合材料致密度降低，材料内部大量不均匀气孔增加了高温气流扩散的通道，最终导致弱界面层没有对材料耐烧蚀性能的改善产生明显效果。

(10vol% C_f-10vol% SiC_f)/Si_2BC_3N 复合材料在添加烧结助剂 $ZrSiO_{4p}$ 后，烧蚀中心表面同样存在两种不同的形貌，烧蚀坑表面存在明显微裂纹，基体氧化现象较明显，表面存在较多气孔（图 6-107）。烧蚀中心边缘区域，陶瓷基体为疏松多孔的海绵状结构，同时表面可以观察到大量裸露的纤维，部分纤维发生了严重的

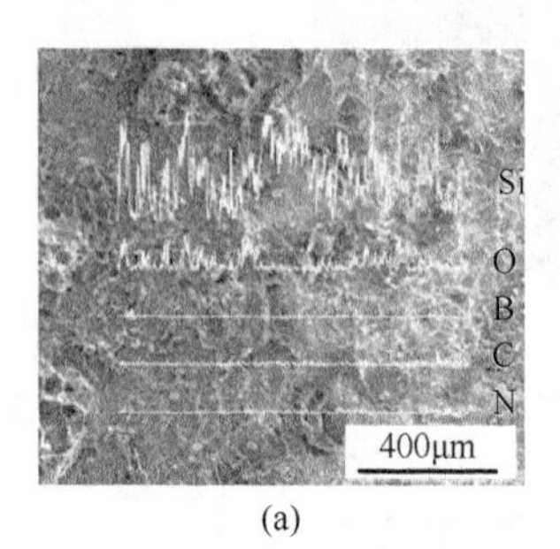

(a)

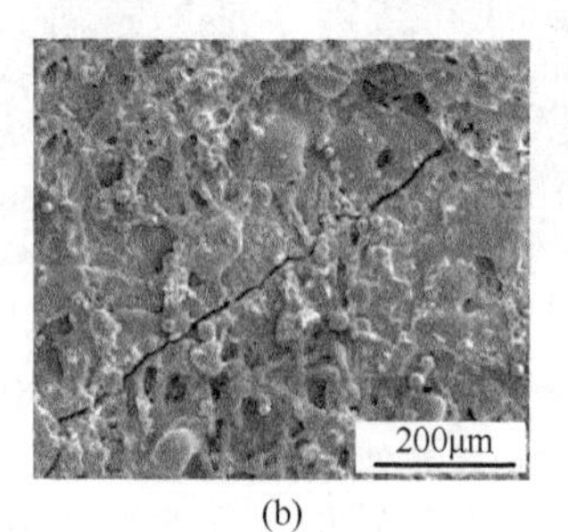

(b)

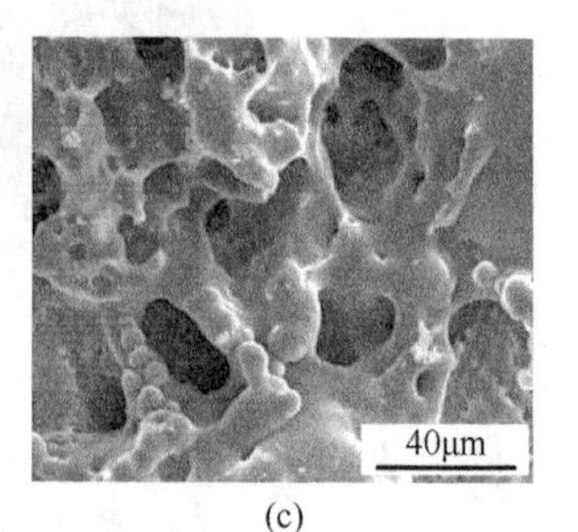

(c)

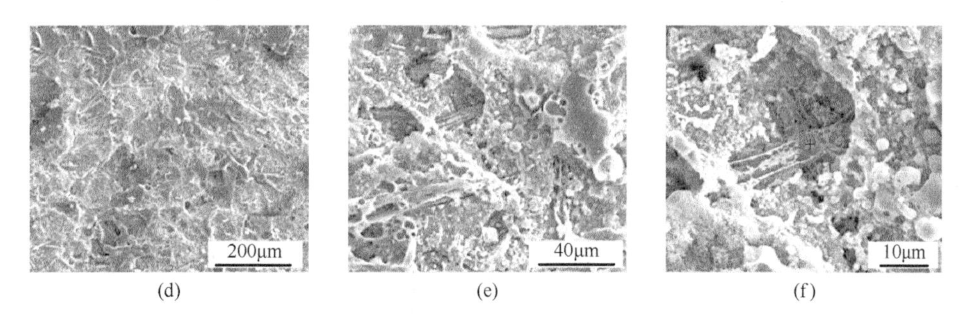

图 6-107 (10vol% C_f-10vol% SiC_f)/Si_2BC_3N 复合材料（添加烧结助剂 $ZrSiO_{4p}$）烧蚀中心 SEM 表面形貌：(a) 两种形貌界面；(b) 烧蚀中心，低倍；(c) 烧蚀中心，高倍；(d) 烧蚀中心边缘，低倍；(e) 烧蚀中心边缘，高倍；(f) 局部放大[15]

氧化损伤。纤维氧化从表面开始，表面留下了一层网状壳层，且与纤维芯部发生了分离，网状结构中的孔洞可能为纤维氧化生成的气体产物逸出所致，该纤维 C 元素含量较高，直径约 10μm，可能为 C_f。而表面其他没有网状层的纤维出现了变细及弯曲的现象，纤维头部较尖，可能为 SiC_f，可见富氧条件下 SiC_f 比 C_f 更耐烧蚀。

添加烧结助剂 $ZrSiO_{4p}$ 后，(10vol% C_f-10vol% SiC_f)/Si_2BC_3N 复合材料烧蚀中心与过渡区界面比较明显，过渡区被致密 SiO_2 覆盖，氧化层表面气孔尺寸较小（图 6-108）。过渡区与热影响区界面不明显，元素含量也没有明显变化。热影响区出现大量鼓泡现象，与其他组分复合材料相比，鼓泡尺寸较小。除了球形的气泡外，热影响区还存在很多枝状 SiO_2 结构，可能是烧蚀过程中材料表面熔化产生液相，随着内部大量气体向外逸出，材料在冷却过程中沿气流方向再结晶生长出了这种枝状结构。

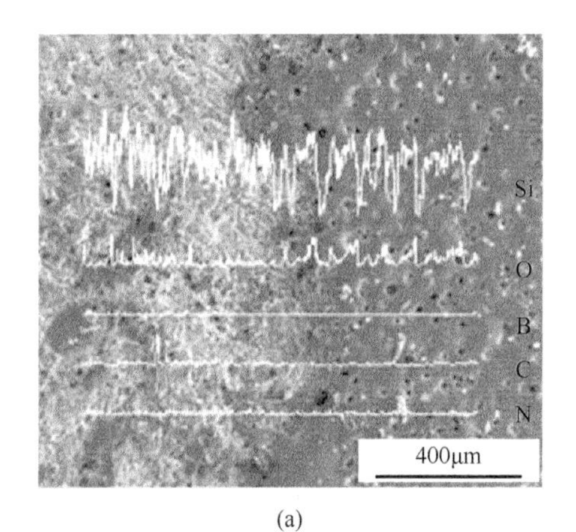

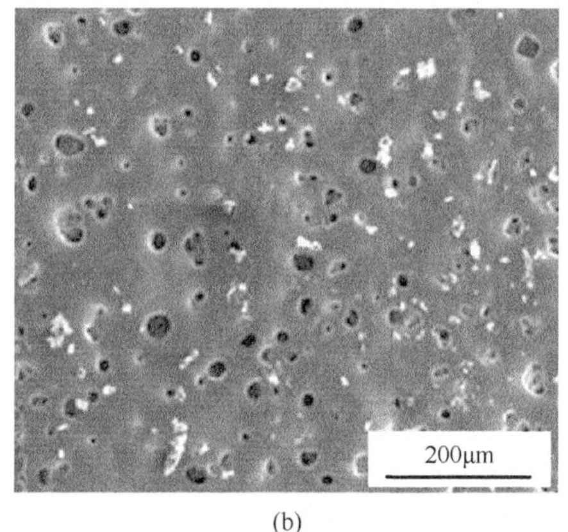

(a) (b)

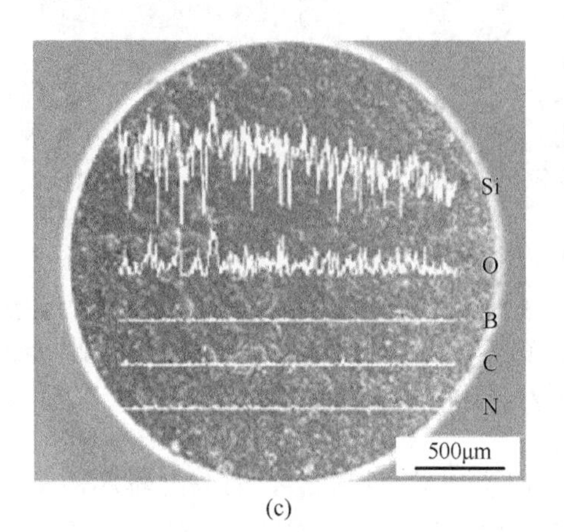

(c)

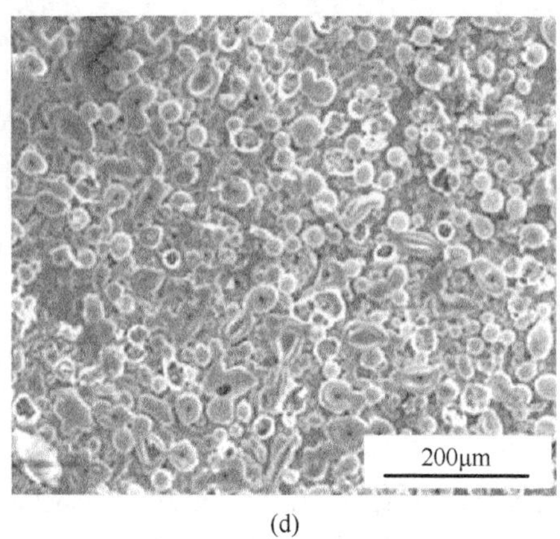

(d)

图 6-108　(10vol% C_f-10vol% SiC_f)/Si_2BC_3N 复合材料（添加烧结助剂 $ZrSiO_4$）烧蚀区 SEM 表面形貌：(a) 烧蚀中心与过渡区界面；(b) 过渡区；(c) 过渡区与热影响区界面；(d) 热影响区[15]

引入烧结助剂 $ZrSiO_{4p}$ 可以有效保护纤维和基体，使其烧蚀损伤程度大大降低，可能是引入助烧剂促进了扩散传质过程，使得表面产生了大量的熔融 SiO_2 覆盖在材料表面。由于 SiO_2 具有低的氧扩散率（$3.5\times10^{-14}m^2/s$），在发生热化学烧蚀时，SiO_2 氧化层能够有效阻止氧向陶瓷基体扩散，有效保护内部的基体和纤维。此外，SiO_2 在高温下熔化生成黏度很高的液膜，在高速气流下不易被冲刷，可以吸收表面的部分热量；此外低熔点液相 B_2O_3 的大量蒸发及反应副产物（CO、CO_2 和 SiO 等）的逃逸形成热阻塞效应，在上述因素共同作用下，复合材料表面温度降低较快，材料耐烧蚀性能较好。

6.4　多壁碳纳米管对 MA-SiBCN 陶瓷材料抗热震和耐烧蚀性能的影响

1. 抗热震性能

不同 MWCNTs 含量 Si_2BC_3N 陶瓷材料的临界热震温度（R）介于 470℃和 615℃，说明复合材料具有更好的抵抗裂纹形成能力。同时，R''''参数指出 1vol% MWCNTs 含量的复合材料抗热震性能较好。依据 R_{st} 参数还可以推断引入 MWCNTs 后，Si_2BC_3N 陶瓷材料应具有更好的抵抗裂纹扩展能力。因此添加 MWCNTs 将有助于改善 Si_2BC_3N 陶瓷基体的抗热震性（表 6-20）。

表 6-20　$MWCNTs/Si_2BC_3N$ 复合材料的热震损伤参数[16]

MWCNTs 含量（vol%）	σ_f（MPa）	γ_{WOF}（J/m^2）	α（$10^{-6}K^{-1}$）	R（℃）	R''''（mm）	R_{st}（$K\cdot m^{1/2}$）
0	320.1±25.8	1349.3±205.0	4.51	470	1.8	23.5
1	426.1±35.2	2676.5±450.3	4.85	615	1.9	31.3
2	322.1±6.4	1449.6±264.2	4.89	530	1.7	25.5

经 400℃温差热震后，复合材料的残余强度变化并不明显，纯 Si_2BC_3N 陶瓷的抗弯强度下降幅度略高于 $MWCNTs/Si_2BC_3N$ 复合材料；600℃温差热震后，复合材料残余强度下降较为明显，但复合材料仍具有较高的残余强度；热震温差达到 1000℃时，复合材料并未表现出明显优势。对于引入或不引入 MWCNTs，裂纹的形成和扩展都是不可避免的，而且由于热应力导致的裂纹显著扩展不能由 MWCNTs 来弥合，因此复合材料表现出显著的强度衰减。此外，随着热震温差的增加，复合材料杨氏模量逐渐降低。受到烧结致密化程度影响，无论在何种热震条件下，MWCNTs 含量为 1vol%的复合材料具有最高的杨氏模量，而 MWCNTs 含量为 2vol%的复合材料具有最低的杨氏模量（图 6-109）。因此在热震温差低于 800℃时，引入 MWCNTs 可以小幅度提高 MWCNTs 陶瓷材料的抗热震性能；温差大于 800℃，复合材料抗热震性能反而有所降低。

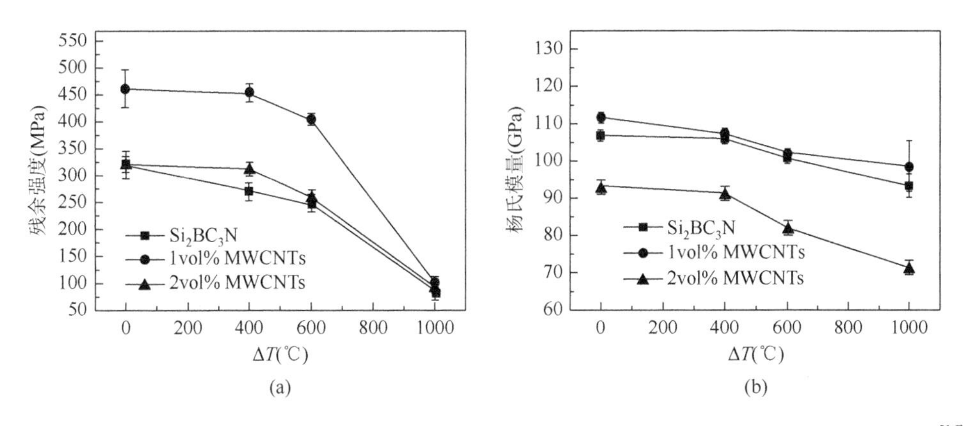

图 6-109　不同温差热震后 $MWCNTs/Si_2BC_3N$ 复合材料力学性能：（a）残余强度；（b）杨氏模量[16]

为了进一步说明 MWCNTs 引入的有效性，评价复合材料在较大热震温差情况下抵抗热应力破坏的能力，选择在 1000℃进行多次循环热震测试。未经热震考核的复合材料均呈现出脆性陶瓷特有的线性应力-应变曲线。经第一次 1000℃温差热震之后，仅 1vol% MWCNTs 的 Si_2BC_3N 陶瓷材料仍保留了直线形应力-应变曲线，而其他两组材料应力-应变曲线均有不同程度的弯曲，尤其是含 2vol%

MWCNTs 的 Si_2BC_3N 陶瓷材料，曲线弯曲程度更大。应力-应变曲线的曲折程度一定意义上代表了材料中微裂纹形成的密集程度。因此，经第一次热震后纯 Si_2BC_3N 和 2vol% MWCNTs 含量的复合材料内部出现了较多的微裂纹，而 1vol% MWCNTs 含量的复合材料由于具有更好的裂纹抵抗能力而保留了较好的直线形。第二次热震后纯 Si_2BC_3N 陶瓷和 1vol% MWCNTs 含量的复合材料均呈现出直线形应力-应变曲线，而 2vol% MWCNTs 的 Si_2BC_3N 陶瓷材料应力-应变曲线则表现出更加弯曲的现象。这可能是热震过程中表面轻微氧化有助于弥合微裂纹，一定程度上抑制了裂纹的扩展。对于 2vol% MWCNTs 含量的复合材料而言，第一次热震后产生裂纹数量较大，难以达到有效的裂纹愈合效果。经第三次热震后，所有复合材料的应力-应变曲线均表现出一定程度的弯曲，说明此时材料中均形成了较多的微裂纹。从强度保持率来看，热震温差大于 1000℃后，引入 MWCNTs 并不能提高 Si_2BC_3N 陶瓷基体的抗热震性能（图 6-110）。

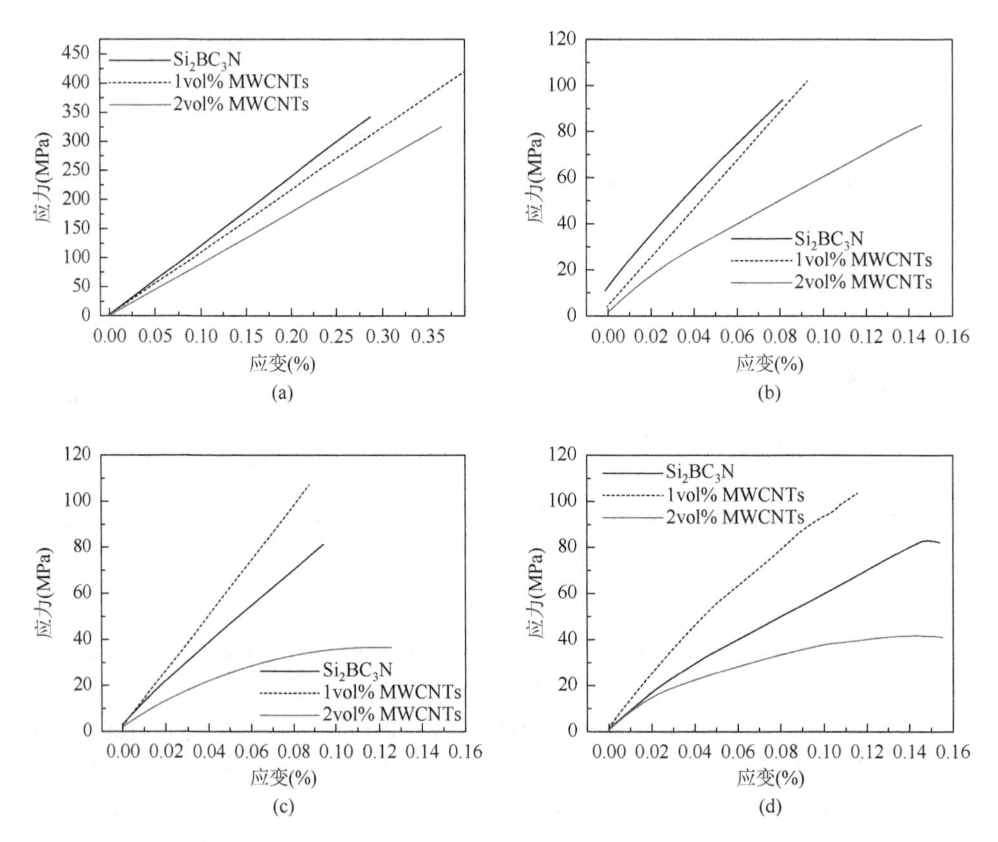

图 6-110 热震温差 1000℃，不同热震次数后 MWCNTs/Si_2BC_3N 复合材料的应力-应变曲线：（a）热震前；（b）热震一次；（c）热震两次；（d）热震三次[16]

纯Si_2BC_3N陶瓷和1vol% MWCNTs含量的复合材料残余强度基本不随热震次数的增加而降低，反而在第二次热震后强度还有所提高。相比之下，2vol% MWCNTs/Si_2BC_3N复合材料的残余强度随热震次数增加逐渐降低。上述残余强度的变化规律与测试过程中的应力-应变曲线相对应，同时，材料的杨氏模量也表现出了类似升降变化规律（图6-111）。

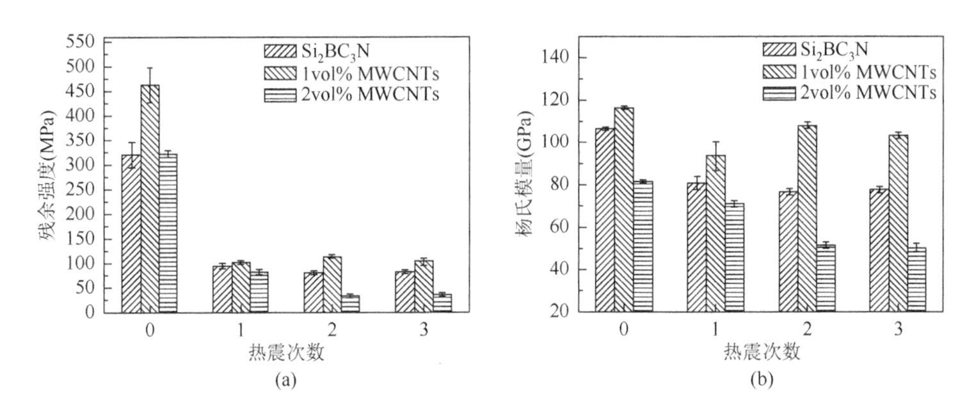

图6-111 热震温差为1000℃，不同次数热震后MWCNTs/Si_2BC_3N复合材料的力学性能：（a）残余强度；（b）杨氏模量[16]

经1000℃温差热震后，所制备的Si_2BC_3N陶瓷及其复合材料表面均形成了一层均匀致密的氧化层，厚度为1～2μm。正是由于致密氧化层的形成和对裂纹的有效弥合，Si_2BC_3N陶瓷基体经热震处理后的应力-应变曲线才再一次呈现出直线形，且强度也有所回升。1vol% MWCNTs含量的复合材料氧化层厚度最薄，拥有最好的抗氧化能力（图6-112）。

图6-112 经第一次热震后（$\Delta T = 1000$℃）Si_2BC_3N陶瓷及其复合材料SEM断口形貌：（a）纯Si_2BC_3N；（b）1vol% MWCNTs；（c）2vol% MWCNTs[16]

1000℃温差热震后，Si_2BC_3N陶瓷及其复合材料表面发生轻微氧化，但氧化层的形成对物相组成的影响还需进一步探讨。显然，即使在热震过程中形成了微米级厚度的氧化层，复合材料的主要物相组成并没有发生变化。一方面基体衍射峰很强；另一方面表面氧化产物含量较低，因此 XRD 不能有效检测到氧化产物（图 6-113）。

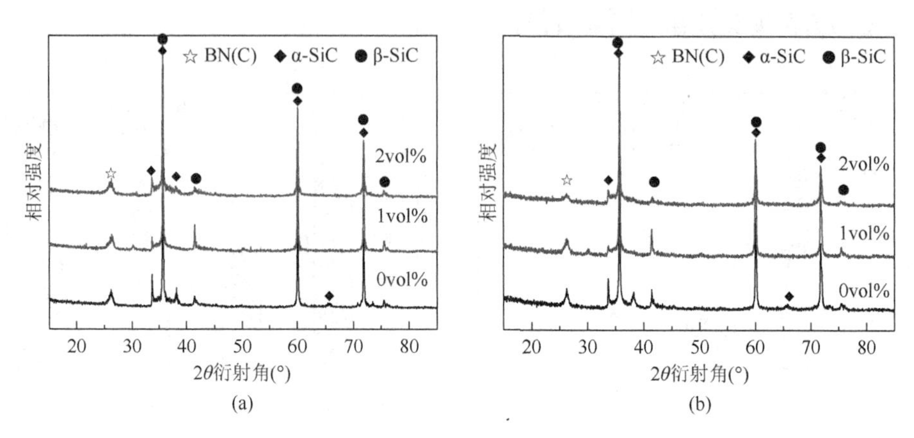

图 6-113　热震前后（$\Delta T = 1000$℃）复合材料的物相组成：（a）热震前；（b）热震后[16]

MWCNTs 表面涂覆 SiC 涂层后能够有效起到强韧化作用，提高复合材料的抗热震性能。在 MWCNTs 表面涂覆 SiC 涂层有助于提高复合材料的临界热震温度（R），因此理论上改性复合材料在更高的热震温差条件下才会发生灾难性的裂纹扩展。此外，R''''表明 SiC 涂层涂覆 MWCNTs 增强 Si_2BC_3N 陶瓷材料应具有更好的韧性，R_{st} 参数也表明引入改性 MWCNTs 将提高材料的抗热震性。复合材料经 1000℃温差热震后，引入 SiC 涂层涂覆 MWCNTs 的 Si_2BC_3N 陶瓷材料具有更高的残余强度，MWCNTs 含量为 2vol%的复合材料残余强度达 193.0MPa，其残余强度保持率也达到 36.2%（表 6-21）。

表 6-21　SiC 涂层涂覆 MWCNTs 增强 Si_2BC_3N 陶瓷材料的抗热震参数及强度保持率[16]

改性 MWCNTs 含量（vol%）	R（℃）	R''''（mm）	R_{st}（$K\cdot m^{1/2}$）	残余强度（$\Delta T = 1000$℃，MPa）	残余强度保持率（%）
0	451	0.18	7.9	93.4±4.3	29.2
1	432	0.21	7.3	128.3±16.4	32.8
2	579	0.24	10.4	193.0±30.6	36.2

2. 耐烧蚀性能

氧乙炔焰烧蚀 6s 后，复合材料表面温度即达到约 1900℃；烧蚀超过 10s 后，复合材料表面温度超过 2000℃，最终材料表面温度稳定于 2210℃左右（图 6-114）。经烧蚀急剧升温和冷却处理后复合材料表面均有不同程度的裂纹形成。纯 Si_2BC_3N 陶瓷材料烧蚀中心呈黑色，引入 MWCNTs 后复合材料烧蚀中心覆盖一层白色氧化物，引入 2vol% MWCNTs 的复合材料烧蚀面积最大，而含 2vol% MWCNTs 的复合材料表面出现多条贯穿式裂纹，烧蚀过程中试样炸裂（图 6-115）。

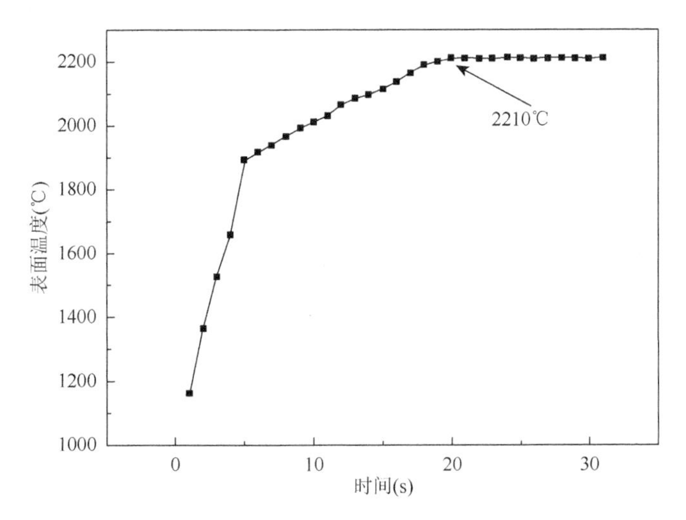

图 6-114　1vol% MWCNTs/Si_2BC_3N 复合材料烧蚀过程表面温度随时间的变化曲线

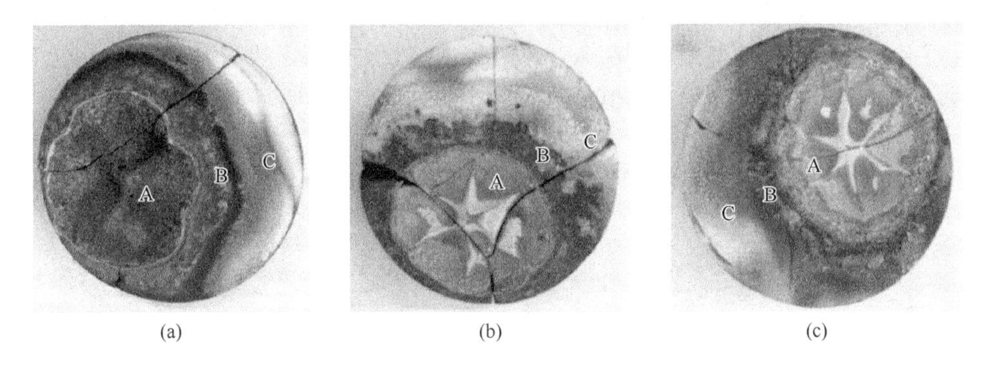

图 6-115　MWCNTs/Si_2BC_3N 复合材料经氧乙炔焰烧蚀 30s 后表面宏观形貌：（a）纯 Si_2BC_3N；（b）1vol% MWCNTs；（c）2vol% MWCNTs；A. 烧蚀中心；B. 过渡区；C. 热影响区

烧蚀结束后三组复合材料表面均出现了明显的烧蚀坑，在引入 MWCNTs 后，材料的耐烧蚀性从宏观形貌上并未明显改善。引入 1vol%和 2vol% MWCNTs 后，复合材料的线烧蚀率由 0.047mm/s 分别升高至 0.064mm/s 和 0.049mm/s，而质量烧蚀率由 20.80mg/s 分别上升至 38.97mg/s 和 28.24mg/s（表 6-22）。因此，以目前的引入方式和 MWCNTs 含量，MWCNTs 并不能有效改善 Si_2BC_3N 陶瓷基体的烧蚀率，反而削弱了陶瓷基体的耐烧蚀性能。

表 6-22　MWCNTs/Si_2BC_3N 复合材料经氧乙炔焰烧蚀 30s 后的烧蚀性能

MWCNTs 含量（vol%）	线烧蚀率（mm/s）	质量烧蚀率（mg/s）
0	0.047	20.80
1	0.064	38.97
2	0.049	28.24

烧蚀结束后，纯 Si_2BC_3N 陶瓷各个烧蚀区域均检测到 SiC 相，在烧蚀过渡区和热影响区还存在方石英和 BN(C)相。引入 1vol%的 MWCNTs，烧蚀后复合材料的物相组成并没有显著改变，在其烧蚀区域均检测到较微弱的 BN(C)相和方石英（图 6-116）。烧蚀过程实际上是一个复杂的化学作用和物理作用交互作用的过程。在烧蚀中心超高温环境下 Si_2BC_3N 基体与 MWCNTs 均会发生氧化反应，生成各种气相物质和低黏度液相。同时，在过渡区的高温环境下复合材料表面也会发生氧化，但是此处温度较烧蚀中心低，并不能生成大量低黏度液相物质。此外，在陶瓷材料的热影响区，氧化反应较弱。另一个重要的烧蚀过程为高温气流冲刷以及其带动中心区域形成的液相、气相物质对试样表面磨损作用。上述物理作用加速了化学反应的进程，使得烧蚀速率与烧蚀温度呈现显著相关性。在较低温度烧蚀时，试样保持较好的整体性，而在超高温冲刷环境下，材料的烧蚀速率往往要大得多。从抗热震性能来看，引入 1vol%的 MWCNTs 后，热震温差大于 1000℃后复合材料抗热震性能最差，其烧蚀性能也最差。

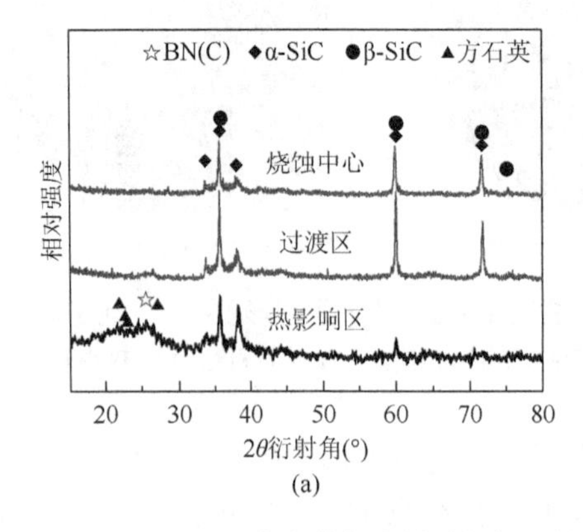

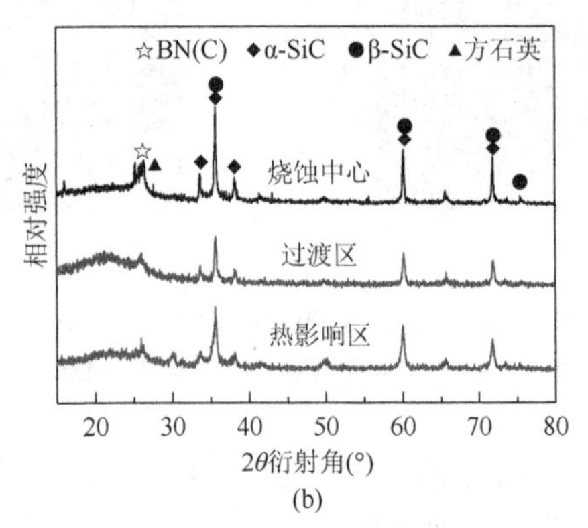

图 6-116　Si_2BC_3N 陶瓷基复合材料经氧乙炔焰烧蚀 30s 后各区域微区 XRD 图谱：（a）纯 Si_2BC_3N；（b）1vol% MWCNTs

烧蚀结束后，在烧蚀中心区域观察到疏松多孔的结构和凸起的岛状物质，能谱分析确定为 SiO_2，说明烧蚀中心表面 SiO_2 有一定残留，并未完全随高温气流迁徙。在过渡区可以观察到 SiO_2 覆盖基体的现象，此外也观察到较原始结构更疏松多孔的形貌。这是因为烧蚀中心区域大量烧蚀产物迁移沉积，并伴随着剧烈氧化反应，部分气相物质挥发后遗留下此多孔结构。由于烧蚀时间相对较短，其还来不及形成致密的 SiO_2 层填充于孔隙结构中。在热影响区观察到大量球状 SiO_2，其主要由更细小的 SiO_2 颗粒堆积而成。该球形颗粒来源于烧蚀中心高温气流携带的含硅气相物质在温度较低区域的凝固附着（图 6-117）。

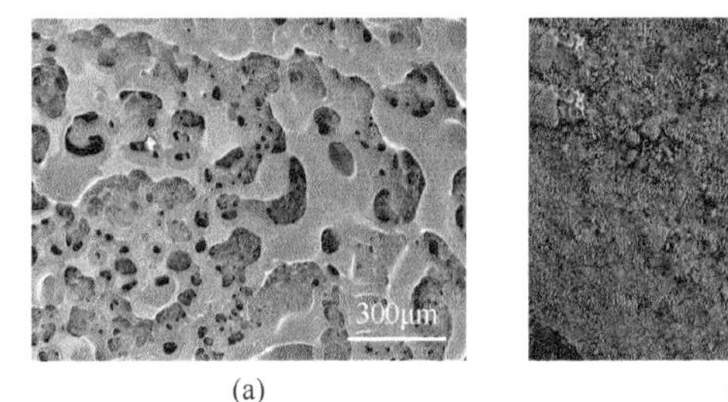

(a)

(b)

(c)

图 6-117　纯 Si_2BC_3N 陶瓷经氧乙炔焰烧蚀 30s 后各烧蚀区表面 SEM 形貌：（a）烧蚀中心；（b）过渡区；（c）热影响区

从截面形貌看，纯 Si_2BC_3N 块体陶瓷各烧蚀区域表面均残留几十微米甚至超过 100 微米厚度的 SiO_2 层，边缘区域的 SiO_2 层较薄，说明烧蚀中心发生了显著的氧化反应和冲刷，由烧蚀中心向外随着烧蚀温度的降低，热力氧化和剥蚀作用逐渐减弱。但是，高温气流冲刷作用仍导致热影响区形成了较厚的 SiO_2 覆着层，其与基体有明显界面（图 6-118）。

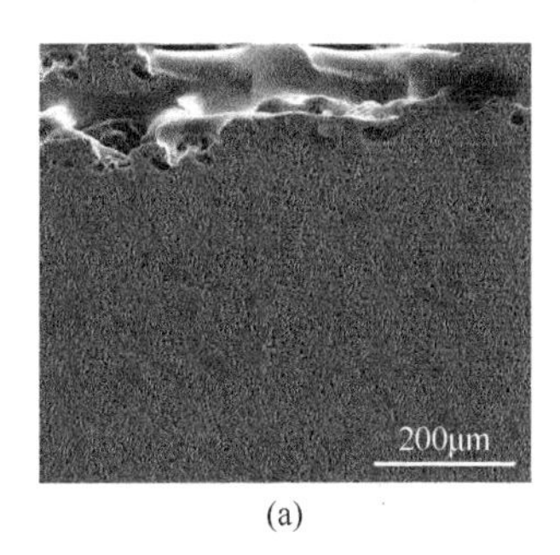

(a)

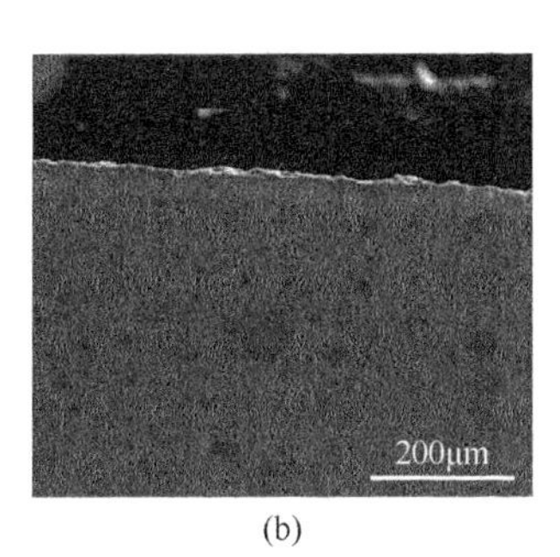

(b)

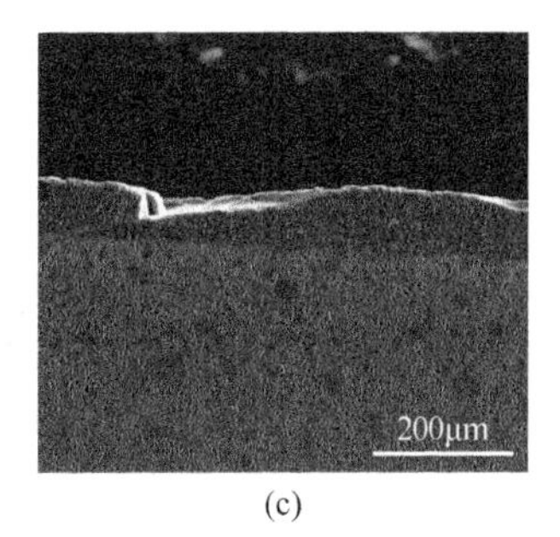

(c)

图 6-118　纯 Si_2BC_3N 陶瓷经氧乙炔焰烧蚀 30s 后各烧蚀区截面 SEM 形貌：（a）烧蚀中心；（b）过渡区；（c）热影响区

MWCNTs含量为1vol%的复合材料也经历了同样的烧蚀历程并表现出了相似的烧蚀损伤。氧乙炔焰烧蚀结束后各区域表面和截面上均观察到SiO_2氧化层，且表面SiO_2层厚度较纯Si_2BC_3N陶瓷氧化层更厚，与烧蚀速率参数相吻合。由于MWCNTs自身抗氧化性能较弱，其在烧蚀过程中扮演了缺陷的角色，其氧化后遗留的孔洞反而可能增加Si_2BC_3N陶瓷基体与高温空气的接触面积，加速烧蚀过程的进行（图6-119和图6-120）。

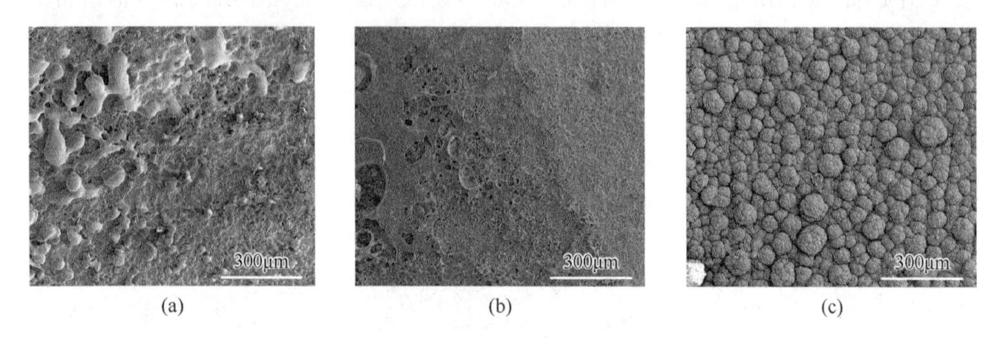

图6-119 MWCNTs含量为1vol%的复合材料经氧乙炔焰烧蚀30s后各烧蚀区域表面SEM形貌：（a）烧蚀中心；（b）过渡区；（c）热影响区

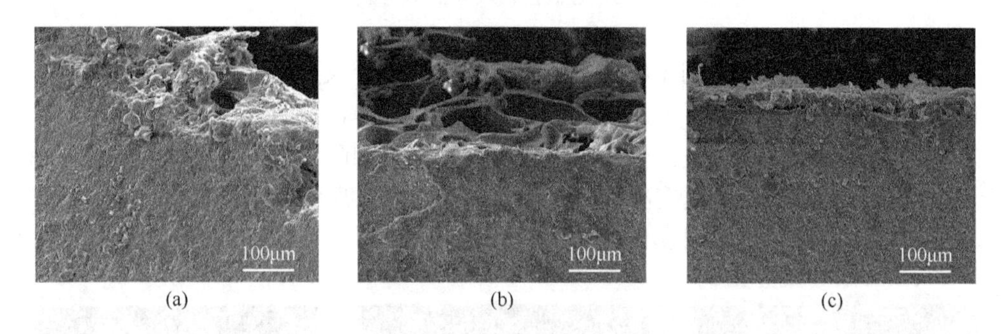

图6-120 MWCNTs含量为1vol%的复合材料经氧乙炔焰烧蚀30s后各烧蚀区截面SEM照片：（a）烧蚀中心；（b）过渡区；（c）热影响区

6.5 石墨烯对MA-SiBCN陶瓷材料抗热震和耐烧蚀性能的影响

1. 抗热震性能

随着热震温差的提高，graphene/Si_2BC_3N复合材料残余强度逐渐降低（表6-23）。热震温差为1000℃时，石墨烯含量为1vol%和2vol%的复合材料残余强度分别为

（54.1±2.7）MPa 和（51.0±1.1）MPa；热震温差为 1200℃时，两种复合材料残余强度仅为室温强度的 22.0%和 16.8%，分别为（33.8±5.3）MPa 和（28.3±2.5）MPa；进一步提高热震温差至 1400℃，两种复合材料残余抗弯强度保持率分别为 18.4%和 21.0%。适量石墨烯的加入，提高了 Si_2BC_3N 陶瓷基体的抗热震性能（图 6-121）。

表 6-23　graphene/Si_2BC_3N 复合材料经不同温差热震后残余强度及强度保持率[17]

石墨烯含量（vol%）	ΔT = 1000℃		ΔT = 1200℃		ΔT = 1400℃	
	残余强度（MPa）	强度保持率（%）	残余强度（MPa）	强度保持率（%）	残余强度（MPa）	强度保持率（%）
0	21.1±2.3	32.6	15.3±2.4	23.6	10.2±1.2	15.7
1	54.1±2.7	35.3	33.8±5.3	22.0	28.3±5.7	18.4
2	51.0±1.1	30.2	28.3±2.5	16.8	35.5±5.2	21.0

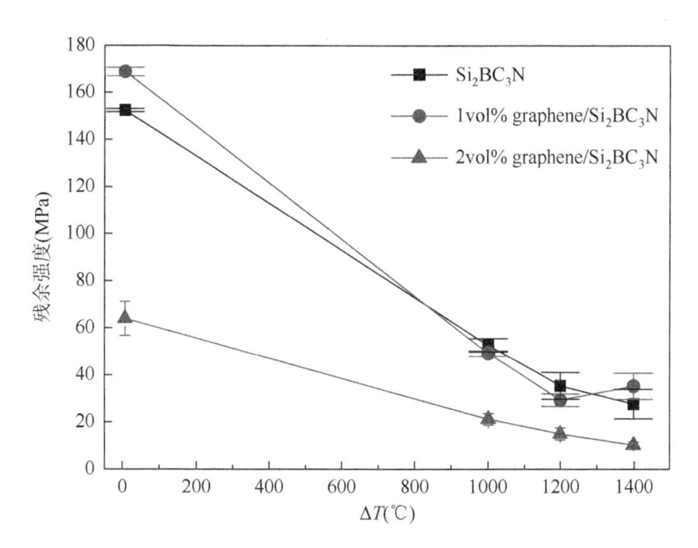

图 6-121　1800℃/40MPa/5min SPS 制备的 graphene/Si_2BC_3N 复合材料残余强度随热震温差的变化曲线[17]

1000℃温差热震后，复合材料表面物相组成为 SiC 和 BN(C)相，该热震温差下材料表面 SiO_2 含量较少；热震温差为 1200℃时，材料表面出现了非晶 SiO_2 衍射峰；热震温差提高到 1400℃，部分非晶 SiO_2 向方石英转变（图 6-122）。

1000℃温差热震后，石墨烯体积分数为 1%的复合材料表面光滑平整，没有明显孔洞和微裂纹存在，试样表面也没有出现明显氧化层。石墨烯体积分数为 2%的复合材料表面则出现了一些微小孔洞，但大部分表面光滑平整（图 6-123）。

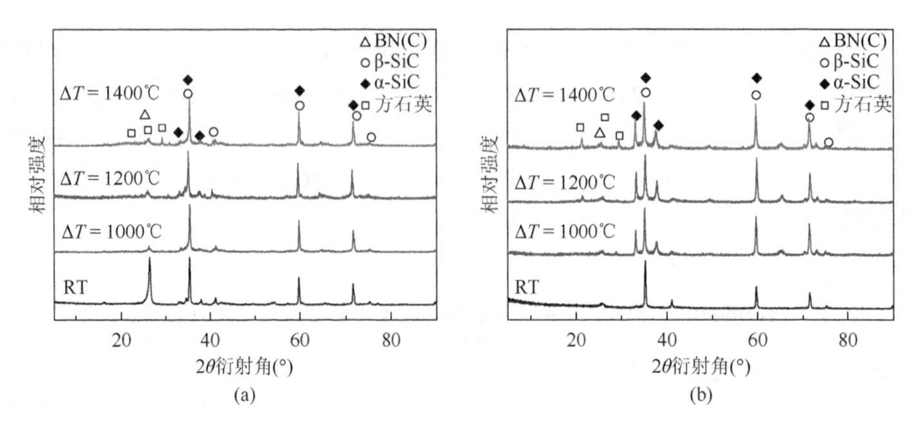

图 6-122　不同温差热震后 graphene/Si_2BC_3N 复合材料的物相组成：（a）1vol%石墨烯；（b）2vol%石墨烯[17]

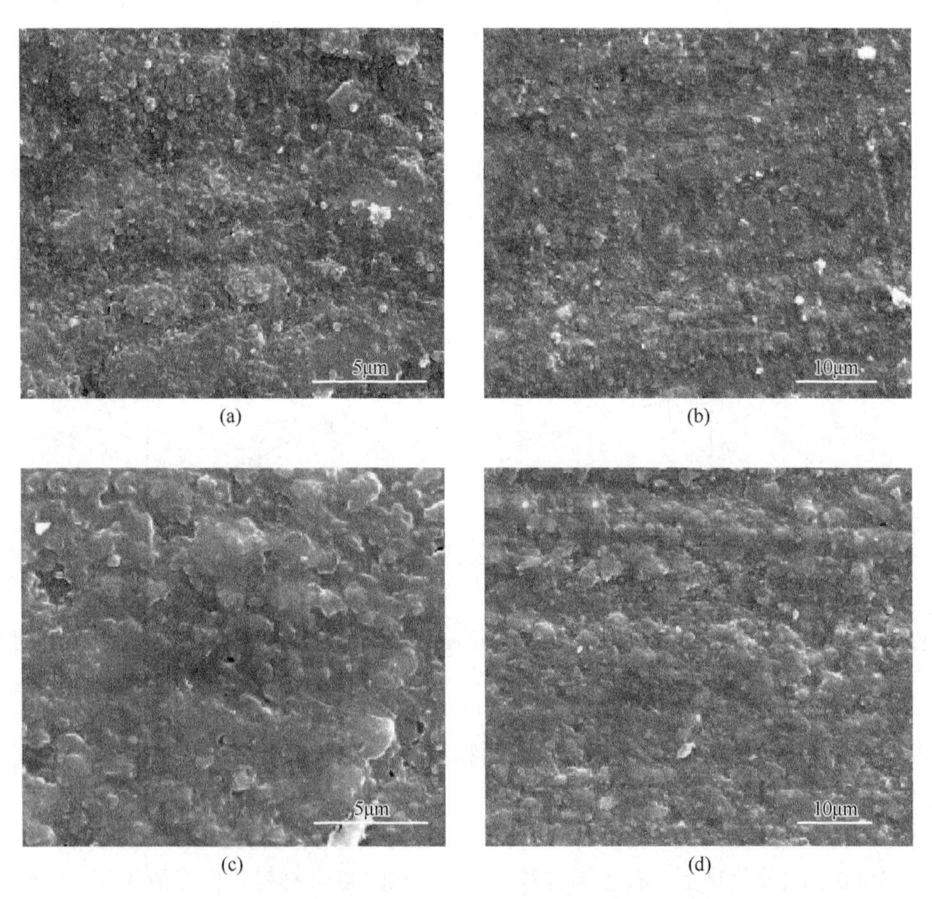

图 6-123　graphene/Si_2BC_3N 复合材料经 1000℃热震温差后 SEM 表面形貌：（a），（b）1vol%石墨烯；（c），（d）2vol%石墨烯[18]

1200℃温差热震后，石墨烯体积分数为1%的复合材料表面光滑平整，无孔洞和微裂纹存在，且表面有烧结的迹象，没有明显氧化膜。石墨烯体积分数为2%时，复合材料表面存在大量孔洞或鼓泡，但表面没有微裂纹。气孔和鼓泡的存在破坏了该温度下氧化膜的完整性，削弱了抗氧化能力，在其他区域则出现了棒状SiO_2结构（图6-124）。

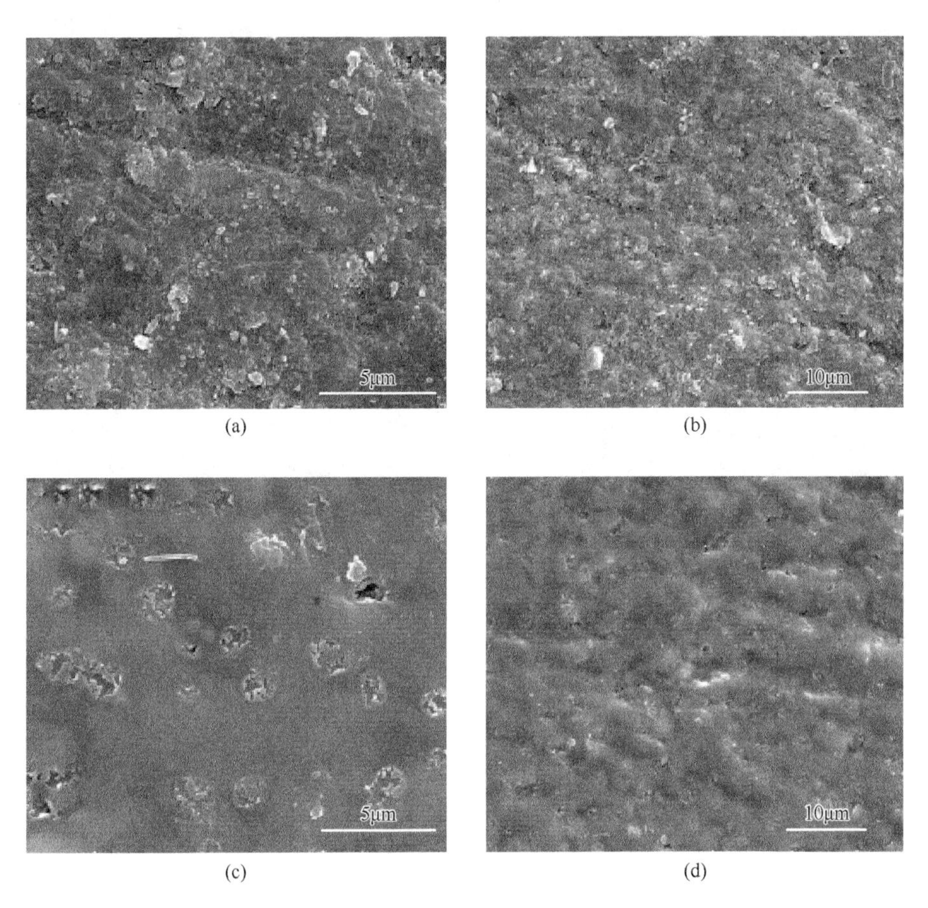

图6-124 1200℃热震温差下graphene/Si_2BC_3N复合材料SEM表面形貌：(a)，(b) 1vol%石墨烯；(c)，(d) 2vol%石墨烯[18]

1400℃温差热震后，含有1vol%石墨烯的复合材料表面生成大量孔洞，平均直径约15μm，最大孔洞直径约50μm，氧化膜的完整连续性受到极大破坏；而含有2vol%石墨烯的复合材料氧化层孔洞数目较少，也没有明显的微裂纹存在，材料表面覆盖有非晶SiO_2和方石英（图6-125）。

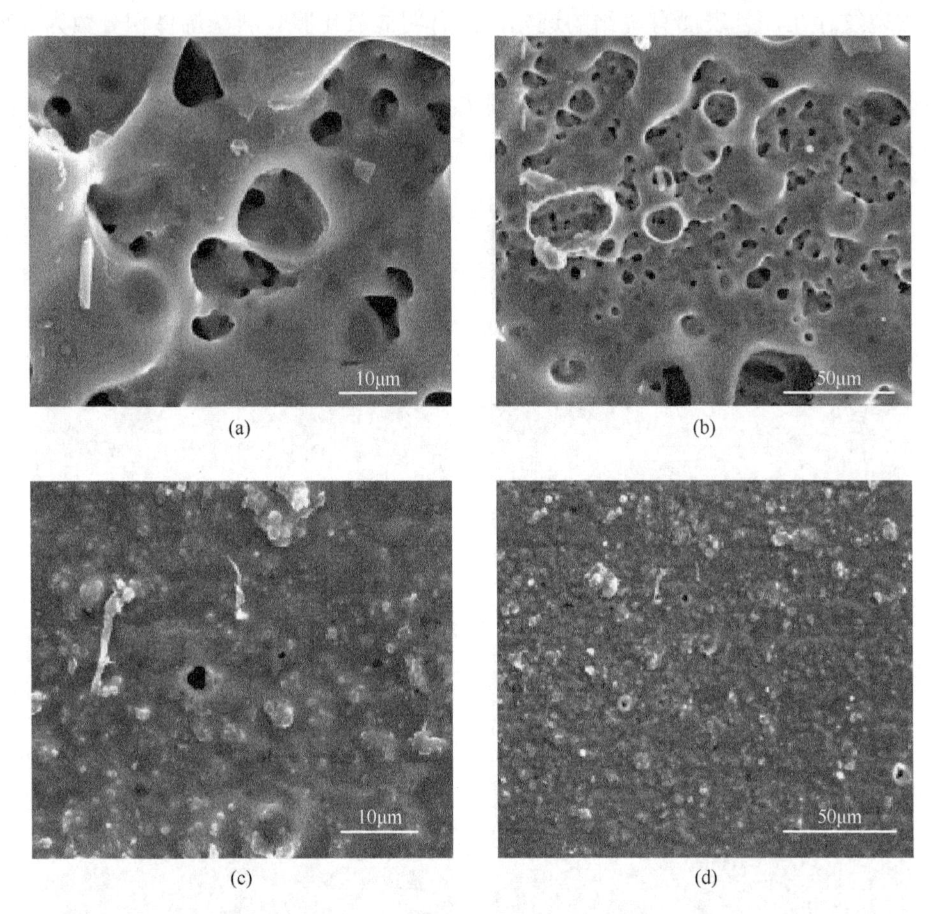

图 6-125 1400℃热震温差下 graphene/Si_2BC_3N 复合材料 SEM 表面形貌：(a)，(b) 1vol%石墨烯；(c)，(d) 2vol%石墨烯[18]

由热震温差产生的热应力对材料内部缺陷产生起到促进作用，这也是导致复合材料强度下降的主要原因。复合材料断口上微裂纹较少，断口表面有烧结迹象。1000℃温差热震后，复合材料断口上仍然可以看到大片石墨烯拔出现象，说明该热震温差下石墨烯在 Si_2BC_3N 陶瓷中结构稳定性较好，复合材料表面由于石墨烯氧化，看不到石墨烯（图 6-126）。1200℃和 1400℃温差热震后，石墨烯在该复合材料中仍然稳定存在，大片石墨烯的拔出起到了很好的增韧效果（图 6-127）。由于热震温差引起的热应力导致断口微裂纹萌生，裂纹在扩展过程中穿透石墨烯（图 6-128）。

(a) (b)
(c) (d)

图6-126 graphene/Si_2BC_3N复合材料经1000℃温差热震后SEM断口形貌：(a)，(b) 1vol%石墨烯；(c)，(d) 2vol%石墨烯[18]

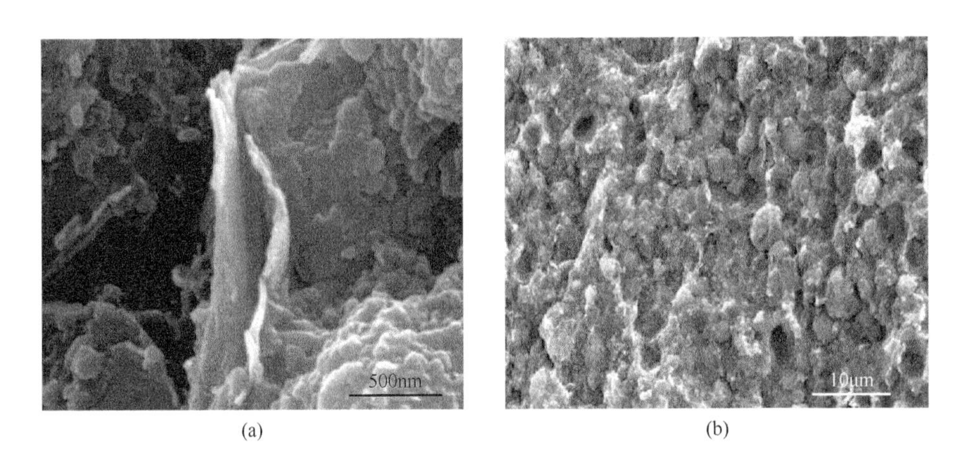

(a) (b)

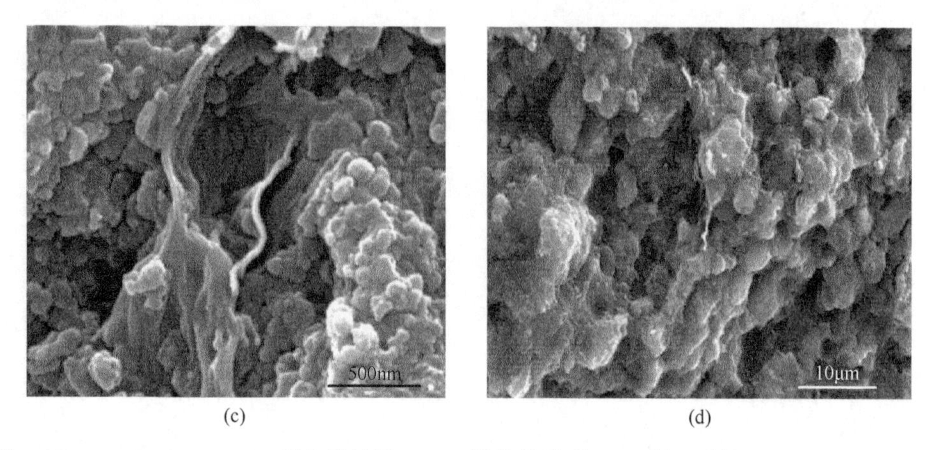

(c)　(d)

图 6-127　graphene/Si_2BC_3N 复合材料经 1200℃温差热震后 SEM 断口形貌：（a），（b）1vol%石墨烯；（c），（d）2vol%石墨烯[18]

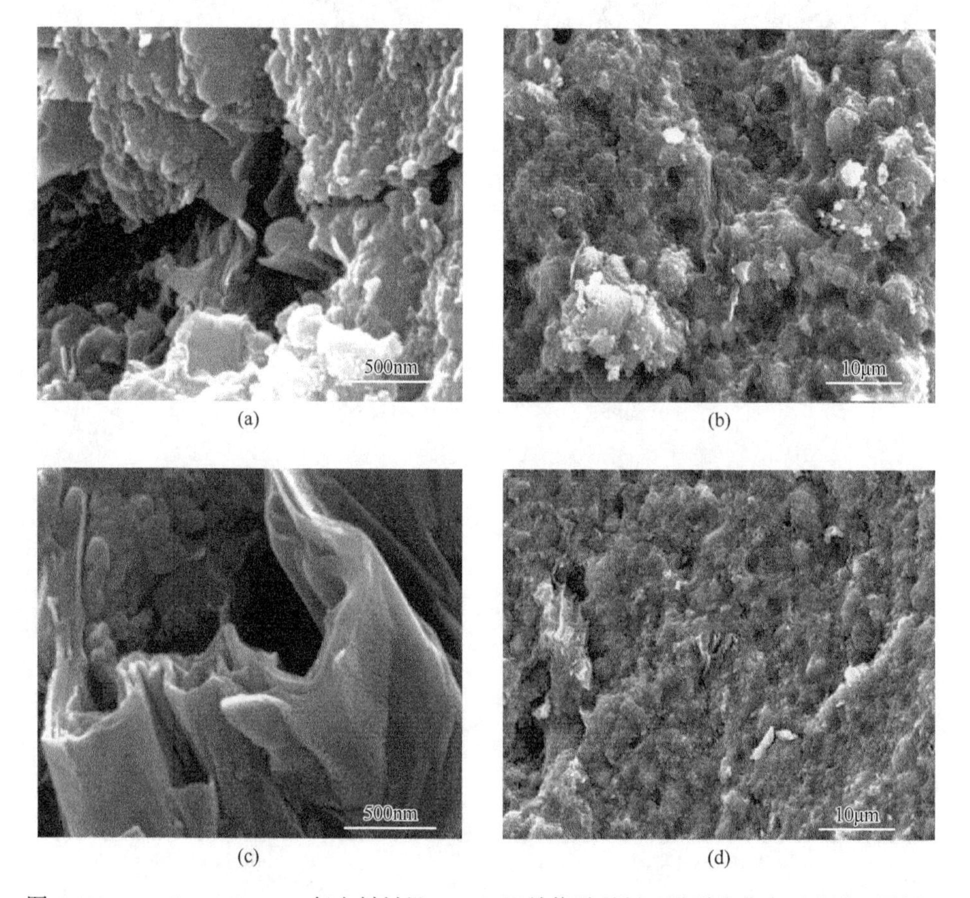

(a)　(b)

(c)　(d)

图 6-128　graphene/Si_2BC_3N 复合材料经 1400℃温差热震后断口微裂纹萌生而穿透石墨烯：（a），（b）1vol%石墨烯；（c），（d）2vol%石墨烯[18]

2. 耐烧蚀性能

石墨烯的加入提高了 Si_2BC_3N 陶瓷基体的耐烧蚀性能。材料致密度对该复合材料力学性能影响很大，致密度低使得材料内部气孔率增大，烧蚀时增加了燃气流在复合材料内部的通道，使得复合材料的抗热流冲刷能力下降。第二相与基体结合界面结构和结合强度对复合材料烧蚀性能也有很大的影响，较强或者较弱的界面结合强度对其烧蚀性能均不利。加入石墨烯后，复合材料致密度降低，但质量烧蚀率和线烧蚀率随着石墨烯含量增加而降低（表 6-24）。

表 6-24　graphene/Si_2BC_3N 复合材料经氧乙炔焰烧蚀 10s 后的致密度、质量烧蚀率和线烧蚀率[18]

石墨烯含量（vol%）	致密度（%）	质量烧蚀率（mg/s）	线烧蚀率（mm/s）
0	97.3	32.60	0.0125
1	85.9	18.50	0.0092
2	86.6	12.10	0.0071

graphene/Si_2BC_3N 复合材料烧蚀后物相组成为 SiC、BN(C)及少量方石英（图 6-129）。烧蚀前复合材料表面平整光滑，烧蚀结束进行空冷降温过程中，三种不同石墨烯含量的复合材料烧蚀表面均没有出现宏观可见的裂纹。由于烧蚀时间较短（10s），复合材料背面温度较低，宏观上形貌没有发生变化；烧蚀表面上可以看到明显的烧蚀坑，纯 Si_2BC_3N 陶瓷在烧蚀过程中出现了表面剥离现象，加入石墨烯后复合材料烧蚀区域很集中（图 6-130）。

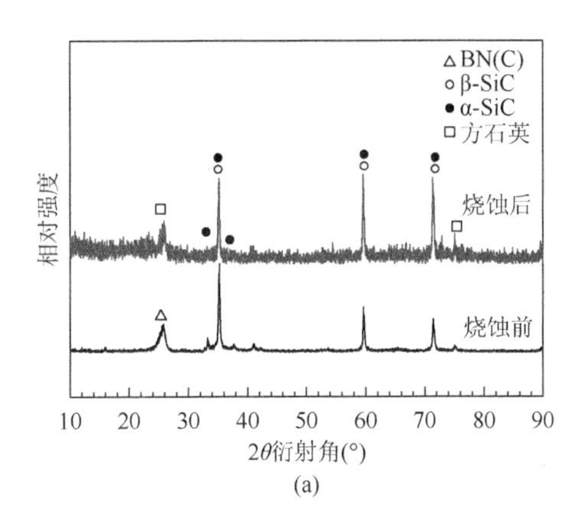

(a)

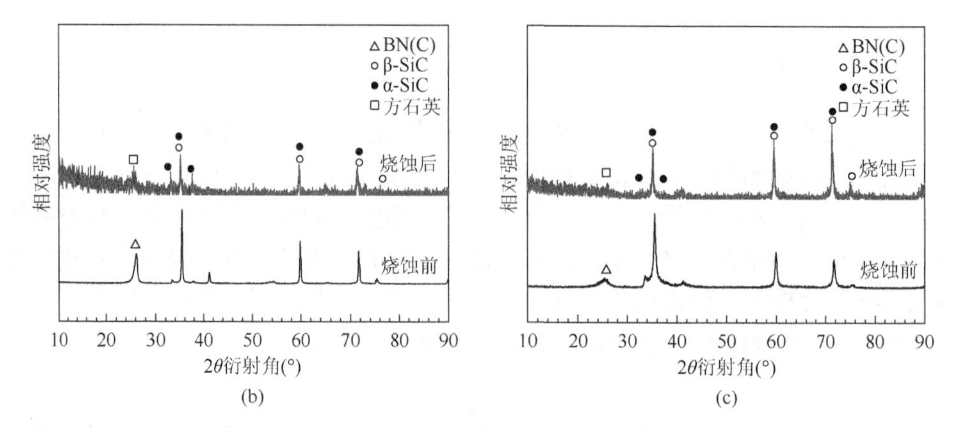

图 6-129 graphene/Si_2BC_3N 复合材料烧蚀前后物相变化：（a）Si_2BC_3N；（b）5vol%石墨烯；（c）10vol%石墨烯[18]

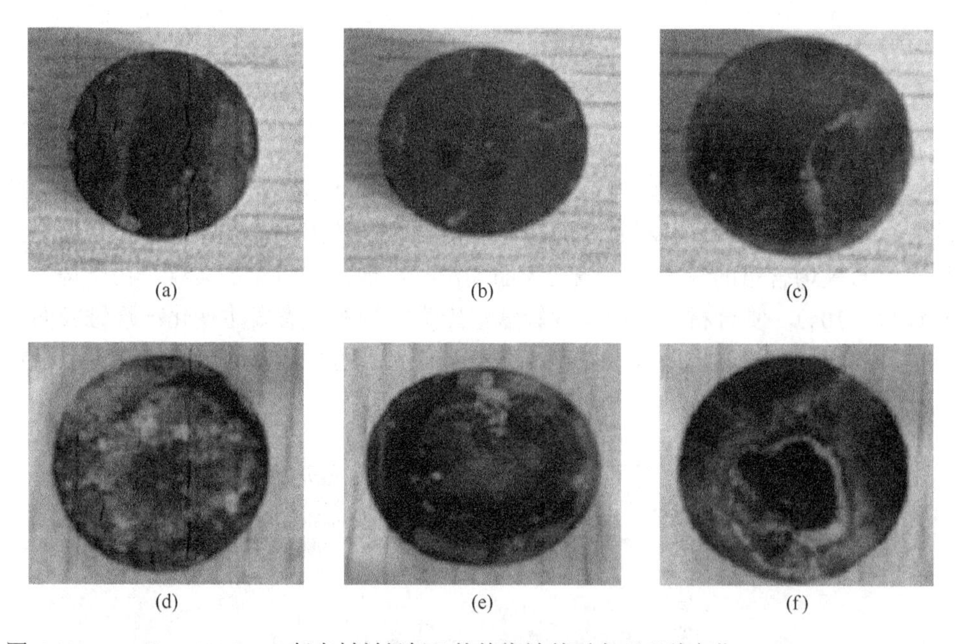

图 6-130 graphene/Si_2BC_3N 复合材料经氧乙炔焰烧蚀前后宏观形貌变化：（a），（d）Si_2BC_3N；（b），（e）5vol%石墨烯；（c），（f）10vol%石墨烯[18]

纯 Si_2BC_3N 陶瓷烧蚀坑底部较为光滑平整，没有孔洞或微裂纹存在。随着氧乙炔焰温度从烧蚀中心向过渡区逐渐降低，熔融的 SiO_2 黏度随着烧蚀温度降低而升高，液态 SiO_2 由于流动性差而无法迅速填充过渡区氧化气体逃逸产生的孔洞，表面粗糙度很大，且存在一些微裂纹，此外还有棒状 SiO_2 生成（图 6-131）。

图 6-131　纯 Si_2BC_3N 块体陶瓷经氧乙炔焰烧蚀 10s 后烧蚀区 SEM 表面形貌：（a）烧蚀中心与过渡区界面；（b）烧蚀中心；（c）过渡区[18]

加入石墨烯后，复合材料烧蚀中心有明显的鼓泡现象，气泡尺寸较大，部分气泡破裂形成孔洞。过渡区表面覆盖有一层非晶 SiO_2，气孔尺寸较小，氧化膜不连续（图 6-132 和图 6-133）。热影响区表面致密光滑平整，只存在极少量气孔。从形貌上看，大量非晶 SiO_2 被冲刷到热影响区，有效地填补了该区域的孔洞和裂纹，导致烧蚀中心存在鼓泡和孔洞。从断口形貌上看，在远离烧蚀中心处，石墨烯的拔出增韧效果仍然存在（图 6-134）。

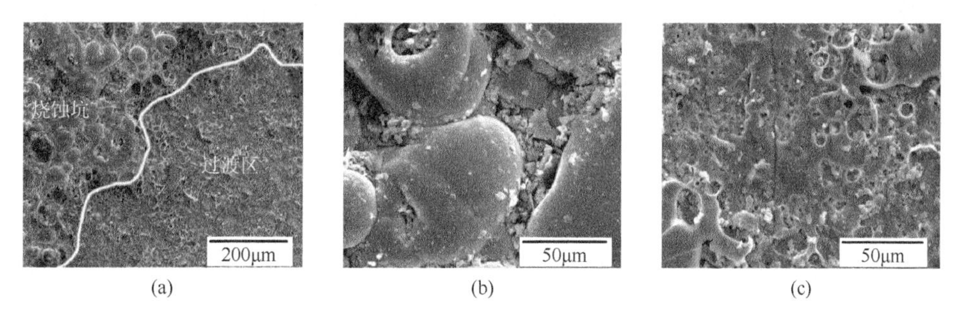

图 6-132　10vol% graphene/Si_2BC_3N 复合材料经氧乙炔焰烧蚀 10s 后烧蚀区 SEM 表面形貌：（a）烧蚀中心与过渡区界面；（b）烧蚀中心；（c）过渡区[18]

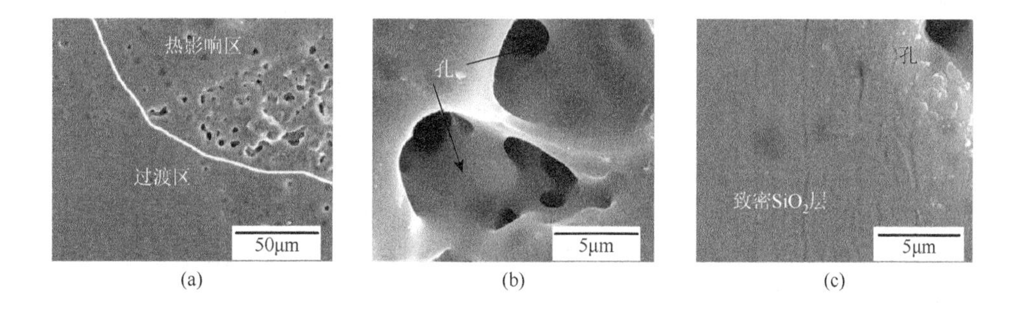

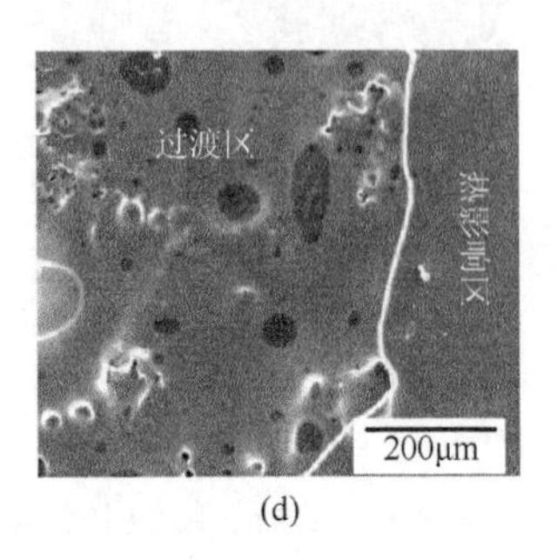

(d)

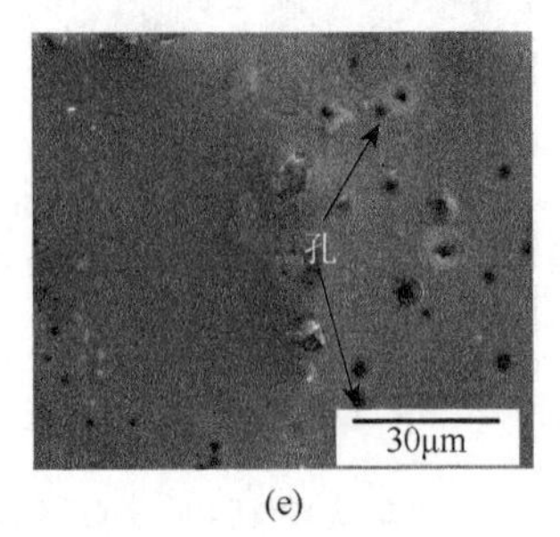

(e)

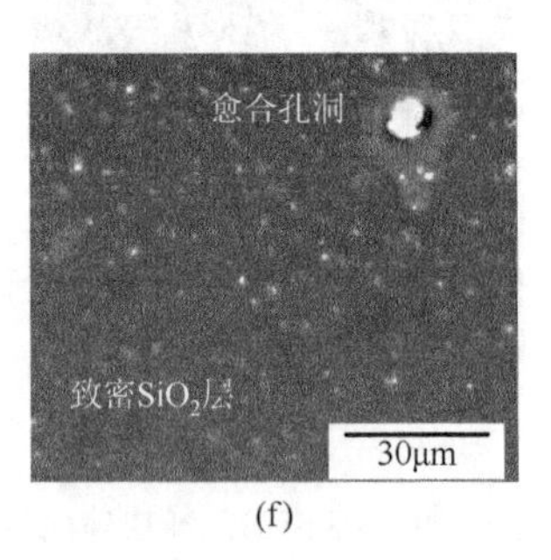

(f)

图 6-133　graphene/Si_2BC_3N 复合材料在氧乙炔焰烧蚀 10s 后烧蚀区表面形貌：（a），（d）过渡区与热影响区界面；（b），（e）过渡区；（c），（f）热影响区；（a）～（c）5vol%石墨烯；（d）～（f）10vol%石墨烯[18]

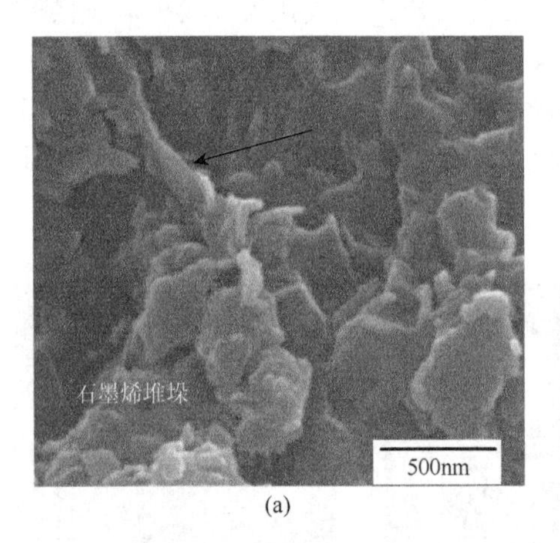

(a)

(b)

图 6-134　graphene/Si_2BC_3N 复合材料烧蚀结束后远离烧蚀中心处 SEM 断口形貌：（a）5vol%石墨烯；（b）10vol%石墨烯[18]

在氧乙炔焰烧蚀过程中，氧化保护层的形成是一个动态平衡过程。氧化层在烧蚀过程中起两个积极作用：一方面可以有效延缓氧扩散到陶瓷基体中；另一方面气体蒸发导致的热损失可以有效降低烧蚀表面温度。然而只有当氧化物的生成率高于剥蚀率，在烧蚀过程中氧化层才可以起到积极的作用。石墨烯引入到 Si_2BC_3N 陶瓷基体中，可以形成石墨烯的三维网络结构，可以提高复合材料的导热性能，从而改善烧蚀性能。另一方面，石墨烯的加入显然有利于提高复合材料抗热震性能，因此提高了 Si_2BC_3N 陶瓷材料在极端环境下的结构稳定性。此外，石墨烯通常垂直于热压烧结方向分布，烧蚀过程中熔融的 SiO_2 氧化层覆盖在石墨烯表面可以提高材料的耐烧蚀性能。

6.6　SiBCN 陶瓷及其复合材料的抗热震及耐烧蚀机理

常用的无机材料有 SiC、Si_3N_4、BN、AlN、Sialon、石英玻璃、莫来石、锂辉石、堇青石等。它们当中有的具有较低的热膨胀系数，如石英玻璃、锂辉石等；有的具有较高的热导率，如石墨、BN、SiC 和 Si_3N_4 等；有的具有较高杨氏模量，如 SiC、AlN 和 Si_3N_4；有的则具有高强韧性，如 Si_3N_4。其中石墨具有低膨胀、高热导、优异的耐烧蚀和抗热震性能，在发动机燃气舵、战略导弹弹头端帽已获得应用；石英玻璃具有良好的抗热冲击、环境稳定性高和介电透波性能优良等性能特点，被用作导弹天线窗介电-防热材料。SiBCN 系亚稳陶瓷材料高温力学性能优越和抗热震性能良好，尤其耐长时间高温氧化侵蚀，因此在卫星燃烧室、弹头端帽及发动机喷管等中具有良好应用前景。

1. 热震损伤机理

不同成分 SiBCN 系亚稳陶瓷材料其力学和热学性能迥异，因此要想获得良好的抗热震性能，组分的设计和工艺的优化非常关键。本书中已经比较详细地阐述了各种热学性能（如热导率、热膨胀系数等）、力学性能（抗弯强度、杨氏模量、断裂韧性及断裂功等）对 SiBCN 陶瓷基及其复合材料抗热震性能的影响情况。但在实际工艺过程中，上述诸多因素需要通过材料成分和物相组成选择、微纳组织结构优化及材料热处理等进行调控。

在 Si_2BC_3N 陶瓷基体中引入助烧剂 Zr-Al，促进了晶粒的生长发育，该复合材料在 600℃热震温差以下，具有比纯基体更加优越的抗热震性能，然而在临界热震温差之上，该复合材料残余强度呈连续下降趋势，残余强度保持率降幅明显，抗热震性能反而低于纯 Si_2BC_3N 陶瓷基体。引入烧结助剂 Zr-Al 后，该复合材料具有较高的热膨胀系数，在高热震温差下，局域热应力集中，不利于提高其抗热震损伤能力。

而引入金属 Mo 后，Mo 与陶瓷基体反应生成了 Mo 的化合物，显著提高了基体材料的抗热震性能。热震温差为 900℃时，复合材料仍然具有 87.9%的残余强度保持率。加入烧结助剂 $MgO-Al_2O_3-SiO_2$ 后，复合材料在 1600℃温差热震后，其残余强度保持率高达 91.4%，抗热震性能远高于陶瓷基体。上述结果表明，在 Si_2BC_3N 陶瓷基体引入不同的第二相，可以改变陶瓷材料的化学成分和物相组成，提高复合材料的抗热震性能。

当 SiBCN 陶瓷材料的化学成分确定之后，显微组织结构就成为影响材料热学和力学性能的决定性因素。显微组织包括晶粒大小、形态、气孔和微裂纹大小、分布和形态以及增强增韧相纤维、纳米管、石墨烯的分布等。一般而言，材料的抗热震性能随着晶粒尺寸增大有较大提高，原因在于晶粒越大，其强度一般较低，而杨氏模量和泊松比不变，因此抗热震损伤参数 R''''有逐步增大趋势。材料的热震裂纹扩展行为也由非连续的动态扩展行为转变为连续准静态扩展形式，材料的抗热震断裂破坏形式得到改善。

在 Si_2BC_3N 陶瓷基体引入高温组元 ZrB_2（溶胶凝胶法引入 ZrO_2 或 ZrO_2、B_2O_3、C 原位反应生成）后，复相陶瓷晶体尺寸较大，其抗弯强度和杨氏模量均有所增加，但复相陶瓷的抗热震性能得到提高。引入纳米 ZrB_2 后，虽然同样促进了基体晶粒的发育长大，但该复相陶瓷的抗热震性能较溶胶凝胶法制备的要好。对于 HfB_2/Si_2BC_3N 复相陶瓷，由于致密度较低，虽然其抗热震性能较纯 Si_2BC_3N 陶瓷稍好，但效果不明显。一般而言，大小均匀且弥散分布的气孔能够分散消耗弹性应变能，圆滑的气孔内壁有助于松弛应力，从而有利于提高复合材料的抗热震损伤性能。随着 HfB_2 含量进一步增加，复相陶瓷材料开气孔率降低导致泊松比和杨氏模量有所增加，热膨胀系数有所增大，抗热震性能有所下降。实际上在气孔率总量和其他微观结构参数一定的情况下，气孔增大会降低材料抵抗热震起始断裂能力。在可接受范围之内，通过引入适当尺寸、数量足够多的微裂纹以避免裂纹以动态方式扩展，可以提高材料对灾难性裂纹扩展的抑制能力。

由以上结果可知，均质致密的 SiBCN 陶瓷材料的热膨胀系数随温度变化不大，降低材料杨氏模量及适当提高气孔率、微裂纹缺陷密度等方法常常伴随着机械性能和热导率的降低，而通过在陶瓷基体中加入低膨胀系数、低杨氏模量和高热导的第二相可以有效提高材料的抗热震性能，因此 SiBCN 复合高强韧短纤维成为提高材料抗热震性能和可靠性的重要途径。在陶瓷基体中引入 C_f，降低了复合材料致密度，引入了一定量显微裂纹，使得裂纹在扩展过程中偏转、弯曲耗散大量能量，进而提高了复合材料的抗热震性能。需要注意的是，复合材料制备过程中纤维损伤较为严重，致密度较低，材料抗热震起始断裂能力降低。在 Si_2BC_3N 陶瓷基体中引入 SiC_f，高温下纤维强度退化严重，纤维不能有效拔出，抗热震性能有所降低。通过在 C_f 和 SiC_f 表面涂覆 BN 弱界面涂层，在一定程度上可以改善两者界面结合强度，提高复合材料抗热震损伤能力，但增幅有限。现有条件下即使通过工艺优化，纤维、多壁碳纳米管、石墨烯等第二相在基体中的分散效果有待提高，复合材料中孔隙数量较多，分布不均匀，某些成分的纤维增强 Si_2BC_3N 陶瓷材料，其抗热震性能反而下降。但即使在恶劣的热震条件下，纤维增强 Si_2BC_3N 陶瓷材料并不像均质陶瓷那样发生灾难性断裂失效。

2. 烧蚀损伤机理

SiBCN 陶瓷及其复合材料的烧蚀率与化学成分、物相组成、显微组织结构之间关系密切。目前评价该系亚稳陶瓷材料耐烧蚀性能的试验测试方法主要有两种：第一种方法为氧乙炔焰烧蚀法。该方法虽与真实发动机环境有差别，但标准统一、实验迅速，适合于材料配方前期筛选工作。第二种方法是发动机烧蚀试验法。该方法过程复杂、耗时长、费用高，但能真实评价材料的耐烧蚀性能，适用于等比例构件的耐烧蚀性能考核。显然将两种方法相结合才是研究该系亚稳陶瓷材料耐烧蚀性能行之有效的方法。SiBCN陶瓷及其复合材料的耐烧蚀性能本质上取决于材料各组元及其相互之间的协同作用，只有准确认识烧蚀过程中材料的结构和组成变化，才能更好地了解该系亚稳陶瓷材料的烧蚀过程和机理，明确烧蚀过程中各组分发挥的作用，进而提高材料成分-结构-性能设计和优化水平。

SiBCN陶瓷及其复合材料的耐烧蚀性能与诸多因素有关，不同成分材料有不同的烧蚀过程或机理；除材料本征因素外，烧蚀率还取决于高速气流成分和材料表面温度；而材料表面温度与含粒子流的二相气流加热条件、材料的化学反应以及内部结构的热传导密切相关；材料表面温度、热化学烧蚀、内部导热之间的相互制约，造成了烧蚀和传热的耦合。因此烧蚀是个复杂的传质过程，高速气流在高温下与材料间的化学反应，同时伴有粒子侵蚀，在不同的燃气流动条件下，需要考虑不同的烧蚀控制机制。SiBCN陶瓷及其复合材料烧蚀过程的各种因素并非是孤立的，相互之间存在复杂的影响。一般认为，SiBCN陶瓷及其复合材料的烧蚀可分为热化学烧蚀和机械剥蚀两部分。热化学烧蚀是指材料表面在高温气流作用下发生的氧化和升华。高速气流在高温下与材料表面各组元发生化学反应，造成材料表面质量和体积损耗，使得材料的热物理性能、热力学性能发生不可逆变化。机械剥蚀是指在高速气流压强和剪切力作用下因表面缺陷和各组元性质、密度不同造成烧蚀差异而引起的颗粒状剥落或因热应力破坏引起的片状剥落。

纯Si_2BC_3N陶瓷由纳米SiC、湍层BN(C)和少量非晶相组成，在气动加热下表面温度较低时，外界热流载荷传导进入陶瓷材料内部使材料温度升高，材料内的水分最先开始蒸发、气化，这时材料发生轻微的热膨胀。随着烧蚀温度升高，陶瓷材料中BN(C)相内部C优先氧化，氧化过程开始由速率控制，氧化速率由表面反应动力学条件决定（图6-135）。涉及的反应如下：

$$SiC(s) + O_2(g) \longrightarrow SiO(g) + CO(g) \tag{6-1}$$

$$SiC(s) + 2SiO_2(g) \longrightarrow 3SiO(g) + CO(g)\ (\text{非平稳条件下可能发生}) \tag{6-2}$$

$$\frac{2}{3}SiC(s) + O_2(g) \longrightarrow \frac{2}{3}SiO_2(s,l) + \frac{2}{3}CO(g) \tag{6-3}$$

$$\frac{2}{3}SiC(s) + O_2(g) \longrightarrow \frac{2}{3}SiO(g) + \frac{2}{3}CO_2(g) \tag{6-4}$$

$$\frac{1}{2}\mathrm{SiC(s)} + \mathrm{O_2(g)} \rightarrow \frac{1}{2}\mathrm{SiO_2(s,l)} + \frac{1}{2}\mathrm{CO_2(g)} \tag{6-5}$$

$$\frac{4}{3}\mathrm{BN(s)} + \mathrm{O_2(g)} \rightarrow \frac{2}{3}\mathrm{B_2O_3(l,g)} + \frac{2}{3}\mathrm{N_2(g)} \tag{6-6}$$

$$\mathrm{C(s)} + \mathrm{O_2(g)} \longrightarrow \mathrm{CO_2(g)} \tag{6-7}$$

$$\mathrm{2C(s)} + \mathrm{O_2(g)} \rightarrow \mathrm{2CO(g)} \tag{6-8}$$

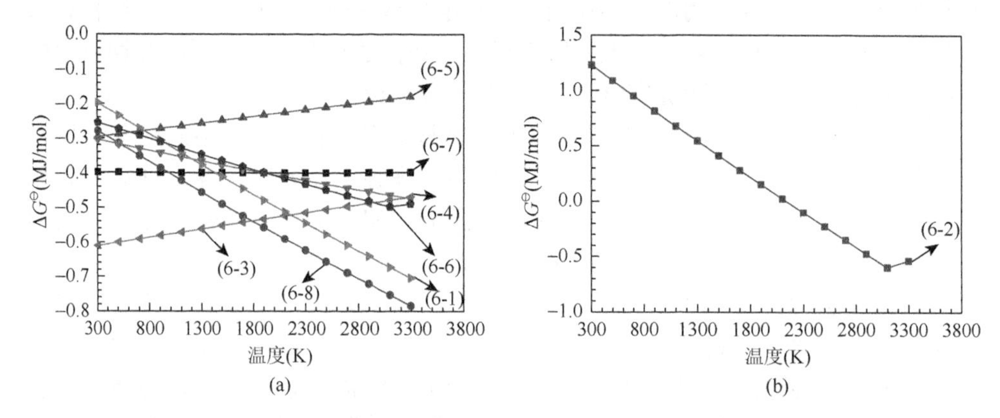

图 6-135 Si_2BC_3N 陶瓷基体氧乙炔焰烧蚀过程中可能发生的氧化反应 Gibbs 自由能随时间的变化曲线：（a）300～3800K 均能发生的反应；（b）＞2100K 能发生的反应[20]

随烧蚀温度进一步升高，氧化速率急剧增加，氧供应逐渐不足，此时氧向表面的扩散过程起控制作用。在更高烧蚀温度下，BN(C)和 SiC 相分别与氧反应生成液态 B_2O_3（＞900℃急剧挥发）、液态 SiO_2（或气态 SiO，由界面氧浓度梯度决定）及气态 CO、CO_2、N_2 等，此时材料发生的熔化、蒸发（升华）导致表面质量损失，同时带走大量热量[8]。纳米 SiC 和 BN(C)相的界面反应速率与氧化性气体浓度、温度、压强成正比。氧化反应和蒸发（升华）所产生的气体进入边界气流中，降低了气流中的氧气浓度，并对材料表面的传热起到屏蔽作用。附着在烧蚀表面的熔融液态层在强气流剪切力下容易被吹除，因此 Si_2BC_3N 陶瓷及其复合材料表面有烧蚀后退现象。另外，整个加热过程中一直存在热量在材料内部的热传导。机械剥蚀不仅造成材料的质量损失，还会影响 Si_2BC_3N 陶瓷基体的强度，由于基体中各物相物理化学相容性、热学、力学性质的差异，表面的热化学烧蚀、热力学腐蚀和机械剥蚀导致表面粗糙度增加，造成热流边层厚度增加，局部热流密度迅速增大，使驻点往基体内部迁移，造成进一步烧蚀，形成烧蚀坑[18, 19]。

由上述烧蚀机理可知，Si_2BC_3N 陶瓷基体的烧蚀率由扩散和化学反应两种速率决定。当烧蚀温度较低时，化学反应速率较低，扩散速率较高，烧蚀主要受动力学控制；当烧蚀温度较高时，化学反应速率高于扩散速率，烧蚀主要受扩散控制；若扩散速率和化学反应速率相当，那么烧蚀既受扩散控制，又受动力学控制，称为烧蚀的双控制机制。上述分析表明，SiBCN亚系稳陶瓷材料烧蚀机理中，外部环境传热和内部的热传导相对较简单，材料的氧化反应动力学主导烧蚀过程。

机械合金化结合热压烧结制备的SiBN陶瓷材料，在氧乙炔焰烧蚀前期，陶瓷表面温度相对较低（约1650℃），h-BN率先发生氧化生成B_2O_3、NO_x、N_2等气体产物逃逸，导致材料质量损失和表面气孔产生。随着烧蚀温度的升高，Si_3N_4相开始发生氧化、分解，产生NO_x、N_2和SiO等挥发而使陶瓷质量损失加剧，陶瓷表面气孔率进一步增多、孔径变大，最终在烧蚀焰心处形成烧蚀坑。由于高温气流的冲刷作用，高黏度SiO_2在试样表面铺展，烧蚀中心区截面方向上产生了SiO_2熔化层，而热影响区疏松多孔。由于在氧乙炔焰的冲击下陶瓷材料内部产生较大热应力集中，SiBN系陶瓷材料最终发生炸裂。

在高温高速氧化性气流冲刷下，$Cu_{80}Ti_{20}/Si_2BC_3N$复合材料中的发汗剂Cu从Si_2BC_3N陶瓷骨架中渗出，由于金属片层表面富含Ti元素，熔化流出后表面迅速生成一层TiO_2氧化膜，TiO_2熔点较高（富氧环境中为1880℃左右），其可在温度较高的烧蚀中心附着在Cu表面一起向陶瓷外侧流动，一些较小的金属液滴在高速气流作用下从烧蚀坑（区域）中冲出，向环境飞溅，此外还有较大的液滴在气流作用下向试样的一侧流出。随着远离烧蚀中心区，烧蚀温度下降，使Cu表面的TiO_2液膜黏度提高，流动性变差，所以包裹在TiO_2液膜内的Cu液滴整体流动速度减缓。大量表面附着TiO_2液膜的金属液滴在过渡区外侧流动缓慢甚至停止，此时在高温气流冲刷作用下仍不断有从烧蚀中心区域流出的金属液堆积在过渡区流动困难的液滴上，最终在烧蚀10s后凝固成烧蚀区形貌。在烧蚀过程中Si_2BC_3N陶瓷基体氧化产生的部分SiO_2同样参与了上述的传质过程，氧化生成的SiO_2也会在温度较高的烧蚀中心挥发（SiO）。复合材料内部金属的熔化、流出以及上述气体的挥发均会吸收大量热量，可有效降低试样内部及背面温度，达到隔热目的（图6-136）。

溶胶凝胶法引入ZrO_2或ZrO_2、B_2O_3、C原位反应制备的ZrB_2/Si_2BC_3N复相陶瓷主要由ZrB_2、SiC和BN(C)三种物相组成。BN(C)在烧蚀过程中会氧化产生CO_2、B_2O_3、CO、N_2等气体；ZrB_2在烧蚀过程中会氧化产生ZrO_2及B_2O_3（g）；SiC在烧蚀过程中高温氧化会产生气态CO、CO_2、SiO及黏流状态的SiO_2。氧乙炔焰烧蚀过程中，ZrB_2/Si_2BC_3N复相陶瓷可能发生如下氧化反应[21, 22]：

$$2C(s) + O_2(g) \longrightarrow 2CO(g) \tag{6-9}$$

$$C(s) + O_2(g) \longrightarrow CO_2(g) \tag{6-10}$$

$$4BN(s) + 3O_2(g) \longrightarrow 2B_2O_3(g) + 2N_2(g) \tag{6-11}$$

$$SiC(s) + O_2(g) \longrightarrow SiO(g) + CO(g) \tag{6-12}$$

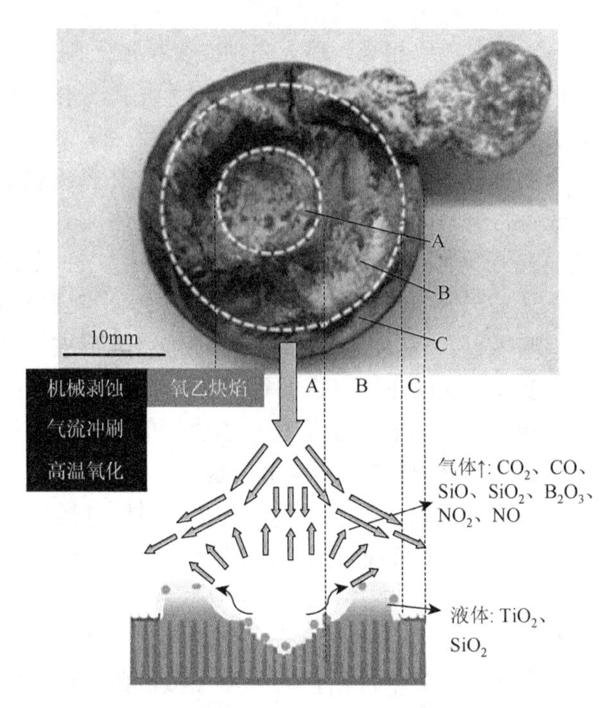

图 6-136　冰膜法结合无压烧结制备 $Cu_{80}Ti_{20}/Si_2BC_3N$ 复合材料氧乙炔焰烧蚀示意图[4]

$$2SiC(s) + 3O_2(g) \longrightarrow 2SiO_2(l) + 2CO(g) \tag{6-13}$$

$$2SiC(s) + 3O_2(g) \longrightarrow 2SiO(g) + 2CO_2(g) \tag{6-14}$$

$$SiC(s) + 2O_2(g) \longrightarrow SiO_2(l) + CO_2(g) \tag{6-15}$$

$$2ZrB_2(s) + 5O_2(g) \longrightarrow 2ZrO_2(l) + 2B_2O_3(l) \tag{6-16}$$

$$SiO_2(s) + ZrO_2(s) \longrightarrow ZrSiO_4(s) \tag{6-17}$$

在 300～3000K 范围内，上述氧化反应 Gibbs 自由能变化均为负值，因此烧蚀过程中上述反应均可能发生，平衡状态下三种物相的反应优先级为 ZrB_2＞SiC＞BN(C)（图 6-137）。

ZrB_2/Si_2BC_3N 复相陶瓷烧蚀后氧化层沿截面方向大致可以分为锆硅酸盐共晶相层及浸渗玻璃相 ZrO_2 层。烧蚀温度较低时，ZrO_2 会发生相变，但体积变化较小，氧化层结构较为致密，氧扩散通道少。随着烧蚀温度升高，ZrO_2 含量增多，形成了较致密的氧化层，起到了一定的阻氧作用，但其黏度较小，氧可以在其中扩散，并且在冷却过程中易形成裂纹，使氧进入，使得烧蚀层较厚。SiC 烧蚀氧化后，陶瓷表面主要依靠生成的 SiO_2 来阻氧，截面烧蚀层一般分为三层，表层为熔融的玻璃相层，次表层为 Si 含量较少的多孔层，最下层为氧化未完全层。表层的玻璃层中由于含有 SiO_2，会使其黏度增加，阻氧能力增强，在高温下 ZrO_2-SiO_2 共晶液相较为稳定。次表层的形成一方面是由于氧分压较低，在高温低氧的条件下一

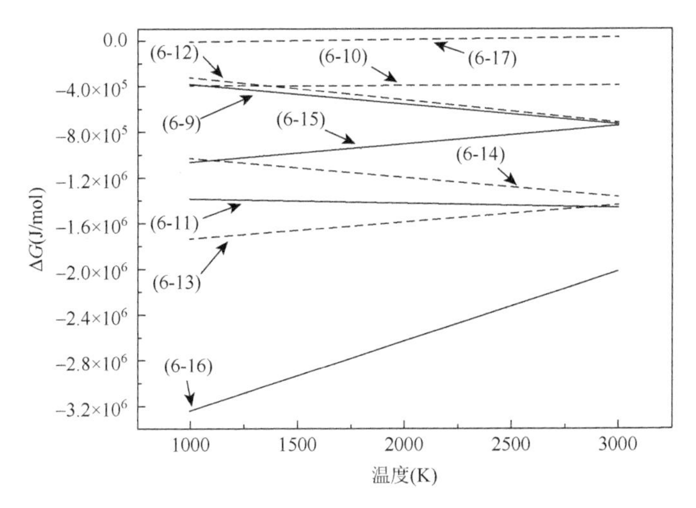

图6-137　15wt% ZrB_2/Si_2BC_3N 复相陶瓷经氧乙炔焰烧蚀过程中可能发生的化学反应吉布斯自由能变化随烧蚀温度的变化曲线[6]

部分SiC发生活性氧化，反应生成SiO逃逸，导致氧化结构较疏松；另一方面是由于次氧化层产生的气体较多，向表层溢出，也使得此氧化层结构难以致密。随着氧进入内部距离的增加，氧含量减少，底层的氧化未完全，氧含量较少。由于底层只有部分发生了氧化，与基体的结构差别不太大，氧化层与基体的结合良好。这样的氧化层结构虽然在温度升高的情况下，表层的阻氧功能变差，氧进入较多，但在烧蚀过程中存在一系列氧化反应及物质运动，使得烧蚀层的厚度增加不明显，可以在一定程度上起到抗氧乙炔焰烧蚀作用。

综合考虑整个烧蚀过程，当氧乙炔焰开始烧蚀时，复相陶瓷表面温度急速上升，表面 ZrB_2 相优先开始氧化，生成 ZrO_2 和 B_2O_3，液相 B_2O_3 在高温气流下快速挥发；随着烧蚀温度提高，SiC氧化生成非晶 SiO_2，SiO_2 具有一定流动性，能够快速填充高温氧化所带来的气孔和缺陷。与此同时，SiO_2 与部分 B_2O_3 反应生成硅硼玻璃，保护陶瓷基体不被进一步氧化和剥蚀；随着烧蚀温度进一步提高，SiO_2 与 ZrO_2 反应生成较为稳定的 $ZrSiO_4$ 相，这种共晶物相可以很好地阻碍 SiO_2 挥发。烧蚀过程中，部分 SiO_2 或硅硼玻璃不可避免地被高温气流冲刷到其他区域。此后，随着烧蚀时间的延长，陶瓷表面温度升高较为缓慢，逐渐达到稳定状态。

热压烧结制备的 HfB_2/Si_2BC_3N 复相陶瓷主要由 HfB_2、HfC、SiC和BN(C)四相组成，高温下 HfB_2 的氧化产物为 HfO_2 和 B_2O_3；HfC的氧化产物为 HfO_2 和 CO_2。在氧乙炔焰烧蚀过程中，HfB_2/Si_2BC_3N 复相陶瓷可能发生的氧化反应如下：

$$C(s)+\frac{1}{2}O_2 \longrightarrow CO(g) \tag{6-18}$$

$$C(s)+O_2(g) \longrightarrow CO_2(g) \tag{6-19}$$

$$BN(s) + \frac{3}{4} O_2(g) \longrightarrow \frac{1}{2} B_2O_3(l) + \frac{1}{2} N_2(g) \tag{6-20}$$

$$SiC(s) + O_2(g) \longrightarrow SiO(g) + CO(g) \tag{6-21}$$

$$SiC(s) + \frac{3}{2} O_2(g) \longrightarrow SiO_2(l) + CO(g) \tag{6-22}$$

$$SiC(s) + \frac{3}{2} O_2(g) \longrightarrow SiO(g) + CO_2(g) \tag{6-23}$$

$$SiC(s) + 2O_2(g) \longrightarrow SiO_2(l) + CO_2(g) \tag{6-24}$$

$$HfB_2(s) + \frac{5}{2} O_2(g) \longrightarrow HfO_2(l) + B_2O_3(l) \tag{6-25}$$

$$HfC(s) + 2O_2(g) \longrightarrow HfO_2(l) + CO_2(g) \tag{6-26}$$

$$HfC(s) + \frac{3}{2} O_2(g) \longrightarrow HfO_2(l) + CO(g) \tag{6-27}$$

$$HfO_2(l) + SiO_2(l) \longrightarrow HfSiO_4(l) \tag{6-28}$$

热力学计算结果表明，上述氧化反应在烧蚀过程中均可发生。其中反应（6-25）驱动力最大，其次是反应（6-26）和反应（6-24），因此平衡条件下组成物相反应优先级为 HfB_2＞HfC＞SiC＞BN(C)（图 6-138）。

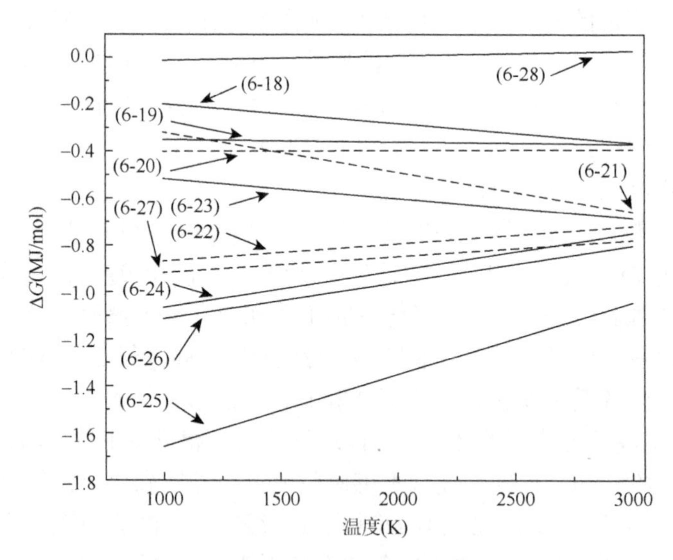

图 6-138　氧乙炔焰烧蚀过程中 HfB_2/Si_2BC_3N 复相可能发生的氧化反应 Gibbs 自由能变化随烧蚀温度的变化曲线[9]

与 ZrB_2/Si_2BC_3N 复相陶瓷类似，HfB_2/Si_2BC_3N 复相陶瓷氧化层沿截面方向主要由铪硅酸盐共晶相层和浸渗玻璃相 HfO_2 层构成，截面烧蚀层可分为三层：表层为熔融态的玻璃层，夹层为贫 Si 的多孔层，最内层为氧化不完全层。表层主要靠

SiO_2 来阻碍氧向基体扩散，主要成分为 HfO_2-SiO_2，在重力作用下同一位置形成 SiO_2 靠上而 HfO_2 靠下聚集的共晶液相，但此种结构使得高温时 SiO_2 容易挥发消耗。夹层的形成原因主要是该处氧分压较低，部分 SiC 发生氧化生成 SiO 逃逸，不能有效填充孔洞、愈合裂纹，因此结构较为疏松多孔。远离烧蚀表层处，氧含量较低，使得部分最内层遭氧化侵蚀。这种三层结构虽然在温度升高时阻氧能力会变弱，但在烧蚀层中会发生一系列物质运动和氧化反应，使烧蚀层厚度没有明显增厚，在烧蚀过程中可以很大程度上抵抗氧化侵蚀。

烧蚀开始时，氧乙炔焰使复相陶瓷表面温度急速升高，HfB_2 相最先被氧化，生成 B_2O_3 和 HfO_2，紧接着 HfC 氧化生成 HfO_2 和 CO_2。B_2O_3 在高温火焰作用下急剧挥发。随着表面温度进一步升高，SiC 被氧化为 SiO_2 或 SiO（由界面反应温度及氧分压决定），高流动性的 SiO_2 能够填充因氧化产生的裂纹和气孔，有效缓解进一步氧化侵蚀。与此同时，部分 SiO_2 和 B_2O_3 反应生成硼硅玻璃，部分 SiO_2 与 HfO_2 生成了 $HfSiO_4$ 稳定相，这有效阻碍了 B_2O_3 的挥发和 SiO_2 的分解，表面逐步形成具有保护性的氧化膜。热力氧耦合作用在陶瓷表面达成平衡态后，表面温升速率变缓，最终达到稳态烧蚀阶段（图 6-139）。

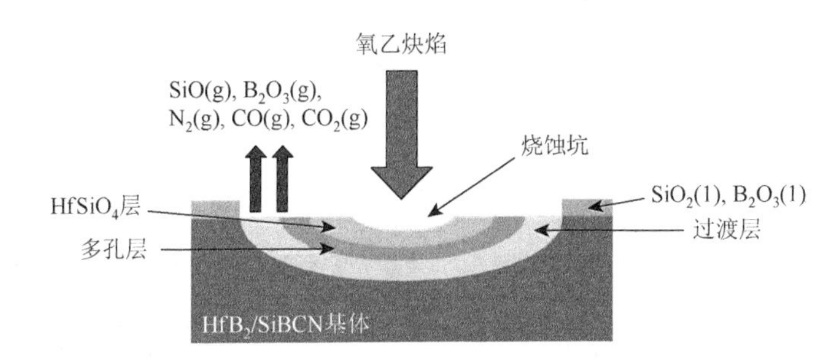

图 6-139　热压烧结制备的 10vol% HfB_2/Si_2BC_3N 复相陶瓷氧乙炔焰烧蚀示意图[9]

在 Si_2BC_3N 陶瓷基体中引入短纤维、多壁碳纳米管、石墨烯等一维、二维增强相后，复合材料的致密度对烧蚀率起着至关重要的作用。如果烧蚀表面的热流分布均匀，陶瓷基体的致密化程度较低，则基体烧蚀得较快。尤其在纤维与基体结合界面处或纤维团聚处，孔隙数量较多，氧化侵蚀和气流冲刷往往率先在此处发生。但当复合材料处于流场中，暴露在表面的纤维长度受到剪切力和涡旋分离阻力的制约，在剪切力和涡旋分离阻力的作用下，纤维便开始颗粒状地剥落。在短时、超高焓流作用下，复合材料表面温度场呈指数规律分布，C_f 的强度随温度的升高而增加，当温度升高到阈值时，C_f 强度迅速降低，即当超过某一温度时，C_f 将转化为无定形碳，剥蚀就在无定形碳区进行，一般从裂纹、孔隙等缺陷处开始。C_f/Si_2BC_3N 复合材料内部有较多孔隙，且温度梯度较大，容易引起热应力集中，当应力超过退化的纤维强度时，从裂纹尖端处或应力最大处开始剥离，从而引起纤维片状剥落。与此同时，裸露在外的 C_f 与氧化性气体发生燃烧（氧化），生成气体逸出，造成 C_f/Si_2BC_3N 复合材料失效。但实际上在 Si_2BC_3N 陶瓷基体中同时引入短切 C_f 和 SiC_f 后，复合材料表面凹坑处仍然能看到部分 C_f 和 SiC_f，其抗氧化和抗冲刷能力明显高于陶瓷基体，基体的热力氧侵蚀才是该复合材料的主要烧蚀机制。因此引入高热稳定性的纤维以避免纤维表面涂层制备及烧结过程中大量析晶导致强度退化，以及进一步提高纤维等增强相在基体中的分散性及复合材料的致密度，是 SiBCN 陶瓷及其复合材料在使役条件下结构安全和高可靠性的保障。作者团队通过对 SiBCN 系亚稳陶瓷材料成分设计和工艺优化，成功制备出某新型航天器无毒高效绿色推进系统抗高温抗氧化陶瓷喷管等多种关键防热部件，并成功通过地面台架试车考核（图 6-140）。

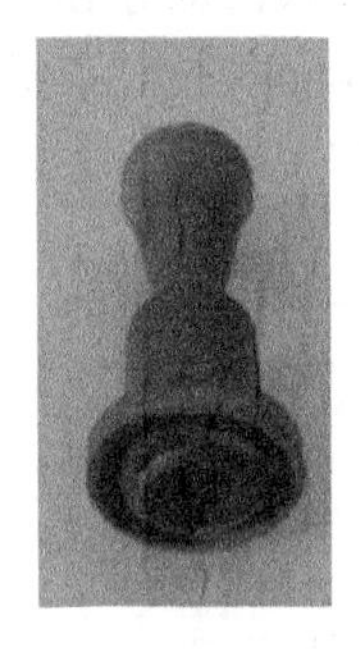

某型号SiBCN陶瓷喷管及组装样件

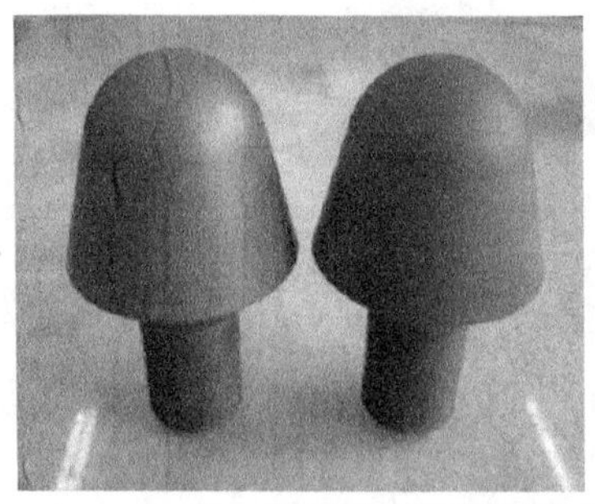
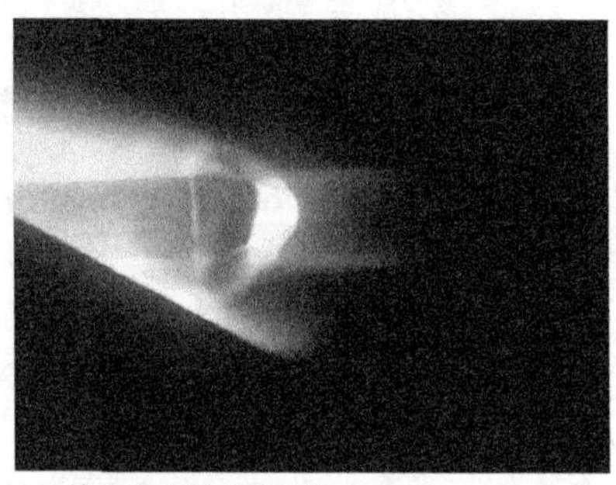

SiBCN陶瓷鼻锥帽样件及氧乙炔焰烧蚀考核光学照片

图 6-140　基于机械合金化的无机法研制出某新型航天器无毒高效绿色推进系统抗高温抗氧化 SiBCN 陶瓷喷管等多种关键防热部件

参 考 文 献

[1]　廖兴琪. $(TiB_2 + TiC)$/SiBCN 复合材料的组织结构与性[D]. 哈尔滨：哈尔滨工业大学，2014.

[2]　侯俊楠. Mo-SiBCN 梯度复合材料组织结构设计与抗热震性能[D]. 哈尔滨：哈尔滨工业大学，2016.

[3] Liao N，Jia D C，Yang Z H，Zhou Y，Li Y W. Enhanced mechanical properties，thermal shock resistance and oxidation resistance of Si_2BC_3N ceramics with Zr-Al addition[J]. Materials Science and Engineering：A，2018，725：364-374.

[4] 王高远. 冰模法制备 SiB CN（Zr）梯度多孔陶瓷及其双连续复合材料的制备与性能研究[D]. 哈尔滨：哈尔滨工业大学，2018.

[5] 贾德昌，宋桂明等. 无机非金属材料性能[M]. 北京：科学出版社，2008.

[6] 苗洋. ZrB_2/SiBCN 陶瓷基复合材料制备及抗氧化与耐烧蚀性能[D]. 哈尔滨：哈尔滨工业大学，2017.

[7] Miao Y，Yang Z H，Zhu Q S，Liang B，Li Q，Tian Z，Jia D C，Cheng Y B，Zhou Y. Thermal ablation behavior of SiBCN-Zr composites prepared by reactive spark plasma sintering[J]. Ceramics International，2017，43（11）：7978-7983.

[8] Li D X，Yang Z H，Jia D C，Wang S J，Duan X M，Zhu Q S，Miao Y，Rao J C，Zhou Y. Effects of boron addition on the high temperature oxidation resistance of dense SiBCN monoliths at 1500℃[J]. Corrosion Science，2017，126：10-25.

[9] 敖冬飞. HfB_2/SiBCN 复相陶瓷抗热震与耐烧蚀性能的研究[D]. 哈尔滨：哈尔滨工业大学，2018.

[10] 胡成川. Si-B-C-N-Zr 机械合金化粉末及陶瓷的组织结构与性能[D]. 哈尔滨：哈尔滨工业大学，2013.

[11] 潘丽君. C_f表面涂层及 C_f/SiBCN 复合材料制备与性能[D]. 哈尔滨：哈尔滨工业大学，2012.

[12] Wang J Y，Duan X M，Yang Z H，Jia D C，Zhou Y. Ablation mechanism and properties of SiC_f/SiBCN ceramic composites under an oxyacetylene torch environment[J]. Corrosion Science，2014，82：101-107.

[13] Li D X，Wu D X，Yang Z H，Zhou Y Y，Wang S J，Duan X M，Jia D C，Zhu Q S，Zhou Y. Effects of *in situ* amorphous graphite coating on ablation resistance of SiC fiber reinforced SiBCN ceramics in an oxyacetylene flam[J]. Corrosion Science，2016，113：31-45.

[14] 吴道雄. SiC_f表面非晶碳层对 SiC_f/SiBCN 复合材料性能的影响[D]. 哈尔滨：哈尔滨工业大学，2016.

[15] 李悦彤.（C_f-SiC_f）/SiBCN 复合材料的力学与抗热震耐烧蚀性能[D]. 哈尔滨：哈尔滨工业大学，2016.

[16] Liao N，Jia D C，Zhou Y，Li Y W. Enhanced thermal shock and oxidation resistance of Si_2BC_3N ceramics through MWCNTs incorporation[J]. Journal of Advanced Ceramics，2018，7（3）：276-288.

[17] Li D X，Yang Z H，Jia D C，Wu D X，Zhu Q S，Liang B，Wang S J，Zhou Y. Microstructure，oxidation and thermal shock resistance of graphene reinforced SiBCN ceramics[J]. Ceramics International，2016，42（3）：4429-4444.

[18] 李达鑫. SPS 烧结 Graphene/SiBCN 陶瓷及其高温性能[D]. 哈尔滨：哈尔滨工业大学，2016.

[19] Li D X，Yang Z H，Jia D C，Wang S J，Duan X M，Zhu Q S，Miao Y，Rao J C，Zhou Y. High-Temperature oxidation behavior of dense SiBCN monoliths：Carbon-content dependent oxidation structure，kinetics and mechanisms[J]. Corrosion Science，2017，124：103-120.

[20] Li D X，Yang Z H，Jia D C，Duan X M，He P G，Zhou Y. Ablation behavior of graphene reinforced SiBCN ceramics in an oxyacetylene combustion flame. Corrosion Science，2015，100：85-100.

[21] 李达鑫. SiBCN 非晶陶瓷析晶动力学及高温氧化行为[D]. 哈尔滨：哈尔滨工业大学，2018.

[22] Li D X，Yang Z H，Jia D C，Duan X M，Zhou Y，Yu D L，Tian Y J，Wang Z H，Liu Y L. Role of boron addition on phase composition，microstructure evolution and mechanical properties of nanocrystalline SiBCN monoliths[J]. Journal of the European Ceramic Society，2018，38（4）：1179-1189.